파·분쇄공학

파·분쇄공학

CRUSHING AND GRINDING

조희찬 저

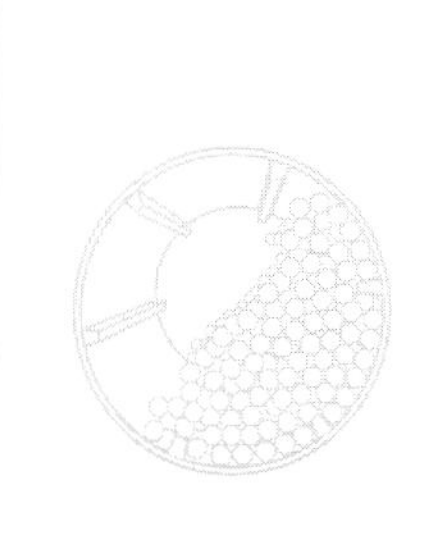

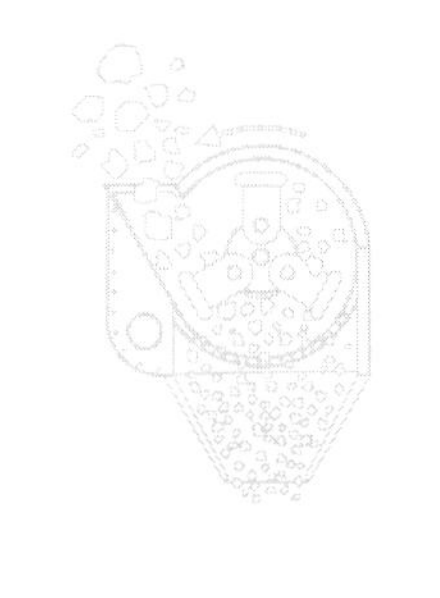

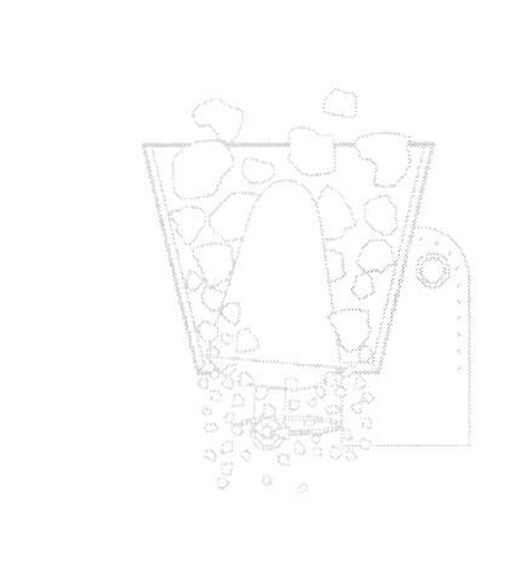

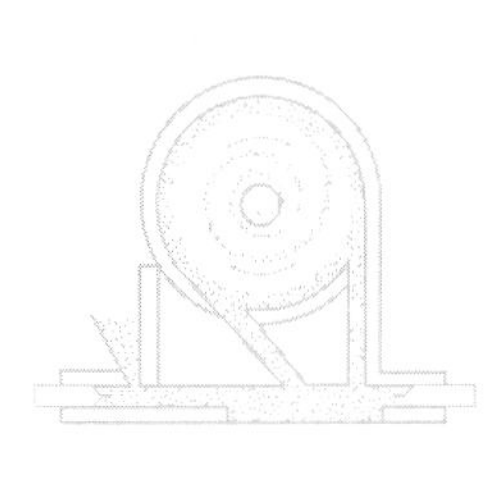

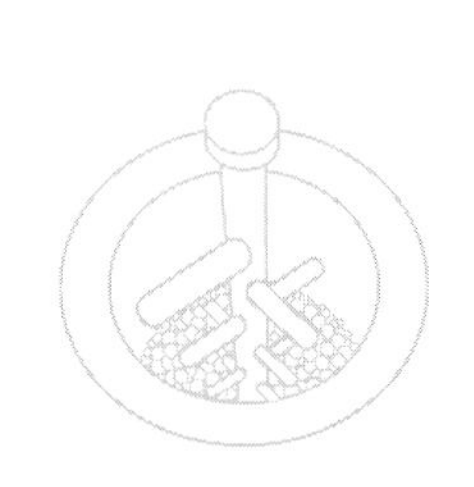

#『파 · 분쇄공학』
머리말

고체를 분쇄하여 가루 형태로 만드는 것은 인류가 지구상에서 문명사회를 이루면서 행해온 가장 오랜 단위조작 중의 하나이다. 한자로 가루를 뜻하는 분(粉)은 쌀 미(米)와 나눌 분(分)이 합쳐진 것으로 쌀을 빻아 먹는 음식문화가 농경시대 시작과 함께 이루어졌다는 것을 나타내고 있다. 그러면 어떠한 방식으로 곡식을 빻았을까? 이집트에서 출토되는 벽화에는 평편한 돌판에 올려놓고 둥그런 돌로 가는 과정이 상세히 그려져 있다. 로마시대에는 분쇄효율을 높이기 위해 안장 형태의 돌판이 사용되었다. 이후 사람들이 하던 분쇄 작업은 가축이 하는 것으로 대체되었으며 중세기에는 물레방아나 풍차를 통한 동력으로 대형맷돌을 회전시켜 제분하는 방식으로 대량의 밀을 가루로 만들 수 있었다. 우리나라에도 다양한 형태의 곡식을 찧는 도구들(디딜방아, 연자방아, 물레방아, 절구 등)이 사용되었다. 오늘날 재래방식의 방아는 거의 사용되지 않으나, 현대식 제분기 중에는 분쇄원리가 재래 방식과 크게 다르지 않는 것도 존재한다.

현대 식생활에서는 곡식뿐만 아니라 다양한 식재료가 분쇄되어 조리되고 있다. 콩을 갈아 만드는 콩국수, 녹두를 갈아 만드는 빈대떡, 야채 또는 과일을 갈아 만드는 주스, 커피 분쇄 등 헤아릴 수가 없이 많다. 이들 식재료의 분쇄는 어떠한 방식으로 이루어질까? 가장 많이 이용되는 방법은 칼날이 달린 믹서기를 이용해 절단하는 방식으로 분쇄한다. 대부분의 경우 식재료들의 분쇄도는 크게 염두에 두지 않으며 눈으로 보았을 때 적당할 때까지 분쇄한다. 그러나 커피 애호가들에게는 입도가 커피 맛을 좌우하는 중요한 요소가 되기 때문에 커피의 경우 분쇄정도를 엄격하게 취급한다. 빈대떡을 좋아하는 사람들은 믹서기보다는 맷돌로 갈아야 제맛이 난다고 생각한다. 이는 단순 식재료 분쇄에서도 경우에 따라서는 분쇄방식과 분쇄도가 맛을 좌우하는 중요한 요소로 작용될 수 있음을 의미한다.

산업공정에 사용되는 분체는 어떠할까? 현대산업 시대에 이르면서 분체의 이용은 더욱 다양해졌다. 약재, 화장품, 안료, 섬유, 골재 등 우리가 일상에서 사용하는 제품뿐만 아니라 복합재료, 전자재료, 의학소재 등 신소재로써 분체는 산업의 발전과 혁신을 이끌고 있다. 이와 더불어 분체를 대량 생산하기 위한 파·분쇄장치 또한 고도화되고 있으며 최근에는 나노분쇄기가 개발되어 사용되고 있다. 이러한 파·분쇄기는 종류와 관계없이 입자를 쪼개어 원하는 크기로 전환하는 단순한 기능을 수행한다. 그러나 고체의 파·분쇄와 관련된 문제는 그렇게 단순하지 않다. 필자는 최근 경옥과 황 입자를 마이크론 크기로 분쇄해 달라는 요청을 받은 바 있다. 경옥은 매우 단단한 물질로서 쉽게 분쇄되지 않고 황 입자는 무르고 응집하는 성질이 있어 미분말화하기가 쉽지 않다. 습식분쇄를 하면 분산효과를 기대할 수 있으나 표면 산화가 발생할 수 있고 건조과정이 필요하다. 따라서 어떤 분쇄기를 이용해 어떤 방법으로 분쇄할지 쉽게 답이 나오지 않는다.

파·분쇄장치는 매우 다양하며 각자 독특한 방법으로 입자에게 응력을 가하여 파괴를 유도한다. 따라서 입자의 파괴 양상은 장치에 따라 다르게 나타나며 같은 장치라도 투입 물질의 물성에 따라 달라진다. 더욱이 파괴된 입자는 크기가 일정하지 않으며 크기 분포 또한 힘의 크기나 물성에 따라 변화한다. 이와 같이 파·분쇄공정은 물질의 다양성, 파·분쇄 방식의 다양성, 공정변수의 다양성에 의해 여러 변수가 작용하는 공정으로 결과를 예측하기가 쉽지 않다. 이에 따라 파·분쇄공정에 대한 연구는 지속적으로 이루어지고 있으며 관련 논문이나 연구보고서도 무수히 많다. 그러나 파·분쇄공정에 대해 총체적으로 다룬 전문서는 의외로 많지 않다. 이에 저자는 집필의 필요성을 오랫동안 느껴왔다. 파·분쇄공정에 관련된 문제는 다양하고 복잡하기 때문에 어느 한 분야의 전문성만으로는 해결하기에 어려움이 있다. 효율적인 해결방안을 위해서는 파·분쇄 현상에 대한 근본적인 이해와 장치의 작동원리 및 성능에 대한 충분한 지식이 필요하다. 본 책은 이에 필요한 모든 내용을 담고자 하였으며 파·분쇄 전공 학생이나 엔지니어에게 실질적인 도움이 될 수 있도록 관련 이론과 경험식을 체계적으로 정리하였다.

이 책을 집필하는 과정에 많은 도움이 있었다. 특히 편집과정에서 크게 도움을 준 서울대 에너지자원처리 연구실 옥정훈 군, 이돈우 박사, 조광희 군에게 감사를 드리며 초고를 검토해주신 한국지질자원연구원 권지회 박사에게 감사의 마음을 전한다.

저자
서울대학교 에너지자원공학과 명예교수
조희찬

차례

제1장

서 론

제1장
서론

파·분쇄는 모든 산업에서 이루어지는 범용적인 공정으로, 헤아릴 수 없는 많은 종류의 물질이 파·분쇄공정을 거쳐 가공 생산되고 있으며 그 양은 연간 수십억 톤에 달한다. 파·분쇄 주목적은 후속 공정 및 제품 제조에 적합한 입도로 조절하는 데 있다. 최종산물의 입도는 용도에 따라 크게는 수십 센티미터부터 작게는 마이크론보다 작으며 대상 물질도 광물, 건설자재, 세라믹, 화학품, 의약품, 농산물, 식품, 플라스틱에 이르기까지 매우 광범위하다. 이와 같이 파·분쇄 공정에 투입되는 물질은 강도 및 물리적, 화학적 성질뿐만 아니라 크기의 측면에서 매우 다양하며, 경우에 따라서는 수 미터의 크기를 나노 크기로 줄이는 과정을 거친다.

물질의 파쇄는 응력을 가해 이루어진다. 응력을 받은 재료는 변형을 일으키며 궁극적으로 파괴된다. 파·분쇄기는 기계적 작동에 의해 입자에게 응력을 가하여 파괴를 유도하는 장치로 다양한 방법으로 압축, 충격, 전단 형태의 응력을 가한다. 일반적으로 단단한 재료는 잘 파괴되지 않고 연한 물질을 잘 파괴된다. 그러나 파·분쇄 성능은 재료의 물리적 성질뿐만 아니라 결정구조, 흐름성, 형상 및 입도 등 다양한 요인에 의해 영향을 받는다.

파·분쇄 공정에서 다루어지는 고체의 크기는 미터급의 바위 크기로부터 마이크론 크기까지 매우 광범위하다. 따라서 입도 영역에 따라 다양한 종류의 파·분쇄기가 사용되고 있으며 일반적으로 5mm까지는 조쇄, 5~0.5mm는 중쇄, 500~0.5μm는 미분쇄, 50~5μm는 초미분쇄, 5μm 이하는 극초미분쇄라 한다. 조립 입도로부터 미세 입자를 얻고자 할 때는 다단계 공정이 필요하며 단계 수는 단계별로 얻어지는 입도 축소비에 따라 달라지며 이는 대상 물질의 강도 등 물질 특성에 영향을 받는다.

파·분쇄는 에너지가 많이 소비되는 단위조작이다. 조쇄까지는 비교적 저렴한 에너지 비용으로 가능하다. 그러나 그 이하의 분쇄에 필요한 에너지는 기하급수적으로 증가한다. 일반적으로 에너지 소요량은 입도 축소가 1/10로 줄어들 때마다 6배 증가한다. 따라서 100μm의 분쇄에너지를 1이라고 하면 10μm의 분쇄에너지는 6, 1μm의 분쇄에너지는 36이 된다. 또한 톤당 자본 비용도 같은 비율로 증가한다. 따라서 재료의 물성 및 목적 입도에 따라 적절한 파·분쇄 공정을 선택하지 않으면 과도한 에너지 소비가 발생할 뿐 아니라 원하는 입도의 산물을 충분히 얻을 수 없다.

1.1 파·분쇄 장치

파·분쇄에 사용되는 장치는 매우 다양하며 입자에 응력을 가하는 방법, 강도, 및 속도에 차이가 있다. 연성의 물질은 응력을 받으면 파괴되지 않고 변형을 일으키기 때문에 전단력이 필요하고 섬유질 재료의 경우 전단력과 충격의 조합이 필요하다. 따라서 식품산업이나 섬유산업에서는 절단형태의 파쇄기가 이용되며 플라스틱이나 금속재질의 파괴에는 shredder 형태의 파쇄기가 이용된다. 그러나 산업원료의 대부분의 파쇄는 압축, 충격 및 마모의 메커니즘에 기반한 파·분쇄 장치가 이용된다.

파쇄는 입도 축소 과정의 첫 단계로서 큰 덩어리 크기를 수 센티미터까지 줄이는 과정을 뜻하며, 그 이하의 크기로 줄이는 과정을 분쇄라고 한다. 보통 파쇄는 두 면 사이에 물체를 투입한 후 압축하여 파괴를 유도한다. 이러한 특성으로 단일 장비를 통한 파쇄에서 얻어질 수 있는 입도 축소 비율은 높지 않다(1/3~1/6). 따라서 미터 크기의 입자를 수 센티미터 크기로 축소하기 위해서는 3~4단계의 파쇄 과정이 필요하다. 1차 파쇄기로는 조 크러셔(Jaw crusher)와 선동파쇄기(Gyratory crusher)가 있으며 2, 3차 파쇄기로는 콘 크러셔(Cone crusher), SAG(Semiautogenous) 밀 등이 있다.

입자 크기가 작은 경우 두 면 사이에 입자를 포획하여 압축하기가 용이하지 않으며, 이에 분쇄는 파쇄와는 다른 방법이 이용된다. 가장 대표적인 방법은 강한 재질의 분쇄매체를 낙하시켜 입자에게 충격을 가하는 방법이며, 이러한 종류의 분쇄기를 매체형 분쇄기(media mill)라고 한다. 매체는 구 혹은 막대기 형태가 이용되며, 전자의 경우를 볼 밀, 후자의 경우를 로드 밀이라고 한다. 이러한 밀은 원통 속에 원료와 분쇄매체를 함께 넣고 회전시켜 분쇄매체의 낙하에 의한 충격작용으로 원료를 분쇄한다. 그러나 입자의 크기가 마이크론(μm) 크기에 접근하게 되면 더욱 강력한 분쇄매체의 충격이 필요하게 된다. 따라서 초미분쇄는 교반,

진동 또는 원심력을 이용한 고에너지 장비가 이용된다. 제트 밀은 분쇄매체를 사용하지 않고 유체에너지를 이용하여 입자를 충돌시켜 파괴시킨다. 그림 1.1에 파·분쇄 단계에 이용되는 대표적인 장비와 적용 입도 영역을 도시하였다. 이와 같이 파·분쇄기는 장비마다 효과가 최적으로 발휘되는 고유의 입도 영역이 있다. 따라서 대상 물질의 투입 입도 및 목적 입도에 따른 적절한 파·분쇄기 사용이 매우 중요하며 입도 축소 범위가 클 경우, 여러 단계의 공정을 거쳐서 점차적으로 입도를 줄이는 것이 효율적이다.

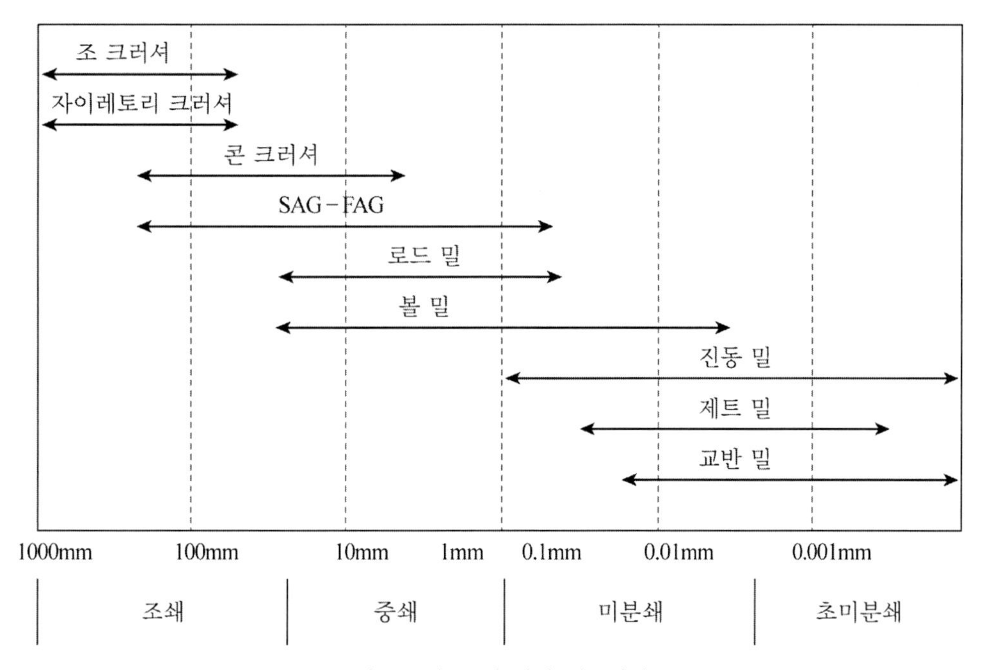

그림 1.1 파·분쇄 장비 입도영역

한편 파·분쇄 장비는 체류형(retention type)과 통과형(once-through type)으로 분류할 수 있다. 체류형은 시료가 장비 내부에 일정시간 머무는 형태로서, 시간당 투입량이 커질수록 체류시간이 짧아져 조립의 입자가 산출된다. 통과형은 투입된 시료가 장비를 통과하는 형태로서, 시간당 투입량이 많아지면 장비 내부의 적재량이 증가하며 소요 동력 또한 증가한다. 그러나 시료당 체류시간은 비교적 일정하기 때문에 단위 질량당 소비 전력은 크게 변하지 않으며, 결과적으로 파쇄산물의 입도는 투입량에 크게 영향을 받지 않는다. 볼 밀, 로드 밀 등의 분쇄장비는 체류형에 해당하며 조 크러셔, 롤 크러셔 등의 파쇄 장비는 통과형에 속한다. 표 1.1에 투입량 증가에 따른 장비 종류별 특징을 요약하였다.

표 1.1 투입량 증가에 따른 특성 변화: 체류형 vs 통과형

구분	체류형	통과형
장비 내 적재량	큰 변화 없음	투입량 증가 시 증가
장비 내 체류 시간	투입량 증가에 따라 감소	큰 변화 없음
소요 동력	큰 변화 없음	투입량 증가 시 증가
단위 질량당 소요 동력	투입량 증가에 따라 감소	큰 변화 없음
분쇄 산물 입도	투입량 증가에 따라 감소	큰 변화 없음

볼 밀, 로드 밀, 진동 밀, 원심 밀, 교반 밀 등의 매체형 분쇄기는 회분식과 연속식 운전이 모두 가능하다. 회분식은 소규모 분쇄에 적절하며 공정이 단순하고 유연성이 좋고 높은 기술 수준이 요구되지 않는다. 대규모를 요할 때는 대부분 연속식으로 운전된다. 연속식은 회분식에 비해 단위 시간당 처리량이 크고 톤당 자본비용이 적으며 다음 공정에 연속적으로 투입할 수 있는 장점이 있다.

1.2 파·분쇄 원리

재료의 파괴는 가해진 응력에 의해 발생한다. 재료에 작용하는 응력은 다양한 형태의 변형을 유발하며, 한계점을 넘으면 재료는 버티지 못하고 파괴된다. 소성변형은 응력이 탄성한계를 초과하였을 때 나타나는 현상으로 발생된 변형이 영원히 지속된다. 연성재료는 상당한 소성변형 후 파괴가 일어나고 취성재료는 소성변형이 없이 균열이 발생한다. 원자 규모에서 본다면 파괴는 물체를 구성하고 있는 원자들의 분리됨을 의미하며 원자 간 결합력을 끊기 위해 필요한 힘이 이론적 강도가 된다.

그러나 실제 재료의 강도는 이론적 파괴 강도보다 매우 낮다. 이러한 이유는 재료에 존재하는 미세 균열 등의 결함이 존재하기 때문이다. 파괴이론에 의하면 물질 내부에 미세한 균열이 존재할 경우, 균열의 끝 부분에 응력이 집중된다. 응력의 집중 정도는 균열 길이의 응력 방향에 대한 수직 성분의 제곱근에 비례한다(Inglis, 1913). 따라서 각 균열에 대하여 원자결합이 깨지기 시작하는 임계 응력값이 존재하며, 응력이 임계값을 초과하게 되면 균열이 진행되면서 균열 길이가 증가하고 응력 집중 정도가 가속되어 파괴가 일어난다. 이러한

결함은 재료의 부피가 커질수록 많아져 파괴강도는 이론적 강도보다 더욱 낮아진다.

그리피스(Griffith, 1921)는 미세균열과 취성파괴에 대한 획기적인 이론을 제시하였다. 취성파괴에 의해 균열이 확장되면 균열면을 따라 표면적이 증가하게 된다. 따라서 균열이 확장 전파되면 전체 표면에너지는 증가하게 된다. 반면에 균열이 전파되면 탄성변형에너지의 감소가 일어난다. 따라서 자발적인 파괴는 균열의 전파로 인한 에너지의 증감이 음으로 변할 때, 즉 탄성변형에너지의 감소가 표면 에너지의 증가보다 커질 때 발생한다. 이 이론을 이용하면 균열을 취성파괴로 발전시키는 데 필요한 인장력의 크기를 계산할 수 있다.

그러나 이 이론을 실제 입자에 적용하기 어렵다. 이는 입자 형태의 불규칙성으로 인해 가해진 응력분포는 균일하지 않고 압축, 인장, 전단의 다양한 형태의 응력이 작용하기 때문이다. 그림 1.2는 입자에게 압축을 가할 때, 균열이 시작될 때의 형상을 모사한 것이다(Partridge, 1978). 가해진 하중은 접촉점 주위에서 집중되며 접촉 부위 전단응력이 발생, 미세한 입자들이 생성된다. 한편 입자 중심축을 따라 발생하는 장력에 의한 큰 조각들이 생성된다. 가해지는 응력이 높아지면 중앙 균열면의 수가 많아지고 조각의 수도 증가한다. 또한, 중앙 균열에 수직방향으로 2차 균열이 생성되어 다양한 크기의 조각들이 형성된다. 결과적으로, 파괴 조각은 모입자의 크기와 비슷한 크기로부터 매우 미세한 크기까지 다양한 입도분포를 갖는다. 따라서 파·분쇄 공정으로 일정한 크기를 갖는 입자를 생산하는 것은 불가능하다. 또한 입자의 모서리에 응력이 가해지면 입자의 몸통은 그대로 있고 모서리만 부서지는 attrition 파괴가 발생한다. 이 경우 원래의 크기에 가까운 입자와 아주 미세한 입자들이 생성되어 bimodal 형태의 분포를 나타낸다. 더욱이 실제 파·분쇄장치에 투입된 입자에게 작용하는 응력의 크기와 방향은 무작위적이며 입자의 강도 또한 일정치 않다. 따라서 파·분쇄에 의한 입자의 파괴양상은 몸통의 파괴에서 attrition 파괴까지 복합적으로 나타나며 응력의 크기, 형태 및 빈도에 따라 최종산물의 입도분포가 변한다.

이와 같이 파·분쇄와 관련된 문제는 다양하고 복잡하다. 파괴역학은 오랜 기간 발전한 학문으로 파·분쇄 현상을 이해하는 데 근본적인 바탕이 되나 파·분쇄 공정에서의 복잡성으로 인해 입자의 파괴를 합리적으로 예측할 수 있는 이론이 존재하지 않고 있으며 아직도 파·분쇄 공정의 설계와 장비의 운용은 대부분 실험과 경험에 의존하고 있다.

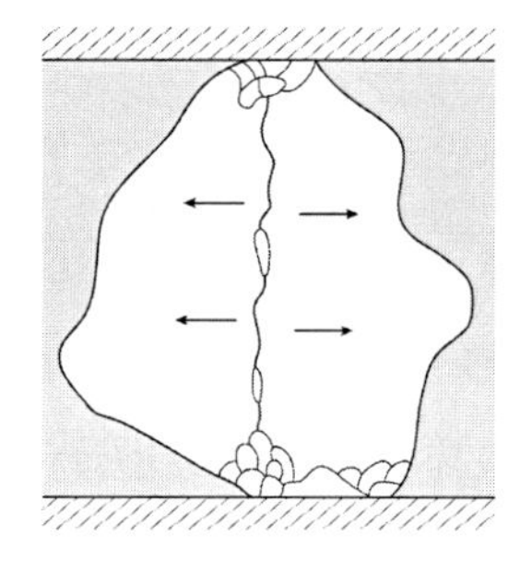

그림 1.2 입자의 균열 양상

1.3 파·분쇄 에너지

파·분쇄 공정은 많은 에너지를 소비하는 공정으로 에너지 효율은 파·분쇄 공정에서 매우 중요한 요소이다. 그림 1.3에 파·분쇄입도에 따른 에너지소모량을 도시하였다. 1~2차 파쇄 단계에서 에너지 소모량은 0.1~2kWh/ton으로 낮은 편이나 분쇄 입도(80% 통과 기준)가 100μm인 미분쇄 단계에 이르면 20kWh/ton으로 10배 이상 상승하며 10μm의 초미분쇄 단계에 이르면 1,000kWh/ton으로 기하급수적으로 증가한다(그림 1.3). 따라서 파쇄작업은 에너지 소모량 및 자본 비용이 높지 않아 운영에 있어 큰 문제를 야기하지 않으며, 이에 파쇄기에 대한 주요 관심 사항은 큰 덩어리를 다룰 때 나타날 수 있는 기계적 문제에 관한

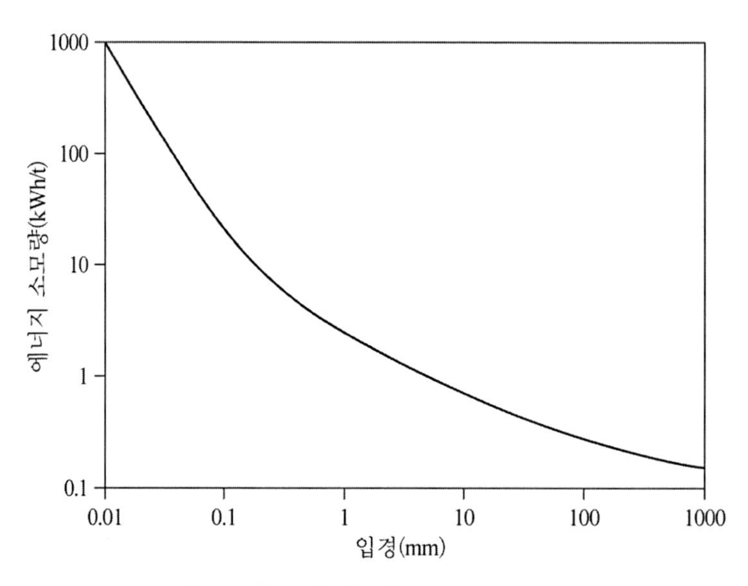

그림 1.3 파·분쇄 입도에 따른 에너지 소모량

것이다. 이에 반해 분쇄는 많은 에너지가 소비되고 효율이 현저히 낮은 반면 초미립자에 대한 수요가 증가하고 있기 때문에 분쇄공정 전반에 걸쳐 과학적·공학적 연구가 이루어지고 있다.

파·분쇄에서의 에너지 비효율성은 크게 두 가지 의미로 해석될 수 있다. 첫 번째는 파·분쇄 장비의 운전이 주어진 임무에 부합되지 않아 투입된 에너지가 입자를 부수는 데 효과적으로 사용되지 못하는 경우이며, 두 번째는 투입된 에너지가 입자들에 고르게 배분되지 못하고 특정 입자들에 집중됨으로써, 불필요한 미분생산에 에너지가 소비되는 경우이다. 전자를 직접적 에너지 비효율성, 후자를 간접적 에너지 비효율성이라 한다.

1.4 파·분쇄 회로

언급한 바와 같이 파·분쇄 공정에 의해 생성되는 입자는 크기가 일정치 않고 조대입자와 미립자가 혼재되어 있다. 파·분쇄를 지속하면 조대입자는 제거되나 미립자가 더욱 생성된다. 따라서 파·분쇄만으로는 좁은 입도범위의 산물을 얻을 수 없다. 조대입자만 분리해서 재분쇄한다면 이러한 문제를 해결할 수 있다. 그림 1.4는 이러한 예를 나타낸 것으로 분쇄기 후단에 분급기를 장착하여, 특정 입도보다 작은 입자는 최종 산물로 회수되고(Q) 큰 입자는 분쇄기에 보내져 재분쇄된다(T). 이러한 공정을 폐회로 분쇄공정이라 한다. 폐회로 분쇄산물의 입도분포는 분쇄기 투입량 및 분급입도에 따라 달라지며, 두 인자의 다양한 조합을 통해 입도를 조절함으로써 보다 탄력적으로 분쇄 공정 운용을 할 수 있다.

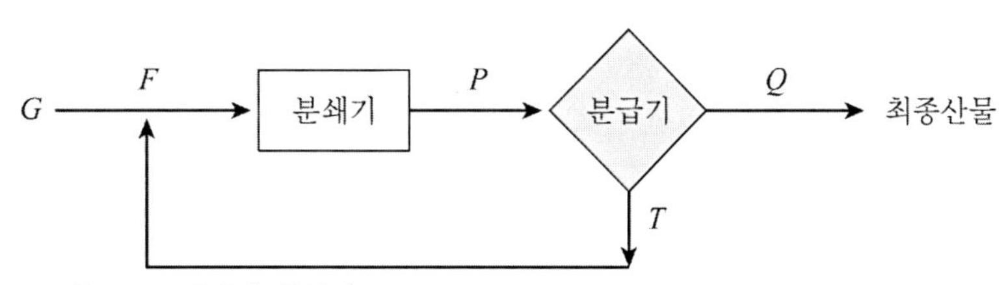

G: feed 시간당 투입량
F: 분쇄기 투입량
P: 분쇄기 배출량
Q: 분급 후 최종 산물 배출량
T: 분급 후 재순환되는 양

그림 1.4 폐회로 파·분쇄공정

정상 상태(steady state)의 분쇄공정에서는 다음과 같은 관계식이 성립한다.

$$G = Q$$
$$F = P$$
$$F = G + T$$
$$P = Q + P$$

분급 후 재순환되는 양과 최종 산물 배출양의 비율, 즉 (T/Q)를 순환비(C: circulation ratio)라고 한다. 순환비는 분쇄성능과 최종 산물의 입도분포에 중요한 영향을 미치기 때문에 분쇄회로 운전에 있어 주요 제어 인자가 된다.

1.5 파·분쇄 공정설계 및 운전

파·분쇄 공정의 비효율성은 파·분쇄기 종류, 규모 및 수 등을 잘못 선정하여 나타나는 설계단계에서의 비효율성, 장비의 비적절한 운전으로 나타나는 가동단계에서의 비효율성, 투입시료의 물성변화에 따른 공정제어의 비효율성 등 여러 단계에서 나타난다. 파·분쇄공정의 설계는 여러 가능한 조합으로부터 최적의 공정을 찾아내는 것이며 고려할 사항은 다음과 같다.

i. 대상 물질의 크기
ii. 재료 특성에 적합한 파·분쇄 방식
iii. 입도 영역별 파·분쇄장치의 성능
iv. 최종 목적입도 생산에 필요한 파쇄-분쇄-분급의 회로의 구성

파·분쇄 장치는 매우 다양하다. 이들 장치는 일반적으로 특정 입도 영역에 특화되어 있으나 각자 다른 방식으로 입자에게 응력을 가한다. 따라서 파·분쇄 장치 선택에 있어 우선적으로 고려할 사항은 feed의 입도이다. 이는 선택된 장비는 투입된 입자를 수용할 충분한 크기를 가져야 하며 파쇄할 수 있는 능력을 보유하여야 하기 때문이다. 두 번째 고려할 사항은 입도 축소 비율로서 최종 산물의 입도와 연관된다. 조립 입도로부터 미세 입자를 얻고자

할 때는 다 단계 공정이 필요하며 단계 수는 단계별 입도 축소비를 고려하여 결정되고 이는 대상 물질의 강도 등 물질 특성에 따라 달라진다. 그러나 입자의 파괴 양상은 같은 입도라도 파·분쇄 방식과 물성에 따라 다르게 나타나며 운전조건에도 영향을 받는다. 이러한 복잡성으로 인해 오랜 기간에 걸쳐 많은 연구가 진행되어 왔음에도 불구하고, 파·분쇄 성능에 대해 근본적으로 예측할 수 있는 이론이 존재하지 않으며 아직도 대부분의 파·분쇄 공정 설계는 실험적 결과를 분석해서 어떤 법칙을 찾아내려는 경험과학적 방법이 이용되고 있다.

이 중 가장 많이 이용되는 방법은 투입 에너지를 지표로 모든 파·분쇄 결과를 해석하는 것이다. 이 방법은 고전적이긴 하나 간단히 활용할 수 있기 때문에 현재까지도 꾸준히 이용되고 있다. 그러나 파·분쇄 결과는 다양한 요소가 작용하기 때문에 투입 에너지만으로는 해석되지 않는다. 이러한 한계는 1960년대부터 개발된 population balance model에 의해 개선되었다. 본 모델은 파·분쇄기 운전조건에 대한 모든 변수들이 포함되어 있을 뿐만 아니라 복잡한 분쇄회로에 대해서도 처리량 및 입도분포를 정확히 예측할 수 있기 때문에 공정설계 및 최적화에 유용하게 활용되고 있다. 1990년대부터는 이산요소법(Discrete Element Method, DEM)이 도입되어 분쇄기 내에서의 입자의 거동을 모사할 수 있게 되었다. 특히 DEM은 각 시간 스텝마다 입자별로 충격에너지가 계산되며 일정시간 동안 충격에너지의 빈도의 추적이 가능하다. 이러한 결과들은 투입 에너지 대비 입자 분쇄특성과 연계되어 다양한 운전조건에서 분쇄기의 성능을 해석하고 최적화하는 데 응용되고 있다. 또한 파·분쇄 공정에 대한 다양한 수학적 모델이 꾸준히 개발되고 있다. 이러한 수학적 모델은 운전변수 변화에 대한 영향을 파악할 수 있으며 변수를 제어하여 결과를 바꾸거나 향후에 일어날 수 있는 현상을 예측할 수 있다. 또한 다양한 조건에서 대해 실험을 통하지 않고 결과를 예측할 수 있기 때문에 비용과 시간을 절약할 수 있으며 최적의 공정설계 또는 공정제어에 활용되고 있다.

1.6 책의 구성

파·분쇄의 궁극적인 목적은 원하는 입도를 생산하는 것이다. 즉, 입도는 파·분쇄공정에서 가장 근본적인 제어 대상이며 입도의 측정은 가장 중요한 요소이다. 따라서 2장에서는 파·분쇄 공정 분석에 가장 기본적인 변수인 입도에 대한 정의 및 측정 방법에 대하여 설명하고자 한다. 3장에서는 파·분쇄 현상을 이해하는 데 바탕이 되는 파괴역학에 대한 기초적인 설명과 입자파괴 현상에 대하여 기술하였다. 4장에서는 고전 에너지-분쇄입도 이론 및 에너지 투입에 따른 실험적 파괴 양상 분석 방법에 대해 설명하였다. 투입 에너지 대비 분쇄입도의 상관관계는 파·분쇄 현상을 이해하고 공정을 분석하는 데 가장 기본이 되는 접근 방법이다. 5장에서는 파·분쇄 공정의 성능을 예측할 수 있는 수학적 모델링에 대한 기본 개념에 대해 기술하였다. 6~8장은 다양한 파쇄기, 분쇄기, 초미분쇄 장비에 대해 자세히 기술하였으며 각 공정별로 개발된 수학적 모델링에 대해 설명하였다. 대부분의 파·분쇄 공정에는 분급과정이 수반되며, 이에 9장에서는 분급공정에 이용되는 다양한 장비와 분급효율에 대한 이론적, 실험적 접근 방법에 대하여 기술하였다.

제1장 참고문헌

Griffith, A. A. (1921). The phenomena of rupture and flow in solids, *Philosophical Transactions of the Royal Society A.* 221, 163-198.

Inglis, C. E. (1913). Stresses in a plate due to the presence of cracks and sharp corners, *Transactions of the Institution of Naval Architects*, 55, 219-230.

Partridge, A.C., (1978). Principles of comminution, *Mine and Quarry*, 7, 70.

제2장

입도측정과 입도분포

제2장

입도측정과 입도분포

입자의 크기 및 분포도에 대한 정보는 입자를 다루는 모든 산업공정에서 중요한 요소이다. 그러나 입자는 형태가 불규칙하고 다양한 3차원 구조를 가지고 있기 때문에 크기를 정의하기가 쉽지 않다. 또한 입자 크기는 수 센티미터에서 마이크론 이하까지 광범위하게 나타나기 때문에 입도 측정 또한 간단하지 않다. 육안으로 보이는 입자는 눈금자로 측정할 수 있으나 현미경으로 봐야 하는 입자는 보다 정교한 분석방법이 필요하다. 최근 분석기기의 발달로 나노 크기의 입자까지 짧은 시간에 입도에 대한 정보를 얻을 수 있다. 그러나 이러한 기기들은 입도에 따른 물성에 기초하여 간접적으로 크기를 추론하기 때문에, 동일한 입자에 대해서도 다른 값을 제공한다. 따라서 분석기기 및 분석원리에 대한 충분한 사전 지식이 필요하며 시료특성과 목적에 부합하는 입도 분석법을 선택해야 한다.

2.1 입도

입자는 3차원의 물체이며 그 형태 또한 다양하다. 그림 2.1과 같이 입자가 구형이거나 정육면체일 경우 직경이나 한 모서리의 길이로 입자의 크기를 간단히 나타낼 수 있다. 그러나 불규칙한 형태의 입자의 경우 직경과 같은 1차원의 수치로는 입자를 완전하게 설명할 수 없다. 따라서 다양한 기준을 정하여 입도를 나타낸다. 입도를 정의하는 방법은 크게 입자 치수 속성(폭, 길이, 두께)과 관련된 Feret 직경과 Martin 직경, 구형의 입자로 환산된 등가 직경, 체 입도의 세 분류로 구분된다(그림 2.2, 표 2.1).

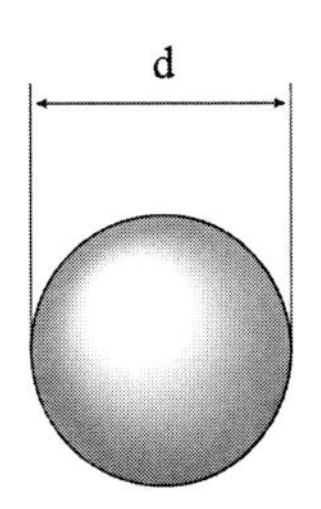
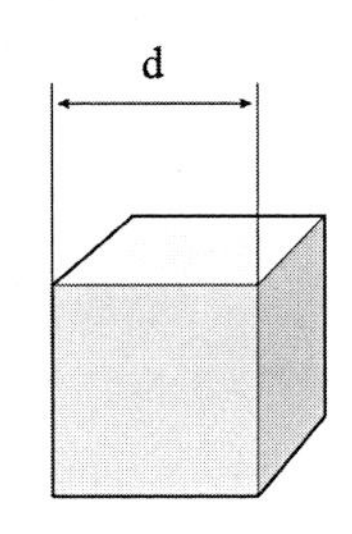
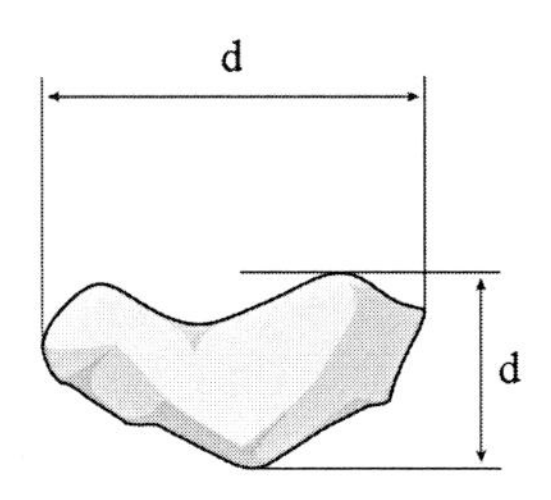

그림 2.1 입자의 다양한 형태

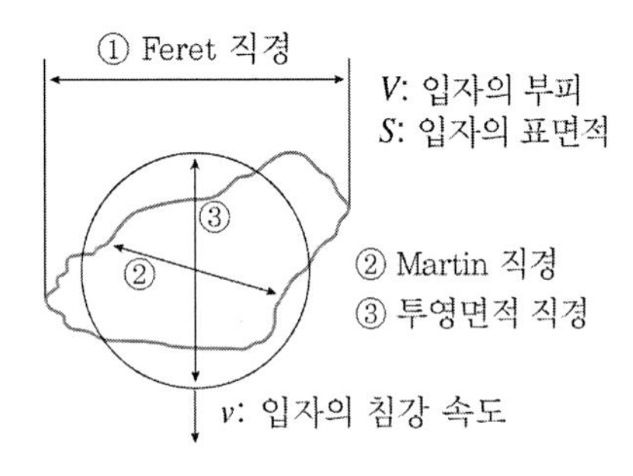

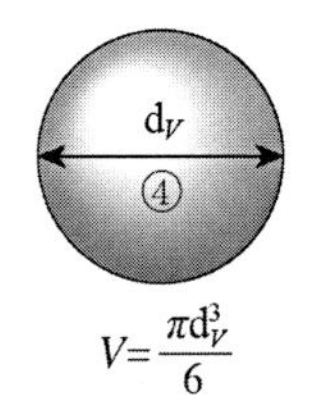

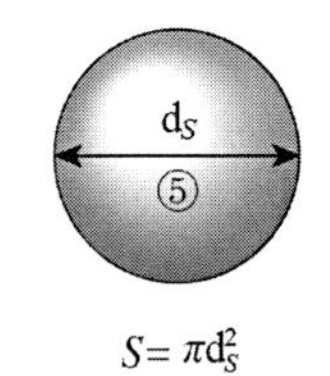

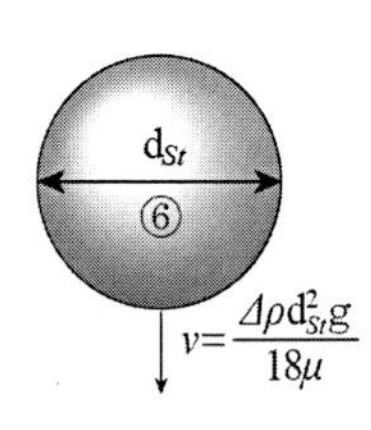

그림 2.2 입도의 정의

표 2.1 입도의 정의

입자의 폭, 길이, 두께	
Feret 직경(d_F)	입자의 한쪽 끝과 반대쪽 끝에 평행선을 그었을 때 두 선의 간격
Martin 직경(d_M)	투영면적을 이등분하는 선의 길이
Length(L)	최대 Feret 직경
Breadth(B)	최소 Feret 직경
Thickness(T)	입자가 안정적으로 놓였을 때 입자의 높이
등가 직경	
투영면적 직경(d_A)	입자의 투영면적과 같은 면적을 가진 원의 직경
부피 직경(d_V)	입자와 같은 부피를 갖는 구의 직경
표면적 직경(d_S)	입자와 같은 표면적을 갖는 구의 직경
Stokes 직경(d_{St})	입자와 침강속도가 같은 동일 밀도의 구의 직경
체 입도	
d_{sieve}	체에 통과되는 최소의 체 눈의 크기

등가 직경은 불규칙한 형상의 입자의 크기를 원이나 구에 해당하는 직경으로 환산된 수치로 입자의 형상에 따라 크게 영향을 받는다. 체를 이용한 입도 분석의 경우 투영면적이 최소되는 방향으로 체 눈을 통과될 수 있기 때문에 체 직경은 일반적으로 다른 직경에 비하여 다소 작게 나타난다. 일반적으로 입자는 유체 내에서 저항이 최대가 되는 방향으로 회전하여 침강하기 때문에 Stokes 직경 또한 다른 직경에 비해 작게 나타난다. 표 2.2는 입자의 부피가 1mm^{3}일 때(모든 경우 d_V는 1.24임), 입자 형상에 따른 L, B, T, 최대 Feret 직경, 등가 직경을 예시한 것이다.

표 2.2 입자 형상에 따른 입도의 비교

형상		L	B	T	d_{Fmax}	d_A	d_S	d_{sieve}
정육면체형		1	1	1	1.41	1.12	1.38	1.0
구형		1.24	1.24	1.24	1.24	1.24	1.24	1.24
단추형		1.37	1.37	0.68	1.37	1.36	1.36	1.36
판형		2.15	2.15	0.215	3.04	2.43	1.88	1.74
기둥형		2.32	0.93	0.46	2.50	1.65	1.52	0.99
바늘형		5.85	0.58	0.29	5.88	2.08	1.81	0.62

구는 단위 부피당 표면적이 가장 작기 때문에 d_S는 d_V보다 크다. d_A는 입자형상에 따라 d_V보다 클 수도, 작을 수도 있다. 길쭉한 입자의 d_A와 d_S는 모두 d_V보다 크다. 체 입경은 체의 통과여부에 따라 결정되기 때문에 홀쭉한 입자의 체 입경은 d_V보다 작다. 길쭉하거나 납작한 입자는 d_A, d_S, d_V 사이에 상당한 차이가 있다. 즉, 입자의 형태가 구형에서 벗어날수록 측정방법에 따라 크기가 매우 다르게 나타난다. 따라서 입도 측정장비의 선택은 주의를 요하며 제품 특성을 잘 나타낼 수 있는 측정장비를 선택하여야 한다.

2.2 입자형상

입자의 형상은 제품의 특성을 결정짓는 매우 중요한 인자이다. 잉크, 페인트, 화장품에 사용되는 입자는 광학적 성질이나 은폐력의 측면에서 둥근 모양보다는 납작한 형태의 입자가 효율적이다. 반면 고무 충전제는 가늘고 긴 형태의 입자일 경우 결 모양의 조직을 유발해 한 방향으로 찢어지는 성질이 나타나기 때문에 둥근 모양의 입자형태가 바람직하다. 플라스틱 충전제의 경우는 충격강도 증진의 측면에서 실 형태의 입자가 유리하다. 연마제의 경우, 모서리 각이 많이 있는 입자형태가 좋은 연마 효과를 발휘한다. 그러나 날카로운 모서리를 가진 입자라 해도 형태가 납작할 경우 미끄러짐 현상으로 인해 연마 효과가 떨어질 수 있다. 파·분쇄 공정으로 생성된 입자는 파·분쇄 기작이나 입자의 물성에 따라 특정의 형태로 나타날 수 있다.

2.2.1 입자형상의 정성적 분류

입자형상에 대한 정성적 분류는 영국표준에 명시된 다음의 분류가 많이 이용된다.

Ⅰ. 바늘 형태(Acicular)
Ⅱ. 각진 형태(Angular)
Ⅲ. 결정구조 형태(Crystalline)
Ⅳ. 가지 형태(Dendritic)
Ⅴ. 실 형태(Fibrous)
Ⅵ. 판 형태(Flaky)
Ⅶ. 알갱이 형태(Granular)
Ⅷ. 불규칙한 형태(Irregular)

2.2.2 입자형상의 정량적 분류

입자의 형태는 매우 다양하여 하나의 수치로 나타낼 수 없기 때문에 길이(L), 폭(W), 두께(T)의 상대적인 크기를 사용하여 입자의 특징을 나타낸다. 막대 모양의 입자는 폭에 비해 길이가 길고, 동전 모양의 입자는 길이와 폭이 같으나 두께가 얇다. 또한 직육면체, 타원체, 팔면체 등의 기하학적 구조로 입자의 형상을 기술하기도 하며 W/L, T/W의 수치와 조합하여 묘사되기도 한다. 일반적인 입자에 대해서는 형상의 특징을 나타낼 수 있는 다양한 지표가 개발되어 사용되고 있다.

1) 형상 계수(Shape Factor)

형상계수는 다양한 방법으로 정의될 수 있으나, Heywood(1947)가 제시한 계수가 가장 널리 이용된다. 입자의 투영 면적 직경을 x라 하면 입자의 부피 V와 표면적 S는 다음과 같이 표현된다.

$$V = k_V x^3 \tag{2.1}$$

$$S = k_S x^2 \tag{2.2}$$

k_V를 부피 형상계수, k_S를 면적 형상계수라 한다.

표 2.3은 폭과 두께가 L_1, 길이가 L_2일 때 L_2/L_1 변화에 따른 형상계수를 예시한 것이다. k_S와 k_V는 납작하거나 길쭉해질수록 정육면체에 비해 작아지고, 반대로 k_s/k_V는 증가함을 알 수 있다.

표 2.3 입자 형상에 따른 형상계수 비교

형상	L_2/L_1	k_S	k_V	k_S/k_V
판형	0.1	1.885	0.0696	27.08
판형	0.4	2.827	0.2784	10.16
정육면체형	1.0	4.712	0.6958	6.77
기둥형	5.0	3.454	0.3112	11.10
기둥형	10.0	3.298	0.2202	14.98

2) 구형도(Sphericity)

구형도는 입자의 모양이 구에 닮은 정도를 나타내는 지표로, 다음과 같이 정의된다 (Wadell, 1933).

$$\text{Sphericity} = \frac{\text{등가부피 구의 표면적}}{\text{입자 실제 표면적}} = \frac{d_V^2}{d_S^2} \tag{2.3}$$

d_V와 d_S는 각각 등가 부피 직경과 표면적 직경이다.

3) 원형도(Circularity)

원형도는 투영된 입자 형상이 원과의 유사한 정도를 나타내는 지표로, 다음과 같이 정의된다.

$$\text{Circularity} = \sqrt{\frac{4\pi A}{P^2}} \tag{2.4}$$

A는 투영된 입자의 면적, P는 투영된 입자의 둘레 길이이다.

4) 종횡비(Aspect ratio)

종횡비는 입자의 길이와 폭의 비율로 다음과 같이 정의된다.

$$\text{Aspect ratio} = \frac{\text{최소 } Feret \text{ 직경}}{\text{최대 } Feret \text{ 직경}} \tag{2.5}$$

5) 납작비(Flakiness ratio)

납작비는 입자의 폭과 두께의 비율이다.

표 2.4에 다양한 입자형상에 대해 원형도와 종횡비의 값을 나타내었다.

표 2.4 입자 형상에 따른 종횡비와 원형도

형상	종횡비	원형도
	1	1
	0.22	0.69
	1	0.89
	0.25	0.71
	0.96	0.93
	1	0.78
	1	0.95
	1	0.79

2.3 입도 측정방법

입도 측정은 체 영역과 체 이하(subsieve) 영역으로 대별된다. 체 분석은 주로 38μm 까지 이루어지며 그 이하의 입도는 현미경으로 직접 관찰하거나 입자크기와 관련된 다양한 물리적 특성을 이용하여 간접적으로 측정한다. 주요 방법에는 유체 내에서의 침강 속도를 이용한 침강법(sedimentation), 전류저항의 변화를 감지하는 전기저항 측정법, 입자에 빛을 투사하여 산란 정도를 감지하는 광산란법(light scattering) 등이 있다. 이러한 방법은 습식 또는 건식으로 이루어지며 체와 침강법은 입도측정과 동시에 입도구간별로 입자분리가 가능하다. 표 2.5에 입도측정 범위 및 특성을 요약하였다.

표 2.5 입도 측정 범위 및 특성

방법	습식 또는 건식	입도 분리	측정 범위, μm
체	모두 가능	가능	5~100,000
레이저 회절법	모두 가능	불가능	0.1~2,000
광학 현미경	건식	불가능	0.2~50
전자 현미경	건식	불가능	0.005~100
전기 저항법	습식	불가능	0.4~100
침강법	습식	가능	0.05~5
광 산란법	습식	불가능	0.0003~10

2.3.1 체가름법

체가름(sieving)은 가장 오래된 입도분석 방법 중 하나이다. 체에는 다양한 종류가 있지만, 표준체의 경우, 직경이 8인치이고 체 망은 와이어를 직조한 형태이다(그림 2.3). 표준체를 구성하는 체 눈의 크기는 표 2.6과 같이 $2^{1/4}$의 등비로 감소하며 체 번호는 1인치당 체 눈의 개수를 의미한다. 분석 방법은 체 눈이 큰 것부터 작은 순서로 체를 쌓은 후 입자의 혼합물을 최상단에 투입하고 체 진동기를 이용해 진동시킨다. 입자는 입자 직경에 따라 체 사이에 분포되며, 각 체에 적체된 질량을 측정하고 무게비율을 계산하여 입도분포를 도출한다.

그림 2.3 표준체

체 분석은 비교적 간단하게 실시할 수 있고 특별히 숙련된 기술을 요하지는 않으나, 몇 가지 주의할 점이 있다. 첫째, 각 체에 쌓이는 입자의 양이 과도하면 충분한 체질이 일어나지 않으며 체 눈에 입자가 끼는 현상이 발생하기도 한다. 따라서 각 체별로 과도한 양이 쌓이지 않도록 해야 한다. 일반적으로 각 체에 쌓일 수 있는 적절양은 3번 체의 경우 200~400g,

표 2.6 표준체 입도

체 번호	체 눈 크기	체 번호	체 눈 크기
3.5	5.60mm	40	425μm
4	4.75mm	45	355μm
5	4.00mm	50	300μm
6	3.35mm	60	250μm
7	2.80mm	70	212μm
8	2.36mm	80	180μm
10	2.00mm	100	150μm
12	1.70mm	120	125μm
14	1.40mm	140	106μm
16	1.18mm	170	90μm
18	1.00mm	200	75μm
20	850μm	270	53μm
25	710μm	325	45μm
30	600μm	400	38μm
35	500μm		

16번 체의 경우 50~100g, 체 눈의 크기가 작아질수록 이 양은 작아져 400번 체의 경우 10g이 넘지 않도록 해야 한다. 둘째, 충분히 체질이 되기 위해서는 진동시간을 충분히 주어야 하나 시간이 갈수록 입자 마모가 일어나면서 점점 통과되는 양이 증가하는 현상이 발생된다. 따라서 진동시간은 충분한 체질과 과도한 마모를 방지할 수 있는 10~20분이 적절하다. 셋째, 미세입자들은 서로 뭉치거나 굵은 입자에 부착하여 부정확한 입도분석 결과를 초래한다. 따라서 미세한 입자가 많은 시료는 물을 살포하는 습식체질을 실시하여야 한다. 체 분석 결과는 입자의 체 통과 여부에 따라 결정되기 때문에 측정된 입자 크기는 명확히 정의되지 않으며 입자의 형태에 따라 달라질 수 있다.

2.3.2 현미경분석법

현미경분석법은 현미경을 이용하여 입자의 크기, 모양과 입도분포에 대한 정량적 정보를 획득하는 방법이다. 최근에는 디지털 영상 처리기술의 발달로 빠르고 정확한 입자 크기 분석이 가능하다. 광학 현미경은 보통 1~100μm 범위의 입자를 분석할 수 있으며 SEM은 수백 nm까지 분석할 수 있다. 계측방법은 슬라이드의 입자 영상(그림 2.4)에 대해 입자별로 구별한 후 각 입자에 대해 정량적 결과를 집계한다. 몇 분 안에 수천 개의 입자를 분석할 수 있으며 입자의 형상 및 입자크기에 대한 다양한 정보를 얻을 수 있다. 그러나 투영된 2D 이미지를 바탕으로 하기 때문에 입자의 3차원 형상 정보를 얻을 수 없다. 또한 측정방향에 따라 Feret 직경이나 Martin 직경이 다르게 나타날 수 있다. 따라서 다음의 산술평균 입경이 종종 이용된다. 산술평균 입경은 다음과 같이 정의된다.

$$d_{AM} = \frac{d_{\max} + d_{\min}}{2} \tag{2.6}$$

$d_{\max}$와 $d_{\min}$은 각각 Feret 최대, 최소 직경 또는 Martin 최대, 최소 직경이다. 기하 평균 입경은 다음과 같다.

$$d_{GM} = (d_1 d_2 d_3 \cdots d_N)^{1/N} \tag{2.7}$$

$d_1 d_2 d_3 \cdots d_N$은 방향에 따라 측정된 N개의 Feret 직경 또는 Martin 직경이다.

선 직경은 측정 방향에 따라 영향을 받기 때문에 식 (2.7)에 의해 계산된 직경은 일관적이지 않을 수 있다. 이에 투영면적 직경 또한 이용되며 다음과 같이 계산된다.

$$d_P = \sqrt{\frac{4S}{\pi}} \tag{2.8}$$

S는 입자의 투영면적이다.

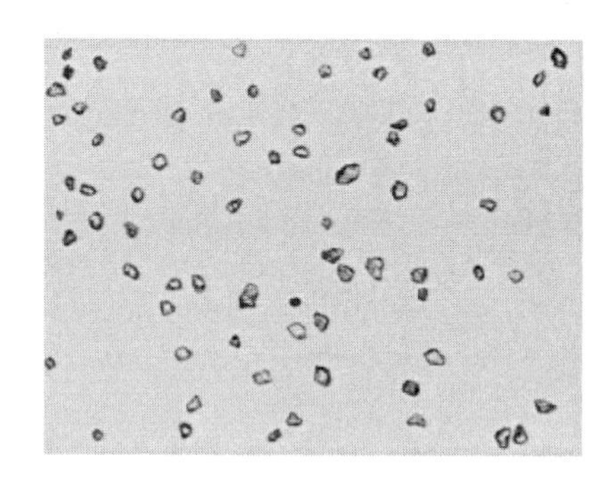

그림 2.4 현미경 입자 영상

2.3.3 전기저항법

전기저항법은 1950년대 W. Coulter에 의해 개발된 방법으로 측정원리는 다음과 같다. 그림 2.5와 같이 입자를 전도성 액체에 분산시킨 후 감지 세공으로 통과시키면 순간적으로 저항의 변화가 발생한다. 저항의 변화는 voltage pulse로 나타나며 pulse의 크기는 입자의 부피에 비례하기 때문에, 입자크기를 역으로 계산할 수 있다. 입자 분포는 다수의 입자(보통 100,000개 이상)를 통과시킨 후 저항의 크기별 빈도수로부터 도출된다. 그러나 세공 크기에 비해 입자가 매우 작을 경우 감지되기 않기 때문에 측정한계가 존재한다. 일반적으로 측정하한 입도는 세공 크기의 약 1.5~2.0%이다. 따라서 매우 넓은 범위의 입도분포를 측정하고자 할 경우, 두 개 이상의 감지 세공을 이용하여 조합하는 방법이 이용된다.

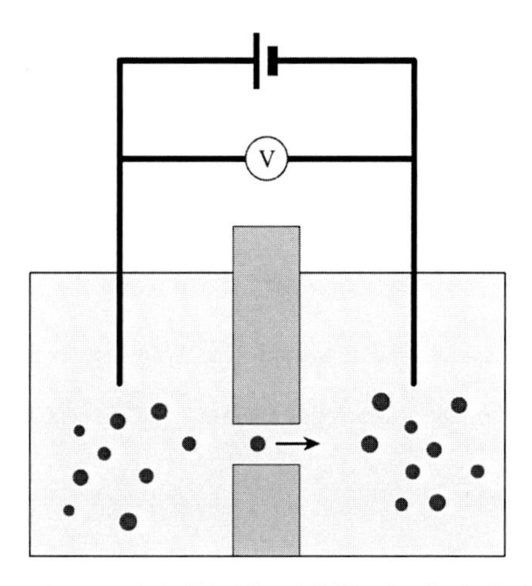

그림 2.5 전기저항법을 이용한 입도측정 원리

2.3.4 침강법

침강법은 입자크기에 따른 침강속도 차이를 이용한 입도측정법이다. 입자의 침강속도는 Stokes 법칙에 의해 다음과 같이 계산된다.

$$v = \frac{gd^2(\rho_s - \rho_f)}{18\mu} \tag{2.9}$$

g는 중력가속도, d는 입자의 크기, ρ_s는 고체의 밀도, ρ_f와 μ는 각각 유체의 밀도와 점도이다. 위 식은 층류 영역에서의 항력을 기반으로 유도된 식이기 때문에 50μm 이하의 입도측정에 적용된다. 또한 위 식은 구형입자를 가정하여 도출되었기 때문에 계산된 입자크기는 Stokes 직경이 된다. 그러나 입자의 침강속도는 입자의 형상에 영향을 받기 때문에 Stokes 직경은 입자의 형태가 원형에서 벗어날수록 실제 크기보다 작아지는 경향을 나타낸다.

측정원리는 다음과 같다. 그림 2.6과 같이 입자를 고르게 분산시킨 후 침강시키면 입자크기에 따라 다른 속도로 침강한다. t_1시간 후 수면에 위치하였던 제일 큰 입자가 깊이 h만큼 침강하였다면 h상부에는 그보다 작은 입자만 존재하게 되며, t_2시간 후에는 더 작은 입자가, t_3시간 후에는 더욱 더 작은 입자만이 존재하게 된다. 따라서 일정 깊이 h에서의 고체농도는 시간에 따라 점점 희박해지며 그때 농도는 침강속도가 h/t보다 작은 입도의 농도가 된다. 따라서 질량 누적 입도분포와 입자농도 사이에는 다음의 관계가 성립한다.

$$Q_w(d) = \frac{C(h,t)}{C_0} \tag{2.10}$$

$C(h,t)$ = t시간 후 깊이 h지점에서의 고체농도

C_0 = 초기 고체농도

$Q_w(d)$ = 크기 d보다 작은 입자의 중량비

침강속도 $v = h/t$를 식 (2.9)에 대입하면 $C(h,t)$에 해당되는 d는 다음 관계식으로 얻을 수 있다.

$$d = \sqrt{\frac{18\mu}{g(\rho_s - \rho_f)}\frac{h}{t}} \tag{2.11}$$

$C(h,t)$는 과거 미량 시료를 채취한 후 여과를 통해 측정하였으나, 기술의 발달로 현재는 X-선을 투과하여 투과 정도에 따라 고체농도를 추정한다. 입도측정 절차는 일정 깊이 h에 대하여 시간별로 농도를 측정하고 초기 농도에 비해 감소된 비율, 즉 $C(h,t)/C_0$를 계산하며 그 값은 식 (2.11)에 의해 계산된 d보다 작은 입자의 비율이 된다.

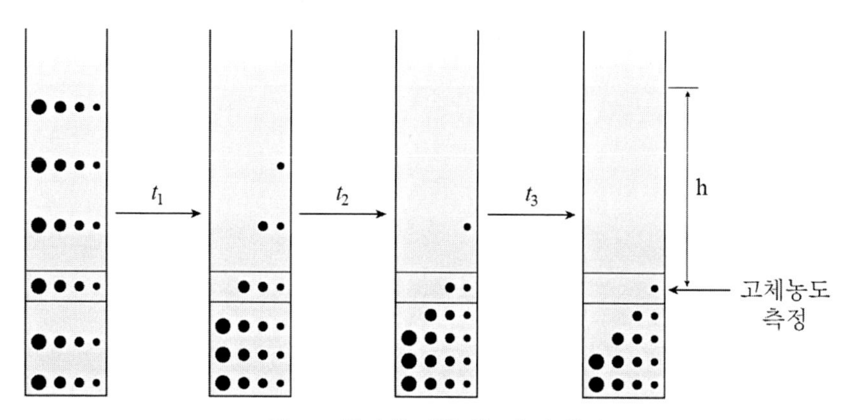

그림 2.6 침강에 의한 입도측정 원리

미세한 입자는 침강이 느리기 때문에 원심력을 이용하며(그림 2.7), 측정원리는 다음과 같다.

직경 d, 밀도 ρ_s인 구형입자가 원심력에 의해 이동할 때 항력(F_d) 및 부력이 작용하며 Newton의 제2법칙에 의해 다음과 같은 관계가 성립한다.

$$\frac{\pi d^3}{6}\rho_s a = F_d - \frac{\pi d^3}{6}(\rho_s - \rho_f) r\omega^2 \tag{2.12}$$

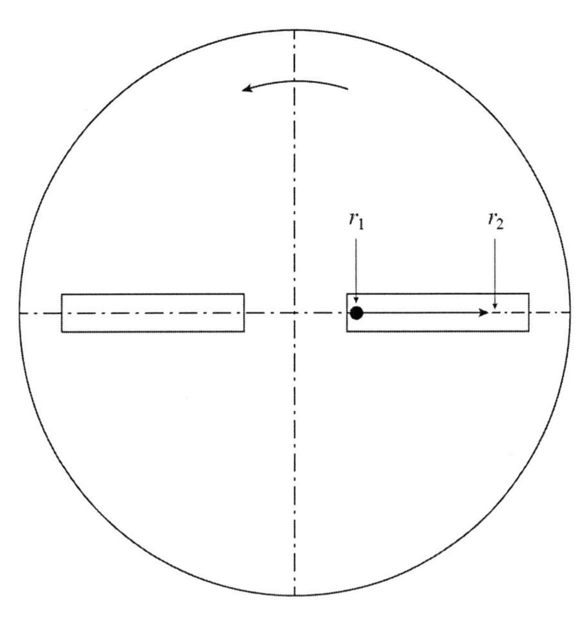

그림 2.7 원심력에 의한 입도측정 원리

ρ_f는 유체의 밀도이며, ω는 각속도이다. 입자가 종속도에 도달했을 때 가속도 a는 0이 되어 위 식은 다음과 같이 표현된다.

$$F_d = \frac{\pi d^3}{6}(\rho_s - \rho_f)r\omega^2 \tag{2.13}$$

층류영역에서 항력은 $3\pi\mu v d$(μ: 유체점도, v: 입자이동속도)이므로 위 식은 다음과 같이 표현된다.

$$3\pi\mu d\frac{dr}{dt} = \frac{\pi d^3}{6}(\rho_s - \rho_f)r\omega^2 \tag{2.14}$$

입자가 t시간 동안 r_1에서 r_2로 이동하였다면 위 식은 다음과 같이 적분된다.

$$d = \left[\frac{18\mu\rho_s}{(\rho_s - \rho_f)\omega^2 t}\ln\frac{r_2}{r_1}\right]^{0.5} \tag{2.15}$$

따라서 t, r_1, r_2에 대해 d를 계산할 수 있으며 초기 농도와 r_2에서의 농도를 비교하면 중력침강에서와 같은 방식으로 입도분포를 측정할 수 있다. 그러나 입자의 밀도가 유체의 밀도와 크게 차이가 없을 경우 침강이 매우 느리게 일어나 분석이 제대로 이루어지지 않을 수 있으며 아주 미세한 입자는 브라운 운동으로 인하여 Stokes 침강 속도식을 따르지 않기 때문에 보정이 필요하다. 또한 침강속도는 입자의 밀도에 의해 영향을 받기 때문에 불균질한 입자가 혼합되어 있을 경우 측정오차가 발생된다.

2.3.5 레이저 회절/광산란 입도 분석

레이저 회절 입도 분석은 빛의 산란현상을 이용한 분석방법이다. 그림 2.8과 같이 입자에게 레이저 빔을 투사하면 큰 입자는 산란각이 작고 작은 입자는 산란각이 크다. 따라서 입도에 따라 산란각도 및 강도가 다르게 나타나며 광산란 이론을 접목하면 입도를 추정할 수 있다. 입자의 광산란은 회절, 반사, 굴절 등 다양한 인자에 영향을 받는다. Fraunhofer 이론은 원판형의 입자의 회절현상 및 산란각도가 작을 때를 가정한 것으로 큰 입자(수십 μm)에 적합하다. 그러나 입자가 작아지면 반사 및 굴절에 의한 영향을 무시할 수 없기 때문에 Mie 이론이 적용된다. Mie 이론의 적용 입도범위는 0.045~2000μm으로 광범위하나 정확한 측정을 위해서는 입자 및 유체의 굴절률이 요구된다.

나노입자의 경우 입자의 동적 광산란을 이용해 측정한다. 동적 광산란법은 입자가 브라운 운동을 할 때 시간에 따라 산란광의 세기가 달라지는 현상을 이용한다. 이러한 산란광의 세기 변동을 분석하면 입도를 알 수 있는 확산 계수를 결정할 수 있으며 Stokes-Einstein 방정식을 통해 입도를 구할 수 있다. 광산란법은 측정 편의성, 측정범위의 다양성으로 인해 최근 많이 이용되고 있다. 그러나 광산란은 입자의 형상에 따라 크게 변할 수 있다.

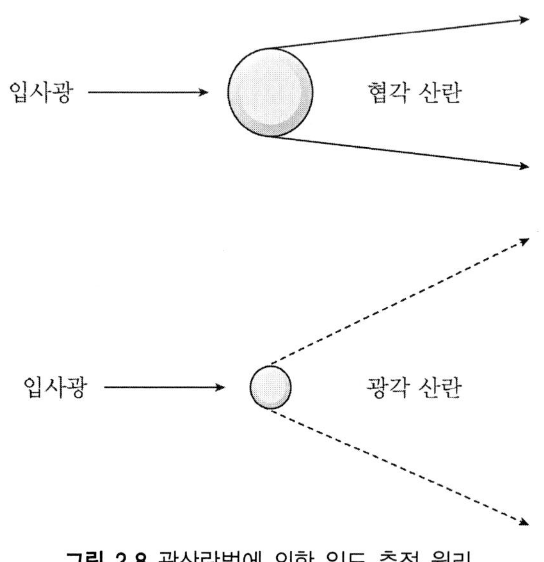

그림 2.8 광산란법에 의한 입도 측정 원리

2.4 입도분포 곡선

측정된 입도분포는 다양한 형태의 그래프로 나타낸다. 막대그래프는 입도구간별 비율을 나타내며 평균 입도와 입도 분산도를 비교하는 데 편리하다. 누적 입도분포는 특정 입도보다 작거나 큰 입자의 비율을 나타낸 것으로 중간 입도 또는 80% 통과 입도 등의 대표 입도를 쉽게 확인할 수 있다.

표 2.7은 세 가지 샘플에 대해 체 분석에 의한 $\sqrt{2}$ 입도계열 무게 기준 입도분포를 나타낸 것이다. 샘플 A의 네 번째 열은 입도구간별 무게 비율을 나타낸 것으로 최대 크기는 9.5mm이며, 9.5mm체를 통과하고 6.8mm체에 잔류하는 입자의 비율이 3.53%, 6.8mm체를 통과하고 4.75mm체에 잔류하는 입자의 비율이 15.46%임을 알 수 있다. 마지막 구간은 하한이 없는 구간으로 0.038mm를 통과한 입자의 비율이 3.9%임을 나타낸다. 그림 2.9는 입도구간별 무게비율을 막대그래프로 나타낸 것으로 전체적인 입도분포의 형태 및 최대 빈도 입도구간을 쉽게 알 수 있다.

5번째 열은 통과기준 누적 입도분포로서 입도구간별 무게 비율을 밑에서 위로 순차적으로 누적 합산한 것이다. 0.038mm보다 작은 입자는 3.90%, 0.053mm보다 작은 입자는 4.77% 등이 된다. 이와 반대로 6번째 열은 해당 체 크기보다 큰 입자의 비율을 나타내는 누적 입도분포로서 6.8mm보다 큰 입자는 3.53%, 4.75mm보다 큰 입자는 18.99% 등이 된다.

그림 2.10은 통과기준 누적 입도를 도시한 것으로 한 개의 선으로 나타나기 때문에 입도구간별 분포보다 편리하다. 파·분쇄 산물의 입도구간은 등비급수로 나누어지기 때문에 x축은 로그 좌표를 사용한다. y축은 그림 2.10에서와 같이 선형좌표가 이용되기도 하나 S형태의 곡선으로 나타나는 경우가 많다. 그러나 적절한 좌표 전환을 하면 직선으로 나타나며 간단한 수식으로 표현 가능해진다.

표 2.7 체 분석 자료

1) 샘플 A

Interval No.	입경, mm		입도구간별 중량백분율	통과중량 백분율	잔류중량 백분율
1	−9.5	+6.8	3.53	100.00	0.00
2	−6.8	+4.75	15.46	96.47	3.53
3	−4.75	+3.4	17.40	81.01	18.99
4	−3.4	+2.4	11.98	63.61	36.39
5	−2.4	+1.7	9.12	51.63	48.37
6	−1.7	+1.2	9.17	42.51	57.49
7	−1.2	+0.85	6.31	33.34	66.66
8	−0.85	+0.6	5.40	27.03	72.97
9	−0.6	+0.425	4.32	21.63	78.37
10	−0.425	+0.3	3.11	17.31	82.69
11	−0.3	+0.212	2.89	14.20	85.80
12	−0.212	+0.15	2.43	11.31	88.69
13	−0.15	+0.106	1.85	8.88	91.12
14	−0.106	+0.075	1.21	7.03	92.97
15	−0.075	+0.053	1.05	5.82	94.18
16	−0.053	+0.038	0.87	4.77	95.23
17	−0.038		3.90	3.90	96.10
		Total	100.00		

2) 샘플 B와 C

입경, mm	통과중량백분율	
	샘플 B	샘플 C
11.3	95.99	99.96
8.0	93.32	99.61
5.6	89.44	98.03
4.0	84.13	93.78
2.8	77.34	85.97
2.0	69.15	75.06
1.4	59.87	62.55
1.0	50.00	50.06
0.71	40.13	38.80
0.50	30.85	29.34
0.354	22.66	21.77
0.25	15.87	15.94
0.18	10.56	11.55
0.125	6.68	8.31
0.088	4.01	5.95
0.063	2.28	4.25
0.044	1.22	3.02
0.031	0.62	2.15

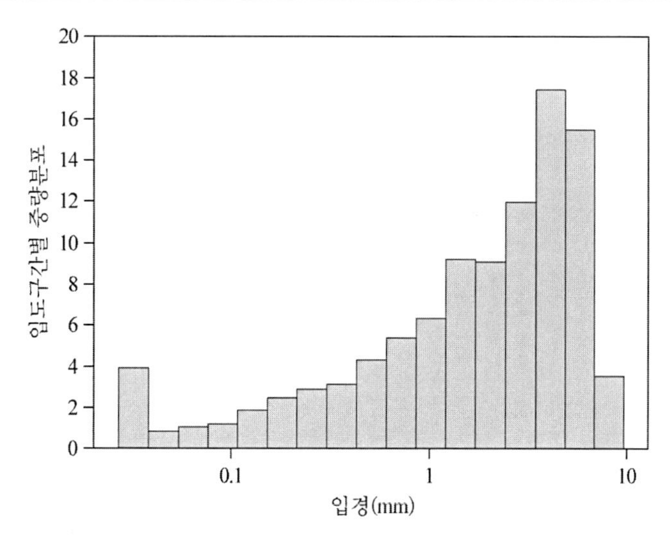

그림 2.9 입도분포 막대그래프(샘플 A)

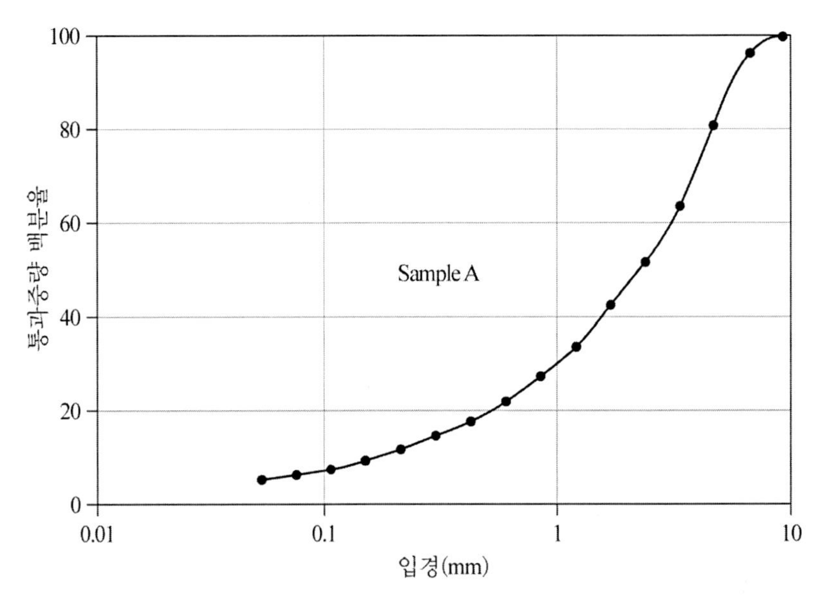

그림 2.10 누적 입도분포 그래프(샘플 A)

그림 2.11a는 x와 y축을 로그 좌표로 변환하여 나타낸 것으로 직선 형태를 보임을 알 수 있다. 따라서 샘플 A의 누적 입도분포, $P(x)$(x보다 작은 입자의 백분율)는 다음과 같이 지수함수로 표현할 수 있다.

$$P(x) = 100\left(\frac{x}{k}\right)^m \tag{2.16}$$

이를 Gaudin-Schuhmann plot이라 하며 m은 직선의 기울기로 Gaudin-Schuhmann 분포지수라 칭하며 값이 작을수록 넓은 범위에 걸쳐 입도가 분포한다. k는 최대입도와 관련된 것으로 직선을 연장하였을 때 $P(x)$=100과 만나는 입도로 Gaudin-Schuhmann 입도지수라 한다.

두 번째 방법은 y축을 $\log\left(\ln\frac{100}{100-P(x)}\right)$로 변환하여 도시하는 것으로 수식은 다음과 같다.

$$P(x) = 100\left(1-\exp\left[-\left(\frac{x}{k_0}\right)^n\right]\right) \tag{2.17}$$

위 식은 다음과 같이 전개된다.

$$\log\left(\ln\frac{100}{100-P(x)}\right) = n\log x - n\log k_0 \tag{2.18}$$

이를 Rosin-Rammler Plot이라 하며 이때 n은 직선의 기울기로 Rosin-Rammler 분포지수라고 한다. 이 값이 작을수록 넓은 범위에 걸쳐 입도가 분포한다. k_0는 Rosin-Rammler 입도지수라고 하며 $x=k_0$일 때 $P(k_0)=100(1-\exp[-1])=63.2$이므로 크기가 k_0보다 작은 입자의 무게 비율이 63.2%가 된다. 그림 2.11b는 샘플 A와 B의 누적입도를 Rosin-Rammler Plot으로 도시한 것이다. 샘플 A는 곡선형태로 나타나 잘 맞지 않으나 샘플 B는 잘 맞는 것을 알 수 있다. Rosin-Rammler Plot은 90% 이상의 scale이 확장되어 조립영역의 입도분포에 대해 좀 더 세세한 정보를 얻을 수 있으며 파쇄산물의 입도분포에 잘 맞는 것으로 알려져 있다.

세 번째 수식은 로그 정규분포 형태로 수식은 다음과 같다.

$$P(x)=\frac{100}{\sqrt{2\pi}}\int_{-\infty}^{u}\exp\left(-\frac{u^2}{2}\right)du \tag{2.19a}$$

$$u=\frac{\ln\left(\frac{x}{x_{50}}\right)}{\sigma} \tag{2.19b}$$

x_{50}는 평균입도, σ는 분산도로 $\sigma=\ln(x_{50}/x_{16})=\ln(x_{84}/x_{50})$의 관계식으로 구할 수 있다.

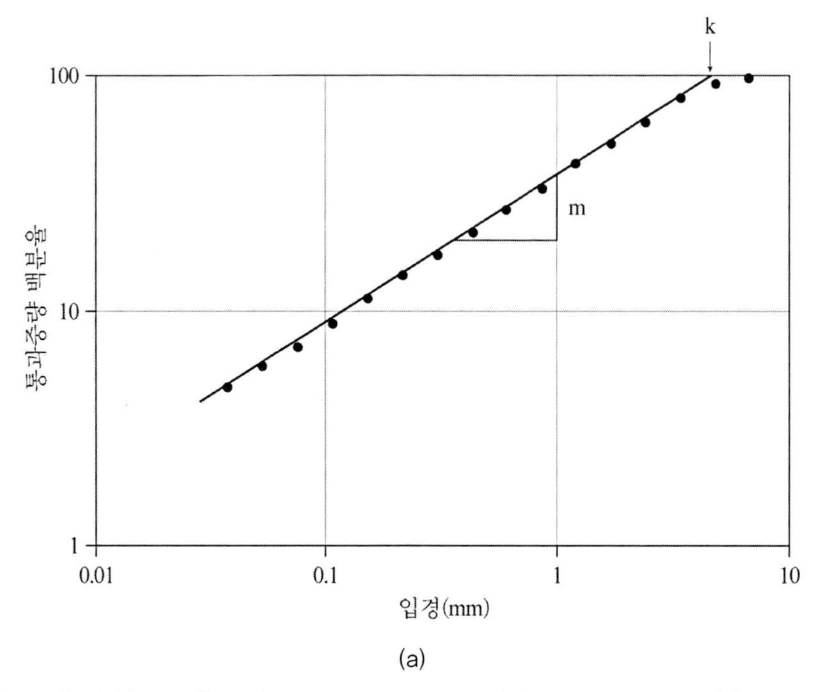

(a)

그림 2.11 누적 입도 그래프: (a) Gaudin-Schuhmann, (b) Rosin-Rammler, (c) log-normal

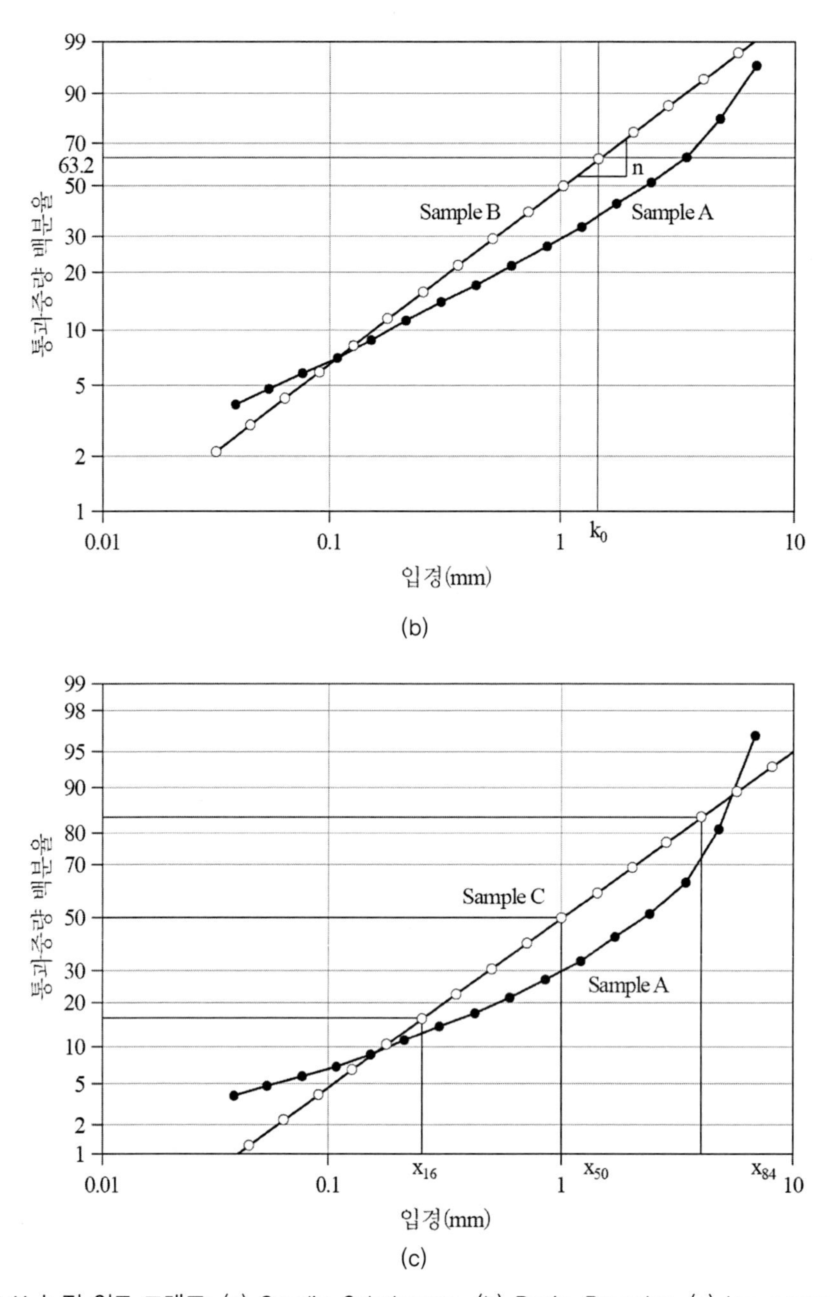

그림 2.11 누적 입도 그래프: (a) Gaudin–Schuhmann, (b) Rosin–Rammler, (c) log–normal(계속)

그림 2.11c는 샘플 A와 C의 누적입도를 정규분포로 나타낸 것이다. Gaudin–Schuhmann을 따르는 샘플 A는 곡선으로 나타나 잘 맞지 않으며 샘플 C는 잘 맞는 것을 알 수 있다. 자연적으로 생성되는 미세먼지나 합성입자의 입도분포는 로그 정규분포를 잘 따르는 것으로 알려져 있다.

입도분포는 빈도 기준에 따라 상이하게 나타난다. 체는 입도구간에 존재하는 입자의 양을 무게를 측정하여 나타낸다. 따라서 빈도 기준은 무게비율이다. 침강법은 농도를 측정하므로 빈도 기준은 부피비율이다. 입도에 따라 밀도가 변하지 않는다면 부피 비율과 무게비율은 같다. 현미경 분석법, 전기저항법, 레이저 회절법은 입자 개수를 측정하므로 기본적인 빈도 기준은 입자 개수이다. 그림 2.12는 빈도 기준에 따라 입도분포가 매우 다르게 나타날 수 있음을 보여주고 있다. 개수를 기준으로 할 때는 작은 입자의 양은 적지만 수가 많기 때문에 작은 입자 쪽으로 편중되며 무게를 기준으로 할 때는 큰 입자가 수는 적지만 질량이 크기 때문에 큰 입자 쪽으로 편중된다.

개수 입도분포는 무게 입도분포와 상호 전환이 가능하다. 즉, 입도구간 x_i에 존재하는 입자의 수 빈도를 n_i라 하면 동 구간의 입자의 질량은 $n_i \rho k_V x_i^3$이다. 입자의 밀도(ρ)와 형상이 입도에 따라 변하지 않는다면(k_V가 일정), 무게 기준 입도빈도, m_i는 다음과 같이 표현된다.

$$m_i = \frac{n_i x_i^3}{\sum_{i=1}^{n} n_i x_i^3} \tag{2.20}$$

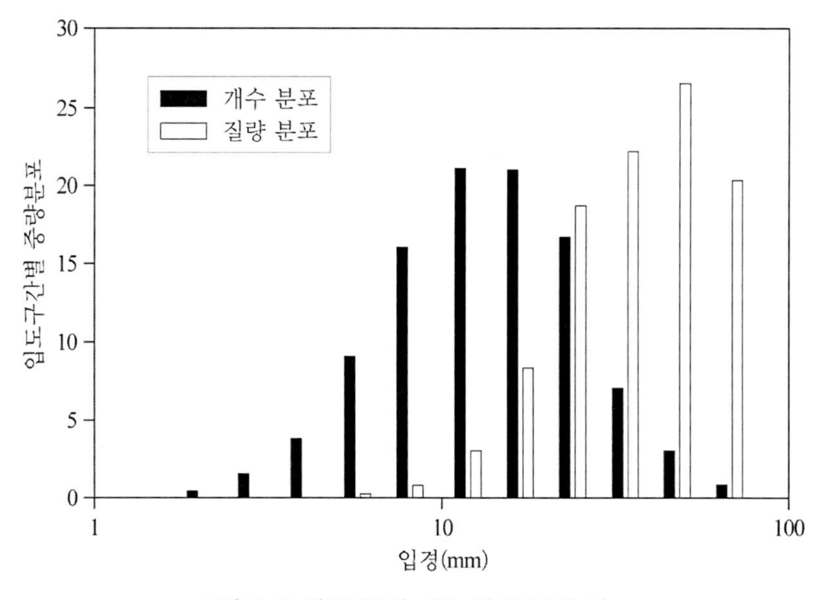

그림 2.12 빈도기준에 따른 입도분포의 비교

2.5 두 방법으로 측정된 입도분포의 조합

위에서 설명한 바와 같이 입도측정 방법은 방법에 따라 적용 입도범위가 다르기 때문에 여러 가지 방법으로 측정된 입도분포를 조합해야 할 경우가 발생한다. 그러나 같은 시료라도 입도측정 장치에 따라 측정원리의 차이로 인해 결과가 다르게 나타날 수 있다. 입자가 구형일 경우는 Stokes 직경, 등가 투영면적 직경, 기타 모든 직경이 동일하다. 납작한 입자는 구형 입자에 비해 등가 투영면적 직경은 크고 침강속도가 낮아 Stokes 직경은 작게 나타난다. 따라서 측정방법에 따른 직경의 차이는 입자의 형상과 밀접한 관계가 있다

그림 2.13은 230~325mesh(45~63μm) 체 구간 입자를 레이저 회절법으로 측정한 입도분포로 체 입도 측정 범위를 벗어나 16~176μm 범위에 분포하고 있다. 체 입도의 기하평균은 53μm, 레이절 회절 중간입도는 65μm으로 레이저 회절법으로 측정된 입도는 체 입도에 비해 약 1.2배 크다. 이와 같이 입도측정 방법에 따라 다른 결과가 나타나기 때문에 두 입도분포를 조합할 경우 적절한 보정이 필요하다.

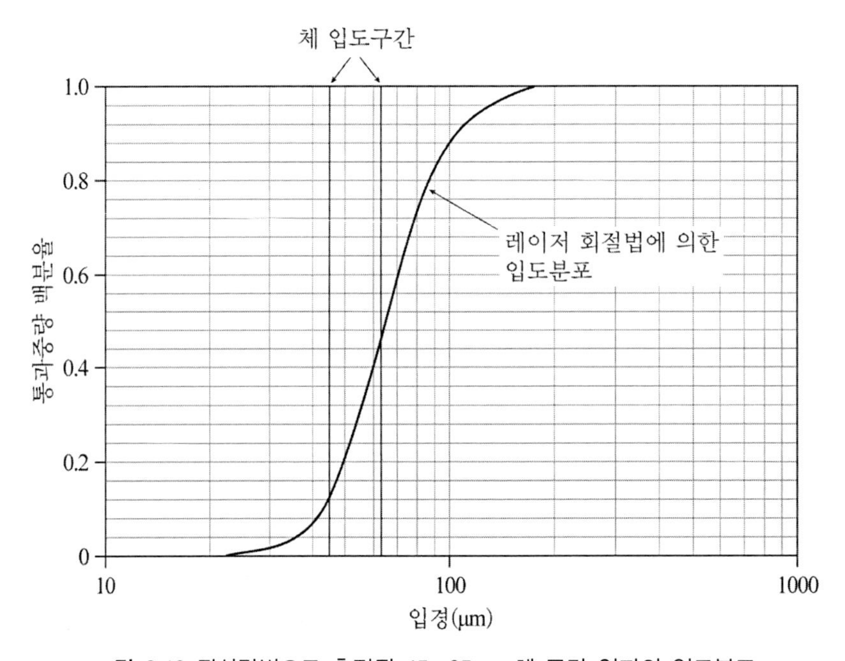

그림 2.13 광산란법으로 측정된 45~65μm 체 구간 입자의 입도분포

그림 2.14는 -212μm의 석영입자에 대해 다양한 방법으로 측정된 입도분석 결과를 비교한 것이다(Gupta와 Yan, 2016). 건식 및 습식 체질과 레이저회절법은 전체 시료에 대해

분석한 것이며 침강법은 체질로 분급된 $-75\mu m$의 입자에 대해 측정한 것이다. 체 분석은 측정 범위 한계로 인해 $38\mu m$까지만 측정되었다. 건식 체질에 의한 입도분석결과는 다른 방법에 비해 $75\mu m$ 이하의 영역에서 가장 크게 분포하고 있다. 이는 미세 입자의 분급이 제대로 이루어지지 않아 조립 입자에 부착되거나 서로 응집되어 체를 통과하지 못했기 때문이다. 이러한 문제는 앞서 언급한 바와 같이 습식 체질을 통해 해소될 수 있다. 그림 2.14에서 나타난 바와 같이 습식 체질 분석 결과는 다른 분석 방법과 매우 근접한 결과를 보임을 알 수 있다. 특이한 점은 침강법에 의한 측정 결과가 레이저 회절법에 의한 측정결과와 매우 유사하게 나타나는 것으로 이는 구형에 가까운 석영 입자 특성에 기인된 것으로 해석할 수 있다. 그러나 입자 형상이 불규칙할 경우 입도분석 결과에 상당한 차이가 발생할 수 있다.

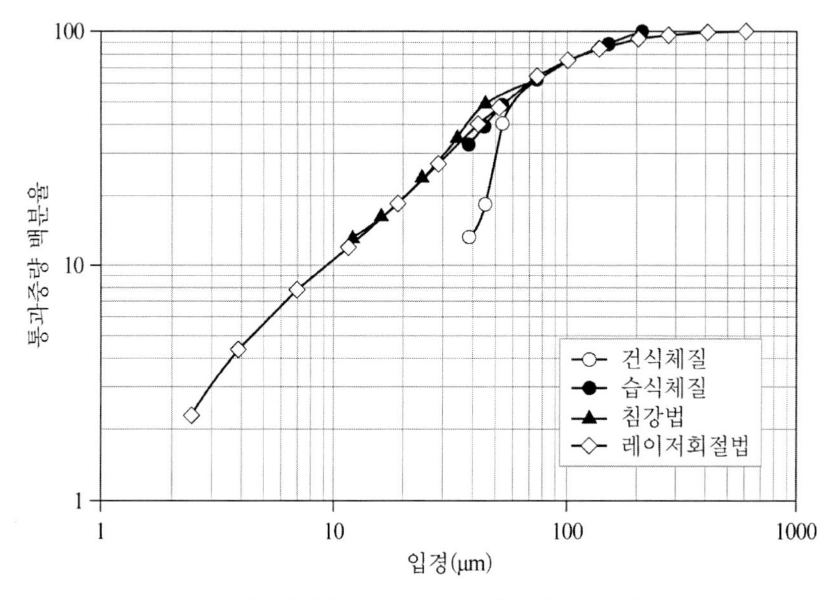

그림 2.14 측정방법에 따른 $-212\mu m$의 석영입자의 입도분포

표 2.8은 석회석 시료에 대해 $38\mu m$까지 체 분석한 결과(열 1)와 $-38\mu m$에 대하여 레이저 회절 분석한 결과(열 2)를 나타낸 것이다. 레이저 회절 분석 시료는 전체 시료의 67.4%에 해당하므로 열(3)은 레이저회절 입도분포에 0.6746을 곱하여 환산한 것이다. 그림 2.15는 체 분석 결과와 환산된 레이저 회절 분석 결과를 도시한 것으로 두 결과 간에 차이가 존재함을 알 수 있다. 이는 이미 언급한 바와 같이 형상 효과로 인해 레이저 회절 입도가 체 입도에 비해 크게 나타나기 때문이다. 따라서 두 결과를 조합하려면 보정이 필요하다. 보정방법에는 여러 방법이 있으나(Austin 등, 1983; Austin, 1998; Cho 등, 1998) 가장 간단한 방법은

입도 전환계수를 사용하는 것이다. 그 방법은 다음과 같다.

그림 2.13에서와 같이 체 분석에 의한 평균입도가 d_1이고 레이저 회절법으로 분석된 평균입도가 d_2라 나타났다면 입도 전환계수는 다음과 같이 계산된다.

$$\kappa = \frac{d_1}{d_2} \tag{2.21}$$

계산된 입도 전환계수는 0.83이며 이 값을 레이저회절 입도에 곱하여 변환하면 그림 2.15에서와 같이(-o-으로 표시) 체 분석 결과와 일직선으로 연결됨을 알 수 있다. 변환된 결과에서 입도가 38μm에 가까워짐에 따라 직선에서 벗어나 곡선으로 나타나는데 이는 몇 입자가 크게 나타나기 때문이다. 그러나, 그 양이 많지 않기 때문에 그림에서와 같이 작은 입도영역의 결과를 체 분석 결과와 직선으로 연결하더라도 큰 오차는 없다.

표 2.8 체 분석 및 레이저 회절법에 의한 입도분포

체 분석		레이저 회절법			
입경, μm	통과중량백분율(1)	입경, μm	통과중량백분율 100% 기준, (2)	통과중량백분율 67.46% 기준, (3)	전환입경, μm
300	100.00	92.48	100.00	67.46	77.06
212	99.90	70.15	99.18	66.90	58.46
150	98.87	53.22	95.63	64.51	44.34
105	96.17	40.37	88.03	59.38	33.64
76	89.91	30.62	77.34	52.17	25.51
53	78.00	23.23	65.38	44.10	19.35
38	67.46	17.62	54.04	36.46	14.68
		13.37	44.41	29.96	11.13
		10.14	36.62	24.70	8.45
		7.69	30.28	20.42	6.41
		5.84	24.94	16.82	4.86
		4.43	20.33	13.71	3.68
		3.36	16.32	11.01	2.79
		2.55	12.91	8.71	2.12
		1.93	10.12	6.82	1.61
		1.47	7.89	5.32	1.22

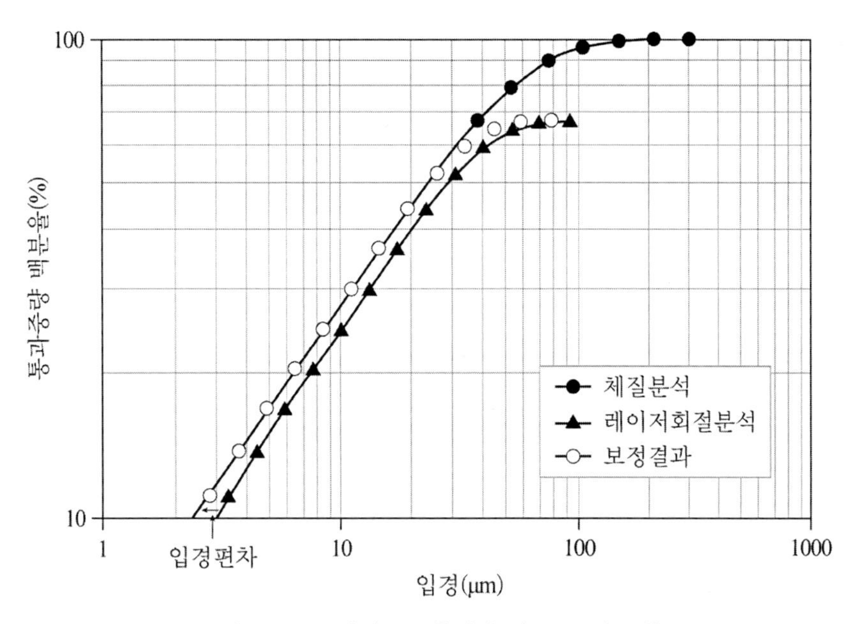

그림 2.15 두 방법으로 측정된 입도분포의 조합

2.6 비표면적

입자의 표면적은 화학반응, 흡착성, 촉매효과 및 분말원료의 특성을 지배하는 주요한 인자이다. 표면적 측정법에는 유체 투과법과 기체 흡착법이 있다. 유체 투과법은 입자 충전층에 유체를 투과시켜 투과 속도와 표면적과의 관계로부터 표면적을 계산하는 방법으로 Lea-Nurse 방법과 Blaine 방법이 있다. 기체 흡착법은 고체 시료의 표면에 특정 가스를 흡/탈착시켜 부분 압력별 흡착량을 측정하여 재료의 비표면적을 계산하는 방법으로 Brunauer-Emmett-Teller(BET) 흡착이론에 기초한다. 기체로는 주로 질소가 사용되며 비표면적뿐 아니라 기공 크기 분포, 기공률에 대한 정보도 얻을 수 있다. BET 비표면적은 기공의 표면적까지 측정하기 때문에 유체 투과법에 의한 비표면적보다 훨씬 높은 값을 나타낸다.

한편 입도분포로부터 비표면적 계산이 가능하다. 등가 부피직경이 d, 밀도가 ρ일 때, 1g에 포함된 입자의 개수는 다음과 같다.

$$1\text{g에 포함된 입자의 개수} = \frac{1}{\frac{\pi}{6}d^3\rho} \tag{2.22}$$

표면적은 입자 하나당 표면적에 입자 개수를 곱한 것과 같다. 따라서 구형 입자의 경우 표면적은 πd^2이므로 1g당 표면적은 다음과 같이 계산된다.

$$\frac{1}{\frac{\pi}{6}d^3\rho} \times \pi d^2 = \frac{6}{\rho d}\text{cm}^2/\text{g} \tag{2.23}$$

일반적으로 입자는 구형이 아니기 때문에 표면적의 일반식은 다음과 같이 표현된다.

$$1\text{g당 표면적} = \frac{6k}{\rho d}\text{cm}^2/\text{g} \tag{2.24}$$

k는 형상계수의 일종으로 1보다 크다.

누적 입도분포 $P(x)$를 가지는 분체의 총 비표면적은 다음과 같이 계산된다.

$$\int_0^\infty \frac{6k}{\rho x}dP(x) \tag{2.25}$$

체 분석과 같이 입도분포가 구간별로 주어졌을 때는 다음과 같이 계산할 수 있다.

$$\frac{6k}{\rho}\Sigma_i \frac{w_i}{x_i} \tag{2.26}$$

w_i는 입도구간 i의 무게비율이고 x_i는 입도구간 i의 평균입도이다. 그러나 위 식의 적용에 있어 체 분석의 하한 한계인 400mesh(38μm) 이하의 입자에 대한 평균입도는 그 값을 특정하기 어렵다. 이러한 문제를 해결할 수 있는 한 방법은 입도분포를 extrapolation시켜 38μm 이하의 입도구간을 세분화시켜 계산하는 것이다. 또 하나의 방법은 38μm 이하에 대한 입도분포를 sub-sieve 입도분석기를 사용해 측정하는 것이다. 다만 sub-sieve 입도분석기의 입도는 체 입도와 다르므로 전체적인 입도분포는 앞서 언급한 바와 같이 보정이 필요하다.

제2장 참고문헌

Austin, L. G., Shah, I. (1983). A method for inter-conversion of microtrac and sieve size distributions. *Powder Technology*, 35, 271-278.

Austin, L. G. (1998). Conversion factors to convert particle size distributions measured by one method to those measured by another method. *Part. Part. Syst. Charact.*, 15(2), 108-112.

Cho, H., Yidilrim, K., Austin, L. G. (1998). The conversion of sedigraph size distributions to equivalent sub-sieve screen size distributions, *Powder Technology*, 95, 109-117.

Gupta, A., Yan, D. (2016). *Mineral Processing Design and Operation: An Introduction (2nd ed).* Elsevier.

Heywood, H. (1947). Symposium on particle size analysis. *Trans. Inst. Chem. Engrs, Suppl.*, 25, 14.

Wadell, H. (1933). Sphericity and roundness of rock particles. *J. Geol.*, 41, 310-331.

제3장

파 · 분쇄와 파괴역학

제3장 파·분쇄와 파괴역학

파·분쇄 공정은 반복적인 파괴를 통해 입자의 입도를 점차 줄여가는 과정이라 할 수 있다. 따라서 파·분쇄 양상을 이해하기 위해서는 입자 파괴에 대한 근본적인 지식이 요구된다. 재료의 파괴는 응력(stress)에 의해 발생된다. 재료가 응력을 받으면 변형이 일어나며 변형이 임계점에 도달하면 파괴가 일어난다. 그러나 응력에 대한 재료의 반응은 물성에 따라 매우 다른 양상을 보이며 궁극적으로 파괴강도에 영향을 미친다. 금속과 같은 소성-연성 재료는 낮은 응력에서는 탄성을 나타내나 높은 응력에서는 영구변형을 일으켜 외력을 제거해도 본래의 형태로 돌아오지 않는 특성을 나타낸다. 따라서 연성재료는 소성변형이 상당히 발생한 후에 파괴가 일어나며, 이 과정 중에 많은 에너지가 흡수된다. 반면, 탄성-취성재료는 소성변형이 거의 일어나지 않은 상태에서 파괴가 일어나므로 흡수 에너지의 양은 매우 적다. 응력에 대한 변형의 특성은 재료의 파괴거동을 결정짓는 근본적인 요소로 다양한 방법으로 측정되고 있다. 파괴의 관점에서 관심의 대상이 되는 주요 특성은 인장강도, 압축강도, 탄성속성(예: Young's Modulus, Poisson's Ratio) 등으로 입자의 파괴에 영향을 미친다.

3.1 응력과 변형률

그림 3.1a에서 보는 바와 같이 힘 F를 가했을 때 길이 L_0인 재료에 x만큼의 변형이 일어났을 경우, 변형률 ε은 x/L_o로 정의된다. 응력 σ는 단위 면적당 주어진 힘, 즉 F/A로 정의되며 응력에 따라 변형되는 정도는 재료의 성질에 따라 달라진다. 그림 3.1b는 특정 재료에 대한 응력과 변형률의 관계를 도시한 것으로 이를 응력-변형률 곡선이라 한다. 변형의 초기

에는 응력이 사라지면 원래 상태로 되돌아오지만 특정한 응력 이상에서는 영구적인 변형이 발생한다. 탄성변형의 한계인 이 지점을 항복점이라고 하며(그래프에서 Y), 항복점에서의 응력을 항복강도라 한다. 극한강도 U는 응력-변형률 곡선에서 재료가 견딜 수 있는 최대응력이며, T는 파괴가 일어나는 파단점이다. 취성재료는 소성변형을 나타내지 않고 탄성변형만을 일으키다가 파괴되기 때문에 극한강도와 파단점은 일치한다. 연성재료는 파괴 전까지 소성변형이 지속되기 때문에 취성재료에 비해 파괴 인성이 높다.

응력-변형률 곡선에서 선형변형 영역은 Hooke의 법칙으로 묘사된다.

$$\sigma = Y\varepsilon \tag{3.1}$$

Y를 영률(Young's modulus)이라 한다.

강성(stiffness) $k=F/x$는 재료에 변형을 가할 때 재료가 그 변형에 저항하는 정도를 나타낸 것으로 $k = Y\frac{A}{L}$의 관계가 있다. 영률이 높을수록 강성이 크나, 강성이 크다고 해서 재료 강도가 높은 것은 아니다. 그림 3.2는 이를 보여주는 것으로 강성과 극한강도는 상관성이 낮음을 보여준다. 파·분쇄가 잘 되는 재료는 보통 영률이 높은 반면 강도는 낮다.

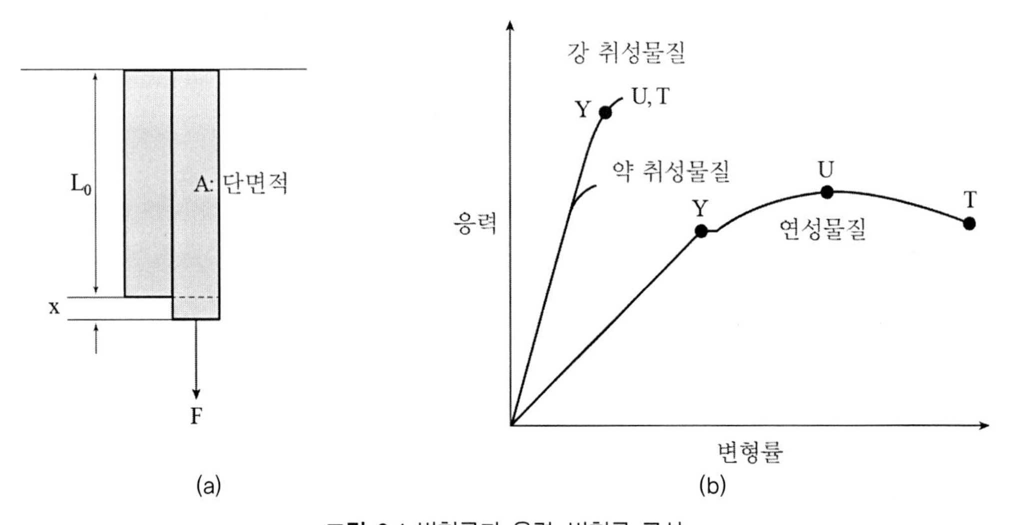

그림 3.1 변형률과 응력-변형률 곡선

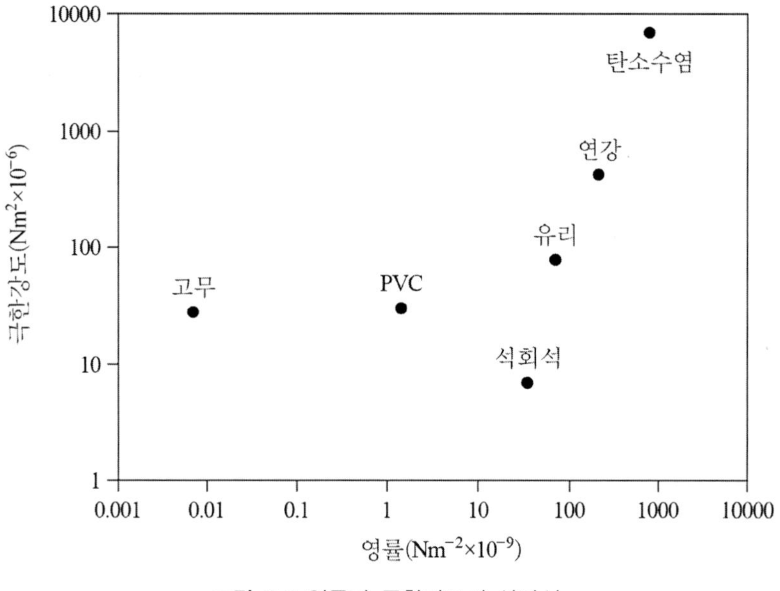

그림 3.2 영률과 극한강도의 상관성

3.2 변형에너지

응력과 변형률을 곱하면 단위 면적당 에너지의 단위를 가진다. 변형에너지는 일정 변형률에 도달할 때까지 가해진 모든 응력을 적분한 값으로 응력-변형률 곡선 하부의 면적에 해당한다. 선형영역에서의 면적은 탄성 변형에너지에 해당한다. 초기 길이 L_0인 재료에 힘을 가역적으로 가하여 L이 될 때까지의 탄성 변형에너지는 다음과 같다.

$$W = \int_{L_0}^{L} F dx = \int_{L_0}^{L} \sigma A dx = \int_{L_0}^{L} \sigma A L_0 d\varepsilon = \int_{L_0}^{L} Y\varepsilon A L_0 d\varepsilon = A L_0 Y \frac{\varepsilon^2}{2} \tag{3.2}$$

즉, 재료 단위 부피당 변형에너지 W/AL_0는 $2Y/\varepsilon^2$ 또는 $\sigma^2/2Y$가 된다. 재료에 갑자기 응력 σ를 가하여 비가역적 변형을 일으켰을 경우 변형에너지는 $\sigma AL_0\varepsilon$가 되어 단위 부피당 변형에너지는 σ^2/Y이 된다. 따라서 비가역적 변형에너지의 1/2은 가역적 변형에너지에 해당되며 나머지 1/2은 분자 간 결합을 끊어내는 일 등의 다른 일에 사용된다.

3.3 이론적 강도

재료가 파괴되면 원자 간 결합이 끊어지고 새로운 표면이 생성된다. 따라서 이론적 파괴강도는 원자 결합에너지와 표면에너지의 균형관계로부터 구할 수 있다. 재료에 응력을 가하면 원자 간의 거리가 평형상태에서 벗어나 변형을 일으킨다. 응력과 원자 간의 거리 관계는 원자 결합에너지로부터 도출되며 원자 간 거리만큼의 변형이 일어났을 때까지 가해진 일과 생성된 표면 에너지 간의 균형 관계로부터 다음과 같은 이론적 강도가 도출된다(Anderson, 2005).

$$\sigma = \sqrt{\frac{Y\gamma}{a_0}} \qquad (3.3)$$

a_0 = 원자 간 거리, γ = 표면에너지

그러나 재료의 실제 강도는 이상 강도의 1/100~1/1000의 값을 나타낸다. 이러한 차이는 재료의 내부에 결함이나 균열의 존재로 설명될 수 있으며 그 이론은 Griffith에 의해 정립되었다. 물질 내부에 미세한 균열이 존재하면, 균열의 끝 부분에 응력이 집중되며 집중 정도는 균열의 방향과 기하학적 형상에 따라 다르게 나타난다. 그림 3.3에서와 같이 장축과 단축의 길이가 각각 $2a$와 $2b$인 타원형의 균열에 장축의 수직 방향으로 응력 σ가 작용했을 때, 균열 첨단에서의 최대 응력은 다음과 같다.

$$\sigma_{\max} = \sigma\left(1 + \frac{2a}{b}\right) \qquad (3.4)$$

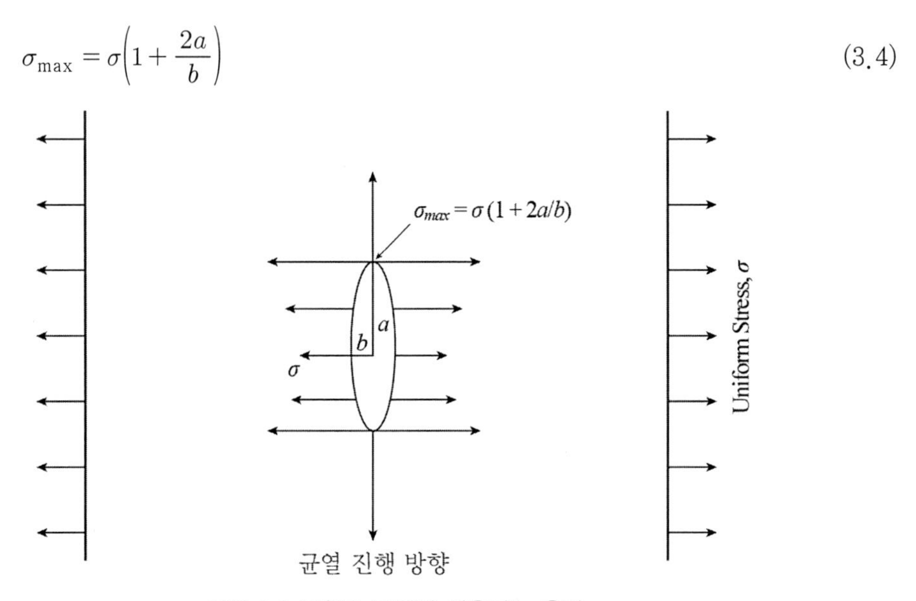

그림 3.3 타원형 균열에 작용하는 응력

타원의 첨단에서의 곡률 반경, ρ는 $\rho=a^2/b$의 관계가 있으므로 $\sigma_{\max}=\sigma\left(1+2\sqrt{\frac{a}{\rho}}\right)$가 된다. $a \gg p$인 경우 $\sigma_{\max}=2\sigma\sqrt{\frac{a}{\rho}}$로 표시된다. 응력집중 정도는 타원의 단축길이가 장축의 길이에 비해 작을수록 증가하기 때문에 종횡비가 클 경우 훨씬 작은 응력에서 파괴가 일어난다. 식 (3.3)과 등식관계로부터 파괴강도는 다음과 같이 나타나며 이를 응력관점에서의 Inglis 파괴강도라 한다.

$$\sigma_{\max}=2\sigma\sqrt{\frac{a}{\rho}}=\sqrt{\frac{Y\gamma}{a_0}}\rightarrow \sigma=\sqrt{\frac{Y\gamma}{4a}\frac{\rho}{a_0}} \tag{3.5}$$

그러나 위 식은 ρ가 0에 가까워지면 $\sigma_{\max}$가 무한대가 되어 파괴강도는 0이 된다는 특이성이 있다. 따라서 ρ의 최소 적용범위는 원자 간 거리 a_0로 제한되며 이때 파괴강도는 다음과 같다.

$$\sigma=\sqrt{\frac{Y\gamma}{4a}} \tag{3.6}$$

원자 간의 거리는 1 Å 정도이므로 1μm의 균열이 존재할 경우 파괴강도는 식 (3.3)의 이론적 강도에 비해 1/100로 감소된다.

Griffith는 응력의 관점이 아닌 에너지 관점에서 물체의 파괴 조건을 제시하였다. 탄성변형 시 재료 내에 축적된 에너지는 균열이 전파되면서 방출되는데 그 에너지 일부는 새로운 표면을 형성되면서 표면에너지로 전환된다. Griffith(1921)에 의하면 방출된 에너지가 표면을 형성하는 에너지보다 클 때 균열이 성장하면서 파괴가 일어난다. 그림 3.4에서와 같이 길이가 $2a$인 균열이 발생했을 때 해방된 탄성에너지의 양은 균열주위 부분의 반지름이 a인 원형 영역에 축적된 에너지다. 따라서 해방된 변형에너지 U_e는 (단위 부피당 변형에너지)×(해방 부피), 즉 $\frac{\sigma^2}{2Y}\times \pi a^2 B$가 된다. 균열에 의한 표면에너지 U_s는 $4aB\gamma$가 되며 균열의 길이가 da만큼 증가했을 때 에너지 변화율은 다음과 같이 표시된다.

$$\frac{dU}{da}=dU_s-dU_e=\frac{d}{da}(4\gamma aB)-\frac{d}{dl}\left(\frac{\pi\sigma^2a^2}{Y}B\right)=4\gamma B-\frac{2\pi\sigma^2 a}{Y}B \tag{3.7}$$

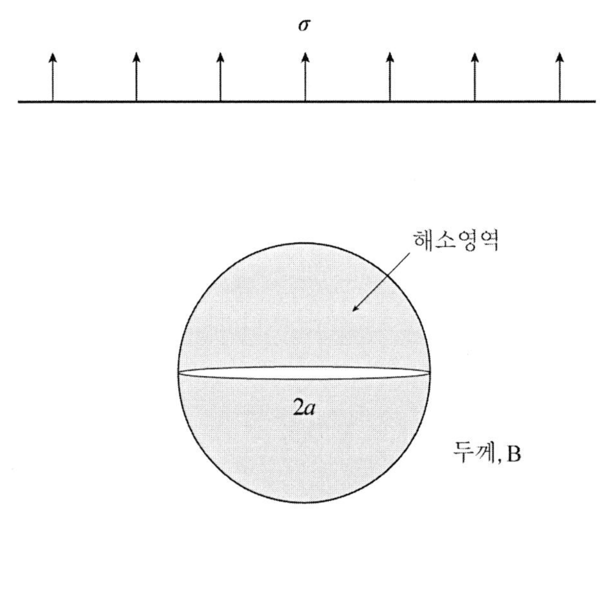

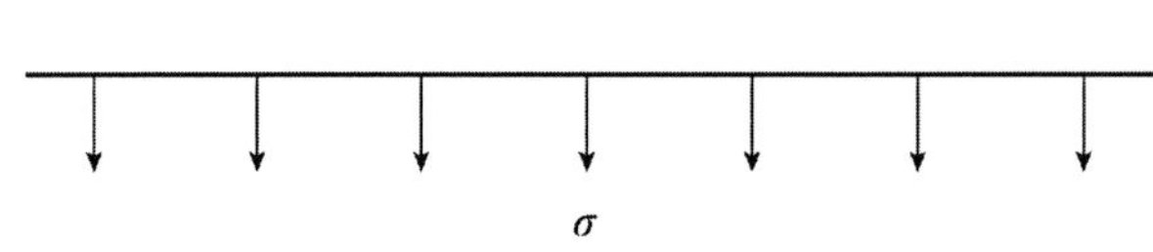

그림 3.4 균열에 의해 해방된 변형 에너지

위 식이 음이 될 때, 즉 변형 에너지의 감소율이 표면에너지의 증가율보다 클 때 균열은 성장하기 시작한다. 균열이 시작되는 임계 인장응력 σ_c는 위 식이 0이 될 때 구할 수 있으며 이를 Griffith 파괴강도라 한다.

$$\sigma_c = \sqrt{\frac{2Y\gamma}{\pi a}} \tag{3.8}$$

Griffith 파괴강도를 Inglis 파괴강도와 비교하면 균열의 길이가 원자 간의 거리 정도일 때 비슷한 파괴강도 값으로 계산된다. 식 (3.5)는 다음과 같이 표현된다.

$$\sigma = \sqrt{\frac{Y\gamma}{4a}\frac{\rho}{a_0}} = \sqrt{\frac{2Y\gamma}{\pi a}\frac{\pi\rho}{8a_0}} \tag{3.9}$$

$\rho = \dfrac{8a_0}{\pi} \approx 3a_0$일 때 Inglis 파괴강도와 Griffith 파괴강도 값이 일치한다. 따라서 $\rho \leq 3a_0$일 때는 Griffith 파괴강도식을, $\rho > 3a_0$일 때는 Inglis 파괴강도식을 적용한다.

또한, 식 (3.10)은 다음과 같이 전개된다.

$$\pi\sigma_c^2 a / Y = 2\gamma \tag{3.10}$$

왼쪽 항을 임계 에너지 해방률 G_c이라고 하며 오른쪽 항을 임계 균열 저항력 R이라고 한다. 균열이 성장하기 위해서는 에너지 해방률이 2γ 보다 커야 하며($G \geq 2\gamma$) 임계 인장응력은 다음과 같이 표현된다.

$$\sigma_c = \sqrt{\frac{YG_c}{\pi a}} \tag{3.11}$$

위 식은 다음과 같이 전개할 수 있다.

$$\sigma_c \sqrt{\pi a} = \sqrt{2\gamma Y} \tag{3.12}$$

왼쪽 항을 임계 응력확대 계수, K_{IC}라 한다. 오른쪽 항은 일정 재료에 대하여 상수이기 때문에 K_{IC}는 재료고유 값이며 파괴인성이라 부른다. 응력확대계수는 응력과 균열의 크기의 두 값을 포함하기 때문에 응력이 같아도 균열의 크기에 따라 달라진다. 응력확대계수는 균열부위에 응력상태를 나타내는 척도로서 임의의 균열에 대해 그 값이 임계치 K_{IC}에 달하면 균열이 급속도로 진행된다. 따라서 K_{IC}가 클수록 균열이 진전되지 않으며 파괴인성이 높은 강인한 재료가 된다. 응력확대계수의 크기는 시료의 기하학적 형태와 크기에 따라 다르게 나타나며 일반적인 응력확대계수는 다음과 같이 정의된다.

$$K = f\sigma\sqrt{\pi a} \tag{3.13}$$

f는 균열의 형태나 위치에 따라 결정되는 무차원량으로 보정계수 또는 무차원 응력집중계수라고 한다(타원형의 균열일 경우 f=1). 식 (3.11)과 식 (3.13)을 비교하면 K_{IC}와 G_c는 다음과 같은 관계가 있다(f=1일 경우).

$$K_{IC}^2 = YG_c \tag{3.14}$$

표 3.1은 여러 재료의 대표적인 G_c와 K_{IC} 값을 열거한 것으로 합금강의 경우 다른 재료에 비해 압도적으로 큰 것을 알 수 있다. 일부 폴리머는 금속 정도의 값을 나타내나 취성이

큰 유리는 매우 낮은 값을 나타낸다(Fischer-Cripps, 2006).

표 3.1 재료의 에너지 해방률과 파괴인성

재료	G_c(kJm^{-2})	K_{IC}(MNm^2)	Y(GPa)
합금 강	107	150	210
합금 알루미늄	20	37	69
폴리에틸렌	20	–	0.15
연강	12	50	210
고무	13	–	0.001
PMMA	0.5	1.1	2.5
폴리스티렌	0.4	1.1	3.0
목재	0.12	0.5	2.1
유리	0.007	0.7	70

실제 재료에는 균열이 다수 존재할 수 있으며 궁극적인 파괴강도는 응력방향에 가장 취약한 균열에 의해 결정된다. 그러나 균열 전파 중에 소성 변형이 발생하면 변형 에너지 일부가 소성 변형에 소모되기 때문에 균열 전파에 필요한 에너지가 증가한다. 따라서 균열성장에 필요한 에너지 해방률은 2γ보다 훨씬 클 수 있다. 또한 균열 첨단 부분에 소형변형이 일어나면 균열의 끝이 무디어져 균열의 반경 ρ을 증가시켜 파괴 응력을 증가시킨다. 다음은 실험을 통해 얻어진 파괴 에너지이다(Schoenert, 1972).

Glass $10^3 \sim 10^4$erg/cm

Plastics $10^4 \sim 10^6$erg/cm

Metals $10^6 \sim 10^8$erg/cm

이 값들은 표면 에너지, $\gamma \simeq 10^2$erg/cm에 비해 매우 크며 취성재료인 유리의 파괴 에너지도 Griffith 이론 값보다 10배 이상 크다. 이는 소성변형에 에너지 일부가 소모됨을 시사한다.

그림 3.5a에서와 같이 이축 압축응력조건에서 타원형의 균열이 존재할 때 균열 선단부에서의 응력은 다음과 같이 표현된다.

$$\cos\alpha = \sigma_1 - \sigma_3 2(\sigma_1 + \sigma_3) \tag{3.15}$$

α는 균열의 장축 방향과 최대 주응력 방향이 이루는 각이다. 선단부에서의 인장응력이 일축 인장강도 T_0에 다다르면 파괴가 일어나며 이때 파괴 응력 조건은 다음과 같이 표현된다(Brady와 Brown, 1993).

$$(\sigma_1 - \sigma_2)^2 - 8T_0(\sigma_1 + \sigma_2) = 0 \quad \text{if} \quad \sigma_1 + 3\sigma_1 > 0 \tag{3.16a}$$

$$\sigma_2 + T_0 = 0 \quad \text{if} \quad \sigma_1 + 3\sigma_2 < 0 \tag{3.16b}$$

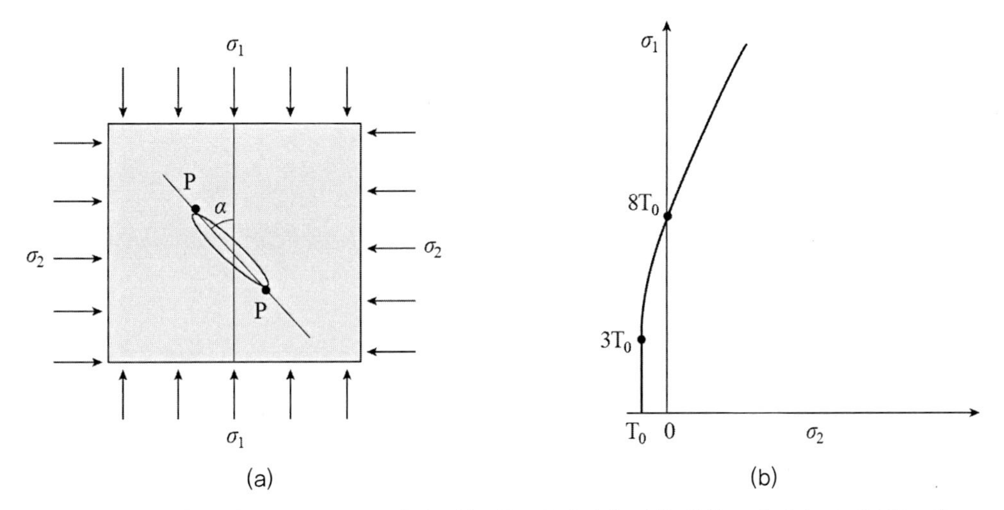

그림 3.5 이축 압축조건에서의 균열에 작용하는 응력: (a) 이축 압축조건, (b) 파괴응력조건

그림 3.5b는 식 (3.16)을 그래프로 나타낸 것으로 일축 압축 시(σ_2=0) 균열성장에 필요한 응력은 인장강도보다 8배 큰 것을 알 수 있다. 실제 취성재료의 압축강도는 인장강도에 비해 10~15배의 크기를 나타낸다. 그러나 Griffith 이론은 강철이나 유리와 같은 취성재료의 파괴 현상을 설명하기 위해 개발된 것으로 압축응력 하의 파괴 조건식으로는 부적합하다. 이에 파괴를 예측하기 위한 다양한 이론들이 제시되었고 실제 산업 현장에서 적용되고 있다. 폰-미제스 항복조건(von-Mises yield criterion)과 트레스카 항복조건(Tresca yield criterion)은 금속 부품의 파괴 예측을 위해 많이 사용되고 있다. 흙이나 암석과 같은 구성 입자들이 응집력으로 뭉쳐 있는 물질의 경우 Mohr-Coulomb 이론에 기초한 파괴기준이 적용된다.

그림 3.6a에서와 같이 주응력이 압축으로 작용할 때 임의면에 작용하는 전단응력(shear stress)이 물체의 전단강도보다 커지면 파괴가 발생한다. 전단 파열면에서의 전단응력은 마찰저항과 상응하며 마찰력은 수직응력(normal stress)에 비례하므로 파열면에 작용하는 전단응력은 수직응력의 함수로 다음과 같이 표현된다.

$$\tau_c = c + \sigma_n \tan\phi \tag{3.17}$$

c는 점착력으로 상수이며 σ_n은 전단면에서의 수직 응력, ϕ는 내부 마찰각으로 암석의 파괴와 관련된 물성이다. Coulomb 파괴기준은 그림 3.6b에서 보는 바와 같이 Mohr circle과 접선으로 그려질 수 있다. Mohr circle의 중심점과 접선과 만나는 점을 연결하면 하나의 선이 되는데, 이 선과 수직응력이 이루는 각은 2β로 전단 파열면과 최소 주 응력 축이 이루는 각의 두 배가 되며 $\beta = 45° + \phi/2$이다.

압축강도는 원통형 암석 시편을 제작하여 구속 압력을 변화시키면서 암석이 파괴될 때의 최대 압축력으로 측정된다. 대부분의 암석은 측방 구속압력이 증가할수록 압축강도가 증가하는 양상을 보인다. 따라서 Mohr circle은 구속압력에 따라 점점 커지며 이 원들을 서로 연결하는 접선이 Coulomb 파괴기준식이 된다. 이 선은 Mohr Circle과 접선의 관계에 있으므로 다음과 같은 파괴 응력조건이 성립한다.

$$\sigma_1 = K_\phi \sigma_3 + 2c\sqrt{K_\phi} \tag{3.18a}$$

$$K_\phi = \tan^2\left(45° + \frac{\phi}{2}\right) \tag{3.18b}$$

Coulomb 파괴기준에 의한 일축 압축강도 (σ_3=0)는 $2c\sqrt{K_\phi}$, 일축 인장강도 (σ_3=0)는 $-\dfrac{2c}{K_\phi}$가 된다. 그러나 이렇게 얻어진 인장강도는 실제 시험에서 얻어지는 값보다 과도하게 큰 값을 가진다. 따라서, Coulomb 파괴식은 인장응력 영역에서는 실험으로 측정된 인장강도를 적용한다.

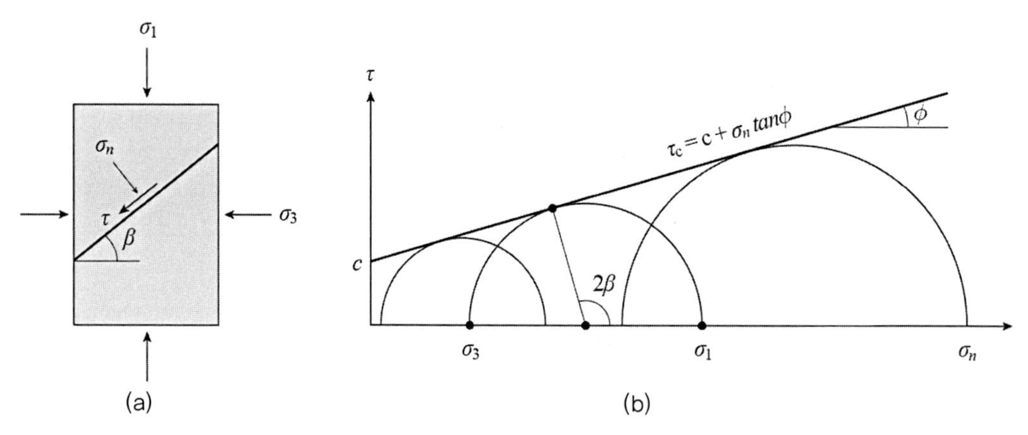

그림 3.6 압축응력에 의해 발생되는 전단응력과 Mohr-Coulomb 파괴기준

3.4 구형 입자파괴의 이론적 해석

일반적으로 입자는 구형에 가깝기 때문에 구형입자에 대한 응력 해석은 파·분쇄 현상을 이해하는 데 도움이 된다. 구형입자에 대한 응력과 변형의 관계는 헤르츠 이론을 기초로 한다. 그림 3.7과 같이 구형의 고체가 판형의 물체로부터 F의 힘으로 압축되었을 때 접촉부는 국부적으로 변형이 일어난다. 헤르츠 이론에 의하면 접촉면의 압축응력은 중앙에서 최대가 되고 중앙에서 멀어질수록 감소하는 타원형 함수로 나타난다.

$$P(r) = P_{\max}\left[1 - \left(\frac{r}{a}\right)^2\right], \quad r \le a \tag{3.19}$$

a는 접촉면의 반지름이며 중앙에서의 최대 압축응력, $P_{\max}$는 다음과 같다.

$$a^3 = \frac{3}{4}\frac{FR}{E^*} \tag{3.20a}$$

$$P_{\max} = \frac{3F}{2\pi a^2} \tag{3.20b}$$

$$E^* = \frac{1-\nu^2}{E} + \frac{1-\nu_1^2}{E_1} \tag{3.20c}$$

R은 구형 고체의 반지름, E, E_1과 ν, ν_1는 각각 구형고체와 판의 영률과 포아송비이다. 응력-변형 관계는 다음과 같다.

$$F = \frac{2}{3}E^*\sqrt{Rs^3} \tag{3.21}$$

한편, 방사 방향 응력은 접촉면 중심부에서는 압축응력이나 접촉면 외부에서 인장응력으로 바뀌며 $r = a$일 때, 즉 접촉면 가장자리에서 최댓값을 갖는다. 이러한 인장응력은 접촉면 주위에 링형 크랙과 콘형 크랙을 형성시키는 주 요인이 된다. 이를 헤르츠 콘크랙이라 하며 취성재료에 구형입자 압입 시 흔히 관찰된다. 구 중심축을 따라 인장인력이 발생하나 크기가 $P_{\max}$의 100분의 1 수준이기 때문에 이로 인해 파괴가 일어날 가능성은 희박하다. 따라서 압축에 의한 구형입자의 파괴는 대부분 접촉면 주위 표면에서 생성된 균열로부터 시작된다.

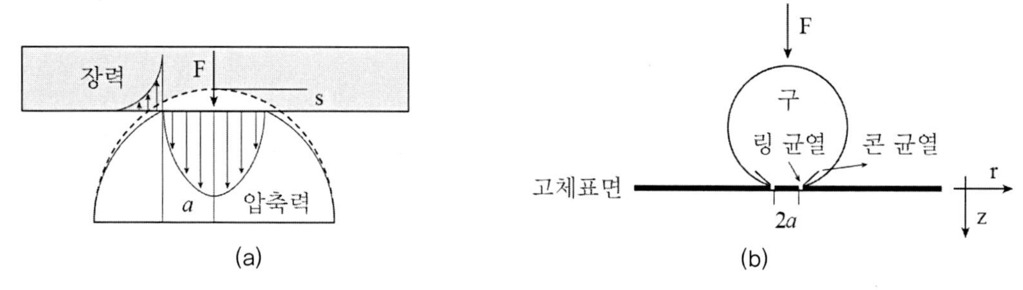

그림 3.7 구형입자에게 작용하는 응력분포와 헤르츠 콘크랙

그림 3.8a와 같이 구의 형태의 입자가 두 판에 의해 압축을 받을 경우 입자 내부에 형성되는 응력장은 세 가지 영역으로 구분된다(Watkins와 Prado, 2015). Ⅰ영역은 판과 입자가 접촉되는 영역으로 모든 주 응력은 압축응력이다. Ⅱ영역은 접촉 영역 주위에 링 모양이며, σ_θ이 인장응력으로 나타난다. Ⅲ영역은 σ_θ과 σ_ϕ 모두 인장응력으로 나타난다. Hiramatsu와 Oka(1966) 분석에 의하면 Ⅲ영역에서의 σ_θ 인장응력은 구의 중심선을 따라 최대가 되며 그림 3.9b에서 보는 바와 같이 일정한 값을 가진다. 중심선에서의 σ_r은 압축응력으로 σ_θ보다 5~10배의 크기를 갖는다. 따라서 입자의 파괴양상은 (ⅰ) 중심선 부근의 인장응력에 의해 양분되거나, (ii) 접촉점에 작용하는 큰 압축응력으로 파괴되거나, (iii) 중심선 부근에 작용하는 압축응력에 의해 파괴되는 세 가지의 가능성이 있다. 실험으로 확인된 결과는 중심선 부근에 작용되는 인장응력에 의해 두, 세 조각으로 파괴되었다. 중심선 부근에 작용하는 인장응력은 하중 조건에 따라 차이가 있으나 $P/2\pi R^2$의 크기의 120~140%의 크기를 갖는다. 이에 Hiramatsu와 Oka는 입자의 압축강도를 다음과 같이 제안하였다.

$$\text{입자의 입자강도}(S) \approx 1.4\frac{P}{2\pi R^2} = 2.8\frac{F}{\pi d^2} \tag{3.22}$$

R은 입자의 반지름, d는 입자의 직경이다.

양판 압축 시 헤르츠 이론에 의하면 응력 P와 변형 Δ의 관계는 다음과 같다(Yashima 등, 1987).

$$\Delta = \left\{\frac{9}{2}\frac{1}{d}\left(\frac{1-\nu^2}{Y}\right)^2 P^2\right\}^{1/3} \tag{3.23}$$

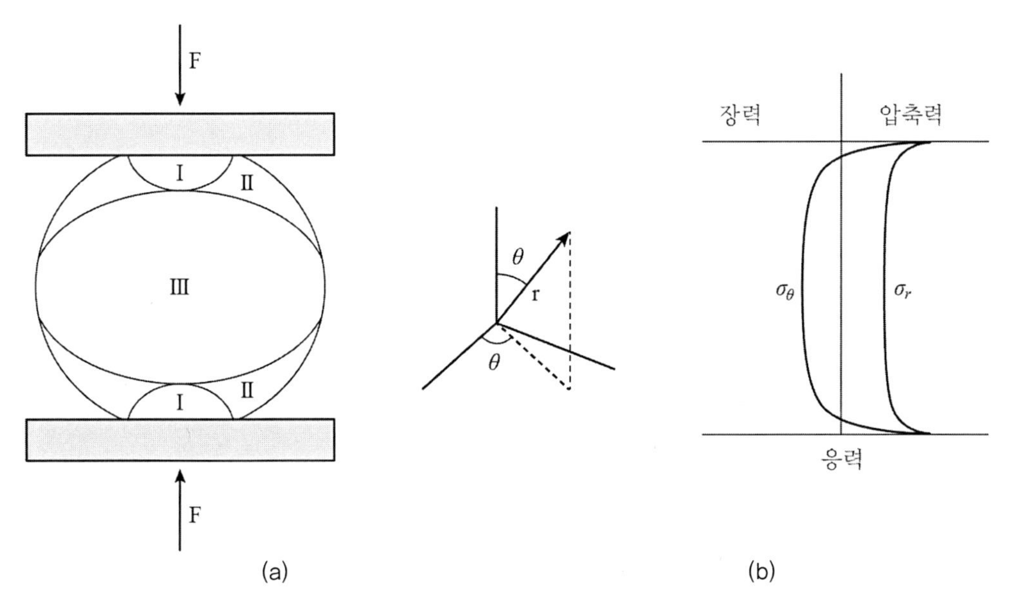

그림 3.8 구형입자가 양 판에 의해 압축되었을 때 응력분포

d는 입자의 직경, ν는 포아송비, Y는 영률이다.

파괴응력을 P_c라고 하였을 때 입자에게 가해진 변형에너지는 다음과 같이 표현된다.

$$E = \int Pd\Delta = 0.83\left(\frac{1}{d}\right)^{1/3}\left(\frac{1-\nu^2}{Y}\right)^{2/3} P_c^{5/3} \tag{3.24}$$

따라서, 단위 질량당 변형에너지는 다음과 같다.

$$\frac{E}{m} = \frac{5}{\rho\pi}\left(\frac{1-\nu^2}{Y}\right)^{2/3}\left(\frac{P_c}{d^2}\right)^{5/3} \tag{3.25}$$

m은 입자의 질량, ρ는 입자의 밀도이다.

식 (3.25)를 식 (3.24)에 대입하면 파괴 에너지는 다음과 같이 표현된다.

$$\frac{E_c}{m} = 0.9\frac{\pi^{2/3}}{\rho}\left(\frac{1-\nu^2}{Y}\right)^{2/3}(S)^{5/3} \tag{3.26}$$

따라서, 단위 질량당 파괴 에너지는 압축강도의 5/3승에 비례한다.

입자의 파괴강도는 입도의 감소에 따라 증가하는 경향이 있으며, 일반적으로 다음과 같은 관계를 가진다.

$$S = S_0\left(\frac{V_0}{V}\right)^{1/m} = S_0\left(\frac{d_0}{d}\right)^{3/m} \tag{3.27}$$

V는 입자의 부피이며, m은 실험을 통해 얻어진다. 식 (3.26)에 대입하면 다음 관계식이 얻어진다.

$$\frac{E_c(d)}{m} = 0.9S_0\frac{\pi^{2/3}}{\rho}\left(\frac{1-\nu^2}{Y}\right)^{2/3}\left(\frac{d_0}{d}\right)^{5/m} \tag{3.28}$$

따라서, 단위 질량당 파괴 에너지는 입자 직경의 $5/m$승에 반비례하며 입자의 크기가 작아질수록 단위 질량당 파괴 에너지는 급격히 증가한다.

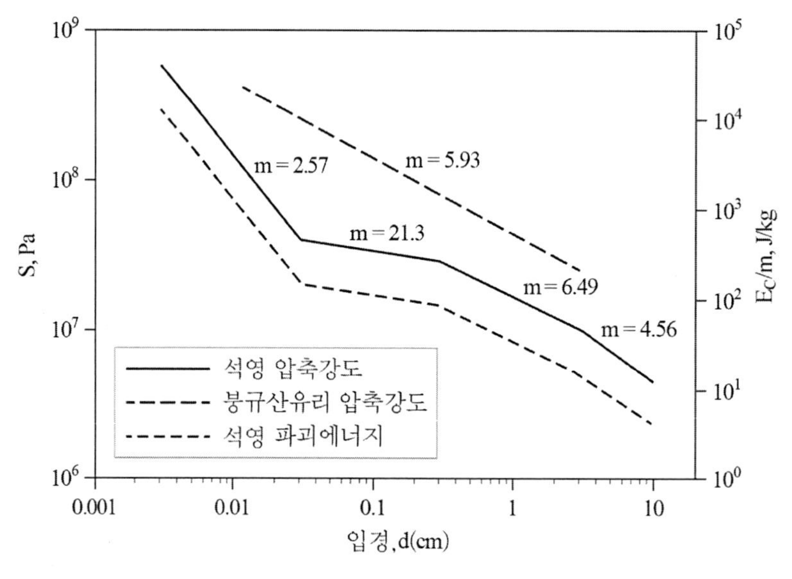

그림 3.9 입자크기에 따른 압축강도와 파괴 에너지

그림 3.9는 실험으로 측정된 압축강도와 파괴 에너지를 도시한 것이다(Yashima 등, 1987). 일반적으로 입도가 감소할수록 압축강도나 파괴 에너지는 증가하나 그 증가율은 입도영역에 따라 차이가 있다. 석영입자의 경우 직경 0.3~10cm 범위에서는 m=5~6의 값을 나타낸다. 이는 이미 언급한 바와 같이 입자크기가 작아질수록 큰 균열이 존재할 확률이 낮아지기 때문이다. 직경 0.04~0.3cm 범위에서는 입자크기에 따라 파괴강도가 변화하지 않는다. 이는 입자가 작아지면 파괴 강도에 영향을 미칠 큰 균열이 소멸되어 거의 균질한 입자의 성질을 나타내기 때문이다. 입자의 크기가 더욱 작아지면 파괴강도가 다시 급격히

증가한다. 변형 에너지의 크기는 입자 부피에 비례하기 때문에 입자가 작아지면 저장되는 에너지가 균열발생에 필요한 에너지에 미치지 못하기 때문이다.

3.5 입자의 파괴 확률

실제 입자의 강도를 측정하면 일정하지 않으며 취성 재료일 때 더욱 분산되어 나타난다. 이러한 특성은 입자 내부에 존재하는 결함에 의해 파괴특성이 지배되기 때문이다. 특히 입자의 파괴강도는 내부에 존재하는 균열 중 가장 취약한 균열에 의해 영향을 받는다(Weakest Link Theory). 이에 따라 인장응력 σ가 주어졌을 때 입자의 파괴 확률은 임계크기의 균열이 존재할 확률과 같으며 Weibull 통계 함수로 설명된다.

만약 고체가 n개의 고리로 연결되어 있다고 가정하면 각 고리에 대해 인장응력 σ가 주어졌을 때 끊어질 확률을 $F(\sigma)$라 하면 모든 고리가 끊어지지 않고 생존할 확률, P_s은 다음과 같다.

$$P_s = (1-F(\sigma)_1)(1-F(\sigma)_2)(1-F(\sigma)_3)\cdots(1-F(\sigma)_n) = (1-F(\sigma))^n \tag{3.29}$$

따라서 인장응력 σ가 주어졌을 때 절단이 일어날 확률은 다음과 같다.

$$P_f = 1-(1-F(\sigma))^n \tag{3.30}$$

$F(\sigma)$는 보통 Weibull 통계함수가 이용된다.

$$F(\sigma) = 1-\exp\left[-\left(\frac{\sigma}{\sigma_0}\right)^m\right] \tag{3.31}$$

위 식을 식 (3.30)에 대입하면 다음과 같다.

$$P_f = 1-\exp\left[-n\left(\frac{\sigma}{\sigma_0}\right)^m\right] \tag{3.32}$$

고리 수 n은 균열의 수의 해당되며 다음과 같이 대체될 수 있다.

$$n = \rho A \tag{3.33}$$

ρ는 단위 면적당 균열의 수, A는 재료의 면적이다. 따라서 입자의 파괴 확률은 재료 내부에 임계 크기의 균열이 존재할 확률이 되며 다음과 같이 표현된다.

$$P_f = 1 - \exp\left[-\rho A\left(\frac{\sigma}{\sigma_0}\right)^m\right] \tag{3.34}$$

ρ의 값은 미리 알 수 없으나 하나의 인자로서 A와 함께 지수 안에 포함시키면 다음과 같이 표현된다.

$$P_f = 1 - \exp\left[-\left(\frac{\sigma}{\sigma^*}\right)^m\right] \tag{3.35a}$$

$$\sigma^* = \frac{\sigma_0}{(A\rho)^{1/m}} \tag{3.35b}$$

m과 σ^*는 파괴시험을 통해 결정할 수 있다.

3.6 입자의 파괴 조각

입자의 파괴는 입자 내 발생되는 국소 응력이 임계값을 초과할 때 발생된다. 등방성 재료의 경우 절단 균열은 최대 인장응력에 수직 방향으로 전파되고 전단 균열은 최대 전단 응력에 평행하게 진행된다. 입자내부에 균열이 존재하면 작은 응력에서도 파괴가 일어나며 충분한 응력이 주어지면 모든 균열에 대하여 서로 다른 크기의 인장인력이 발생되어 균열이 성장하고 그 것들이 연결되면서 파괴가 일어난다. 또한 일차 파괴에 의해 생성된 조각들은 변형에너지가 소모될 때까지 연쇄적으로 재파괴되어 다양한 크기의 조각들이 생성된다.

그림 3.10은 판에 입자가 저속으로 부딪힐 때의 충격파괴 양상을 도식적으로 나타낸 것이다(Salman 등, 2004). 대부분 충격이 가해지는 접촉점에 원추형태의 조각이 생성되며 원추하부 꼭짓점으로부터 메디안 균열에 의해 절단된다. 메디안 조각의 수는 하중 크기에 따라 양분되거나 3~4분되어 반원형의 조각과 오렌지 조각이 생성되며 콘의 크기도 하중의 크기가 증가할수록 커진다. 이러한 입자의 파괴 양상은 실험적으로 많이 관찰된다(표 3.2). 충격에너지가 커질수록 메디안 균열면이 많아져 조각의 수도 증가한다. 또한 충격에너지가 커질수록 더욱 크게 함몰되는 현상을 보이며 메디안 균열에 수직방향으로 2차 균열이 생성되어 다양한 크기의 조각들이 골고루 형성된다. 또한 원추를 중심으로 압축에 의해 생성된 작은

조각과 균열면 주위로 전단이나 마찰에 의한 영향으로 작은 조각들이 생성된다. 따라서 파괴 조각의 입도분포는 균열에 의해 생산된 큰 조각들과 작은 조각들이 혼합된 형태로 나타난다.

그림 3.11은 입자를 낙하시켰을 때 높이에 따른 파괴 조각의 누적 입도분포를 도시한 것이다(Arbiter, 1969). 특징적인 것은 두 경우 모두 두 직선이 조합된 형태를 보이는 것이다. 조립영역의 직선은 큰 균열로 생성된 큰 조각들의 집단을 나타내며 미립영역의 직선은 균열면을 따라 생성된 작은 파편의 집단을 나타낸다. 자유낙하 높이가 커지면 2차 균열이 발달되어 큰 조각의 크기도 작고 숫자는 많아지며 작은 조각의 비율도 커진다. 따라서 전체적인 파괴 조각의 분포는 미세한 쪽으로 이동된다.

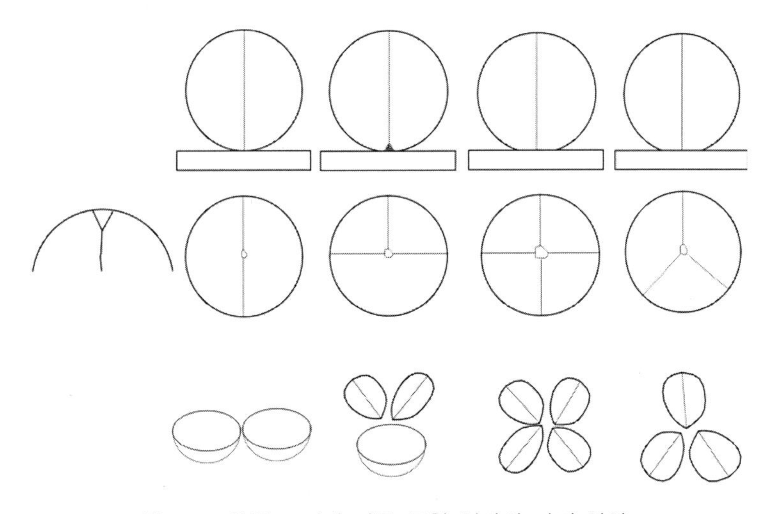

그림 3.10 하중 크기에 따른 구형 입자의 파괴 양상

표 3.2 충격에너지에 따른 구형 입자의 파괴 양상(Wu 등, 2004)

파괴 양상					
정규 충격에너지	5.0	11.2	12.5	48.3	72.6

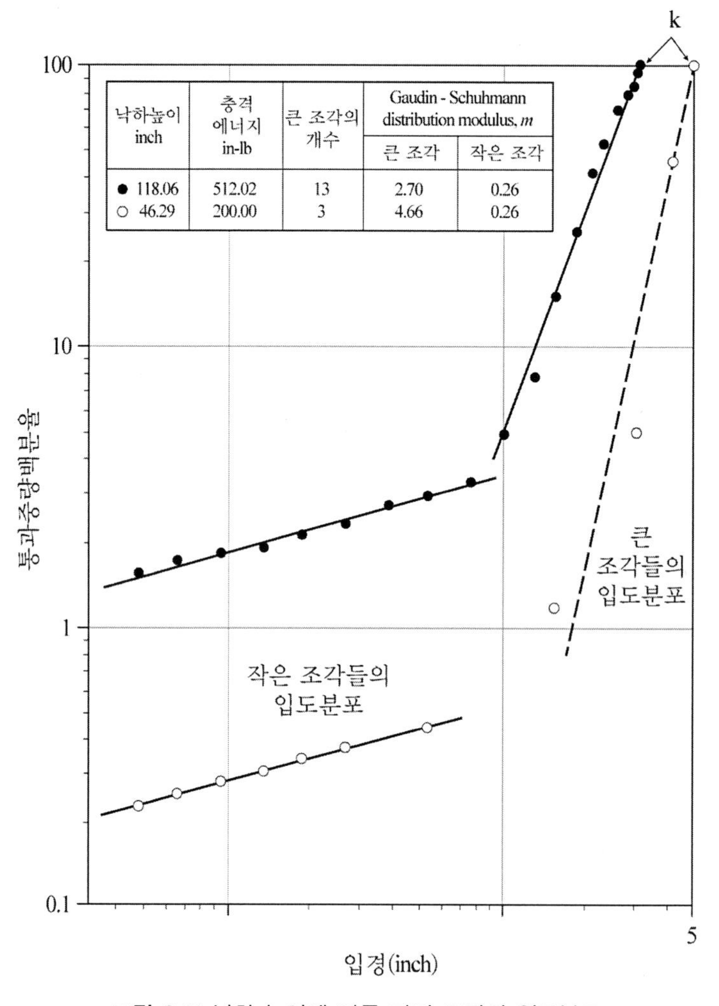

낙하높이 inch	충격 에너지 in-lb	큰 조각의 개수	Gaudin - Schuhmann distribution modulus, m	
			큰 조각	작은 조각
● 118.06	512.02	13	2.70	0.26
○ 46.29	200.00	3	4.66	0.26

그림 3.11 낙하 높이에 따른 파괴 조각의 입도분포

3.7 파괴 조각의 입도분포

파괴 조각의 입도분포는 궁극적으로 파·분쇄 산물의 입도분포를 결정짓는 중요한 인자이다. 이에 따라 이론적으로 파쇄조각의 입도분포를 도출하고자 하는 연구들이 진행되어 왔으나 아직까지 일반적으로 적용 가능한 해법은 제시되지 못하였으며 실험을 통해 자료를 수집하고 계량화하여 수학적 함수 형태로 표시하는 방식이 이용된다.

Gilvarry(1961)는 Griffith 균열이론에 입각해 다음과 같은 파괴 조각의 누적 입도분포식을 제시하였다.

$$B(x) = 1 - \exp\left[-\left(\frac{x}{K_1}\right) - \left(\frac{x}{K_2}\right)^2 - \left(\frac{x}{K_3}\right)^3\right] \tag{3.36}$$

$B(x)$는 파괴 조각 중 x보다 작은 조각의 무게비율, K_1, K_2, K_3는 각각 가장자리, 면적, 부피 균열밀도와 연관된 상수이다. 만약 균열이 가장자리에 집중되어 있을 때 위 식은 Rosin-Rammler 식으로 표현된다.

$$B(x) = 1 - \exp\left[-\left(\frac{x}{x^*}\right)^n\right] \tag{3.37}$$

x^*는 기준 입도이다.

Gaudin과 Meloy(1962)는 통계학적 방법을 적용해 다음과 같은 식을 제안하였다.

$$B(x) = 1 - \left(1 - \frac{x}{x^*}\right)^n \tag{3.38}$$

Klimpel과 Austin(1965)은 식 (3.36)과 식 (3.38)을 조합하여 다음과 같은 식을 제안하였다.

$$B(x) = 1 - \left(1 - \frac{x}{x^*}\right)^{n_1}\left[1 - \left(\frac{x}{x^*}\right)^2\right]^{n_2}\left[1 - \left(\frac{x}{x^*}\right)^3\right]^{n_3} \tag{3.39}$$

파괴 조각이 큰 조각들로만 구성되어 있을 경우 위 식은 다음과 같이 표현된다.

$$B(x) = 1 - \left[1 - \left(\frac{x}{x^*}\right)^3\right]^{n_4} \tag{3.40}$$

Broadbent와 Callcott(1956)는 다음과 같은 경험식을 제시하였다.

$$B(x) = \frac{1 - \exp\left[-\left(\frac{x}{x^*}\right)^n\right]}{1 - \exp(-1)} \tag{3.41}$$

위 식들은 모두 단일 입자가 파괴되었을 때 생성된 조각의 입도분포에 관한 것이다. 파쇄공정에서는 여러 입자가 동시 다발적으로 파괴되며 그 조각들은 다시 파괴되는 과정이 반복된다. 따라서 파쇄공정의 수학적 모사에서 입자가 파괴될 때 생성되는 조각의 입도분포는 가장 기본적인 인자로 취급되며 이를 분쇄함수(breakage function)라 한다. 그러나 파괴 조각은 응력조건이나 입자의 형상에 의해 다르게 나타나기 때문에 앞서 언급한 이론적 식보다는 실험에 의해 직접 측정된다.

3.8 파·분쇄 메커니즘

파·분쇄기에서는 압축이나 인장력에 의해 주로 파괴가 일어나나 입자끼리 마찰되어 전단력에 의한 파괴가 일어나기도 한다. 또한 응력이 가해지는 속도에 따라 파괴양상이 다르게 나타날 수 있다. 따라서 파·분쇄기에서의 파괴 메커니즘은 다양하며 그림 3.12와 같이 크게 네 가지로 분류된다(Kelly와 Spottiswood, 1982). Shatter는 여러 조각으로 파괴되어 다양한 크기의 조각들이 생성되며 Cleavage는 3~4개의 큰 조각들이 생성된다. Chipping은 입자의 가장자리 부분이 절단되어 원 입자 크기에 가까운 입자와 몇 개의 작은 조각이 생성되며 Abrasion의 경우는 입자는 원형에 가까운 모습을 유지하면서 수많은 매우 미세한 조각이 생성된다. 파쇄조각의 입도분포는 파괴양상에 따라 독특한 모양을 띠며 파쇄기 내 파괴 조각의 입도분포는 위 네 가지 파괴 메커니즘이 조합된 형태로 나타난다.

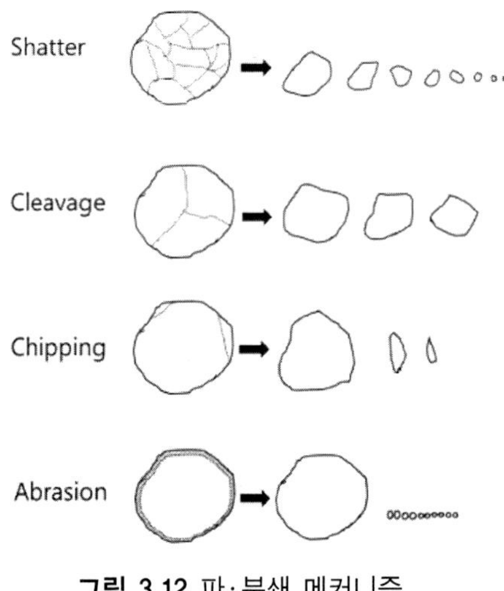

그림 3.12 파·분쇄 메커니즘

그림 3.13a는 실험적으로 측정된 파쇄조각의 누적 입도분포를 로그-로그 좌표로 도시할 때 나타나는 전형적인 모습으로, y크기의 입자가 파쇄되었을 때 생성된 조각 중 x보다 작은 조각의 질량비율은 다음과 같이 두 지수함수의 합으로 표현된다.

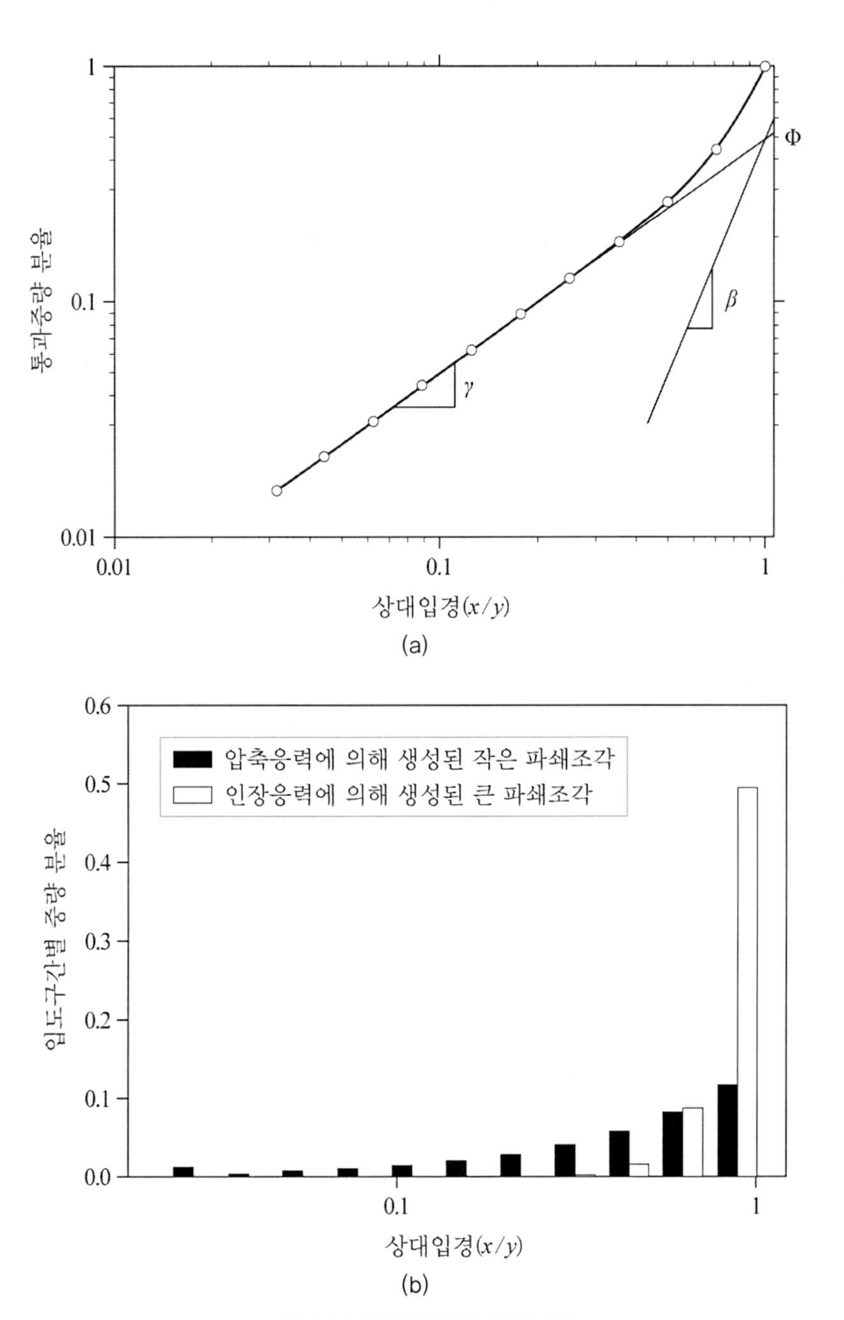

그림 3.13 파쇄 조각의 입도분포

$$B(x;y) = \Phi\left(\frac{x}{y}\right)^{\gamma} + (1-\Phi)\left(\frac{x}{y}\right)^{\beta} \tag{3.42}$$

왼쪽 항은 압축응력에 의해 발생된 미세 파쇄조각의 집단, 오른쪽 항은 인장응력에 의한 균열로 발생된 큰 파쇄조각의 집단을 나타낸다. γ는 곡선 하단부의 기울기에 해당하며 Φ는 하부 직선을 연장하였을 때 $\frac{x}{y}=1$과 교차하는 $B(x;y)$의 값으로 미세 조각 집단의 비율이다. β는 $B(x;y)-\Phi(\frac{x}{y})^{\gamma}$의 값을 도시하였을 때 나타나는 직선의 기울기로 일반적으로 γ보다 3배 이상 크다. Φ, γ, β는 재료의 분쇄 고유 특성 값이다. 그림 3.13b는 파쇄조각 크기별 빈도를 나타낸 것으로 큰 조각은 모입자의 크기와 가까운 영역에 분포하고 있으며 미세 파쇄조각은 전 입도에 걸쳐 분포한다. 두 집단의 상대적인 비율은 재료의 강도와 관계가 있으며 강도가 약한 물질일수록 미세 입자가 많이 생성되어 Φ는 커지고 γ는 작아지는 경향을 나타낸다.

제3장 참고문헌

Anderson, T. L. (2005). *Fracture Mechanics: Fundamentals and Applications* (3rd ed.). Boca Raton, FL, CRC Press.

Arbiter, N., Harris, C. C., Stamboltzis, G. A. (1969). Single fracture of brittle spheres. *Trans. AIME,* 244, 118-133.

Austin, L. G., Trass, O., (1997). Size Reduction of solids crushing and grinding equipment. in *Handbook of Powder Science & Technology* (2nd ed.). New York, NY, Springer.

Brady, B. H. G., Brown, E. T. (1993). *Rock mechanics for underground mining* (2nd ed.). London, Chapman & Hall.

Broadbent, S. R., Callcott, T. G. (1956). A matrix analysis of processes involving particle assembles. *Phil. Trans. R. Soc. Ser. A.*, 239, 99-123.

Fischer-Cripps, A. (2006). *Introduction to contact mechanics* (2nd ed.). New York, NY, Springer.

Gaudin, A. M., Meloy, T. P. (1962). Model and a comminution distribution equation for single fracture. *Trans. AIME,* 223, 40-43.

Gilvarry, J. J. (1961), Fracture of brittle solids, I. Distribution function for fragment size in single fracture (Theoretical). *J. Appl. Phys.,* 32, 391-399.

Griffith, A. A. (1921). The phenomena of rupture and flow in solids. *Philosophical Transactions of the Royal Society A*, 221, 163-198.

Hiramatsu, Y., Oka, Y. (1966). Determination of the tensile strength of rock by a compression test of an irregular test pieces. *Int. J. Rock Mech. Min. Sci.*, 3, 89-99.

Kanda, S., Sano, S., Yashima, S. (1986). A consideration of grinding limit based on fracture mechanics. *Powder Technology*, 48(3), 263-267.

Kelly, E. G., Spottiswood, D. J. (1982). *Introduction to Mineral Processing*, New York, Wiley.

Klimpel, R. R., Austin, L. G. (1965). The statistical theory of primary breakage distribution for brittle materials. *Trans. AIME,* 232, 88-94.

Rumpf, H. (1995). *Particle Technology.* London, Chapman and Hall.

Salman, A. D., Reynolds, G. K., Fu, J. S., Cheong, Y. S., Biggs, C. A., Adams, M. J., Gorham, D. A., Lukenics, J., Hounslow, M. J. (2004), Descriptive classification of the impact failure modes of spherical particles. *Powder Technology*, 143-144, 19-30.

Schoenert, K. (1972). The role of fracture physics in understanding comminution phenomena, *Trans, AIME,* 252, 21-26.

Watkins, I. G., Prado, M. (2015). Mechanical properties of glass microspherers, *Procedia Materials Science,* 8, 1057-1065.

Wu, S. Z., Chau, K. T., Yu, T. X. (2004). Crushing and fragmentation of brittle spheres under double impact test, *Powder Technology*, 143-144, 41-5.

Yashima, S., Kanda, Y., Sano, S. (1987). Relationships between particle size and fracture energy or impact velocity required to fracture as estimated from single particle crushing. *Powder Technology*, 51, 277-282.

제4장

에너지와 파·분쇄 입도

제4장
에너지와 파·분쇄 입도

분쇄에 투입된 에너지와 분쇄 산물의 입도 간 상관관계는 파·분쇄 현상을 이해하고 공정 효율을 분석하는 데 가장 기본적으로 이용되고 있는 접근 방법이다. 파·분쇄 이론에서 가장 많이 인용되는 Rittinger, Kick, Bond 법칙은 이에 대한 상관식이며 파·분쇄의 실험적 분석에서 중요하게 다루어지는 주제 중의 하나이다.

입자에게 응력이 가해지면 변형이 발생되며 임계점에 다다르면 파괴되어 새로운 표면이 생성된다. 파괴지점까지 저장된 변형 에너지는 새로운 표면을 생성하는 데 소모되며 잔여 에너지는 열로 소진된다. 단위 면적당 표면 에너지를 γ, 표면적 증가량을 ΔS 라고 하면 실제 분쇄에 사용된 에너지는 $\gamma\Delta S$와 같다. 따라서, 에너지 기계적 효율은 다음과 같이 정의될 수 있다.

$$\eta_m = \frac{\gamma(S_p - S_f)}{E} \tag{4.1}$$

S_f와 S_p는 각각 분쇄 전후의 입자의 비표면적, E는 파괴 시점까지 축적된 단위 질량당 에너지이다. $\Delta S/E$는 에너지 효율을 나타내는 척도로 에너지 이용률이라 한다.

실제 파·분쇄에서는 투입된 에너지 중 극히 일부분만이 입자에 흡수된다. 흡수율을 η_c라고 하면 입자 파괴에 필요한 에너지는 다음과 같다.

$$E = \frac{\gamma(S_p - S_f)}{\eta_m \eta_c} \tag{4.2}$$

위 식은 $E = k\Delta S$로 간단히 표현될 수 있으며 에너지와 분쇄입도의 상관관계를 나타내는 가장 기본적인 공식으로 이용된다.

4.1 에너지–분쇄입도 상관법칙

(1) Rittinger 법칙

Rittinger 법칙은 파·분쇄 전후의 표면적 변화량과 에너지 투입량은 언급한 바와 같이 비례 관계에 있음을 기초로 한다.

$$E = k_R \Delta S \tag{4.3}$$

E는 단위 질량당 투입 에너지, ΔS는 비표면적 증가량, k_R은 비례상수이다. 에너지 이용률은 $\frac{\Delta S}{E} = k_R$로 입도에 관계없이 일정하다. 입자의 비표면적은 입도에 반비례하므로 분쇄에 의해 입도가 x_1에서 x_2로 감소할 경우 필요한 에너지는 다음 식으로 표현된다.

$$E = k_R\left(\frac{1}{x_2} - \frac{1}{x_1}\right) \tag{4.4}$$

이를 Rittinger 법칙(1867)이라 한다.

(2) Kick 법칙

Kick(1885)은 위 식을 발전시켜 다음과 같은 논리를 제시하였다. 입자의 분쇄는 여러 단계에 걸쳐 이루어지며 각 단계에서 분쇄 전후의 표면적 비가 r로 동일할 경우, 비표면적 S_1, 입도 x_1의 입자가 n단계의 파괴를 거쳐 최종 표면적 S_2, 입도 x_2가 되었을 때 비표면적의 비는 γ^n이 된다.

$$\gamma^n = \frac{S_2}{S_1} \rightarrow nlog\gamma = \log\frac{S_2}{S_1} \tag{4.5}$$

각 단계에 필요한 단위 질량당 에너지가 E_0로 동일할 때 총 에너지 E는 다음과 같이 나타난다.

$$E = nE_0 = \frac{E_0}{\log\gamma}\log\frac{S_2}{S_1} \tag{4.6}$$

위 식은 다음과 같이 표현된다.

$$E = k_K \log\frac{S_2}{S_1} \tag{4.7}$$

또는

$$E = k_K \log \frac{x_1}{x_2} \tag{4.8}$$

k_K는 비례상수이다. 에너지 이용률은 식 (4.7)로부터 다음과 같이 도출된다.

$$\frac{\Delta S}{E} = \frac{S_1}{E}\left[\exp\left(\frac{k_k}{E}\right) - 1\right] \tag{4.9}$$

따라서, Kick의 법칙에 의한 에너지 이용률은 투입 에너지에 따라 변화한다.

(3) Bond 법칙

Bond(1952)는 입경, x의 입자 파쇄에 필요한 에너지는 입자의 부피에 비례, 즉 x^3에 비례하며 파쇄에 의해 새롭게 형성된 표면적은 x^2에 비례하기 때문에 파쇄에너지는 그 중간값인 $x^{2.5}$에 비례한다고 가정하였다. 입자의 질량은 x^3에 비례하기 때문에 단위 질량당 파쇄에너지는 $x^{2.5}/x^3 = 1/\sqrt{x}$ 이므로 다음과 같은 식을 제안하였다.

$$E = k_B\left(\frac{1}{\sqrt{x_2}} - \frac{1}{\sqrt{x_1}}\right) \tag{4.10}$$

Bond 법칙에 의한 에너지 이용률은 다음과 같이 되며 이 역시 투입 에너지에 따라 변화한다.

$$\frac{\Delta S}{E} = k_1 E + k_2\sqrt{S_1} \tag{4.11}$$

Bond 법칙은 다음 식으로 표현된다.

$$E = W_i\left(\frac{10}{\sqrt{x_{2,80}}} - \frac{10}{\sqrt{x_{1,80}}}\right) \tag{4.12}$$

W_i를 Bond 일 지수(Work Index)라고 하며 무한 크기의 입자를 100μm으로 분쇄하는데 필요한 에너지의 의미를 갖는다. $x_{1,80}$, $x_{2,80}$는 각각 분쇄 전후 입자들의 80% 통과 입도이며 단위는 μm이다.

(4) 일반 법칙

Walker 등(1937)은 에너지-분쇄입도 상관관계에 대해 다음과 같은 일반식을 제시하였다.

$$dE = -k\frac{dx}{x^n} \tag{4.13}$$

위 식을 적분하면

$$E = \frac{k}{n-1}\left(\frac{1}{x_2^{n-1}} - \frac{10}{x_1^{n-1}}\right), \quad n \neq 1 \tag{4.14}$$

또는

$$E = kln\frac{x_1}{x_2}, \quad n = 1 \tag{4.15}$$

x_1와 x_2는 각각 투입시료와 분쇄산물의 입도이다. n=2일 때 Rittinger식, n=1일 때 Kick식, n=1.5일 때 Bond식이 된다. 각 식을 이용하여 $x_1 = 10{,}000\mu$m인 입자에 대해 투입 에너지에 따른 x_2의 변화를 계산하면 그림 4.1과 같이 나타난다.

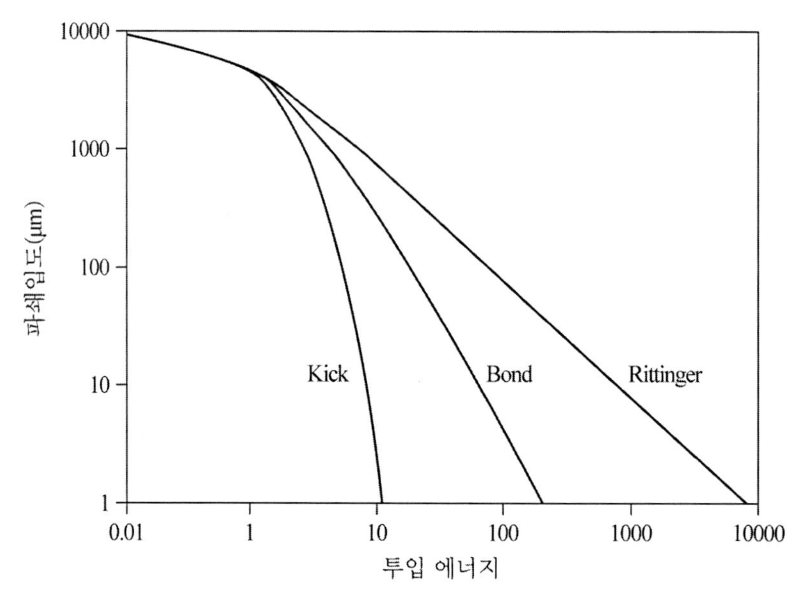

그림 4.1 에너지 투입에 따른 분쇄입도의 비교

동일 입도의 분쇄 산물을 생산할 때 소요되는 에너지는 현격한 차이를 보이며 Rittinger식이 가장 높고 Kick식이 가장 낮다. 일반적으로 파쇄에는 Kick, 분쇄에는 Bond, 미분쇄에는 Rittinger 식이 잘 맞는 것으로 알려져 있다.

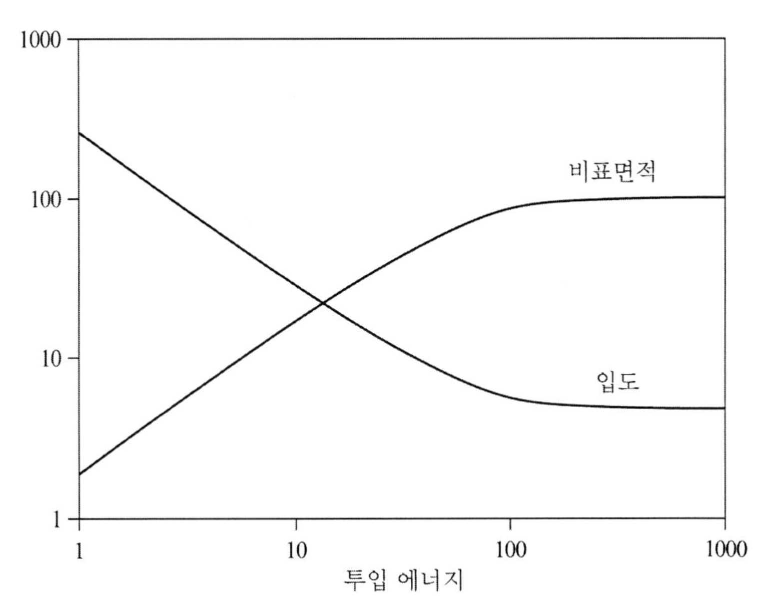

그림 4.2 분쇄한계 현상을 나타날 때 에너지-분쇄입도 곡선

많은 경우 분쇄가 지속되면 그림 4.2에서 보는 바와 같이 에너지가 투입되더라도 입도가 더 이상 감소하지 않고, 비표면적의 변화도 없는 현상이 나타난다($dS/dE=0$). 이를 분쇄한계라고 하며 이때 투입된 에너지는 입자의 마찰에 의한 열로 방출되거나 입자의 소성변형에 소모된다. 이 경우 에너지의 증가에 따라 비표면적은 일정값 S_∞에 수렴하며, 에너지와 비표면적의 관계식은 다음과 같이 표현된다(Tanaka, 1954).

$$\frac{dE}{dS} = k(S_\infty - S) \tag{4.16}$$

위 식을 적분하면 S_∞에서 S까지 변화시키는 데 필요한 에너지는 다음과 같다.

$$\ln\frac{S_\infty - S_0}{S_\infty - S} = kE \tag{4.17}$$

$S_\infty \gg S_0$의 경우 위 식은 다음과 같은 근사식으로 변환 가능하다.

$$S = S_\infty [1 - \exp(-kE)] \tag{4.18}$$

즉, 분쇄 중의 비표면적의 변화는 S_∞에 점근하는 Weibull 함수로 나타난다. k는 입자의 물성과 분쇄조건에 의해서 정해지는 분쇄계수이다. S가 S_∞에 접근할수록 분쇄는 한계에 가까워진다. 분쇄 산물이 미세해지면 입자 간 응집 현상이 두드러지기 때문에 경우에 따라서는 오히려 분쇄물의 입도가 증가하고 비표면적이 감소하는 경향이 나타난다.

그림 4.3은 Arai와 Yasue(1969)의 보고에 의한 것으로 백운석 분쇄 시 분쇄시간 t와 비표면적 S의 관계를 나타내고 있다. 분쇄에너지 E는 시간 t에 비례하기 때문에 $t-S$곡선은 $E-S$곡선과 같다. 시간에 따른 격자변형률 ε도 측정되었다. 분쇄시간이 증가하였을 때 비표면적은 수렴하여 더 이상 증가하지 않는 반면, ε는 크게 증가한다. 이는 투입된 에너지의 대부분이 입자의 결정 구조변화에 사용되고 있음을 나타낸다. 이 경우 입자의 비결정화 또는 상전이(백운석 → 방해석 → 아라고나이트) 현상이 발생할 수 있다. 이러한 현상을 메카노케미칼 반응이라고 하며 재료분야나 화학공정에 이용되고 있다(Sopicka-Lizer, 2010).

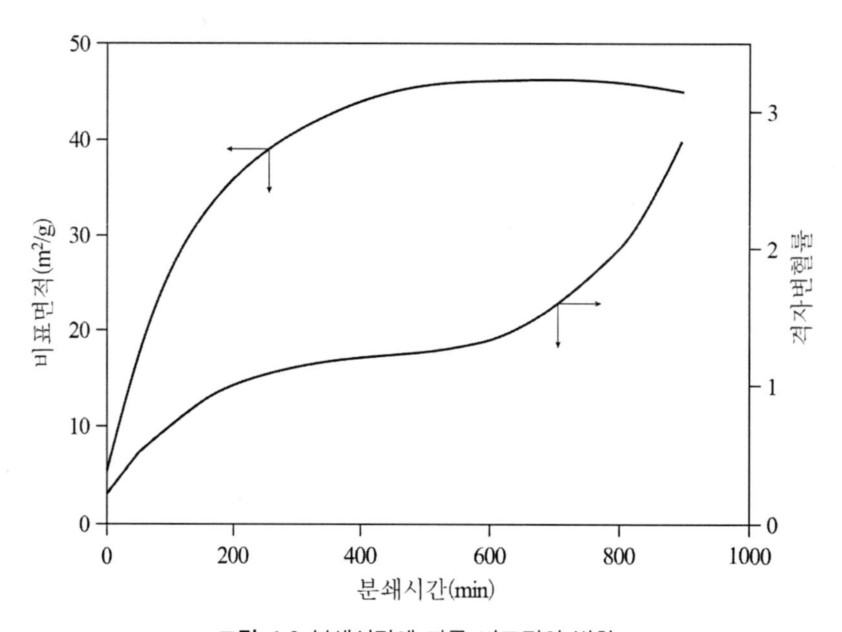

그림 4.3 분쇄시간에 따른 비표적의 변화

4.2 파·분쇄 에너지의 실험적 분석

파·분쇄장비에서 입자에 가해지는 응력은 방향과 세기가 일정치 않으며 불규칙한 입자 형상으로 인해 입자 내의 응력분포는 정량화할 수 없다. 따라서 파괴역학에서 다루어지는 수식으로 설명하기 어려우며, 다양한 실험방법을 통해 실제 입자의 파괴양상을 관찰하고 그 결과를 바탕으로 파·분쇄 공정을 이해하려는 노력이 지속되고 있다.

가장 많이 이용되는 방법은 단일 입자에 충격이나 압축을 가하여 파괴양상을 분석하는 것으로 단일입자 파괴시험(single particle breakage tests)이라 한다. 시험방법은 그림 4.4와 같이 단방향 충격 시험, 양방향 충격 시험, 저속 압축 시험 등 크게 세 가지로 나뉜다. 한 방향 입자 충격시험은 입자를 낙하시키거나 압축공기를 이용하여 입자를 발사, 표적에 충돌시킨 후 파괴양상을 분석한다. 양방향 충격시험에는 입자를 평판에 놓고 위에서 쇠구슬을 떨어트려 충격을 가하는 drop weight 시험법과 시계추 형태의 진자를 이용하여 입자에 충격을 가하는 pendulum 시험법이 있다. 저속 압축실험은 두 판 사이에 입자를 놓고 서서히 압축을 가하는 실험방법이다. 단일입자 시험법은 오랜 역사를 가지고 있으며 다음과 같이 파·분쇄와 관련된 다양한 분야에 활용되고 있다.

i) 파괴 균열 양상 및 파괴 조각의 입도분포
ii) 파쇄 과정에서의 에너지 활용도
iii) 입자 크기, 모양, 재료 물성 및 하중 방법이 입자 파괴 특성에 미치는 영향
iv) 에너지-분쇄입도 관계
v) 분쇄공정 모델링을 위한 파쇄특성 분석

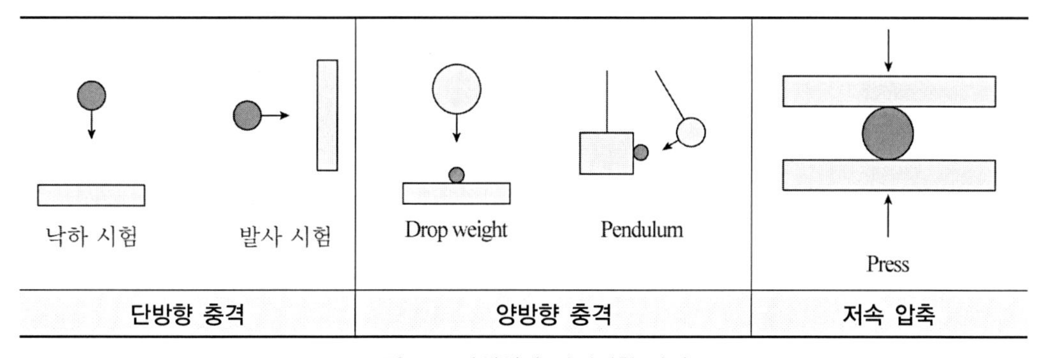

그림 4.4 단일입자 파괴시험 방법

4.2.1 단방향 충격 시험(single impact test)

자유낙하에 의한 충격 시험은 큰 입자에 대해 가능하며 작은 입자는 발사시키는 방법이 주로 사용된다. 그림 4.5는 충격에너지 크기에 따라 나타나는 파괴 조각 입도분포의 전형적인 모습을 보여준다. 충격에너지가 작을 경우, chipping에 의한 파괴가 일어나 큰 입자와 작은 입자들로 구성된 입도분포를 나타내며, 충격에너지가 커질수록 shatter의 파괴양상을 띠어 다양한 크기의 입자로 구성된 입도분포를 나타낸다. Arbiter(1969)에 의하면 작은 입자 영역의 입도분포는 Gaudin-Schuhmann 입도분포식을 따르며 다음과 같은 관계식으로 표현된다.

$$B(x)=kx^{m}E \tag{4.19}$$

$B(x)$는 파괴 조각 중 x보다 작은 입자의 비율로서 충격에너지 E에 비례하여 증가한다.

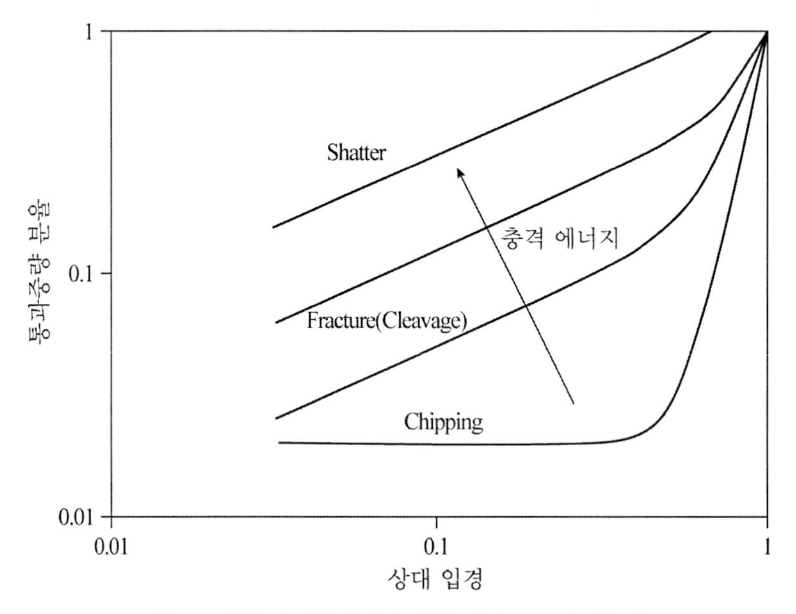

그림 4.5 낙하 충격에너지에 따른 파괴 조각의 입도분포

Papadopoulos(1998)는 2~4mm 크기의 PMMA, ammonium nitrate(AN), porous silica(PS) 구형입자에 대하여 충격속도에 따른 파괴양상을 분석하였다. 그림 4.6은 충격속도에 따른 파괴 조각의 입도분포를 도시한 것으로 충격속도가 증가할수록 미세한 조각이 생성된다. Chipping에서 Fracture로 전환되는 충격속도는 입자의 물성에 따라 PMMA의 경우 30m/s, AN는 10~15m/s, PS는 10m/s로 각각 다르게 나타났다. 또한 입도가 작아질수록 Fracture로 전환되

는 충격속도는 증가하였다. 충격속도에 따른 파괴 조각의 입도분포는 다음 식으로 표현되었다.

$$B(x/x_0)= k\left[\left(U^2x_0\right)(x/x_0)\right]^{\zeta} \tag{4.20}$$

x_0는 모입자의 크기, U는 충격속도이다. U^2은 운동에너지에 상응하므로 $B(x/x_0)$는 투입 에너지 E의 ζ승에 비례한다. k와 ζ는 시료물성에 따라 달라진다. 위 식에 따르면 E가 커질수록 파괴 조각의 입도는 미세해지며, 그 정도는 모입자의 입도크기 x_0와 재료 물성에 따라 다르게 나타난다.

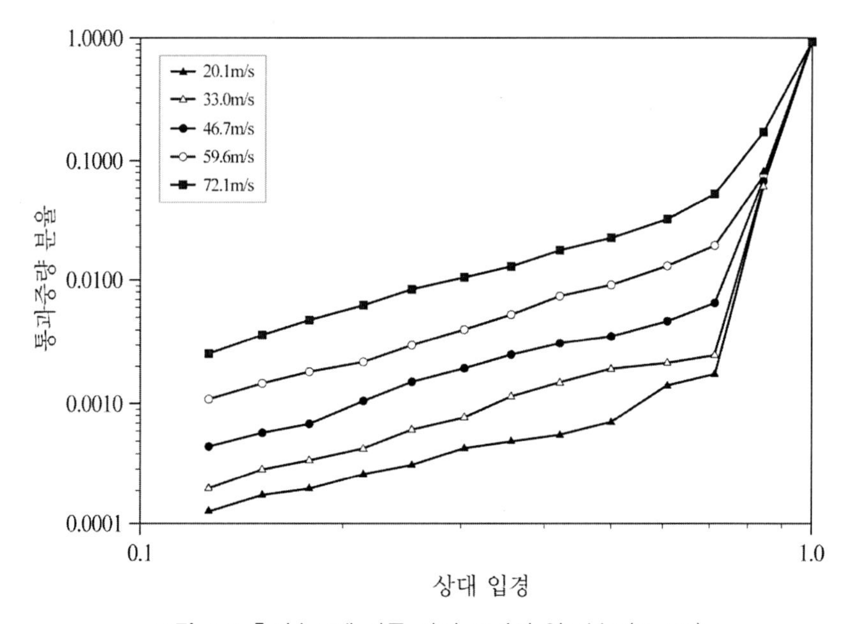

그림 4.6 충격속도에 따른 파괴 조각의 입도분포(PMMA)

그림 4.7은 재료별 파괴 조각의 입도분포를 도시한 것이다. x축은 밀도에 따른 영향을 반영하여 비에너지 $(\rho U^2x_0)(x/x_0)$로 정규화하였다. 입도분포는 세 그룹으로 나뉘며 PS3 시료가 가장 조립한 입도분포를, 파괴인성이 가장 낮은 PS1 및 PS2 시료가 가장 미립한 입도분포를 나타내었다. 최종적으로 재료별 파괴 조각의 입도분포 식은 다음과 같이 제시되었다.

$$B(x/x_0)= k'\left[\left(U^2x_0\right)(x/x_0)\right]^{\zeta'} \tag{4.21}$$

표 4.1은 회귀 분석으로 얻어진 k'와 ζ'의 값을 나열한 것이다. 가장 조립한 입도분포를

나타낸 PS3의 시료가 k'의 값이 가장 낮고 ζ'가 가장 높다. 이는 일반적으로 관찰되는 분쇄양상과 일치하는 결과로, 강도가 높은 물질일수록 조립한 파괴 조각이 생성되며 미립자의 비율이 작아져 입도분포의 기울기는 높아진다.

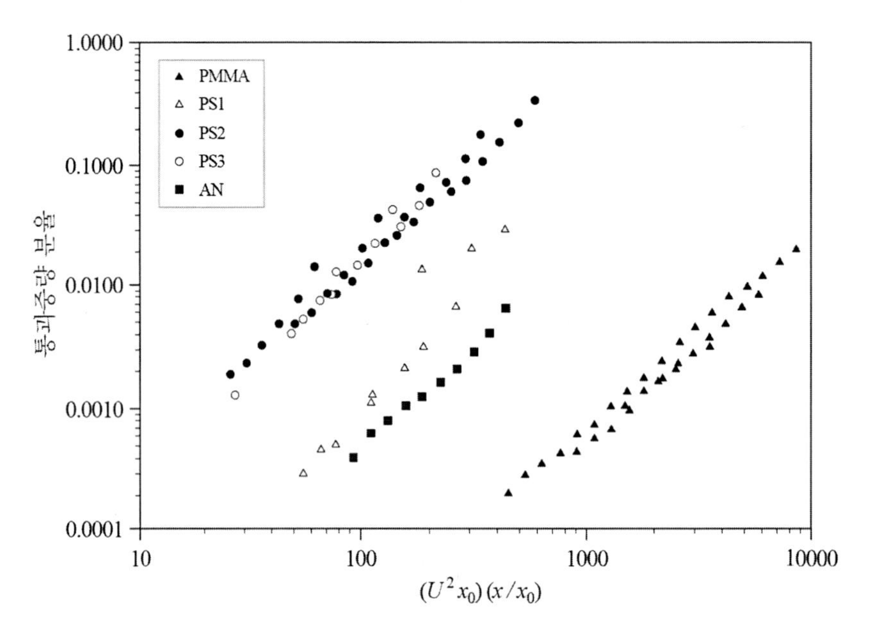

그림 4.7 재료별 충격속도에 따른 파괴 조각의 입도분포

표 4.1 재료별 k'와 ζ의 값

재료	k'	ζ
PMMA	10^{-8}	1.58
PS1	10^{-5}	1.60
PS2	2×10^{-6}	1.96
PS3	4×10^{-8}	2.5
AN	2×10^{-7}	1.66

그림 4.8은 100개의 5.15mm 산화알루미늄 입자를 발사하였을 때 입사각도 및 충격속도에 따라 파괴되지 않는 입자의 개수를 도시한 것이다(Salman, 1995). 모든 경우 파괴가 일어나는 최소 충격속도가 존재하며 충격속도가 커질수록 파괴되는 숫자는 증가한다. 일정 충격속도에서 파괴 확률은 입사각도가 50°보다 작아질 경우 급격히 감소한다. 충격속도에 따른 파괴 확률은 다음과 같이 Weibull 함수로 표현되었다.

$$N_c = 100\exp\left[-\left(\frac{U}{c}\right)^m\right] \tag{4.22}$$

N_c는 파괴되지 않은 입자의 개수, U는 충격속도, c, m은 상수로, c는 입사각도가 커질수록 감소하는 반면 m은 증가한다.

위 식은 U가 c에 비해 매우 작을 경우 파괴가 일어나지 않음을 내포하고 있다. 그러나 파괴가 일어나지 않더라도 작은 에너지를 반복적으로 가하면 시료 내부에 손상이 축적되어 결국 파괴된다.

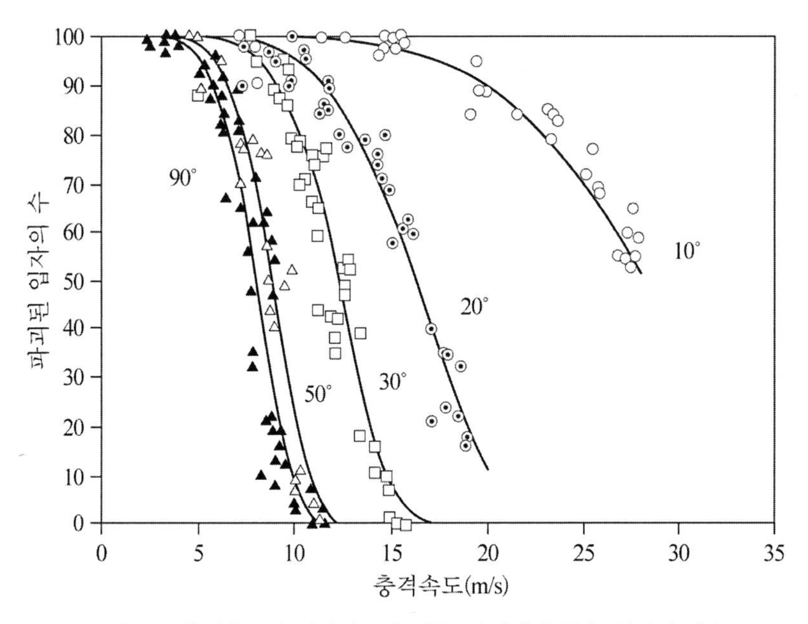

그림 4.8 충격속도와 입사각도에 따른 파괴되지 않은 입자의 개수

그림 4.9는 60mm의 폐콘크리트 시료를 반복적으로 낙하하였을 때 낙하횟수에 따른 시료의 질량 변화를 나타낸 것이다(Kim and Cho, 2010). 초기 세 번까지는 파괴가 일어나지 않으나 4번째 낙하에서는 파괴되어 질량은 40%로 감소된다. 파괴된 조각을 다시 낙하시키면 세 번째 낙하에서 파괴된다. 이때 질량 감소는 5%로 크지 않기 때문에 chipping에 해당한다. 파괴가 일어나지 않는 구간에서는 약간의 질량감소가 관찰되며 이는 abrasion에 의한 파괴로 설명된다. 과거에는 분쇄공정 모델링에 있어 이러한 세부적인 파쇄 기작이 고려되지 않았으나 최근에는 반복충격에 의한 입자의 파괴강도 감소, body fracture와 surface breakage(chipping과 abrasion 등)를 구분하여 분쇄현상을 묘사하는 연구가 수행되고 있다(Carvalho and Tavares, 2009; 2013).

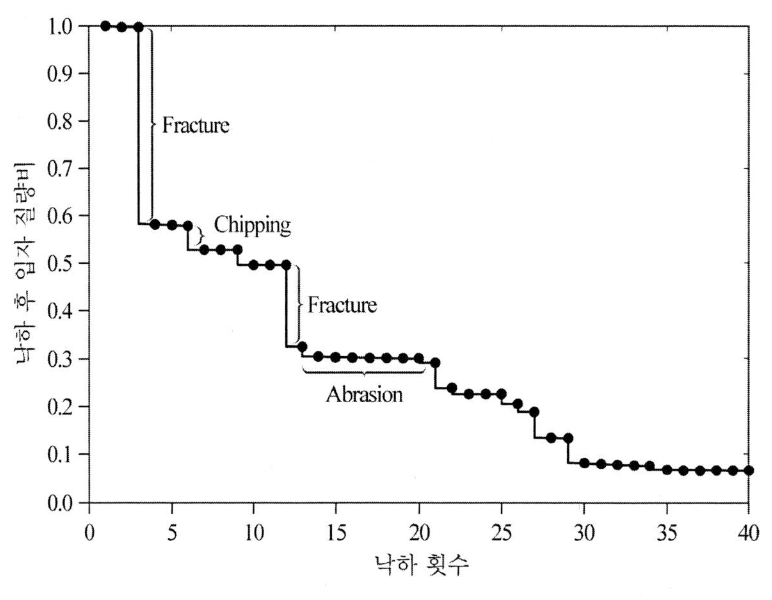

그림 4.9 낙하 반복 회수에 따른 시료의 질량 변화

입자가 작은 조각들로 파쇄되면 시료의 총 표면적이 증가한다. 따라서 파쇄 전후의 표면적의 변화량은 파쇄 정도를 가름하는 척도가 된다. 그림 4.10은 충격속도에 따른 표면적의 증가율(파쇄 전 표면적 대비 파쇄 후 표면적 증가량)의 나타낸 것이다(Mebtoul, 1996). 충격속도가 작을 경우 표면적 증가량은 충격속도가 커질수록 증가하나 그 증가율은 점차 감소되며 임계점을 지나면 더 이상 증가하지 않는다. 따라서 에너지 이용률은 투입 에너지가 커질수록 증가하다가 감소하며 최대를 나타내는 최적 투입 에너지 영역이 존재한다. 그 영역은 재료물성 및 입도에 따라 다르게 나타난다.

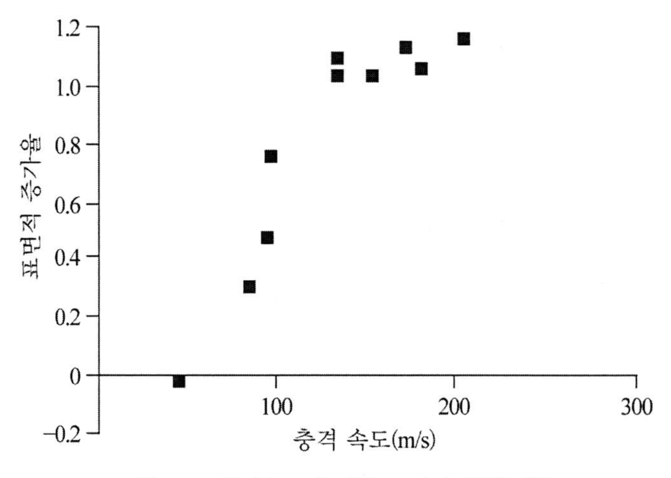

그림 4.10 충격속도에 따른 표면적 생성 비율

그림 4.11은 이를 나타낸 것으로 에너지 이용률이 최대가 되는 투입 에너지는 입도가 작아질수록 또는 강도가 큰 물질일수록 증가함을 알 수 있다. 이는 입자 파쇄에 필요한 에너지는 입도가 작아질수록, 강도가 클수록 증가하기 때문이다. 또한 에너지 이용률 최댓값은 입도가 작아질수록 감소한다. 이는 입도가 작아질수록 동일 분쇄비에 필요한 에너지가 더욱 증가하여야 함을 시사한다.

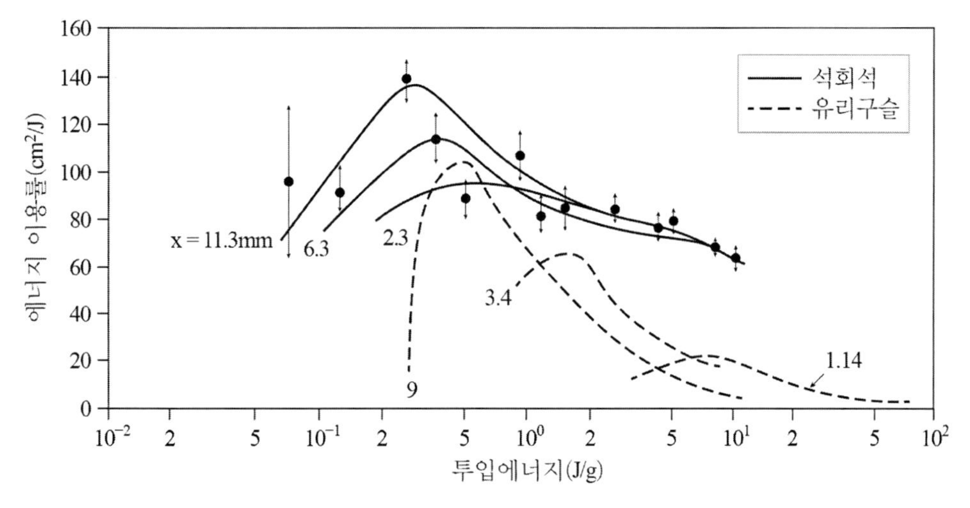

그림 4.11 투입 에너지에 따른 에너지 이용률

최근에는 그림 4.12에 도시된 바와 같이 rotor-stator 충격장치가 개발되어 입자의 파괴양상을 분석하는 데 이용되고 있다(Vogel과 Peukert, 2003; Shi 등, 2009). 입자는 고속으로 회전하는 rotor에 의해 발사되어 stator에 충돌된다. 이때 입자에게 가해진 질량당 에너지는 다음과 같다.

$$E = \frac{1}{2}v^2 \tag{4.23}$$

v는 rotor의 회전속도이다. 이 장치는 짧은 시간에 많은 수의 입자의 파괴시험을 실시할 수 있다는 장점이 있다. Vogel과 Peukert(2003)는 이 장치를 이용하여 다양한 입자에 대하여 시험하였으며, 그 결과 투입 에너지 대비 입자의 파괴 확률 S는 다음과 같은 Weibull 함수식으로 표현되었다.

$$S = 1 - \exp\left[-f \cdot k \cdot x(E - E_{\min})\right] \tag{4.24}$$

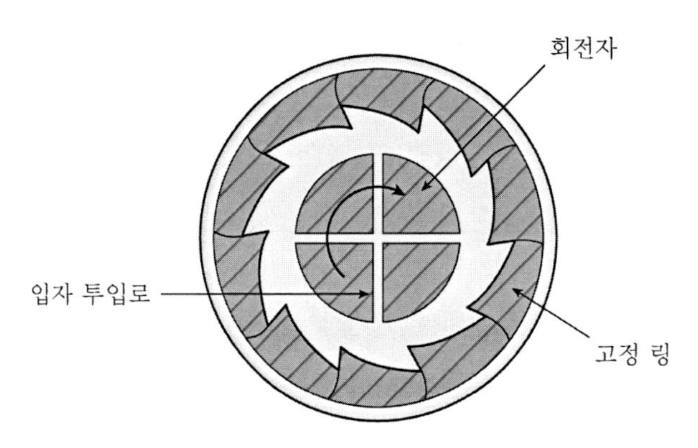

그림 4.12 Rotor-stator 충격장치

f는 재료특성 상수, x는 입자 크기, k는 충격횟수, $E_{\min}$는 입자 파괴에 필요한 최소에너지이다. 그림 4.13은 다양한 발사 속도와 입자의 크기에 대한 실험자료를 도시한 것으로 하나의 곡선으로 나타나 식 (4.24)로 잘 표현됨을 보여주고 있다.

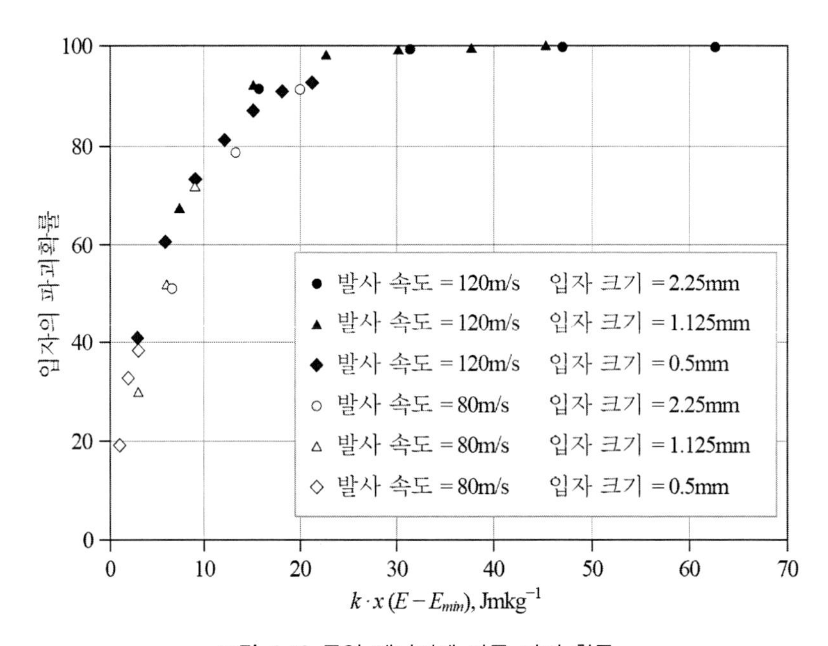

그림 4.13 투입 에너지에 따른 파괴 확률

4.2.2 양방향 입자충격

양방향 충격시험은 단일입자 파괴시험 중 가장 많이 이용되는 방법으로 입자를 평판에 놓고 위에서 쇠구슬을 떨어트려 충격을 가하는 Drop weight 시험법, 시계추 형식으로 입자에 충격을 가하는 Pendulum 시험법이 있다.

4.2.2.1 Drop weight

Drop weight 시험법에서 입자에게 가해지는 에너지는 mgh(m = 추의 무게, h = 추의 낙하 높이)이므로 낙하 높이를 변경시키면 투입 에너지 크기에 따른 입자의 파괴양상을 쉽게 분석할 수 있다(그림 4.14).

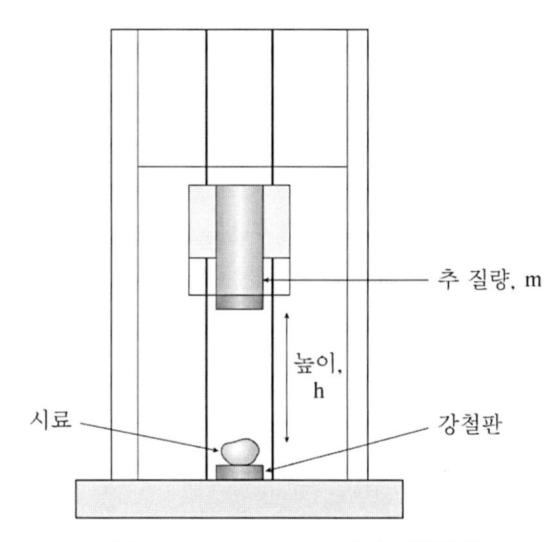

그림 4.14 Drop weight 파괴 실험장치

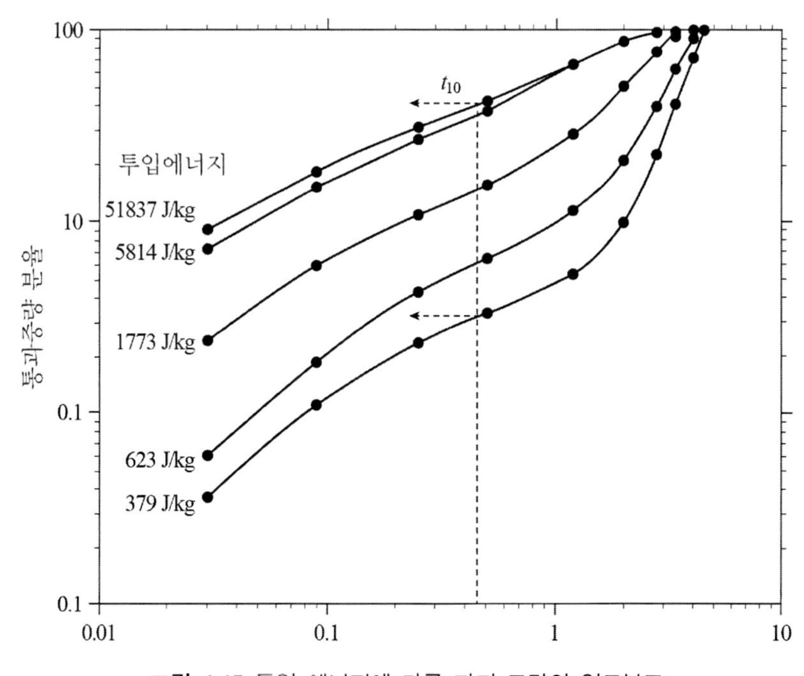

그림 4.15 투입 에너지에 다른 파괴 조각의 입도분포

초창기 연구는 투입 에너지에 따른 파괴 조각 입도 또는 표면적 증가에 초점을 두고 많이 수행되었으나, 최근에는 충격을 받는 하부 판에 응력감지 장치를 장착하여 분쇄에너지에 대한 분석이 이루어지고 있다.

그림 4.15는 drop weight 단독입자 충격 파쇄 시험 시 나타나는 전형적인 실험결과로 투입된 에너지가 커질수록 파쇄조각의 입도분포는 미세해짐을 보여준다.

과거 에너지 투입대비 분쇄입도와의 관계식에서 파괴 조각의 80% 통과 입도가 대표 입도로 많이 사용되었으나 최근에는 파괴 입자의 전체적인 입도분포를 예측하는 t_{10}(Narayanan과 Whiten, 1983) 방법이 많이 이용되고 있다. t_{10}은 파쇄 후 생산되는 조각들 중 모입자 크기의 1/10보다 작은 조각의 질량 백분율이다. t_{10}과 에너지의 관계를 도시하면 그림 4.16과 같은 전형적인 모습을 보이며 투입 에너지가 커질수록 파쇄조각의 입도는 미세해져 t_{10}은 증가한다. 그러나 투입 에너지가 일정 한계를 초과하면 더 이상 증가하지 않고 수렴하는 경향을 나타낸다.

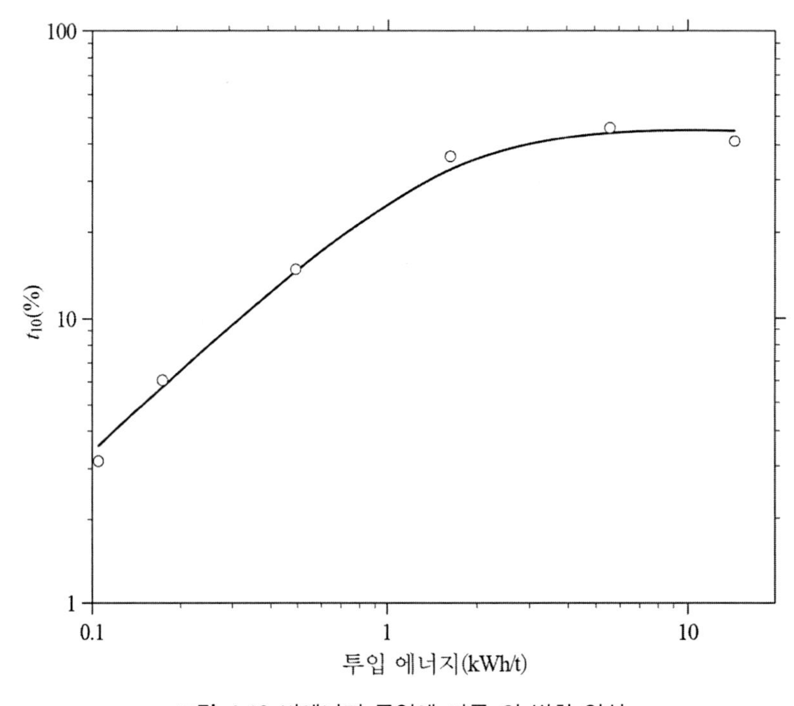

그림 4.16 비에너지 투입에 따른 의 변화 양상

Narayanan과 Whiten(1983)은 이러한 경향을 다음과 같은 관계식으로 표현하였다.

$$t_{10} = A[1 - \exp(-bE)] \tag{4.25}$$

A와 b는 모델 상수로서 A는 E가 무한히 커질 때의 수렴 값이며, b의 값이 증가할수록 t_{10}값이 가파르게 증가한다. t_{10}을 E에 대하여 미분하여 $E=0$일 때 값을 구하면 $\lim_{E\to\infty}\frac{dt_{10}}{dE}=A\times b$가 된다. 따라서 $A\times b$는 원점에서 $t_{10}-E$ 곡선의 기울기에 해당하며 그 값이 클수록 파쇄가 쉽게 일어나는 것을 의미한다. 이에 $A\times b$값은 표 4.2와 같이 재료의 단단함을 가늠하는 지수로 활용되고 있다.

표 4.2 재료 물성에 따른 $A\times b$의 값

Property	Very Hard	Hard	Mod. Hard	Medium	Mod. Soft	Soft	Very soft
$A\times b$	<30	30~38	38~43	43~56	56~67	67~126	>127

파쇄조각의 전체 입도분포는 $t_{10}-t_n$ 관계식으로부터 얻어진다. t_n은 파쇄 후 생산되는 조각들 중 모입자 크기의 $1/n$보다 작은 조각의 질량 백분율이다. t_n값을 t_{10}을 기준으로 도시하면 그림 4.17과 같은 양상을 띤다. 이를 $t_{10}-t_n$ family curve라 하며 각 선은 보통 회귀식으로 구해진다(Genc 등, 2014). 한편 King(2001)은 다음과 같은 관계식을 제안하였다.

$$t_n = 1-(1-t_{10})^{\left(\frac{9}{n-1}\right)^{\delta}} \tag{4.26}$$

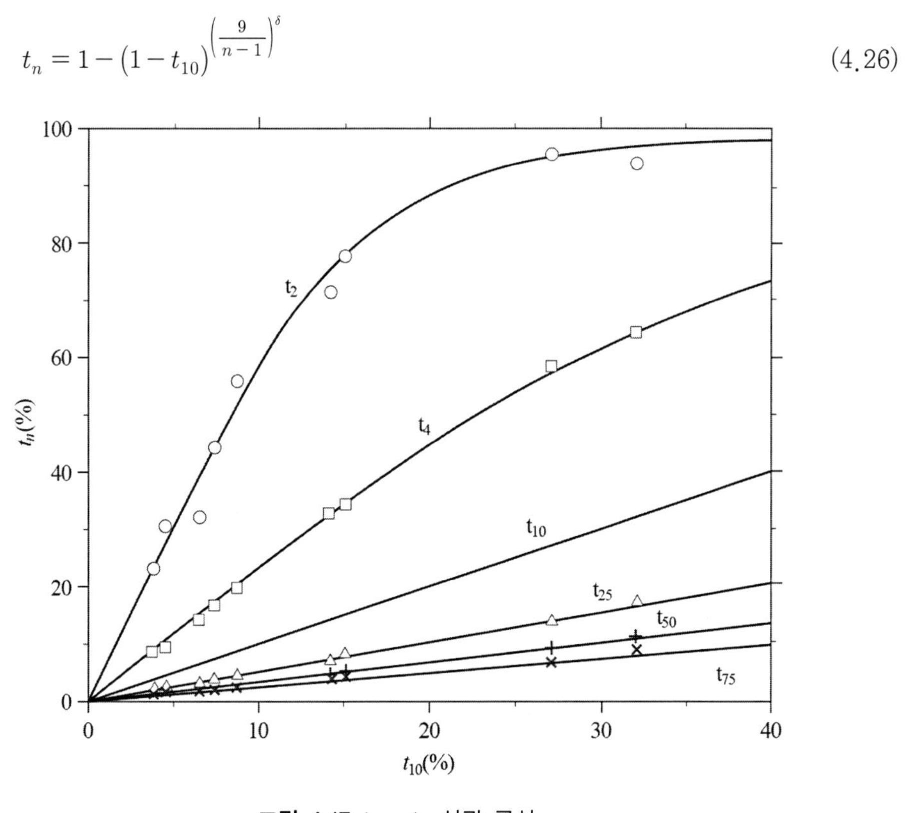

그림 4.17 $t_{10}-t_n$ 상관 곡선

δ는 재료 고유 특성 값으로 한 식으로 모든 곡선을 대표할 수 있다는 장점이 있다. 그러나 위 식은 파쇄조각의 입도분포가 Rosin-Rammler 분포를 따름을 가정하여 유도된 식으로 파쇄조각의 입도분포가 Rosin-Rammler 분포를 따르지 않을 수도 있기 때문에 항상 적용되지는 않는다.

Tavares와 King(1998)은 Ultrafast Load Cell(UFLC)이란 장치를 고안하여 drop weight 입자 파괴 시 분쇄에너지를 측정하였다. UFLC는 Hopkinson 압력 바를 응용한 장치로, 강철 막대 위에 단일 입자를 배치하고 강구를 낙하하여 파괴시킨다. 이때 이 충격으로 인한 압축파가 스트레인 게이지에 감지된다. 그림 4.18은 이러한 방법으로 측정된 파괴 에너지를 도시한 것이다. 입자의 불균질성으로 인해 파괴 에너지는 일정치 않고 분산되어 나타나며 다음과 같이 로그정규 분포함수로 표현되었다.

$$P(E) = \frac{1}{2}\left[1 + erf\left(\frac{\ln E - \ln E_{50}}{\sqrt{2\sigma_E}}\right)\right] \qquad (4.27)$$

E_{50}는 평균 파괴 에너지, σ_E는 분산이다. 그림에 나타난 바와 같이 강한 재료일수록 E_{50}는 증가하나 σ_E는 다소 감소되는 경향을 보인다.

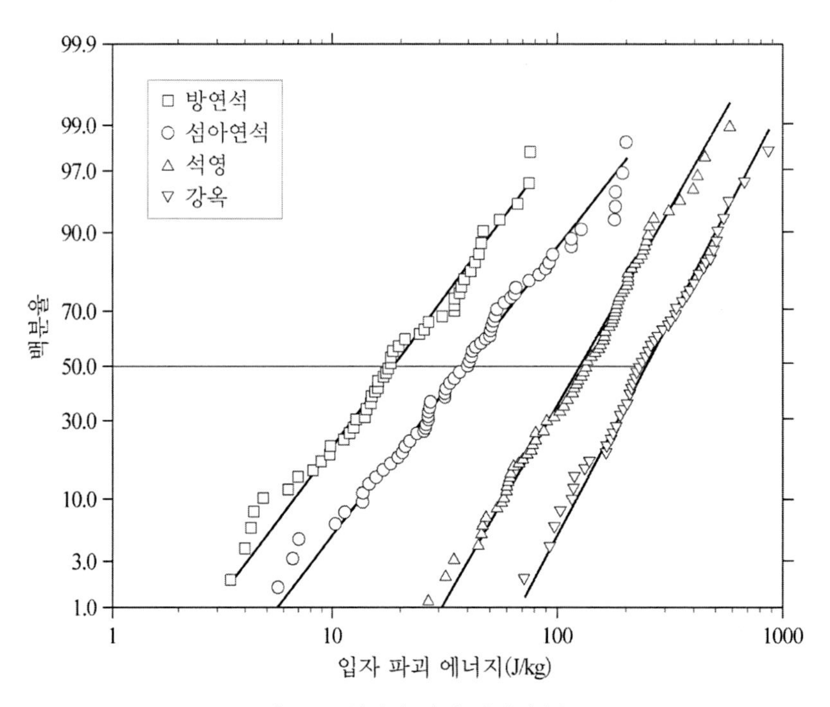

그림 4.18 입자의 파괴 에너지 분포

그림 4.19는 입도에 따른 파괴 에너지 분포를 나타낸 것으로 입도가 작아질수록 평균 파괴 에너지가 커지는 양상을 보이고 있다. 이는 논의된 바와 같이 입자가 작아질수록 내부에 큰 길이의 균열이 존재할 가능성이 적어지는 데에서 기인한다.

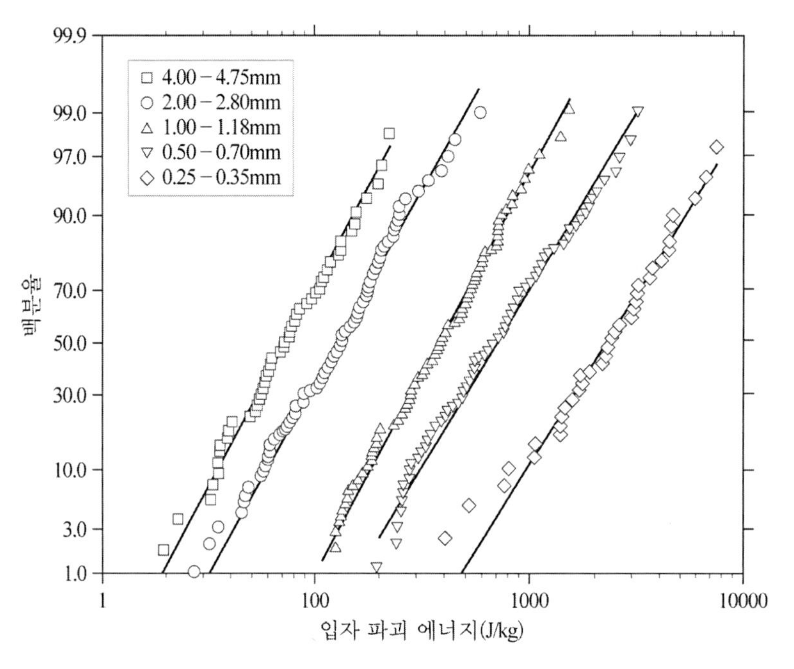

그림 4.19 입도크기에 따른 파괴 에너지 분포

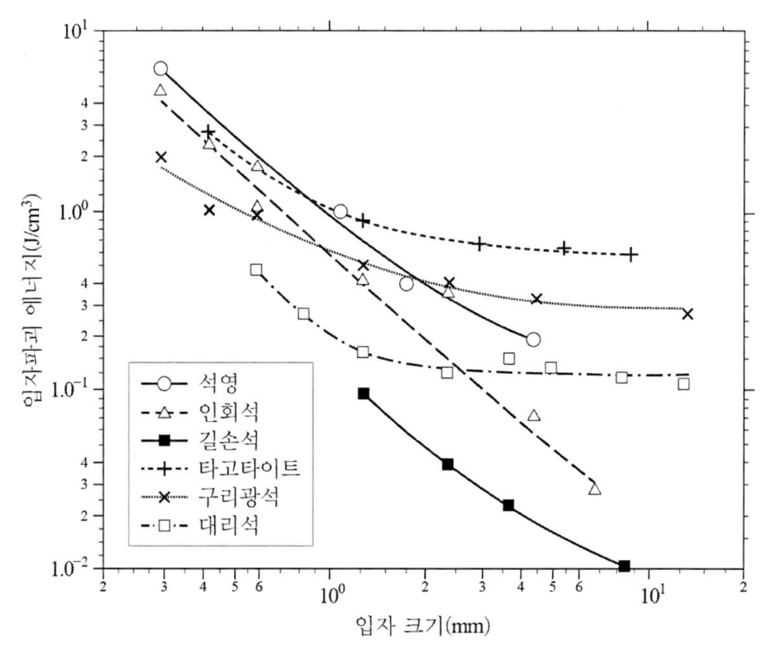

그림 4.20 입도크기에 따른 평균 파괴 에너지의 변화 추이

그림 4.20은 입도에 따른 평균 파괴 에너지를 도시한 것으로 입도가 커질수록 평균 파괴 에너지는 감소하는 경향을 나타낸다. 그러나 일부 광물에서는 입도가 커지더라도 더 이상 감소하지 않고 일정한 값으로 수렴하는 양상이 나타난다. 이는 입자 내부에 존재하는 임계 균열길이가 입도가 커지더라도 크게 변하지 않음을 의미한다. 따라서 평균 파괴 에너지는 입도에 대한 함수로써 다음과 같이 표현되었다.

$$E_{50} = E_{\infty}\left[1 + \left(\frac{d_0}{d}\right)^{\phi}\right] \tag{4.28}$$

E_{∞}, d_0, ϕ는 모두 재료특성 인자이다.

따라서 t_{10}의 값도 입자크기에 영향을 받는다. 그림 4.21은 세 크기 입자에 대해 t_{10}값을 도시한 것으로서, 동일 투입 에너지에서 모입자의 크기가 작아질수록 t_{10}값이 감소하는 경향을 확인할 수 있다. 이 역시 입자크기가 작아질수록 강도가 증가한다는 것을 의미한다. 따라서 식 (4.25)는 식 (4.28)과 결합하여 다음과 같이 수정되었다.

$$t_{10} = A\left[1 - \exp\left(-\frac{b'E}{E_{50}}\right)\right] \tag{4.29}$$

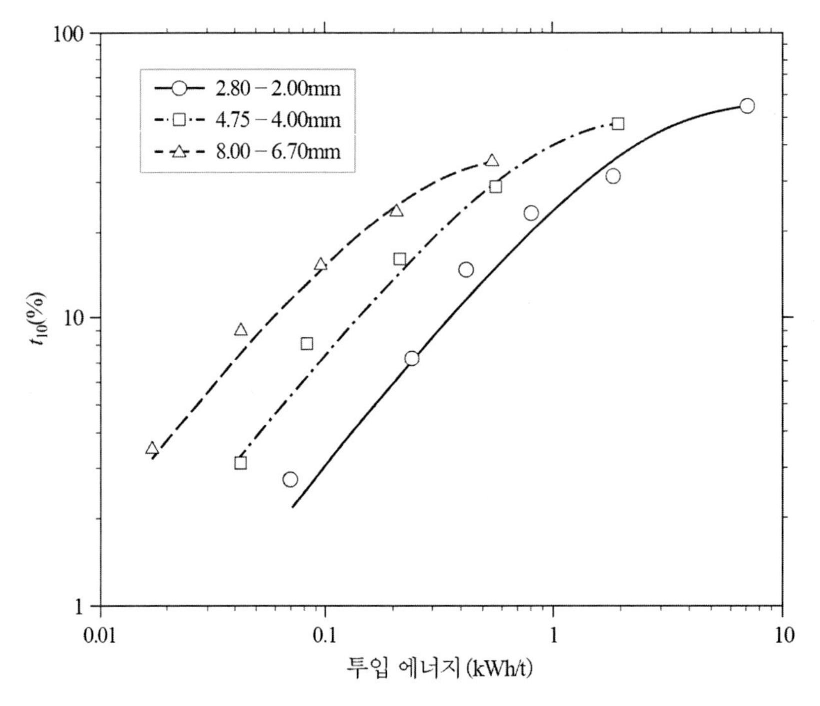

그림 4.21 t_{10}에 대한 입자크기의 영향

그림 4.22는 그림 4.21의 결과를 식 (4.29)를 사용하여 도시한 것으로 모든 입도에 대하여 하나의 곡선으로 잘 나타남을 보여준다. 표 4.3은 여러 광물에 대하여 실험적으로 측정된 식 (4.28)과 (4.29)의 모델인자 값을 나열한 것이다.

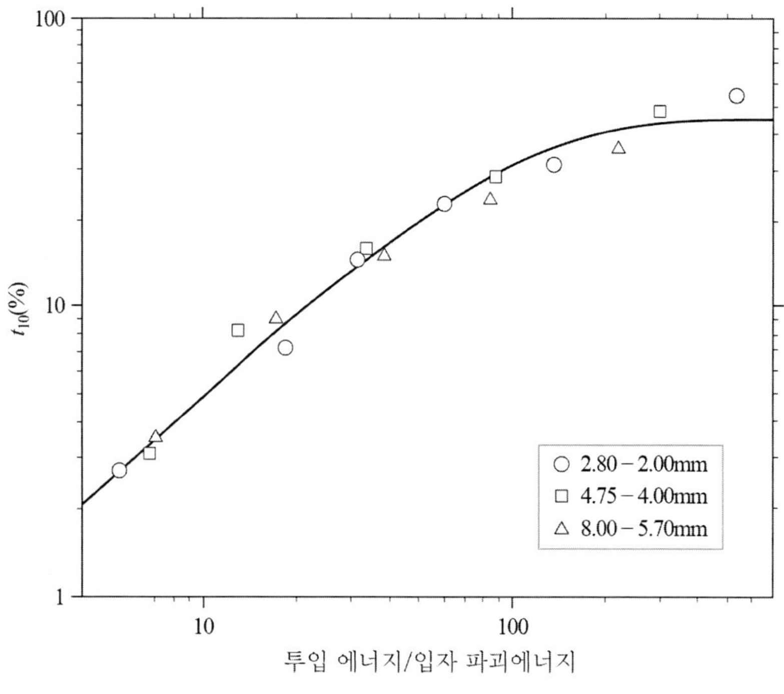

그림 4.22 입자크기가 반영된 t_{10}의 변화 곡선

표 4.3 실험으로 측정된 t_{10}모델 상수의 값

	$E_{\infty}(Jkg^{-1})$	d_0(mm)	ϕ	입자 크기(mm)	A(%)	b'
인회석	1.50	19.3	1.62	0.25~8.00	45.4	0.0115
석영	43.4	3.48	1.61	0.25~4.75	38.8	0.0176
보크사이트	70.3	14.6	0.91	0.50~75.0	–	–
동광석	96.1	1.17	1.26	0.25~15.8	44.8	0.0263
철광석	47.3	1.08	2.30	0.25~5.10	65.4	0.0932
상징암	26.5	101.0	0.67	0.50~90.0	66.2	0.0146
대리석	45.9	0.882	1.76	0.35~10.0	76.3	0.0792

일반적으로 투입 에너지가 충분치 않으면 입자는 파괴되지 않는다. 따라서 입자파괴에 필요한 최소 에너지가 존재한다. 그러나 에너지가 충분하지 않은 충격이라도 반복적으로

가해지면 파괴가 일어난다. 이는 입자에게 가해진 에너지가 누적되어 파괴를 일으킬 수 있음을 의미하며, 실제 실험에서도 관찰되고 있다. 이러한 점에 착안하여 Shi와 Kojovic(2007)은 다음과 같은 t_{10}식을 제안하였다.

$$t_{10} = A\{1 - \exp[-f \cdot d \cdot k(E - E_{\min})]\} \tag{4.30}$$

k는 충격 반복 횟수, $E_{\min}$은 입자 파괴에 필요한 최소에너지이다. 실험결과 f는 입도 d의 함수로 나타나 이를 반영한 t_{10}식은 다음과 같다.

$$t_{10} = A\{1 - \exp[-p \cdot d^{1-q} \cdot k(E - E_{\min})]\} \tag{4.31}$$

그림 4.23은 실험결과와 식 (4.31)에 의해 예측된 값을 비교한 것으로 모든 입도에 대해 잘 일치하는 것을 보여주고 있다. 이러한 모델은 다음 장에서 논의될 분쇄공정 시뮬레이션에 한 방법으로 적용되고 있다.

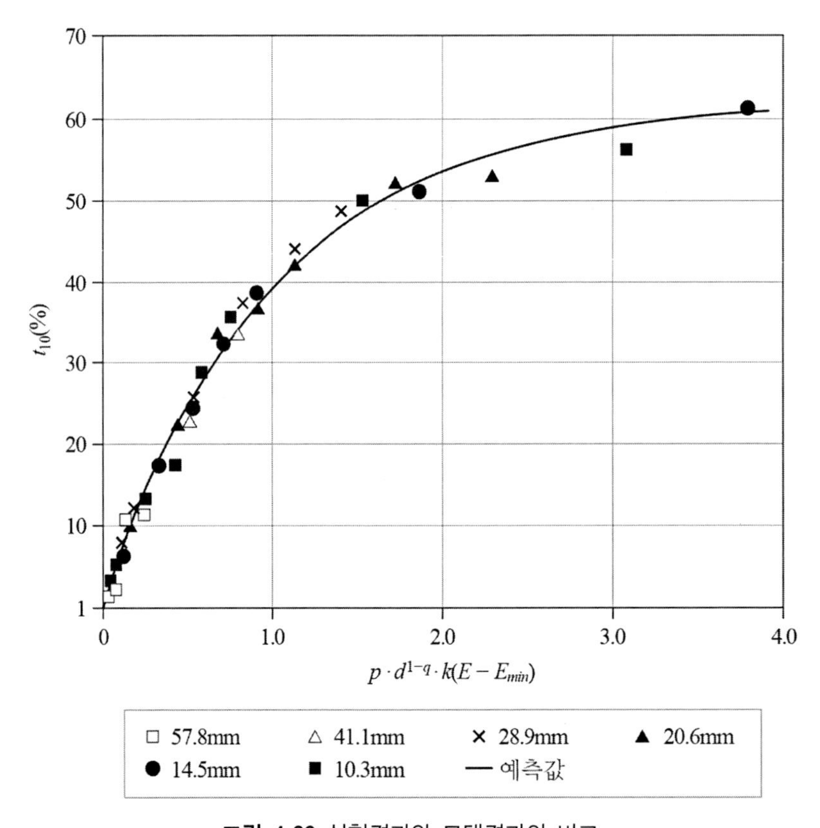

그림 4.23 실험결과와 모델결과의 비교

4.2.2.2 Pendulum Test

Pendulum 시험 또한 과거부터 수행된 방법이다. Bond(1946)는 그림 4.24와 같은 pendulum 실험장치를 이용하여 입자 파괴 저항성을 나타내는 파괴 일함수(crushing work index)를 제안한 바 있다. 입자의 파괴가 발생할 때 pendulum이 수직과 이루는 각을 θ라 하면 투입 에너지는 $E = mgh_0 = mg(L - Lcos\theta)$가 된다. 표준시험조건 $m = 13.6\,\mathrm{kg}$, $L = 41.3\,\mathrm{cm}$의 값을 대입하면 Bond 파괴 일함수는 다음과 같이 계산된다.

$$W_i = \frac{53.49\,C_B}{\rho_P}, \qquad C_B = 117(1 - \cos\theta)/d \tag{4.32}$$

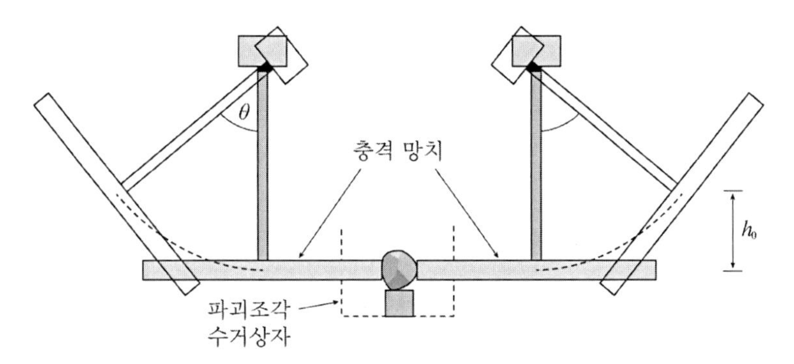

그림 4.24 Bond 파괴 일함수 시험 장치

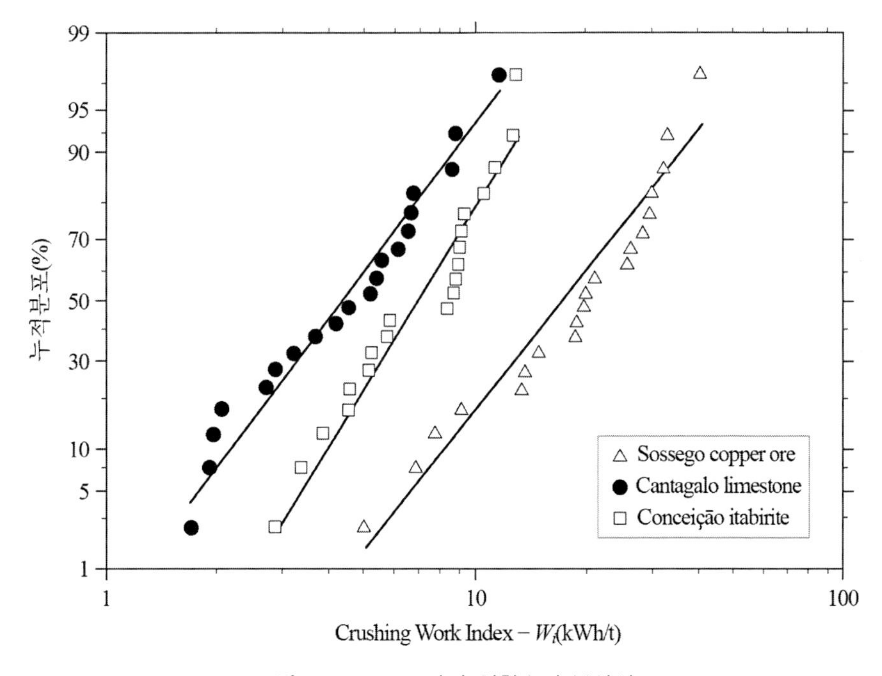

그림 4.25 Bond 파괴 일함수의 분산성

ρ_P는 입자의 밀도, d는 입자의 크기이다. 그러나 앞의 장에서 논의된 바와 같이 일반적으로 입자는 불균질적인 특성을 갖고 있기 때문에 강도가 일정치 않다. 그림 4.25는 그러한 경향을 나타낸 것으로 같은 종류의 광물입자라도 계산된 파괴 일함수는 일정치 않고 분산성을 나타낸다(Tavares, 2007). 따라서 유의미한 파괴 일함수를 구하기 위해서는 다수의 시료에 대해 통계적인 처리가 필요하다. 그러나 그림에서 보듯이 파괴 일함수는 광물종류에 따라 분명하게 다른 양상을 나타낸다.

Narayanan 등(1988)은 pendulum 충돌 전후 pendulum의 속도를 측정함으로써 입자 파괴에 소모된 실 에너지를 추정하였다. 실험장치는 그림 4.26과 같이 충격 구와 실린더 형태의 반동 추로 구성되어 있다. 시료는 반동 추 끝에 부착되어 충격 구에 의해 파괴된다. 충격이 일어나면 반동 추와 충격 구는 반대 방향으로 튕겨지며 다음과 같은 에너지 균형식이 성립한다.

$$E_c = E_i - E_{R1} - E_{R2} \tag{4.33}$$

E_c는 입자에 의해 흡수된 에너지, E_i는 충돌 전 충격 구의 에너지, E_{R1}는 충돌 후 충격 구의 에너지, E_{R2}는 충돌 후 반동 추의 에너지이다.

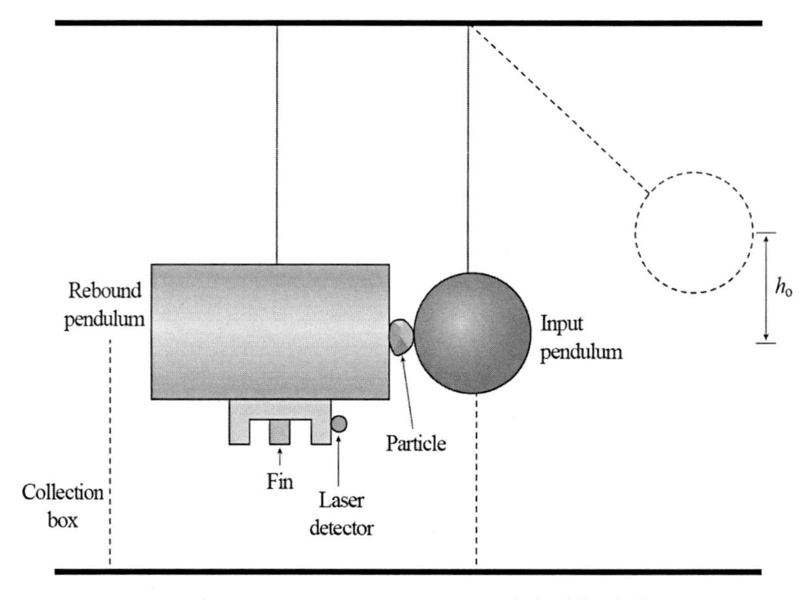

그림 4.26 Narayanan pendulum 파괴 시험 장치

그림 4.27은 투입 에너지 대비 E_c의 비율을 나타낸 것이다. 투입 에너지가 매우 작은 경우를 제외하고는 입자 크기에 관계없이 투입 에너지의 50~60% 정도가 입자 파괴에 사용됨을

보이고 있다. 그림 4.28은 분쇄에너지에 따른 t_{10}값을 도시한 것이다. 대체적으로 t_{10}값은 분쇄에너지가 커짐에 따라 증가하며 입도에 의한 영향은 관찰되지 않고 있다. 그러나 앞 장에서 언급했듯이 후속 연구에서는 t_{10}은 입도에 영향을 받는 것으로 나타나 $t_{10} - E$ 관계식은 입도가 포함되어 사용되고 있다(식 4.31).

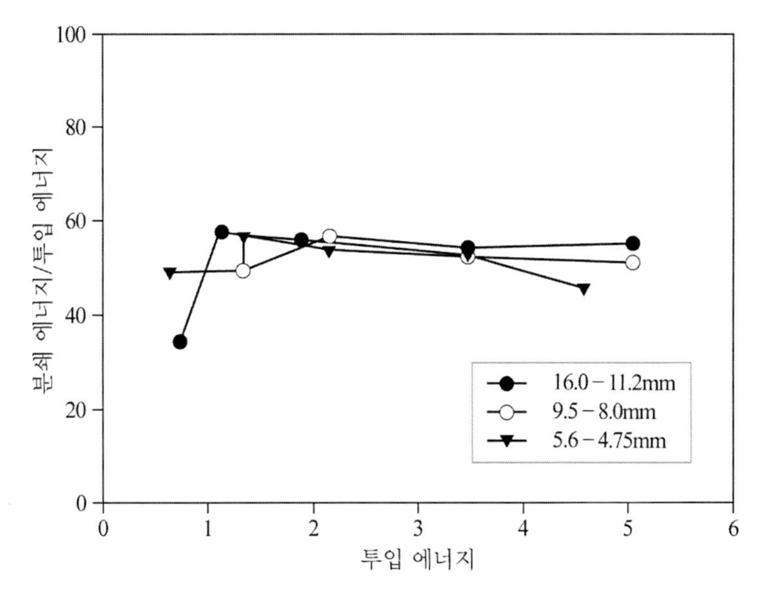

그림 4.27 투입 에너지 대비 입자 파괴에 소모된 에너지의 비율

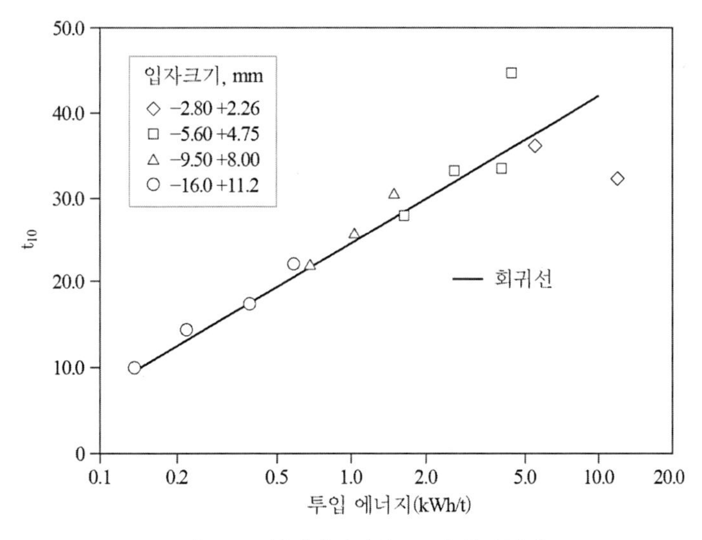

그림 4.28 분쇄에너지와 t_{10}의 상관관계

4.2.3 저속 압축실험

저속 압축실험은 두 판 사이에 입자를 놓고 서서히 압축을 가하는 실험방법이다. 이 실험법은 오랜 역사를 가지고 있으며, 다양한 파·분쇄 장치의 설계, 공정 분석, 파쇄산물의 입도분포 예측 등에 널리 활용되고 있다. 그림 4.29는 두 개의 판 사이에 입자를 장착하고 압축하중을 가할 때 압축거리에 따른 응력을 측정한 결과로 계단 형태의 곡선을 나타냄을 알 수 있다(Tavares, 2007). 첫 번째 정점에서 입자의 파괴가 시작되며 분쇄된 조각은 재배열된 후 두 번째 정점에서 다시 파괴된다. 이후 압축이 진행됨에 따라, 입자의 재배열과 파괴되는 과정이 반복된다. 입자의 파괴 강도는 첫 번째 정점을 기준으로 측정하며 해당 지점까지 투입된 에너지를 파괴 에너지로 간주한다. 입자에게 가해진 총에너지는 최종 압축까지의 힘-변형 곡선하부의 면적에 해당되며 총에너지가 커질수록 재분쇄가 많이 일어나 파쇄조각의 입도는 작아진다. 따라서 총에너지 양과 조각의 입도는 상관관계가 있으며 관련하여 다양한 연구가 지속되고 있다.

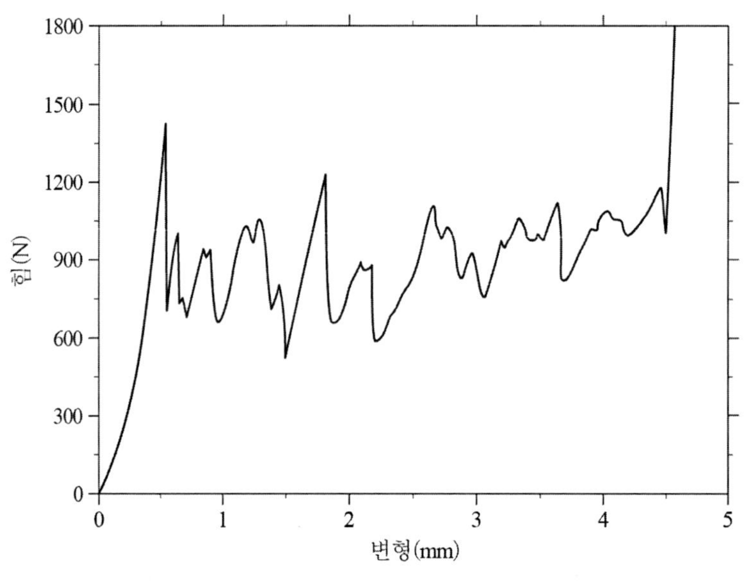

그림 4.29 저속 압축 시 힘-변형 곡선

Bergstrom 등(1961)은 유리, 석영, 사파이어 입자에 대해 압축실험한 결과, 다음과 같은 상관성을 얻었다.

$$E_A \propto \frac{1}{x^q} \tag{4.34}$$

E_A는 압축 응력-변형률 곡선에서 계산된 파괴 에너지이며 x는 분쇄산물의 Gaudin-Schuhmann 입도 지수, q는 재료 물성에 따라 변하는 지수이다. Bergstrom는 단방향 충격 시험에서도 같은 관계식이 성립됨을 관찰하였으며 타 연구(Hukki와 Reddy, 1967; Charles, 1952)에서도 유사한 결과가 나타났다. 위 식에 따르면 입자가 작아질수록 분쇄에너지는 더욱 증가하며, 이는 입도의 감소에 따라 입자의 파괴 강도가 증가하는 경향과 일치한다(Schonert, 1972; Yashima 등 1972; Kanda 등, 1984). 초미립자(~2μm)의 경우에는 충분한 압축 응력이 주어지더라도 입자는 파괴되지 않고 소성변형을 일으킨다(Rumpf, 1973). 결과적으로 압축에 의해 파괴될 수 있는 입자 크기에는 한계가 있다. 압축 파괴가 일어나지 않는 입도의 범위는 재료 물성에 따라 다르지만 일반적으로 수 μm 정도인 것으로 여겨지고 있다.

그림 4.30은 붕규산 유리입자 및 석영입자 시료에 대해 단위 질량당 투입 에너지에 따른 파괴 조각의 입도 변화를 나타낸 것이다(Yashima 등, 1979). 투입 에너지가 증가할수록 파괴 조각의 입도는 점점 미세해지며, 붕규산 유리입자의 경우 투입 에너지가 1kg·cm/g일 때 5mm이나 10kg·cm/g일 때는 0.4mm로 감소하였다. 그림에서 보는 바와 같이 감소율은 로그-로그 좌표에서 두 시료 모두 직선으로 나타나 x와 E는 다음의 관계로 표현되었다.

$$x = kE^{-n} \text{ 또는 } E = k'x^{-\frac{1}{n}} \tag{4.35}$$

실험으로 측정된 n의 값은 1에 근접하였다. 이는 Rittinger 법칙과 일치하는 결과이다. 그러나 이 값은 모입자 크기나 물성에 따라 다르게 나타날 수 있다.

그림 4.31은 다양한 종류의 입자에 대한 에너지 이용률을 도시한 것이다. 대부분의 경우에서 단위 질량당 투입 에너지가 높아질수록 에너지 이용률은 감소한다. 그림 4.32는 모입자의 입도에 따른 에너지 이용률을 도시한 것이다. 석영과 같이 단단한 물질은 입도에 관계없이 일정한 에너지 이용률을 보이나 석회석과 같이 연한 물질의 경우 입도가 작아질수록 에너지 이용률은 감소한다. 이는 연한 물질의 경우 응집되는 성질이 있는 데에 기인한다.

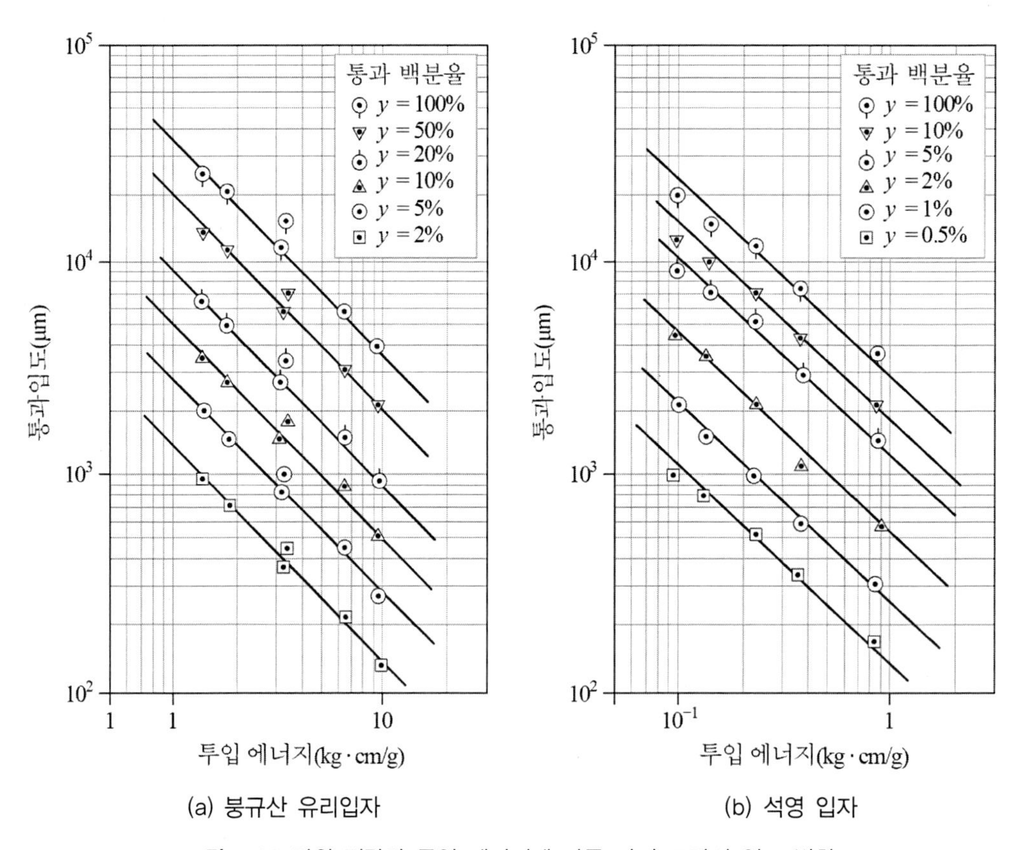

(a) 붕규산 유리입자 (b) 석영 입자

그림 4.30 단위 질량당 투입 에너지에 따른 파괴 조각의 입도 변화

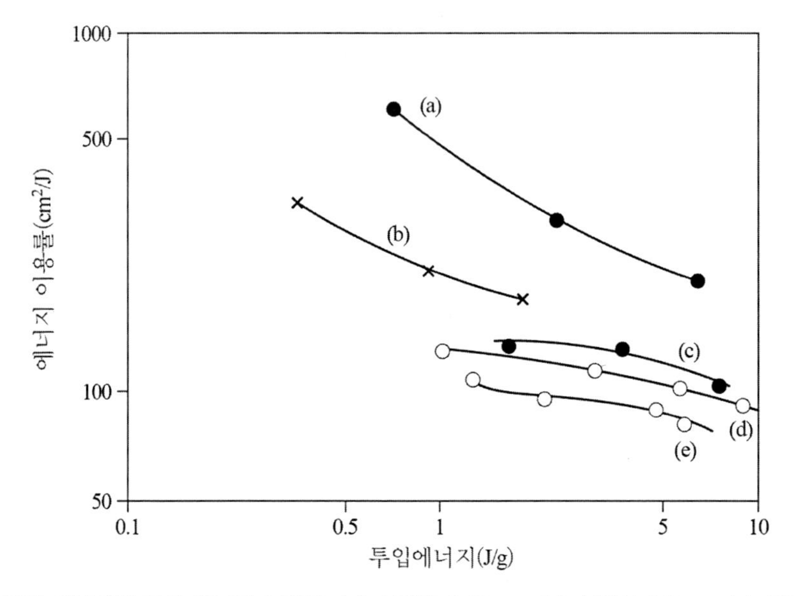

그림 4.31 투입 에너지에 따른 에너지 이용률: (a) 석회석 0.42mm; (b) 석회석 9.0mm; (c) 석영 0.33mm; (d) 시멘트 클링커 0.3mm; (e) 시멘트 클링커 1.0mm

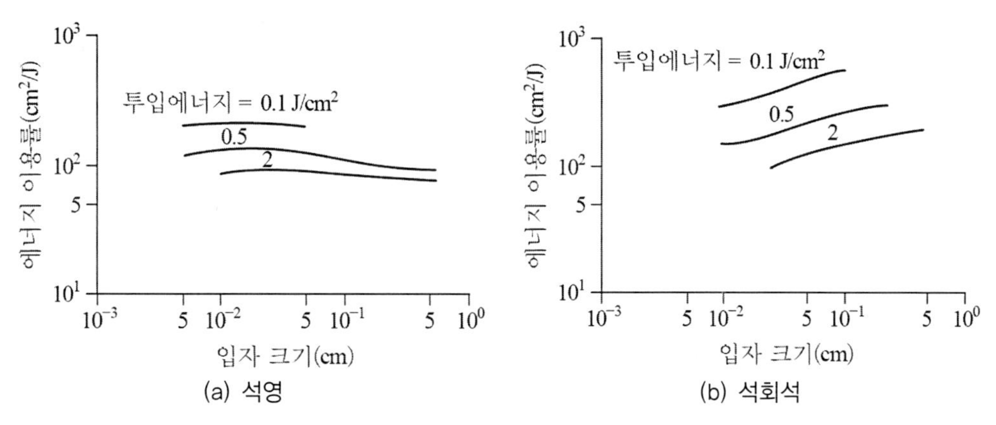

그림 4.32 입자크기에 따른 에너지 이용률

4.3 분쇄지수

분쇄 장비 내부에서 일어나는 입자의 파괴현상은 매우 복잡하기 때문에 실규모 분쇄 장비와 분쇄기작이 유사한 소규모 장비를 이용하여 분쇄척도를 측정하는 방법이 이용되고 있다. 이렇게 측정된 분쇄척도는 비교적 간단한 실험을 통해 재료의 분쇄성을 측정, 비교할 수 있는 이점이 있으나 재료의 고유적 물성을 직접적으로 나타내지는 않는다. 대표적인 분쇄지수에는 본드 지수와 하드그로브 분쇄지수가 있다.

4.3.1 하드그로브 분쇄지수(Hardgrove Grindability Index: HGI)

하드그로브 분쇄지수는 석탄의 분쇄척도를 측정하는 데 많이 사용된다. 석탄발전 형태 중 미분탄 연소의 경우, 괴 형태의 석탄을 연소로에 투입되기 전에 75μm 이하로 분쇄한다. 따라서 석탄의 분쇄특성은 발전용량을 결정짓는 주요 영향인자이다. 대부분 석탄발전소에서 사용되는 분쇄기는 레이몬드 밀 형태로서 투입된 입자는 회전하는 롤러에 의해 분쇄된다.

하드그로브 분쇄기는 분쇄방식이 레이몬드 밀과 유사하며 구조는 그림 4.33과 같이 분쇄용기가 실린더 형태로 되어 있다. 용기 바닥은 골 형태로 되어 있으며 25.4mm 지름의 스틸볼 8개가 장착된다. 볼 상부에는 고깔형의 가압 링이 장착되며 축 상부에 29kg의 하중이 가해진다. 가압 링은 20rpm의 속도로 회전하며 볼은 분쇄기 골을 타고 같이 구르면서 놓여진 시료를 압축, 마찰, 전단 응력으로 분쇄한다.

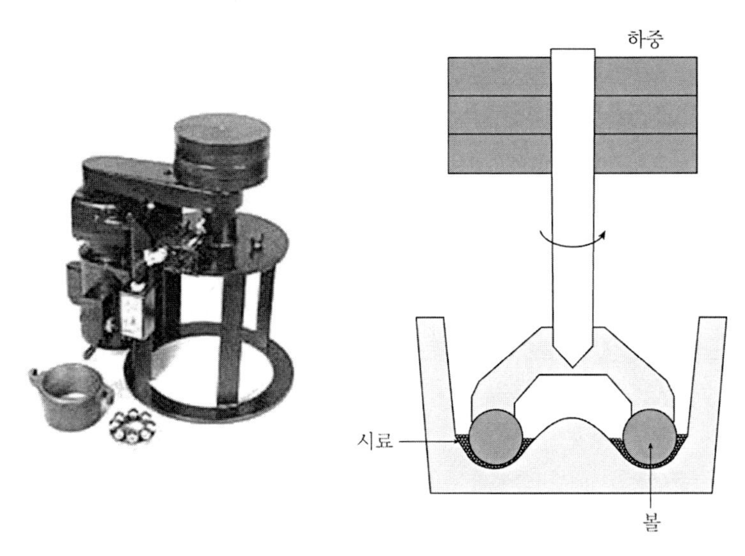

그림 4.33 하드그로브 분쇄기

시험절차는 다음과 같다.

① 시료: 시험재료를 파쇄하여 체가름을 통해 1.18mm~600μm의 시료를 준비한다.

② 하드그로브 분쇄기 시료 장입: 체가름 된 시료 50g을 분쇄기 볼에 균일하게 장입한 후 표면을 평평하게 한다.

③ 분쇄: 고깔형 가압 링을 장착한 후 284kg의 하중으로 누른 상태에서 60번 회전시킨다.

④ 200mesh(75μm) 통과분 무게 측정: 분쇄 종류 후 시료를 회수하고 체가름을 통해 200mesh를 통과하는 입자의 무게(W)를 측정한다.

⑤ 하드그로브 분쇄지수 결정: 하드그로브 분쇄지수는 HGI가 40, 58, 83, 107인 4개의 표준시료에 대해 실험을 실시하고 그림 4.34 같이 보정곡선을 이용하여 결정한다. 표준시료가 없을 경우 다음 식으로 계산한다.

$$HGI = 13 + 6.9\,W \tag{4.36}$$

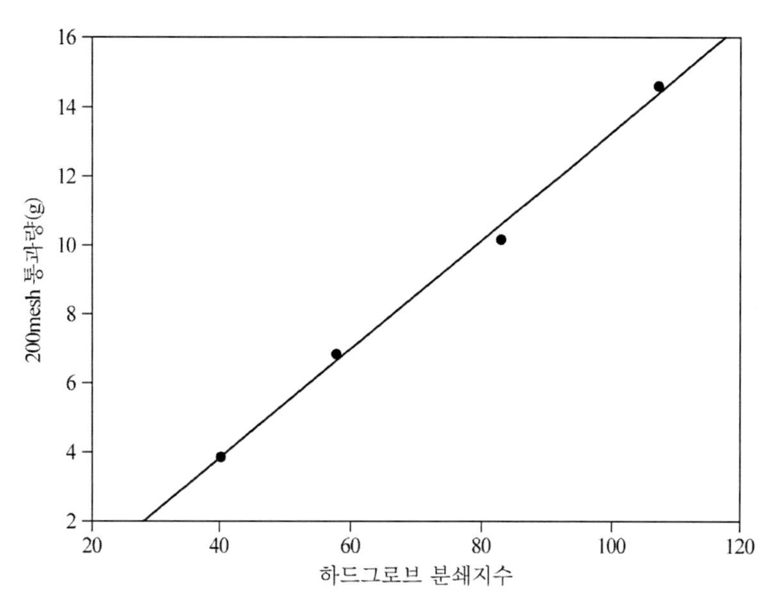

그림 4.34 하드그로브 분쇄지수 보정곡선

석탄의 HGI는 보통 30~100 사이의 값을 가지며 석탄등급, 수분 함량 및 회분 함량에 영향을 받는다. 일반적으로 그림 4.35에서 보는 바와 같이 석탄 등급이 올라갈수록 HGI는 증가하나 90% 이상의 탄소(semi-anthracite)에서는 오히려 감소한다(Leonard, 1979). Kuyumcu(2019)에 의하면 석탄의 휘발성분(VM)과 HGI 사이에는 다음의 관계가 있다.

$$HGI = 173.0 - 3.30(VM), \quad VM > 21.72\% \tag{4.37a}$$

$$HGI = 37.0 - 2.96(VM), \quad 10\% < VM < 21.72\%\} \tag{4.37b}$$

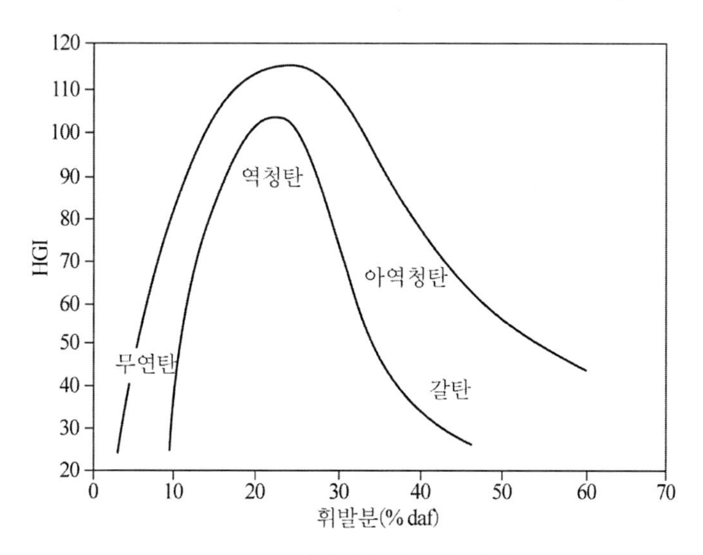

그림 4.35 석탄 등급에 따른 HGI

하드그로브 분쇄지수는 일정 조건에서 측정된 분쇄척도로 직접적으로 분쇄기 내의 처리량을 예측하진 못한다. 그러나 일반적으로 *HGI*가 낮을수록 처리량이 감소한다. 따라서 특정 분쇄기에 대해 처리량은 그림 4.36과 같이 *HGI*를 기준하여 그래프로 도시된다.

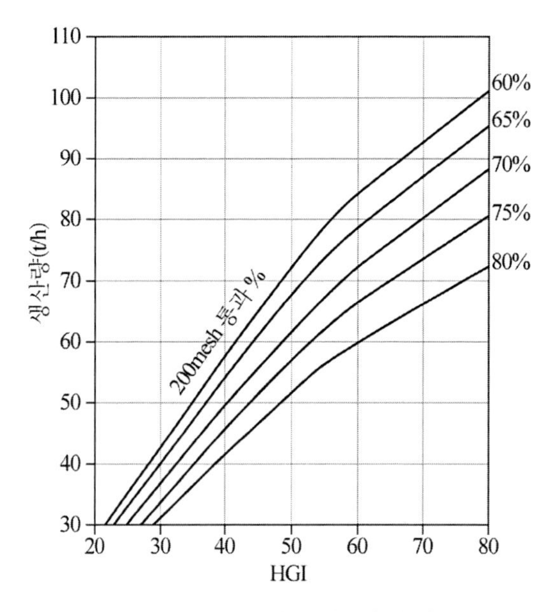

그림 4.36 *HGI*와 분쇄기 처리량의 상관관계

- *HGI* 불확실성

① *HGI* 측정에는 50g의 일정 무게가 사용되나 시료의 부피 및 입자층의 두께는 시료의 밀도에 따라 달라진다. 하드그로브 분쇄는 볼이 회전하면서 입자에게 응력을 가하기 때문에 분쇄양상은 입자층의 두께에 영향을 받는다. 입자층이 너무 두꺼울 경우 볼 바깥으로 벗어나 분쇄작용을 받지 못하는 입자도 있을 수 있다. 일정 부피의 시료를 사용할 경우 이러한 문제점을 극복할 수 있다. 이에 Agus와 Water(1971)는 75cm^{3}의 시료를 사용하는 수정 *HGI* 측정법을 제시한 바 있다.

② 석탄은 회분성분을 함유하고 있으며, 이들 회분성분은 광물입자로 석탄보다 단단하다. 레이몬드 밀 내부에는 분급기가 장착되어 있어 조립의 입자는 다시 분쇄기에 보내지는데, 석탄에 회분함량이 많을 경우 분쇄기 내부에는 잘 분쇄되지 않는 회분성분이 축적될 수 있으며 이에 따라 분쇄기 성능이 *HGI*를 이용해 예측한 값에 못 미칠 수 있다.

③ *HGI*는 수분함량에 따라 크게 변한다. 따라서 보통 실험 전에 공기 건조하는 절차

가 필요하다. 그러나 건조시킨 석탄의 경우에도 습도에 따라 석탄 수분함량이 다시 변할 수 있기 때문에 측정된 *HGI*는 일정치 않을 수 있다.

4.3.2 본드 분쇄 일 지수

Bond(1961)는 볼 밀과 로드 밀에서의 분쇄척도를 예측할 수 있는 일 지수를 제시하였다. 본드 일 지수는 소규모 분쇄장비를 이용하여 표준조건에서 폐회로를 모방한 locked-cycle 시험 방법으로 측정한다.

4.3.2.1 볼 밀

볼 밀에 대한 시험 방법은 크게 두 가지 단계로 구성되어 있다. 첫 번째 단계는 소규모 표준 본드 볼 밀 장비를 이용하여 분쇄실험을 실시하며 두 번째 단계는 분쇄결과를 바탕으로 본드 일 지수를 계산한다.

첫 번째: 분쇄실험 절차는 다음과 같다.

① 분쇄장치: 시험에 사용되는 표준 본드 밀은 그림 4.37에서 보는 바와 같이 모서리가 둥근 실린더 형태이며 크기는 12"×12" 이다.

그림 4.37 본드 볼 밀

② 분쇄매체 크기 및 장착량: 다양한 크기의 볼 285개(1.75" 43개, 1.17" 67개, 1" 10개, 0.75" 71개, 0.61" 94개), 총 무게 20.125kg을 장착한다.

③ 시료입도 및 양: 시료를 최대 입도 3.35mm, 80% 통과 입도 2mm로 파쇄한 후 진동 다짐 기준 부피 700cm^{3}의 시료를 준비한다.

④ 분쇄실험: 순환비가 350%에 안정적으로 도달할 때까지 폐회로 분쇄실험을 반복한다.

폐회로 분쇄실험은 그림 4.38의 모식도와 같은 locked-cycle 형태로서 분쇄 후 특정 체를 이용하여 분리하여 미립분을 버리고 버려진 양만큼의 원시료와 혼합한 후 다시 분쇄한다. 이 과정을 미립분의 비율이 1/3.5에 수렴할 때까지 반복하며, 반복 실험 시의 회전수는 미립분의 비율에 따라 조정한다. 구체적인 실험 절차는 다음과 같다.

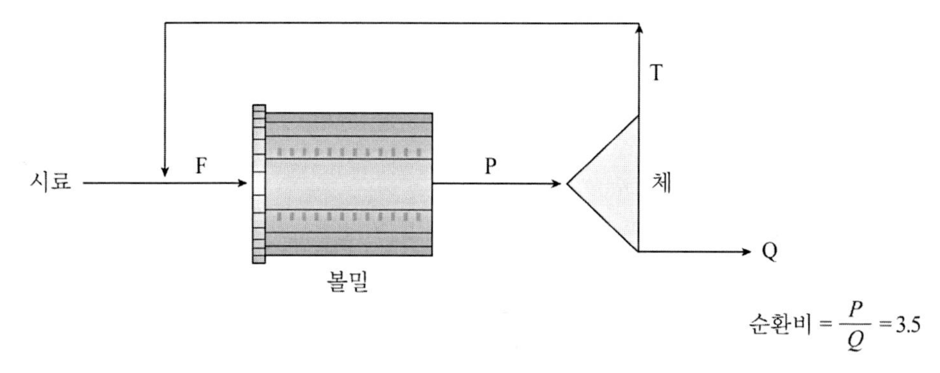

그림 4.38 본드 일 지수 분쇄실험 모식도

i) 준비된 시료를 분쇄기에 장입하고 70rpm의 속도로 n번 회전시킨다(일반적으로 n=100번).

ii) 분쇄산물을 회수하고 체 눈 크기 x의 체(보통 200mesh, 75μm)를 이용하여 체질한 후 통과된 양(W)을 측정한다.

iii) 순환비가 350%이어야 하므로 시료의 무게가 M이었을 때 목표 통과량은 $M/3.5$이다. 목표량에 도달하지 않을 경우 다음 단계의 밀 회전수를 추정한다. 밀 회전수가 증가할수록 분쇄산물은 미세해지기 때문에 회전수가 커질수록 통과량은 증가한다. 밀회전수와 통과량이 비례 관계에 있다고 가정하면 전 단계 회전수 n과 다음 단계 회전수 n' 사이에는 다음과 같은 관계가 성립한다.

$$n : n' = W : M/3.5$$

iv) 위 식으로부터 n'은 다음과 같이 계산한다.

$$n' = n\frac{M/3,5}{W}$$

v) 분쇄된 시료 중 체 통과분은 버리고 그 양만큼 원시료로 보충하여 다음 단계 분쇄시료를 준비한다.

vi) 새로 준비된 시료를 분쇄기에 장입하고 n'번 회전시킨다.

vii) 위 절차를 순환비가 350%에 안정적으로 도달할 때까지 반복한다(보통 8~9회 반복).

두 번째: 본드 일 지수 계산

폐회로 분쇄실험이 정상 상태에 도달한 후, 다음 식에 의해 본드 일 지수를 계산한다.

$$W_i(\text{test}) = \frac{44.5}{x^{0.23} g_b^{0.82}} \left(\frac{10}{\sqrt{P_{80}}} - \frac{10}{\sqrt{F_{80}}} \right) \tag{4.38}$$

x: 분쇄시험에서 순환율을 구하기 위해서 사용하는 체 눈의 크기(μm)

g_b: 밀 1회전당 x보다 작은 입도의 입자 생성량(g)(W/n')

P_{80}: 분쇄산물 중 x체를 통과한 시료의 80$wt.$% 통과 입도(μm)

F_{80}: 원 시료의 80$wt.$% 통과 입도(μm)

위 식에서 계산된 W_i(test)는 사용된 체 눈의 크기 x와 관계없이 일정한 것으로 알려져 있으나 보통 200mesh체를 사용한다. 표 4.4는 여러 광물에 대하여 보고된 W_i(test)를 열거한 것이다. W_i(test)의 값이 높을수록 잘 분쇄되지 않고 분쇄에너지가 높다.

본드 일 지수와 하드그로브 지수 사이에는 분쇄조건의 차이로 인해 직접적으로 연관시키기는 어려우나, 다음과 같은 경험식이 제안된 바 있다.

$$W_i = 435/(HGI)^{0.91}, \text{ Bond(1961)} \tag{4.39a}$$

$$W_i = 1622/(HGI)^{1.08}, \text{ McIntyre와 Plitt(1980)} \tag{4.39b}$$

표 4.4 광물 종류에 따른 본드 일 지수

광물	W_i(kWh/t)	광물	W_i(kWh/t)
Barite	5.20	Taconite	16.07
Basalt	18.81	Lead ore	13.09
Bauxite	9.66	Lead-zinc ore	12.02
Cement clinker	14.80	Limestone	14.01
Clay	6.93	Manganese ore	13.42
Coal	14.30	Magnesite	12.24
Coke	16.64	Molybdenum	14.08
Copper ore	13.99	Nickel ore	15.02
Dolomite	12.40	Oil shale	17.42
Feldspar	11.88	Phosphate rock	10.91
Ferro-chrome	8.40	Pyrite ore	9.82
Ferro-manganese	9.13	Quartzite	10.54
Ferro-silicon	11.01	Quartz	14.93
Fluorspar	9.80	Rutile ore	13.95
Glass	13.54	Shale	17.46
Gneiss	22.14	Silica sand	15.51
Gold ore	16.42	Silicon carbide	28.46
Granite	16.63	Slag	11.26
Graphite	47.92	Sodium silicate	14.74
Gravel	17.67	Spodumene ore	11.41
Gypsum rock	7.40	Tine ore	11.99
Hematite	14.11	Titanium ore	13.56
Magnetite	10.97	Zinc ore	12.72

4.3.2.2 로드 밀

로드 밀에 대한 본드 일 지수도 볼 밀의 경우와 유사한 절차에 의해 결정되나 시험 장비와 일 지수 계산 방법에 차이가 있다.

① 분쇄장치: 시험에 사용되는 표준 로드 밀은 볼 밀과 직경은 같으나 길이가 두 배인 12"×24"이다.

② 로드 크기 및 장착량: 6개의 31.8×533mm, 2개의 44.5×533mm 로드, 총 무게 33.380kg을 장착한다.

③ 시료입도 및 양: 시료를 12.75mm 이하로 파쇄하여 1250cm^{3}의 시료를 사용한다.

④ 분쇄실험: 순환비가 200%에 안정적으로 도달할 때까지 10mesh 또는 14mesh의 체를 사용하여 폐회로 분쇄실험을 반복한다. 실험 반복 절차는 볼 밀 일 지수와 같으나 로드 밀 가동 시 처음 8회전은 수평상태에서 다음 8회전은 5도 기울여서, 그 다음은 반대방향으로 5도 기울여서 회전시키는 과정을 반복한다.

⑤ 일 지수 계산: 회로 분쇄실험이 정상 상태에 도달한 후, 다음 식에 의해 일 지수를 계산한다.

$$W_i(test) = \frac{68.42}{x^{0.23} g_b^{0.625}} \left(\frac{10}{\sqrt{P_{80}}} - \frac{10}{\sqrt{F_{80}}} \right) \quad (4.40)$$

x: 분쇄시험에서 순환율을 구하기 위해서 사용하는 체 눈의 크기(μm)

g_b: 밀 1회전당 x보다 작은 입도의 입자 생성량(g)

$$g_b = \left(\frac{1}{2} - \frac{F_x}{100} \right) \frac{W}{n}$$

F_x: 원 시료 중 x체를 통과한 질량 비율

- 본드 일 지수의 불확실성

볼 밀과 로드 밀의 성능은 여러 가지 운전조건에 영향을 받는다. 본드는 일부 운전조건에 대해 보정인자를 제시하였으나 다음과 같은 주요 변수에 대한 영향이 고려되지 않는다.

i) 순환비와 분급효율

ii) 분쇄매체 크기 및 장입량에 대한 영향

iii) 분체 채움 정도 및 체류시간분포

iv) 분산조제에 관한 영향 등

따라서 본드 일 지수로 예측된 분쇄성능과 실제 분쇄기의 성능에는 상당한 차이가 있을 수 있다. 또한 본드 방법은 80% 통과 입도에 초점을 두고 있으며 분쇄산물 입도분포 전반에 관한 정보를 제공하지 않는다. 볼 밀 분쇄 산물의 입도분포는 분쇄산물의 질과 에너지 효율을 결정짓는 중요한 인자로서 분급효율, 체류시간분포 등에 따라 다르게 나타나며 입도분포의 형태 또한 상당히 다를 수 있다. 이러한 한계는 다음 장에서 논의할 분쇄공정의 수학적 모사에 의해 극복되고 있다.

제4장 참고문헌

Agus, F., Water, P. L. (1971). Determination of the grindability of coal, shale and other minerals by a modified Hargrove machine method. *Fuel*, 50, 405-431.

Arai, Y., Yasue, T. (1969). Mechanochemical phenomena of dolomite by Ggrinding, *Kogyo Kagaku*, 72, 1980-1985.

Arbiter, N., Harris, C. C., Stamboltzis, G. A. (1969). Single fracture of brittle spheres. *Trans. AIME*, 244, 118-133.

Bergstrom B. H., Sollenberger C. L., Mitchell W. (1961). Energy aspects of single particle crushing. *Trans. AIME*, 220, 367-372.

Bond, F. C. (1946). Crushing tests by pressure and impact. *Mining Technology*, Technical preprint No. 1895, 58-65.

Bond, F. C. (1952). Third theory of comminution, *Trans. AIME*, 193, 484-494.

Bond, F. C. (1961). Crushing and grinding calculations, Parts I and II, *Brit. Chem. Eng.*, 6, 378-385, 543-548.

Carvalho, R. M., Tavares, L. M. (2009). Dynamic modeling of comminution using a general microscale breakage model. *Computer-Aided Chemical Eng.*, 27, 519-524.

Carvalho, R. M., Tavares, L. M. (2013). Predicting the effect of operating and design variables on breakage rates using the mechanistic ball mill model. *Minerals Engineering*, 43-44, 91-101.

Charles, R. J. (1952). Energy-size reduction relationships in comminution, *Trans. AIME*, 208, 80-88.

Genç, Ö., Benzer, A. H., Ergün, S. L. (2014). Analysis of single particle impact breakage characteristics of raw and HPGR-crushed cement clinkers by drop weight testing. *Powder Technology*, 259, 37-45.

Hukki, R. T., Reddy, I. G. (1967). The relationships between energy input and fineness in comminution. *Dechema Monograph*, 57, 31-339.

Kanda, Y., Saito, F., Sano, S., Yashima, S. (1984). Relationships between particle size and fracture energy for single particle crushing. *Kagaku kogaku Ronbunshu*, 10(1), 108-112.

Kick, F., (1885). Das gesetz der proportionalen widerstande und seine anwendungen (Principle of Proportional Resistance and Its Application). Leipzig, Germany, Felix.

Kim, K. H., Cho, H. (2010), Breakage of waste concrete by free fall. *Powder Technology*, 200, 97-104.

King, R. P. (2001). *Modelling and simulation of mineral processing systems*. Butterworth Heinemann, Great Britain.

Kuyumcu, H. Z (2018). *Compacting of coals in coke making* in New Trends in Coal Conversion. Cambridge, Woodhead Publishing.

Leonard, J. W. (1979). *Coal Preparation* (4th ed.). Englewood, CO., AIME SME,

McIntyre, A., Plitt, L. R. (1980). The interrelationship between Bond and Hardgrove grindabilities. *CIM Bulletin*, 73, 149-155.

Mebtoul, M., Large, J. F., Guigon, P. (1996). High velocity impact of particles on a target -an experimental study. *Int. J. Miner. Process.*, 44-45, 77-91.

Narayanan, S. S., Whiten W. J. (1983). Breakage characteristics of ores for bali mill modelling. *Proc. Australas. Inst. Min. Metall.*, 286, 31-39.

Papadopoulos, D. G. (1998). *Impact breakage of particulate solids*. Ph.D. Thesis, University of Surrey.

Rittinger, R. P. (1867). *Lehrbuch der aufbereitungskunde* (Textbook of processing science). Ernst and Korn, Berlin, Germany.

Rumpf, H. (1973). Physical Aspects of Comminution and New Formulation of a Law of Comminution. *Powder Technology*, 7, 145-159.

Salman, A. D., Gorham, D. A., Verba, A. (1995). A study of solid particle failure under normal and oblique impact. *Wear*, 186-187, 92-98.

Schonert, K. (1972). Role of fracture physics in understanding comminution phenomena, *Trans. AIME*, 252, 21-26.

Shi, F., Kojovic, T. (2007). Validation of a model for impact breakage incorporating particle size effect. *Int. J. Miner. Process.*, 82, 156-163.

Shi, F., Kojovic, T., Larbi-Bram, S., Manlapig, E. (2009). Development of a rapid particle breakage characterisation device - the JKRB. *Minerals Engineering*, 22, 602-612.

Sopicka-Lizer, M., (2010). High-energy ball milling: mechanochemical processing of nanopowders. CRC Press.

Tanaka, T. (1954). A new concept applying a final fineness value to grinding mechanism-grinding tests with frictional and impulsive force. *Kagaku Kogaku*, 18 160-171.

Tavares, L. M, (2007). Breakage of single particles: quasi-static, in Particle Breakage, etd. Salman, A. D., Elesevier.

Tavares, L. M,, King, R. P. (1998). Single-particle fracture under impact loading. *Int. J. Miner. Process*, 54, 1-28.

Vogel, L., Peukert, W. (2003). Breakage behaviour of different materials—construction of a mastercurve for the breakage probability. *Powder Technology*, 129, 101-110.

Walker, W. H., Lewis, W. K., McAdams, W. H., Gilliland, E. R. (1937). *Principles of Chemical Engineering*, New York, NY, McGraw-Hill.

Yashima, S., Morohashi, S., Saito, F. (1979). Single particle crushing under slow rate of loading. *Science Reports of the Research Institutes, Tohoku University, Ser. A., Physics, chemistry and metallurgy*, 28(1), 116-133.

Yashima, S., Kanda, Y., Izumi, T., Shinazsaki, T. (1972). Size effects of single particle crushing. *Kagaku Kogaku*, 36, 1017-1023.

제5장

파·분쇄 공정의 수학적 모사

제5장
파·분쇄 공정의 수학적 모사

파·분쇄 공정에 투입된 에너지는 파·분쇄 결과를 예측에 가장 많이 이용되는 지표로서 이를 이용하면 목적입도 생산에 필요한 에너지와 파·분쇄기 규모를 간단히 결정할 수 있다. 즉 목적 입도를 생산하기 위해 필요한 톤당 에너지를 E라고 하면, 시간당 생산량 Q에 요구되는 동력, m_P는 다음과 같이 간단히 계산된다.

$$m_P = QE \tag{5.1}$$

예를 들어 E가 10Wh/t이고 Q가 500t/h인 경우 m_P=5kW=6.7HP가 된다. 따라서 필요한 장비의 크기는 6.7HP의 출력을 발휘하는 장비가 된다.

그러나 같은 에너지가 투입되었다 하더라도 에너지 효율은 파·분쇄 장비의 운전조건에 따라 크게 영향을 받을 수 있다. 또한 파·분쇄기에는 분쇄산물 입도를 조절하는 동시에 과분쇄를 방지하고자 전, 후단에 분급기를 장착하는 경우가 많다. 이럴 경우 에너지 효율은 증가하고 미분 생성량도 감소하나, 개선 정도는 분급기 성능에 영향을 받는다. 또한 파·분쇄기에 투입된 입자가 배출되기까지 머무르는 시간 및 이동 속도는 입자에 따라 다르게 나타난다. 특히 볼 밀 같은 체류형 분쇄기는 입자의 이동 양상에 따라 분쇄산물의 입도가 달라지므로, 에너지 법칙만 이용하여 분쇄기를 설계하는 경우 상당한 오차가 발생할 수 있다.

Population Balance Model은 이러한 단점을 극복하려는 목적으로 1960년대에 시작되었다. 본 모델은 파·분쇄기 운전조건에 대한 모든 변수들이 포함되어 있을 뿐만 아니라 복잡한 분쇄회로에 대해서도 처리량 및 입도분포를 정확히 예측할 수 있다. 1990년대부터는 에너지 투입에 따른 단일입자의 파괴양상으로부터 파·분쇄기 성능을 예측하려는 연구가 시작되었으며 이산요소법(Discrete Element Method, DEM)과 접목되어 계속 발전되고 있다. 본 장에서는 이러한 모델의 기본개념을 소개하고자 하며 파·분쇄 장비에 대한 세부모델은 장비별로 다시 논의할 것이다.

5.1 파·분쇄 공정 수학적 모델링 기본개념

파·분쇄는 입자의 파괴가 반복적으로 이루어지는 과정으로 생각할 수 있다. 그림 5.1과 같이 feed는 다양한 크기의 입자로 구성되어 있다. 입자의 입도는 연속적이기 때문에 보통 체로 분리하여 $\sqrt{2}$ 구간의 입자를 단일 입도로 간주한다. 그림에서 보듯이 1구간의 입자가 파괴되면 다양한 크기의 1세대 조각들이 생성되며, 그 조각들이 다시 파괴되면 각각 2세대 입자들이 생성된다. 2세대 입자는 다시 파괴되면 3세대 입자들이 생성되며 그 과정이 반복된다. 이러한 파괴 과정은 모든 입도구간에 공히 발생되며 각각 1, 2, 3, ⋯ , N세대 입자들을 생성한다.

각 입도구간별 1세대 조각들의 입도분포를 분쇄분포함수(breakage distribution function)로 나타내며 $b_{i,j}$로 표기한다. $b_{i,j}$는 입도구간 j의 입자가 파괴작용을 받았을 때 생성되는 조각들 중 입도구간 i에 존재하는 입자의 질량비율이다. 조각의 입도는 모입자보다 클 수 없기 때문에 $b_{i,j}$는 그림 5.2와 같이 하한삼각행렬의 구조를 가진다. 파괴작용을 받아도 파괴되지 않고 원 입도구간에 잔존하는 입자가 있을 수 있기 때문에 $b_{i,i}$는 0보다 큰 값을 가질 수 있다.

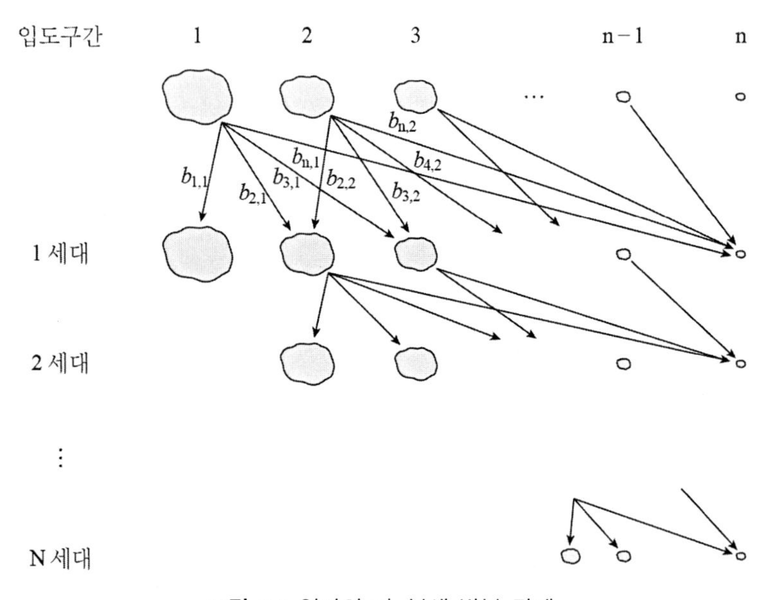

그림 5.1 입자의 파·분쇄 반복 단계

$$B=\begin{bmatrix} b_{1,1} & & & & & \\ b_{2,1} & b_{2,2} & & & & \\ b_{3,1} & b_{3,2} & b_{3,3} & & & \\ b_{4,1} & b_{4,2} & b_{4,3} & b_{4,4} & & \\ \vdots & \vdots & \vdots & \vdots & \cdot & \\ b_{n,1} & b_{n,2} & b_{n,3} & b_{n,4} & \cdots & b_{n,n} \end{bmatrix}$$

그림 5.2 분쇄분포 행렬

또한 각 단계에서 파괴작용을 받는 입자와 그렇지 않은 입자들이 있다. 파괴작용을 받는 확률을 선택함수(Selection function)라고 하며 S_j로 표기한다. 선택함수는 입도에 대한 함수로써 S_j는 j구간의 입자들 중 파괴작용을 받는 확률이며 다음과 같이 벡터 형태로 표현된다.

$$S=(S_1,\ S_2, S_3,\ \cdots, S_n) \tag{5.2}$$

궁극적으로 분쇄산물에는 파괴되지 않고 잔존하는 입자와 파괴되어 생성된 조각으로 구성되어 있다. 이에 대한 물질수지는 다음과 같으며 분쇄모델링에 가장 기본적인 분쇄공식이다.

[Feed in + Breakage] = [Total Product out] (5.3)

분쇄산물의 입도분포는 feed의 입도분포와 파괴특성을 연계시킴으로써 예측 가능하며 이의 연관성을 수학적으로 묘사한 것이 분쇄모델이다. 수학적 묘사 방법은 다양하나 S_j와 $b_{i,j}$는 모든 모델에서 가장 기본이 되는 함수이다. 분쇄모델은 접근방법에 따라 행렬모델, 분쇄속도론 모델, 에너지기반 모델 등 세 가지로 분류된다.

5.2 행렬모델

행렬모델은 분쇄모델 중 가장 간단한 모델로서 Lynch(1977)에 의해 제시되었다. 입도구간별 질량 비율이 $F=(f_1,\ f_2,\ f_3, \cdots, f_n)$인 feed가 파·분쇄기에 투입되었을 때 입도구간별 파괴작용을 받는 분율은 SF가 된다. 이를 행렬로 표시하면 다음과 같다.

$$\begin{array}{c} \text{Size} \\ 1 \\ 2 \\ 3 \\ 4 \\ \vdots \\ n \end{array} \quad \overset{\text{Selection Function}}{\begin{bmatrix} S_1 & 0 & 0 & 0 & 0 & 0 \\ 0 & S_2 & 0 & 0 & 0 & 0 \\ 0 & 0 & S_3 & 0 & 0 & 0 \\ 0 & 0 & 0 & S_4 & 0 & 0 \\ \vdots & \vdots & \vdots & \vdots & \vdots & \vdots \\ 0 & 0 & 0 & 0 & 0 & S_n \end{bmatrix}} \overset{\text{Feed}}{\begin{bmatrix} f_1 \\ f_2 \\ f_3 \\ f_4 \\ \vdots \\ f_n \end{bmatrix}} = \overset{\text{Mass broken}}{\begin{bmatrix} S_1 f_1 \\ S_2 f_2 \\ S_3 f_3 \\ S_4 f_4 \\ \vdots \\ S_n f_n \end{bmatrix}} \tag{5.4}$$

파괴작용을 받지 않고 잔존하는 입도구간별 질량비율은 (I－S)F가 되며 I는 단위행렬이다. 이에 반해 파괴작용을 받아 생성된 조각의 입도구간별 질량비율은 BSF가 된다. 따라서, 1차 파괴 후 입도분포, P는 다음과 같이 계산된다.

$$\mathrm{P} = \mathrm{BSF} + (\mathrm{I} - \mathrm{S})\mathrm{F} \ \text{ or } \ (\mathrm{BS} + \mathrm{I} - \mathrm{S})\mathrm{F} \tag{5.5}$$

n번의 반복적인 파괴가 일어났을 때의 입도분포는 다음과 같다.

$$\mathrm{P} = (\mathrm{BS} + \mathrm{I} - \mathrm{S})^{n}\mathrm{F} \tag{5.6}$$

그림 5.3과 같이 분쇄기 후단에 분급기가 설치된 폐회로의 분쇄산물의 입도도 물질수지공식을 이용하여 계산할 수 있다.

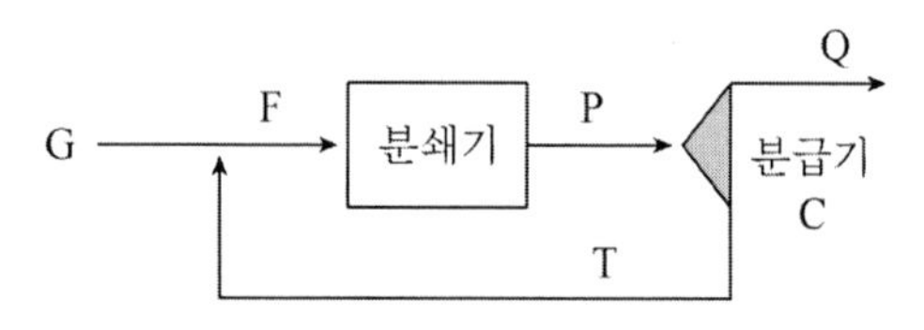

그림 5.3 폐회로 파·분쇄 공정

G는 회로에 투입되는 fresh feed의 입도구간별 질량비율, Q는 회로에 배출되는 최종 산물의 입도구간별 질량비율을 원소로 하는 행렬이다. 분쇄기에 투입되는 F는 G와 T로 구성되어 있으므로

$$\mathrm{F} = \mathrm{G} + \mathrm{T} \tag{5.7}$$

F에는 T가 합류되므로 합은 1보다 크다. P는 분쇄기 산물의 입도구간별 질량분포로서 F와 질량비율은 다르나 합은 물질수지상 같다. T와 Q는 분쇄기 산물이 분급기를 거친 후 각각 조립분과 미립분에 해당하므로 분급비, C를 이용한 물질수지는 다음과 같이 표현된다.

$$T = CP \tag{5.8a}$$

$$Q = (I - C)P \tag{5.8b}$$

C는 분급된 후 조립분으로 보내지는 입도구간별 비율로 대각행렬이다. 행렬 계산식으로 표시하면 다음과 같다.

$$\underset{\text{T}}{\begin{bmatrix} t_1 \\ t_2 \\ \vdots \\ t_n \end{bmatrix}} = \underset{\text{C}}{\begin{bmatrix} c_1 & 0 & 0 & 0 & 0 & 0 \\ 0 & c_2 & 0 & 0 & 0 & 0 \\ \vdots & \vdots & \vdots & \vdots & \vdots & \vdots \\ 0 & 0 & 0 & 0 & 0 & c_n \end{bmatrix}} \underset{\text{P}}{\begin{bmatrix} p_1 \\ p_2 \\ \vdots \\ p_n \end{bmatrix}} \quad \underset{\text{Q}}{\begin{bmatrix} q_1 \\ q_2 \\ \vdots \\ q_n \end{bmatrix}} = \underset{\text{C}}{\begin{bmatrix} 1-c_1 & 0 & 0 & 0 & 0 & 0 \\ 0 & 1-c_2 & 0 & 0 & 0 & 0 \\ \vdots & \vdots & \vdots & \vdots & \vdots & \vdots \\ 0 & 0 & 0 & 0 & 0 & 1-c_n \end{bmatrix}} \underset{\text{P}}{\begin{bmatrix} p_1 \\ p_2 \\ \vdots \\ p_n \end{bmatrix}} \tag{5.9}$$

식 (5.5)에 의하면 P와 F의 관계는 다음과 같다.

$$P = (BS + I - S)F \tag{5.10}$$

위 식을 식 (5.8b)에 대입하여 정리하면 분쇄회로 산물의 입도분포, Q는 다음과 같이 구해진다.

$$Q = (I - C)(BS + I - S)[I - C(BS + I - S)]^{-1}G \tag{5.11}$$

분쇄기 내에서 n번의 반복적인 입자파괴가 일어날 때 Q는 다음과 같다.

$$Q = X^n G \tag{5.12a}$$

$$X = (I - C)(BS + I - S)[I - C(BS + I - S)]^{-1}G \tag{5.12b}$$

5.3 분쇄속도론

분쇄속도론에 의한 수학적 모델은 population balance를 기반한 것으로 분쇄특성을 나타내는 두 가지의 가장 기본적인 변수 분쇄율(specific rate of breakage)과 분쇄분포(breakage distribution)에 기초하고 있다(Austin 등, 1984). 분쇄분포는 이미 언급한 바와 같은 개념이나 분쇄율은 화학 반응속도식의 반응상수에 해당한다. 즉 분쇄기는 큰 입자를 받아들여 작은 입자를 생성하는 반응기로 비유되며 분쇄기 내에서의 반응 물질은 다양한 크기의 입자가 된다. 분쇄는 화학반응에서와 같이 조건에 따라 빠르게 또는 느리게 진행되며 그 진행속도는 반응속도식으로 표현된다. 분쇄율(specific rates of breakage)은 반응속도 상수에 해당하는 것으로 물질특성, 장비특성, 운전조건에 따라 변하며 같은 물질이라도 입자의 크기에 따라 다른 값을 갖게 된다.

입도구간별 분쇄반응을 1차 반응이라고 가정하면 입도구간 1에 있는 입자들의 분쇄에 의한 소멸률은 그 입도구간에 존재하는 양에 비례한다. 이를 식으로 표현하면 다음과 같다.

$$\frac{dw_1(t)\,W}{dt} = -S_1 w_1(t)\,W \tag{5.13}$$

$w_1(t)$는 시간 t에서 입도구간 1의 입자의 질량비율, W는 입자의 총량이다. S_1는 분쇄반응상수로 입도구간 1 입자의 분쇄율이다. 만약 S_1이 시간에 따라 변하지 않으면 식 (1)은 다음과 같이 유도된다.

$$w_1(t) = w_1(0)\exp(-S_1 t) \tag{5.14}$$

또는

$$\log(w_1(t)) = \log(w_1(0)) - \frac{S_1 t}{2.3} \tag{5.15}$$

따라서 시간에 따른 $w_1(t)$의 변화를 세미 로그 좌표에 도시하면 그림 5.4에서 보는 바와 같이 일직선으로 나타난다. 직선의 기울기는 $S_1/2.3$이 된다.

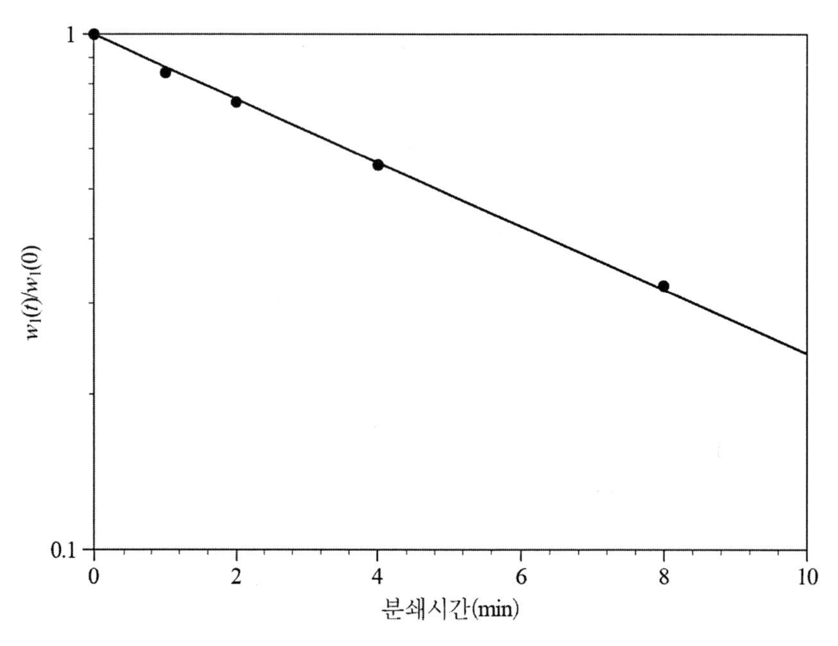

그림 5.4 First-order plot

5.3.1 분쇄인자의 실험적 측정

분쇄율은 입도에 따라 변하므로 입도구간별로 측정한다. 우선 표준체를 사용하여 단일 입도의 시료를 준비한 후, 시료를 분쇄장치에 장입하고 일정시간 분쇄한다. 그리고 분쇄산물에서 샘플을 채취하고, 입도분포를 측정한다. 이러한 과정을 분쇄시간, 30초, 1분, 2분, 4분, 8분 등으로 반복하고, 각 시간별로 분쇄되지 않고 첫 구간에 잔존하는 질량 $w_i(t)$를 측정한다. $w_i(t)$를 분쇄시간에 따라 세미 로그 좌표에 도시할 때 직선형태로 나타나면 기울기로부터 분쇄율을 구한다. 같은 방법으로 다른 입도구간에 대한 분쇄율을 구한다. 그림 5.5는 이러한 방법으로 수행된 실험결과의 전형적인 양상을 나타낸 것으로, 분쇄반응은 1차 반응을 따르며 분쇄율은 입도가 커질수록 증가함을 알 수 있다.

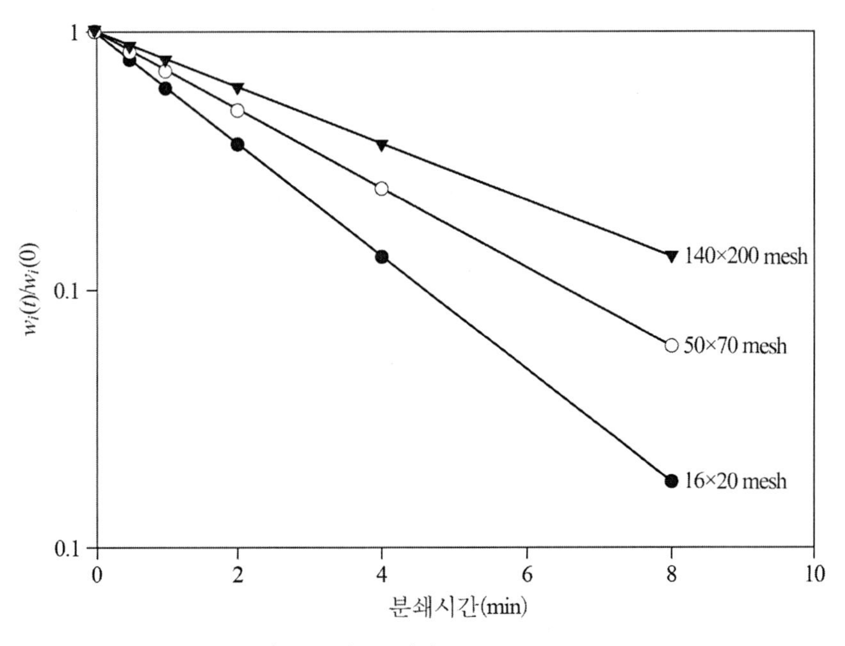

그림 5.5 입도구간별 First-order plot

그림 5.6은 볼 밀에서의 입자크기에 따른 분쇄율의 전형적인 변화추이를 나타낸 것이다. 이미 언급한 바와 같이 분쇄율은 입자의 크기가 커질수록 증가하나 입자 크기가 분쇄매체 크기에 비하여 지나치게 커지면 감소하기 시작한다. 입자크기와 분쇄율을 로그-로그 좌표에 도시하였을 때 입도에 따른 분쇄율은 일정 크기 이하에서는 직선으로 나타나며 식 (5.16)과 같이 지수함수로 표현된다.

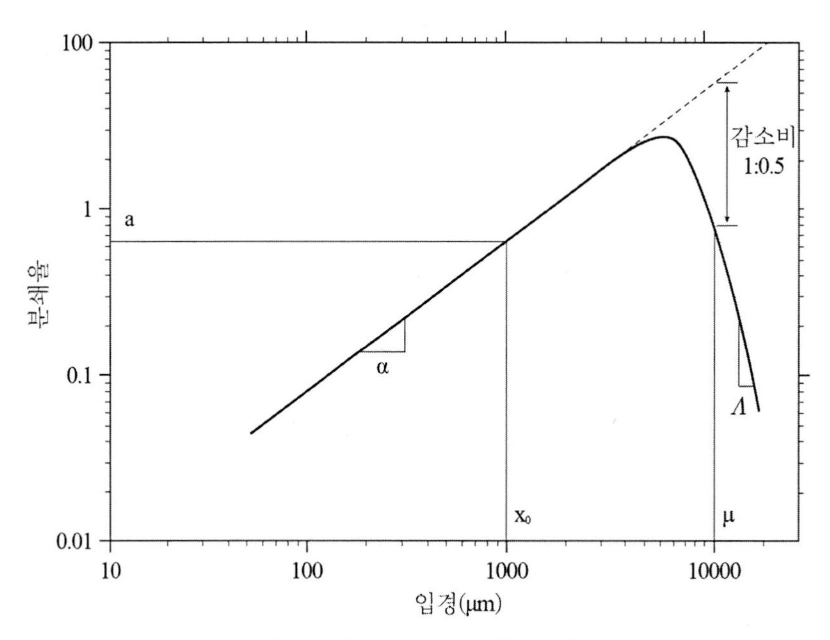

그림 5.6 입도에 따른 분쇄율의 변화

$$S_i = A\left(\frac{x_i}{x_o}\right)^{\alpha} Q \tag{5.16}$$

α는 직선구간의 기울기이고, A는 기준입도 x_o에서의 분쇄율이다. Q는 입자크기가 일정값 이상일 때 분쇄율이 직선에서 벗어나 감소하는 경향을 나타내기 위한 보정 인자(correction factor)로서 다음과 같이 로지스틱 함수로 표현되며 입자크기가 작을 때는 1이며 클 때는 1보다 작아진다.

$$Q = \frac{1}{1+\left(\frac{x_i}{\mu}\right)^{\Lambda}} \tag{5.17}$$

분쇄분포는 입자가 1차 파괴된 후 재분쇄가 일어나기 전 1세대 조각들의 입도분포를 나타낸다. 따라서 파·분쇄 조각들로부터 분쇄분포를 추정하기 위해서는 재분쇄된 조각들이 존재하지 않아야 한다. 최소의 에너지로 파·분쇄할 경우 재분쇄 정도를 줄일 수는 있으나 입도분석에 충분한 양의 조각이 생성되지 않는다. 반면, 충분한 양의 조각이 생성되도록 파·분쇄를 진행할 경우 일부 입자의 재분쇄가 필히 수반된다. 이 경우 정확한 분쇄분포 측정을 위해 재분쇄의 보정이 필요하며, Austin 등(1984)이 제시한 누적 분쇄분포 $B_{i,1}\left(=\Sigma_{i=n}^{i} b_{i,1}\right)$ 계산식은 다음과 같다.

$$B_{i,1} = \frac{\log\left[(1-P_i(0))/(1-P_i(t))\right]}{\log\left[(1-P_2(0))/(1-P_2(t))\right]} \tag{5.18}$$

$P_i(0)$는 원시료의 입도구간 보다 작은 입자의 분율이며 $P_i(t)$는 t시간 분쇄 후 입도구간 i보다 작은 입자의 분율이다. 위 식은 분쇄양상이 compensation 조건을 만족할 경우를 가정하여 도출된 식이나 일반적인 조건에서도 적용해도 비교적 정확한 분쇄분포를 추정할 수 있다. $P_i(t)$는 보통 20~30%가 분쇄되는 시간에 해당하는 입도분포를 적용한다. 그림 5.7은 분쇄분포의 전형적인 모습을 나타낸 것으로 아래 식과 같이 두 개의 지수함수의 합으로 표현된다.

$$B_{ij} = \begin{cases} 1 & , \quad 1 \le i \le j \\ \Phi\left(\dfrac{x_{i-1}}{x_j}\right)^{\gamma} + (1-\Phi)\left(\dfrac{x_{i-1}}{x_j}\right)^{\beta}, & n \ge i > j \ge 1 \end{cases} \tag{5.19}$$

분쇄분포는 절대크기가 아닌 상대입도 x_i/x_j 의 함수로 나타내면 많은 경우 단일 곡선으로 나타난다. 이때의 분쇄분포를 정규화 분쇄분포라 하며, 모든 입도의 분쇄분포는 동일한 Φ, γ, β 값으로 계산된다. 분쇄속도론에서의 분쇄분포는 파괴된 조각들만의 입도분포로, 행렬모델에서와는 달리 $b_{i,i}$의 값은 0이며 $B_{i-1,i} = 1$이다.

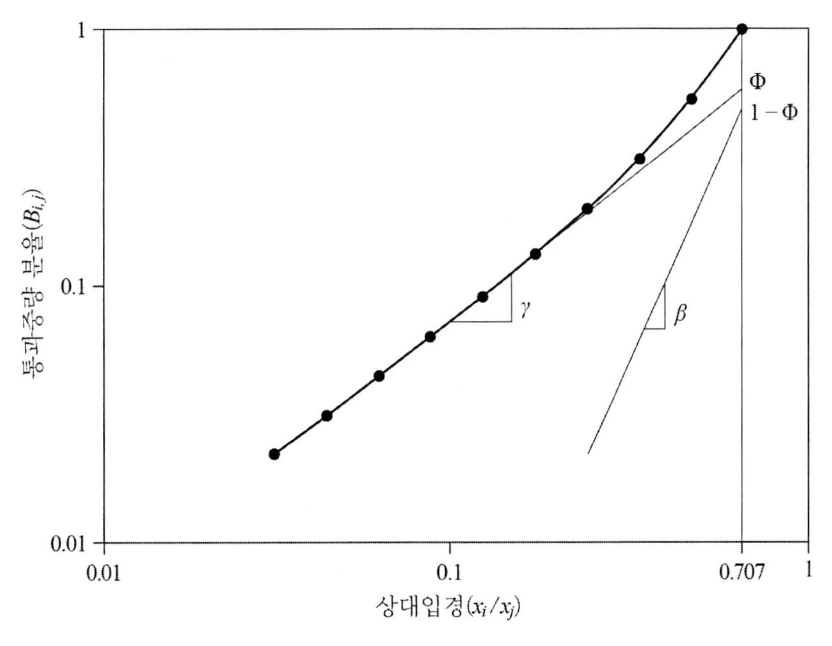

그림 5.7 분쇄분포 함수

5.3.2 회분식 분쇄공식

회분식 분쇄공식은 분쇄공정의 수학적 모사에서 가장 기본이 되는 식으로 분쇄율과 분쇄분포의 두 기본인자와 입도구간별 물질수지를 바탕으로 하고 있다. 분쇄 시 입도구간 i의 입자의 입도-물질수지는 이보다 더 큰 입도구간(j로 표기) 입자들이 분쇄되어 생성되는 입자들의 총합에서 분쇄에 의하여 소멸되는 입자를 뺀 값과 같다. 첫 입도구간의 물질수지는 분쇄에 의해 소멸만 되므로 다음과 같이 표현된다.

$$\frac{dw_1(t)}{dt} = -S_1 w_1(t) \tag{5.20}$$

둘째 입도구간의 물질수지는 분쇄에 의해 소멸됨과 동시에 첫 구간의 입자가 분쇄되어 둘째 구간에 해당되는 양만큼 생성되므로 다음과 같이 표현된다.

$$\frac{dw_2(t)}{dt} = -S_2 w_2(t) + b_{2,1} S_1 w_1(t) \tag{5.21}$$

셋째 입도구간의 물질수지는 다음과 같이 표현된다.

$$\frac{dw_3(t)}{dt} = -S_3 w_3(t) + b_{3,1} S_1 w_1(t) + b_{3,2} S_2 w_2(t) \tag{5.22}$$

이를 입도구간 i에 대해 일반화하면 다음 식과 같다.

$$\frac{dw_i(t)}{dt} = -S_i w_i(t) + \sum_{j=1}^{i-1} b_{ij} S_j w_j(t) \tag{5.23}$$

위 식을 입도구간 n개에 적용하면 n개의 연립미분방정식으로 표현되며 그 해를 구하면 분쇄시간에 따른 입도분포의 변화를 예측할 수 있다. 식 (5.23)의 해는 여러 가지 형태로 표현되며 Reid(1965)가 제시한 해는 다음과 같다.

$$w_i(t) = \sum_{j=1}^{i} a_{ij} \exp(-S_j t), \qquad n \geq i \geq 1 \tag{5.24a}$$

$$a_{ij} = \begin{cases} 0, & i < j \\ w_i(0) - \sum_{k=1}^{i-1} a_{ik}, & i = j \\ \frac{1}{S_i - S_j} \sum_{k=j}^{i-1} S_k b_{ik} a_{kj}, & i > j \end{cases} \tag{5.24b}$$

a_{ij}는 분쇄시간에 대하여 독립적이나 feed 입도분포에 따라 달라진다.

Luckie와 Austin(1972)이 제시한 해는 다음과 같다.

$$w_i(t) = \sum_{j=1}^{i} d_{ij} w_j(0), \qquad n \geq i \geq 1 \tag{5.25a}$$

$$d_{ij} = \begin{cases} 0, & i < j \\ e^{-S_j t}, & i = j \\ \sum_{k=j}^{i-1} c_{ik} c_{jk} (e^{-S_k t} - e^{-S_i t}), & i > j \end{cases}$$

$$c_{ij} = \begin{cases} -\sum_{k=1}^{i-1} c_{ik} c_{jk}, & i < j \\ 1, & i = j \\ \frac{1}{S_i - S_j} \sum_{k=j}^{i-1} S_k b_{ik} c_{kj}, & i > j \end{cases} \tag{5.25b}$$

d_{ij}는 하한 삼각행렬 형태로, 분쇄시간에 대하여 변하나 feed 입도분포에 대하여 독립적이다. 따라서 위 식은 feed 입도분포를 product 입도분포로 전환하는 transfer function 성격을 갖고 있으며 동일한 feed에 대하여 분쇄시간에 따른 입도분포의 변화를 계산할 때 편리하다.

그림 5.8은 식 (5.24)에 의해 계산된 입도분포와 실험결과를 비교한 것으로 모든 분쇄시간에 걸쳐 분쇄결과가 잘 예측되고 있음을 보여주고 있다.

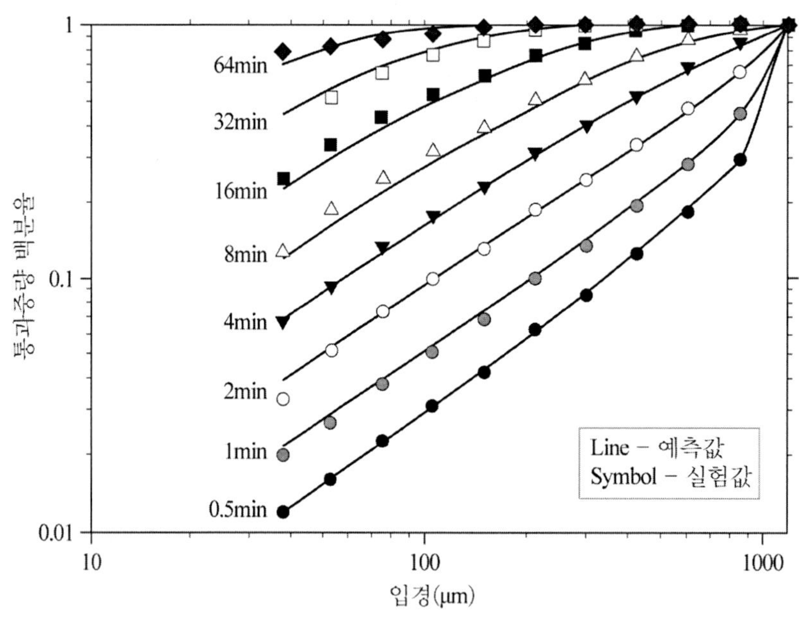

그림 5.8 실험결과와 모델 예측 결과의 비교

5.4 에너지 기반 모델

분쇄에너지는 분쇄 예측에 있어 가장 기본적으로 고려되는 인자이다. 따라서 단위 질량당 투입 에너지를 기준으로 분쇄결과를 예측하는 시도가 지속되고 있다.

5.4.1 평균에너지를 이용한 분쇄모델링

본 방법은 Herbst와 Fuerstenau(1980)가 제시한 방법으로 분쇄율은 투입 에너지에 비례함에 기초하고 있다. 즉,

$$S_i = S_i^0 \frac{P}{W} \tag{5.26}$$

S_i^0는 비례상수, P는 mill power, W는 mill hold-up이다. t시간 동안 분쇄기에 투입된 단위 질량당 에너지는 $\int_0^t \frac{P}{W} dt$가 되며 P가 일정하면 specific 에너지, $\overline{E} = Pt/W$가 된다.

따라서 에너지에 기초한 population balance 모델은 다음과 같이 표현된다.

$$\frac{dw_i(\overline{E})}{d\overline{E}} = -S_i^0 w_i(\overline{E}) + \sum_{j=1}^{i-1} b_{ij} S_i^0 w_j(\overline{E}) \tag{5.27}$$

분쇄분포는 투입 에너지에 영향을 받지 않는 것으로 가정하였다. 따라서 위 식은 분쇄시간 t가 $\overline{E}$로 대체된 분쇄속도론과 같은 형태이며 수학적 처리 방법 또한 같다.

5.4.2 t_{10}을 이용한 분쇄모델링

Shi와 Xie(2015)는 t_{10}식에 의한 간단한 분쇄공식을 제안하였다.

$$p_i = \sum_{j=1}^{i-1} f_i m_{ij} \tag{5.28}$$

p_i는 분쇄산물 입도분포, f_i는 feed 입도분포, m_{ij}는 크기 j의 입자가 파괴될 때 생성된 조각 중 i 크기 입자의 비율이다. 따라서 m_{ij}는 근본적으로 분쇄속도론 모델 식 (5.25)의 d_{ij} 와 같은 transfer function의 성격을 갖고 있다. 다만 그 값을 구하는 데 있어 분쇄속도론 모델에서는 S_i와 b_{ij}에 의해 결정되나 Shi 모델에서는 t_{10}식에 의해 계산된다. 앞의 장에서 언급한 바와 같이 t_{10}은 투입 에너지에 따른 분쇄산물 중 미분의 생성량을 나타내는 치수로 단독입자에 대하여 drop weight 시험을 통해 결정되며 전체적인 입도분포는 $t_{10}-t_n$ 관계식으로부터 구할 수 있다. t_{10}은 재료의 물성과 에너지 투입량에 따라 변한다. 따라서, 분쇄기에서 발생되는 입자의 분쇄양상을 예측하기 위해서는 분쇄기에 투입되는 에너지 양에 대한 정보가 필요하며 다음과 같은 간단한 절차를 통해 이를 유추하였다.

Mill power draw 계산 → 입자 무게당 평균 에너지 투입량 계산 → 입도별 에너지 투입량 계산

Mill power draw는 실험을 통해 직접 측정하거나 다음에 논의할 DEM을 통해 계산된다. 입도별 에너지 투입량은 선택함수 S_i를 곱해 다음과 같이 계산된다.

$$E_i = S_i E \tag{5.29}$$

E_i는 입도별 에너지 투입량이며 E는 분쇄기에 투입되는 무게당 평균 에너지이다. 이렇게 구해진 E_i는 t_{10}식 (식 4.25)과 $t_{10}-t_n$ 관계식 (식 4.26)을 통해 입도별 조각 분포가 계산되

며 이는 m_{ij}의 한 열이 된다. S_i는 분쇄기에 투입된 에너지가 입도별로 어떻게 배분되는지를 결정짓는 중요한 모델 인자이다. 그러나 본 모델 적용에 있어서 단순히 실험결과와 가장 잘 일치하는 값으로 역계산되었다. 그림 5.9는 이렇게 역계산된 S_i를 도시한 것으로서 곡선 형태는 분쇄속도론의 S함수와 매우 유사하다. 본 모델의 S는 에너지 배분을 나타내는 함수로써 분쇄속도론의 분쇄율과 다르나 같은 형태로 나타나기 때문에 m_{ij}와 분쇄속도론의 transfer function, d_{ij}은 동일하게 계산된다. 다만 분쇄속도론에서는 d_{ij}는 S_i, b_{ij}의 값으로 계산되나 Shi 모델에서의 m_{ij}는 E_i와 $t_{10}-t_n$ 관계식에 의해 결정된다. 그림 5.10는 실규모 분쇄기에 대해 모델결과와 측정된 결과를 비교한 것으로 일치성이 높은 것을 보여주고 있다. 그러나 해당 결과는 모델 주요인자 중 S_i가 실험결과와 잘 맞도록 역계산된 것이기 때문에 다른 분쇄조건에서 동일하게 적용될 수 있는지 추가적인 연구가 필요하다.

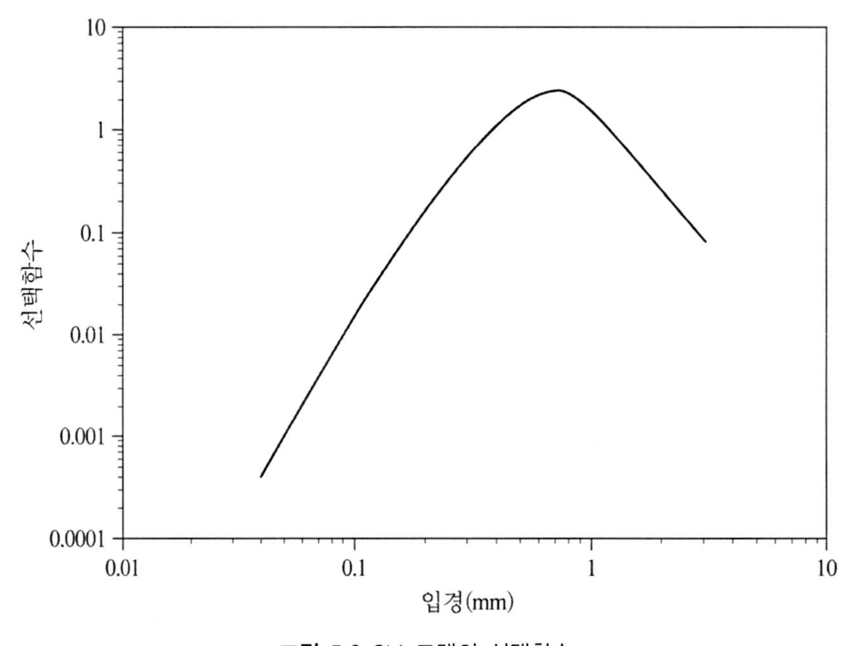

그림 5.9 Shi 모델의 선택함수

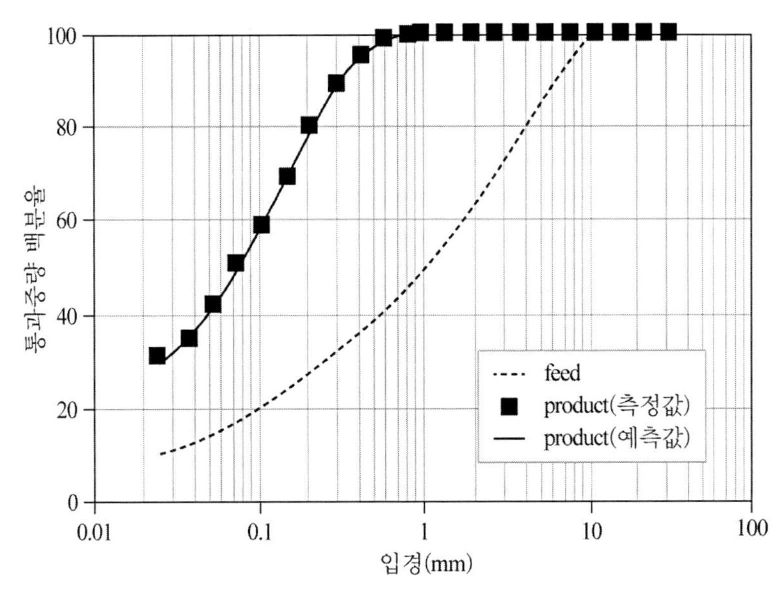

그림 5.10 실규모 분쇄결과와 모델 예측 결과의 비교

5.4.3 충격에너지에 기초한 분쇄모델링

볼 밀 등의 매체형 분쇄기에서 분쇄는 분쇄매체와 입자의 충돌에 의해 발생하며 입자의 파괴양상은 입자가 받는 충격의 크기에 따라 결정된다. 따라서 충격의 크기와 빈도, 그리고 특정 충격에너지가 주어졌을 때 입자의 파괴양상을 알 수 있다면 볼 밀의 성능을 예측할 수 있다. 그러나 볼의 거동은 볼의 수 및 크기, 밀 회전수, 리프터 배치 형태, 밀 직경 등 매우 다양한 인자에 영향을 받는다. 또한 볼의 충돌 시 충격의 크기 및 방향도 매우 다양하게 나타난다. 실험적으로 이를 측정하는 것은 불가능하나, Cundall과 Strack(1979)에 의해 개발된 Discrete Element Method(DEM)에 의해 다양한 운전조건에서 충격에너지의 크기나 빈도에 대한 정보를 유추할 수 있게 되었다.

5.4.3.1 Discrete Element Method(DEM)

DEM은 입자의 거동을 해석하는 기법으로 입자에 작용하는 힘을 계산, 시간 적분하여 다량의 입자 거동을 모사한다. DEM에서 입자는 이산적으로 존재하는 개체로 취급되며 거동 시 각 시간 단계마다 각각의 입자가 받는 힘을 계산하여 모든 개별 입자의 움직임을 추적한다.

충돌 시 입자에 작용하는 힘은 접촉모델에 의해 결정되며, 접촉 계산 방법에는 충돌 직전속도로부터 충돌 후 속도를 바로 계산하는 hard 모델과 변형(overlap)을 이용하는 soft 모델이 있다. 현재 대부분의 연구에서 soft 모델이 이용되며, 접촉 힘은 overlap의 크기 Δx와 충돌 입자의 속도를 이용해 계산된다. 접촉 힘 모델은 일반적으로 Hertz–Mindlin 비선형 모델, 또는 선형 스프링–감쇠기 모델이 사용된다. 선형 스프링–감쇠기 모델은 입자의 접촉 과정에서 발생하는 힘을 그림 5.11과 같이 스프링과 감쇠기를 이용하여 모사하며 수직 방향과 전단방향의 힘은 다음과 같이 계산된다.

$$F_n = -k_n \Delta x + C_n v_n \tag{5.30a}$$

$$F_t = \min(\mu F_n, \quad k_s \int v_s dt + C_t v_s) \tag{5.30b}$$

k_n, k_s는 수직과 전단방향의 spring constant, Δx는 중첩거리, v_n, v_s는 수직과 전단방향의 속도, C_n, C_s는 수직과 전단방향의 damping coefficient, μ는 마찰계수이다. 전단방향의 최대 작용 힘은 Coulumb 마찰 법칙에 의해 수직항력에 비례하는 임계마찰력 μF_n로 제한된다.

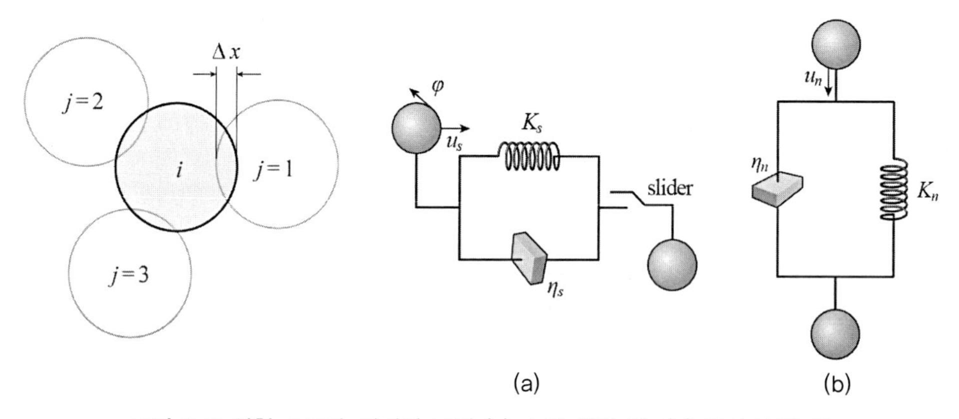

그림 5.11 선형 스프링–감쇠기 모델 (a) 수직 방향 힘, (b) 접선 방향 힘

입자의 운동 추적은 접촉하는 인근 입자로부터 받는 힘들을 합산한 후 뉴턴의 운동 법칙에 의거하여 가속도, 속도, 변위를 차례로 계산함으로써 이루어진다. 입자 i가 주변입자 j부터 받는 총 힘 F_i와 회전력 T_i는 다음과 같다.

$$F_i = m_i \frac{dm_i}{dt} = \Sigma_j \left(F_{ij}^n + F_{ij}^s\right) + m_i g \tag{5.31a}$$

$$T_i = I_i \frac{d\omega_i}{dt} = \Sigma_j \left(T_{ij}^s + T_{ij}^r \right) \tag{5.31b}$$

m_i, v_i, ω_i, I_i는 각각, 입자의 질량, 선속도, 각속도, 관성모멘트이다. F_{ij}^n, F_{ij}^s는 각각 입자 i,j 간에 작용되는 법선방향과 접선방향의 힘이며, T_{ij}^s, T_{ij}^r는 각각 접선방향의 충돌 힘과 회전 저항에 의한 회전력으로 다음과 같이 계산된다.

$$T_{ij}^s = R_i \times F_{ij}^s \tag{5.32a}$$

$$T_{ij}^r = \mu R_i \left| F_{ij}^n \right| \omega_i \tag{5.32b}$$

R_i는 입자의 반경이다.

DEM의 분쇄공정에의 적용은 Mishra와 Rajamani(1992, 1994)에 의해 처음 시도되었다. 초기 연구에서는 볼 밀 내 분쇄매체 거동을 2차원 기반으로 분석하였으며, 실험결과와의 비교를 통해 검증하였다. 그림 5.12는 볼 밀 내 볼의 거동에 대해 DEM 모사결과와 직접 관찰된 결과를 비교한 것으로 두 결과가 비교적 일치하고 있음을 보여주고 있다(Venugopal과 Rajaman, 2001). 추후 모델은 더욱 발전되어 그림 5.13과 같이 대규모 분쇄기의 3-D 모사가 가능해졌다(Cleary, 1998; Datta 등, 1999; Rajamani 등, 2000; Weerasekara 등, 2016; Cleary 등, 2020). DEM은 또한 원심 밀(Inoue와 Okaya, 1996; Lee 등 2010), 교반 밀(Cleary 등, 2006b; Sinnott 등, 2006; Santhanam 등, 2013), 유성 밀(Beinert 등, 2015; Ye 등, 2015), Hicom 밀(Hoyer, 1999; Cleary와 Owen, 2016) 등 다양한 분쇄기에 적용되었다. 또한 입자 간의 상호 결합력을 추가한 DGB(Discrete Grain Breakage)를 이용하여 분쇄 양상까지 구현하는 연구가 시도되고 있으며(Herbst와 Potapov, 2004) 최근에는 CFD(Jonsén 등, 2014; Mayank 등, 2015; Zhong 등, 2016) 또는 Smoothed Particle Hydrodynamics(SPH) 기법과 결합하여 분쇄기 내 슬러리 거동 모사에도 적용되고 있다(Sinnott와 Cleary, 2017). 이러한 DEM에 기반을 둔 수치 모델링은 각종 환경 변화에 따른 매체의 거동을 모사할 수 있으므로 장비에 대한 미시적인 해석, lifter 설계, discharge 설계, 최적의 운전조건의 확립, 에너지 절감 등에 크게 기여하고 있다.

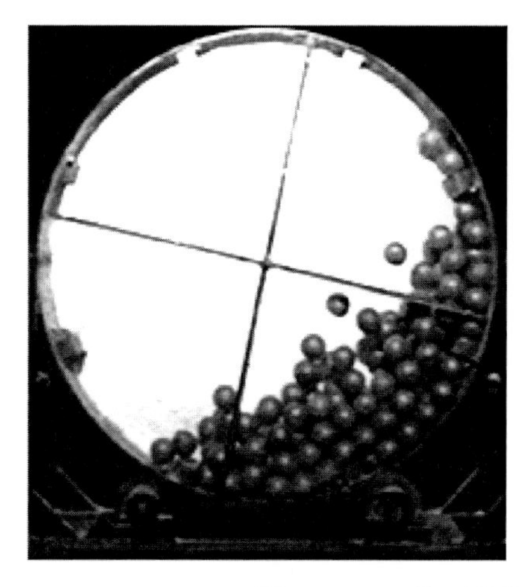
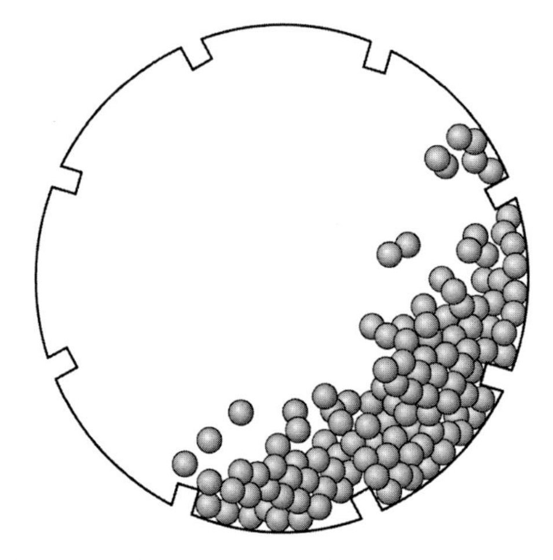

그림 5.12 DEM을 이용한 볼 밀에서의 분쇄매체 거동의 모사

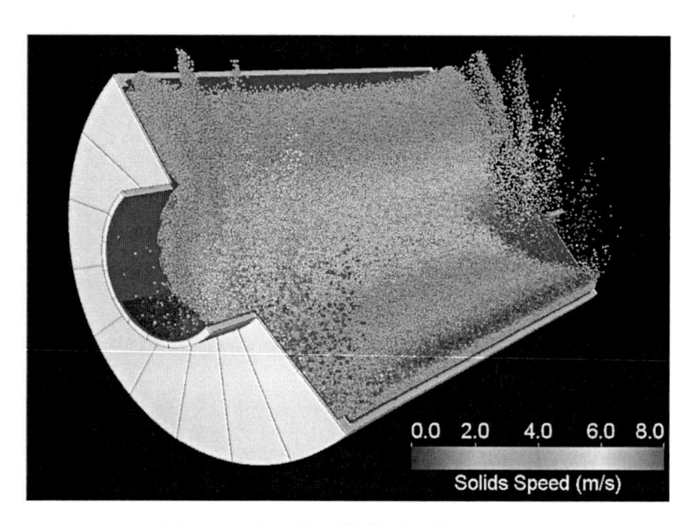

그림 5.13 DEM을 이용한 볼 밀 3-D 모사

특히 DEM은 각 시간 단계마다 입자에 가해지는 충격에너지의 크기 및 빈도의 추적을 가능케 한다. 그림 5.14는 DEM에 의한 볼 밀에서의 분쇄매체의 움직임(a)과 분쇄매체 간 충돌에너지 크기(b)를 도시한 것으로 중앙부분에서 충돌에너지가 큰 것을 알 수 있다. 그림 5.15는 분쇄매체 크기에 따라 충돌에너지 크기 및 빈도를 나타낸 것으로 분쇄매체 크기가 커질수록 평균 충돌에너지는 증가하나 빈도수는 감소함을 보여주고 있다. 이러한 결과들은 투입 에너지 대비 입자 분쇄특성과 연계되어 다양한 운전조건에서 분쇄기의 성능을 해석하고 최적화하는 데 응용되고 있다.

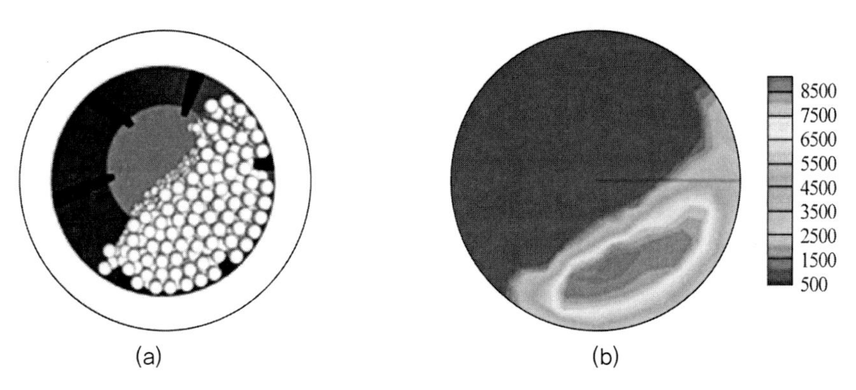

그림 5.14 볼 밀 DEM 모델링: (a) 볼 밀 회전 시 분쇄매체의 거동, (b) 분쇄매체 충돌에 의한 충격에너지 크기

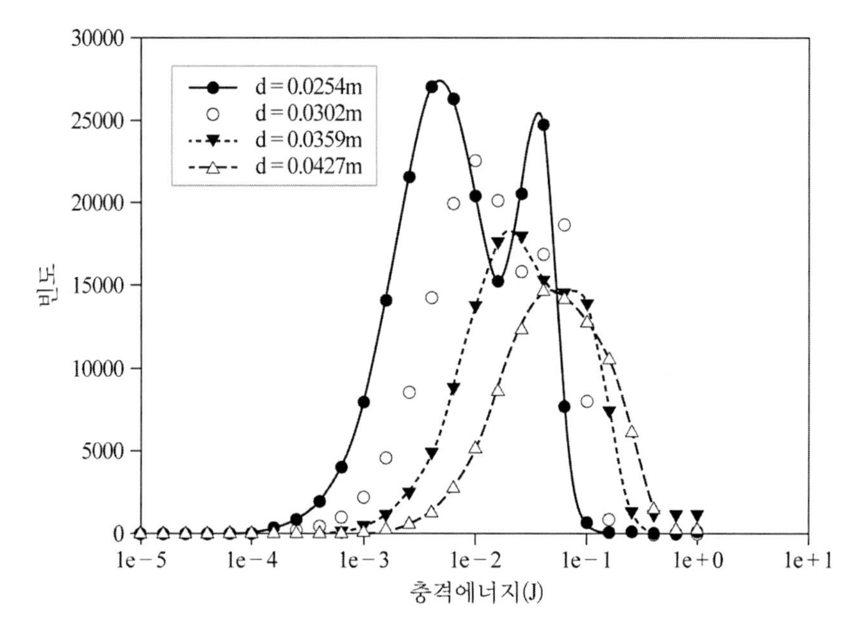

그림 5.15 볼 밀에서의 분쇄매체 크기에 따른 충돌에너지 분포

5.4.3.2 DEM-PBM 결합모델

DEM과 PBM(population balance model) 결합에 의한 분쇄산물 입도예측 모델은 Datta와 Rajamani(2002)에 의해 처음 시도되었다. 기본식은 population balance에 충격에너지 및 빈도의 개념이 도입된 것으로 다음과 같다.

$$\frac{dM_i(t)}{dt} = -\sum_{k=1}^{N} \lambda_k m_{i,k} \frac{M_i(t)}{W} + \sum_{k=1}^{N} \sum_{j=1}^{i-1} \lambda_k m_{j,k} b_{ij,k} \frac{M_j(t)}{W} \tag{5.33}$$

$M_i(t)$는 입도구간 i에 존재하는 입자의 질량, λ_k는 충격에너지의 빈도, $m_{i,k}$는 입도구간 i에 존재하는 입자 중 충격에너지 k를 받았을 때 파괴되는 질량, $b_{i,j,k}$는 j 입도구간에 존재하는 입자가 충격에너지 k를 받았을 때 파괴되어 생성되는 조각 중 i 입도구간에 존재하는 질량의 분율, W는 밀 내부 총 입자의 양이다. $M_i(t)/W$는 분쇄기에 존재하는 입도구간 i의 순간 질량 분율로서 충격 빈도는 해당 입도구간의 질량 비율만큼 분배되는 요소로 작용한다.

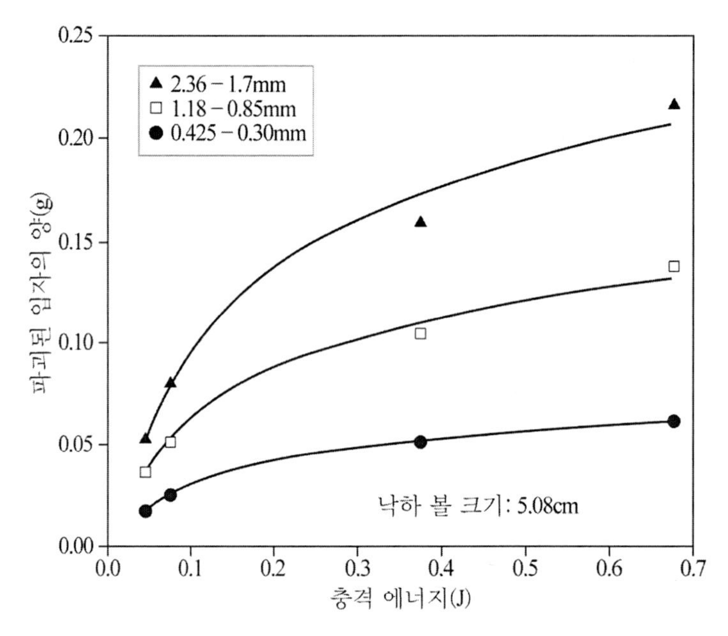

그림 5.16 충격에너지에 따른 충격 시 파괴되는 입자의 질량

λ_k는 DEM을 통해 추정되며, $m_{j,k}$와 $b_{ij,k}$는 drop weight 실험을 통해 결정된다. 그림 5.16은 $m_{j,k}$의 실험결과의 예로 충격에너지 커질수록 더 많은 입자가 파쇄되는 경향을 보여주고 있다. 그림 5.17은 $b_{i,j,k}$의 실험결과를 도시한 것으로 충격에너지가 커질수록 파쇄조각의 입도가 미세해지는 것을 보여준다. 그러나 높은 충격 영역에서는 파쇄조각의 입도분포가 거의 변하지 않는다. 이는 충격에너지가 일정 이상 초과할 때 그 초과분이 분쇄에 소모되지 않고 바닥 판에 직접적인 충격으로 소모되기 때문이다. 그림 5.18은 이러한 결과를 바탕으로 볼 밀 분쇄에 대하여 예측한 값과 실험값을 비교한 것으로 두 값이 잘 일치하지 않고 있다. 이에 대하여 저자는 볼 밀 내에서 볼 사이의 입차층의 두께가 drop weight 조건과 동일하지 않기 때문에 나타난 현상으로 추정하였다. 실제 볼 밀 환경에서 입자층의 두께는 일정치 않고 매우 다양할 수 있기 때문에 본 모델의 적용은 한계가 있다.

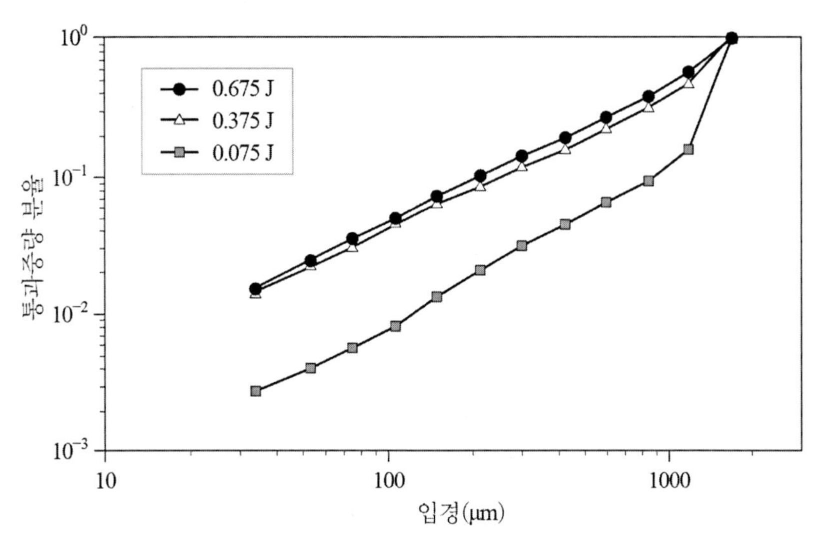

그림 5.17 충격에너지에 따른 파괴 조각의 입도분포

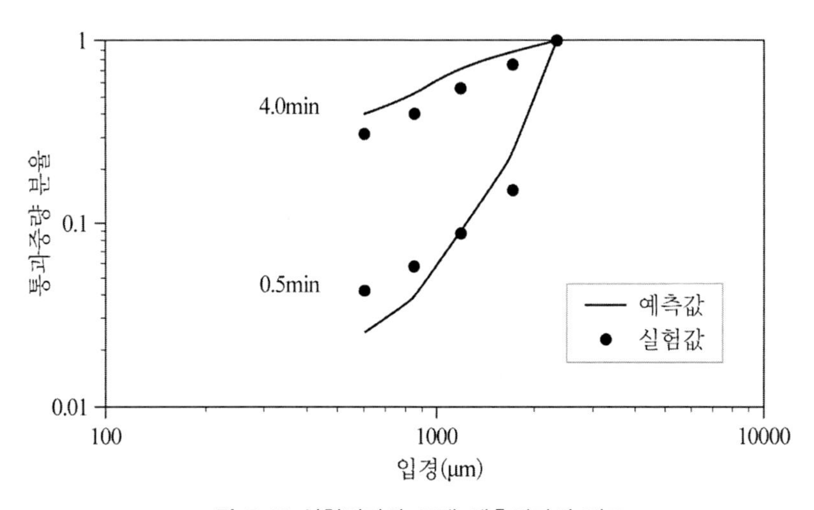

그림 5.18 실험결과와 모델 예측결과의 비교

식 (5.33)은 분쇄속도론 모델 식 (5.23)과 유사한 형태로서 분쇄율이 충돌에너지 크기와 빈도로 대체된 것이다. 즉,

$$S_i = \sum_{k=1}^{N} \frac{\lambda_k m_{i,k}}{W} \tag{5.34}$$

$m_{i,k}$는 충격에너지 k를 받았을 때 파괴되는 질량으로서 충격을 받는 입자의 질량 중 파괴

되는 비율을 곱한 것과 같다. Tuzcu와 Rajamani(2011)은 이 개념을 도입하여 분쇄율을 다음과 같이 표현하였다.

$$S_i = \sum_{k=1}^{N} \lambda_k m_{i.k}^c P_f(E_k,\ x_i) \tag{5.35}$$

$m_{i.k}^c$는 에너지 크기 k의 충격이 발생했을 때 충격을 받는 입자크기 i의 질량이며, $P_f(E_k,\ x_i)$는 에너지 크기 k의 충격이 가해졌을 때 입자가 파괴될 확률이다. 파괴 확률은 입자의 파괴강도에 따라 결정되며 다음과 같은 Weibull 함수 형태의 식을 이용하였다.

$$P_f(E_k,\ x_i) = 1 - \exp\left[-cx_i^2(E_k - E_{50,\,i})^z\right] \tag{5.36}$$

c, z는 모델 상수, $E_{50,\,i}$는 크기 i 입자의 평균 파괴강도이다. $m_{i.k}^c$는 크기 i의 입자 중 k 크기의 충격에너지를 받는 입자에 해당하므로 다음과 같이 표현된다.

$$m_{i.k}^c = M_i^c \frac{E_k}{\sum_{k=1}^{N} E_k} \tag{5.37}$$

M_i^c는 충격을 받는 크기 i 입자의 총량이다. 최종적으로 분쇄율은 다음과 같이 표현된다.

$$S_i^E = M_i^c \sum_{k=1}^{N} \lambda_k P_f(E_k,\ x_i) \frac{E_k}{\sum_{k=1}^{N} E_k} \tag{5.38}$$

분쇄분포함수는 drop weight 파괴 시 생성된 조각의 입도분포로부터 에너지 평균하여 다음과 같이 계산하였다.

$$b_{ij}^E = \frac{E_1 b_{ij,1} + E_2 b_{ij,2} + E_3 b_{ij,3} + \cdots E_k b_{ij,k}}{\sum_{k=1}^{N} E_k} \tag{5.39}$$

이렇게 구해진 분쇄율과 분쇄분포함수를 population balance equation에 적용하여 분쇄시간에 따른 입도분포를 예측하였다.

$$\frac{dM_i(t)}{dt} = -S_i^E \frac{M_i(t)}{W} + \sum_{j=1}^{i-1} S_j^E b_{ij}^E \frac{M_j(t)}{W} \tag{5.40}$$

위 방법은 분쇄속도론과 동일한 수식을 사용하나 분쇄율과 분쇄분포를 drop weight 시험을 이용하여 구하며 충격에너지의 함수로 취급하는 데 차이점이 있다. 그러나 모델 예측결과는 그림 5.19에서 보는 바와 같이 분쇄속도론 모델보다는 일치성이 떨어진다. 본 모델은 microevent로부터 macro 결과를 예측하고자 하는 것으로서 microevent 모사 시 불확실성으로 인해 많은 부분들이 간략화되고 가설이 많이 포함되기 때문에 정확성이 떨어질 수밖에 없다.

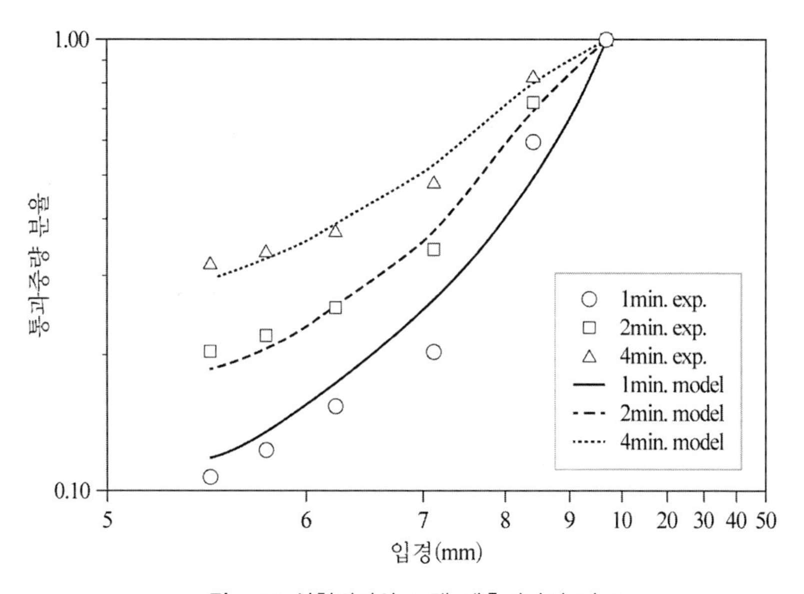

그림 5.19 실험결과와 모델 예측결과의 비교

입자 층에 충격이 가해질 때 각 입자가 받는 충격에너지는 같은 비율로 배분되지 않을 수 있다. 이러한 점에 입각하여 King(2001)은 분쇄율에 대한 식을 다음과 같이 제안하였다.

$$S_i = \int_0^\infty p(E) m_i^*(E) \int_0^1 F_i(eE) p(e) de dE \tag{5.41}$$

$p(E)$는 충격에너지분포, $m_i^*(E)$는 의 충격에 가해질 때 충격을 받는 입자의 양, $p(e)$는 입자층에 충격이 가해질 때 각 입자에게 배분되는 에너지 분율, $F_i(eE)$ 입자의 파괴강도 분포이다. 입자에게 가해진 응력이 충분하지 않으면 입자의 완전 파괴가 일어나지 않으나 chipping이나 abrasion에 의한 국부적인 파괴가 있을 수 있다. 이에 Carvalho와 Tavares(2009)는 충격에너지가 클 경우 body breakage, 작을 경우 surface breakage로 구분하여 다음과 같이 population balance equation에 적용하였다.

$$\frac{dw_i}{dt} = \frac{\omega}{H}\left\{-w_i\int_0^\infty p(E)m_i^*(E)\int_0^1 [1-b_{ii}(eE)]\,F_i(eE,t)p(e)dedE\right\}$$
$$+\sum_{j=1}^{i-1} w_j\int_0^\infty p(E)m_i^*(E)\int_0^1 b_{i,j}(eE)F_i(eE,t)p(e)dedE - D_{i,s}(t) + A_{i,s}(t) \qquad (5.42)$$

ω는 충격빈도, H는 mill hold-up, $b_{i,j}(eE)$는 충격에너지량 크기에 따른 조각의 입도분포로서 t_{10}식과 $t_{10}-t_n$ 관계식에 의해 계산된다. $D_{i,s}(t)$와 $A_{i,s}(t)$는 충격에너지가 작을 때 나타날 수 있는 surface breakage에 의한 입자의 생성과 소멸에 대한 항으로 다음과 같이 표현된다.

$$D_{i,s}(t) = w_i\kappa_i\int_0^\infty p(E)m_i^*(E)\int_0^1 [1-F_i(eE,t)]\,p(e)dedE \qquad (5.43)$$

$$A_{i,s}(t) = \sum_{j=1}^{i-1} w_j\kappa_i\int_0^\infty p(E)m_i^*(E)\int_0^1 a_{i,j}[1-F_i(eE,t)]\,p(e)dedE \qquad (5.44)$$

κ_i는 surface breakage rate, $a_{i,j}$는 surface breakage에 의한 분쇄분포 함수이다. 또한 작은 충격이 반복되면 입자에게 damage가 축적되어 입자의 강도가 감소될 수 있다. 이에 $F_i(eE)$는 시간에 따라 변하는 함수로 표현되었다. 그러나 본 모델은 실험적으로 측정할 수 없는 많은 인자가 포함되어 있어 경험식에 의한 추론 및 단순한 가정하에 도출된 인자가 사용되었다. 그림 5.20는 이러한 과정을 통해 계산된 모델 결과와 실험결과를 비교한 것으로 일치성은 양호한 편이나 분쇄속도론 모델에는 못 미친다. 본 모델은 body breakage와 surface breakage를 구분하여 세밀화된 측면이 있으나 모델의 복잡성이 증가되어 현실적 적용성에 어려움이 있다.

이상의 모델의 공통점은 볼 밀에서 분쇄매체의 운동으로 야기되는 충격에너지 양상을 DEM을 이용하여 추산하고 특정 에너지가 가해질 때 입자의 파쇄양상은 drop weight 등의 실험을 통하여 추정하여 두 결과를 접목시킨다. 그러나 실제 볼 밀에서 분쇄매체가 입자에게 가해지는 응력조건은 drop weight 등의 실험조건과 매우 다를 수 있다. 또한 실제 볼 밀에서는 단일 크기가 아닌 다양한 크기의 여러 입자가 집단으로 충격을 받기 때문에 각 입자가 받는 충격량은 다르며 그 크기는 입자 수에 따라 달라진다.

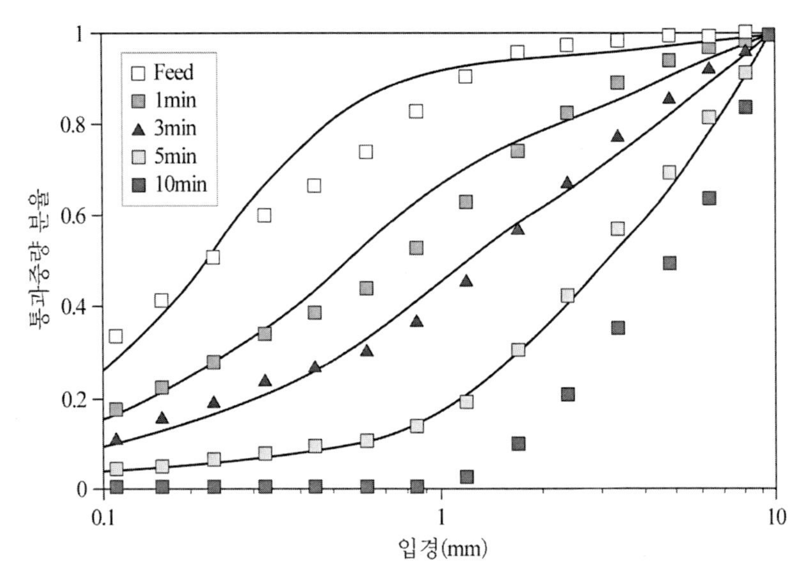

그림 5.20 실험값과 모델 예측값의 비교

이러한 정보는 미리 알 수 없기 때문에 다양한 경험식을 통해 충격의 받는 입자의 양과 입자에게 전해지는 에너지 배분을 계산하고 적용하는 방법이 이용된다(King, 2001). 그러나 모델 인자는 실험결과와 일치하도록 조정된 것으로 볼 밀에서의 진정한 분쇄양상을 나타낸다고 할 수 없다. 이러한 문제점은 DEM에 입자를 포함시키면 분쇄매체에 의한 충격에너지가 각 입자마다 계산되므로 해결할 수 있다. 이미 언급한 바와 같이 입자의 강도는 일정하지 않고 분포를 가진다. 따라서 특정 충격에너지를 받을 때 입자의 파괴 확률은 강도분포에 의해 결정된다. 입자의 강도분포는 다양한 통계함수가 이용되나 가장 많이 이용되는 함수는 Weibull 형태의 함수로써 Morrison 등(2007)이 제시한 입자의 파괴 확률은 다음과 같이 표현된다.

$$S = 1 - \exp\left[-b'(E - E_{\min})\right] \tag{5.45}$$

E는 충격에너지, $E_{\min}$는 입자 파괴에 필요한 최소에너지, b'는 재료특성 상수이다. 위 식은 근본적으로 식 (4.24) 또는 식 (3.35)와 같은 형태이다. 그러나 입자를 충격에너지를 받으면 파괴되거나 파괴되지 않는 이항 분포 성격을 갖고 있다 따라서 DEM 시뮬레이션 시 일정 충격에너지가 가해졌을 때 입자의 파괴 여부는 난수를 발생시켜 식 (5.25)에서 계산된 확률 값과 비교해 결정할 수 있다.

그림 5.21a는 이러한 방법으로 DEM을 구현한 결과로서 분쇄시간에 따라 입자가 파괴되지 않고 생존하는 비율을 도시한 것이다(Lee, 2022). b'의 값이 증가함에 따라 파괴 확률이 높아지기 때문에 분쇄되지 않고 생존하는 입자의 비율은 더욱 급속히 감소한다. 그러나 모든 경우 시간에 따른 생존율은 선형적인 관계를 보이고 있다. 이는 분쇄 속도론에서 가정한 1차 분쇄반응과 일치하는 결과로서 기울기는 분쇄율에 해당한다. 그림 5.21b는 이렇게 구해진 분쇄율과 b'의 상관관계를 도시한 것이다. 선형적인 관계를 보이고 있어 특정 b'에 대해 손쉽게 분쇄율을 추정할 수 있다. 이미 언급한 바와 같이 분쇄율의 측정은 소형 장비를 이용해 입도별로 분쇄실험을 통해 추정하며 그 값은 장비특성 및 운전조건에 따라 변한다. 이에 반해 b'의 값은 에너지에 따른 파괴 확률을 나타내므로 장비 특성이나 운전조건에 독립적이다. 입자에게 가해지는 에너지는 DEM을 통해 계산되므로 b'가 정해지면 어떠한 운전조건에서도 분쇄율을 추정할 수 있다. 따라서 장비 크기나 운전조건에 따라 분쇄율이 어떻게 변하는지 실험을 통하지 않고 시뮬레이션을 통해 쉽게 파악할 수 있다. 그러나 이렇게 구해진 분쇄율과 실험을 통해 측정된 분쇄율이 일치하지 않을 수 있다. 따라서 어떠한 상관관계가 있는지 추가적인 연구가 필요하다.

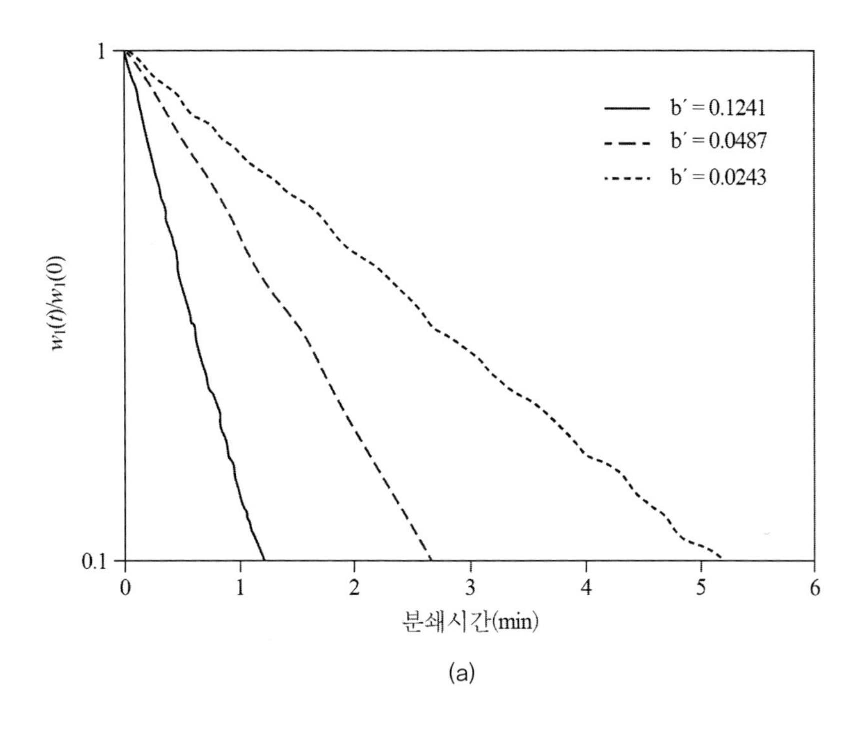

(a)

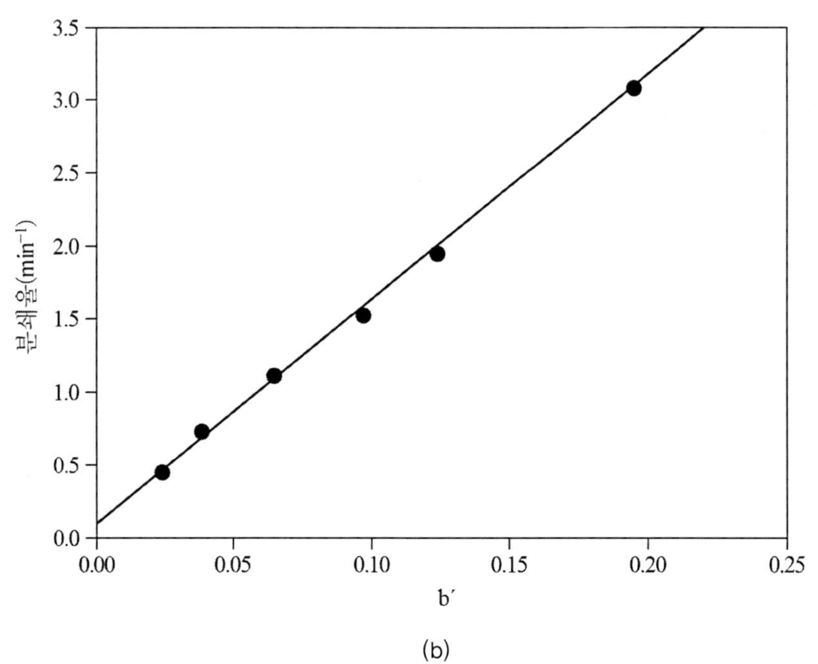

(b)

그림 5.21 DEM 기법에 의한 분쇄율: (a) 파괴되지 않은 입자의 비율, (b) b'와 분쇄율의 상관관계

제5장 참고문헌

Austin, L. G., Klimpel, R. R., Luckie, P. T. (1984). *Processing engineering of size reduction: ball milling*. New York, AIME SME.

Beinert, S., Fragniere, G., Schilde, C., Kwade, A. (2015). Analysis and modelling of bead contacts in wet-operating stirred media and planetary ball mills with CFD-DEM simulations. *Chem. Eng. Sci.*, 134, 648-662.

Carvalho, R. M., Tavares, L. M. (2009). Dynamic modeling of comminution using a general microscale breakage model. *Computer-Aided Chemical Engineering*, 27, 519-524.

Cleary, P. W. (1998). Predicting charge motion, power draw, segregation and wear in ball mills using discrete element methods. *Minerals Engineering*, 11, 1061-1080.

Cleary, P. W., Owen, P. J. (2016). Using DEM to understand scale-up for a HICOM mill. *Minerals Engineering*, 92, 86-109.

Cleary, P. W., Sinnott, M., Morrision, R. (2006). Analysis of stirred mill performance using DEM simulation: Part 2 - Coherent flow structures, liner stress and wear, mixing and transport. *Minerals Engineering*, 19, 1551-1572.

Cleary, P. W., Cummins, S. J., Sinnott, M. D., Delaney, G. W., Morrison, R. D. (2020). Advanced comminution modelling: Part 2 - mills, *Applied Mathematical Modelling*, 88, 307-348.

Cundall P. A., Strack O. (1979). A discrete numerical model for granular assemblies. *Geotechnique*, 29, 47-65.

Datta, A., Rajamani, R. K., (2002). A direct approach of modeling batch grinding in ball mills using population balance principles and impact energy distribution. *Int. J. Miner. Process.*, 64, 181-200.

Datta, A., Mishra, B. K., Rajamani, R. K. (1999). Analysis of power draw in ball mills by the discrete element method. *Canadian Metallurgical Quarterly*, 38(2), 133-140.

Herbst, J. A., Fuerstenau, D. W. (1980). Scale-up procedure for continuous grinding mill design using population balance models. *Int. J. Miner. Process.*, 7, 1-31.

Herbst, J. A., Potapov, A. V. (2004). Making a discrete grain breakage model practical for comminution equipment performance simulation. *Powder Technology*, 143-144, 144-150.

Hoyer, D. I. (1999). The discrete element method for fine grinding scale-up in Hicom mills. *Powder Technology*, 105, 250-256.

Inoue, T, Okaya, K. (1996). Grinding mechanism of centrifugal mills—a simulation study based on the discrete element method. *Int. J. Miner. Process.*, 44-45, 425-435.

Jonsén, P., Pålsson, B. I., Stener, J. F., Häggblad, H. (2014). A novel method for modelling of interactions between pulp, charge and mill structure in tumbling mills. *Minerals Engineering*, 63, 65-72.

King, R. P. (2001). *Modeling and simulation of mineral processing systems.* Butterworth-Heinemann, Oxford.

Lee, D. (2022). *Direct estimation of the specific rate of breakage using DEM and development of a grinding-liberation coupled model.* Ph. D. Thesis, Seoul National University.

Lee, H., Cho, H., Kwon, J. (2010), Using the discrete element method to analyze the breakage rate in a centrifugal/vibration mill, *Powder Technology,* 198, 364-372.

Luckie, P. T, Austin, L. G. (1972). A review introduction to the solution of the grinding equations by digital computation, *Minerals Science and Engineering*, 4, 24-51.

Lynch, A. J. (1977). *Mineral crashing and grinding circuits, their simulation, optimisation, design and control.* Amsterdam, Elsevier Scientific Publishing Company.

Mayank, K., Malahe, M., Govender, I., Mangadoddy, N. (2015). Coupled DEM-CFD model to predict the tumbling mill dynamics. *Procedia IUTAM*, 15, 139-149.

Mishra, B. K., Rajamani, R. K. (1992). The discrete element method for the simulation of ball mill. Applied Mathematical Modelling, 16, 598-604.

Mishra, B. K., Rajamani, R. K. (1994). Simulation of charge motion in ball mills. Part 1. Experimental verifications. *Int. J. Miner. Process.*, 40, 171-186.

Morrison, R.D., Shi, F., Whyte, R. (2007). Modelling of incremental rock breakage by impact - for use in DEM models, *Minerals Engineering,* 20, 303-309.

Rajamani, R. K., Mishra, B. K., Venugopal, R., Datta, A. (2000). Discrete element analysis of tumbling mills. *Powder Technology,* 109, 105-112.

Reid, K. J. (1965). A solution to the batch grinding equation. *Chemical Engineering Science*, 20, 953-963.

Santhanam, P. R., Ermoline, A., Dreizin, E. L. (2013). Discrete element model for an attritor mill with impeller responding to interactions with milling balls. *Chem. Eng. Sci.*, 101, 366-373.

Shi, F, Xie, W. (2015). A specific energy-based size reduction model for batch grinding ball mill, *Minerals Engineering*, 70, 130-140.

Sinnott, M., Cleary, P. W., Morrison, R. (2006). Analysis of stirred mill performance using DEM simulation: Part 1 - Media motion, energy consumption and collisional environment. *Minerals Engineering.*, 19, 1537-1550.

Sinnott, M. D., Cleary, P. W., Morrison, R. D. (2017). Combined DEM and SPH simulation of overflow ball mill discharge and trommel flow, *Minerals Engineering*, 108, 93-108.

Tuzcu, E. T., Rajamani, R. K, (2011). Modeling breakage rates in mills with impact energy spectra and ultrafast load cell data. *Minerals Engineering*, 24, 252-260.

Venugopal, R., Rajaman, R.K. (2001). 3D simulation of charge motion in tumbling mills by the discrete element method. *Powder Technology*, 115, 157-166.

Weerasekara, N. S., Liu L. X., Powell, M. S. (2016). Estimating energy in grinding using DEM modelling. Minerals Engineering, 85, 23-33.

Ye, X., Bar, Y., Chen, C., Cai, X., Fang, J. (2015). Analysis of dynamic similarity and energy-saving mechanism of the grinding process in a horizontal planetary ball mill. *Advanced Powder Technology*, 26, 409-414.

Zhong, W., Yu, A., Liu, X., Tong, Z., Zhang, H. (2016). DEM/CFD-DEM Modelling of Non-spherical Particulate Systems: Theoretical Developments and Applications. *Powder Technology*, 302, 108-152.

제6장

파 쇄

제6장 파쇄

파쇄는 입도축소 과정의 첫 번째 공정이다. 일반적으로 파쇄공정은 건식으로 운영되며, 2~3단계에 걸쳐 수행된다. 1차 파쇄에서는 최대 1.5m의 크기를 가지는 입자를 10~20cm의 크기로, 2차 파쇄는 1차 파쇄된 산물을 0.5~2cm 크기까지 파쇄한다. 대부분의 금속광물은 2차 또는 3차 파쇄과정으로 충분하나 잘 부서지지 않는 광물은 3차 파쇄 대신 로드 밀을 이용하여 파쇄한다.

파쇄기는 생산물의 입도에 따라 개회로 또는 폐회로로 운영된다(그림 6.1). 개회로에서는 파쇄기의 산물이 분급 과정 없이 다음 단계로 보내진다. 개회로 파쇄는 보통 중간 파쇄 단계나 2차 파쇄 후 로드 밀로 보내질 때 많이 사용된다. 1차 파쇄는 보통 개회로 건식공정으로 이루어진다. 3차 파쇄는 분쇄 산물 중 작은 입자는 배출하고 큰 입자는 선별해서 재순환시켜 반복 파쇄하는 폐회로로 주로 운영된다. 특히 3차 파쇄 후 분쇄기에 보내질 경우에는 최대 입자 크기를 제어하기 위해 폐회로로 운영한다.

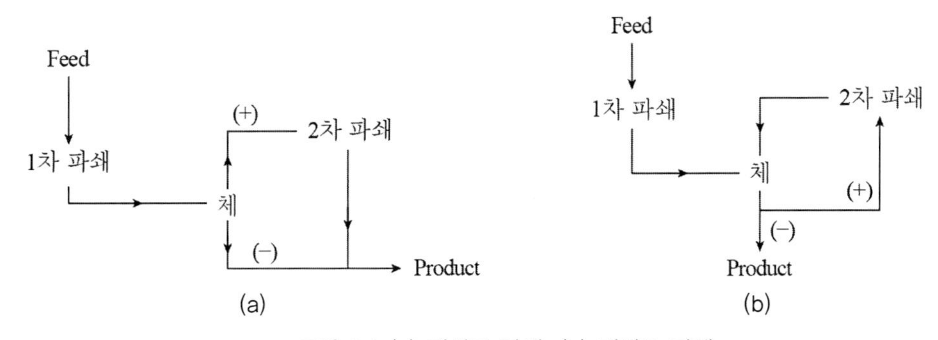

그림 6.1 (a) 개회로 파쇄, (b) 폐회로 파쇄

폐회로 운전은 파쇄공정을 보다 신축적으로 운영할 수 있게 한다. 최종 산물의 입도를 분급을 통해 제어할 수 있기 때문에 필요할 경우 파쇄기 출구 간격을 넓혀 파쇄기 부하를 줄이고 처리량을 증가시킬 수 있다. 특히 물질의 수분이 많거나 점성이 높은 경우, 출구 간격을 넓히면 파쇄기의 초킹 현상을 방지할 수 있다. 최종 입도는 체 눈의 크기를 조절하여 제어할 수 있다.

6.1 제1차 파쇄기

1차 파쇄는 파쇄의 첫 단계로 바위 크기의 덩어리를 1/8의 크기로 파괴하며 대표적인 장비로는 조 크러셔와 자이레토리 크러셔가 있다.

6.1.1 조 크러셔

조 크러셔는 두 판 사이에 암석을 투입하고 두 판 사이의 간격을 좁혀 압축 파괴하는 장비이다. 두 판 중 한쪽 판은 고정되어 있고 다른 쪽 판은 열리고 닫히는 왕복 운동을 한다. 두 판의 간격은 밑 하부로 갈수록 좁아지며 투입된 물질은 판이 닫힐 때 파괴되고 열릴 때 하부로 이동하는 것을 반복하다가 점점 작은 크기로 파쇄되어 배출된다. 왕복운동의 방식은 그림 6.2와 같이 축의 중심에 따라 세 가지가 있다. Blake crusher는 위쪽을 축으로 아래쪽이 좌우로 움직이며 투입구 간격은 일정한 반면 하부 배출구의 간격이 변화한다. Dodge crusher는 면의 아래쪽을 축으로 상부 쪽이 좌우로 움직이며 투입구 간격이 변화하고 하부 배출구의 크기는 일정하다. Dodge crusher는 배출구 간격이 일정하기 때문에 막히는 현상이 발생되기 쉽다. 따라서 Dodge crusher는 실험실용으로 파쇄산물의 최대 크기를 엄격히 조절하기 위해서만 사용된다. Universal crusher는 중앙을 중심으로 상, 하부 면이 좌우로 움직이기 때문에 투입구와 배출구 간격이 모두 변화된다.

그림 6.3은 두 개의 toggle에 의해 한쪽 판이 움직이는 Blake crusher를 도시한 것이다. Pitman의 상하 운동에 의해 toggle이 접혔다가 펴지면서 판이 좌·우 왕복 운동하게 된다. Pitman의 상하운동은 flywheel에 연결된 축의 편심 회전에 의하여 이루어진다. 투입구의 두 판 간격을 gape라고 하며 배출구 크기를 set라고 한다. 배출구 간격은 판이 열릴 때와

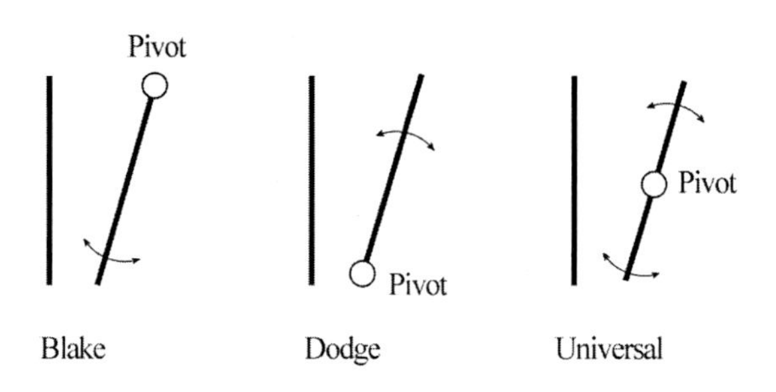

그림 6.2 조 크러셔의 종류

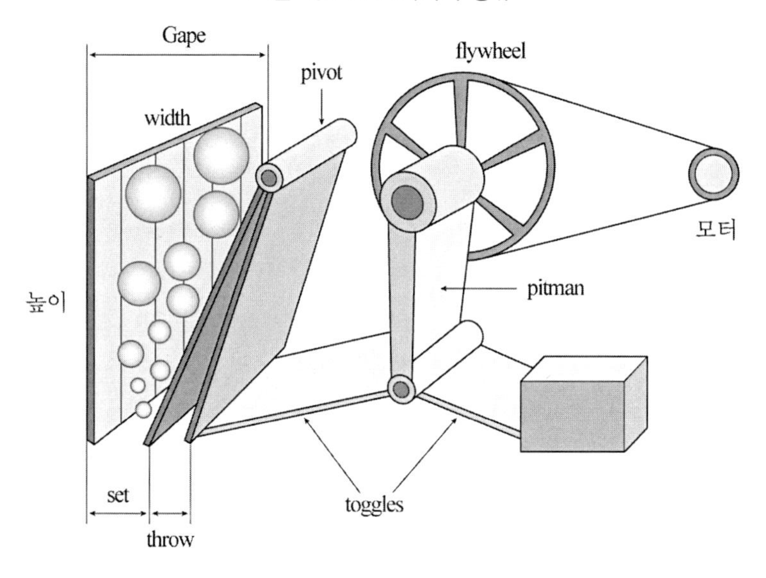

그림 6.3 블레이크 조 크러셔

닫힐 때 최대 간격 및 최소 간격으로 설정되며, 그 차이를 throw라고 한다. 조 크러셔의 일반적인 설계 규격과 운전조건은 표 6.1과 같다.

표 6.1 조 크러셔의 설계 규격 및 운전조건

높이 ≈ 2 × gape	Feed 크기 = 0.8 ~ 0.9 × gape
너비 > 1.3 × gape, < 3.0 × gape	파쇄비 = 1:4 ~ 1:7
Throw = $0.052(\text{gape})^{0.85}$, gape in meters	판 왕복 회수 = 100 ~ 300cycles/min

조 크러셔의 크기는 보통 gape와 폭으로 나타낸다. 표 6.2는 조 크러셔 유형에 따른 크기 및 성능 등을 요약한 것이다. 최대 Blake type 조 크러셔는 1.6×2.5m 크기에 250~300kW의 모터가 장착되어 있으며 1.22m 크기의 암석을 725t/h까지 처리할 수 있다. 조 크러셔의

크기는 feed 최대 크기에 의해 결정되며 일반적으로 gape 크기는 feed 최대 크기의 1.1배 이상이어야 한다.

표 6.2 조 크러셔의 크기

종류	크기		파쇄비		전력, kw	토글 속도, rpm
	gape, mm	폭, mm	범위	평균		
Blake, double toggle	125~1600	150~2100	4:1~9:1	7:1	2.25~225	100~300
Single toggle	125~1600	150~2100	4:1~9:1	7:1	2.25~400	120~300
Dodge	100~280	150~280	4:1~9:1	7:1	2.25~11	250~300

6.1.1.1 조 크러셔 운영

조 크러셔는 일반적으로 건식 개회로로 운영된다. 광석의 경우 컨베이어 벨트나 트럭으로 조 크러셔까지 운반된다. 컨베이어 벨트로 직접 조 크러셔에 투입될 경우 자력선별기를 설치하여 채굴 과정에서 혼입될 수 있는 철류 물질을 제거한다. 일시 저장소에 투입되기 전에 그리즐리체를 이용해 gape 크기보다 큰 광석을 제거한다. 조 크러셔의 투입량은 apron feeder, ross feeder 등을 이용하여 기계적으로 조절한다. 불도저 등의 운반기구를 이용하여 조 크러셔에 암석을 투입하기도 하는데 설계용량을 초과하지 않도록 투입 주기를 조절해야 한다.

조 크러셔 산물의 크기는 1차적으로 하부 배출구 간격(set)의 조절을 통해 제어할 수 있다. 암석의 특성이나 목표 입도를 고려해 배출구가 열릴 때의 최대 간격과 닫힐 때의 최소 간격을 설정한다. Set 조절장치는 조 크러셔에 장착되어 있으며 납이나 알루미늄 호일로 만든 구슬을 jaw 사이에 끼워 넣고 간격을 조절한다.

조 크러셔의 왕복속도는 100~350rpm의 범위이며 보통 크기가 커질수록 낮은 속도로 운전된다. 또한 왕복속도는 파쇄된 입자 조각이 다시 판이 닫히기 전에 하부로 이동할 수 있는 시간이 충분하도록 설정해야 한다.

조 크러셔 면의 최대 이동거리인 throw는 편심 축의 변경을 통해 조절되며 보통 1~7cm의 범위를 가진다. 일반적으로 연하고 질긴 물질은 throw를 크게, 단단하고 취성인 물질은 작게 조절한다. Throw가 클수록 크러셔 내 물질의 움직임이 활발하여 막힐 위험이 줄어들지만 미분이 더 많이 생성되며 기계적 부하가 커진다.

6.1.1.2 조 크러셔 처리용량

조 크러셔의 처리용량은 조 크러셔 크기, 배출구 간격, 입자 투입 방법(연속적 또는 간헐적)과 진동 폭, 주기, 두 판의 각도 등에 영향을 받으며 다음과 같은 함수로 표현된다.

$$Q = f(w,\ L,\ L_{\max},\ L_{\min},\ n,\ \theta,\ K) \tag{6.1}$$

Q = Capacity

W = 조 크러셔 폭조

L = 조 크러셔 길이

$L_{\max}$ = 배출구 최대 간격

$L_{\min}$ = 배출구 최소 간격

L_T = $throw$ = $L_{\max} - L_{\min}$

n = 왕복 횟수

K = 조 크러셔 특성 상수

θ = 두 판의 각도

가장 고전적인 경험식은 Hersam(1923)이 제시한 것으로 다음과 같다.

$$Q = 59.8\left[\frac{L_T(2L_{\min} + L_T)\,WG\nu\rho_s K}{G - L_{\min}}\right],\quad t/h \tag{6.2}$$

G는 gape 폭(m), ρ_s는 고체 밀도, ν는 왕복 횟수이다. K는 규모상수로 실험실 규모는 0.75이다. 위 식은 연성 물질에는 어느 정도 부합하나 강성 물질에는 잘 안 맞는 것으로 알려져 있다.

Rose와 English(1967)는 두 판이 열릴 때 파쇄물질의 하부 이동 거리와 이동 시간을 고려하여 조 크러셔의 처리용량 식을 도출하였다. 그림 6.4a와 같이 두 판이 열릴 때 점선으로 표시된 용적의 물질이 하부로 h만큼 이동한다. 두 판이 열릴 때 파쇄기 내 물질 이동이 자유낙하에 의해 이루어진다면 이동거리, $h = \frac{1}{2}gt^2$이므로 h를 이동하는 데 필요한 시간은 다음과 같다.

$$t = \sqrt{2h/g} \tag{6.3}$$

분당 왕복진동수가 ν라 하면 왕복 주기는 60/ν 초가 된다. 따라서 두 판이 열릴 때의 주어진 시간은 60/2ν이다. 이를 식 (6.3)에 대입하면 h를 이동하기에 필요한 시간과 왕복진동수 사이에는 다음의 관계가 성립한다.

$$\nu = \frac{30}{\sqrt{2h/g}} \tag{6.4}$$

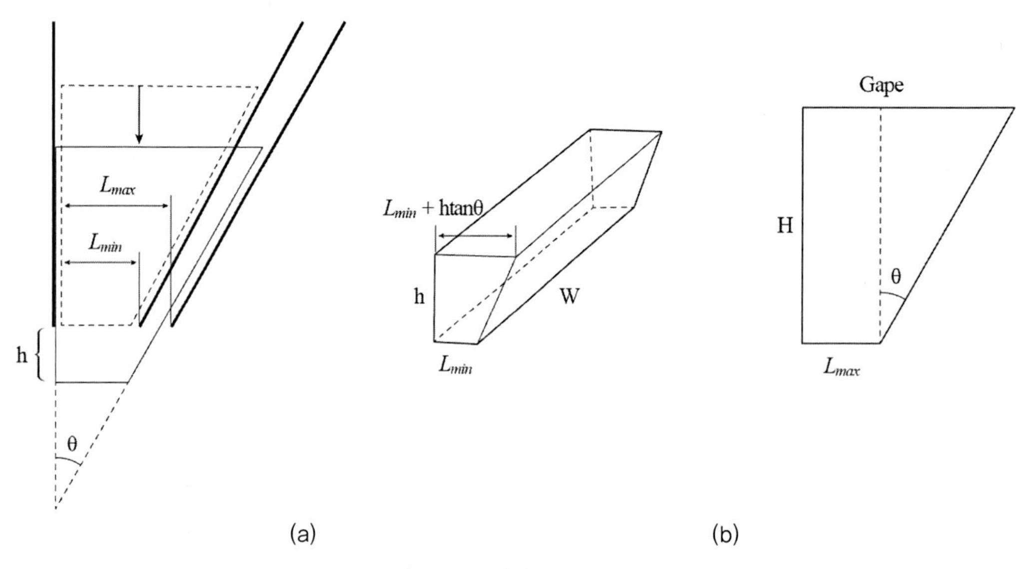

그림 6.4 블레이크 조 크러셔

h는 그림 6.4b에서와 같이 다음과 같은 기하학적 관계가 있다.

$$h = \frac{L_{\max} - L_{\min}}{\tan\theta} \tag{6.5}$$

식 (6.5)를 식 (6.4)에 대입하면

$$\nu = 30/\sqrt{\frac{2(L_{\max} - L_{\min})}{g \cdot \tan\theta}} \tag{6.6}$$

따라서 throw, 즉 $(L_{\max} - L_{\min})$가 커질수록 왕복 횟수가 적어져야 한다. 그림 6.5는 이를 도시한 것으로 두 판의 각도가 20°인 경우 throw가 5cm일 때 적합한 진동수는 약 180rpm이나 throw가 10cm로 증가하면 약 125rpm으로 감소되어야 함을 알 수 있다. 또한 두 판의 각도가 커질수록 왕복진동수는 증가한다.

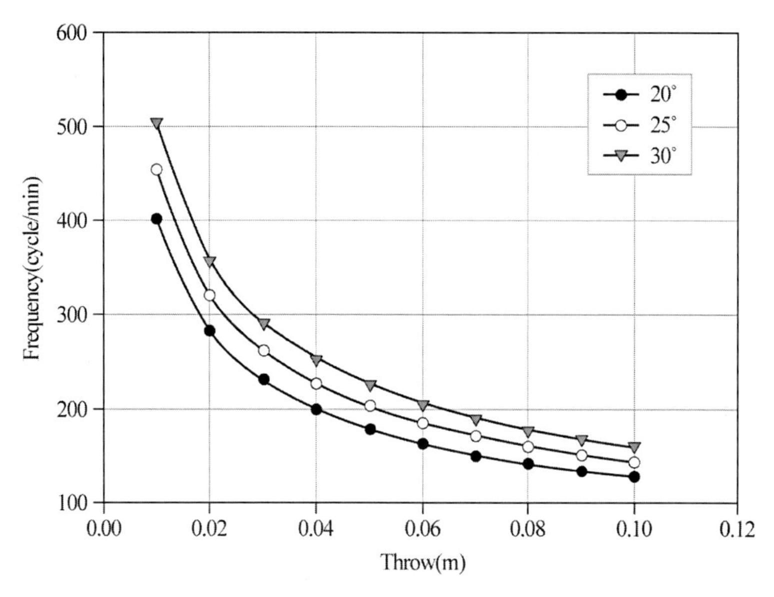

그림 6.5 Throw에 따른 최적 왕복 횟수

매 왕복 주기마다 그림 6.4에서 도시된 사다리꼴 형태에 해당하는 물질이 배출된다. 따라서 조 크러셔의 시간당 처리용량은 다음 식으로 나타낼 수 있다.

$$Q = 60\nu \cdot W \cdot \frac{h}{2}(L_{\min} + L_{\max}) \tag{6.7}$$

식 (6.5)를 위 식에 대입하면 시간당 처리용량은 다음과 같이 유도된다.

$$Q = 60\nu \cdot W \cdot \frac{L_T}{2\tan\theta}(L_{\min} + L_{\max}) \tag{6.8}$$

그림 6.4에서 보는 바와 같이 $\tan\theta = \dfrac{Gape - L_{\max}}{H}$이다. 일반적으로 $H = 2 \times Gape$이므로

$$\tan\theta = \frac{Gape - L_{\max}}{2 \times Gape} \quad \text{또는} \quad \tan\theta = \frac{\dfrac{Gape}{L_{\max}} - 1}{2 \times Gape / L_{\max}} \tag{6.9}$$

$Gape/L_{\max}$은 파쇄비(size reduction ratio, R)의 의미를 갖는다. 식 (6.9)를 식 (6.8)에 대입한 후 파쇄비를 적용하면 다음과 같은 식이 성립한다.

$$Q = 60\nu \cdot W \cdot L_T \cdot \frac{R}{R-1}(L_{\min} + L_{\max}) \tag{6.10}$$

앞의 식에 의하면 배출량은 왕복 회전수에 비례하여 증가하나 과도하면 파쇄기 내 물질의 하부 이동이 충분히 일어나지 않아 처리량은 감소한다. 최적의 왕복 회전수는 식 (6.6)에 의해 계산되며 이를 식 (6.10)에 대입하면 최대 처리량은 다음과 같다.

$$Q_{\max} = 2820 \cdot W \cdot \sqrt{L_T}\sqrt{\frac{R}{R-1}} \cdot (L_{\min} + L_{\max}) \tag{6.11}$$

위 식은 부피기준이며 질량 기준 배출량은 용적밀도를 곱하면 얻을 수 있다. 그러나 용적밀도는 일정하지 않고 파쇄기 내에서 변화한다. 일반적으로 용적밀도는 feed의 입도 및 밀도, 파쇄정도, 다짐성, 표면특성에 영향을 받는다. 이들 인자를 고려하여 Rose와 English(1967)는 다음과 같은 식을 제시하였다.

$$Q_{\max} = 2820 \cdot W \cdot \sqrt{L_T}\sqrt{\frac{R}{R-1}} \cdot (L_{\min} + L_{\max})\rho_s f(P_k) f(\beta) S_c, \ \ t/h \tag{6.12}$$

$$P_k = \frac{\text{feed max. size} - \text{feed min. size}}{\text{feed mean size}}$$

$$\beta = \frac{\text{set}}{\text{feed mean size}}$$

ρ_s는 고체 밀도, $f(P_k)$는 파쇄물의 다짐특성을 나타내는 계수로 P_k의 함수이며(그림 6.6a), $f(\beta)$는 feed의 입도와 연관된 계수로 β의 함수이다(그림 6.6b). S_c는 물질의 표면특성을 나타내는 인자로 0.5~1.0 사이의 값을 갖는다.

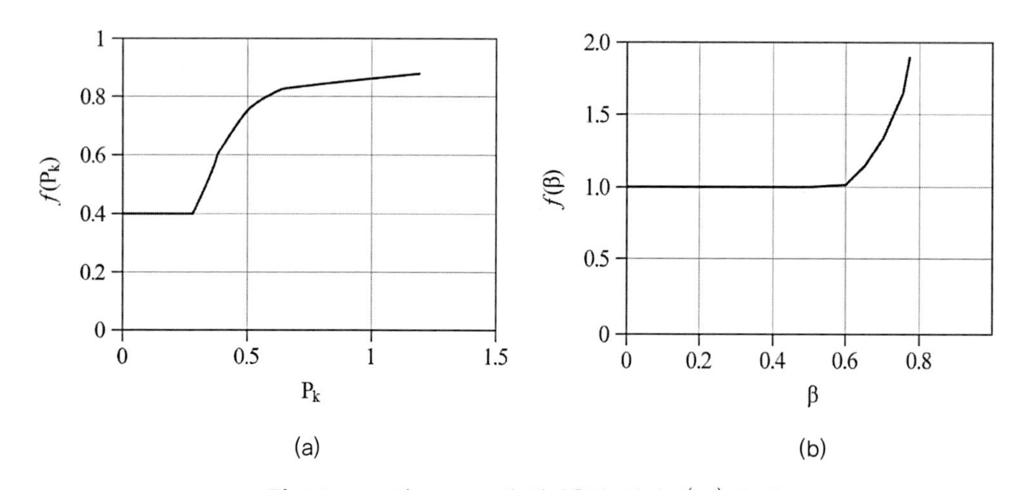

그림 6.6 Rose와 English의 처리용량 식의 $f(P_k)$의 값

Broman(1984)이 제시한 식은 식 (6.12)와 유사하나 $L_{min} \approx L_{max}$로 근사되어 다음과 같다.

$$Q = 60\nu \cdot W \cdot k \cdot \frac{L_T}{\tan\theta} L_{max},\ \mathrm{m}^3/h \tag{6.13}$$

k는 파쇄물질 특성과 연관된 보정인자로 1.5~2.5 사이의 값을 갖는다.

Michaelson(1968)은 단순히 배출구가 열릴 때의 간격과 조 크러셔 폭을 기준으로 한 처리량 식을 제시하였다. 고체밀도가 2.64일 경우 식은 다음과 같다.

$$Q = \frac{7.307 \times 10^5 \cdot W \cdot k' \cdot L_{max}}{\nu},\ t/h \tag{6.14}$$

k'의 값은 판이 평평할 때는 0.18~0.30, 곡면일 때는 0.32~0.45이다.

그림 6.7은 제조사에서 제공하는 처리량과 Herman, Rose와 English, Broman 및 Michaelson이 제시한 식에 의해 계산된 처리량(곡선으로 표시)들을 비교한 것이다(Gupta와 Yan, 2016). 대부분의 식들은 제조사 제공 처리량보다 높게 예측하고 있다. 다만 Rose와 English 식에서 $S_c = 0.5$일 때 비교적 제조사 제공 처리량과 일치하는 경향을 보인다.

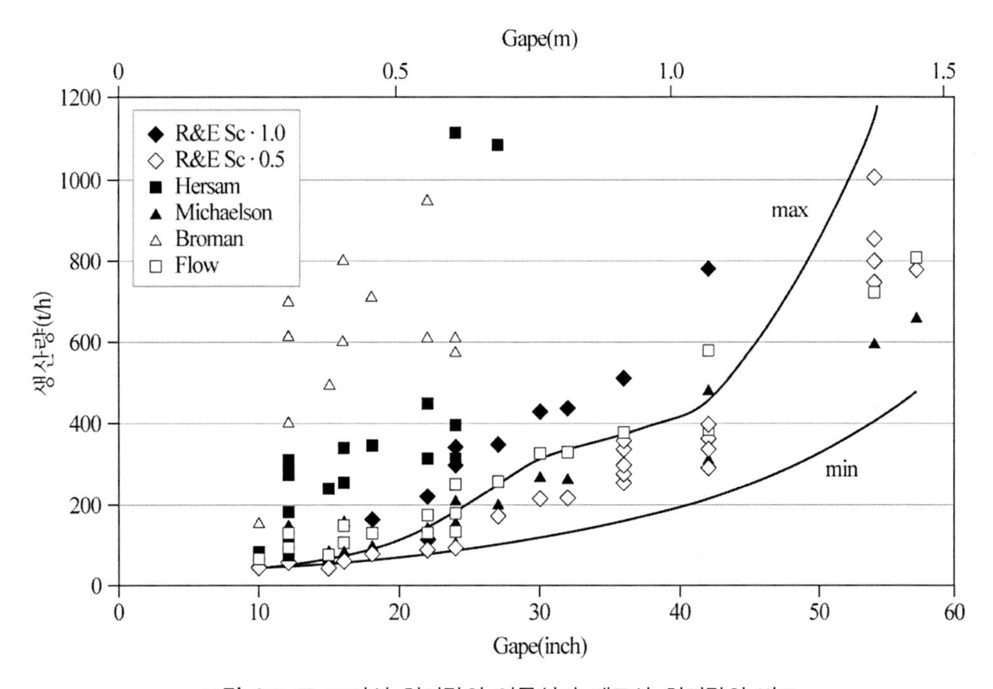

그림 6.7 조 크러셔 처리량의 이론식과 제조사 처리량의 비교

6.1.1.3 소요 동력

조 크러셔의 소요 동력에 대해서는 다수의 경험식이 존재하나(Lynch, 1977; Anderson과 Napier-Munn, 1988, Rose와 English, 1967) 일반적으로 Rose와 English(1967)가 제시한 본드 일 지수 기반의 식이 이용된다.

$$Power = QW_i 10\left(\frac{1}{\sqrt{P_{80}}} - \frac{1}{\sqrt{F_{80}}}\right) \quad (6.15)$$

Q = 시간당 처리량

W_i = 본드 일 지수

P_{80} = 파쇄산물의 80% 통과 입도

F_{80} = Feed의 80% 통과 입도

입도측정이 어려울 경우 F_{80}및 P_{80}은 다음 식으로 추정한다.

$$F_{80} = 0.9 \times G \times 0.7 \times 10^6 \quad \text{microns} \quad (6.16a)$$

$$P_{80} = 0.7 \times L_{\max} \times 10^6 \quad \text{microns} \quad (6.16b)$$

위 식을 식 (6.15)에 대입하면 조 크러셔 소요 동력은 다음과 같다.

$$P = 0.001195 QW_i\left(\frac{\sqrt{G} - 1.054\sqrt{L_{\max}}}{\sqrt{G}\sqrt{L_{\max}}}\right), \ \text{kWh/t} \quad (6.17)$$

위 식에 식 (6.12)를 대입하면 다음과 같은 식이 얻어진다.

$$P = 67.4w\sqrt{L_T}\left(L_{\min} + \frac{L_T}{2}\right)\sqrt{\frac{R}{R-1}}\rho_s W_i\left(\frac{\sqrt{G} - 1.054\sqrt{L_{\max}}}{\sqrt{G}\sqrt{L_{\max}}}\right) f(P_k) f(\beta) S_c, \ \text{kWh/t} \quad (6.18)$$

위 식은 실제 측정된 값과 비교적 일치하는 것으로 알려져 있으나, 본드 볼 밀 일 지수를 바탕으로 한 것이며 볼 밀에서의 파 메커니즘은 조 크러셔와는 다르다. 이에 Morrell 등 (1992)은 t_{10}지수를 이용한 전력 소모량 식을 제안하였다(다음 장에서 논의).

6.1.1.4 조 크러셔의 파쇄 모델

조 크러셔에 입자가 단독으로 투입될 경우 두 판이 닫힐 때 파쇄가 일어나며 파쇄 조각 중 배출구 간격보다 작은 입자는 배출되고 큰 입자는 다시 파쇄되는 과정이 반복된다. 그러나 조 크러셔 내부에는 여러 입자가 공존하기 때문에 배출구 간격보다 작은 크기의 입자라도 다시 파쇄 작용을 받을 가능성이 존재한다. 입자가 매우 작을 경우 다시 파쇄되지 않고 배출될 확률이 높으며 입도가 크면 다시 파쇄될 확률이 상대적으로 크다.

그림 6.8은 이러한 조 크러셔의 특성을 고려하여 Whiten(1972)이 제시한 조 크러셔 파쇄 모델이다. 본 모델은 그림 5.3과 유사한 형태이나 feed가 먼저 분급작용을 거친 후에 파쇄과정에 투입된다. 따라서 분급작용은 파쇄작용을 받을 확률과 같은 의미이며 조립 입자는 파쇄 작용을 받고 미립입자는 배출된다. 파쇄산물은 feed와 같이 분급작용에 투입되고 조립의 입자는 다시 파쇄 작용을 받는 과정이 반복된다.

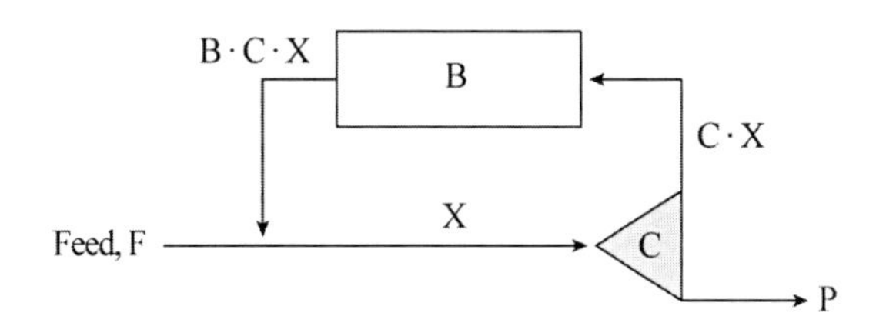

그림 6.8 Whiten 조 크러셔 모델

행렬모델에 의한 배출산물의 입도분포는 입도-질량 균형에 의해 다음과 같이 유도된다.

$$P=(I-C)\ (I-B\cdot C)^{-1}\cdot F \tag{6.19}$$

파쇄작용을 받을 확률 C는 입도 x에 대한 함수로 표현되며 Whiten(1972)이 제시한 식은 다음과 같다.

$$C(x)=0 \text{ for } x<K_1$$

$$C(x)=1 \text{ for } x>K_2 \tag{6.20a}$$

$$C(x)=1-\left[\frac{K_2-x}{K_2-K_1}\right]^2 \text{ for } K_1<x<K_2 \tag{6.20b}$$

K_1 및 K_2는 배출구 간격에 의해 결정되나 투입량, feed 입도에도 영향을 받기 때문에

실험 자료로부터 회귀분석을 통해 추정한다. Anderson과 Napier-Munn(1990)이 제시한 식은 다음과 같다.

$$K_1 = a_0 + a_1 L_{\min} - a_2 Q + a_3 F_{80} + a_4 L_{liner}$$
$$K_2 = b_0 + b_1 L_{\min} + b_2 Q + b_3 F_{80} - b_4 t_{liner} + b_5 L_T \quad (6.21)$$

L_{liner}는 라이너 길이, t_{liner}는 라이너 가동시간이다.

예제 **Feed 입도분포 및 B, C의 값이 아래와 같을 때 파쇄산물의 입도분포를 구하라(Gupta와 Yan, 2016).**

Ⅰ. Feed의 입도분포

Size, mm	100~50	50~25	25~12.5	12.6~6.0	-6.0
Mass, %	10	33	32	20	5

Ⅱ. $B=\begin{bmatrix}0.58 & 0 & 0 & 0\\ 0.20 & 0.60 & 0 & 0\\ 0.12 & 0.18 & 0.61 & 0\\ 0.04 & 0.09 & 0.20 & 0.57\end{bmatrix}$ $\quad C=\begin{bmatrix}1.0 & 0 & 0 & 0\\ 0 & 0.70 & 0 & 0\\ 0 & 0 & 0.45 & 0\\ 0 & 0 & 0 & 0\end{bmatrix}$

풀이 Step 1.

$$BC=\begin{bmatrix}0.58 & 0 & 0 & 0\\ 0.20 & 0.60 & 0 & 0\\ 0.12 & 0.18 & 0.61 & 0\\ 0.04 & 0.09 & 0.20 & 0.57\end{bmatrix}\begin{bmatrix}1.0 & 0 & 0 & 0\\ 0 & 0.70 & 0 & 0\\ 0 & 0 & 0.45 & 0\\ 0 & 0 & 0 & 0\end{bmatrix}=\begin{bmatrix}0.58 & 0 & 0 & 0\\ 0.20 & 0.42 & 0 & 0\\ 0.12 & 0.126 & 0.2745 & 0\\ 0.04 & 0.063 & 0.09 & 0\end{bmatrix}$$

Step 2.

$$(I-BC)=\begin{bmatrix}1-0.58 & 0 & 0 & 0\\ -0.20 & 1-0.42 & 0 & 0\\ -0.12 & -0.126 & 1-0.2745 & 0\\ -0.04 & -0.063 & -0.09 & 1-0\end{bmatrix}=\begin{bmatrix}0.42 & 0 & 0 & 0\\ -0.20 & 0.58 & 0 & 0\\ -0.12 & -0.126 & 0.7255 & 0\\ -0.04 & -0.063 & -0.09 & 0\end{bmatrix}$$

$$(I-C)=\begin{bmatrix}0 & 0 & 0 & 0\\ 0 & 0.30 & 0 & 0\\ 0 & 0 & 0.55 & 0\\ 0 & 0 & 0 & 1\end{bmatrix}$$

Step 3.

$$(I-BC)^{-1}=\begin{bmatrix}2.3810 & 0 & 0 & 0\\ 0.8210 & 1.7241 & 0 & 0\\ 0.5364 & 0.2993 & 1.3784 & 0\\ 0.1952 & 0.1356 & 0.1241 & 1.0\end{bmatrix}$$

$$(I-C)(I-BC)^{-1}=\begin{bmatrix}0 & 0 & 0 & 0\\ 0.2463 & 0.5172 & 0 & 0\\ 0.2950 & 0.1647 & 0.7581 & 0\\ 0.1952 & 0.1356 & 0.1241 & 1.0\end{bmatrix}$$

Step 4.

$$P = (I - C)(I - BC)^{-1}F = \begin{bmatrix} 0 & 0 & 0 & 0 \\ 0.2463 & 0.5172 & 0 & 0 \\ 0.2950 & 0.1647 & 0.7581 & 0 \\ 0.1952 & 0.1356 & 0.1241 & 1.0 \end{bmatrix} \begin{bmatrix} 10 \\ 33 \\ 32 \\ 20 \end{bmatrix} = \begin{bmatrix} 0 \\ 19.5 \\ 32.6 \\ 30.4 \end{bmatrix}$$

6.1.2 자이레토리 크러셔

자이레토리 크러셔는 1877년 Charles Brown에 의해 개념이 제시된 후 1881년 Gates에 의해 구현되었다(Gupta와 Yan, 2016). 자이레토리 크러셔는 입자의 크기를 최대 10분의 1까지 파쇄한다. 입도의 축소가 더 필요할 경우 2차 또는 3차 파쇄기를 이용해 연속적으로 파쇄한다. 2, 3차 파쇄에는 주로 콘 크러셔가 이용되며 파쇄비는 각각 8:1과 10:1 정도이다. 콘 크러셔는 자이레토리 크러셔와 비슷한 형태이나 구조에 약간의 차이가 있다.

자이레토리 크러셔에서의 파쇄는 조 크러셔와 같이 두 판에 의한 압축에 의해 일어나나 양 판이 원뿔 형태로서 조 크러셔를 둥글게 감아 놓은 형태와 같다. 따라서 자이레토리 크러셔의 투입구는 원형이며 feed를 상부 어느 곳에 투하하더라도 자연스럽게 gape로 흘러 들어간다. 이로 인해 자이레토리 크러셔는 조 크러셔의 체인 급광 장치 같은 복잡한 급광 장치가 요구되지 않는다. 또한 조 크러셔 투입구는 직사각형으로 고정되어 있어 널찍한 판 형태의 암석은 투입이 어려우나 자이레토리 크러셔는 다양한 형태의 암석을 수용할 수 있다. 그러나 조 크러셔는 자이레토리 크러셔보다 해체가 용이하기 때문에 장치의 이동이 필요하거나 지하에 설치할 때 유리할 수 있다. 또한 조 크러셔는 throw가 크기 때문에 연성의 광석을 파쇄할 때 적합하며 자이레토리 크러셔는 강도가 높고 연마성이 있는 광석을 파쇄할 때 적합하다.

초기 자본비용과 유지비용은 조 크러셔가 자이레토리보다 약간 낮지만 같은 용량에 대해 자이레토리 크러셔는 부피와 무게가 조 크러셔의 2/3 정도이기 때문에 컴팩트한 설계가 가능하며, 따라서 설치비용은 조 크러셔보다 자이레토리 크러셔가 낮다. 한편 조 크러셔는 좌우 운동을 주기적으로 반복하기 때문에 부하 기복이 심하며 이로 인해 조 크러셔는 자이레토리에 비해 튼튼하게 설치해야 한다.

6.1.2.1 구조

자이레토리 크러셔의 구조는 역삼각형 모양의 원통 구조 안에 원뿔의 맨틀이 매달린 형태이다(그림 6.9a). 맨틀은 spindle에 의해 위 축을 중심으로 편심회전을 한다. 따라서 외벽과

맨틀의 간격은 좁아졌다가 벌어지는 과정이 반복되며 좁아질 때 암석들이 압축되어 파쇄된다. 조 크러셔는 좌우 운동을 하는 데 비하여 자이레토리 크러셔는 회전운동을 하기 때문에 항상 한쪽 면은 열리고 반대쪽 면은 닫히게 되는 full cycle로 운전된다(그림 6.8b). 따라서 자이레토리 크러셔는 같은 gape에 대해 조크러셔보다 처리용량이 크며 처리량이 900t/h 이상 요구될 때는 자이레토리 크러셔가 적합하다.

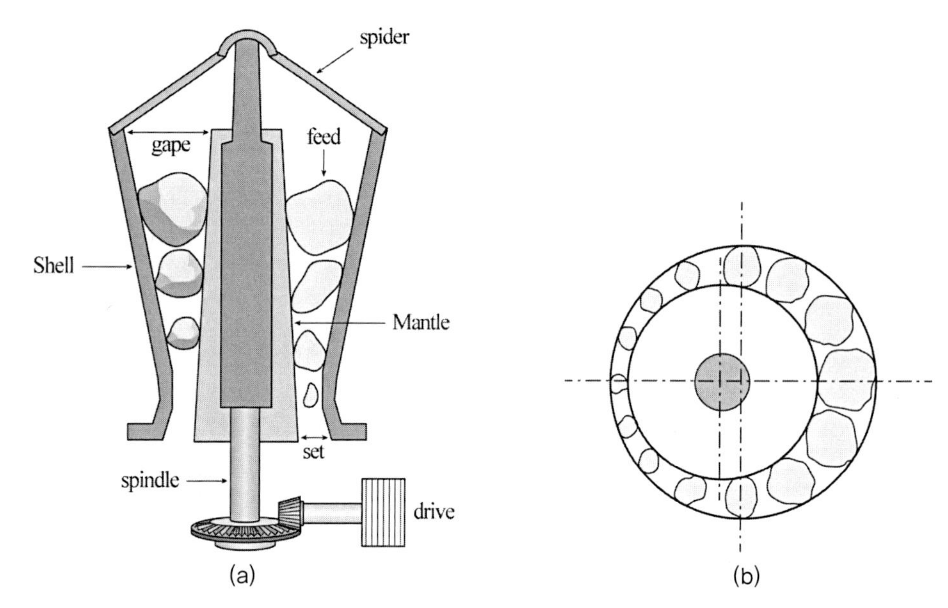

그림 6.9 자이레토리 크러셔

자이레토리 크러셔는 최대 1830mm까지 제조되고 있으며, 최대 처리량은 5000t/h, 최대 출력은 750kW에 달한다. 대형 장비에서의 급광은 컨베이어 시스템을 사용하지 않고 트럭에서 직접 투입하며 상부가 암석으로 덮여있는 상태에서 운전된다. 따라서 자이레토리 크러셔 내부는 암석으로 가득 찬 choke feeding 상태가 되어 암석과 암석 간에 압축 파쇄가 일어나며 암석과 외벽 강철 간의 직접 접촉이 상대적으로 적어 벽의 마모가 덜 발생한다.

대형 자이레토리 크러셔의 경우 맨틀 표면과 외벽과의 각도는 21~24°이며 맨틀의 표면이 곡선일 경우 27~30° 정도이다(Taggart, 1945). 일반적인 자이레토리 크러셔의 규격은 다음과 같다.

i) 66cm보다 작은 경우, 투입구 원주의 길이 = gape의 8~10배

ii) 66cm보다 큰 경우, 투입구 원주의 길이 = gape의 6.5~7.5배

iii) Gape와 맨틀 지름 비율 = 1.3~1.7 : 10

iv) Feed 크기 = 0.9×gape

v) 파쇄비 = 3:1~10:1

자이레토리 크러셔의 크기는 보통 gape과 맨틀의 직경으로 표현하며 spindle의 길이는 제조사에 따라 차이가 있다. 표 6.3에 spindle 길이에 따른 자이레토리 크러셔의 특징을 요약하였다.

표 6.3 자이레토리 크러셔의 특징(Westerfield, 1985)

		소형	대형
장축	크기	63.5~711mm	125~1600mm
	높이	0.48m	10.5m
	Set 범위	25.4~44.5mm	228~305mm
	분당 회전수	700	175
	동력, kw	2.2	298
단축	크기	762~1524mm	2133~2794mm
	Set 범위	50.8~152mm	178~305mm
	분당 회전수	425	275
	동력, kw	149	750

6.1.2.2 자이레토리 크러셔 운영

자이레토리 크러셔는 대부분 건식으로 운영되나 파쇄기 표면이나 암석에 부착된 미분을 제거하기 위하여 물을 살포하기도 한다. Feed의 수분 함량은 8~10%, 미분함량은 10% 이하가 적절하다. 자이레토리 크러셔에서는 맨틀의 편심 회전에 의해 간격이 좁아질 때 압축에 의한 파쇄가 일어난다. 따라서 근본적인 파쇄원리는 조 크러셔와 유사하며 성능에 영향을 미치는 인자 또한 유사하다.

Feed 특성에 연관된 인자는 크기, 미분 함량, 수분 함량 및 밀도 등이 있다. 운전조건으로는 회전 속도와 세트의 개, 폐 간격이 중요한 인자이다. Feed는 크러셔 투입구에 골고루 공급하여 크러셔 내부 암석이 고르게 퍼져 있게 유지해야 일관된 파쇄산물을 얻을 수 있다. 공회전 소요 동력은 총 전력소비의 30%을 차지하므로 공회전이 일어나지 않도록 feed의 공급이 끊기지 않아야 한다.

자이레토리 크러셔의 운전조건은 본드 일 지수를 포함한 feed 특성에 의해 결정된다. 자이레토리 제조사는 일반적으로 자사 장비에 대한 성능을 석회석을 지표로 특성화한 그래프로 제공한다. 표 6.4에 대표적인 자이레토리 크러셔에 대해 운전조건과 처리용량을 예시하였다.

표 6.4 자이레토리 크러셔의 성능(Westerfield, 1985)

크기, mm Gape × 맨틀 직경	Set 간격, mm		회전수 rpm	처리용량 t/h	본드 일 지수 kWh/t
	최대	최소			
1219 × 1879	200	34	135	2200	–
1371 × 1879	137~223	44	135	3100	–
1828 × 2311	194	44	111	2750	13
1524 × 2268	200~275	37	113	3200	6
1523 × 2268	238~275	37	92	3180	12
1219 × 2057	175~188	37	93	1330	10
1524 × 2591	225	34	134	2290	–

회전수는 자이레토리 크러셔 운전조건 중 가장 중요한 변수 중의 하나이다. 일반적으로 적절 회전수는 feed의 크기에 반비례하며 feed 크기가 커질수록 감소되어야 한다. 반면에 작은 입도의 파쇄산물을 얻기 위해서는 회전수를 증가시켜야 한다. 최소 회전수와 파쇄산물의 입도 사이에는 다음의 관계가 있다.

$$\nu \geq \frac{665(\sin\theta - \mu\cos\theta)}{\sqrt{d}}, \text{ rpm} \tag{6.22}$$

θ = 맨틀의 각도

μ = 시료의 마찰계수

d = 파쇄산물의 입도, cm

예를 들어 θ=75°, μ=0.2, d=10.2cm인 경우

$$\nu \geq \frac{665(0.966 - 0.2 \times 0.259)}{\sqrt{10.2}} = 190\text{rpm} \tag{6.23}$$

위 식은 목적 파쇄산물 입도에 따라 최소 회전수를 1차적으로 설정할 수 있는 방법을 제공한다. 그러나 시료 특성에 따라 달라질 수 있으므로 제조사가 제공하는 정보를 참고할 필요가 있다.

6.1.2.3 자이레토리 크러셔 처리용량

자이레토리 크러셔의 파쇄 기작은 맨틀과 외벽 사이 간격이 좁아질 때 파쇄가 일어나며 벌어질 때 파쇄된 조각이 하부로 이동하는 방식으로 근본적으로 조 크러셔와 동일하다. 다만 조 크러셔에서는 판이 좌, 우로 움직이나 자이레토리 크러셔에서는 원운동을 하기 때문에 파쇄작용을 받는 물질이 조 크러셔에서는 쐐기 형태이나 자이레토리 크러셔에서는 고리 형태이다.

Broman(1984)은 조 크러셔를 토대로 고리 형태의 파쇄물질이 하부로 이동한다는 차이점을 반영하여 다음과 같은 처리용량 계산식을 제시하였다.

$$Q = \frac{(D_M - L_{\min})\pi L_{\min} L_T 60NK}{\tan\alpha}, \text{ m}^3/\text{h} \tag{6.24}$$

D_M = 투입구에서의 맨틀의 직경

N = 분당 회전수

K = 물질 특성 상수(2~3)

α = 맨틀과 외벽이 이루는 각도

Rose와 English(1967)가 제시한 식도 조 크러셔와 같은 방식으로 유도된 것으로 다음과 같다.

$$Q = \frac{W_i D \rho_s \sqrt{L_{\max} - L_{\min}}(L_{\max} + L_{\min})K}{2\sqrt{\frac{R}{R-1}}}, \text{ tph} \tag{6.25}$$

W_i = 본드 일 지수

D = 자이레토리 크러셔 직경

R = 파쇄비

K = 물질 특성 상수(연성물질: 0.5, 강성물질: 1)

그러나 위 식들은 모두 물질 특성에 따라 오차가 발생할 수 있다. 따라서 제조사에서 제공된 자료를 참고해 목적 달성에 적합한 자이레토리 크러셔를 선정해야 한다. 표 6.5는 제조사에서 제공하는 자료를 예시한 것으로 처리용량은 set의 최대 간격 설정에 따라 1000t/h 이상의 차이가 남을 알 수 있다.

표 6.5 자이레토리 크러셔 처리용량(부피밀도 1600 kg/m^3 기준)

Model	Gate 크기, mm	L_{max}, mm	Capacity, t/h
42~65	1065	140~175	1635~2320
50~65	1270	150~175	2245~2760
54~75	1370	150~200	2555~3385
62~75	1575	150~200	2575~3720
60~89	1525	165~230	4100~5550
60~110	1525	175~250	5575~7605

6.1.2.4 소요 동력

본드 일 지수에 기반한 자이레토리 크러셔의 소요 동력은 다음과 같이 간단히 계산된다.

$$Power = QW_i 10\left(\frac{1}{\sqrt{P_{80}}} - \frac{1}{\sqrt{F_{80}}}\right) \tag{6.26}$$

Q = 시간당 처리량

W_i = 본드 일 지수

P_{80} = 파쇄산물의 80% 통과 입도

F_{80} = Feed의 80% 통과 입도

식 (6.25)를 식 (6.26)에 대입하면 생산량에 따른 소요 동력이 계산된다.

6.2 2차, 3차 파쇄기

2차 파쇄기는 15cm 이하로 1차 파쇄된 광석을 처리하기 때문에 1차 파쇄기보다 경량이며 다루기도 쉽다. 제2차 파쇄기는 건식으로 운영되며 분쇄기로 투입하기에 적절한 크기로 파쇄하는 것이 주 목적이다. 조립한 입도 영역에서는 분쇄기보다는 파쇄기가 에너지 효율이 좋기 때문에 분쇄공정에 투입되기 전에 3차 파쇄 또한 이루어지며, 이때 별도의 장비를 사용하는 것이 아니라 2차 파쇄기의 운전조건을 변경하여 이루어진다. 대부분 2차 파쇄는 콘 크러셔가 이용되나 광석 특성에 따라 롤 크러셔나 해머 밀이 이용되기도 한다.

6.2.1 콘 크러셔

콘 크러셔는 자이레토리 크러셔와 유사한 형태이나 맨틀이 자이레토리 크러셔와는 달리 하부에 universal bearing에 의해 지탱된다(그림 6.10). 또한, feed 크기는 1차 파쇄에 비해 작기 때문에 gape가 크지 않다. 따라서 콘 크러셔의 외부 원통은 자이레토리 크러셔와는 달리 역삼각형이 아니라 하부로 갈수록 단면적이 커지는 정삼각형 형태이다. 이에 따라 파쇄된 물질이 용적부피가 증가하여도 쉽게 하부로 이동될 수 있으며 자이레토리 크러셔보다 많은 양을 처리할 수 있다. 콘 크러셔의 크기는 559mm부터 3.1m까지 제조되며 100t/h까지 처리할 수 있다.

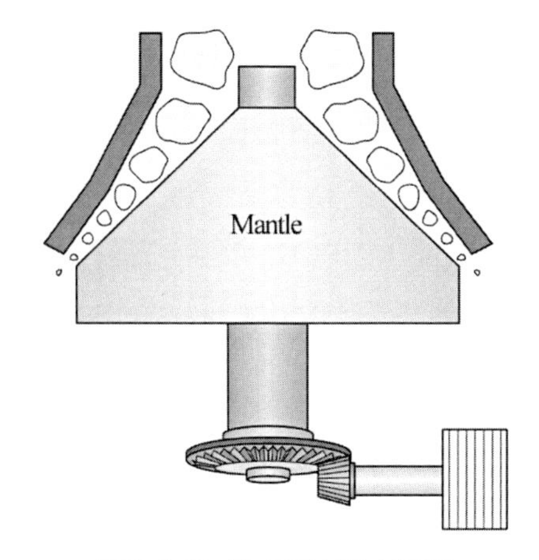

그림 6.10 콘 크러셔의 단면도

콘 크러셔의 개폐 간격은 1차 파쇄기에 비하여 크며(최대 5배) 더 빠른 주기로 작동된다. 이에 따라 자이레토리 크러셔와는 달리 충격에 의한 파쇄가 발생된다. 또한 빠른 주기의 움직임과 큰 개폐 간격은 입자의 이동을 빠르게 하기 때문에 콘 크러셔에서의 입자 체류시간은 상대적으로 짧으며 파쇄비도 3~7:1 정도로 자이레토리 크러셔보다 작다.

시몬스 콘 크러셔는 콘 크러셔 중에서 가장 널리 쓰이는 유형으로 2차 파쇄에 사용되는 표준형과 3차 파쇄에 사용되는 단두(Short-head)형이 있다. 표준형은 단두형보다 더 큰 광석이 투입될 수 있도록 계단형의 라이너가 장착되어 있으며(그림 6.11a), 0.5~6.0cm 크기의 파쇄산물이 배출된다. 단두형은 미세한 입자에 의하여 막히는 현상을 방지하기 위하여 투입구의 각도가 좀 더 가파르다(그림 6.11b). 또한 투입구의 간격 또한 더 좁으며 하부 쪽에 두 면이 길게 평행하도록 설계되어 0.3~2.0cm 크기로 제어된 파쇄산물이 배출된다.

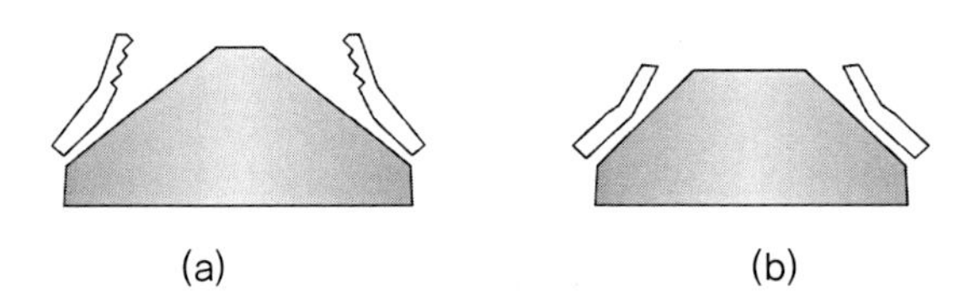

그림 6.11 콘 크러셔 (a) 표준형, (b) 단두형

콘 크러셔의 주요한 특징 중의 하나는 배출구 하부 쪽에 두 면이 평행하며 이로 인해 파쇄산물의 입도가 엄격히 조절되는 것이다. 콘 크러셔의 투입구에는 파쇄기 내부에 feed가 골고루 투입되도록 배분판이 설치되어 있다.

콘 크러셔의 또 하나의 특징은, 외부 통에 스프링이나 유압장치가 장착되어 있어 파쇄가 되지 않는 이물질이 투입되면 간격이 벌어져 배출되는 것이다. 그러나 간격이 벌어지면 조립한 입자가 배출될 수 있기 때문에 후단에 체를 설치하여 파쇄산물의 입도를 제어한다. 체눈 크기는 콘 크러셔의 set보다 약간 크게 하는 것이 효율적이다. 이러한 기능은 강도가 높은 큰 입자들이 크러셔 내부에 축적되어 과부하가 지속되지 않게 한다.

콘 크러셔 간격은 가동 중에도 조절이 가능하다. 최근에는 레이저를 사용해 맨틀의 윤곽을 투영할 수 있는 기술이 개발되어 라이너 면과의 간격, 마모가 극심한 지역, 라이너의 교체시간, 라이너 수명 등에 관한 세밀한 정보를 획득할 수 있어 보다 효율적인 조절이 가능하다.

3차 콘 크러셔는 크러셔 내부에 대량의 물을 공급하여 습식으로 운전할 수 있다. 습식 파쇄는 점착성 있는 입자를 파쇄하는 데 적합하며 슬러리 형태로 배출되어 다음 단계인 분쇄장치(예 볼 밀)에 직접 투입이 가능하다. 그러나 습식 운전 시 광석 종류에 따라서는 라이너 마모율이 크게 증가될 수 있으며 유지비용이 증가되는 문제가 있을 수 있다.

표 6.6에 표준 콘 크러셔의 설계 특성을, 표 6.7에 개회로로 운영될 때 표준 콘 크러셔의 처리용량을 각각 나타내었다.

표 6.6 표준 콘 크러셔의 설계 특성

설계 특성	개회로		폐회로	
	최대	최소	최대	최소
맨틀 크기, mm	3050	600	3050	600
최소 set 크기	22~38.1	6.4~15.8	6.4~19	3.2
전력, kW	300~500	25~30	300~500	25~30

표 6.7 콘 크러셔의 처리용량(Metso)

콘 크러셔 종류		투입구 간격, mm	L_{min}, mm	처리 용량, t/h
HP800 표준	Fine	267	25	495~730
	Medium	297	32	545~800
	Coarse	353	32	545~800
HP800 단두	Fine	33	5	–
	Medium	92	10	260~335
	Coarse	155	13	325~425
MP1000 표준	Fine	300	25	915~1210
	Medium	390	33	–
	Coarse	414	38	1375~1750

6.2.1.1 콘 크러셔 처리용량

콘 크러셔에서 파쇄물질은 맨틀을 따라 미끄러지면서 이동하기 때문에 이동 속도는 맨틀의 각도와 마찰력에 영향을 받는다. 그림 6.12에서 보는 바와 같이 물질이 각도 ϕ인 면을 따라 미끄러질 때 마찰계수를 μ라 하면 가속도는 $g(\sin\phi - \mu\cos\phi)$이다. 따라서 이동거리, $h = \frac{1}{2}g(\sin\phi - \mu\cos\phi)t^2$가 된다.

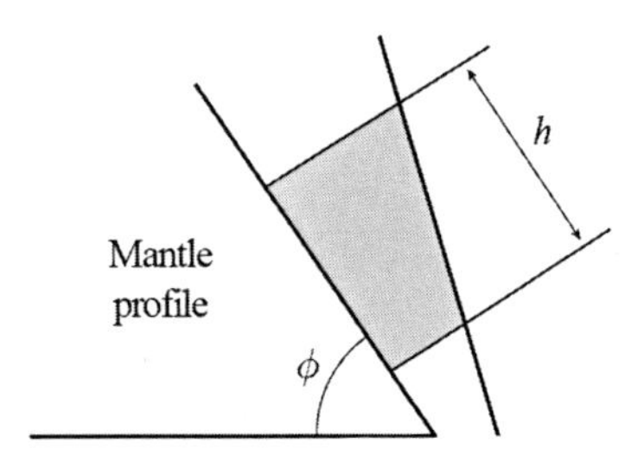

그림 6.12 콘 크러셔 맨틀 면에서의 입자의 이동

Gauldie(1954)는 이를 토대로 다음과 같은 처리용량 계산식을 제시하였다.

$$Q = 0.35\pi\ \sin\phi\ (L_{max} + L_{min})gH(\sin\phi - \mu\cos\phi)^{0.5} \tag{6.27}$$

L_{max} = set 최대 간격

L_{min} = set 최소 간격

ϕ = 맨틀이 수평과 이루는 각도

H = 맨틀 높이

6.2.1.2 콘 크러셔 파쇄 모델

일반적으로 파쇄산물의 입도분포 예측에는 그림 6.8의 Whiten 모델(1972)이 많이 이용된다. 따라서 콘 크러셔 파쇄산물의 입도분포는 분쇄분포함수, B와 분급함수, C에 의해 결정된다(식 6.19). 그러나 파쇄기 내부에서 실제 발생되는 응력 조건이나 분급작용이 복잡하기 때문에 실험적으로 B와 C를 추정하기는 쉽지 않다. 가장 많이 이용되는 방법은 B와 C를 함수형태로 표현하고 실험 입도분포와 비교하여 B와 C의 함수인자를 역계산한다. Magalhaes와 Tavares(2014)이 이용한 B와 C 함수는 식 (6.28)과 (6.29)의 형태로 기존의 분쇄분포 함수(식 3.42) 및 분급함수(식 6.20b)와 같다.

$$B(x;y) = \Phi\left(\frac{x}{y}\right)^{\gamma} + (1-\Phi)\left(\frac{x}{y}\right)^{\beta} \tag{6.28}$$

$$C(x) = \begin{cases} 1 & \text{for } x > K_2 \\ 1 - \left[\dfrac{K_2 - x}{K_2 - K_1}\right]^n & \text{for } K_1 < x < K_2 \\ 0 & \text{for } x < K_1 \end{cases} \tag{6.29}$$

B와 C는 $\Phi, \gamma, \beta, K_1, K_2, n$의 다섯 개의 변수로 표현되며 측정된 파쇄산물의 입도분포와 가장 근접한 결과를 보이는 변수를 추적하는 방식으로 역계산된다. 그림 6.13은 이렇게 도출된 B와 C 함수이다. 분쇄분포 함수는 물질에 따라 매우 다르게 나타나며 분급함수는 물질 종류에 관계없이 일정하도록 가정하여 역계산되었다. 그림 6.14는 이 값을 이용하여 계산된 파쇄산물의 입도분포와 측정된 입도분포를 비교한 것으로 두 결과가 잘 일치하고 있다. 그러나 B와 C의 값은 측정 결과와 계산 결과가 잘 일치하도록 역계산되었기 때문에 적용성은 일정 조건에 한정될 수 있다.

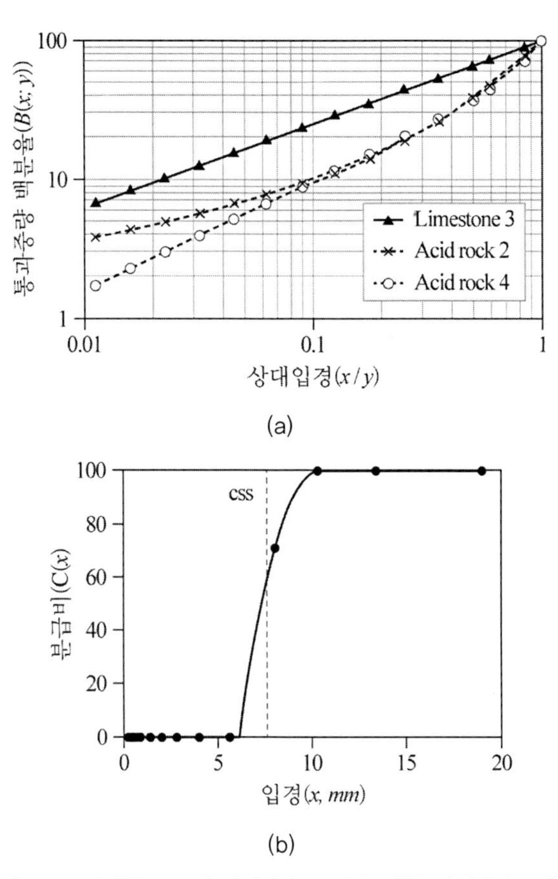

그림 6.13 역계산으로 추정된 (a) 분쇄분포함수와 (b) 분급함수

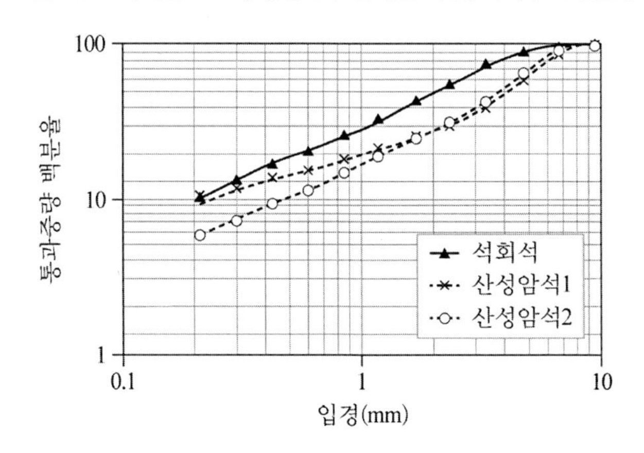

그림 6.14 실험결과와 모델 예측 입도분포의 비교

최근에는 DEM을 이용해 콘 크러셔 성능을 상세히 분석하는 연구가 활발히 진행되고 있다. 특히 콘 크러셔에서 투입된 feed는 작은 크기로 파괴되어야만 배출될 수 있기 때문에 입자의 파괴현상이 결합된 DEM 모델이 개발되고 있다. 초기 모델에서는 하나의 입자를 다

수의 소형 구입자가 결합된 형태로 표현하고 입자 간에 발생된 응력이 임계 결합력보다 크면 결합이 끊어지는 것으로 입자의 파괴를 구현하였다(Potyondy와 Cundall, 2004; Djordjevic 등, 2003). 그러나 모델의 복잡성으로 인해 근래에는 원 입자에 대해서 축적된 변형 에너지가 임계 값을 상회할 때 파괴되어 없어지고 작은 파괴 조각으로 대체되는 방법이 이용되고 있다(Cleary, 2017). 파괴 조각의 크기 및 양은 미리 정해진 규칙에 의해 결정된다.

입자 i, j에 작용하는 탄성 변형 에너지는 다음과 같다.

$$\varepsilon_{i,j} = \frac{1}{2} k_n \Delta x_{i,j}^2 \qquad (6.30)$$

k_n는 스프링 상수로 위 식은 입자 i, j의 접촉 시 발생된 변형 $(\Delta x_{i,j})$과 변형 에너지의 관계를 나타낸다. 입자의 파괴 여부, ξ는 변형 에너지와 임계 에너지, E_0를 비교하여 결정된다. 즉,

$$\xi = \begin{cases} 1 & \text{if } \varepsilon_{i,j} > E_0 \\ 0 & otherwise \end{cases} \qquad (6.31)$$

파괴될 때 생성된 조각의 크기와 분포는 t_{10}식이 이용된다. t_{10}은 앞의 장에서 설명한 바와 같이 투입된 에너지에 따른 파쇄조각의 미세도를 나타내는 지수로 $t_{10} - t_n$ 관계식으로부터 파쇄조각의 전체 입도분포를 유추할 수 있다. 그림 6.15는 이 방법에 의한 모사장면을 나타낸 것으로 상부의 큰 입자들이 파괴되어 작은 입자로 배출되고 있음을 알 수 있다(Cleary 등, 2017).

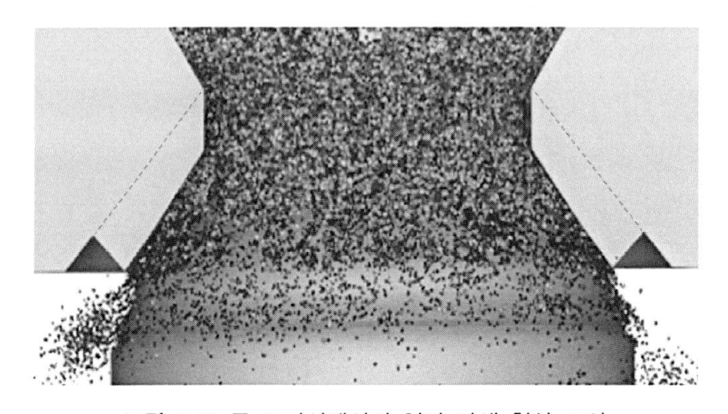

그림 6.15 콘 크러셔에서의 입자 파쇄 현상 모사

그림 6.16은 E_0에 따른 성능 변화를 나타낸 것으로 물질의 강도가 커질수록(E_0의 값이 커질수록) 조립의 파쇄산물이 배출되며 생산량은 감소하고 소요동력은 증가하는 것을 보여주

고 있다. 그림 6.17은 배출구의 간격에 따른 성능 변화를 나타낸 것으로 파쇄산물의 입도분포는 크게 변하지 않으나 간격이 작아질수록 생산량은 크게 감소하고 전력소모량은 크게 증가하는 것을 알 수 있다. 이러한 결과는 실규모 콘 크러셔 성능 자료 획득의 어려움으로 검증되지 않았으나 실험을 통하지 않고 운전조건에 따른 성능 변화를 예측할 수 있게 한다.

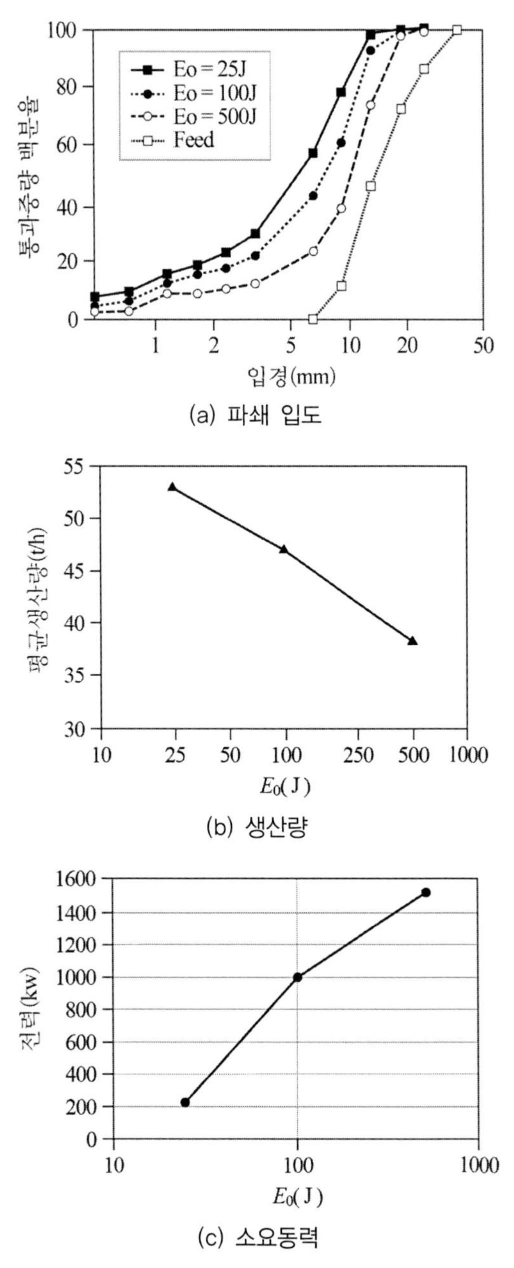

그림 6.16 E_0 변화에 따른 콘 크러셔의 파쇄성능

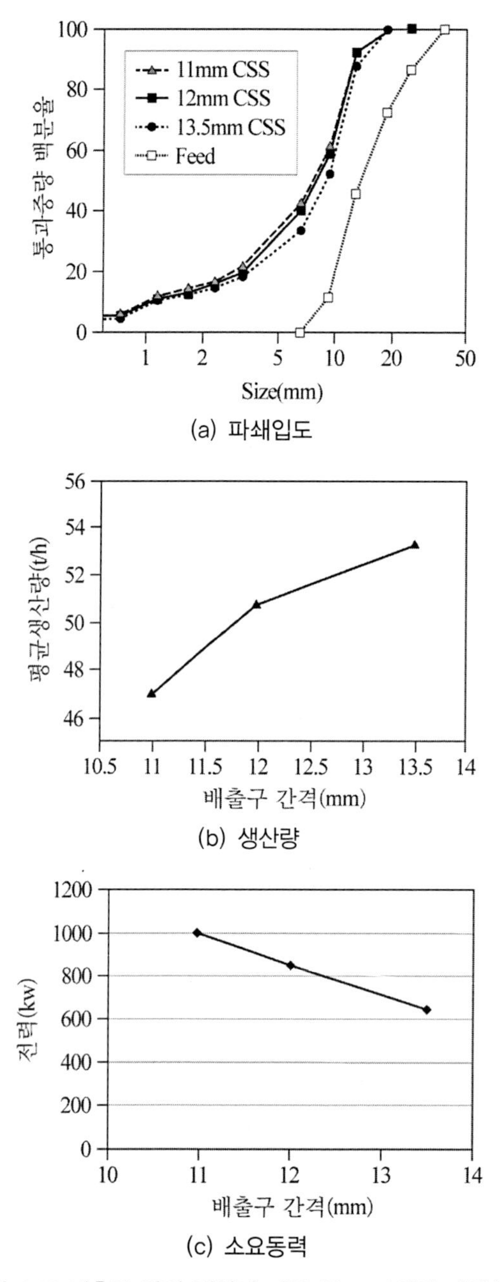

(a) 파쇄입도

(b) 생산량

(c) 소요동력

그림 6.17 배출구 간격 변화에 따른 콘 크러셔의 파쇄성능

6.2.2 롤 크러셔

롤 크러셔는 대부분 콘 크러셔로 대체되고 있으나 석회석, 석탄, 석고, 인광석, 연철광석 등과 같은 연하고, 점성이 높은 광석을 파쇄하는 데 적합한 장비이다. 롤 크러셔의 구조는

매우 간단하며 그림 6.18과 같이 마주보며 회전하는 두 개의 수평 롤에 의해 압축 파쇄된다. 조 크러셔와 자이레토리 크러셔는 파쇄된 입자가 하부로 이동되면서 반복되는 압력에 의해 단계적인 파쇄가 일어나는 반면에, 롤 크러셔에서는 단번에 압축되어 파쇄된다.

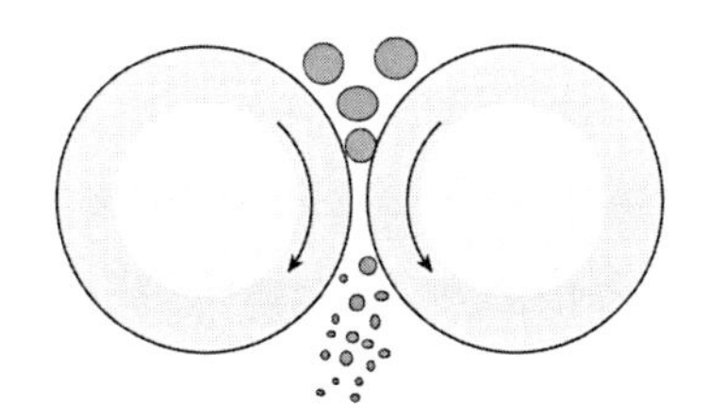

그림 6.18 롤 크러셔

롤 크러셔는 한쪽에 판을 설치하여 하나의 롤만으로 구동되기도 하며, 그림 6.19와 같이 세 개 또는 네 개의 롤을 배열하면 다단계 파쇄가 가능하다.

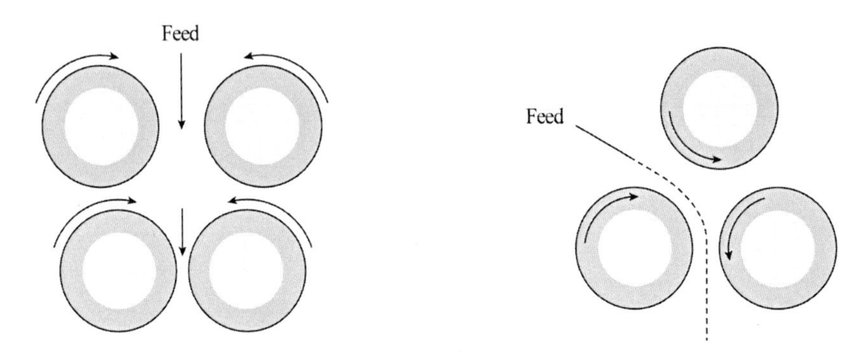

그림 6.19 다단계 파쇄를 위한 롤 크러셔의 배치

6.2.2.1 구조

롤 크러셔는 두 가지 유형이 있다. 첫 번째 유형은 두 롤 간의 간격이 고정된 형태로 동력은 한쪽 롤에만 전달되며 다른 쪽 롤은 마찰에 의해 맞물려 회전된다. 두 번째 유형은 한쪽 롤에 스프링이 장착되어 있어 부하에 따라 움직이며 이에 따라 균일한 압력이 시료에 가해진다. 압력의 크기는 롤 크러셔 크기에 따라 다르나 최대 6t/m(약 8300kPa) 정도이다. 롤은 기어 또는 벨트에 의해 회전되며, 일반적으로 두 롤은 동일한 속도로 회전하지만 일부 롤 크러셔는 한쪽 롤이 다른 롤보다 빠르게 회전한다. 미분쇄를 목적으로 할 경우 두 롤 모두 단단히 고정하여 롤 간격의 변화가 없도록 하는 것이 효율적이다.

롤의 표면은 매끄러운 것이 일반적이나 요철이나 톱니 형태를 띠기도 한다. 매끄러운 표면은 간격이 일정하여 입자를 미세하게 파쇄할 때 적합하다. 반면에 톱니나 요철이 있는 롤은 입자를 파고들어 압축과 동시에 찢어내는 효능을 발휘하며 롤의 지름에 비해 상대적으로 큰 입자를 처리할 수 있다. 이에 따라 1m 지름의 롤이 최대 400mm 크기의 광석을 파쇄할 수 있으며 주로 연성이거나 점성이 높은 연철광석, 푸석푸석한 석회석, 석탄 등을 파쇄하는 데 사용된다. 배출되는 산물의 표면은 매끄럽기보다는 조립질의 거친 형태를 띤다.

롤 표면은 마모가 잘 일어나기 때문에 내마모성이 강한 망간강으로 감싸져 있으며 교체 가능하도록 설계되어 있다. 롤 표면에 편마모가 일어나지 않도록 입자가 롤 전체에 골고루 투입되어야 하며 롤과 폭이 같은 벨트 컨베이어를 이용하는 방법이 효율적이다.

입자가 파쇄되면 용적부피가 증가하기 때문에 막힘 현상이 발생할 수 있다. 따라서 롤 크러셔에 입자의 투입은 간격을 두고 이루어져야 한다. 롤 크러셔의 한쪽 롤에 스프링이 장착되어 있을 경우 롤 간 간격 벌어짐으로 인한 막힘 현상을 일부 방지할 수 있으나 입자량이 지나치게 많아지면 스프링이 지속적으로 작동하게 되어, 파쇄되지 않은 입자가 그냥 빠져나갈 수 있다. 따라서 롤 크러셔는 후단에 체를 설치하여 폐회로로 운전하는 것이 일반적이다. 또한 광석이 많이 투입되면 입자-입자 간 압축에 의한 파쇄로 인해 미분이 많이 발생할 수 있다.

6.2.2.2 롤 크러셔 규격

롤 크러셔의 처리용량은 롤의 크기에 따라 경량과 중량으로 나눌 수 있다. 경량 롤 크러셔의 직경은 227~778mm의 범위이며 스프링 압력은 1.1~5.6kg/m의 범위를 갖는다. 중량 롤 크러셔의 직경은 900~1000mm, 스프링 압력은 7~60kg/m 범위이다. 경량 롤 크러셔의 회전속도는 130~300rpm, 중량 롤 크러셔는 80~100rpm의 속도로 회전한다. 표 6.8은 대표적인 롤 규격을 나타낸 것이다.

표 6.8 롤 크러셔의 규격

롤 표면	롤 크기, mm			
	폭		직경	
	최소	최대	최소	최대
매끄러움	750	860	350	2100
톱니	750	860	1500	1720
요철	–	1400	–	2400

6.2.2.3 롤 크러셔의 크기와 투입 시료의 크기

롤 크러셔의 가장 큰 단점은 투입시료의 크기가 커지면 롤의 크기도 커져야 하는 것이다. 이로 인해 롤 크러셔의 설치비용 또한 다른 크러셔보다 높다. 롤 크러셔의 크기에 따른 최대 입자의 크기는 다음과 같이 유도된다. 그림 6.20에서와 같이 반지름 r인 원형의 입자가 반지름 R인 롤에 투입되어 F 크기의 힘을 받을 경우 미끄러지지 않기 위한 조건은 다음과 같다.

$$F\sin\left(\frac{\theta}{2}\right) \leq F\mu\cos\left(\frac{\theta}{2}\right) \tag{6.32}$$

θ는 입자가 롤 표면과 이루는 접선의 각도(nip의 각도), μ는 롤과 입자 사이의 마찰 계수이다. 강철의 롤 표면과 입자의 마찰 계수는 보통 0.2~0.3의 범위이며 따라서 θ 허용범위는 22~34°이다. θ가 이 범위 보다 커지면 입자는 롤에 의해 잡히지 않고 미끄러지는 현상이 발생한다. 더욱이 동 마찰계수는 정지마찰 계수보다 작기 때문에 롤 회전 시 θ는 더욱 작아져야 한다.

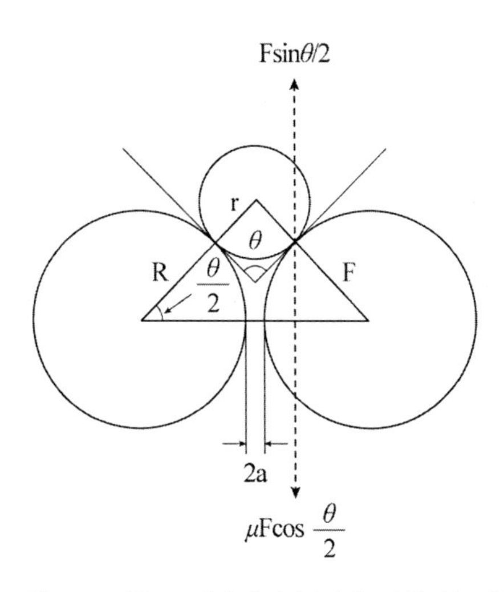

그림 6.20 롤 크러셔에서 입자에 작용하는 힘

롤 간격이 $2a$라 할 때 θ와 R, r, a 간에는 다음과 같은 관계가 있다.

$$\cos\left(\frac{\theta}{2}\right) = \frac{R+a}{R+r} = \frac{1+a/R}{1+r/R} \tag{6.33}$$

따라서,

$$r = R/\left(\frac{1-a/r}{1-\cos\left(\frac{\theta}{2}\right)}\right) \tag{6.34}$$

위 식을 이용하면 롤 직경 $D(=2R)$ 및 파쇄비 (r/a)에 따라 롤 크러셔에 투입될 수 있는 최대 입자크기, $d(=2r)$를 계산할 수 있다. 표 6.9는 nip 각도가 20°일 때 투입할 수 있는 최대 입자크기를 나타낸 것으로 파쇄비가 커질수록 롤 직경이 증가해야 한다는 것을 알 수 있다. 따라서 파쇄비가 4:1보다 클 때는 롤 크러셔를 2단계로 배치하여 운전하는 것이 효율적이다.

표 6.9 롤 크러셔에 투입할 수 있는 최대 입자의 크기

롤 직경(mm)	투입 가능 최대 입자의 크기(mm)				
	파쇄비				
	2	3	4	5	6
200	6.2	4.6	4.1	3.8	3.7
400	12.3	9.2	8.2	7.6	7.3
600	18.6	13.8	12.2	11.5	11.0
800	24.8	18.4	16.3	15.3	14.7
1000	30.9	23.0	20.4	19.1	18.3
1200	37.1	27.6	24.5	22.9	22.0
1400	43.3	32.2	28.6	26.8	25.7

6.2.2.4 롤 크러셔 처리용량과 소요 동력

롤 크러셔의 처리용량은 단위 시간당 롤 사이를 통과하는 양이며 그림 6.21과 같이 롤러에 의해 생성된 띠의 양으로 생각할 수 있다. 따라서 시간당 처리용량은 다음과 같이 계산된다.

$$Q = 60\pi NDLs\rho_b \quad t/h \tag{6.35a}$$

N은 롤의 회전속도(rpm), D는 롤의 지름, L은 롤 길이 폭, s는 롤 간격, ρ_b는 부피밀도이다. 그러나 실제로는 띠가 입자로 완전히 충전되지 않기 때문에 처리용량은 위 식으로 계산

된 값보다 작게 나타난다. 따라서 실제 처리용량은 보정계수, k를 사용하여 다음과 같이 표현된다(Otte, 1988).

$$Q = 60\pi kNDLs\rho_b \quad t/h \tag{6.35b}$$

k 값은 롤 간격 및 파쇄산물 입도에 따라 변하며 0.15~0.30의 범위를 갖는다.

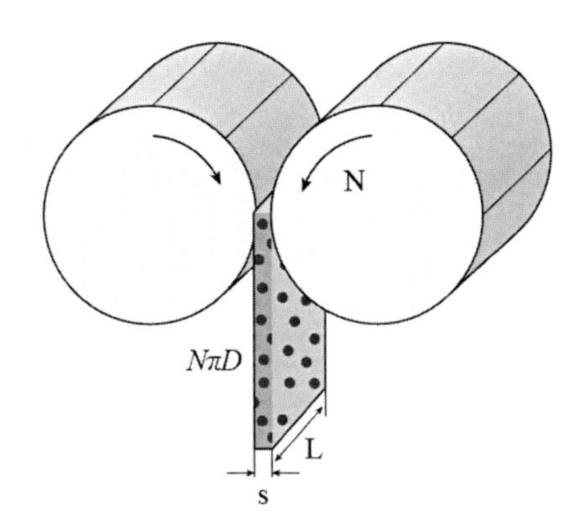

그림 6.21 롤 크러셔에서의 파쇄 입자의 배출 양상

Becker(1973)에 의하면 롤 사이의 구형의 입자에 z 방향으로 크기 P의 힘이 주어질 때 입자가 받는 응력의 크기는 다음과 같다.

$$\sigma_z = -\frac{P}{\pi r^2}\frac{42+15\nu}{14+10\nu} \tag{6.36a}$$

$$\sigma_x = \sigma_y = \frac{P}{\pi r^2}\frac{21}{28+20\nu} \tag{6.36b}$$

r은 입자의 반지름, ν는 포아송비이다. Becker는 $\sigma_x - \nu(\sigma_y + \sigma_z)$의 크기가 임계응력 σ_c를 초과할 때 입자의 파괴가 일어난다고 가정하였으며 실험적으로도 유사하게 나타났다. $\nu = 0.25$일 때 식 (6.36)의 파괴기준을 적용하면

$$\sigma_c = \frac{0.373P^*}{r^2} \tag{6.37}$$

P^*는 파괴가 일어날 때 힘의 크기이다.

롤 크러셔 소요 동력은 롤 사이에 존재하는 입자의 크기 및 수 및 파괴강도에 의해 결정된다. 롤 크러셔와 같은 파쇄기의 경우 feed 투입량이 작아지면 입자의 수가 적어지기 때문에

소요 동력은 감소한다. 그러나 feed 투입이 없더라도 롤 구동에 에너지가 일정량 소모되기 때문에 feed 투입량이 적어질수록 에너지 효율은 감소한다.

두 롤의 회전속도가 같지 않을 때 입자에 가해지는 응력은 비대칭이 된다. 일반적으로 비대칭 응력 조건에서는 응력이 균열에 더욱 집중되어 파괴가 쉽게 일어난다. 따라서 두 롤이 다른 속도로 회전할 때 파괴 에너지가 감소될 수 있다. 그러나 회전속도가 지나치게 차이가 나면 입자가 롤 사이에 끼지 않고 미끄러지는 현상이 발생될 수 있다.

6.2.2.5 롤 크러셔 모델

롤 크러셔에 투입된 입자 중 미세한 입자는 파쇄되지 않고 롤 사이로 배출된다. 또한 파쇄되더라도 파쇄조각 중 작은 입자는 롤 사이로 배출될 확률이 높은 반면 큰 입자는 재분쇄될 확률이 높다. Austin 등(1980)은 이러한 특성을 반영하여 그림 6.22에서 보는 바와 같이 분급기가 파쇄과정 전, 후에 배치된 복합 폐회로 공정으로 구성된 모델을 제시하였다. 본 모델은 근본적으로 Whiten(1972) 크러셔 모델과 유사하나 파쇄 전후 분급비가 각각 다르게 적용된다.

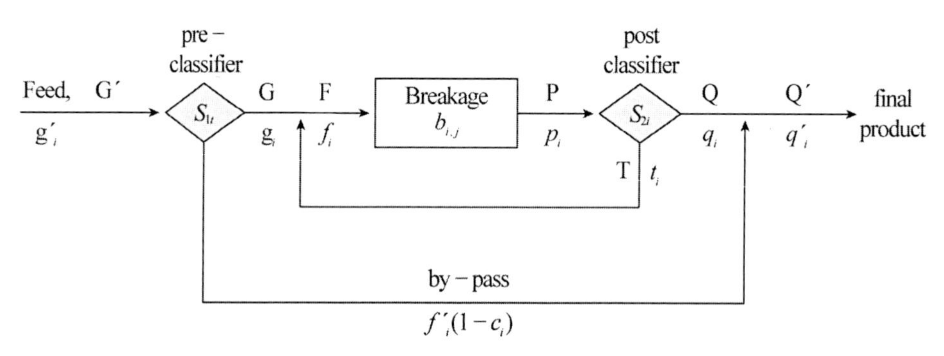

G': feed 투입량
G: 파쇄 전 분급 후 미립자 배출량
T: 파쇄 후 분급 후 조립자 배출량
F: 파쇄과정 투입량
P: 파쇄과정 배출량
Q: 파쇄 후 분급 후 미립자 배출량
Q': 최종 산물 배출량

f_i: feed의 입도분포
c_i: 파쇄 전 분급비
g_i: 파쇄 전 분급 후 조립자의 입도분포
f_i': 파쇄과정에 투입되는 입자의 입도분포
p_i': 파쇄과정 후 입자의 입도분포
c_i': 파쇄 후 분급비
t_i: 파쇄 후 분급 후 조립자의 입도분포
p_i: 최종 배출산물의 입도분포

그림 6.22 롤 크러셔의 Austin 모델

이미 언급한 바와 같이 파쇄 후 입도분포는 다양한 크기의 입자가 파쇄된 결과로 파쇄산물의 입도분포 P′는 P′ = BF′ (F′: feed 입도분포, B: 분쇄분포)의 행렬식으로 표현된다. 이의 계산식은 다음과 같다.

$$p_i' = \sum_{j=1}^{i-1} f_i' b_{i,j} \tag{6.38}$$

$b_{i,j}$는 분쇄분포로 입도구간 j의 입자가 파쇄되었을 때 생성되는 입자 중 i구간의 입자의 질량분율을 나타낸다. 파쇄과정에 투입되는 입자는 파쇄 전 분급작용을 거쳐 롤에 의해 파쇄되는 조립자와 재분쇄되는 입자로 구성되므로 f_i'에 대한 입도-물질 수지식은 다음과 같이 표현된다.

$$(G+T)f_i' = Gg_i + Tt_i \tag{6.39}$$

분급 전후의 입도-물질 수지식은 다음과 같다.

$$Gg_i = Ff_ic_i \tag{6.40}$$

$$Tt_i = (G+T)p_i'c_i' \tag{6.41}$$

위 식을 식 (6.39)에 대입하면

$$(G+T)f_i' = Ff_ic_i + (G+T)p_i'c_i' \tag{6.42}$$

따라서

$$\frac{(G+T)}{F}f_i' = f_ic_i + \frac{(G+T)}{F}p_i'c_i' \tag{6.43}$$

$f_i^* = \frac{(G+T)}{F}f_i'$, $p_i^* = \frac{(G+T)}{F}p_i'$로 대체하면 다음과 같이 표현된다.

$$f_i^* = f_ic_i + p_i^*c_i' \tag{6.44}$$

위 식을 식 (6.43)에 대입하면 다음과 같은 관계가 성립한다.

$$p_i^* = \sum_{j=1}^{i-1} b_{i,j}(f_ic_i + p_i^*c_i') \tag{6.45}$$

앞의 식을 i=1부터 순차적으로 계산하면 p_1^*, p_2^*, p_3^* 등이 계산된다. $\sum_{i=1}^{n} p_i' = 1$이므로

$$\sum_{i=1}^{n} p_i^* = \frac{(G+T)}{F} \tag{6.46}$$

따라서

$$p_i' = p_i^* / \sum_{i=1}^{n} p_i^* \tag{6.47}$$

최종 산물에 대한 입도-물질 수지식은 다음과 같다.

$$Fp_i = Ff_i(1-c_i) + (G+T)p_i'(1-c_i') \tag{6.48}$$

위의 식을 정리하면 최종 산물의 입도분포는 다음 식으로 표현된다.

$$p_i = f_i(1-c_i) + \frac{(G+T)}{F} p_i'(1-c_i') \tag{6.49}$$

따라서, 최종 산물의 입도분포는 주어진 feed의 분쇄특성을 나타내는 $b_{i,j}$와 파쇄 전후 분급 특성을 나타내는 c_i와 c_i'의 값에 의해 결정된다. 그림 6.23은 다양한 크기의 석탄시료에 대하여 실험적으로 $b_{i,j}$, c_i, c_i'를 추정하고 이 값을 이용해 계산된 파쇄산물의 입도분포와 측정된 입도분포를 비교한 것으로 두 결과가 비교적 잘 일치하고 있다(Austin 등, 1980).

석탄과 같은 연성의 물질은 롤 크러셔 파쇄 시 소성변형을 일으켜 파쇄된 입자가 압밀 응집된 판 형상의 산물로 배출된다(그림 6.24a). 이러한 현상은 큰 입자가 파쇄될 때 두드러지며 롤 간격이 좁아지면 응집입자의 생성비율이 증가하여 입도분포가 오히려 조립영역으로 이동한다(그림 6.24b). 이 경우 파쇄와 동시에 응집이 진행되며 기존의 분쇄모델로는 설명할 수 없다. 이에 Kwon 등(2012)은 파쇄와 응집이 동시에 진행될 때 배출산물의 입도분포를 예측할 수 있는 롤 크러셔 모델을 개발하였다. 모델 구성은 그림 6.25와 같다. 투입된 입자는 파쇄되며 파쇄된 입자는 응집과정을 거친 후 분급 작용을 받아 큰 입자는 재분쇄되고 작은 입자는 배출된다.

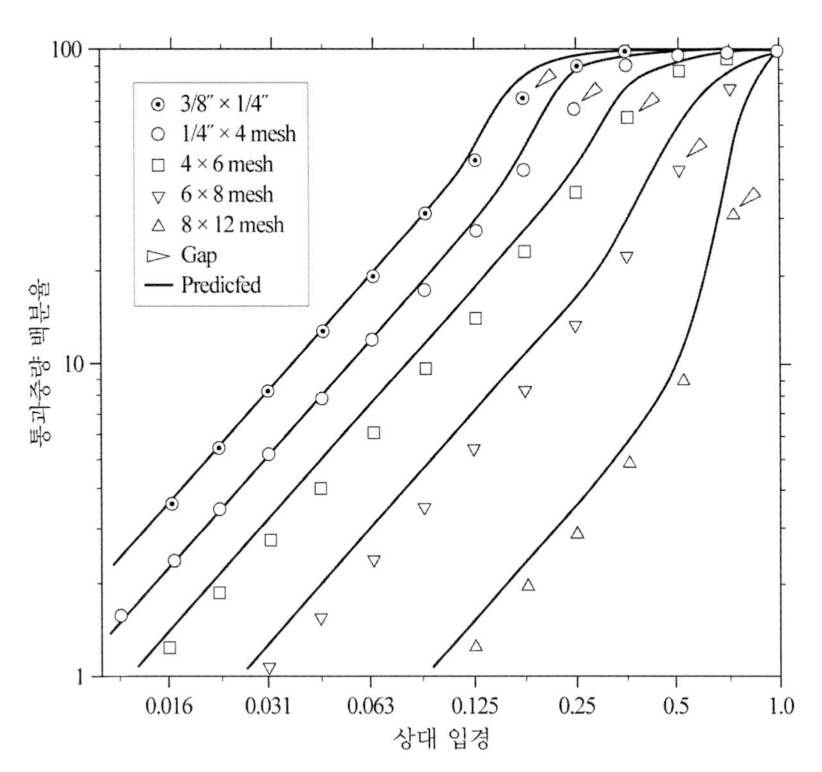

그림 6.23 실험결과와 모델 예측 입도분포의 비교

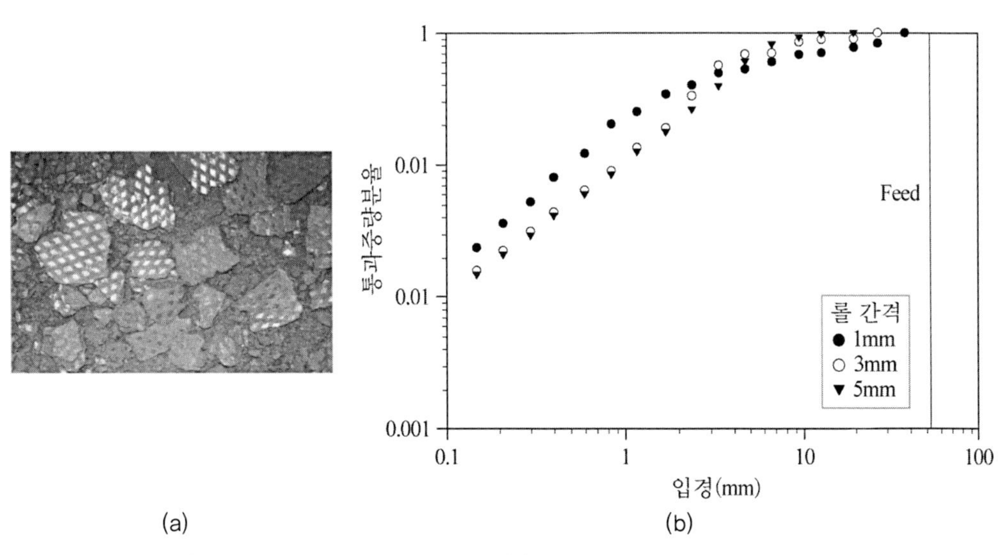

그림 6.24 (a) 석탄 롤러 파쇄산물의 모양, (b) 롤러 간격에 따른 파쇄산물의 입도분포

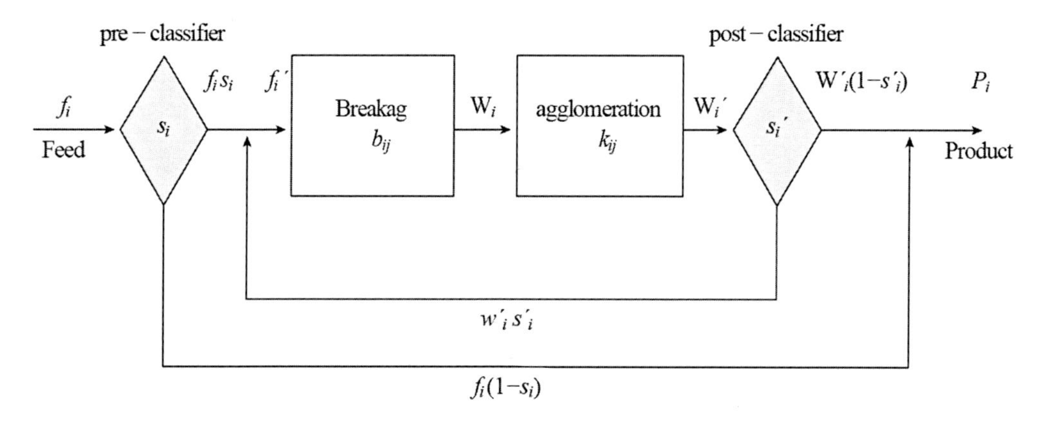

그림 6.25 롤 크러셔 파쇄-응집 모델

파쇄과정에는 Austin 모델이 적용되었으며 응집과정은 다음 식과 같은 입도-물질 수지식으로 묘사되었다.

$$\triangle w_i = \frac{1}{2}\sum_{j,\ l>1} k_{ij}\left(\frac{1}{k_{ij}x_j^3} + \frac{1}{k_{il}x_i^3}\right)w_j w_i - w_i\sum_{j=1}^{m}\frac{k_{ij}w_j}{k_{vj}x_j^3} + \frac{w_j}{k_{vi}x_i^3}\sum_{j=m+1}^{\infty}k_{ij}w_j \quad (6.50)$$

$\triangle w_i$는 응집에 의한 구간별 질량분율의 변화, k_{ij}는 입도 i와 j간 응집률, k_{vi}는 응집으로 생성된 입자의 부피 형상계수이다. 오른쪽 항의 첫 번째 항은 작은 입자들이 응집되어 생성된 입자 중 크기 i입자의 분율, 두 번째 항은 i 구간의 입자가 작은 입자와 응집되어 커져 i 구간에서 벗어나 없어지는 소멸률이다. 세 번째 항은 i 구간의 입자가 매우 작은 입자와 응집되면 크기 변화가 미미하여 본래의 입도구간에 머무른다. 그러나 질량은 증가하기 때문에 이에 대한 질량 변화율을 반영한 것이다. 모델 인자는 단일 입도구간 입자에 대한 파쇄 실험을 통해 추정되었으며 이를 이용해 다분산 feed에 파쇄결과에 대해 예측하였다. 그림 6.26은 예측결과와 실험결과를 비교한 것으로 두 결과가 잘 일치하고 있음을 보여준다.

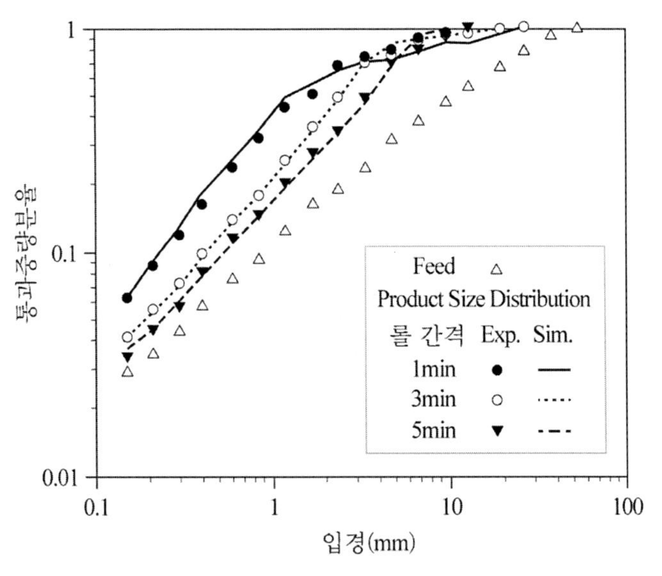

그림 6.26 실험결과와 모델 예측 입도분포의 비교

6.2.3 고압 롤러 밀(High Pressure Roller Mill)

1980년대 중반에 한쪽 롤에 수압 시스템으로 작동하는 피스톤을 장착하여 보다 강력한 압력으로 광석을 파쇄할 수 있는 고압 롤러 밀(High-Pressure Roller Mill: HPRM)이 독일에서 개발되었다(그림 6.27). 수압 시스템 압력은 50MPa 이상으로 기존 롤 크러셔(10~30MPa)에 비해 2~3배 높으며 이에 따라 파쇄산물은 미분과 미세균열이 발달된 입자가 뭉쳐진 띠 형태로 배출된다. 뭉쳐진 파쇄산물은 볼 밀을 사용하여 해체 및 분쇄되는데 최종 입도를 기준으로 할 때 기존의 공정보다 에너지 효율이 30% 이상 증가되고 광물의 단체분리도도 높아지는 것으로 나타났다. 이러한 장점으로 HPRM은 시멘트, 다이아몬드, 석회석 산업에서 널리 활용되고 있다. 근래에는 롤 표면의 마모율을 개선하기 위하여 요철 형태로 설계된 HPRM이 표준형으로 제조되고 있다(그림 6.28). 롤의 직경은 0.7~2.8m, 폭은 직경의 0.2~0.6 범위이다. 롤 회전속도는 85~105m/min이며 처리량은 최대 757t/h에 달한다.

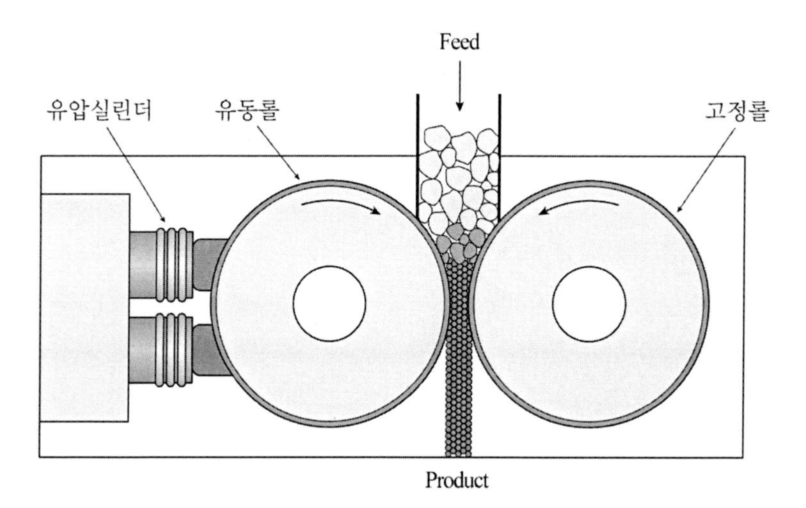

그림 6.27 고압 롤러 밀

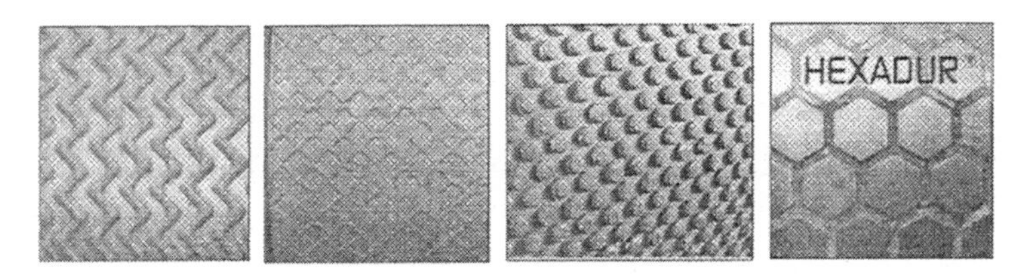

그림 6.28 고압 롤러 밀의 롤러 표면

고압 롤러 밀은 2, 3차 파쇄기의 대체 목적으로 사용되며 배출 산물은 볼 밀에 투입된다(그림 6.29). 볼 밀 공정 후단에 사용되기도 하는데 인도 철광 제조공정에서는 볼 밀 분쇄물이 HPRM에 투입된 후 바로 펠릿 제조 공정에 투입된다.

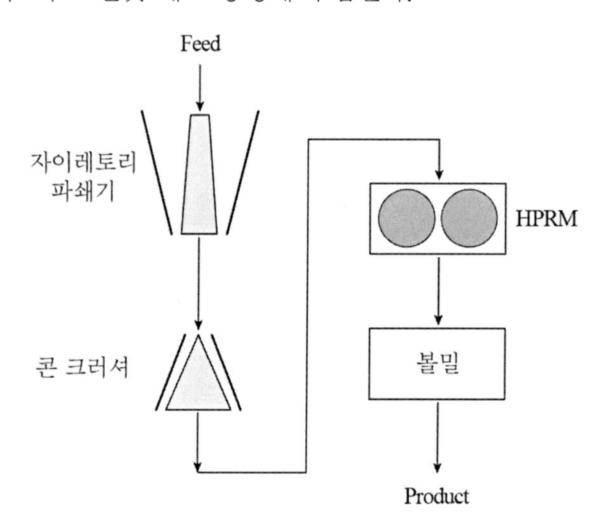

그림 6.29 고압 롤러 밀을 이용한 파·분쇄 공정

6.2.3.1 고압 롤러 밀 처리용량

HPRM에 투입된 입자는 단계적 파쇄과정을 거친다. 첫 단계는 상부 투입부에서 이루어지는 파쇄과정으로 일반 롤 크러셔와 같이 투입된 입자가 개별적으로 롤 사이에 압축되어 파쇄되며 이를 pre-crushing이라 한다. 두 번째 단계는 고압 파쇄영역으로 상부에서 파쇄된 입자들이 롤 하부로 이동되면 높은 압력을 받아 입자가 뭉쳐지며 파쇄된다. 고압 파쇄는 롤 사이로 배출될 때까지 계속되며 파쇄조각은 재배열되면서 더욱 충진되어 입자층 공극률은 50~60%에서 76~85%까지 증가한다.

그림 6.30에서 보는 바와 같이 고압파쇄가 시작되는 지점에서의 롤 간격을 x_c라 할 때 물질의 하부 이동량은 다음과 같이 표현된다.

$$Q = \rho_s(1-\theta_c)x_c Lu\cos\alpha_c \quad \text{t/h} \tag{6.51}$$

ρ_s는 고체밀도, θ_c는 입자층의 공극률, L은 롤 길이, u는 롤의 주변 회전 속도, α_c는 고압 파쇄 지점에서 수평과 이루는 각도이다.

롤을 통과하여 배출되는 입자 띠의 두께를 x_g라 할 때 배출량은 다음과 같다.

$$Q = \rho_s(1-\theta_g)x_g Lu \quad \text{t/h} \tag{6.52}$$

θ_g는 배출 물질의 공극률이다. $\cos\alpha_c$는 x_c, x_g 및 롤 직경 D와 다음과 같은 관계가 있다.

$$\cos\alpha_c = 1-(x_c - x_g)/D \tag{6.53}$$

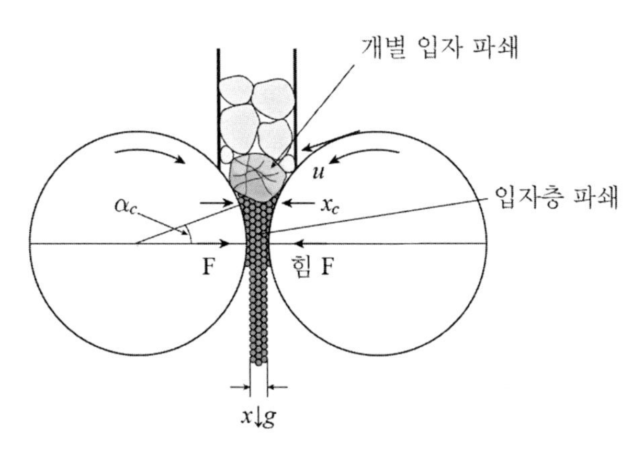

그림 6.30 고압 롤러 밀에서의 입자 이동과 파쇄 양상

정상상태에서 물질 흐름량은 동일해야 하므로 식 (6.51), (6.52), (6.53)을 조합하면 다음 관계식이 성립한다.

$$\frac{x_g}{D}=\left(1-\frac{x_c}{D}\right)\Big/\left(\frac{1-\theta_g}{1-\theta_c}\frac{D}{x_c}-1\right) \tag{6.54}$$

위 식을 x_c/D에 대해 정리하면 다음과 같다.

$$\frac{x_c}{D}=\frac{1}{2}\left(1+\frac{x_g}{D}-\sqrt{\left(1+\frac{x_g}{D}\right)^2-4\frac{1-\theta_g}{1-\theta_c}\frac{x_g}{D}}\right) \tag{6.55}$$

x_g/D의 값은 매우 작으므로 x_c/D는 다음과 같은 근사식으로 표현된다.

$$\frac{x_c}{D}=\frac{1-\theta_g}{1-\theta_c}\frac{x_g}{D} \tag{6.56}$$

위 식을 식 (6.53)에 대입하면 다음과 같이 정리된다.

$$\cos\alpha_c=1-\frac{x_g}{D}\left(\frac{1-\theta_g}{1-\theta_c}-1\right) \tag{6.57}$$

위 식을 식 (6.51)에 대입하여 정리하면 HPRM 처리용량식은 다음과 같이 표현된다.

$$Q=k\rho_s uDL \quad t/h \tag{6.58a}$$

$$k=(1-\theta_c)(\cos\alpha_c)(1-\cos\alpha_c)\ \frac{1-\theta_g}{\theta_c-\theta_g} \tag{6.58b}$$

$k\left(=\dfrac{Q}{\rho_s uDL}\right)$의 값은 일정 재료에 대해 HPRM의 성능을 나타내는 고유 인자로 실험을 통해 결정되며 설계 인자로 이용된다. Morrell 등(1997)은 실험을 통해 k에 대하여 다음과 같은 경험식을 제시하였다.

$$k=F_u(1+s\log F_{sp}) \tag{6.59a}$$

$$F_u=a_1z^2+a_2z+a_3 \tag{6.59b}$$

$$z=u\sqrt{2/gD} \tag{6.59c}$$

s 및 a_i는 재료특성에 따른 상수로 실험에 의해 결정되며, F_{sp}는 specific grinding force로 $F_{sp} = F/DL$이다.

6.2.3.2 고압 롤러 밀 소요 동력

일반적으로 물체의 회전에 필요한 동력은 토크 × 각속도로 계산된다. HPRM의 두 롤에 F의 힘이 가해질 때 발생되는 토크, T는 다음과 같다.

$$T = 2\left(\frac{D}{2}\right)F\sin\beta = DF\sin\beta \tag{6.60}$$

β는 물질에 F가 가해지는 유효 각도로 α_c보다 작다. β는 매우 작기 때문에 $\sin\beta \approx \beta$이며 따라서 소요 동력은 다음과 같다.

$$P = T\omega = (DF\beta)\omega = 2\beta uF \tag{6.61}$$

ω는 각속도, u는 선속도이다.

Morrell 등(1997)이 제시한 β에 대한 경험식은 다음과 같다.

$$\beta = B_u(1 + b\log F_{sp}) \tag{6.62a}$$

$$B_u = c_1 z^2 + c_2 z + c_3 \tag{6.62b}$$

b 및 c_i는 재료특성에 따른 상수로 실험에 의해 결정된다.

HPRM에서 롤에 작용하는 압력은 위치에 따라 일정하지 않다. 따라서 입자에게 가해지는 힘은 롤 표면에 작용하는 압력을 표면 적분하여 얻어진다. 롤의 단면적은 DL이므로 grinding force F는 다음과 같이 표현된다.

$$F = k_2 LD \quad \mathrm{N/m^2} \tag{6.63}$$

k_2는 비례상수로 specific grinding pressure라 한다. k_2의 값은 한쪽 롤에 가해지는 유압의 스프링 상수의 크기로 정해진다.

일반적으로 물체의 회전에 필요한 동력은 force × velocity이므로 HPRM의 소요 동력은 다음과 같이 표현된다.

$$m_p = k_3 F u = k_3 k_2 u D L \qquad (6.64)$$

k_3는 비례상수로 측정된 m_p와 F로부터 측정할 수 있으며, $k_3 = m_p / Fu$이다.

따라서, 단위 질량당 HPRM 파쇄에너지는

$$E = k_2 k_3 / k_1 \rho_s \qquad J/t \qquad (6.65)$$

또는,

$$E = k_2 k_3 / 3.6 k_1 \rho_s \qquad kWh/t \qquad (6.66)$$

따라서, 단위 질량당 HPRM 파쇄에너지는 밀 크기와 회전속도에 독립적이다. 파쇄 특성에 가장 크게 영향을 주는 변수는 k_2로 그 값이 증가하면 grinding force가 높아져 파쇄 정도가 심해지며 파쇄에너지도 증가한다.

6.2.3.3 고압 롤러 밀 운영

식 (6.51)에서 나타난 바와 같이 HPRM의 처리용량은 롤 회전속도가 빨라질수록 증가한다. 그러나 회전속도가 지나치게 빠르면 입자가 롤 속으로 끌려 들어가지 않고 튕기는 현상이 발생하여 처리용량이 감소할 수 있다. Klymowsky 등(2002)이 제시한 적절 롤 둘레 선속도 V_P는 다음과 같다.

i) 롤 직경 < 2m, $V_P \leq 1.35\sqrt{D}$

ii) 롤 직경 > 2m, $V_P \leq \sqrt{D}$

HPRM의 feed 입자의 크기는 x_g에 비해 너무 크거나 작지 않아야 한다. 또한 시료의 강도와 롤 표면 형태에 따라 적절한 feed의 입도는 달라질 수 있다. 강도가 높은 시료일수록 feed 입도는 x_g에 비해 작아야 한다(표 6.10 참조). 롤 표면이 매끄러울 경우에는 x_g의 3배 크기의 입자까지 투입이 가능하며 요철 표면일 때는 x_g보다 작아야 한다.

표 6.10 입자의 강도 및 롤 표면특성에 따른 feed 적절 입도

시료 종류	강도	Feed size/x_g 비
연약 시료	< 100MPa	Up to 1.5
강 시료	> 250MPa	≤ 1

HPRM에 의한 파쇄산물의 입도는 투입 에너지가 동일할 경우 볼 밀이나 로드 밀에 비해 미세한 것으로 알려져 있다. 그림 6.31은 한 예로 투입 에너지가 동일한 경우(4kWh/t) HPRM의 파쇄산물의 입도분포는 볼 밀과 로드 밀보다 미세한 것을 알 수 있다(Morsky 등, 1995).

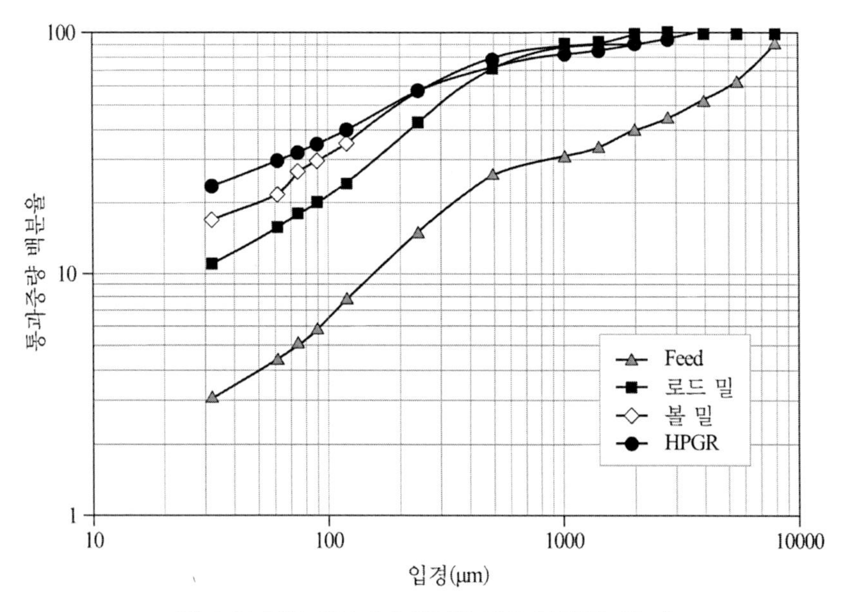

그림 6.31 투입 에너지가 동일할 경우 분쇄입도의 비교

6.2.3.4 고압 롤러 밀 파쇄 모델

HPRM 파쇄산물의 입도분포 예측을 위해 다양한 수학적 모델이 제시되었으며 이 중 몇 가지를 소개하면 다음과 같다.

Fuerstenau 등(1991)이 제시한 모델은 에너지에 기초한 population balance 모델로 다음과 같다.

$$\frac{dw_i(E)}{dE} = -S_i^0 w_i(E) + \sum_{j=1}^{i-1} b_{ij} S_i^0 w_j(E) \tag{6.67}$$

$w_i(E)$는 투입 에너지가 E일 때의 입도분포, S_i^0는 정규화된 분쇄율, b_{ij}는 분쇄분포이다.

HPRM에서는 입자층이 압축되는 현상이 발생한다. 입자층이 압축되면 다짐현상이 발생하여 에너지가 증가한 만큼 파쇄가 일어나지 않는다. 따라서 분쇄율 S_i는 주어진 압력에 비해 에너지 효율이 감쇠되는 다음과 같은 식으로 표현되었다.

$$S_i = S_i^0 \frac{P}{E^y}; \qquad 0 \le y < 1 \tag{6.68}$$

위 식을 (6.67)에 대입하면 다음과 같이 전개된다.

$$\frac{dw_i(E')}{dE'} = - S_i^0 w_i(E') + \sum_{j=1}^{i-1} b_{ij} S_i^0 w_j(E') \tag{6.69a}$$

$$E' = \frac{1}{1-y} E^{1-y} \tag{6.69b}$$

위 식에 Reid 해를 적용하면 에너지 E에 따른 파쇄산물의 입도분포는 다음과 같이 계산된다.

$$w_i(t) = \sum_{j=1}^{i} a_{ij} \exp\left(- \overline{S}_i^0 E^{1-y}\right), \qquad n \ge i \ge 1 \tag{6.70a}$$

$$\overline{S}_i^0 = \frac{S_i^0}{1-y} \tag{6.70b}$$

$\overline{S}_i^0$과 B_{ij}는 분쇄속도론과 동일하게 다음과 같은 함수 형태를 따른다고 가정하였다.

$$\overline{S}_i^0 = A^0 x_i^{\alpha} / (1 + Q x_i^q) \tag{6.71a}$$

$$B_{ij} = \left(\frac{x_{i-1}}{x_j}\right)^{\gamma} + (1-\phi)\left(\frac{x_{i-1}}{x_j}\right)^{\beta} \tag{6.71b}$$

따라서, $y, A^0, \alpha, q, Q, \phi, \gamma, \beta$의 8개 인자가 결정되면 HPRM의 파쇄산물의 입도분포를 예측할 수 있다. Fuerstenau 등은 실험자료와 예측 결과를 비교하여 역계산 방법으로 8개 파라미터를 추정하였다. 그림 6.32a는 8×10mesh 석영입자에 대해 실험값을 바탕으로 역계산된 $\overline{S}_i^0$과 B_{ij}를 나타낸 것이다. B_{ij}는 일반적으로 나타나는 형태이나 $\overline{S}_i^0$는 입도크기에 따라 크게 변함이 없는 특이한 형태를 나타내고 있다. 그림 6.32b에 보는 바와 같이 계산된 결과는 실험자료와 잘 일치한다. 그러나 역계산에 의해 도출된 것이기 때문에 다른 조건에서 적용될지는 추가 연구가 필요하다.

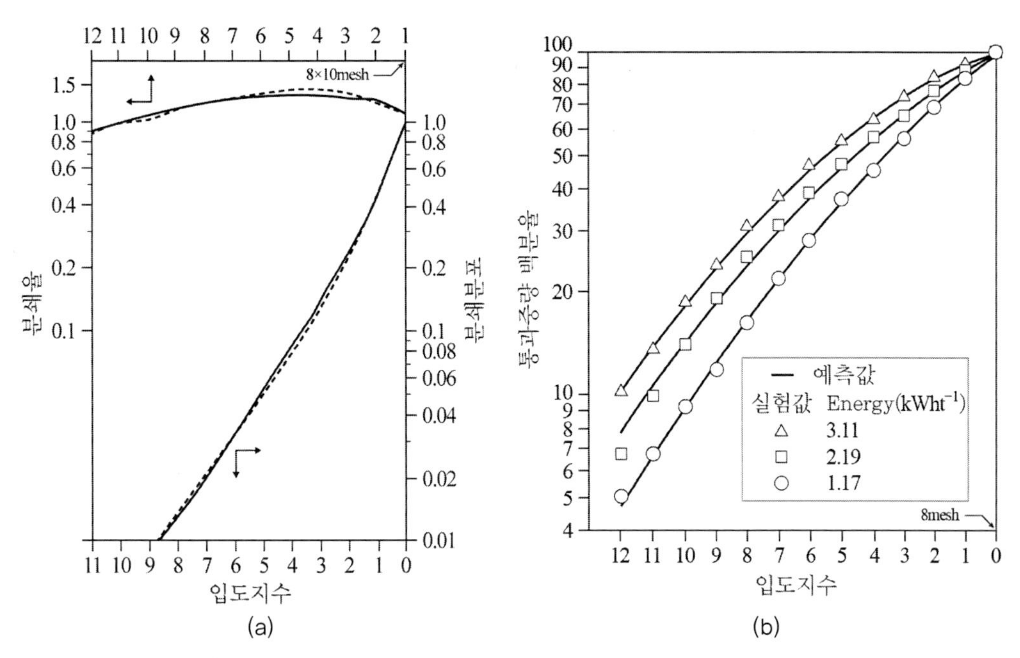

그림 6.32 고압 롤러 밀의 분쇄특성: (a) 분쇄율과 분쇄분포, (b) 실험값과 모델 예측값의 비교

Morrell 등(1997)이 제시한 모델은 Whiten의 콘 크러셔 모델(1972)을 HPRM에 적용한 것이다. 이미 언급한 바와 같이 HPRM에서의 파쇄는 pre-crushing 단계와 고압파쇄 단계로 구성된다. 이러한 관점에서 HPRM은 일반적인 롤 크러셔와 고압파쇄기 두 개가 연결된 파쇄기로 생각할 수 있다. 고압파쇄 단계에서는 롤 중앙부분에 입력이 집중되며 가장자리에는 압력이 높지 않다. 결과적으로 롤 중앙부분과 가장자리에서의 파쇄는 다른 양상을 보인다. 이러한 특성을 반영하여 Morrel은 그림 6.33과 같이 pre-crushing을 거친 후 일부는 중앙부에 일부는 가장자리에서 파쇄되는 모델을 제시하였다.

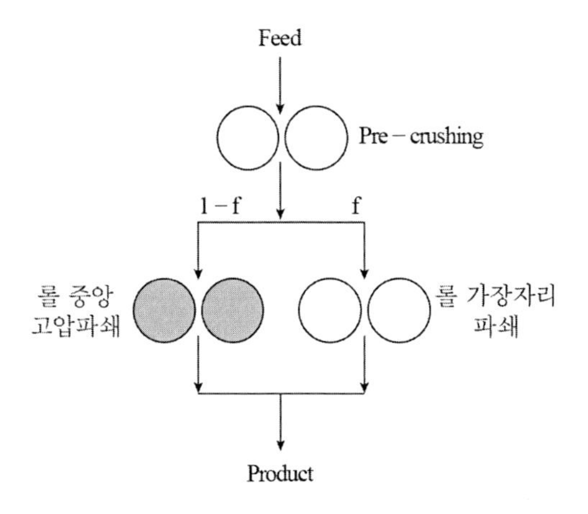

그림 6.33 Morrell 고압 롤러 밀 모델

Pre-crushing 영역과 롤 edge에서의 파쇄양상은 입자가 개별로 파쇄되는 일반 롤 크러셔에서와 같다고 가정되며 각각 롤 간 간격 x_c와 x_g에서 파쇄 실험을 통해 얻어진다. 롤 edge로 보내지는 비율 f는 다음과 같은 경험식을 통해 결정된다.

$$f = \gamma \frac{x_g}{L} \tag{6.72}$$

γ는 분배상수이다. 롤 중앙 고압파쇄 영역에서의 파쇄양상은 Whiten 모델을 적용한다. 전 장에서 논의한 바와 같이 파쇄산물의 입도분포는 분쇄분포함수 B와 분급함수 C를 이용해 계산된다.

$$\mathrm{P} = (\mathrm{I}-\mathrm{C})\ (\mathrm{I}-\mathrm{BC})^{-1}\mathrm{F} \tag{6.73}$$

분급함수 C는 다음과 같은 함수를 이용해 계산된다.

$$C(x) = \begin{cases} 1 & \text{for}\, x > K_2 \\ 1-\left(\dfrac{K_2 - x}{K_2 - K_1}\right) & \text{for}\, K_1 < x < K_2 \\ 0 & \text{for}\, x < K_1 \end{cases} \tag{6.74}$$

K_2는 x_g로 설정되며 K_1과 n은 실험자료의 모델 결과를 비교하여 결정된다.

분쇄분포함수는 t_{10} 지수를 이용하여 추정하였다. 제4장에서 논의된 바와 같이 t_{10} 지수는 투입 에너지에 따른 파쇄산물의 미세정도를 나타내는 지수로 $t_{10} - t_n$의 관계식으로부터 파쇄산물의 전체적인 입도분포를 예측할 수 있다. 따라서 HPRM에 가해진 에너지로부터 파쇄산물의 입도분포를 계산한다. 그림 6.34는 이러한 방법으로 계산된 입도분포와 실험자료를 비교한 것으로 두 결과가 어느 정도 일치하고 있음을 보여주고 있다.

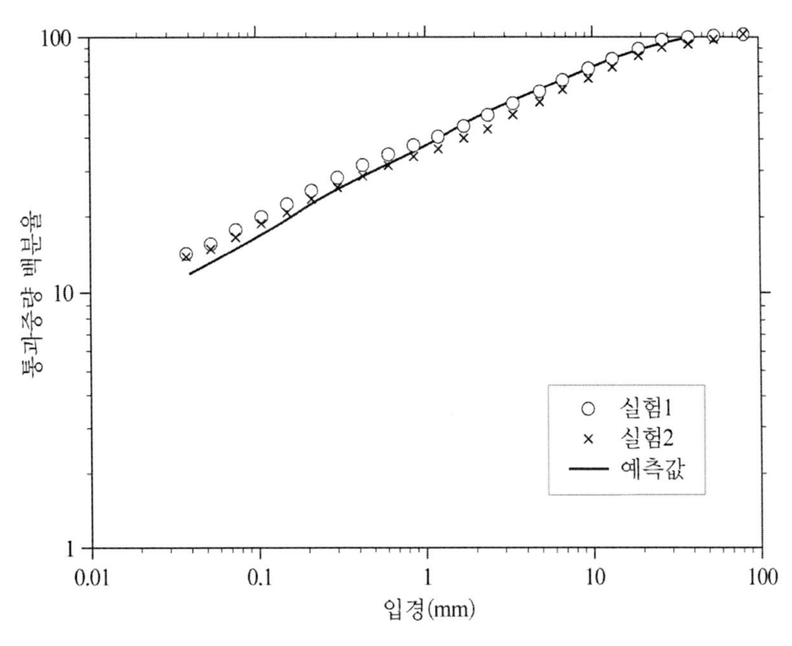

그림 6.34 실험값과 모델 예측 입도분포의 비교

Torres와 Casali(2009)가 제시한 모델은 Fuerstenau 모델과 Morrell 모델을 결합, 발전시킨 것으로 구성은 그림 6.35와 같다.

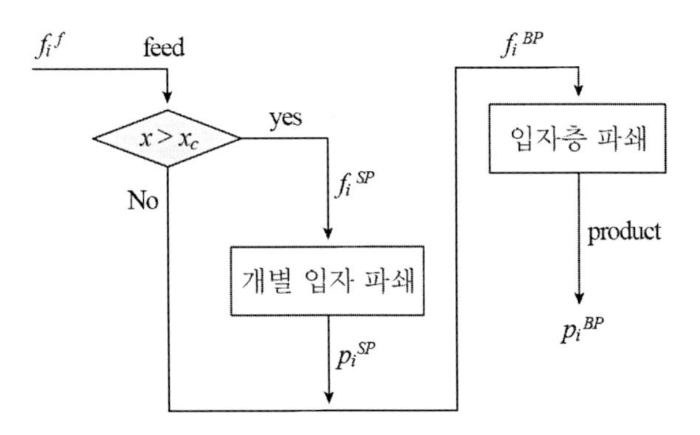

그림 6.35 Torres와 Casali 고압 롤러 밀 모델

투입된 feed는 먼저 개별 입자 파쇄단계를 거친다. 다만 x_c보다 큰 입자만 파쇄되며 파쇄 입자의 입도분포는 다음과 같이 행렬식으로 계산된다.

$$p_i^{SP} = \sum_{i=1}^{n} b_{ij} f_i^{sp} \tag{6.75}$$

f_i^{sp}와 p_i^{SP}는 개별 입자 파쇄단계에 투입된 feed와 산물의 입도분포, b_{ij}는 분쇄분포이다. 개별 입자 파쇄단계를 거친 입자와 by-pass된 입자는 합쳐져 두 번째 고압파쇄 단계로 보내진다. 이미 언급한 바와 같이 롤에 가해지는 압력은 그림 6.36과 같이 중앙부분이 높고 가장자리가 낮다. Morrell모델에서는 중앙부분과 가장자리 부분으로 이분하여 파쇄양상을 묘사하였으나 Torres모델에서는 N 구간으로 나누어 구간별 파쇄양상을 묘사하였다.

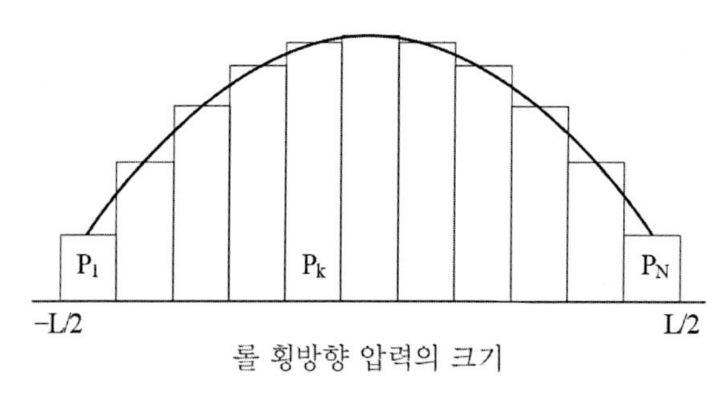

그림 6.36 롤 면 위치에 따라 가해지는 압력의 분포

물질의 하부이동 속도가 v_z라 할 때 임의 압력구간 k에 대한 입도-물질 수지공식은 다음과 같이 표현된다.

$$v_z \frac{d(m_{i,k}(z))}{dz} = \sum_{j=1}^{i-1} S_{j,k} b_{ij} m_{i,k}(z) - S_{i,k} m_{i,k}(z) \tag{6.76}$$

$m_{i,k}$는 k구간에서의 입도 i 구간 입자의 질량비율, $S_{i,k}$는 k구간에서의 입도 i 구간 입자의 분쇄율이다. b_{ij}는 분쇄분포로 압력에 관계없이 일정하다고 가정하였다.

경계조건 $m_{i,k}(z=0) = f_i^{SP}$, $m_{i,k}(z=z^*) = p_{i,k}$, $z^* = \frac{D}{2}\sin\alpha_c$를 적용하여 위 식의 해를 구하면 k구간에서의 파쇄산물 입도분포는 다음과 같이 표현된다.

$$p_{i,k} = \sum_{j=1}^{i} A_{ij,k} \exp\left(-\frac{S_{j,k}}{v_z} z^*\right) \tag{6.77a}$$

$$A_{ij,k} = \begin{cases} f_i^{BP} - \sum_{j=1}^{i-1} A_{ij,k} & , \ i = j \\ \frac{1}{S_{i,k} - S_{j,k}} \sum_{k=j}^{i} S_{i,k} b_{ij} A_{ij,k}, & i > j \end{cases} \tag{6.77b}$$

최종 파쇄산물의 입도분포 p_i^{BP}는 구간별 $p_{i,k}$를 합산하여 구할 수 있다. 위 식은 분쇄속도론과 같은 형태로 t가 $\frac{z^*}{v_z}$로 대체된 것이다. $S_{i,k}$와 b_{ij}또한 다음과 같이 분쇄속도론과 같은 형태의 함수가 이용되었다.

$$S_{i,k} = S_{1,k}\left(\frac{x_i}{x_1}\right)^{\alpha} \tag{6.78a}$$

$$B_{ij} = \left(\frac{x_{i-1}}{x_j}\right)^{\gamma} + (1-\phi)\left(\frac{x_{i-1}}{x_j}\right)^{\beta} \tag{6.78a}$$

다만 분쇄율은 압력에 따라 변하며 다음과 같이 계산된다.

$$S_{1,k} = \frac{P_k}{H_k} S_1^0 \tag{6.79}$$

P_k은 k구간의 압력, H_k는 k구간의 물질의 양, S_1^0은 입도 1구간의 표준 분쇄율이다. 그림 6.37은 모델 예측결과와 실험결과를 비교한 것으로 비교적 잘 일치하고 있다.

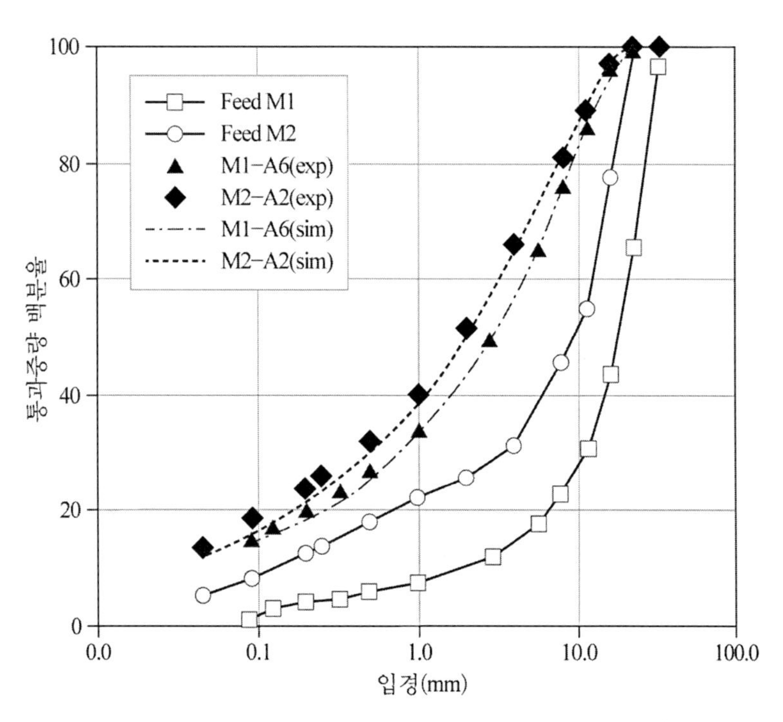

그림 6.37 실험값과 모델 예측 입도분포의 비교

6.2.4 햄머 밀

햄머 밀은 강한 충격을 가하여 입자를 파쇄하는 장비이다. 충격은 고속으로 회전하는 햄머에 의해 가해지며 강한 충격량에 의해 입자는 완전 파괴된다. 압력에 의해 파쇄된 산물의 상태와 충격에 의해 파쇄된 산물의 상태에는 큰 차이가 있다. 압력에 의해 파쇄된 산물은 내부에 응력이 잔존하여 차후 스스로 균열이 발생될 수 있다. 이에 반해 충격을 받은 입자는 즉각적인 파쇄가 일어나며 잔존 응력이 존재하지 않는다. 따라서 햄머 밀 분쇄산물은 건축재료나 도로 기반재로 적합하며 채석장에서 광범위하게 사용된다.

햄머에는 자유롭게 회전하는 피봇형과 고정형이 있다(그림 6.38). 피봇형 햄머들은 고정형 햄머보다 충격량이 낮기 때문에 소형파쇄기나 연성의 광석을 파쇄하는 데 적합하다. 밀의 하부에는 체가 장착되어 파쇄된 산물 중 체 눈의 크기보다 작은 입자만 배출되며 큰 입자는 빠져나가지 못하고 회전하는 햄머에 의해 재차 파쇄된다. 햄머 밀 내부의 많은 입자는 햄머에 실려 같은 속도로 움직이기 때문에 입자들 간에 마찰 현상이 발생되며 이에 따라 압축형의 파쇄기보다 미분 발생률이 높다.

햄머들은 망간강이나 내마모성이 우수한 크롬탄화강으로 제조된다. 햄머 1개당 100kg 이상 무게가 나가며, 최대 20cm 크기의 암석을 처리할 수 있다. 피봇형 햄머는 500에서 3000rpm 속도로 회전한다. 이에 따라 강도가 높은 암석을 파쇄할 경우 마모가 심하게 발생될 수 있다.

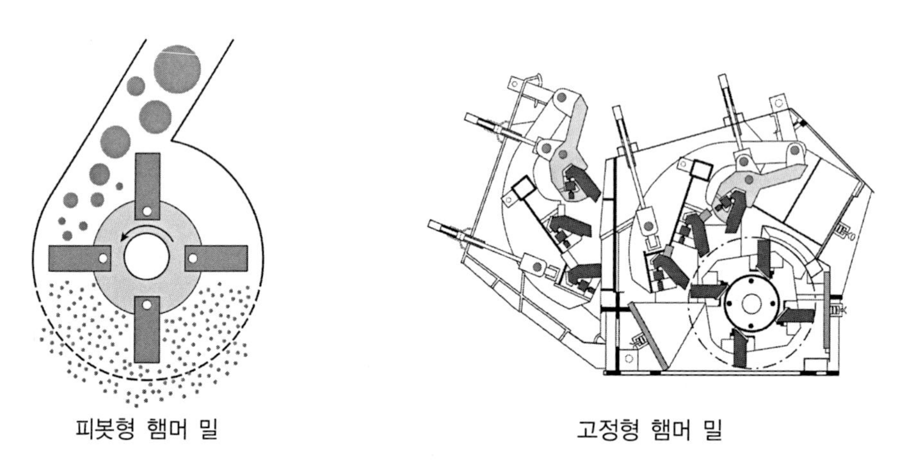

그림 6.38 햄머 밀

고정형 햄머는 암석의 크기가 매우 클 때 주로 사용된다. 그러나 기계적 부하가 높기 때문에 햄머는 pivot 형보다 낮은 250~500rpm 속도로 회전하며 feed도 회전의 접선방향으로 투입된다. 파쇄된 입자는 체를 통하지 않고 햄머 끝과 타격판 사이로 배출된다. 타격판과 햄머 끝 사이 간격은 밀 하부로 갈수록 좁아지며 더욱 작은 크기로 파쇄된다.

대형 햄머 밀은 1.5m 크기의 원광을 20cm 크기로 시간당 1500톤까지 처리할 수 있다. 햄머 밀에서는 햄머의 고속 회전으로 때문에, 조 크러셔나 자이레토리 크러셔에 비해 햄머와 챔버벽의 마모율이 심하다. 따라서 석영 함유량이 15% 이상 함유된 광석에는 햄머 밀 사용이 부적합하다. 햄머 밀은 높은 파쇄비(최대 40:1)가 요구되거나 미분 생성이 바람직할 때 적합하다.

6.2.4.1 햄머 밀 운전변수

햄머 밀 분쇄성능에 영향을 주는 운전변수들은 햄머 회전속도 및 체 눈 크기 등이 있다. 이 운전변수 영향에 대한 보고는 많지 않으나 일반적으로 햄머의 회전속도가 증가할수록, 체 눈 크기가 작아질수록 분쇄산물의 입도는 감소한다.

그림 6.39는 1.6~1.0mm 크기의 황산알루미늄 입자에 대한 실험자료로 이러한 경향을 잘 나타내고 있다(Hajratwala, 1982). 체 눈 크기가 2.0mm, 1.5mm, 1.0mm로 점점 감소할수록 분쇄산물의 입도는 더욱 미세해져 평균 입도는 0.59mm, 0.43mm, 0.28mm로 점점 작아진다. 특이한 점으로 체 눈 크기가 감소할수록 분쇄산물의 입도분포 범위가 좁아진다(그림 6.39a). 또한 햄머 회전속도가 증가할수록 미세한 분쇄산물이 배출된다(그림 6.39b). 그러나 그림 6.39c에서 나타난 바와 같이 회전속도의 영향은 체 눈 크기가 작아질수록 줄어든다. 따라서 햄머 밀 분쇄산물의 입도분포는 햄머의 회전속도보다는 체 눈 크기에 더 영향을 받는다.

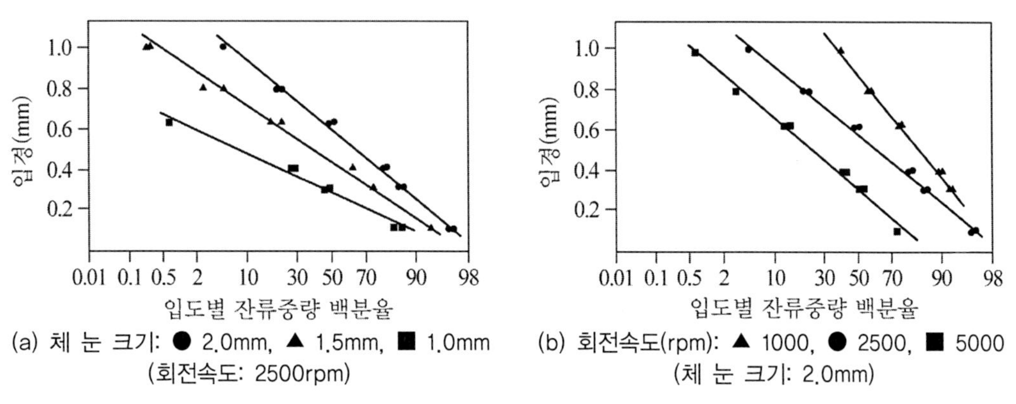

(a) 체 눈 크기: ● 2.0mm, ▲ 1.5mm, ■ 1.0mm (회전속도: 2500rpm)

(b) 회전속도(rpm): ▲ 1000, ● 2500, ■ 5000 (체 눈 크기: 2.0mm)

그림 6.39 체 눈 크기 및 햄머 회전속도에 따른 분쇄산물의 입도분포

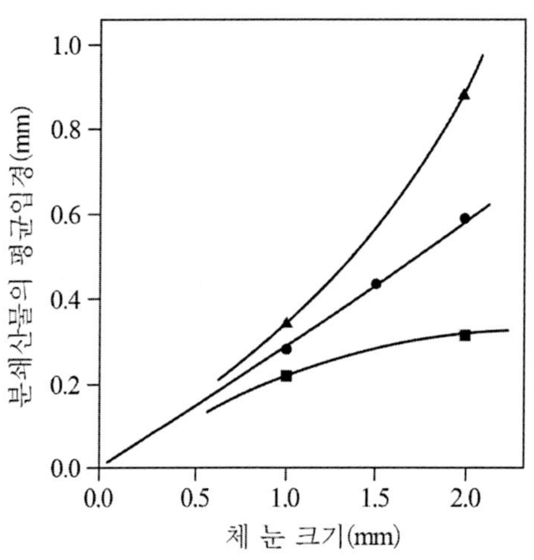

(c) 체 눈 크기에 따른 회전속도의 영향: ▲ 1000rpm; ● 2500rpm; ■ 5000rpm

그림 6.39 체 눈 크기 및 햄머 회전속도에 따른 분쇄산물의 입도분포(계속)

6.2.4.2 햄머 밀 파쇄 모델

햄머 밀의 내부는 고속으로 회전하는 햄머에 의한 완전 혼합 반응기로 생각할 수 있다. 앞의 장에서 논의된 바와 같이 완전 혼합의 경우 입도-물질 수지식은 다음과 같이 표현된다.

$$p_i = f_i + \sum_{j=1}^{i-1} b_{ij} S_j m_j \frac{W}{F} - S_i m_i \frac{W}{F} \tag{6.80}$$

p_i : 파쇄산물 입도분포

f_i : feed 입도분포

b_{ij} : 분쇄분포

S_i : 분쇄율

m_i : 파쇄기 내부에 존재하는 입자의 입도분포

W : 파쇄기 내부에 존재하는 입자의 질량

F : feed 시간당 투입량

그러나 배출산물은 체에 의해 분급과정을 거친다. 따라서 햄머 밀은 분급기가 장착되어 있는 폐회로 공정으로 생각할 수 있다. 이를 반영하여 Austin(1979)은 그림 6.40과 같은 햄머 밀 모델을 제시하였다.

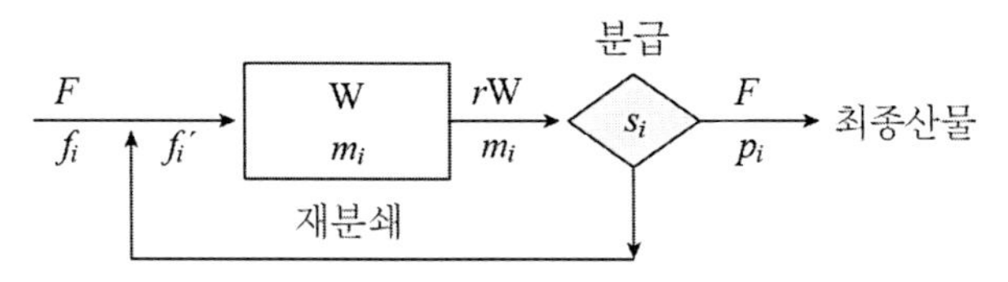

그림 6.40 Austin 햄머 밀 모델

일반적인 폐회로 공정에서는 파쇄된 산물이 모두 분급기에 투입되나 본 모델에서는 파쇄기 내부에 존재하는 입자 중 일정 비율 r만큼만 분급기에 투입된다고 가정하였다. 이는 햄머의 고속 회전으로 모든 입자들이 분급기에 보내지지 않고 햄머와 같이 회전하는 특성이 반영된 것이다.

따라서 분급기 전, 후 입도–물질 수지식은 다음과 같이 표현된다.

$$p_i F = r(1 - s_i) m_i W \tag{6.81}$$

위 식을 식 (6.80)에 대입하면 다음과 식이 성립한다.

$$r(1 - s_i) m_i \frac{W}{F} = f_i + \sum_{j=1}^{i-1} b_{ij} S_j m_j \frac{W}{F} - S_i m_i \frac{W}{F} \tag{6.82}$$

$\frac{W}{F} = \tau$(평균 체류시간)로 대체하고 위 식을 정리하면 다음과 같다.

$$\gamma_i = (S_i m_i \tau) = \frac{f_i + \sum_{j=1}^{i-1} b_{ij} \gamma_j}{1 + r(1 - s_i)/S_i} \tag{6.83}$$

γ_i는 위 식으로부터 주어진 S_i, b_{ij}, $r(1 - s_i)$의 값에 대해서 순차적으로 계산된다.

식 (6.80)은 γ_i의 함수로 다음과 같이 표현된다.

$$p_i = f_i + \sum_{j=1}^{i-1} b_{ij} \gamma_j - \gamma_i \tag{6.84}$$

따라서 위 식으로부터 계산된 γ_i를 대입하여 최종 산물의 입도분포, p_i를 계산할 수 있다.

Kwon 등(2014)은 위 모델을 이용하여 석탄시료에 대해 다양한 조건에서 햄머 밀 성능을 분석하였다. 그림 6.41은 타공 체 눈 크기가 3.6mm일 때 feed 투입량 변화에 따른 파쇄산물의 입도분포를 나타낸 것이다. Feed 투입량이 낮은 범위에서는 파쇄산물의 입도분포는 거의 유사하나 투입량이 더욱 높아지면 파쇄산물의 입도가 점점 미세해지는 것을 알 수 있다.

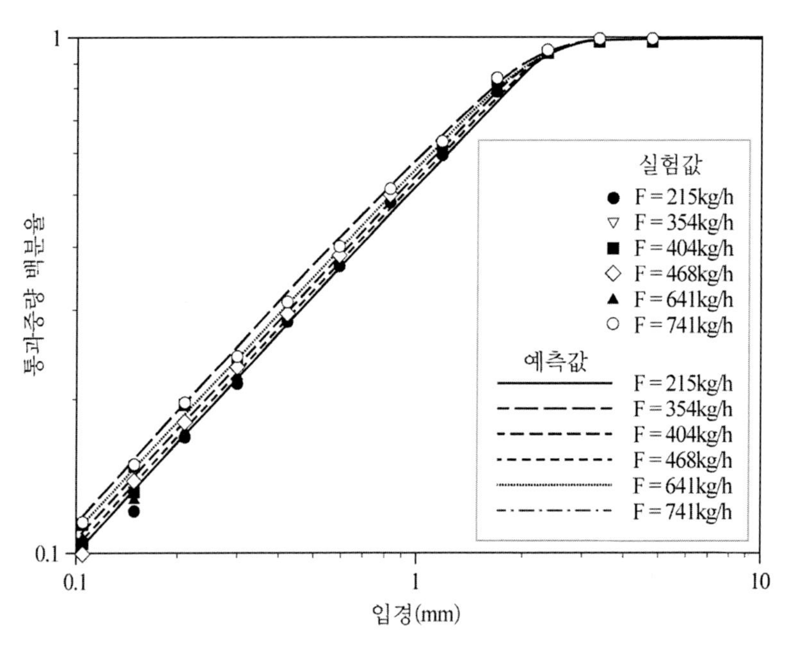

그림 6.41 실험값과 모델 예측 입도분포의 비교

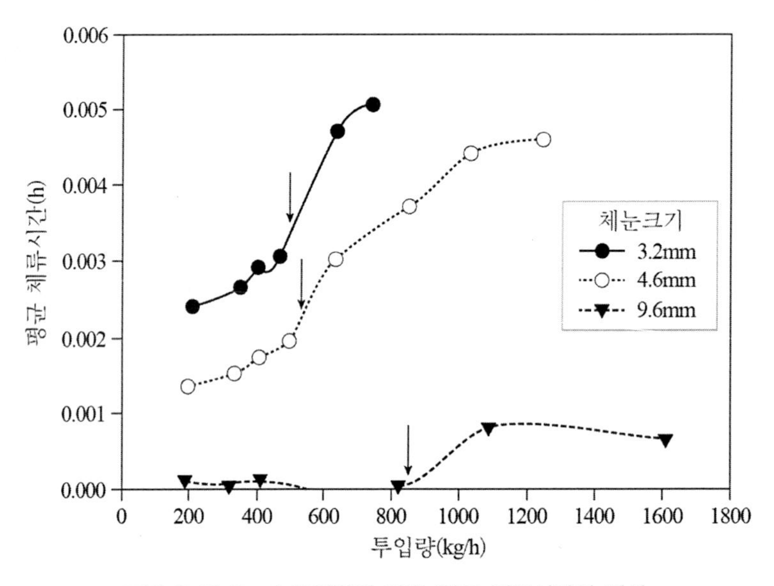

그림 6.42 Feed 투입량에 따른 평균 체류시간의 변화

그림 6.42는 투입량에 따른 평균 체류시간을 나타낸 것으로 이를 반영하고 있다. 일반적으로 체 눈 크기가 커지면 평균체류시간은 감소한다. 그러나 체 눈 크기에 관계없이 feed 투입량이 낮을 때는 평균체류시간은 크게 변하지 않으나 임계점을 초과하면 급격히 증가하는 것을 알 수 있다. 이 임계점을 지나면 파쇄산물의 입도도 변화가 일어나지만, 그 정도는

그림 6.41에서 알 수 있듯이 그리 크지는 않다. 이는 통과형 파쇄기에서 나타나는 전형적인 특징으로 볼 밀과 같은 체류형 분쇄기와는 달리 파쇄산물의 입도분포는 feed 투입량에는 크게 영향을 받지 않고 주로 체 눈 크기에 의해 결정된다.

Austin모델에서의 r과 τ는 실험자료와 비교하여 역계산된 것으로 도출된 인자가 햄머 밀에서 일어나는 실제 현상이 반영된 것인지는 불확실하다. 이에 Shi 등(2003)은 행렬모델에 기반한 햄머 밀 모델을 제시하였다. 제시된 모델에 그림 6.43에서와 같이 투입된 입자는 입도 크기에 따라 선택적으로 1차 분쇄되며 분쇄된 산물은 다시 2차의 선택 분쇄과정을 거치고 최종적으로 체에 의해 분급작용을 받은 후 배출된다.

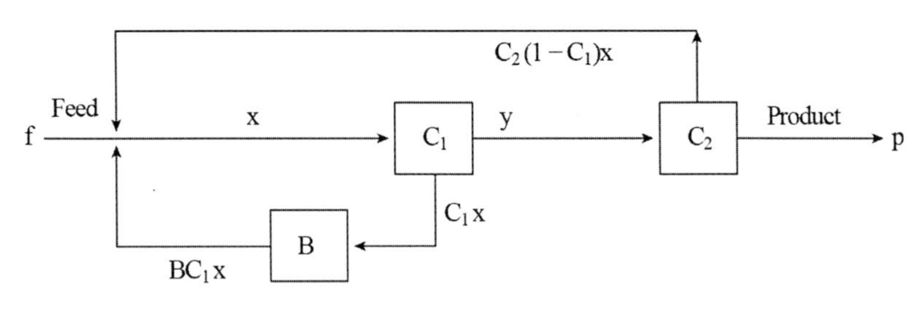

그림 6.43 Shi 햄머 밀 모델

f, x, p는 입도별 흐름량을 나타내는 벡터이며, B는 분쇄분포 행렬, C_1, C_2는 전후 선택함수와 분급함수로 나타내는 대각행렬이다. 회로 흐름별 입도-물질 수지식은 다음과 같이 표현된다.

$$f + BC_1x + C_2(1 - C_1)x = x \tag{6.85}$$

$$y = x - C_1x = p + C_2(1 - C_1)x \tag{6.86}$$

$$p = x - C_1x - C_2(1 - C_1)x \tag{6.87}$$

따라서, C_1, C_2, B가 주어졌을 때 feed f에 대한 p가 계산된다.

C_1은 식 (6.29)의 함수식이 적용되었으며, C_2는 다음의 분급함수식을 이용하였다.

$$C_2 = 1 - \epsilon\left[\frac{\exp(\alpha) - 1}{\exp\left(\alpha\frac{d}{d_{50}}\right) + \exp(\alpha) - 2}\right] \tag{6.88}$$

d는 입자크기, α는 분급효율을 나타내는 지수로 분급곡선의 기울기와 연관된다. ϵ는 by-pass, d_{50}는 분급입도이다(제9장 참조).

B는 t_{10} 지수를 이용하여 추정하였다. 따라서 모델 인자는 C_1 함수 인자인 K_1, K_2, n, C_2 함수 인자인 α, ϵ, d_{50}, t_{10}에 관련된 에너지 E (식 4.7)로 총 7개이다. 이들 인자는 서로 보완적 관계가 있기 때문에 실험결과 p와 일치하는 모델 인자는 다수의 조합으로 나타날 수 있다. 이에 Shi는 $K_1 = 0, n = 2.3, \alpha = 1.0, d_{50} =$ 체눈 크기, $E = 0.439$로 고정한 후 K_2와 ϵ의 두 인자에 대해서만 역계산하였다. 그림 6.44는 이렇게 도출된 모델인자로 예측된 입도분포와 실험결과를 비교한 것으로 두 결과는 잘 일치하고 있다.

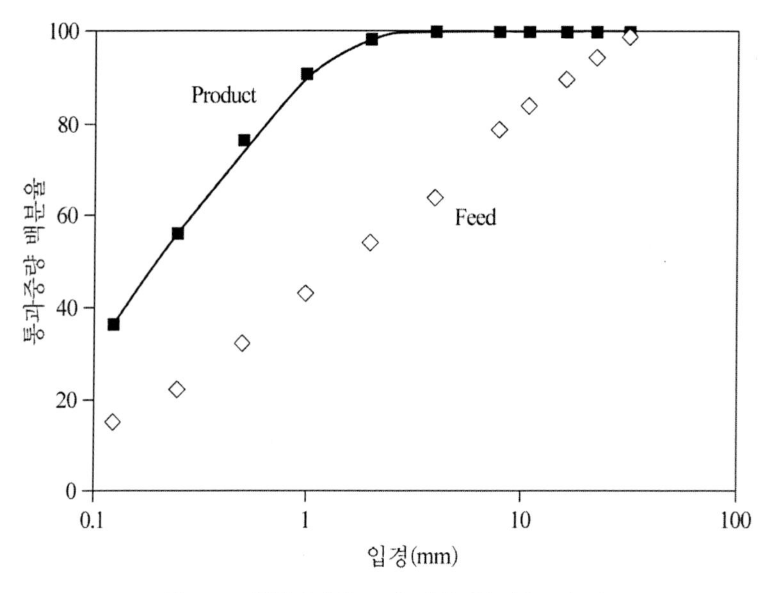

그림 6.44 실험결과와 모델 예측 입도분포의 비교

운전조건 변화에 따른 분쇄결과는 K_2와 ϵ의 값에 의해 결정된다. Shi는 햄머 직경 380mm, 밀 폭 203mm의 햄머 밀을 이용한 다양한 조건에서의 실험한 결과를 토대로 다음과 같은 회귀식을 제시하였다.

$$K_2 = \left[\beta_1 \times Gap + \beta_2 \times \exp\left(\frac{F_{20}}{F_{80}}\right)\right] \times \epsilon \tag{6.89}$$

$$\epsilon = \frac{\exp(\gamma_1 \times A_p \times F_{80}) - \exp\left(-\gamma_2 \times A_p \times \frac{T_m}{T}\right)}{\exp(\gamma_1 \times A_p \times F_{80}) + \exp\left(-\gamma_2 \times A_p \times \frac{T_m}{T}\right)} \tag{6.90}$$

Gap은 햄머 끝과 밀 벽 사이의 간격, F_{20}, F_{80}은 각각 feed의 20%와 80% 통과 입도(mm)이다. β는 모델 상수로 $\beta_1 = 0.3988$, $\beta_2 = 4.3199$로 도출되었다. A_p는 체 눈 크기(mm), T_m는 명목 처리량(실험 분쇄기 명목 처리량 = 3.0t/h), T는 feed 투입량이다. γ는 모델 상수로 도출된 값은 $\gamma_1 = 0.03388, \gamma_2 = 0.02096$이다. 그러나 회귀식은 특정 밀을 사용하여 도출되었기 때문에 햄머 밀의 형태 및 크기에 따라 달라질 수 있다.

6.3 파쇄공정 설계와 제어

최근 몇 년 동안 설치비용과 운영비를 절감하기 위해 크러셔 효율을 향상시키기 위한 노력이 지속적으로 이루어져 왔다. 자동제어장치에 의한 파쇄공정운영이 점점 증가하고, 크러셔의 대형화가 이루어지고 있으며, 이동형 파쇄시스템을 구축하여 트럭보다 콘베이어 벨트를 사용함으로써 광석 수송비용을 절감할 수 있게 하였다(Kok, 1982). 이동형 크러셔는 채광지역으로 자유롭게 이동시킬 수 있어 독립적으로 운용될 수 있도록 시스템을 갖춘 형태로, 일반적으로 조 크러셔와 햄머 밀 또는 롤 크러셔로 구성되어 있다. 시간당 처리량은 1000톤에 달하며 일부 시스템은 자이레토리 크러셔가 장착되어 시간당 6000톤을 처리할 수 있다.

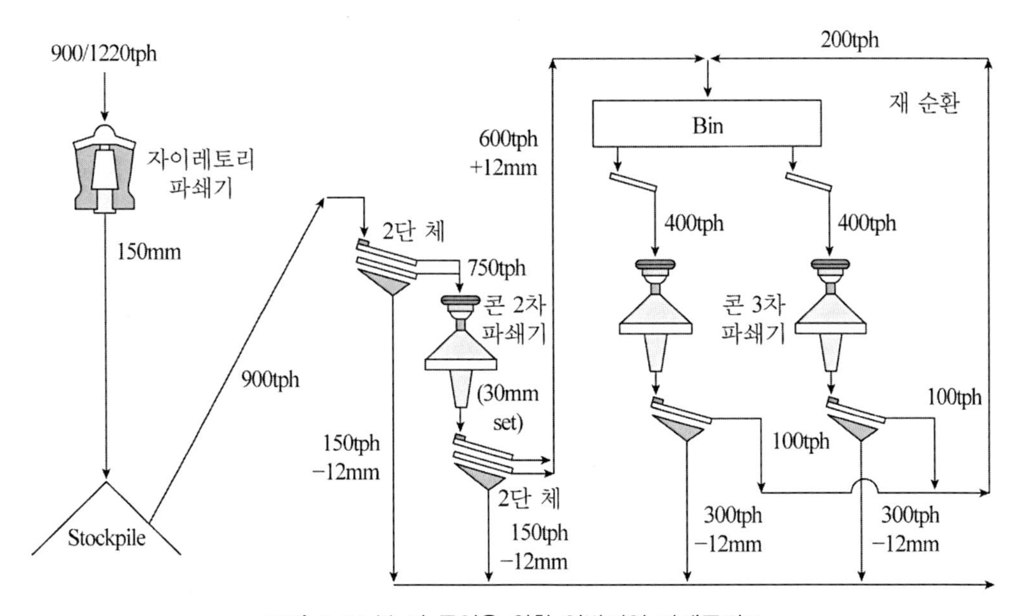

그림 6.45 볼 밀 투입을 위한 일반적인 파쇄공정도

그림 6.45는 볼 밀에 필요한 입도를 생산하기 위한 일반적인 파쇄공정 흐름도이다(Motz, 1979). 관행적으로 3차 파쇄기에 투입되기 전에 파쇄산물들을 분급하여 체 통과분은 저장소로 운반시킨다. 이러한 중간저장 방식은 3차 파쇄기의 급광량을 조절하여 보다 효율적으로 3차 파쇄가 이루어질 수 있게 한다. 또한 자동제어방식의 도입이 용이하기 때문에 최대용량으로 파쇄기를 운용할 수 있다는 장점도 존재한다.

파쇄산물은 Autogenous 밀(7장 참조)에 분쇄매체를 제공하기 위해 사용되기도 한다. 그림 6.46은 Finland의 Pyhasalmi 광산에서 이루어지는 파쇄공정으로 파쇄산물의 일부는 Lump Mill과 Pebble Mill의 분쇄매체로 사용된다(Wills, 1983). 주 파쇄는 지하에서 이루어지고, 파쇄산물은 지상 저장소로 운반되어 두 갈래로 나누어진다. 한 갈래는 표준 시몬스 콘 크러셔로 보내지며 다른 갈래는 70mm set의 그리즐리로 보내진다. 70~500mm 크기의 광석은 Coarse Lump Bin으로 운반되며 작은 광석은 콘 크러셔에서 배출된 파쇄산물과 혼합된 후 40mm와 25mm 체로 구성된 double deck screen에서 분급된다. 25mm 이하의 광석은 최종산물이 되며 25~40mm의 광석은 short head 콘 크러셔로 보내져 다시 파쇄되고 40mm보다 큰 광석은 70mm 그리즐리를 이용하여 40~70mm로 분급된 후 Pebble Bin으로 보내진다.

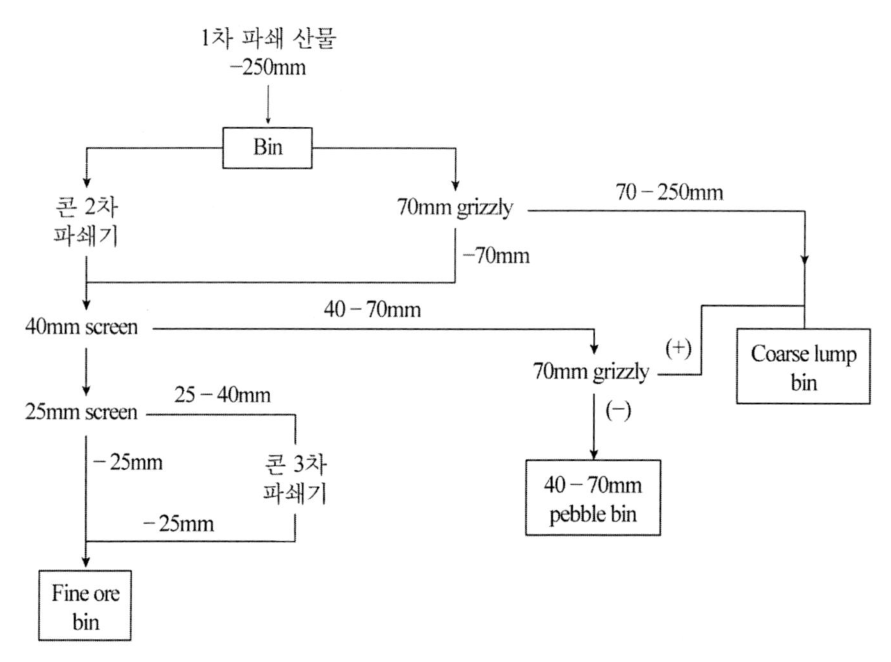

그림 6.46 Pyhasalmi 광산 파쇄공정도

최근 측정장치 및 공정제어장치의 개발로 컴퓨터에 의한 파쇄공정제어가 일반화되고 있다. 주로 많이 사용되고 있는 측정장치에는 Ore Level Detector, Oil Flow Sensor, Power Measurement Device, Belt Scales, Variable Speed Belt Drives와 Feed, Blocked Chute Detector, 입도측정장치 등이 있다. 오스트레일리아의 Mount Isa 광산의 경우 자동제어장치의 도입을 통해 생산량이 15%가 증가하였다. 자동제어장치는 1차 파쇄기보다는 2, 3차 파쇄공정에 설치되며 주로 생산량을 극대화하거나 최종산물의 입도를 조절하기 위하여 급광량, 파쇄기 set 등을 제어하려는 목적으로 운용된다.

제6장 참고문헌

Anderson, J. S., Napier-Munn, T. J. (1988). Power prediction for cone crushers. Proc. *Third Mill Operators Conference*, AusIMM, Cobar, NSW, Australia, 230-275.

Anderson, J. S., Napier-Munn, T. J. (1990). The influence of liner condition on cone crusher performance. *Minerals Engineering*, 3, 105-116.

Austin, L. G., Jindal, V. K., Gotsis, C. (1979). Model for continuous grinding in a laboratory hammer mill. *Powder Technology*, 22, 199-204.

Austin, L. G., van Orden, D. R., Perez, J. W. (1980). A preliminary analysis of smooth roll crushers. *Int. J. Miner. Process.*, 6, 321-336.

Becker, J. N. (1973). Winter Annu. Meet. ASME, Detroit, Nov. Pap. 73-WA/Prod-14.

Broman, J. (1984), Engineering and Mining Journal, June, 69.

Cleary, P. W., Delaney, G. W., Sinnott, M. D., Morrison, R. D, Cummins, S. (2017). Analysis of cone crusher performance with changes in material properties and operating conditions using DEM. *Minerals Engineering*, 100, 49-70.

Djordjevic, N., Shi, F. N., Morrison, R. D. (2003). Applying discrete element modelling to vertical and horizontal shaft impact crushers. *Minerals Engineering*, 16, 983-991.

Fuerstenau, D. W., Shukla, A., Kapur, P. C. (1991). Energy consumption and product size distributions in choke-fed, high-compression roll mills. *Int. J. Min. Process.*, 32, 59-79.

Gauldie, K. (1954). The output of gyratory crushers. Engineering, London, April 30, 557-559.

Gupta, A., Yan, D. (2016). Mineral Processing Design and Operations: An Introduction, (2nd ed.), Elsevier.

Hajratwala, B. R. (1982). Particle size reduction by a hammer mill I: effect of output screen size, feed particle size, and mill speed. *Journal of Pharmaceutical Sciences*, 71(2), 188-190.

Hersam, E. A. (1923), *Trans. AIME*, 68, 463.

Klymowsky, R., Patzelt, N., Knecht, J., Burchardt, E. (2002). Selection and sizing of high pressure grinding rolls. *Proc. Mineral Processing Plant Design Practice and Control*, SME Conference, Vancouver, 636-668.

Kock. H. G. (1982). Use of mobile crushers in the minerals industry. *Minerals Engineering*, 34, 1584.

Kwon, J., Cho, H., Lee, D., Kim, R. (2014), Investigation of breakage characteristics of low rank coals in a laboratory hammer mill. *Powder Technology,* 256, 377-384.

Lynch, A. J. (1977). *Mineral Crushing and Grinding Circuits.* Elsevier Sc. Publishing.

Magalhães, F. N., Tavares, L. M. (2014). Rapid ore breakage parameter estimation from a laboratory crushing test. *Int. J. Min. Process.*, 126(10), 49-54.

Michaleson, S. D. (1968). Crushing in the pit. *Mining Engineering,* Nov., 35-42.

Morrell, S., Lim, W., Shi, F., Tonda, L. (1997). Modeling of the HPRM Crusher. in *Comminution Practices,* S.K. Kawatra, (ed), SME/AIME, Littleton, 117-126.

Morrell, S., Napier-Munn, T. J., Andersen, J. (1992). The prediction of power draw in comminution machines. *Comminution-Theory and Practice,* K. Kawatra (ed), SME, Chapter 17, 235-247.

Morsky, P., Klemetti, M. Knuutinen, T. (1995). A comparison of high pressure roller mill and conventional grinding. Proc. XIX IMPC, Vol. 1, SME, Littleton, 55-58.

Motz, J. C. (1978). Crushing, in *Mineral Processing Plant Design,* A.L. Mular and R.B. Bhappu (ed), AIMME, New York, 203.

Otte, O. (1988). Polycom High Pressure Grinding Principles and Industrial Applications. *Proc. Third mill operation conference,* Australasian Institute of Mining and Metallurgy, Cobar, May, 131-136.

Potyondy, D. O., Cundall, P. A. (2004). A bonded-particle model for rock. *International Journal of Rock Mechanics and Mining Sciences,* 41, 1329-1364.

Rose, H. E., English, J. E. (1967). Theoretical analysis of the performance of jaw crushers. *Trans. Inst of Mining and Metallurgy,* 76, C32.

Shi, F., Kojovicb, T., Esterlec, J. S., David, D. (2003). An energy-based model for swing hammer mills. *Int. J. Miner. Process,* 71, 147-166.

Taggart, A. J. (1945). *Handbook of Mineral Dressing,* John Wiley.

Torres, M., Casali, A. (2009). A novel approach for the modelling of high-pressure grinding rolls. *Minerals Engineering,* 22, 1137-1146.

Westerfield, S. C. (1985). Gyratory crushers in *Mineral Processing Handbook,* N.L. Wiess (ed), SME/AIMME, 27-46.

Whiten, W. J. (1972). The simulation of crushing plants with models developed using multiple spline regression. *J. South African Inst. Min. Metall.*, 1972. 257-264.

Wills, B. A. (1983). Pyhasalmi and Vihanti concentrators. *Mining Magazine,* 174.

제7장

분 쇄

제7장
분쇄

파쇄에 의한 산물의 입도는 모래 크기 정도이며 그 이하로 줄이는 과정을 분쇄라 한다. 파쇄과정에서는 입자가 크기 때문에 개별 입자에 응력을 가하여 파괴를 유도한다. 그러나 입자가 작아지면 개별적으로 응력을 가하기가 불가능해진다. 따라서 분쇄과정에서는 그림 7.1과 같이 다양한 매체를 이용하여 입자에 충격을 가해 파괴를 유도한다. 이러한 분쇄장치는 대부분 원통형의 구조를 가지고 있으며 원통 안에 분쇄매체를 장입하고 회전시킴으로써 분쇄매체와 입자와의 충돌을 유발시킨다. 이러한 형태의 밀을 tumbling mill이라고 하며 분쇄매체가 구슬일 경우 볼 밀(그림 7.1a), 막대일 경우 로드 밀(그림 7.1b)이라 한다. 별도의 분쇄매체를 사용하지 않고 큰 크기의 광석 자체를 분쇄매체로 이용하는 장비를 autogenous 밀(그림 7.1c) 이라고 한다. Tumbling 밀에 투입된 입자는 무작위적으로 분쇄매체와 충돌하며 방향에 따라 다양한 형태(충격, 압축, 전단 및 마찰)의 응력을 받는다(그림 7.2). 롤러 밀(그림 7.1d)은 입자층에 롤러를 굴려 분쇄하는 장비로서 시멘트나 석탄분쇄에 많이 이용된다. 구조는 회전하는 원판 위로 롤러가 굴러가는 형태이며 투입된 입자는 원판과 롤러 사이에서 압축, 마찰, 전단작용을 받아 분쇄된다.

이상의 밀은 일반적으로 수십 μm까지 분쇄하는 데 효율적이나 10μm 이하로 분쇄하는 데는 적합하지 않다. 이는 입자가 작아질수록 강도가 증가해 보다 강력한 충격이 요구되기 때문이다. 그러나 tumbling mill에서 분쇄매체가 얻을 수 있는 에너지는 중력 위치에너지로서 한계가 있다. 따라서 다양한 방법으로 분쇄매체의 역학적 에너지를 배가시키는 장치가 고안되어 사용되고 있다. 이들은 초미분쇄 장치라고 하며 다음 장에서 논의할 것이다.

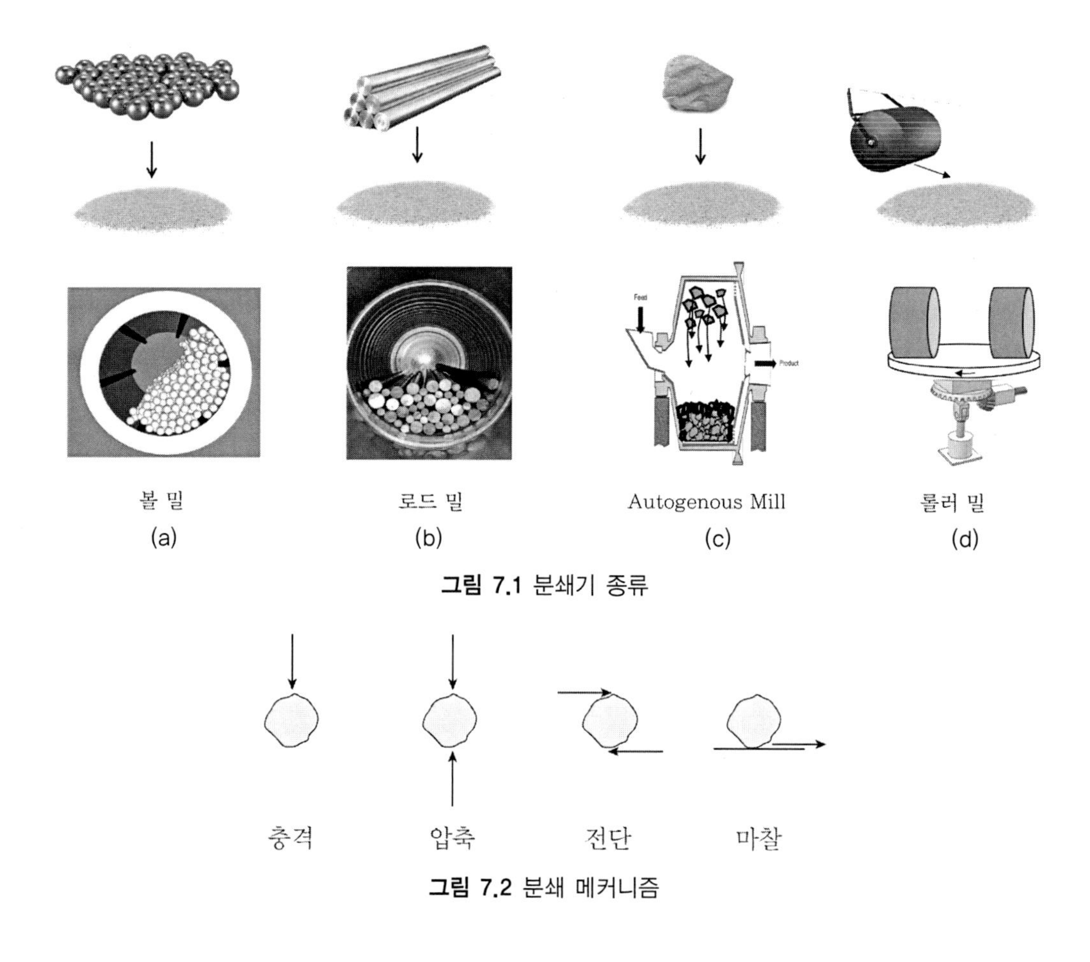

그림 7.1 분쇄기 종류

그림 7.2 분쇄 메커니즘

7.1 Tumbling 밀

7.1.1 구조

Tumbling 밀의 기본적인 구조는 수평 원통형이며 밀은 양쪽 끝에 설치된 트러니언에 의해 지탱된다(그림 7.3). Feed는 밀 한쪽 끝에서 지속적으로 투입되고 반대쪽에서 배출된다. Feed의 투입방법은 회로 종류(개회로 또는 폐회로), 습식 또는 건식, 입자 크기와 투입량에 따라 달라진다. 건식에서는 주로 vibratory feeder가 이용되며, 습식에서는 세 가지 형태의 feeder가 사용된다. 가장 간단한 형태는 spout feeder(그림 7.4a)로, 원통이나 타원형의 슈트를 통해 중력에 의해 feed가 투입되며 주로 hydrocyclone이 연결된 폐회로에서 사용된다. 드럼 투입장치(그림 7.4b)는 내부에 스파이럴이 장착되어 있는 feeder로 분쇄매체를 밀에 보충할 때 유용하다. Drum-scoop 복합 feeder는 드럼 투입장치에 scoop이 장착되어 있는 것으로 투입된 입자가 분급작용을 받아 조립분만 밀에 재투입된다(그림 7.4c). 이 장치는 spiral 혹은 rake 분급기(제9장 참조)가 사용되는 폐회로 습식분쇄에서 사용된다.

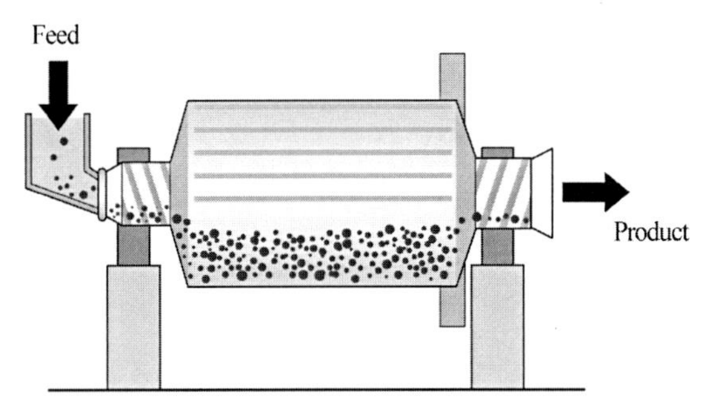

그림 7.3 Tumbling Mill

(a) Spout feeder　(b) Drum feeder　(c) Drum-scoop feeder

그림 7.4 Tumbling feed 투입 장치

밀 내벽에는 교체 가능한 라이너가 부착되어 있다. 라이너는 충격과 마모로부터 밀 내벽을 보호하고 분쇄매체가 밀 회전에 따라 미끄러지지 않고 상승하도록 한다. 라이너의 형태는 다양하나 굴곡이 있는 라이너가 일반적으로 사용되며 가장 흔한 형태는 파형, 늑골형, 쪽매이음형, 가시형, 로레인형, 계단형 등이 있다(그림 7.5). 로드 밀의 라이너는 밀 양쪽의 끝이 약간 오목하게 설계되며 장입된 로드가 서로 엉키지 않고 가지런히 놓이도록 설계된다.

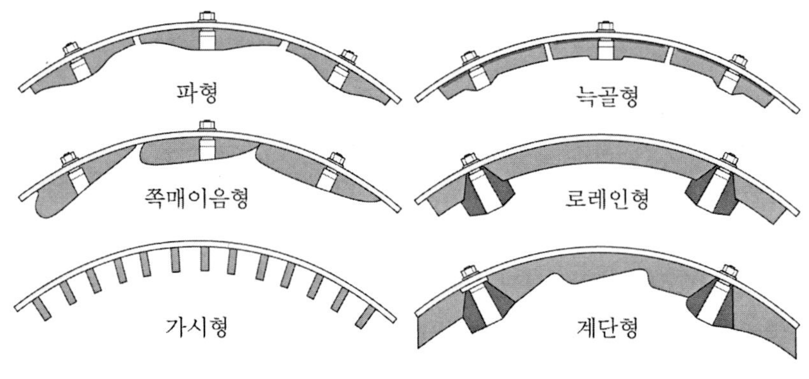

그림 7.5 밀 Shell 라이너

볼 밀 라이너는 망간강, 크롬강 또는 니켈 단조강으로 제조된다. 내마모성이 강한 합금철로 제조된 라이너는 고가이다. 그러나 수명이 짧은 라이너는 잦은 교체로 인해 장기적으로 더 많은 비용이 발생할 수 있어, 근래에는 수명이 긴 라이너를 선호하는 추세이다(Malghan, 1982). 고무재질의 라이너는 수명이 길고 설치하기가 용이하며 소음 발생을 줄일 수 있는 장점이 있다. 그러나 분쇄매체의 마모가 심해지는 단점이 있으며 온도나 화학제에 취약하다. 또한, 강한 충격을 받을 경우 손상될 수 있기 때문에, 강한 충격을 필요로 하는 조분쇄에는 적합하지 않다. 최근에는 고무 라이너 표면에 강철을 입혀 내마모성과 고무의 탄력성을 모두 갖춘 라이너가 개발되어 사용되고 있다. 로드 밀 라이너는 일반적으로 합금철이나 주철로 제조된다. 로레인형의 라이너는 조분쇄가 요구될 때 사용된다.

7.1.2 Tumbling 밀에서의 분쇄매체의 거동

Tumbling 밀에서의 분쇄매체는 밀 회전에 의해 상부로 이동하며 중력에 의하여 하강하는 과정을 반복한다. 밀 회전 시 분쇄매체의 모양은 그림 7.6과 같이 오렌지 형태를 나타낸다. 분쇄매체 최고점을 shoulder, 최하점을 toe라고 한다. 분쇄매체의 하강궤적은 위치에 따라 다르며 중심에 위치한 분쇄매체는 굴러 떨어지는 반면에(cascading) 바깥쪽에 위치한 분쇄매체는 상부에서 이탈되어 큰 궤적으로 자유 낙하한다(cataracting). 밀 회전속도가 증가하면 cartactacting 되는 분쇄매체가 많아지며 이러한 분쇄매체는 밀 내벽에 직접 떨어지기 때문에 입자의 파쇄보다는 밀 라이너의 마모를 유발시킨다. 따라서 회전속도는 분쇄매체가 작은 궤적으로 toe에 떨어지도록 하는 것이 효율적이다.

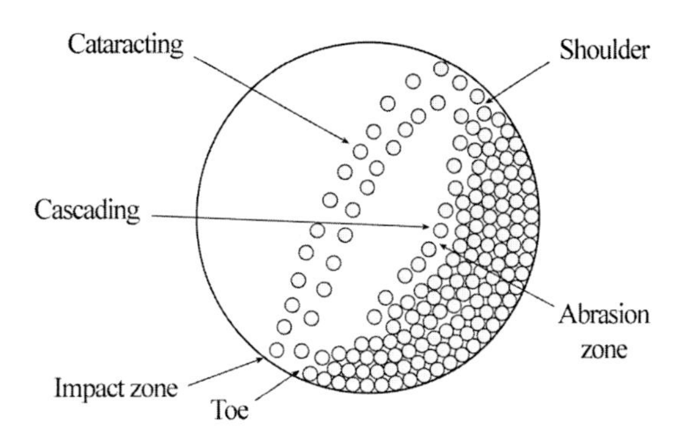

그림 7.6 Tumbling 밀 내부에서 분쇄매체의 움직임

분쇄매체의 움직임은 라이너의 형태에 의해 영향을 받는다. 밀 회전속도가 낮고 완만한 라이너를 사용할 경우 분쇄매체는 상부표면을 따라 cascading 하기 때문에 입자에 대한 충격량이 적어 마모에 의한 입자 파쇄가 많이 발생하며 미분 발생률이 높아진다. 회전속도가 증가하면 분쇄매체는 큰 궤적으로 낙하되어 충격에 의한 분쇄가 일어나며 미분 발생률이 감소한다.

밀이 회전속도가 증가하면 원심력에 의하여 분쇄매체가 낙하하지 않고 밀 내부벽을 따라 회전하는 현상이 발생하는데 이때의 속도를 임계속도라 하며 밀 회전속도는 이 임계속도에 대한 백분율로 나타낸다. 이론적인 임계속도는 다음과 같이 유도할 수 있다.

그림 7.7과 같이 반지름 R인 밀이 속도 V로 회전하였을 때 P점에서 분쇄매체에 작용하는 중력과 원심력의 균형식은 다음과 같다.

$$m\frac{V^2}{R} = mg\cos\alpha \tag{7.1}$$

분당 밀 회전수가 N(rpm)이라 할 때 속도는 $V = 2\pi RN/60$이므로 위 식은 다음과 같이 표현된다.

$$\cos\alpha = 0.0011N^2R \ (g=9.8\text{ms}^{-2},\ \text{R in meters}) \tag{7.2}$$

밀의 직경을 D, 분쇄매체의 직경을 d라 하면 회전반경은 $(D-d)/2$가 되므로 위 식은

$$\cos\alpha = 0.0011N^2(D-d)/2 \tag{7.3}$$

중력의 크기는 볼이 밀 최고점($\alpha = 0$)에 도달할 때 최대가 되며, 따라서 임계속도, N_c는

다음과 같이 계산된다.

$$N_c = \frac{42.3}{\sqrt{D-d}} \text{ rpm(D, d in meters)} \tag{7.4}$$

분쇄매체가 밀 벽에서 미끄러지면 실 임계속도는 20%만큼까지 증가할 수 있으며 실 조업에서는 임계속도의 50%에서 90%에서 운전된다.

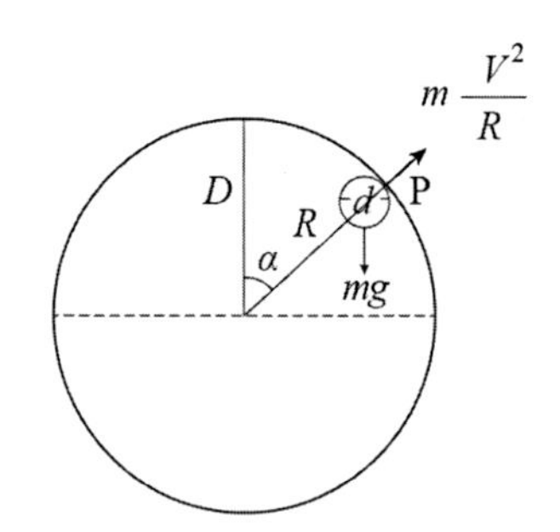

그림 7.7 분쇄매체에 작용하는 힘

7.2 Tumbling 밀의 종류

7.2.1 볼 밀

볼 밀은 보통 강철 재질의 구를 분쇄매체로 사용한다. 볼 밀의 길이와 지름의 비율은 1.5~1 정도이며 3~5의 밀은 튜브 밀이라 칭한다. 튜브밀은 내부를 몇 개의 칸으로 나누어 각 칸마다 다른 분쇄매체, 즉 강철 구, 로드 또는 자갈을 사용하며, 시멘트 클링커, 석고, 인광석을 건식 분쇄할 때 많이 이용된다. 분쇄매체로 자갈을 사용하는 튜브밀은 pebble 밀이라고 하며 남아프리카에서 금광 분쇄에 널리 사용된다.

볼 밀은 또한 배출방식에 따라 분류되며 크게 overflow 밀(그림 7.8a)과 grate discharge 밀(그림 7.8b)이 있다. Overflow 밀은 입자가 배출구로 범람하여 빠져나가는 형식이며 grate discharge 밀은 배출구에 설치된 grate 구멍을 통해 빠져나간다. Overflow 밀은 배출구 높이까지 수위가 유지되기 때문에 grate discharge 밀보다 펄프 수위가 높으며 밀 체류시간이 길다. 또한, 일정한 수위의 펄프가 유지되기 때문에 조립자가 밀 하부에 침전되고 미립자만 선택적으로 배출되기 때문에, 미분쇄와 재분쇄 공정에 많이 이용된다.

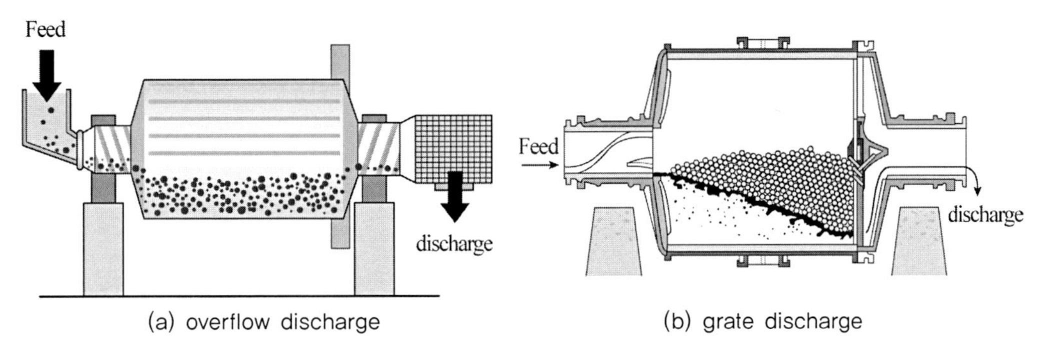

(a) overflow discharge (b) grate discharge

그림 7.8 볼 밀 배출 방식

Grate discharge 밀은 밀 배출구 쪽에 설치된 grate 전체에 걸쳐 입자가 배출되기 때문에 펄프 수위가 낮고 체류시간이 짧다. 따라서 overflow 밀보다 광석의 입도가 크고 미분쇄가 요구되지 않을 때 이용된다. 특히 입자가 미세하게 되면 grate에 막힘 현상이 발생하기 때문에 grate discharge는 미분쇄 공정에 적합하지 않다.

볼 밀의 크기는 점점 대형화가 이루어지고 있다. 1980년대에는 가장 큰 볼 밀의 직경은 5.5m이었으나 현재는 최대 직경이 7.3m에 달한다. 볼은 단조강, 고탄소강 또는 합금강으로 제조되며 마모량은 광석특성 및 운전조건에 따라 차이가 있으나 보통 광석 1톤당 0.1~1kg 정도이다. 분쇄매체의 비용은 전체 분쇄비용의 40%에 달하는 경우가 있기 때문에 분쇄매체를 선택할 때는 주어진 상황을 고려하여 신중하게 선택해야 한다. 양질의 분쇄매체는 고가이긴 하지만 내마모성이 우수하여 더 경제적일 수 있다. 그러나 고경질의 분쇄매체는 미끄럼 현상으로 인해 분쇄효율이 낮아질 수 있다.

볼 밀에서의 분쇄는 입자와 분쇄매체 간의 접촉으로 발생한다. 그러나 접촉여부는 완전히 무작위적이기 때문에 접촉 확률은 입자 크기에 관계없이 동일하다. 따라서 볼 밀의 분쇄산물은 로드 밀에 비하여 넓은 입도범위를 갖는다. 이런 단점을 극복하기 위하여 볼 밀은 대부분 그림 7.9와 같이 분급기를 장착하여 조립자를 재순환시키는 폐회로로 운영된다.

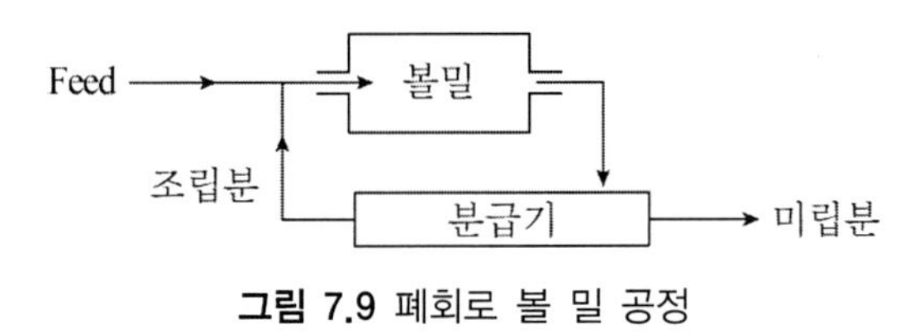

그림 7.9 폐회로 볼 밀 공정

7.2.1.1 볼 밀 운전

볼 밀의 분쇄효율은 운전조건에 영향을 받는다. 주요 운전 변수로는 볼의 크기 및 장입량, 밀 회전속도, 펄프 농도 등이 있다. 분쇄매체는 크기가 작아질수록 개체 수가 증가하기 때문에 가능한 작은 볼을 사용하는 것이 좋다. 다만 작은 볼은 큰 입자를 파괴할 수 없기 때문에 다양한 크기의 볼을 혼합하여 사용하는 것이 효율적이다. 볼 밀에 투입된 분쇄매체는 마모되기 때문에 주기적으로 분쇄매체를 보충한다. 보충 볼의 크기는 조립 분쇄에서는 10~5cm, 미립 분쇄에서는 5~2cm 크기가 적당하다.

Rowland와 Kjos(1980)은 초기 장착 볼의 최대 크기를 다음과 같이 제안하였다.

$$d_{\max} = 25.4\left[\left(\frac{F_{80}}{k}\right)^{0.5}\left(\frac{\rho_B W_i}{100\phi_c(3.281D)^{0.5}}\right)^{0.5}\right] \text{ in mm} \tag{7.5}$$

F_{80}는 feed의 80% 통과 입도, ρ_B은 볼 밀도, W_i는 본드 일 지수, ϕ_c는 밀 회전속도의 임계속도에 대한 비율, D는 밀 직경이다. k는 볼 밀 형태와 회로에 따라 결정되며 표 7.1과 같다. 장입된 볼은 마모되어 점점 크기가 작아진다. 따라서 일반적으로 식 (7.5)에서 제시된 최대 크기의 볼을 일정 주기로 투입한다.

표 7.1 k 값

Mill Type	Wet/Dry Grinding	Circuit	k
Overflow	Wet	Open	350
Overflow	Wet	Closed	350
Diaphragm	Wet	Open	330
Diaphragm	Wet	Closed	330
Diaphragm	Dry	Open	335
Diaphragm	Dry	Closed	335

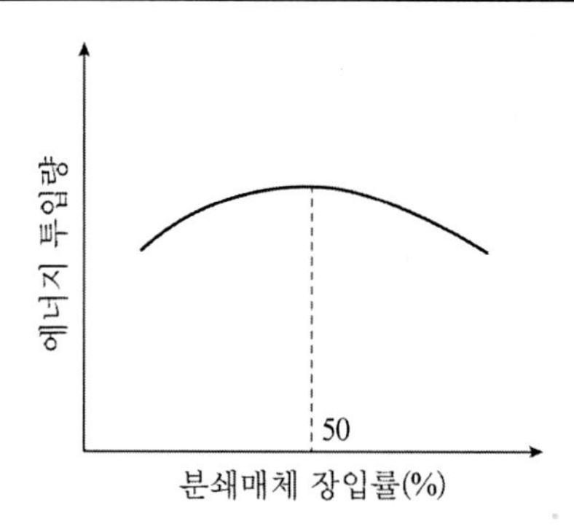

그림 7.10 분쇄매체 장입량에 따른 에너지 소비량의 변화

분쇄매체 장입량은 분쇄매체 간 공극을 포함하여 밀 내부 용적의 40~50%가 적당하다. 밀 에너지 소비량은 분쇄매체 장입량이 커질수록 증가하여 대략 50%가 되면 최대가 된다(그림 7.10). 따라서 분쇄매체 장입량은 밀 부피 대비 40~50% 수준에서 운영된다. Overflow 밀에서의 분쇄매체 장입량은 40% 정도이며 grate discharge 밀의 경우에는 좀 더 높을 수 있다. 최적의 회전수는 분쇄매체 장입량이 커질수록 높아지는데 보통 임계속도의 70~80% 수준에서 운영된다.

펄프 농도는 높아질수록 고체투입량이 많아져 생산량이 증대되나 너무 걸쭉해지면 물질의 흐름이 제대로 이루어지는 않기 때문에 무게비로 65~80% 정도가 적당하다. 너무 낮으면 고체입자가 충분치 않아 분쇄매체끼리 접촉되어 마모율이 증가한다. 그러나 입자가 미세해지면 점도가 증가하기 때문에 미분쇄 조건에서는 펄프농도를 낮출 필요가 있다.

7.2.1.2 밀 파워

밀 파워는 분쇄기 운영에 있어 매우 중요한 인자이며, 특히 scale-up 방법에 있어 주요 지표로 사용된다. 밀 구동에 필요한 전력은 밀 회전을 통하여 분쇄매체가 상승되고 하강하는 반복적인 운동에 필요한 시간당 소요 에너지에 해당하며 분쇄매체의 상승 높이와 개수에 영향을 받는다. 따라서 밀 파워는 밀 속도와 분쇄매체 양에 따른 분쇄매체의 궤도 분석을 통해 이론적으로 도출될 수 있다(Hogg, 1972).

가장 기본적인 개념은 다음과 같다(Austin 등, 1984). 그림 7.11과 같이 볼 밀이 각속도 ω로 회전할 때 분쇄매체가 최대 h 만큼 상승하였다면 위치 에너지는 $\rho_b V_b gh$(V_b: 볼 부피, ρ_b: 볼 밀도)이다. 볼의 이동속도를 V라고 하면 운동에너지는 $\frac{1}{2}\rho_b V_b V^2$이다. $V = r\omega$이므로 볼당 에너지는 다음과 같다.

$$\text{볼당 에너지} = \rho_b V_b\left(gh + \frac{r^2\omega^2}{2}\right) \tag{7.6}$$

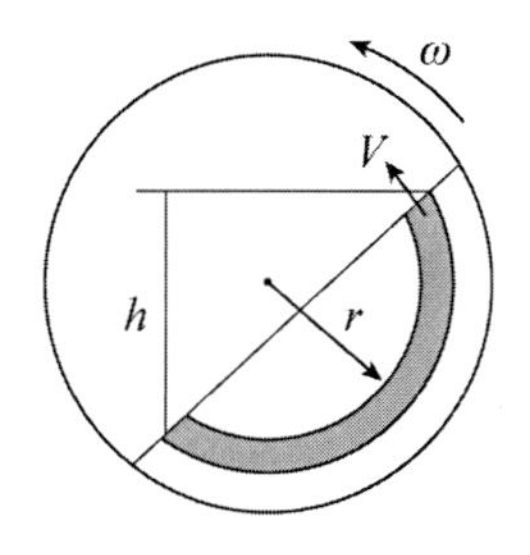

그림 7.11 분쇄매체의 궤적

분쇄매체 간 공극률은 0.4라고 가정하면 위 그림에서 빗금 친 부분에 존재하는 분쇄매체 중 단위 시간당 상부에 도착하는 분쇄매체의 개수, N은 다음과 같다.

$$N = \frac{r\omega \Delta rL}{V_b/0.6} \tag{7.7}$$

L은 밀 길이다.

따라서 빗금 친 부분에 존재하는 분쇄매체를 h만큼 올리는 데 필요한 단위 시간당 소요 에너지(전력)는 다음과 같다.

$$\text{전력} = r\omega \Delta rL(0.6)\ \rho_b\left(gh + \frac{r^2\omega^2}{2}\right) \tag{7.8}$$

밀 회전 임계속도는 $\frac{1}{\sqrt{D}}$(D : 밀 직경)에 비례하므로 $\omega \propto \phi_c/\sqrt{D}$이다. 또한 $r \propto D$, $h \propto D$, $\Delta r \propto D$이므로 $r^2\omega^2 \propto D$이다. 따라서, 위 식은 다음과 같은 관계식으로 표현된다.

$$\text{전력} \propto \rho_b \phi_c D^{2.5} L \tag{7.9}$$

총 밀 파워 m_p는 r에 대해 적분하며 얻을 수 있으며 다음과 같이 간단히 표현된다.

$$m_p = K\rho_b \phi_c D^{2.5} L \tag{7.10}$$

K는 비례상수로 분쇄조건에 따라 달라진다. Rose와 Sullivan(1957)이 제시한 식은 다음과 같다.

$$m_p = 1.12\left(\rho_b \phi_c D^{2.5} L\right)\left(1 + \frac{0.4\rho_s U}{\rho_b}\right) f(J), \qquad \phi_c < 0.8,\ kw \tag{7.11}$$

ρ_s: 입자밀도, ρ_b: 볼 밀도 in $t \cdot m^{-3}$

L, M in meters

$f(J)$는 J에 대한 함수로 Austin 등(1984)은 실험을 통해 다음과 같은 회귀식을 제시하였다.

$$f(J) = 3.045J + 4.55J^2 - 20.4J^3 + 12.9J^4, \qquad J < 0.5 \tag{7.12}$$

J: 밀 부피 대비 분쇄매체 장입률

Bond(1960)가 제시한 경험식은 다음과 같다.

$$m_p = 7.33\left(\rho_b \phi_c D^{2.3} L\right) J(1 - 0.937J)\left(1 - \frac{0.1}{2^{9-10\phi_c}}\right) kw \tag{7.13}$$

그림 7.12는 같은 분쇄조건에서 J의 변화에 따른 Rose와 Sullivan 식과 Bond 식에 의해 계산된 밀 파워를 도시한 것이다. J가 0.3보다 작을 때 두 식에 의한 계산값은 비슷하나 0.4보다 커지면 상당한 차이를 보임을 알 수 있다. 그러나 두 식 모두 밀 파워는 J가 커질수록 증가하다가 $J = 0.4 - 0.5$ 범위에서 최대가 된 후 감소하는 경향을 나타내고 있다. 이는 두 가지 요소가 작용하기 때문이다. J가 작을 때는 분쇄매체의 대부분이 밀 벽을 타고 최대 높이까지 상승하므로, 볼당 에너지는 증가하지만, 분쇄매체의 수가 적기 때문에 밀 파워는 작아진다. 반면 J가 증가하면 분쇄매체의 수가 많아지는 대신 밀 중심에 위치하는 분쇄매체가 많아지기 때문에 볼당 에너지는 감소한다. 따라서 J가 증가하면 분쇄매체의 수가 증가하나 볼당 에너지는 감소하여 밀 파워가 최대가 되는 J가 존재하게 된다.

밀 파워는 또한 밀 회전속도에 영향을 받는다. 볼 상승 높이는 밀 회전수가 높아질수록 커진다. 그러나 임계속도에 가까워지면 원심력에 의해 분쇄매체는 밀 벽을 따라 원운동을 하기 때문에 밀 파워는 감쇠된다. 따라서 밀 파워는 J와 ϕ_c에 의해 복합적으로 영향을 받는다. 일반적으로 밀 파워가 최대가 되는 영역은 J=0.4~0.5, ϕ_c =0.7~0.8이며 이때가 분쇄를 극대화할 수 있는 최적 분쇄조건이라 할 수 있다.

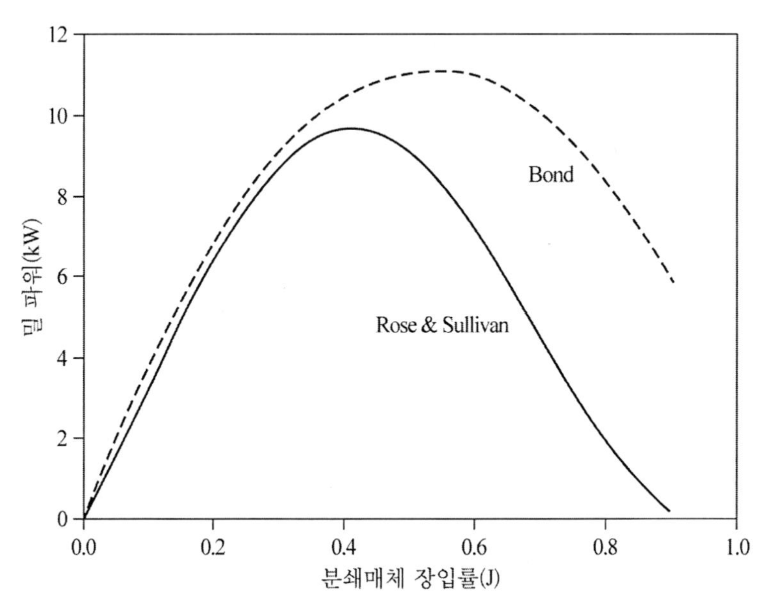

그림 7.12 볼 장입률에 따른 밀 파워

그림 7.13은 이를 뒷받침하는 실험자료로서 분쇄매체 크기에 따라 약간 차이가 있으나 밀 파워는 ϕ_c =0.7~0.8 범위에서 최대를 나타내며 모든 ϕ_c에서 J가 0.45일 때 최대가 된다(Austin 등, 1984). 이에 대한 수식은 다음과 같이 제시되었다.

$$m_p = 6.11\left(\rho_b D^{2.5} L\right)(\phi_c - 1)\left(\frac{1}{1+\exp\left[15.7(\phi_c - 0.94)\right]}\right)\left(\frac{1-0.937J}{1+5.95J^5}\right)kw \tag{7.14}$$

그러나 위 식은 소규모 볼 밀을 이용하여 도출된 결과로서 밀 크기가 2.4m보다 작을 때 적합하며 2.4m보다 클 때는 Bond식이 적합하다.

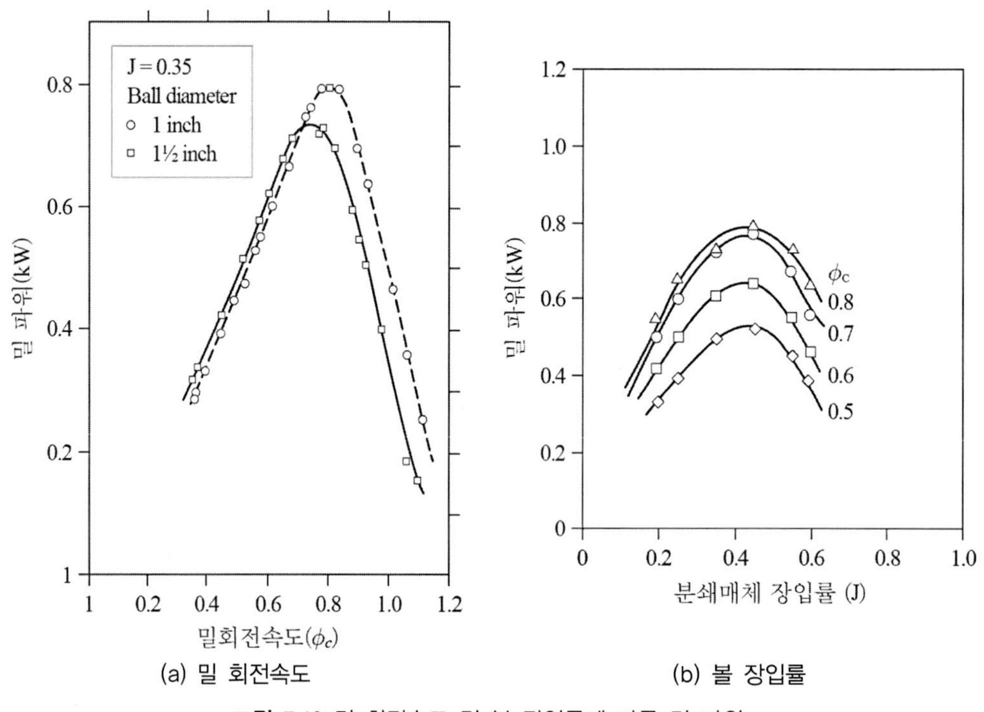

그림 7.13 밀 회전속도 및 볼 장입률에 따른 밀 파워

7.2.1.3 볼 밀 설계

볼 밀의 scale-up은 본드 법칙이 많이 활용되고 있다. 이미 언급한 바와 같이 본드 방법은 실험을 통해 측정된 일 지수를 바탕으로 한 것이기 때문에 일반적인 조건에서는 잘 부합한다. 그러나 대부분의 분쇄장비는 투입된 에너지 중 극히 일부분만이 분쇄에 이용되기 때문에

에너지만에 의한 분쇄성능의 예측은 다소 과장된 면이 있으며, 더욱이 동일한 에너지가 투입되더라도 운전조건에 따라 크게 분쇄효율은 달라질 수 있다. 또한 본드 방법은 분쇄성능에 영향을 미치는 여러 부수적인 변수, 즉 분쇄회로의 구성, 순환비, 분급기의 성능, 분쇄매체의 크기 등이 고려되지 않아 분쇄기 성능 예측에서 상당한 오차가 발생될 수 있다. 이에 반해 분쇄공정 수학적 모델은 분쇄성능에 영향을 미칠 수 있는 모든 변수들이 포함되어 있어 좀 더 세밀한 분쇄성능 예측이 가능하다. 특히 분쇄속도론에 기초한 수학적 모델은 다른 모델에 비하여 오랫동안 연구가 진행되어 완숙한 단계에 있으며 복잡한 분쇄회로에 대하여 처리량 및 분쇄산물의 입도분포를 정확하게 예측할 수 있다.

7.2.1.3.1 본드 방법

본드 방법은 단위 질량당 투입된 에너지(specific grinding energy)를 기본으로 한다. 목적 입도를 생산하기에 요구되는 specific grinding energy를 E라고 하면, 시간당 생산량 Q에 요구되는 동력, m_P는 다음과 같이 간단히 계산된다.

$$m_P = QE \tag{7.15}$$

본드 법칙에 의하면 E는 다음과 같이 계산된다.

$$E = W_i\left(\frac{10}{\sqrt{x_{p,80}}} - \frac{10}{\sqrt{x_{f,80}}}\right) \tag{7.16}$$

W_i를 본드 일 지수라고 하며 $x_{f,80}$과 $x_{p,80}$는 각각 분쇄 전후 입자들의 80% 통과 입도이다. 따라서 특정 물질에 대해 W_i가 주어지면 목적 입도까지 분쇄하는 데 필요한 단위 질량당 에너지를 추정할 수 있다. W_i 측정방법은 앞의 장에서 설명한 바 있다. 그러나 측정된 본드 일 지수 [$W_i(test)$]는 지름 2.44m의 볼 밀, 순환비 350% 습식분쇄 조건을 기준으로 측정된 에너지이며, 운전범위가 기준조건을 벗어난 경우 W_i는 달라질 수 있다. 따라서 운전조건에 따라 보정이 필요하며 본드는 실험을 통해서 운전조건(밀 크기, Feed 및 생산물 입도, 건식분쇄, 입도축소율, open circuit 등)에 대한 보정계수를 다음과 같이 제시하였다.

i) K_0 : 밀 크기에 대한 보정계수

$$K_0 = \begin{cases} \left(\dfrac{2.44}{D}\right)^{0.2} & D \leq 3.81\text{m} \\ 0.914 & D \geq 3.81\text{m} \end{cases} \tag{7.17}$$

ii) K_1 : 습식 개회로 보정계수로서 다음 표 7.2와 같다.

표 7.2 k_1 **값**

일 지수 측정 시 사용된 체의 목적 통과 퍼센트	K_1
50	1.035
60	1.05
70	1.10
80	1.20
90	1.40
92	1.46
95	1.57
98	1.70

iii) K_2 : 건식분쇄 보정계수 =1.3

iv) K_3 : Feed 과대 입도 보정계수

Feed 입도, $x_{f,80}(\mu m)$가 $4000\sqrt{1.1\times 1.3/W_i(test)}$ 보다 클 경우

$$K_3 = 1 + \frac{[(W_i(test)/1.1) - 7]\left[\left(x_{F,80}/4000\sqrt{1.1\times 1.3/W_i(test)}\right) - 1\right]}{x_{f,80}/x_{p,80}} \tag{7.18}$$

v) K_4 : 분쇄 입도 보정계수 : 분쇄입도, $x_{p,80}$가 75보다 작을 경우

$$K_4 = \frac{x_{p,80} + 10.3}{1.145 \times x_{p,80}} \tag{7.19}$$

vi) K_5 : 분쇄비 보정계수 : 분쇄비, $x_{f,80}/x_{p,80}$가 6보다 작을 경우

$$K_5 = 1 + \frac{0.13}{\left(\dfrac{x_{f,80}}{x_{p,80}}\right) - 1.35} \tag{7.20}$$

수정 본드 일 지수는 다음과 같이 각 보정계수를 곱하여 계산된다.

$$W_i(\text{corrected}) = K_0 K_1 K_2 K_3 K_4 K_5 W_i(\text{test}) \tag{7.21a}$$

또는

$$E(\text{corrected}) = K_0 K_1 K_2 K_3 K_4 K_5 E(\text{test}) \tag{7.21b}$$

수정된 E를 식 (7.15)에 적용하여 밀 파워를 계산한다.

$$m_P = Q \times E(\text{corrected}) \tag{7.22}$$

최종적으로 밀 크기는 밀 파워 식(식 7.13)으로 구한다.

예제 **80% 통과 입도가 10mm인 석회석을 80% 통과 입도 100μm으로 시간당 250t을 개회로 습식 분쇄하고자 할 때 필요한 볼 밀의 크기는 얼마인가?**

풀이 석회석의 본드 일 지수는 14.01kWh/t(표 4.4)이다. 따라서,

$$E(\text{test}) = 14.01\left(\frac{10}{\sqrt{10{,}000}} - \frac{10}{\sqrt{100}}\right) = 12.61\text{kWh/t}$$

습식 개회로 공정이므로 해당 $K_1 = 1.2$가 된다. 다른 보정인자는 해당 사항이 없으며 K_0는 밀 직경이 3.81m보다 크다고 가정하면 0.914가 된다. 따라서,

$$E(\text{corrected} - \text{preliminary}) = 12.61 \times 1.2 \times 0.914 = 13.83\text{kWh/t}$$

밀 파워는

$$m_P = 250t/h \times 13.83\text{kWh/t} = 3{,}457.4\text{kW}$$

Bond 밀 파워 식(식 7.13)에 스틸 볼 밀도 $\rho_b = 7.75\text{t/m}^3$와 대표적인 운전조건, $\phi_c = 0.7$, $J = 0.4$를 대입하고 $L/D = 1.5$의 조건을 적용하면 다음 식이 성립한다.

$$D^{2.3}(1.5D) = 3{,}457.4 \Big/ \left[7.33(7.75)(0.7)(0.4)(1 - 0.937 \times 0.4)\left(1 - \frac{0.1}{2^{9-10\times 0.7}}\right)\right]$$

위 식으로부터 D를 구하면 4m로서, 가정했던 3.81m보다 크므로 정해가 된다.

7.2.1.3.2 분쇄속도론에 의한 볼 밀 설계

분쇄속도론은 분쇄율과 분쇄분포에 기초하고 있으며 앞의 장에서 논의한 방법으로 실험실 규모의 분쇄기를 이용하여 특정 조건에서 추정한다. 그러나 분쇄율 및 분쇄분포는 분쇄조건에 따라 달라질 수 있다. 따라서 분쇄기 규모 및 운전조건이 다른 분쇄공정의 성능을 예측하기 위해서는 두 변수가 분쇄조건에 대해 어떠한 변화를 일으키는지 사전 지식이 필요하다. Austin 등(1984)에 의하면 분쇄분포는 분쇄조건에 대해 크게 변하지 않으나 분쇄율은 분쇄조건(밀 회전속도, 볼의 크기, 밀도 및 장입량, 입자의 충진량, 밀 크기 등)에 크게 영향을 받는다. 따라서 분쇄속도론에 의한 볼 밀 설계는 이러한 운전변수가 분쇄율에 미치는 영향이 포함되어 있으며, 연속 분쇄기 모사에 필요한 체류시간분포, scale-up 방식, 폐분쇄회로 모사에 필요한 분급성능이 결합되어 있다.

(1) 밀 회전 속도

이미 언급한 바와 같이 밀 회전속도는 볼의 움직임을 결정짓는 매우 중요한 인자로서 볼의 수직 이동 높이 및 굴러 내릴 때의 충격 빈도에 영향을 미친다. 볼은 밀 회전에 의해 상승하며 이에 필요한 에너지가 곧 밀의 회전에 소요되는 동력이다. 그림 7.13(a)에서와 같이 밀 소요 동력은 회전속도가 증가할수록 높아지다가 임계속도의 70–85%를 초과하면 감소한다. 이러한 경향은 다음 경험식으로 표현된다(Austin 등, 1984).

$$m_p = (\phi_c - 1)\left(\frac{1}{1+\exp[15.7(\phi_c - 0.94)]}\right) \qquad 0.4 < \phi_c < 0.9 \qquad (7.23)$$

m_p는 밀 파워이며, ϕ_c는 밀 회전속도를 임계 회전속도의 비율로 나타낸 것이다. 일반적으로 분쇄율은 밀 파워와 같이 변한다. 따라서 밀 회전수에 대한 분쇄율도 다음과 같이 동일한 식으로 표현되며 이는 다음에 논의할 scale-up 인자로 사용된다.

$$S_i \propto (\phi_c - 1)\left(\frac{1}{1+\exp[15.7(\phi_c - 0.94)]}\right) \qquad 0.4 < \phi_c < 0.9 \qquad (7.24)$$

(2) 볼 장입량과 입자의 충진량

입자의 충진량과 볼 장입량은 그림 7.14에서 나타낸 바와 같이 밀 부피 대비 비율로 나타내며 각각 다음과 같이 정의된다.

$$\text{입자의 충진률, } f_c = \frac{\text{입자가 차지하는 부피}}{\text{밀 부피}} \tag{7.25}$$

$$\text{볼 장입률, } J = \frac{\text{볼이 차지하는 부피}}{\text{밀 부피}} \tag{7.26}$$

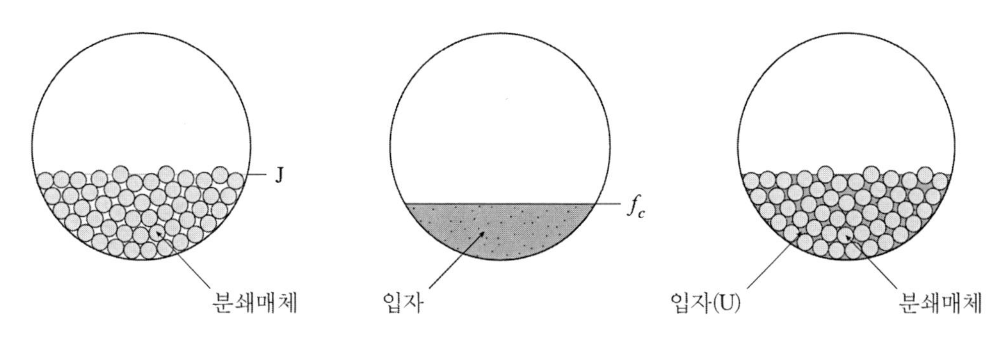

그림 7.14 분쇄매체와 입자의 충진량

입자 또는 볼이 차지하는 부피는 입자 간 공극 또는 볼 간 공극을 포함한 부피이다. 일반적으로 무작위로 충진될 때 입자 간 공극률은 0.4이다. 따라서 양을 무게로 기준한 충진률과 장입률은 다음과 같다.

$$f_c = \frac{\text{입자의 충진 무게/입자 밀도/0.6}}{\text{밀 부피}} \tag{7.27}$$

$$J = \frac{\text{볼의 장입 무게/입자 밀도/0.6}}{\text{밀 부피}} \tag{7.28}$$

입자의 분쇄는 볼에 의해 일어난다. 입자의 양이 볼 양에 비해 과다하면 분쇄가 제대로 이루어지지 않고 너무 적으면 볼이 입자와 충돌하지 않고 다른 볼과 충돌하게 되어 에너지가 허비된다. 따라서 입자의 양에 따른 분쇄율의 변화는 볼 양과 비교하여 평가된다. U는 입자의 부피량을 분체매체 간 공극부피와 비교하여 나타낸 지수로서 볼 간 공극률이 40%일 때 다음과 같이 정의된다.

$$U = \frac{f_c}{0.4J} \tag{7.29}$$

U와 J에 대한 분쇄율의 변화는 다음과 같은 경험식을 따른다(Austin 등, 1984).

$$S_i \propto \frac{1}{1+6.6J^{2.3}}\exp(-cU) \qquad 0.5 \le U \le 1.5, \quad 0.2 \le J \le 0.6 \qquad (7.30)$$

c는 상수로, 건식일 경우 1.2, 습식일 경우 1.32이다. 그림 7.15는 위 식을 도시한 것으로 분쇄율은 U가 증가함에 따라 지수적으로 감소하며 감소율은 J가 커질수록 완만해지는 것을 알 수 있다.

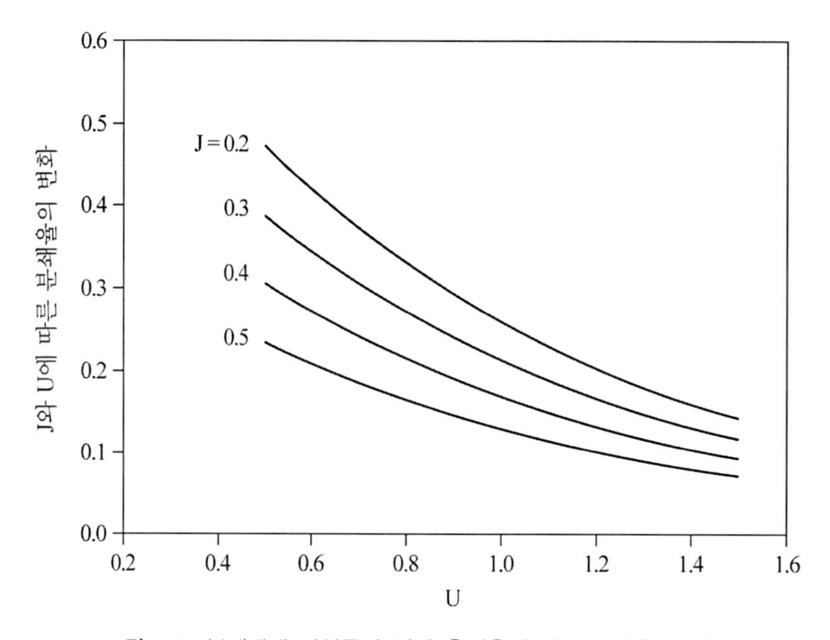

그림 7.15 분쇄매체 장입률과 입자 충진율에 따른 분쇄율의 변화

그러나 U가 증가할수록 입자의 양은 많아진다. 따라서 분쇄되는 입자의 절대량은 Sf_c에 비례한다. 그림 7.17은 이를 도시한 것으로서 f_c가 증가할수록 Sf_c는 증가하다가 너무 커지면 감소하는 것을 알 수 있다. Sf_c가 최대가 되는 U값은 $\frac{d}{du}(U exp(-cU))=0$로부터 구하면 $1/c$이 되며 c=1.2일 때 0.83, 1.32일 때 0.75가 된다. 그러나 그림 7.16에서 알 수 있듯이 모든 J에 대하여 U가 0.6~1.1 범위에서는(굵은 선으로 표시) Sf_c의 값은 크게 다르지 않다. 그러나 U가 1보다 작으면 볼 양이 입자의 양보다 상대적으로 많아 볼 간 충돌이 빈번해져 마모로 이어질 수 있다. 따라서 U는 1.0보다 크게 운영하는 것이 적절하다. 또한 그림에서 보듯이 입자 분쇄 절대량은 J가 40~45%일 때 최대가 되는 것을 알 수 있다. 따라서 최적의 볼 장입률 및 입자 충진율은 각각 J=40~50%, U=1.1 정도가 된다.

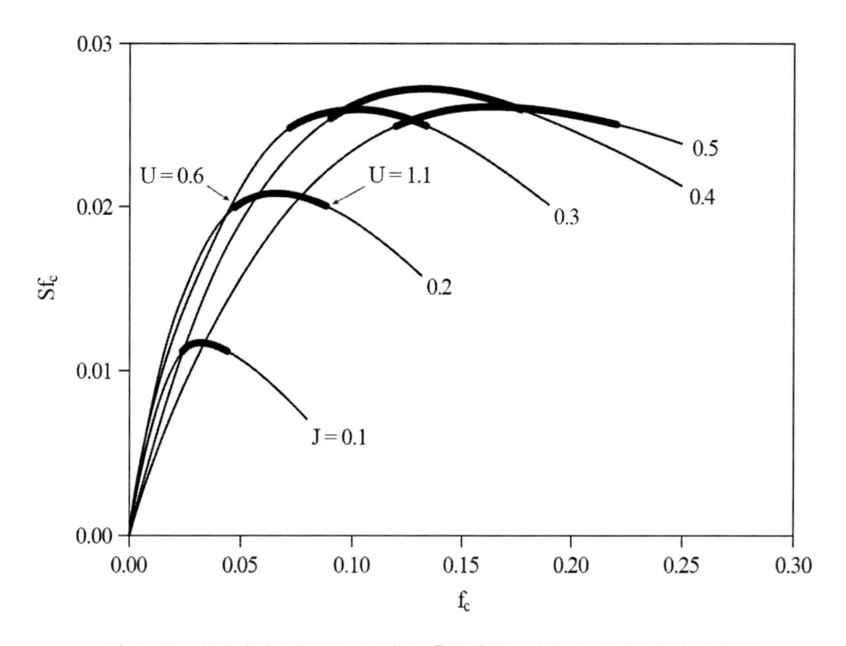

그림 7.16 분쇄매체 장입률과 입자 충진율에 따른 분쇄 절대량의 변화

(3) 볼 크기, 경도 및 밀도

일정한 볼의 양에 대하여 볼의 개수는 볼 크기가 작을수록 $1/d^3$에 비례하여 증가한다. 볼의 수가 많을수록 입자와 충돌 확률이 커지기 때문에 입자가 볼에 비해 충분히 작을 경우 볼 크기가 작아질수록 분쇄율은 증가한다. 그림 7.17은 30×40mesh 입자에 대하여 볼 크기 따른 분쇄율의 변화를 도시한 것으로 다음 식으로 표현된다.

$$S_i \propto \frac{1}{d^{N_0}} \frac{1}{1+d^*/d} \quad d > 10\text{mm} \tag{7.31}$$

N_0는 상수로 0.6~1.0의 값을 가지며, 오른쪽 두 번째 항은 볼의 크기가 너무 작아지면 질량이 충분하지 않아 분쇄가 제대로 이루어지지 않는 것을 반영한 보정 인자이다. 그림에서 ■ 심볼은 27mm와 50mm의 볼을 50:50으로 혼합했을 때의 분쇄율을 나타낸 것으로 그 값이 27mm와 50mm 중간에 위치하며 해당 볼 크기는 무게 조화평균$\left(\frac{1}{\bar{d}} = \frac{0.5}{27} + \frac{0.5}{50}, \quad \bar{d} = 35\text{mm}\right)$과 일치하고 있다. 이는 여러 크기($d_1,\ d_2, \cdots, d_k$)의 볼을 사용할 경우 분쇄율은 평균적으로 나타난다는 것을 의미하며 다음 식으로 표현된다.

$$\overline{S}_i = \sum_k S_{i,k} m_k \tag{7.32}$$

$S_{i,k}$는 d_k 크기 볼에 대한 분쇄율, m_k는 d_k 크기 볼의 무게비율이다.

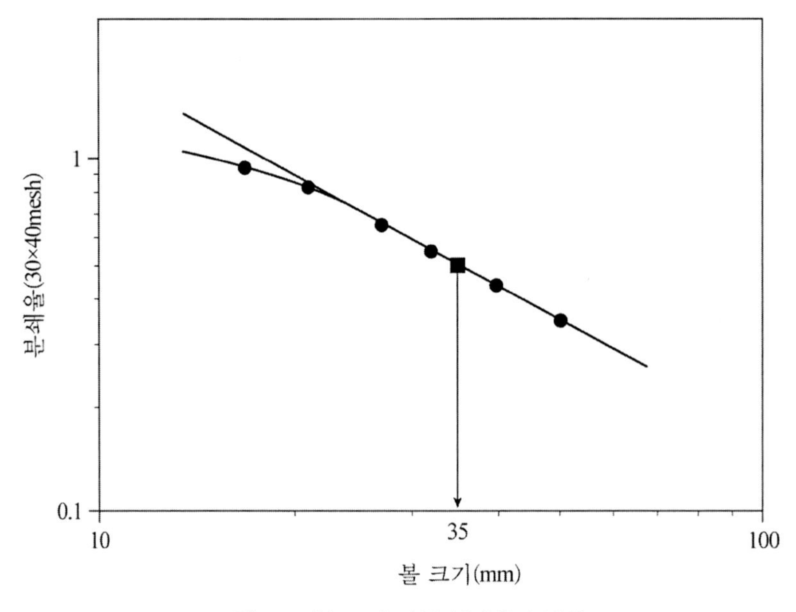

그림 7.17 볼 크기 따른 분쇄율의 변화

앞의 장에서 설명한 바와 같이 일정 크기의 볼에 대하여 입도에 따른 분쇄율의 변화는 다음 식으로 표현된다.

$$S_i = A\left(\frac{x_i}{x_o}\right)^{\alpha} \frac{1}{1+\left(\frac{x_i}{\mu}\right)^{\Lambda}} \tag{7.33}$$

A는 기준 입도 x_o(보통 1mm)에서의 분쇄율이며 오른쪽 두 번째 항은 입도가 볼에 비해 지나치게 커지면 분쇄율이 감소하는 경향을 나타낸 보정식이다. μ는 보정 값이 0.5가 되는 입도이다. 위 식을 로그-로그 좌표로 도시하면 그림 7.18과 같은 형태가 나타나며 α는 왼쪽 직선 부분의 기울기, Λ는 오른쪽 직선의 기울기이다. 또한 그림에는 볼의 크기에 따라 분쇄율이 변화되는 전형적인 모습이 도시되어 있다. 전반적으로 볼의 크기가 커질수록 분쇄율 곡선은 오른쪽으로 평행 이동하며 따라서 α와 Λ는 일정하게 유지된다. 그러나 A는 볼 크기가 커질수록 감소하며 반면에 분쇄율이 최대가 되는 입도, x_m은 커진다. 이는 이미 언급한

바와 같이 볼 크기가 커질수록 개수가 적어져 입자와 충돌 빈도가 감소되는 반면에 질량이 커져 보다 큰 입자를 분쇄할 수 있기 때문이다. 이러한 경향은 다음과 같이 표현된다.

$$A \propto \frac{1}{d^{N_0}} \frac{1}{1+d^*/d} \quad d > 10\text{mm} \tag{7.34a}$$

$$\mu \propto x_m \propto d^{N_3} \tag{7.34b}$$

식 (7.34a)는 식 (7.31)과 같은 형태로 모든 입도의 분쇄율이 같은 비율로 증감하기 때문에 (평행이동) A만의 변화로 표현된다. x_m은 μ와 비례하기 때문에 볼 크기에 따른 분쇄율이 최대가 되는 입도의 변화는 식 (7.34b)와 같이 μ의 변화로 표현된다. N_3의 값은 시료 특성에 따라 다르나 1.2가 일반적으로 사용된다.

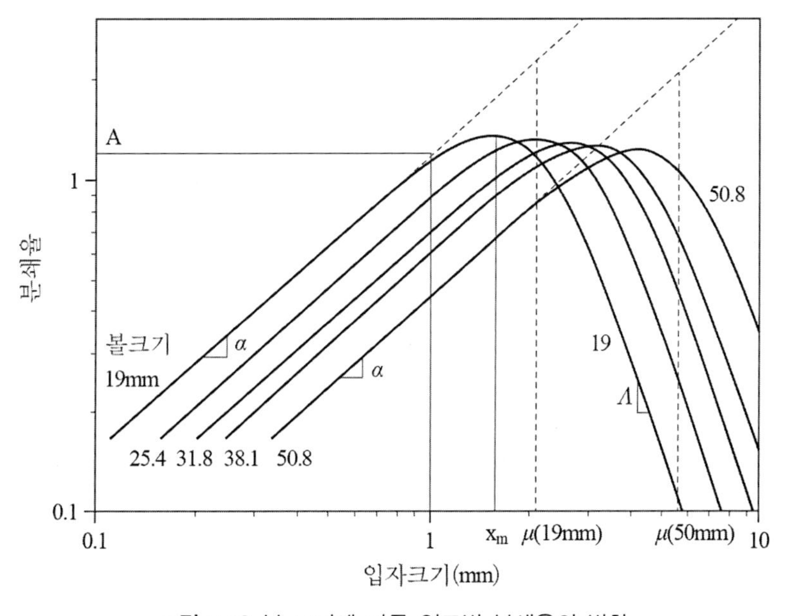

그림 7.18 볼 크기에 따른 입도별 분쇄율의 변화

Rose와 Sullivan(1958)에 의하면 볼의 경도는 너무 낮지 않은 이상 분쇄율에 영향을 미치지 않는다. 그러나 볼의 밀도는 분쇄율에 크게 영향을 미친다. 이는 밀도가 커질수록 질량이 증가해 입자에게 강한 충격을 가할 수 있기 때문이다. Seebach(1969)는 크기 및 재질은 같으나 속이 빈 형태로 볼을 제조하여 분쇄율을 측정한 결과 분쇄율은 볼 밀도 ρ_b에 비례함을 관찰하였다. 즉,

$$S_i \propto A \propto \rho_b \tag{7.35}$$

그러나 실제 실험에서는 꼭 1:1의 비례관계를 나타내지 않는 경우가 많다. 따라서 특정 볼에 대한 분쇄율 측정은 위 식에 의존하기 보다는 직접 실험을 통해 결정하는 것이 바람직하다.

(4) 밀 직경

밀 직경이 커질수록 볼이 상승되는 높이는 증가하며 낙하할 때 충격도 이에 비례하여 커진다. 따라서 분쇄율은 밀 직경이 커질수록 증가되며 다음과 같은 상관관계를 갖는다.

$$S_i \propto A \propto D^{N_1} \tag{7.36}$$

일반적으로 N_1의 값은 0.5를 나타내며 그 이유는 다음과 같이 추론된다(Austin 등, 1984).

볼 개수는 볼 장입량, 즉 $J\frac{\pi D^2}{4}L$에 비례한다. 밀이 일정 속도, ϕ_c로 회전할 때 단위 시간당 상승되는 볼의 개수는 $\left(J\frac{\pi D^2}{4}L\right)\phi_c$에 비례하며 ϕ_c는 $1/\sqrt{D}$에 비례하므로 $\left(J\frac{\pi D^2}{4}L\right)/\sqrt{D}$가 된다. 볼의 상승 높이는 D에 비례하므로 일정 J와 ϕ_c에 대해 밀 파워는 $\left(J\frac{\pi D^2}{4}L\right)D/\sqrt{D}$에 비례하며 다음과 같이 표현된다.

$$\text{밀 파워} \propto \frac{\pi}{4}LD^{2.5} \tag{7.37}$$

입자 충진량은 밀 부피, $\frac{\pi D^2}{4}L$에 비례한다. 분쇄율은 밀 파워에 비례하며 따라서 입자 질량당 분쇄율은 식 (7.37)과 동일하게 다음과 같이 유도된다.

$$S_i \propto D^{0.5} \tag{7.38}$$

밀 생산량, Q도 밀 파워에 비례하기 때문에 다음과 같이 표현된다.

$$Q \propto \frac{\pi}{4}LD^{2.5} \tag{7.39}$$

그러나 Bond(1960)에 의하면 밀 직경이 3.8m보다 클 경우 밀 처리용량은 $\frac{\pi}{4}L(D/3.8)^{2.3}$에 비례한다. 이는 밀 직경이 매우 클 경우 생산량 증가율이 감소됨을 의미한다. 따라서 크기가 다른 두 밀의 생산량은 다음과 같은 비례식으로 표현된다.

$$\frac{Q_2}{Q_1}=\frac{L_2}{L_1}\left(\frac{D_2}{D_1}\right)^2\left(\frac{3.8}{D_1}\right)^{0.5}\left(\frac{D_2}{3.8}\right)^{0.3} \quad D \geq 3.8\text{m} \tag{7.40}$$

한편 밀 크기가 커질수록 볼 상승 높이가 커져 더 큰 입자를 분쇄할 수 있다. 따라서 밀 크기는 x_m에 영향을 미치며 다음과 같이 표현된다.

$$\mu \propto x_m \propto D^{N_2} \tag{7.41}$$

실험적으로 얻어진 N_2의 값은 0.1~0.2이다. 따라서 μ에 대한 밀 크기의 영향은 볼에 비해 그렇게 크지 않음을 알 수 있다. 그러나 밀 크기가 커질수록 다소 작은 크기의 볼을 사용하는 것이 효율적이다. 이는 볼의 개수가 증가하여 분쇄효율이 증가할 뿐만 아니라 밀 라이너에 대한 충격이 완화되는 효과가 있기 때문이다.

(5) 습식분쇄

습식분쇄가 건식분쇄보다 더 효율적이라는 것은 잘 알려진 사실이다. Bond(1960)에 의하면 습식분쇄의 생산량은 건식분쇄에 비해 30% 증가한다. 그러나 증가율은 시료 특성에 따라 달라지며 1.1~2.0의 값을 갖는다. 습식분쇄의 효율이 증가하는 원인에 대해서는 여러 가지 이론이 있으나 고체 표면 에너지의 변화, 입자 분산성 향상, 볼의 원활한 움직임에 의한 입자와의 충돌 증진 등에 의한 것으로 설명되고 있다(Lin and Somasundaran, 1972; Lowrison, 1974; Suzuki and Kuwahara, 1986).

습식분쇄에서의 분쇄효율은 고체농도에 영향을 받는다. 물에 비해 입자량이 적으면 입자들이 밀 바닥에 가라앉아 분쇄매체와의 충돌이 제대로 이루어지지 않으며 너무 많으면 걸쭉해져 분쇄매체의 움직임이 원활하지 못하다. 그림 7.19는 고체농도에 따른 분쇄율 상수를 도시한 것이다(Tangsathitkulchai와 Austin, 1985). 분쇄율은 고체농도가 커질수록 완만히 증가하다가 45%을 넘으면 급격히 감소된다. 이러한 경향은 석영, 석탄, 구리 광석 등 모든 시료에 대해 동일하게 관찰되었다. 또한, 분쇄분포도 고체농도에 따라 영향을 받는다. 그림 7.20에서 보는 바와 같이 고체농도가 45%까지는 분쇄분포는 크게 변하지 않으나 더 커지면 미립자 생성률이 증가하는 경향을 나타낸다. 따라서 최적 고체농도는 40~50%이며 그 이상 초과할 경우 원활한 분쇄활동이 일어나지 않는다.

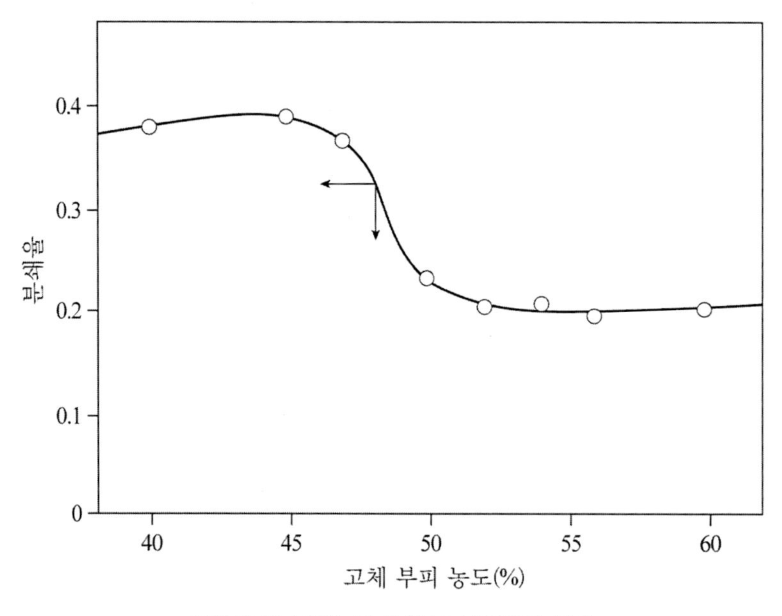

그림 7.19 고체농도에 따른 분쇄율의 변화

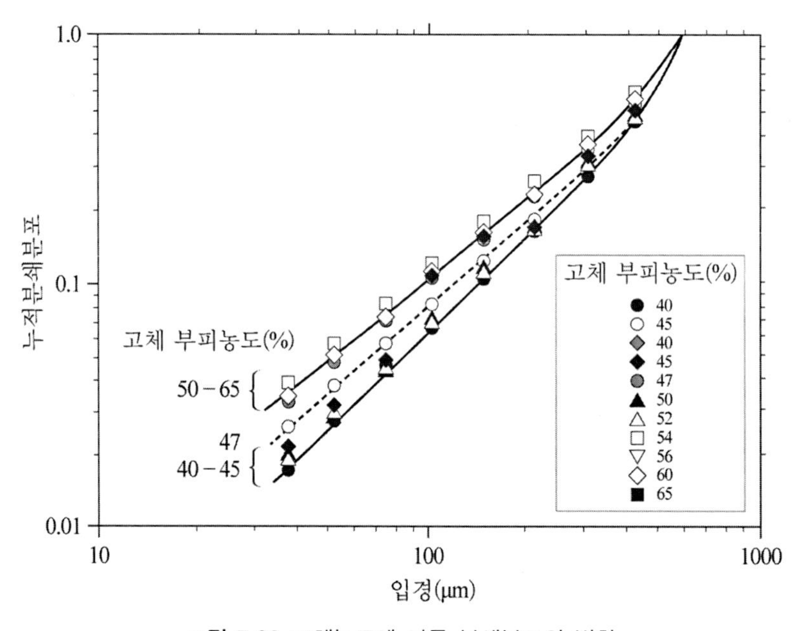

그림 7.20 고체농도에 따른 분쇄분포의 변화

(6) 운전조건에 대한 Scale-up

살펴본 바와 같이 볼 밀에서의 분쇄율은 밀 직경, 볼의 크기 및 장입량, 밀 회전수 입자의 충진량 등에 영향을 받는다. 이들 인자에 대한 경험식은 식 (7.24~7.41)에 의하며 이를 종합하면 운전조건에 대한 scale-up 공식이 다음과 같이 성립한다.

$$S_i = A_T\left(\frac{x_i}{x_o}\right)^{\alpha}\left(\frac{1}{1+\left(\frac{x_i}{C_1\mu_T}\right)^{\Lambda}}\right)C_2C_3C_4C_5 \tag{7.42a}$$

$$C_1 = (D/D_T)^{N_2}(d/d_T)^{N_3} \tag{7.42b}$$

$$C_2 = \left(\frac{d_T}{d}\right)^{N_0}\left(\frac{1+d^*/d_T}{1+d^*/d}\right), \quad d^* = 10\text{mm} \tag{7.42c}$$

$$C_3 = \begin{cases} \left(\frac{D}{D_T}\right)^{N_1} & , \ D < 3.8\,\text{m} \\ \left(\frac{3.8}{D_T}\right)^{N_1}\left(\frac{D}{3.8}\right)^{N_1-0.2} & , \ D \ge 3.8\,\text{m} \end{cases} \tag{7.42d}$$

$$C_4 = \left(\frac{1+6.6J_T^{2.3}}{1+6.6J^{2.3}}\right)\exp\left[-c(U-U_T)\right] \tag{7.42e}$$

$$C_5 = \left(\frac{\phi_c-1}{\phi_{cT}-1}\right)\left(\frac{1+\exp\left[15.7(\phi_{cT}-0.94)\right]}{1+\exp\left[15.7(\phi_c-0.94)\right]}\right) \tag{7.42f}$$

아래 첨자 T는 분쇄율이 측정된 실험조건이다. C_1은 식 (7.34b)와 식 (7.41)의 μ에 대한 볼 밀 직경과 볼 직경의 보정인자이며, C_2는 볼 직경 보정인자, C_3는 볼 밀 직경 보정인자, C_4는 볼 장입량과 입자 충진량 보정인자, C_5는 밀 회전수 보정인자이다. N_0, N_1, N_2, N_3는 상수로서 보통 각각 1.0, 0.5, 0.2, 1.2가 사용된다. c의 값은 건식분쇄일 경우 1.2, 습식분쇄일 경우 1.32가 사용된다.

여러 크기의 볼을 사용하는 경우 각 크기에 대해 위 식을 사용하여 각각의 S_i를 계산한 후 크기별 무게비율을 이용하여 다음과 같이 평균하여 최종 S_i를 구한다.

$$\overline{S}_i = \Sigma_k S_{i,k} m_k \tag{7.43}$$

(7) 연속투입 분쇄

분쇄기에 연속 투입된 입자들은 회분식 분쇄와는 달리 분쇄기 내에서 모든 입자들이 동일

시간 머무르는 것이 아니라 입자별로 분쇄기 내에 머무르는 시간에 차이가 있다. 따라서 연속분쇄공정 경우 회분식 분쇄에서는 고려하지 않았던 체류시간을 감안해야 하며 화학반응기에서의 체류시간분포(Residence time distribution, RTD)와 같은 개념을 이용한다.

i) 체류시간분포

RTD는 밀에 추적자를 투입한 후 출구에서 배출되는 추적자의 양을 시간에 따라 측정함으로써 도출할 수 있다. 시간 t까지 배출된 추적자의 비율을 $\Phi(t)$라고 하면 $1-\Phi(t)$는 밀 내에 아직 잔존하는 추적자의 비율이다. $\Phi(t)$를 누적 RTD라고 한다. 밀 내 시료 흐름이 plug flow인 경우 모든 입자들이 머무르는 시간은 일정 시간 τ로 동일하다. 반면 투입된 입자가 즉시 반응기 내부에서 완전 혼합되는 경우(fully-mixed flow) 일부 추적자는 바로 배출되며 일부 추적자는 장시간 체류한다. 두 경우에 대해 체류 시간 분포를 도시하면 그림 7.21과 같으며, 실제 볼 밀 내의 RTD는 plug-flow와 fully-mixed의 중간 형태를 나타낸다. Plug flow와 fully-mixed에 대한 $\Phi(t)$는 다음과 같이 표현된다.

$$\Phi(t)=\begin{cases}0, & 0<t<\tau \\ 1, & t>\tau\end{cases} \quad \text{(Plug Flow)} \tag{7.44a}$$

$$\Phi(t)=1-\exp\left(-\frac{t}{\tau}\right) \quad t>0 \ \text{(Fully-mixed)} \tag{7.44b}$$

τ는 평균체류시간으로 $\tau=W/F$이다(W: 밀 내 입자의 양, F: $feed$ 투입량).

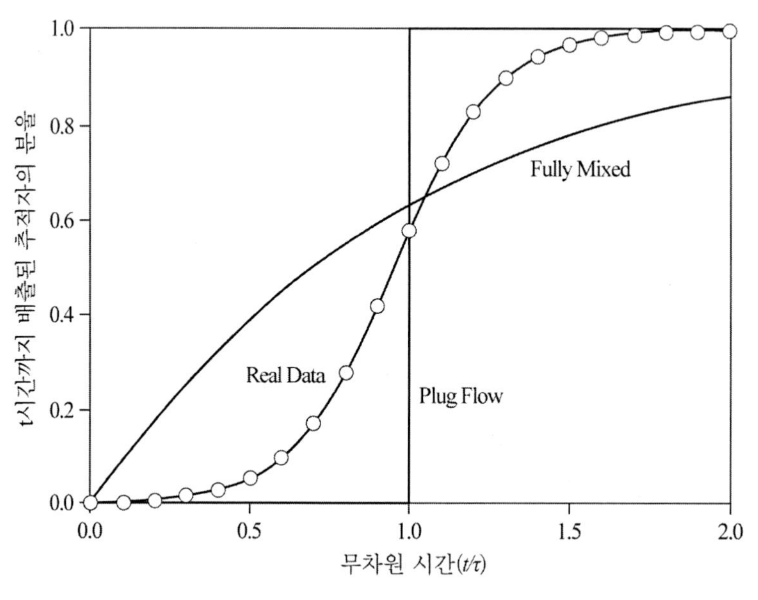

그림 7.21 체류시간 분포 형태

$\phi(t)$는 $\Phi(t)$의 t에 대한 미분함수로 ($\phi(t) = d\Phi(t)/dt$) 단위 시간당 배출되는 추적자의 비율을 뜻한다. 이를 체류시간 분포함수라 하며 식 (7.44)를 t에 대해 미분하면 다음과 같은 식으로 표현된다.

$$\phi(t) = \delta(t - \tau) \text{ (Plug Flow)} \tag{7.45a}$$

$$\phi(t) = \frac{1}{\tau}\exp\left(-\frac{t}{\tau}\right) \; t > 0 \text{ (Fully-mixed)} \tag{7.45b}$$

그림 7.22는 $\phi(t)$를 도시한 것이며 볼 밀의 체류시간 분포함수는 중간 형태를 띠는 것을 알 수 있다.

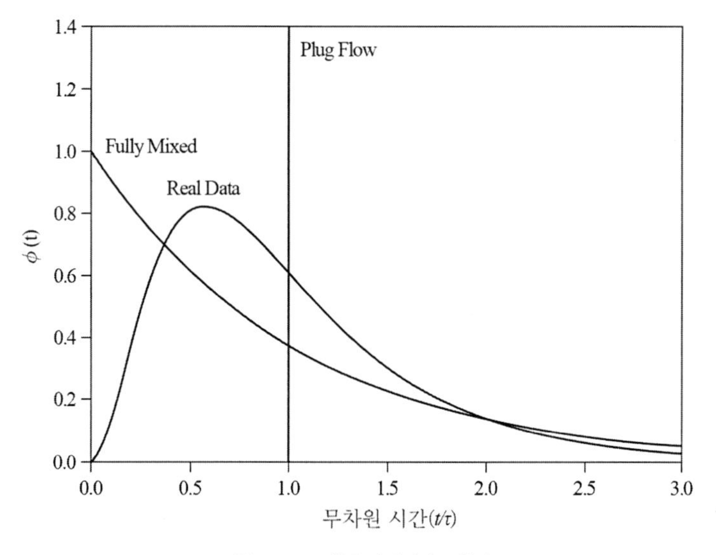

그림 7.22 체류시간 분포함수

중간 형태의 $\phi(t)$는 다음과 같이 다양한 형태의 수식으로 표현 가능하다.

- m fully-mixed reactor

  본 모델은 그림 7.23과 같이 m개의 fully-mixed reactor가 연결된 반응기로 가정해 RTD를 묘사하는 것으로 $\tau_1 = \tau_2 = \tau_3 = \cdots = \tau_m = \bar{\tau} = \tau/m$일 경우 $\phi(t)$는 다음 식으로 표현된다.

$$\phi_m(t) = \frac{1}{\bar{\tau}} \frac{t^{m-1}}{(m-1)!} e^{-t/\bar{\tau}} \tag{7.46}$$

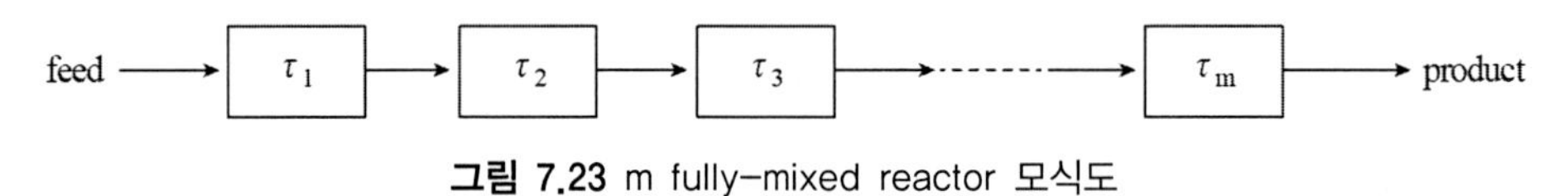

그림 7.23 m fully-mixed reactor 모식도

그림 7.24는 반응기 연결 개수에 따른 RTD를 나타낸 것으로 m에 따라 다양한 형태의 RTD가 생성된다. 따라서 m의 숫자를 조절하면 실측 자료에 적합한 RTD를 묘사할 수 있다. m이 무한대로 커지면 plug flow에 접근한다.

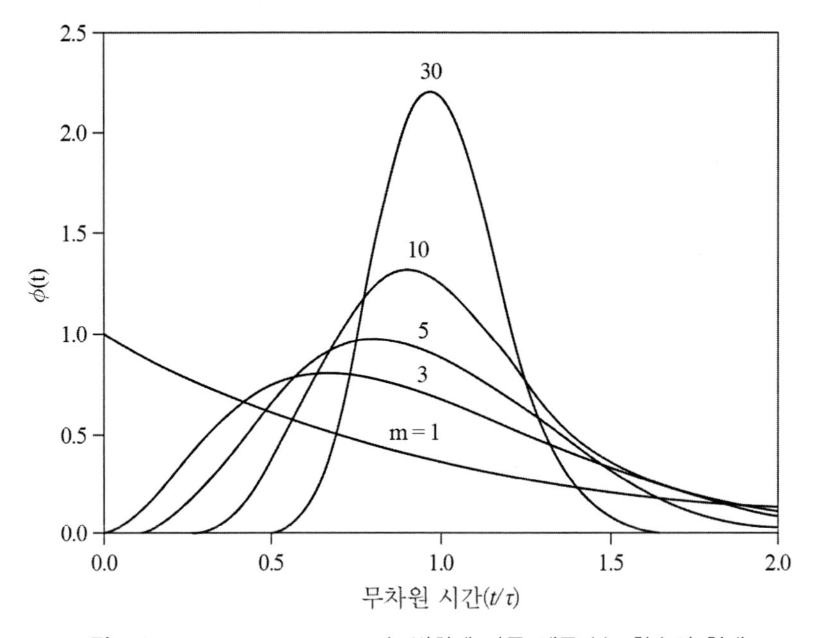

그림 7.24 fully-mixed reactor 수 변화에 따른 체류 분포함수의 형태

또한 반응기의 크기를 조절하면 왼쪽으로 치우친 RTD 형태가 가능하다. 볼 밀의 경우 그림 7.25에서 도시된 바와 같이 큰 크기의 반응기 한 개와 작은 크기의 반응기 두 개가 연결된 RTD와 잘 부합한다. 이 경우 $\phi(t)$는 다음 식으로 표현된다.

$$\phi(t)=\frac{\tau_1}{(\tau_1-\tau_2)^2}\left(e^{-t/}\tau_1-e^{-t/}\tau_2\right)-\frac{t}{(\tau_1-\tau_2)\tau_2}e^{-t/}\tau_2 \qquad (7.47)$$

$\tau_1+2\tau_2=\tau$이다.

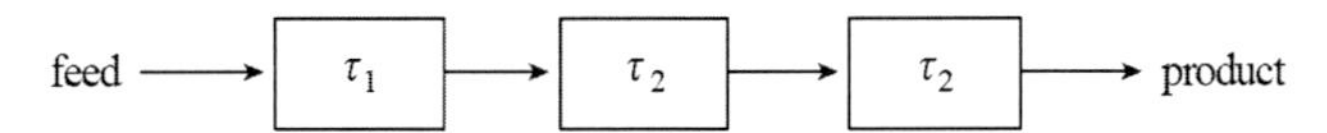

그림 7.25 One large/two small fully-mixed reactor 모식도

그림 7.26은 τ_1의 크기에 따른 RTD의 형태를 도시한 것으로 τ_1가 커질수록 왼쪽으로 치우친 형태가 된다.

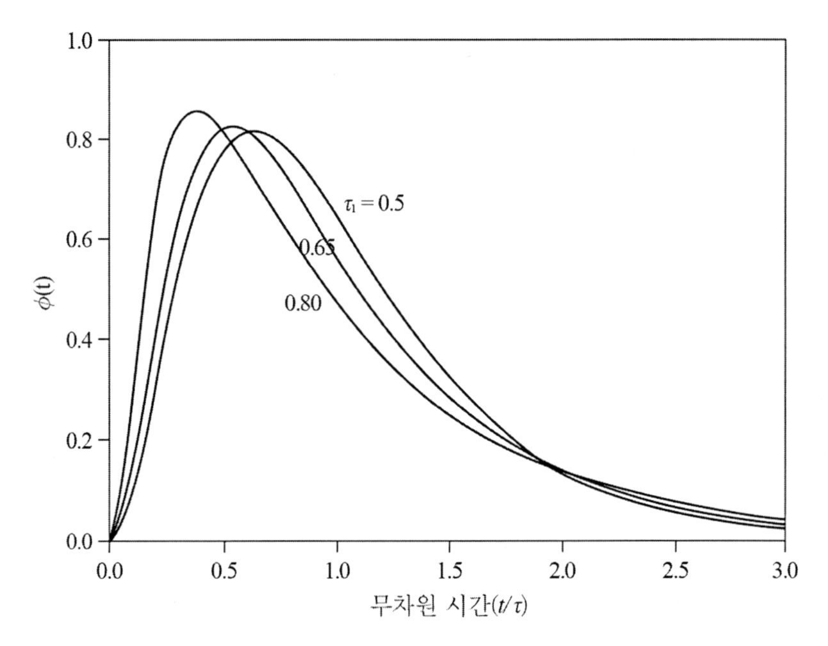

그림 7.26 τ_1의 크기에 따른 One large/two small fully-mixed RTD의 변화

– Diffusion 모델

일반적으로 물질 이동은 advection과 diffusion에 의하며 다음 식으로 표현된다.

$$\frac{\partial c}{\partial t} = D\frac{\partial^2 c}{\partial x^2} - u\frac{\partial c}{\partial x} \qquad (7.48)$$

c는 추적자의 농도, D는 확산계수, u는 x 방향의 물질흐름 속도이다. Mori 등(1967)은 위 식에 semi-infinite 경계조건을 적용하여 $\phi(t)$에 대한 다음 식을 제시하였다.

$$\phi(t) = \left(\frac{1}{2\sqrt{\pi D^* t^{*3}}}\right)\exp\left[-\frac{(1-t^*)^2}{4D^* t^*}\right], \quad D^* = \frac{D}{uL}, \quad t^* = t/\tau \qquad (7.49)$$

위 식은 분산계수에 따라 그림 7.27과 같이 다양한 형태가 나타나며 D^*가 커질수록 fully-mixed, 작아질수록 plug-flow에 접근한다. 따라서 분산계수 조절을 통하여 측정된 RTD에 부합하는 $\phi(t)$ 식을 얻을 수 있다.

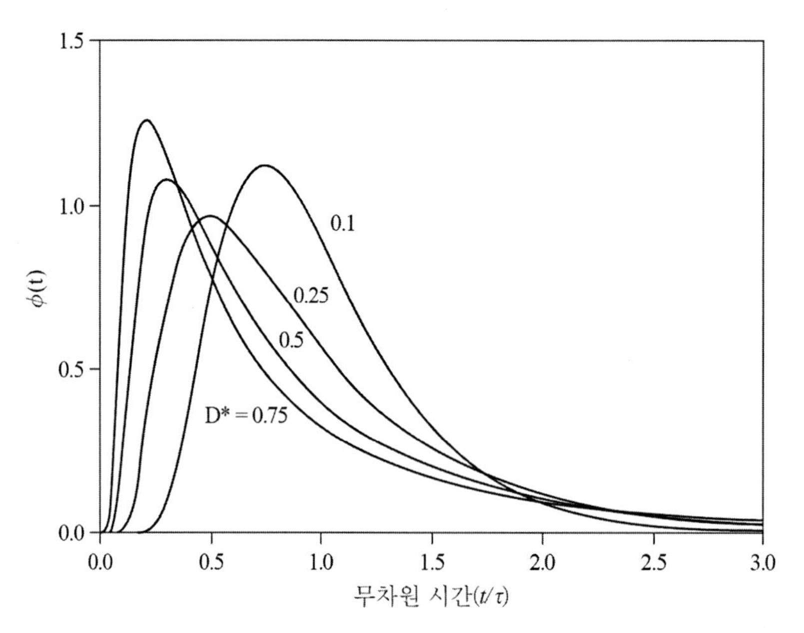

그림 7.27 확산계수에 따른 Diffusion model RTD의 변화

ii) 연속분쇄 시 분쇄산물의 입도분포 예측

분쇄기에서 배출되는 입자는 다양한 체류시간을 거친 입자들이 혼합되어 있으며 혼합 비율은 RTD에 의해 결정된다. 따라서, 연속분쇄공정의 분쇄산물 중 입도구간 i에 존재하는 입자의 분포 p_i는 다음과 같이 표현된다.

$$p_i = \int_0^{\infty} \phi(t) w_i(t) dt \tag{7.50}$$

식 (5.25)를 위 식에 대입시키면 연속분쇄 산물의 입도분포는 다음의 식으로 정리된다.

$$p_i = \sum_{j=1}^{i} a_{ij} e_j, \qquad n \geq i \geq 1 \tag{7.51a}$$

$$a_{ij}=\begin{cases} f_i-\sum_{k=1}^{i-1}a_{ik}\ , & i=j \\ \frac{1}{S_i-S_j}\sum_{k=j}^{i}S_k b_{ik}a_{kj}, & i>j \end{cases} \tag{7.51b}$$

$$e_j=\begin{cases} \exp(-S_j\tau) & ,\ Plug\ flow \\ \frac{1}{1+S_j\tau} & ,\ Fully\ mixed \\ \frac{1}{\left(1+\frac{S_j\tau}{m}\right)^m} & ,\ m\ equal\ fully\ mixed \\ \exp\left[-\left(\frac{\sqrt{1+4D^*\tau S_j}-1}{2D^*}\right)\right] & ,\ Mori\ diffusion\ \text{model} \\ \frac{1}{(1+S_j\tau_1)(1+S_j\tau_2)^2} & ,\ One-large/two-small\ fully\ mixed \end{cases} \tag{7.51c}$$

위 식은 feed 입도를 기준한 transfer function 형태로 다음과 같이 표현될 수 있다.

$$p_i=\sum_{j=1}^{i}d_{ij}f_j \tag{7.52a}$$

$$d_{ij}=\begin{cases} 0 & ,\ i<j \\ e_j & ,\ i=j \\ \sum_{k=j}^{i-1}c_{ik}c_{jk}(e_k-e_i), & i>j \end{cases} \tag{7.52b}$$

$$c_{ij}=\begin{cases} -\sum_{k=j}^{i-1}c_{ij}c_{jk} & ,\ i<j \\ 1 & ,\ i=j \\ \frac{1}{S_i-S_j}\sum_{k=j}^{i-1}S_k b_{ik}c_{kj}\ , & i>j \end{cases} \tag{7.52c}$$

완전혼합 분쇄기의 경우 좀 더 간단한 방법으로 입도분포 식을 구할 수 있다. 정상상태에서 입도구간에 대한 물질 수지는 다음과 같다.

i 구간 입자의 배출율
= 투입율 + 큰 입자의 분쇄로 인한 생성률 - 분쇄에 의한 소멸률

이를 수식으로 표현하면 다음과 같다.

$$p_iF = f_iF + \sum_{j=1}^{i-1} b_{ij}S_jp_jW - S_ip_iW \tag{7.53}$$

F : 분쇄기 시간당 투입량,

p_i : 분쇄산물의 i 입도구간 비율,

f_i : 분쇄기 feed의 i 입도구간 비율

따라서,

$$p_i = f_i + \sum_{j=1}^{i-1} b_{ij}S_jp_j\frac{W}{F} - S_ip_i\frac{W}{F} \tag{7.54}$$

$\tau = F/W$ 이므로 p_i에 대하여 정리하면 다음과 같다.

$$p_i = \frac{f_i + \tau\sum_{j=1}^{i-1} b_{ij}S_jp_j}{1 + S_i\tau} \tag{7.55}$$

위 식은 식 (7.51)의 완전혼합의 해와 다른 형태이나 같은 값으로 계산된다. 하지만 수식이 간단하기 때문에 완전혼합 분쇄기의 경우 편하게 이용되는 수식이다.

(8) 분급과 폐회로 분쇄공정

분쇄 회로에는 분급기가 분쇄기 전단 또는 후단에 장착되어 있다. 그림 7.28에서와 같이 후단에 분급기가 설치되어 있는 분쇄회로를 Normal Closed Circuit, 전단에 장착되어 조립자만 분쇄기에 투입되는 분쇄회로를 Open Circuit with Scalped Feed, 분쇄산물이 전단 분급기로 투입되는 분쇄회로를 Reverse Closed Circuit, 전, 후단에 모두 분급기가 설치되어 있는 분쇄회로를 Combined Closed Circuit이라 한다.

그러나 모든 분쇄회로는 Combined Closed Circuit의 특수한 형태로서 분급비의 값을 조절하면 해당 분쇄회로를 구성할 수 있다. Normal Closed Circuit은 전단 분급기에서 모든 입자가 분쇄기로 투입되는 경우가 되며 Open Circuit with Scalped Feed는 후단 분급기에서 분쇄기로 순환되는 입자가 없이 모두 생산물로 보내지는 경우가 된다. Reverse Closed Circuit는 Combined Closed Circuit에서 전, 후단 분급비가 같은 경우에 해당한다. 따라서 모든 회로는 Combined Closed Circuit에서 적절한 분급비를 부여하면 표현될 수 있다.

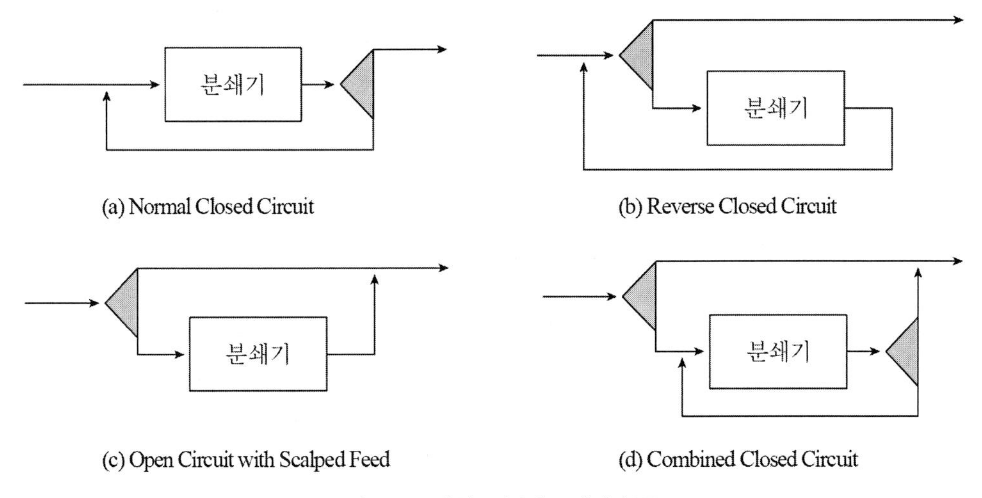

그림 7.28 폐회로 분쇄공정의 분류

(9) 분급공정의 수학적 모사

분급과정이 포함된 분쇄공정을 묘사하기 위해서는 분급에 대한 입도-물질 수지공식이 요구된다. 입자의 분급과정에서는 그림 7.29에서 볼 수 있듯 p_i의 입도분포를 가지는 분쇄산물이 분급기를 거쳐 q_i의 입도분포를 갖는 미립분과 t_i의 입도분포를 갖는 조립분으로 분리된다. 분급기의 투입량을 P, 미립분과 조립분의 배출량을 각각 Q와 T라고 할 때 T/Q를 순환비(Circulation Ratio)라 하며 C로 나타낸다.

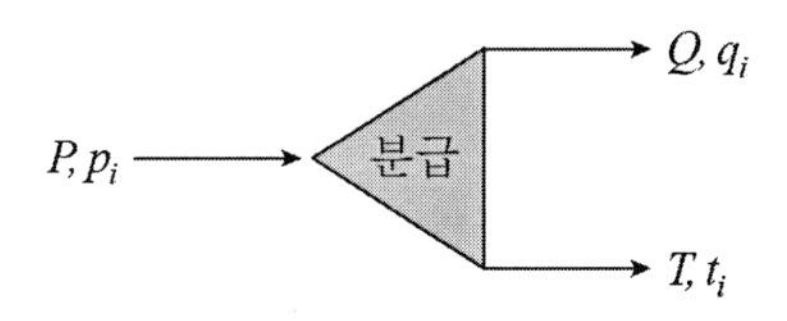

그림 7.29 분급공정의 모사

분급비 s_i는 크기 i인 입자 중 분급된 후 조립분으로 보내지는 비율로 정의되며 수식으로 표현하면 다음과 같다.

$$s_i = \frac{Tt_i}{Pp_i} \tag{7.56}$$

이 값을 입자 크기별로 도시한 것을 분급곡선(partition curve)이라고 하며 그림 7.30과 같은 형태를 나타낸다.

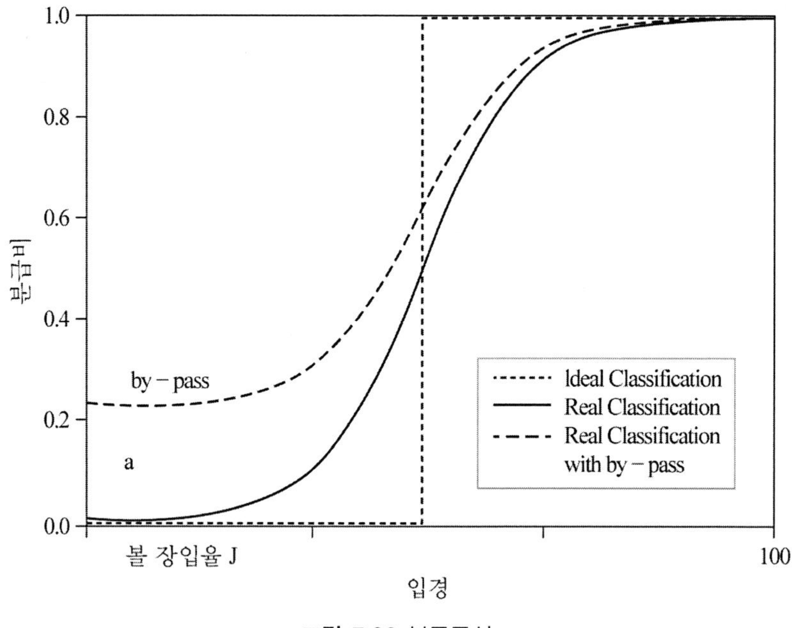

그림 7.30 분급곡선

이상적인 분급인 경우 분급입도가 큰 입자는 모두 조립분으로 회수되고 그 이하의 입자는 모두 미립분으로 회수되어 분급입도 이하에서는 0이고 그 이상에서는 1인 계단 형태를 나타낸다. 그러나 실제에서는 분급이 완벽하게 이루어지지 않아 S 형태의 곡선을 나타낸다. 또한 입자크기가 아무리 감소하여도 분급비는 0이 되지 않고 어떤 값에 수렴하는 형태가 흔히 나타난다. 이 값을 by-pass라고 하며 그림 7.30에서 'a'로 표시되었다. 따라서 실제 분급은 전제 입자 중 (1 − a)에 대하여만 일어났다고 할 수 있다. By-pass를 배제한 분급비를 수정 분급비라고 하며 식 (7.57a)와 같이 계산된다. 수정 분급비는 여러 형태의 수식으로 표현되어지나 가장 간단한 형태는 식 (7.57b)와 같이 log-logistic 함수를 이용한 형태이다.

$$c_i = \frac{s_i - \mathrm{a}}{1 - \mathrm{a}} \tag{7.57a}$$

$$c_i = \frac{1}{1 + \left(\dfrac{x_i}{d_{50}}\right)^{-\lambda}} \tag{7.57b}$$

a는 by-pass이며 c_i는 수정 분급비이다. x_i는 입자크기, d_{50}와 λ는 상수로서 d_{50}는 cut size라고 하며, λ의 값이 작아질수록 곡선의 기울기가 감소하여 분급효율이 나빠진다. 분급효율을 나타내는 지수로서 Sharpness Index(SI)가 사용되며 다음과 같이 정의된다.

$$SI = \frac{x_{25}}{x_{75}} \tag{7.58}$$

x_{25}, x_{75}는 각각 수정 분급비가 0.25와 0.75인 입자의 크기로 다음과 같은 관계식으로 표현된다.

$$0.25 = \frac{1}{1+\left(\frac{x_{25}}{d_{50}}\right)^{-\lambda}}, \quad 0.75 = \frac{1}{1+\left(\frac{x_{75}}{d_{50}}\right)^{-\lambda}} \tag{7.59}$$

위 식으로부터 λ와 SI의 관계는 다음과 같이 도출된다.

$$\lambda = \log(9)/\log(SI^{-1}) \tag{7.60}$$

(10) 폐회로 일반 분쇄모델

이미 언급한 바와 같이 모든 분쇄회로는 Combined Closed Circuit 모델로 표현 가능하며 그림 7.31과 같이 구성된다. 정상상태에서는 $G' = Q'$, $G = Q$, $F = P$가 된다.

전단 분급기를 기준으로 입도-물질 수지는 다음과 같다.

$$Gg_i = G'g_i's_{1i} \tag{7.61}$$

$\sum g_i = 1$이므로 위 식은

$$G/G' = \sum g_i's_{1i} \tag{7.62}$$

분쇄기에 투입되는 입자의 입도-물질 수지는 다음과 같다.

$$Ff_i = Gg_i + Tt_i \tag{7.63}$$

$Tt_i = Pp_is_{2i}$이므로 위 식은

$$Ff_i = Gg_i + Pp_is_{2i} \tag{7.64}$$

양변을 G로 나누면

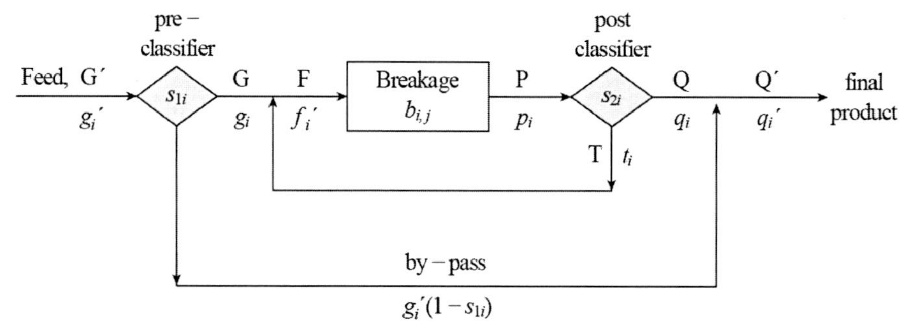

G' : feed 투입량
G: 전단 분급 후 배출량
F: 분쇄기 투입량
P: 분쇄기 배출량
Q: 후단 분급 후 미립자 배출량
T: 후단 분급 후 조립자 배출량
Q' : 최종 산물 배출량

g_i' : feed의 입도분포
s_{1i}: 전단 분급기의 입도별 분급비
g_i: 전단 분급 후 조립자의 입도분포
f_i: 분쇄기에 투입되는 입자의 입도분포
p_i: 분쇄기에서 배출되는 입자의 입도분포
s_{1i}: 후단 분급기의 입도별 분급비
t_i: 후단 분급 후 조립자의 입도분포
q_i: 후단 분급 후 미입자의 입도분포
q_i' : 최종 배출산물의 입도분포

그림 7.31 Combined closed circuit 모식도

$$\left(\frac{F}{G}\right)f_i = g_i + \left(\frac{P}{G}\right)p_i s_{2i} \tag{7.65}$$

$F = G + T,\ P = T + Q,\ G = Q,\ T/Q = C$ 이므로 위 식은 다음과 같이 정리된다.

$$(1+C)f_i = g_i + (1+C)p_i s_{2i} \tag{7.66}$$

식 (7.52a)에 의하면

$$p_i = \sum_{j=1}^{i} d_{ij} f_j \tag{7.67}$$

위 식 양변에 $(1+C)$를 곱하면 다음과 같다.

$$(1+C)p_i = \sum_{j=1}^{i} d_{ij}(1+C)f_j \tag{7.68}$$

$p_i(1+C) = p_i^*$로 대체하고 식 (7.66)을 대입하면

$$p_i^* = \sum_{j=1}^{i} d_{ij}(1+C)f_j = \sum_{j=1}^{i} d_{ij}[g_j + (1+C)p_j s_{2j}]$$
$$= d_{ii}g_i + d_{ii}p_i^* s_{2i} + \sum_{j=1}^{i-1} d_{ij}(g_j + p_j^* s_{2j}) \tag{7.69}$$

p_i^*에 대하여 정리하면

$$p_i^* = \frac{d_{ii}g_i + \sum_{j=1}^{i-1} d_{ij}(g_j + p_j^* s_{2j})}{1 - d_{ii}s_{2i}} \tag{7.70}$$

g_i는 식 (7.61)과 식 (7.62)에서 다음과 같이 계산된다.

$$g_i = g_i{}' s_{1i} / \sum g_i{}' s_{1i} \tag{7.71}$$

p_i^*의 계산은 $i=1$부터 순차적으로 이루어지며 C는 p_i^*를 합산한 후 다음의 관계식으로부터 구한다.

$$1 + C = \sum_{j=1}^{n} p_j^* \tag{7.72}$$

분쇄 후 입도분포 및 기타 회로 산물의 입도분포는 다음의 식으로 계산된다.

$$p_i = p_i^* / (1+C) \tag{7.73a}$$

$$q_i = (1 - s_i)p_i^* \tag{7.73b}$$

$$t_i = \frac{p_i^* s_{2i}}{C} \tag{7.73c}$$

$$f_i = \frac{g_i + p_i^* s_{2i}}{1+C} \tag{7.73d}$$

후단 분급 후 미립자의 입도분포에 관한 입도-물질 수지는 다음과 같다.

$$Q' q_i' = G'(1 - s_{ii})g_i' + Qq_i \tag{7.74}$$

$G' = Q'$이므로, 분급기를 거친 후 배출되는 최종 산물의 입도분포는 다음과 같이 계산된다.

$$q_i' = (1 - s_{1i})g_i' + q_i \sum g_i' s_{1i} \tag{7.75}$$

(11) 볼 크기 분포

이미 언급한 바와 같이 볼 크기는 분쇄율에 크게 영향을 미친다. 따라서 분쇄기 성능을 예측하고자 할 때 분쇄기 내 존재하는 볼의 크기에 대한 정보가 필요하다. 볼 밀 설치 후 초기에 장입되는 볼의 크기는 알 수 있다. 그러나 장입된 볼은 마모가 되기 때문에 주기적으로 새 볼을 보충한다. 따라서 분쇄기 내에는 주입시기가 서로 다른 볼들이 존재하며 각각의 볼은 시간이 지남에 따라 마모되기 때문에 한 가지 크기의 볼을 추가하더라도 여러 크기의 볼들이 존재한다. 보충은 주기적으로 시행되기 때문에 일정시간이 지나면 정상상태에 도달하며 분쇄기내 볼의 크기는 일정한 분포를 가지게 되며 다음과 같이 유도된다(Austin과 Klimpel, 1985).

마모에 의해 볼의 크기는 시간에 따라 감소한다. 따라서 볼 반경 r의 변화율은 다음과 같이 표현된다.

$$\frac{dr}{dt} = -k(r) \tag{7.76}$$

k가 r에 관계없이 일정하다면 위 식은 다음과 같이 적분된다.

$$\frac{r(t)}{r_0} = 1 - \frac{kt}{r_0} \tag{7.77}$$

r_0는 볼의 초기 반경이다. 위 식에 의하면 r은 시간에 따라 선형적으로 감소한다. k가 r에 비례한다면 ($k(r) = ar$) 식 (7.76)은 다음과 같이 적분되어 r은 지수적으로 감소한다.

$$\frac{r(t)}{r_0} = \exp(-at) \tag{7.78}$$

볼의 질량 감소율은 $\rho_b 4\pi r^2 (dr/dt)$이므로 다음과 같이 표현된다.

$$\text{볼 질량 감소율} = a\rho_b 4\pi r^{2+\Delta} \tag{7.79}$$

Δ는 상수로, 0일 때(k =상수) 볼 질량 마모율은 볼 표면적에 비례하며, 1일 때는($k = ar$) 볼 부피에 비례한다.

투입된 볼은 마모가 되어 점점 작아지는데 일정크기에 도달하면 깨지거나 볼 밀 밖으로 배출된다. 따라서 볼의 수명을 τ라고 하면 볼 밀에는 방금 투입된 볼부터 τ시간 전에 투입된 볼이 존재한다. t시간 전에 투입된 볼이 마모되어 r의 크기로 감소하였다면 볼 밀에 존재하는 볼 중 r보다 작은 볼은 t에서 τ시간 전에 투입된 볼이 된다. 볼의 질량은 r^3에 비례하므로 볼 밀에 존재하는 볼 중 r보다 작은 볼의 질량 비율은 다음과 같다.

$$M(r) = \frac{\int_{\tau}^{t} (r(\lambda)/r_0)^3 d\lambda}{\int_{\tau}^{0} (r(\lambda)/r_0)^3 d\lambda} \tag{7.80}$$

k가 r에 관계없이 일정할 경우 위 식은 다음과 같다.

$$M(r) = \frac{\int_{\tau}^{t} (1 - k\lambda/r_0)^3 d\lambda}{\int_{\tau}^{0} (1 - k\lambda/r_0)^3 d\lambda} \tag{7.81}$$

$\lambda = \tau$일 때 $1 - k\lambda/r_0 = r_{\min}/r_0$, $\lambda = \tau$일 때 $1 - k\lambda/r_0 = 1$, $\lambda = t$일 때 $1 - k\lambda/r_0 = r$이므로, 위 식은 다음과 같이 적분된다.

$$M(r) = \frac{(r/r_0)^4 - (r_{\min}/r_0)^4}{1 - (r_{\min}/r_0)^4} \tag{7.82a}$$

또는

$$M(d) = \frac{(d/d_1)^4 - (d_{\min}/d_1)^4}{1 - (d_{\min}/d_1)^4} \tag{7.82b}$$

d는 볼의 직경, d_1은 투입된 볼의 초기 직경이다.

볼 시간당 투입량을 $\dot{w}$이라 하면, 볼 밀에 존재하는 볼의 총 질량은 $\int_{\tau}^{0} \dot{w}(r(\lambda)/r_0)^3 d\lambda$이므로 식 (7.77)을 대입하여 적분하면 다음과 같다.

$$\text{총 질량} = \frac{4r_0\dot{w}}{k}\left[1-\left(\frac{r_{\min}}{r_0}\right)^4\right] \tag{7.83a}$$

또는

$$\text{총 질량} = \frac{2d_1\dot{w}}{k}\left[1-\left(\frac{d_{\min}}{d_1}\right)^4\right] \tag{7.83b}$$

크기가 다른 두 볼(d_1, d_2)을 m_1^*, m_2^* 비율로 혼합하여 투입할 경우 볼 밀에 존재하는 각 볼의 총 질량은 다음과 같다.

$$d_1 \text{ 볼의 총 질량} = \frac{2d_1\dot{w}m_1^*}{k}\left[1-\left(\frac{d_{\min}}{d_1}\right)^4\right] \tag{7.84a}$$

$$d_2 \text{ 볼의 총 질량} = \frac{2d_2\dot{w}m_2^*}{k}\left[1-\left(\frac{d_{\min}}{d_2}\right)^4\right] \tag{7.84b}$$

따라서 볼 밀에 존재하는 볼 중 각 볼로부터 유래된 볼의 질량비율은 다음과 같다.

$$m_i' = \frac{m_i^*\left[1-(d_{\min}/d_i)^4\right]}{\sum_i m_i^*\left[1-(d_{\min}/d_i)^4\right]} \tag{7.85}$$

이 비율은 초기 혼합비율과 다르며 이는 볼 크기가 작아지면 수명이 짧아지기 때문이다. 따라서 다양한 크기의 볼이 혼합하여 투입될 경우 정상상태에서 볼의 입도분포는 다음과 같이 표현된다.

$$M(d) = \sum_i m_i' f(d) \tag{7.86}$$

$$f(d) = \begin{cases} 1 & , \quad d > d_i \\ \dfrac{\left(\dfrac{d}{d_i}\right)^4 - \left(\dfrac{d_{\min}}{d_i}\right)^4}{1-\left(\dfrac{d_{\min}}{d_i}\right)^4} & , \quad d \le d_i \end{cases} \tag{7.87}$$

표 7.3과 그림 7.32는 48mm와 24mm의 두 볼을 50:50 비율로 혼합하여 투입하였을 경우 각 볼에 대한 입도분포 및 총 입도분포를 나타낸 것이다($d_{\min}$=10mm). 당연히 볼 밀에 존재

하는 볼의 크기는 초기 입도보다 작기 때문에 그 크기 이하에 분포한다. 또한 각 볼로부터 유래된 볼의 질량비율은 초기 비율과 다르며 큰 볼의 비율이 높아진다(50:50 → 67:30).

표 7.3 48mm와 24mm을 투입하였을 때 볼의 정상상태 누적 입도분포

Ball Size, mm	48mm에서 유래된 볼의 입도분포	24mm에서 유래된 볼의 입도분포	종합 볼 입도분포
48.0	100.00	100.00	100.00
40.4	49.91	100.00	66.29
33.9	24.86	100.00	49.43
28.5	12.33	100.00	41.00
24.0	6.07	100.00	36.79
20.2	2.94	48.45	17.82
17.0	1.38	22.67	8.34
14.3	0.59	9.78	3.60
12.0	0.20	3.34	1.23
10.1	0.01	0.11	0.04
m_i^*	50%	50%	
$m_i^{'}$	67%	33%	

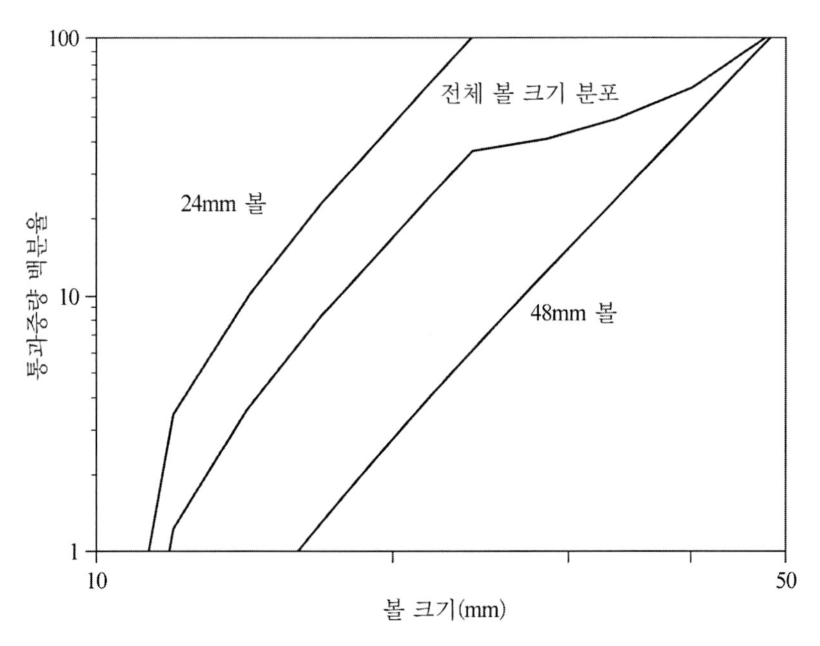

그림 7.32 48mm와 24mm을 투입하였을 때 볼의 정상상태 누적 입도분포

(12) 볼 크기 분포에 따른 분쇄율의 계산

이미 언급한 바와 크기가 다른 볼이 혼합되어 있을 경우 분쇄율은 무게 평균을 이용해 구할 수 있다.

$$\overline{S}_i = \sum_k S_{i,k} m_k \tag{7.88}$$

$S_{i,k}$는 볼 크기 d_k에 의한 입도구간 i 입자의 분쇄율이며 m_k는 d_k 크기의 볼의 질량비율이다. 따라서 d_1에서 유래된 볼의 입도구간별 질량분포가 $m_{1,i}$, $m_{2,i}$, $m_{3,1}$, …이라 하면 평균 분쇄율은 다음과 같다.

$$\overline{S}_i(1) = \sum_k S_{i,1} m_{k,1} \tag{7.89}$$

d_2에서 유래된 볼의 입도구간별 질량분포가 $m_{2,2}$, $m_{3,2}$, $m_{4,2}$, …이라 하면 평균 분쇄율은 다음과 같다.

$$\overline{S}_i(2) = \sum_k S_{i,2} m_{k,2} \qquad k \geq 2 \tag{7.90}$$

볼 밀에 존재하는 볼 중 각 볼 크기에서 유래된 볼의 질량비율은 m_1', m_2', …이므로 총 분쇄율은 다음과 같이 표현된다.

$$\overline{S}_i = m_i' \overline{S}_i(1) + m_2' \overline{S}_i(2) + \cdots \tag{7.91}$$

따라서 총 분쇄율은 투입되는 볼의 크기와 혼합비율에 따라 크게 영향을 받는다. 그러나 볼 크기의 영향은 feed 크기, 분쇄특성 및 밀 직경 등 기타에 따라 달라지기 때문에 보충되는 최적의 볼 크기 및 혼합비율을 결정하기 쉽지 않다. Cho 등(2013)은 시뮬레이션을 통해 50.8mm, 35.9mm와 25.4mm의 세 가지 볼 크기에 대해서 최적의 혼합비율을 찾고자 하였다. 결과를 요약하면 다음과 같다.

(1) Feed 입자크기가 클수록 큰 볼의 비율이 증가하여야 한다.
(2) 분쇄산물의 크기가 미세할수록 작은 볼의 비율이 증가하여야 한다.
(3) 밀 직경이 클수록 작은 볼의 비율이 증가하여야 한다.
(4) 최적의 볼 혼합비율은 최악의 경우보다 처리용량이 1.5 배 차이가 날 수 있다.

흥미로운 것은 모든 경우, 50.8mm와 25.4mm의 두 가지 볼을 사용했을 때 최적의 결과를 나타냈다. 따라서 최적의 혼합비율은 50.8에 대한 비율에 의해 결정되며 다음과 같이 표현되었다.

$$F_{50.8} = A'\left(\frac{R}{45}\right)^{\Gamma} C_{\alpha} C_{\mu} + K(N_1 - 1.2) \tag{7.92a}$$

$$A' = 0.068(f_{90}) - 0.311\sqrt{\frac{D}{1\text{m}}} \tag{7.92b}$$

$$\Gamma = -0.76\sqrt{\frac{D}{1\text{m}}} \tag{7.92c}$$

$$C_{\propto} = \left(\frac{\alpha}{0.93}\right)^{-1.87} \tag{7.92d}$$

$$C_{\mu} = \left(\frac{f_{90}}{5.19\mu}\right)^{2.15} \tag{7.92e}$$

$$K = 0.0715 - \frac{2.6816}{\left(\frac{f_{90}}{\mu}\right)} + \frac{10.1734}{\left(\frac{f_{90}}{\mu}\right)^2} \tag{7.92f}$$

f_{90}는 feed 90% 통과입도(mm), R은 분쇄비, D는 밀 직경(m)이다. 위 식에는 feed의 분쇄특성을 나타내는 분쇄율 함수인자 α와 μ가 포함되어 있다. 석영의 경우 ($\alpha = 0.8$, $\mu = 1.83$) 1m 직경의 볼 밀을 사용하여 90% 통과 입도 9.5mm feed를 80% 통과 150μm으로 분쇄할 때 최적의 투입 볼 크기는 50.8mm 볼 40%, 25.4mm 60%이다. 볼 밀 직경이 2m인 볼 밀을 사용하여 같은 제품을 생산할 때는 50.8mm 볼의 비율이 27%로 감소하여야 한다.

(13) 분쇄공정 시뮬레이션

분쇄공정에 대한 시뮬레이션은 위에서 논의된 모든 요소가 포함되며 그림 7.33에서와 같이 분쇄특성, 분쇄회로 형태, RTD와 분급비 성능의 4가지 요소로 구성된다. 기본적인 분쇄특성은 소규모 실험장치를 통해 측정된 분쇄율과 분쇄분포에 의해 결정되며 대상 분쇄회로에 대하여 분쇄기의 크기 및 운전조건에 따라 scale-up 공식을 이용하여 분쇄율을 조정한다. RTD 형태와 분급기의 성능을 나타내는 분급곡선을 결정하고 분쇄회로 입도-물질수지 공식을 통하여 입도분포 및 생산량을 계산한다. 세부 계산절차는 다음과 같다.

i) 소규모 분쇄장치를 이용하여 S_i와 b_{ij}측정

ii) Scale-up 공식(식 7.42)을 이용하여 S_i의 보정

iii) RTD 형태에 따른 d_{ij}의 계산(식 7.52b)

iv) 식 7.57에 의한 분급비 계산

v) Feed 입도분포(g_i) 및 d_{ij}에 의한 p_i^*의 계산(식 7.70)

vi) 모든 분쇄회로 산물 입도분포(p_i· q_i, t_i, f_i)의 계산(식 7.73~7.75)

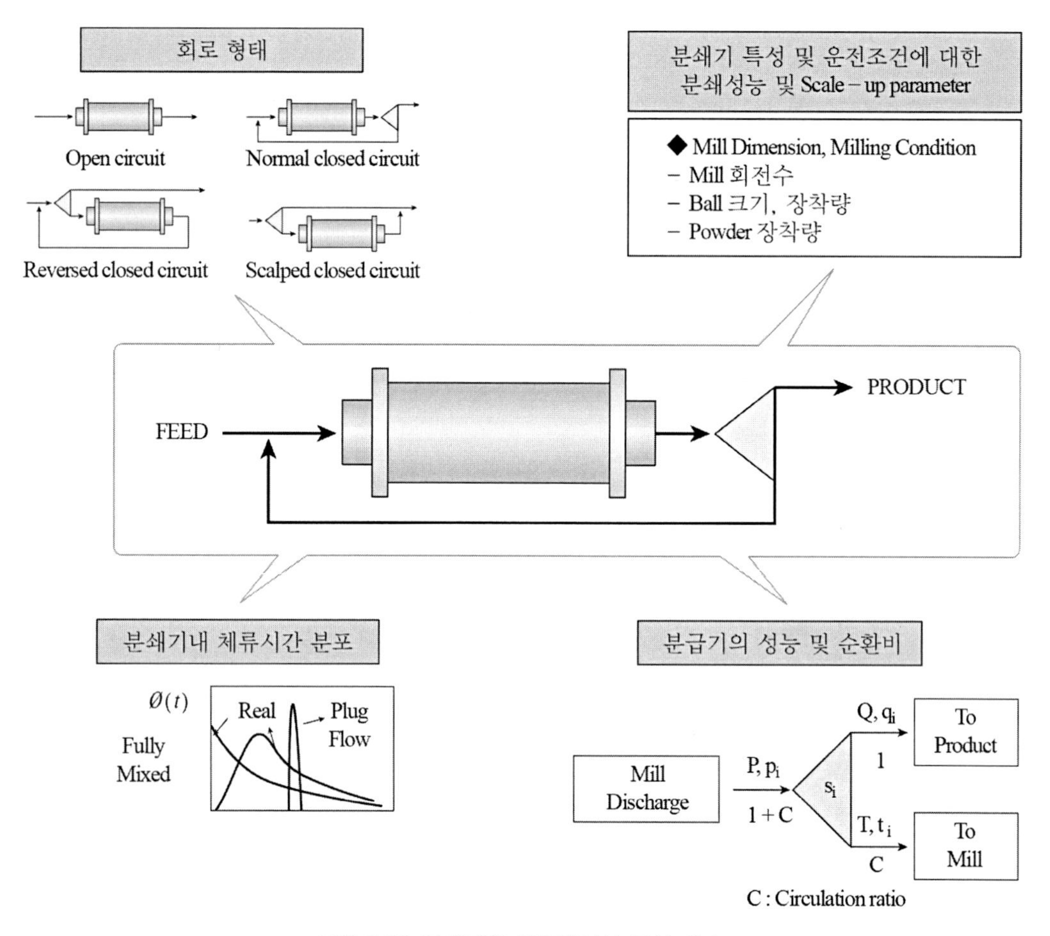

그림 7.33 분쇄공정 시뮬레이션 구성 요소

그림 7.34는 이러한 요소들이 모두 포함된 분쇄회로 시뮬레이터로 다양한 분쇄회로에 대한 분쇄성능의 예측이 가능하다. 이러한 모델은 그림 7.35와 같이 볼 밀이 직렬로 연결된 two-mill 분쇄회로 모사도 가능하며 그림 7.36은 실제 가동되고 있는 몰리브덴 분쇄회로에

대해 측정결과와 모델 예측결과를 비교한 것으로 두 결과가 매우 잘 일치하고 있음을 보여주고 있다(Kwon 등, 2016).

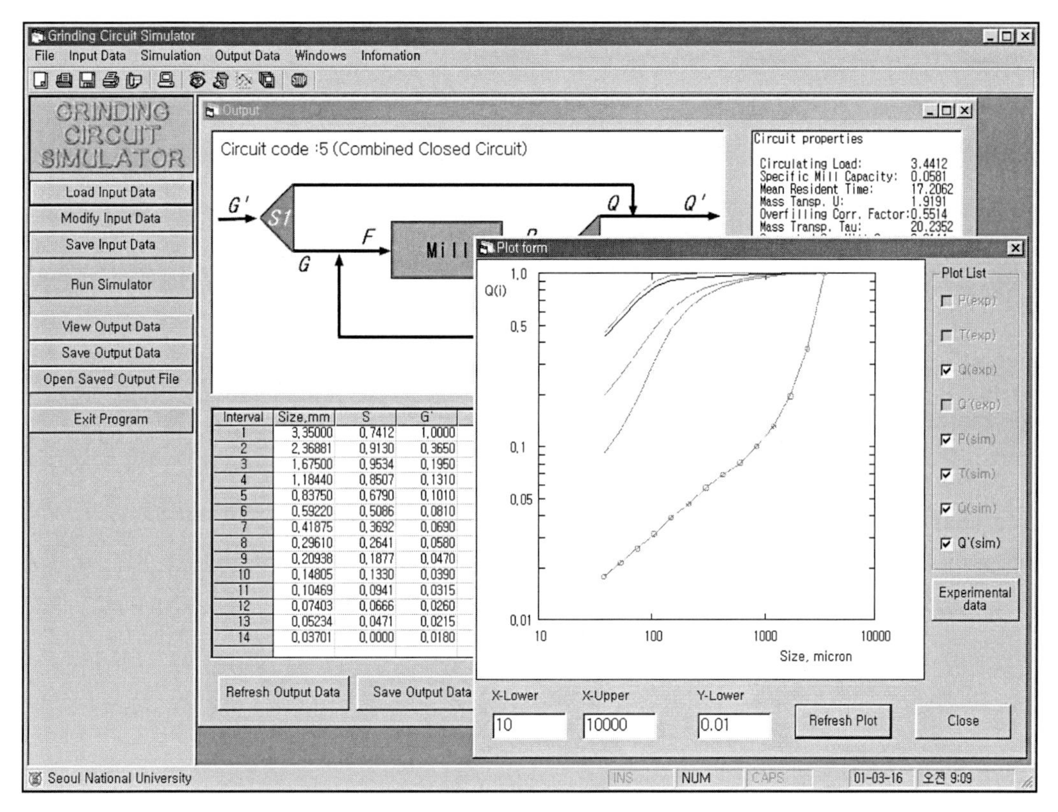

그림 7.34 분쇄공정 Simulator

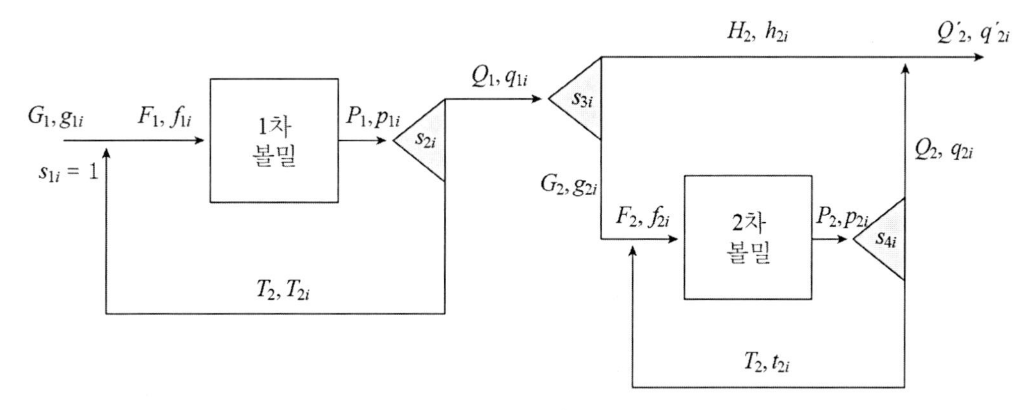

그림 7.35 Two ball mill 공정 모식도

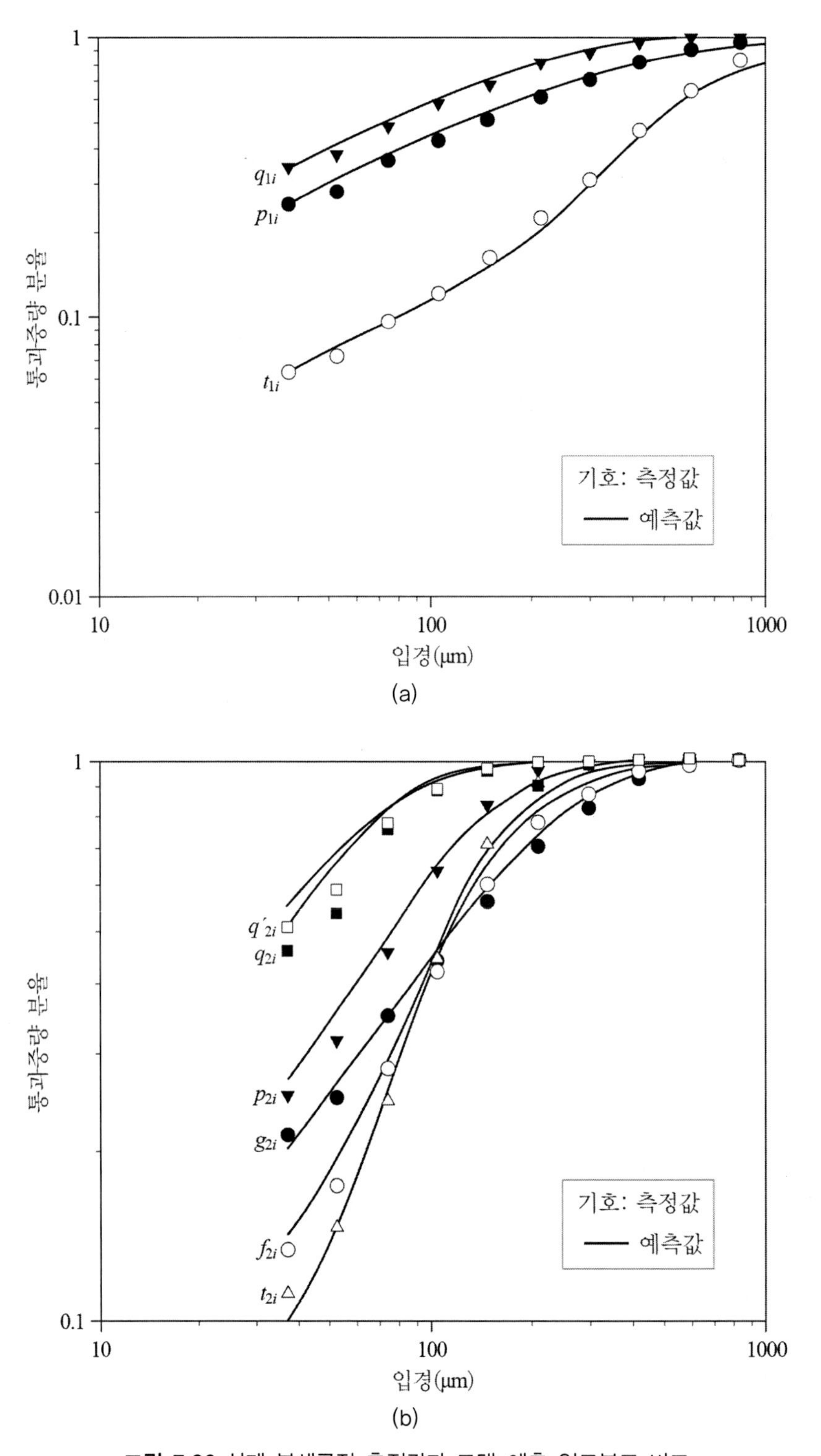

그림 7.36 실제 분쇄공정 측정값과 모델 예측 입도분포 비교

(14) 예제를 통한 분쇄회로 성능 분석

이러한 분쇄회로 시뮬레이터를 이용하면 다양한 밀 운전조건과 분쇄회로구성에 대해 분쇄산물의 입도분포와 생산량을 예측할 수 있다. 본 장에서는 예제를 통하여 분쇄산물의 미세도, 체류시간분포 형태 및 분급입도에 따라 분쇄산물의 입도분포나 생산량이 어떻게 변화되는지 살펴보았다. 시뮬레이션 조건은 다음과 같다.

Test 밀

Mill 직경 : 203mm

부피 : 5790cm^3

회전속도 : 60rpm

볼 크기 : 25.4mm

장입률 : J=0.325

입자 질량 : 1.36kg

비중 : 2.65

고체농도 : 72wt.% 또는 49vol.%

분쇄모델 인자 : $S_{12\times16}$=0.57min^{-1}, a_T = 0.35min^{-1}, α=0.91, μ=2mm, Λ=3.5

$\Phi = 0.64$, $\gamma = 0.61$, $\beta = 2.9$

시뮬레이션 밀

Mill 직경 : 3.5m

길이 : 4.88m

회전속도 : $\phi_c = 0.7$

Make-up 볼 크기 : 50.8mm

장입률 : J=0.35

RTD 형태 : diffusion 모델(D*=0.18)

i) 분쇄산물 미세도에 따른 생산량의 변화

그림 7.37은 볼 밀이 개회로로 운영될 때 체류시간에 따른 입도분포의 변화를 나타낸 것이다. 체류시간이 길어질수록 분쇄기에 오랜 시간 머물게 되므로 분쇄산물의 입도분

포는 점점 미세해진다. 입도분포의 형태를 살펴보았을 때 미분 영역에서는 누적 분포 곡선의 기울기는 거의 변화가 없으나 조분 영역에서는 큰 입자들이 미량이나마 존재하게 되어 입도분포 범위가 점점 넓어지고 있다. 이는 볼 밀에 투입된 입자 중 분쇄되지 않고 배출되는 입자가 항상 존재하기 때문이다. 생산량은 $F = Q = W/\tau$의 관계가 있기 때문에 생산량과 체류시간은 반비례한다. 그러나 볼 밀에 투입되는 양이 많아지면 밀 내 hold-up이 증가하기 때문에 과 충진 현상이 일어나 생산량은 더욱 감소할 수 있다(Austin 등, 1984).

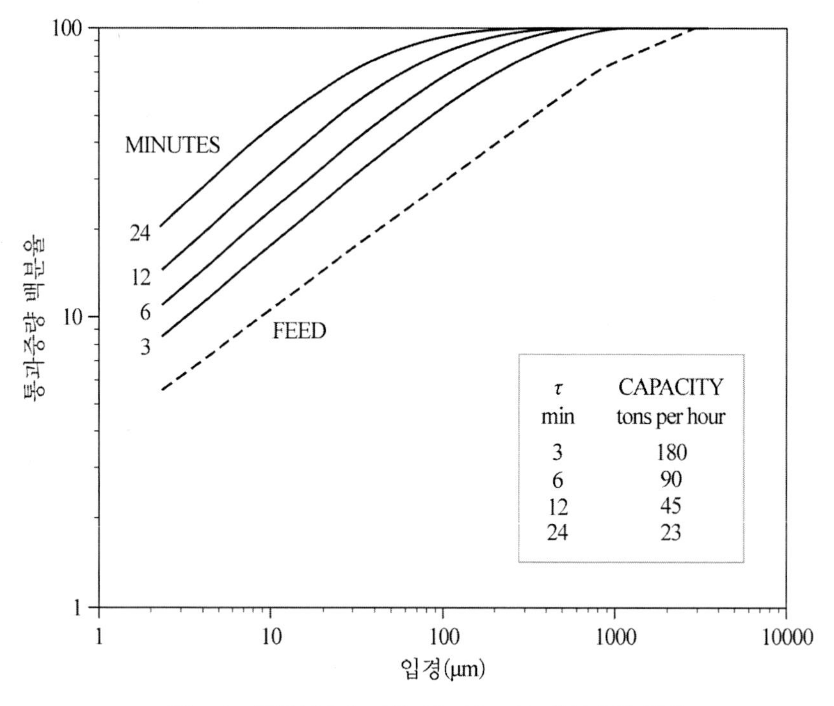

그림 7.37 체류시간에 따른 입도분포 및 생산량의 변화

ii) 체류시간분포 형태에 의한 영향

체류시간분포 형태는 혼합이 전혀 없는 plug flow로부터 완전 혼합이 일어나는 fully-mixed 형태까지 다양하게 나타난다. 그림 7.38은 80% 통과 입도가 같은 분쇄산물을 배출할 때 체류시간분포 형태에 따라 입도분포를 나타낸 것으로, 혼합 정도가 커질수록 평균체류시간은 증가하며 이에 따라 생산량도 감소하는 것을 알 수 있다. 따라서 plug-flow 형태가 생산량 측면이나 입도 범위 측면에 가장 효율적이다.

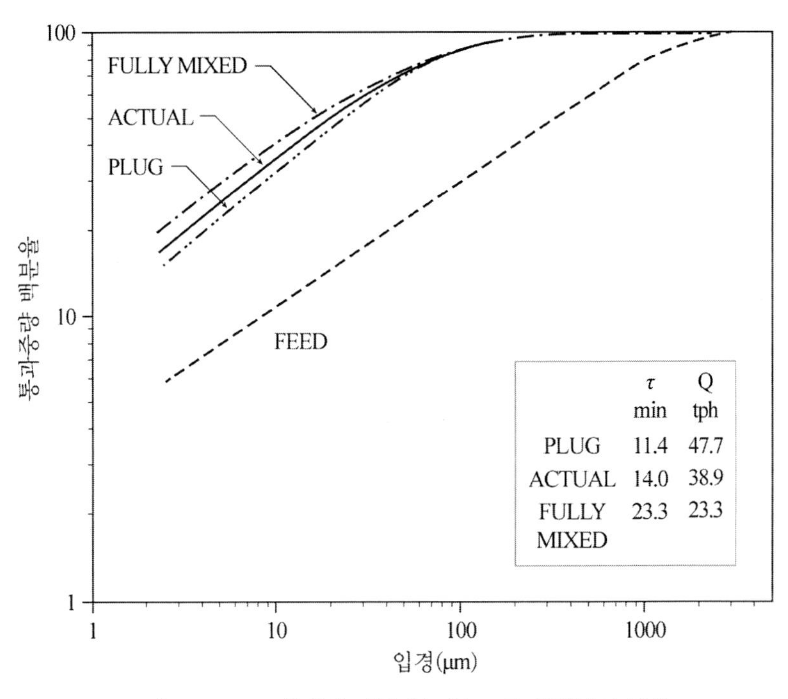

그림 7.38 RTD 형태에 따른 입도분포 및 생산량의 변화

iii) 폐회로와 분급입도의 영향

볼 밀 후단에 분급기를 설치하면 조립자만 분리하여 재분쇄하기 때문에 분쇄산물의 최대 입도를 제어하는 동시에 보다 효율적인 분쇄가 일어난다. 분쇄산물의 입도분포는 체류시간에 영향을 받는다. 따라서 폐회로 공정의 입도분포는 체류시간과 분급입도에 영향을 받으며 두 인자의 조합에 따라 입도분포 및 생산량이 달라진다. 그림 7.39는 이를 나타내는 것으로 평균 체류시간과 분급입도 조합을 통하여 80% 통과 입도가 75μm으로 동일한 분쇄산물을 얻을 수 있으나 입도분포 및 생산량은 달라진다. 평균 체류시간이 증가하면 분쇄산물은 미세해지기 때문에 동일 80% 통과 입도의 산물 생산에 필요한 분급입도는 높아진다. 분급입도가 높아지면 재순환되는 입자 비율이 감소하기 때문에 순환비가 감소한다. 반면, 체류시간이 짧아지면 분쇄산물의 입도가 증가하기 때문에 분급입도는 작아지게 되며 이에 따라 순환비가 증가한다. 전체적인 입도분포는 순환비가 증가할수록 미세 입자가 적게 생성되기 때문에 입도범위도 좁아진다. 그림 7.40은 순환비 변화에 따른 생산량을 나타낸 것으로 순환비가 증가할수록 생산량은 증가한다. 이는 순환비가 증가할수록 체류시간이 짧아지기 때문에 목적입도보다 작은 입자는 재분쇄되지 않고 빨리 배출되기 때문이다. 그러나 순환비가 2.5~3 이상 높아지면 생산량 증가율은

둔화된다. 실제 밀 운전에서는 순환비가 지나치게 증가하면 볼 밀에 재투입되는 양이 많아져 밀이 과충진되기 때문에 밀 내에서 입자의 이동이 원활하지 않을 수 있다. 그림 7.40은 이러한 물리적 한계를 고려하지 않은 것으로, 과충진되면 분쇄율이 감소되기 때문에 생산량은 더욱 감소될 수 있다. 이를 overfilling에 의한 분쇄 비효율이라고 한다(Austin 등, 1984).

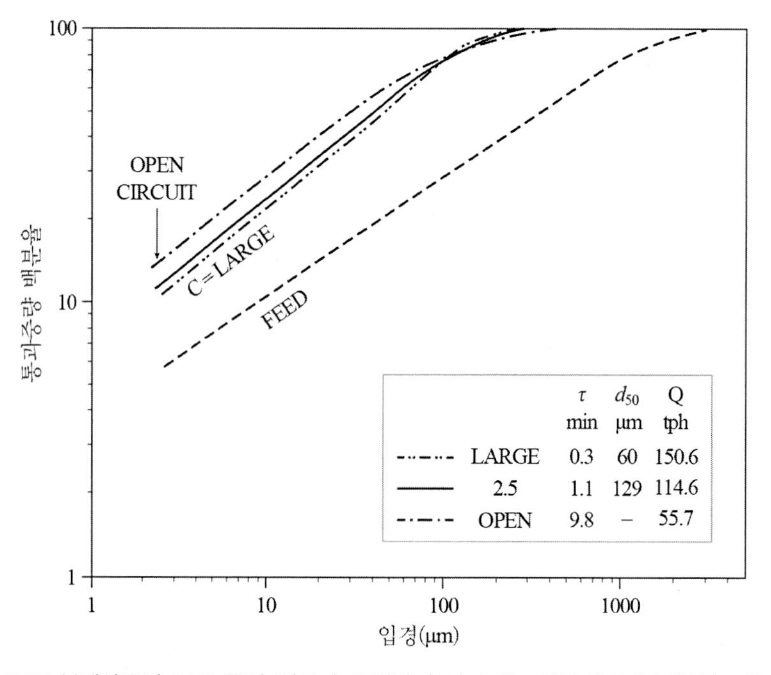

그림 7.39 분쇄산물의 80% 통과 입도가 동일하게 나타나는 체류시간과 분급입도의 조합

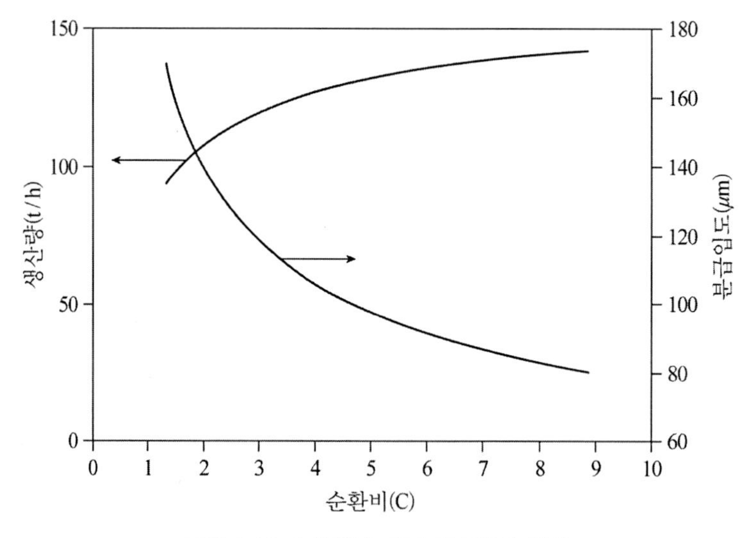

그림 7.40 순환비에 따른 생산량의 변화

iv) Feed 입도의 영향

그림 7.41은 feed 입도분포 형태에 따라 80% 통과입도가 동일할 때 분쇄산물의 입도분포가 어떻게 변화하는지 나타낸 것이다. Feed에 미세입자가 많이 포함된 경우(feed 1)를 제외하고는 feed 2, 3의 경우 분쇄산물의 입도분포는 크게 영향을 받지 않음을 알 수 있다. 특히 분쇄산물이 매우 미세해질수록 feed 입도분포의 영향은 거의 없다. Feed 1의 경우는 미세한 입자가 매우 많이 포함된 경우로서 분쇄기에 투입되기 전에 미리 제거하는 reverse closed circuit으로 운영하는 것이 매우 효율적일 수 있다.

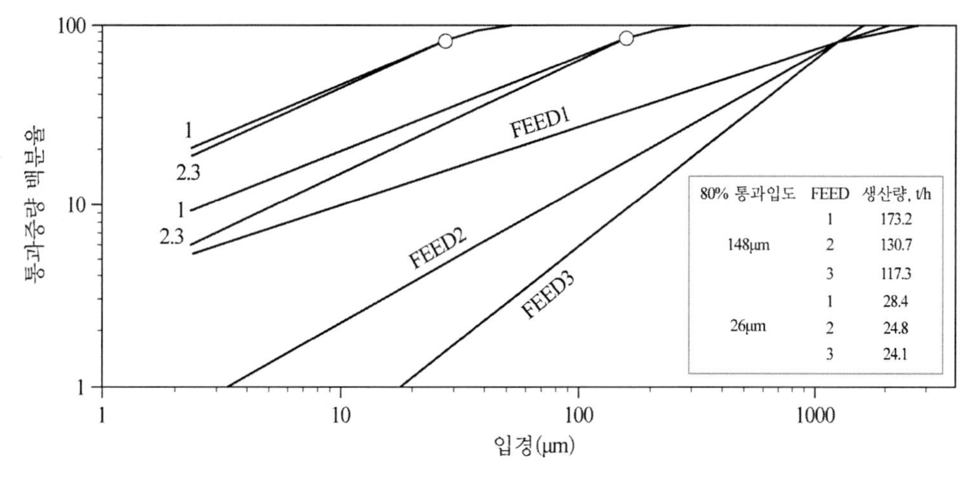

그림 7.41 Feed 입도분포 형태에 따른 분쇄산물의 입도분포의 변화

v) 분급효율이 미치는 영향

분급기는 밀 산물에서 목적입자보다 작은 입자는 배출시키고 큰 입자는 순환시켜 재분쇄시키는 기능을 한다. 그러나 분급이 비효율적이면 미립자도 재순환되어 분쇄회로의 성능이 저감된다. 이미 언급한 바와 같이 분급효율은 식 (7.57)에 의해 다음과 같은 분급함수로 표현된다.

$$s_i = a + \frac{(1-a)}{\left[1 + \left(\frac{x_i}{d_{50}}\right)^{-\lambda}\right]} \tag{7.93}$$

그림 7.42는 Sharpness Index(SI)가 0.4와 0.6의 두 경우에 대해 80% 통과 입도가 106μm인 분쇄산물 생산에 필요한 분급입도(d_{50})와 생산량을 나타낸 것이다. 분급입도가 작아질수록

순환비가 증가하며 이와 더불어 생산량도 증가한다. 순환비가 증가하면 분쇄산물의 입자 중 미세입자(−38μm)의 비율이 작아지며 입도분포 범위가 좁아진다. 같은 순환비에서의 생산량은 *SI*가 커질수록 높다. 따라서 분급효율이 높을수록 미세입자의 생성률이 작아지며 생산량도 증가함을 알 수 있다. 따라서 폐 분쇄회로 운영에서 분급기는 중요한 역할을 하며 분급기 효율을 높이면 10% 이상의 생산량 증가를 기대할 수 있다.

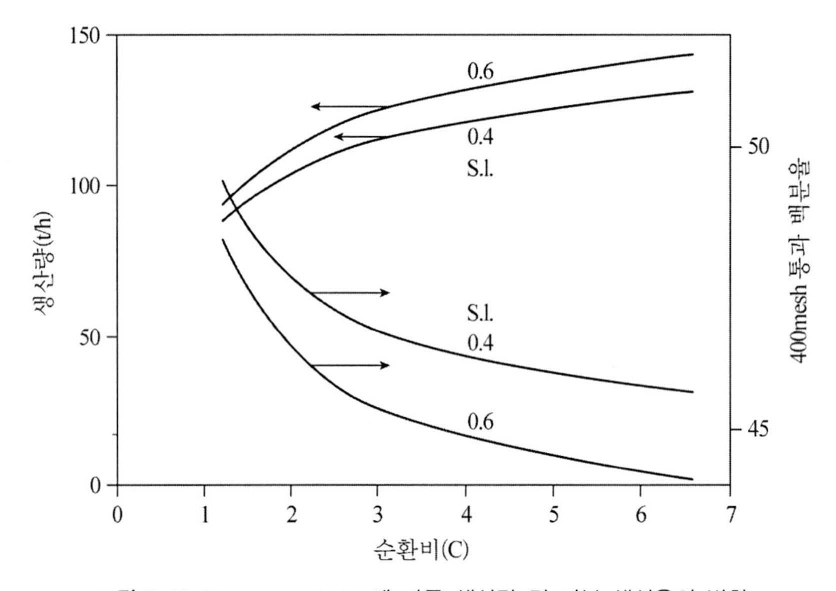

그림 7.42 Sharpness Index에 따른 생산량 및 미분 생성율의 변화

vi) Feed의 분쇄특성

분쇄특성은 분쇄함수와 분쇄분포로 특성화된다. 분쇄함수 인자 중 A는 기준입도에 대한 분쇄율로 A가 커질수록 모든 입자의 분쇄율은 증가한다. α는 입도에 따른 분쇄율의 변화를 나타낸 것으로 α가 작을수록 작은 입자의 분쇄가 빨리 진행된다. 따라서 A와 α 모두 생산량에 영향을 미친다. 그림 7.43은 이를 나타낸 것으로 점점 미세한 분쇄산물을 생산할 때, 즉 80% 통과 입도가 점점 작은 분쇄산물을 생산할 때 A와 α의 값이 생산량에 미치는 영향을 도시한 것이다. 같은 α에서는 A의 값이 커질수록 생산량은 비례하여 증가한다. 동일한 A에서는 α의 값이 작아질수록 증가한다. 분쇄산물의 미세도에 따른 생산량 변화는 α가 커질수록 더욱 감소됨을 알 수 있다.

분쇄분포는 파쇄조각들의 입도분포로 생산량에 영향을 미칠 수 있다. 그림 7.44는 두 분쇄분포 경우에 대해 분쇄산물의 미세도에 따른 생산량 변화를 도시한 것이다. γ가

0.61인 경우, 즉 생성된 파쇄조각의 입도가 좀 더 미세할 때 γ가 1.0인 경우에 비해 80% 통과입도가 작아질수록 생산량이 다소 증가한다. 그러나 전체적인 입도분포는 γ가 작을수록 미세한 입자의 비율이 높아져 좀 더 넓은 입도범위를 갖는 분쇄산물이 얻어진다.

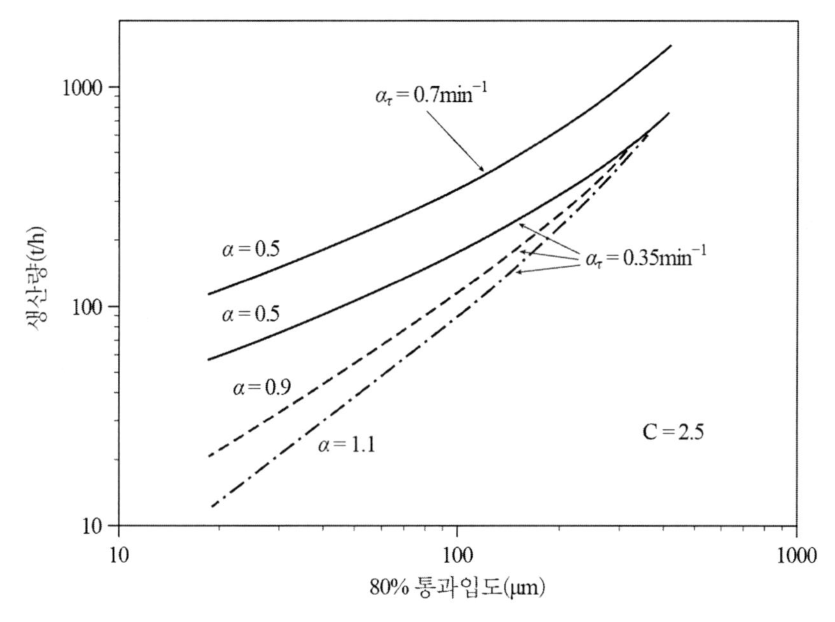

그림 7.43 A와 α에 따른 생산량의 변화

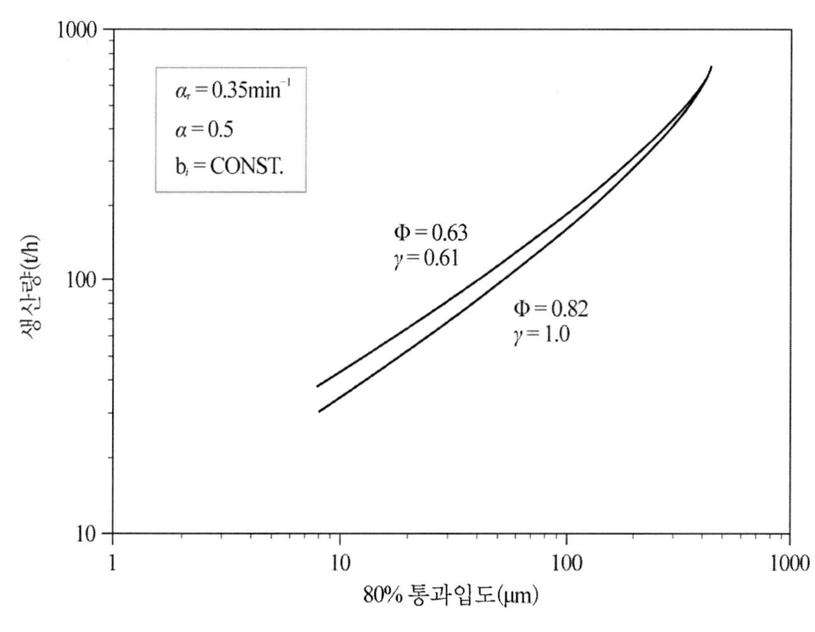

그림 7.44 분쇄분포 인자에 따른 생산량의 변화

7.2.2 로드 밀

로드 밀은 분쇄매체로 로드를 사용하는 분쇄장치로 분쇄는 볼 밀에서와 같이 밀 회전에 의하여 로드가 상승한 후 낙하하며 입자에게 충격을 가하여 이루어진다. 로드는 동일 직경의 볼보다 질량이 크기 때문에 더 큰 입자를 분쇄할 수 있다. 따라서 로드 밀은 미파쇄기 또는 조분쇄기라고 하며 50mm 크기의 입자를 300μm의 크기로 효과적으로 분쇄한다.

밀이 회전하면 로드는 라이너에 의해 위로 상승하며 일정 높이에 도달하면 로드 상부 표면을 따라 굴러 떨어진다. 하부의 toe 영역에 도달한 로드는 다시 라이너에 의해 상승한 후 낙하한다. 로드 층 중심부는 로드가 정체되어 있으며 이 영역을 코어라고 한다(그림 7.45b). 로드 밀에 투입된 입자는 크기에 따라 밀 내부에 다른 곳에 위치한다. 큰 입자는 밀 하부로 침강하여 로드와 같이 상승되면서 상대적으로 큰 충격을 받아 분쇄된다. 작은 입자는 로드 움직임이 미미한 코어 영역에 위치하여 미분쇄된다. 특히 여러 크기의 입자가 두 로드 사이에 끼이게 되면 크기 차이로 인해 그림 7.46과 같이 큰 입자가 우선적으로 충격을 받게 되어 선택적으로 분쇄된다. 이에 따라 로드 밀의 분쇄산물은 조대입자 및 미분 발생률이 적고 입도분포 또한 좁은 범위를 가진다. 이러한 특성으로 로드 밀은 보통 개회로로 운영된다. 로드 밀은 보통 습식으로 운전되며 회전속도는 임계속도의 50%~65%로 볼 밀보다 낮다.

(a) 로드 밀 내부모습

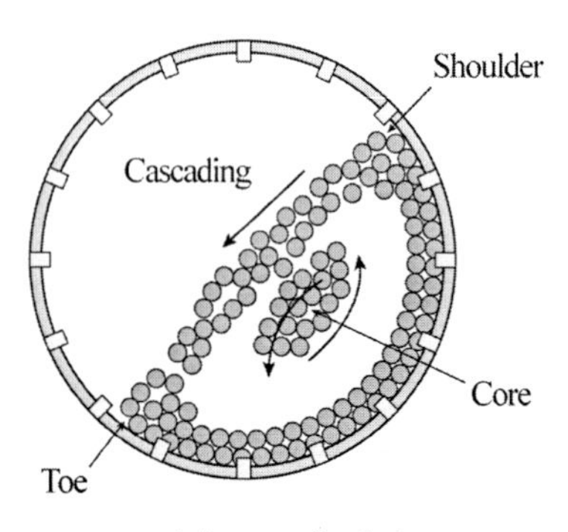

(b) 로드의 궤적

그림 7.45 로드 밀과 로드의 궤적

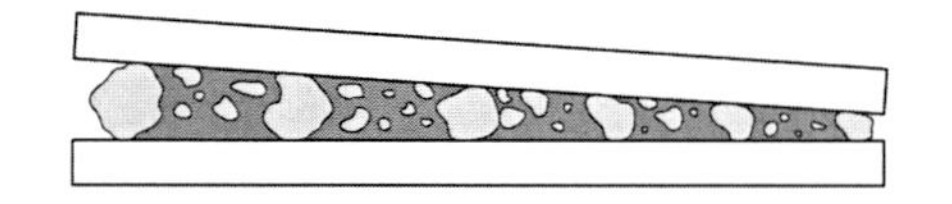

그림 7.46 로드 밀에서의 큰 입자의 선택적 분쇄

로드 밀은 그림 7.47과 같이 중앙 배출식, 끝단 배출식, 범람 배출식으로 분류된다. 중앙 배출식은 밀의 양쪽에서 광석이 투입되며 분쇄산물은 밀의 중앙부로 배출된다. 투입구로부터 배출구까지의 거리가 짧고 경사가 급하기 때문에 체류시간이 짧아 미분 생성이 적지만 분쇄비가 작다. 이 방식은 습식과 건식분쇄가 모두 가능하며 주로 조립질의 규사 생산에 많이 이용된다.

끝단 배출식은 밀 한쪽에서 투입하며 반대쪽에서 배출된다. 이 방식은 주로 건식분쇄에 사용되며 비교적 조립질의 분쇄산물이 배출된다. 범람 배출식은 한쪽에서 투입된 입자가 분쇄된 후 반대쪽으로 넘쳐흘러 배출된다. 이 방식은 습식분쇄에만 사용되며 주로 파쇄산물을 볼 밀에 투입하기에 적당한 크기로 분쇄하는 목적으로 이용된다. 원활한 범람을 위해 배출구 직경은 투입구 직경보다 10에서 20cm 정도 크도록 설계된다.

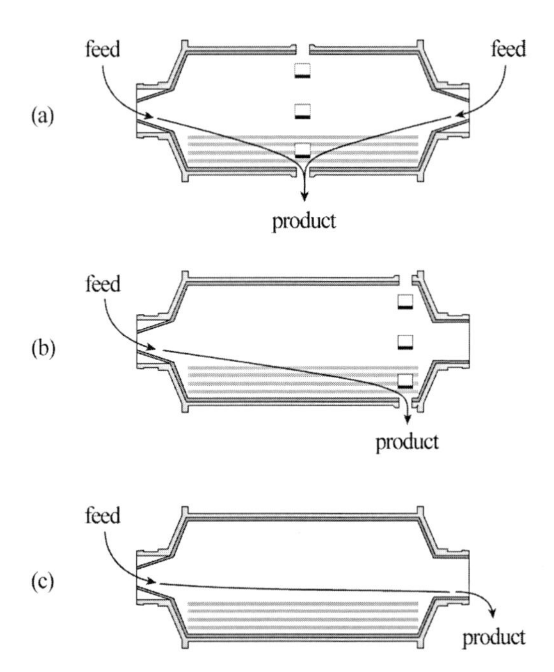

그림 7.47 (a) 중앙 배출식 로드 밀, (b) 끝단 배출식 로드 밀, (c) 범람 배출식 로드 밀

7.2.2.1 로드 밀-볼 밀 회로 구성

로드 밀은 보통 볼 밀과 연결되어 그림 7.48과 같이 다양한 분쇄회로를 구성한다. 그림 7.48a의 회로에서는 로드 밀의 분쇄산물은 분급과정을 거치지 않고 볼 밀에 투입되며 볼 밀 분쇄산물은 분급기를 거친 후 조립자는 다시 볼 밀로 보내진다. 이 회로에서 로드 밀은

입도가 균질한 산물을 생산하여 볼 밀에 공급하는 기능을 한다. 그림 7.48b의 회로에서는 로드 밀 분쇄산물은 분급과정을 거쳐 조립 입자만 볼 밀에 보내지며 볼 밀의 분쇄산물은 분급과정을 거친다. 이 회로에서는 좀 더 미세한 최종분쇄산물이 얻어진다. 그림 7.48c에서는 로드 밀과 볼 밀 분쇄산물 모두 분급과정을 거친다. 따라서 분쇄산물의 입도가 좀 더 제어된다. 미세한 분쇄산물이 필요치 않을 경우 로드 밀만으로 구성된 분쇄회로로도 운영된다.

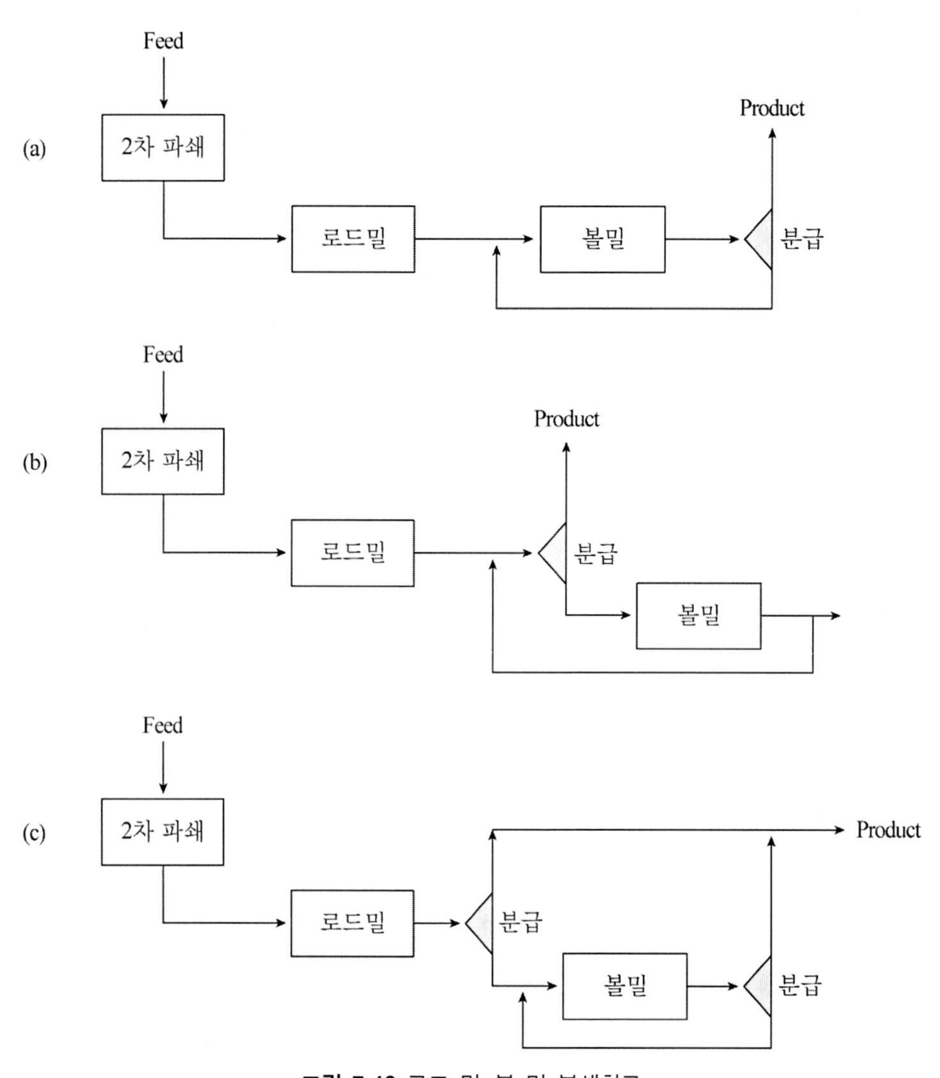

그림 7.48 로드 밀-볼 밀 분쇄회로

7.2.2.2 로드 밀 운영

7.2.2.2.1 로드 장입량

로드의 최적 초기 로드 장입량은 밀 부피의 35% 정도이다. 시간이 지나면 마모가 일어나 로드 층 부피는 감소되기 때문에 마모된 로드를 계속 교체하면서 일정한 수준으로 유지한다. 로드 간 공극은 26%로 볼 밀보다 작다. 따라서 입자의 수평이동은 볼 밀보다 원활하지 못하며 이에 따라 feed 투입량은 제약이 따른다. 로드의 최대 장입량은 밀 부피의 45%로 이보다 높으면 분쇄효율이 감소하고 라이너와 로드의 마모가 증대된다. 로드의 마모율은 암석특성, 밀회전속도, 로드의 길이, 분쇄도에 따라 크게 달라지는데 보통 습식분쇄의 경우 feed 1톤당 0.1에서 1.0kg 정도이며 건식일 경우 이보다 높다.

7.2.2.2.2 로드 길이 및 직경

로드 밀의 길이는 지름의 1.5에서 2.5배이다. 1.5배보다 작으면 로드가 밀 내에서 엉킬 수 있으며 2.5배보다 크면 로드가 변형되거나 부러질 수 있다. 로드 길이는 밀 길이보다 150mm 정도 짧게 하여 밀 내에서 엉킴 현상 없이 평행하게 배열되도록 한다. 로드 밀은 초기에 여러 직경의 로드가 장착되며 시간이 지남에 따라 마모되어 밀 내부에는 다양한 크기(125~25mm)의 로드가 존재하게 된다. 로드의 직경이 작을수록 표면적이 늘어나기 때문에 분쇄효율은 증대된다. 따라서 로드 직경은 가장 큰 입자를 분쇄하기에 충분한 크기면 족하다. 일반적으로 로드 직경이 25mm 이하로 마모되면 구부러지거나 부러지기 때문에 제거한다. Rowland와 Kjos(1980)은 최적 로드 직경에 대해 다음과 같은 식을 제안하였다.

$$d_B = 25.4\left[\frac{F_{80}^{0.75}}{160}\left(\frac{W_i\rho_s}{100\phi_c(3.281D)^{0.5}}\right)^{0.5}\right]\text{mm} \tag{7.94}$$

F_{80}는 feed 80% 통과 입도, ρ_s는 입자 비중, W_i는 로드 밀 일 지수, ϕ_c는 밀의 임계속도 대비 회전속도, D는 밀 직경이다.

로드는 장입 후 마모되어 직경이 감소하는데 볼 밀에서와 같이 마모되는 만큼 주기적으로 보충하면 일정한 크기 분포를 갖는다. 표 7.4는 본드(1958)에 의해 계산된 정상상태에서의 로드 크기 분포를 나타낸 것이다.

표 7.4 정상상태에서의 로드 크기 분포

초기 크기, mm	125	115	100	90	75	65
125	18					
115	22	20				
100	20	23	20			
90	14	20	27	20		
75	11	15	21	23	31	
65	7	10	15	21	39	34
50	9	12	17	26	30	66

7.2.2.2.3 분쇄비

로드 밀에서의 분쇄비는 입자 특성에 따라 달라지며 2~20의 범위를 갖는다. 밀 길이가 증가할수록 체류시간이 길어지기 때문에 분쇄비는 증가한다. 그러나 로드 길이는 제한이 따르기 때문에 본드(1960)는 최적 분쇄비를 밀 직경/길이 비율에 연계하여 다음과 같이 제안하였다.

$$R_{opt} = 8 + \frac{5L}{D} \tag{7.95}$$

$L/D = 1.5$일 때 최적 분쇄비는 15.5가 된다. 또한 분쇄비는 투입량이 증가되면 체류시간이 짧아지기 때문에 분쇄비는 감소한다. 따라서 실제 분쇄비가 최적 분쇄비에서 벗어나면 비효율적으로 운용되고 있음을 나타낸다. 본드는 이러한 비효율성에 대해서 다음과 같은 지수를 제안하였다.

$$\text{분쇄비 비효율성 지수} = 1 + \frac{(R - R_{opt})^2}{150} \tag{7.96}$$

위의 경우 분쇄비가 20일 때 비효율성 지수는 1.138이 되며 이 지수는 다음 장에서 논의할 밀 파워 식에서 보정계수로 적용된다.

7.2.2.2.4 생산량

로드 밀 생산량은 볼 밀에서와 같이 다음과 같은 일반식을 따른다.

$$Q = KLD^{2.5 - N} \tag{7.97}$$

그림 7.49a는 문헌에서 조사된 자료를 바탕으로 밀 직경에 대하여 밀 길이당 생산량을 도시한 것이다. 로그-로그 좌표로 도시하였을 때 분쇄비 10과 30 모두 선형 관계를 보이며 기울기는 2.27이다. 따라서 본 자료는 식 (7.97)과 일치하며 N의 값은 0.23인 것을 알 수

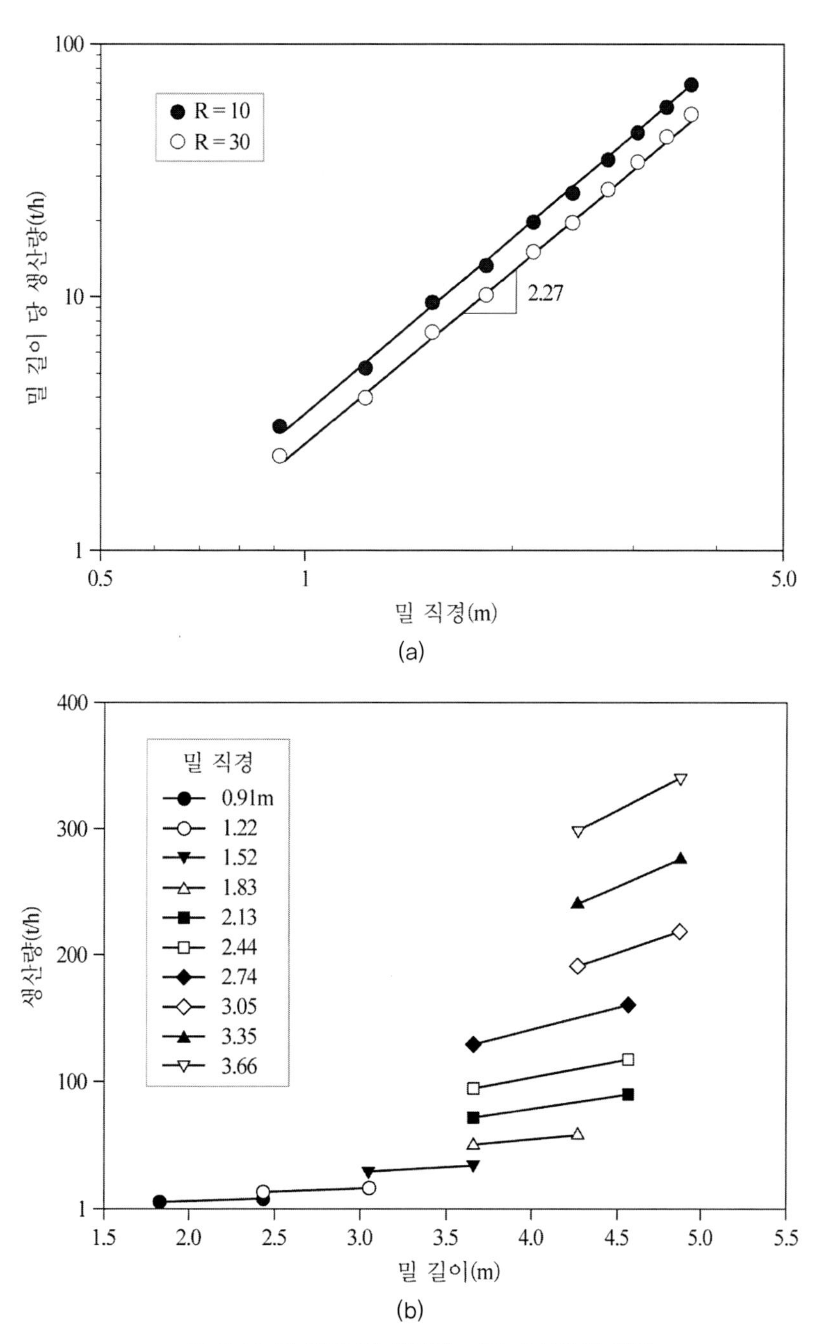

그림 7.49 밀 직경 및 길이에 따른 생산량의 변화

있다. 또한 처리량은 분쇄비에 크게 영향을 받으며 분쇄비를 10에서 30으로 증가시키면 생산량은 25% 감소한다.

그림 7.49b는 밀 길이에 따른 생산량을 도시한 것이다. 식 (7.97)에 의하면 생산량은 밀길이에 비례하여 증가한다. 그러나 그 증가율은 밀 직경이 커질수록 더욱 증대된다. 이는 Q를 L의 함수로 나타냈을 때 비례상수가 $KD^{2.5-N}$이므로 D가 커질수록 Q가 증가하기 때문이다. 그러나 밀 길이가 커지면 로드도 길어지기 때문에 밀 길이에는 한계가 있다(최대 6m).

7.2.2.2.5 로드 밀 소요 동력

로드 밀 소요 동력은 볼 밀에서와 같이 다음과 같이 계산된다.

$$m_P = QE \tag{7.98}$$

Q는 시간당 생산량이다. E는 단위 질량당 분쇄에너지로 본드 법칙을 적용하면 다음과 같다.

$$E = W_i\left(\frac{10}{\sqrt{x_{p,80}}} - \frac{10}{\sqrt{x_{f,80}}}\right) \tag{7.99}$$

W_i는 본드 로드 밀 일 지수로 측정방법은 전 장에서 설명한 바 있다. 볼 밀에서와 같이 측정된 W_i는 특정조건을 기준으로 한 것이기 때문에 운전조건이 기준조건을 벗어난 경우 보정해야 한다. 본드가 제안한 보정계수는 다음과 같으며 볼 밀과 매우 유사하다.

i) K_1 : 밀 크기에 대한 보정계수

$$K_1 = \begin{cases} \left(\dfrac{2.44}{D}\right)^{0.2} & D \le 3.81\text{m} \\ 0.914 & \text{D} \ge 3.81\text{m} \end{cases} \tag{7.100}$$

ii) K_2 : 건식분쇄 보정계수 = 1.3

iii) K_3 : Feed 과대 입도 보정계수 :

Feed 입도, $x_{F,80}(\mu\text{m})$가 $16{,}000\sqrt{14.3/W_i(\text{test})}$보다 클 경우

$$K_3 = 1 + \frac{\left[\left(W_i(\text{test})/1.1\right) - 7\right]\left[\left(x_{F,80}/16,000\sqrt{14.3/W_i(\text{test})}\right) - 1\right]}{x_{F,80}/x_{P,80}} \quad (7.101)$$

iv) K_4 : 분쇄 입도 보정계수 : 분쇄입도, $x_{P,80}$가 75μm보다 작을 경우

$$K_4 = \frac{x_{P,80} + 10.3}{1.145 \times x_{P,80}} \quad (7.102)$$

v) K_5 : 과대 또는 과소 분쇄비 보정계수 :

분쇄비와 최적 분쇄비 차이 $(R - R_{opt})$가 −2 이하이거나 2 이상일 때

$$K_5 = 1 + 0.0067(R - R_{opt})^2 \quad (7.103)$$

수정 본드 일 지수는 다음과 같이 각 보정계수를 곱하여 계산된다.

$$W_i(\text{corrected}) = K_1 K_2 K_3 K_4 K_5 W_i(\text{test}) \quad (7.104a)$$

또는

$$E(\text{corrected}) = K_1 K_2 K_3 K_4 K_5 E(\text{test}) \quad (7.104b)$$

수정된 E를 식 (7.98)에 적용하여 밀 파워를 계산한다.

$$m_P = Q \times E(\text{corrected}) \quad (7.105)$$

최종적으로 밀 크기는 다음의 로드 밀 파워 식으로 구한다(Rowland와 Kjos, 1980).

$$m_p = \left(\frac{\pi}{4} D^2 L J \rho_b \times 0.6\right)(1.742 D^{0.33})(6.3 - 5.4J)\phi_c \text{kw} \quad (7.106)$$

예제 **80% 통과 입도가 18mm, $W_i = 13.2$인 광석을 80% 통과 입도 1.2mm로 시간당 200t을 습식 분쇄하고자 할 때 필요한 로드 밀의 크기는 얼마인가?**

풀이

$$E(test) = 13.2\left(\frac{10}{\sqrt{12{,}000}} - \frac{10}{\sqrt{18{,}000}}\right) = 2.83\text{kWh/t}$$

K_1는 밀 직경이 3.81m보다 작다고 가정하면

$$K_1 = \left(\frac{2.44}{D}\right)^{0.2}$$

Feed 입도가 $(16{,}000\sqrt{14.3/13.2} = 16{,}653)$보다 크므로

$$K_3 = 1 + \frac{(13.2/1.1 - 7)\left[(18{,}000/16{,}653) - 1\right]}{18{,}000/12000} = 1.27$$

다른 보정계수는 적용이 안 되므로

$$E(\text{corrected} - \text{preliminary}) = 2.83 \times 1.27 \times \left(\frac{2.44}{D}\right)^{0.2} = 3.59 \times \left(\frac{2.44}{D}\right)^{0.2}\text{kWh/t}$$

소요 동력은

$$m_P = 200t/h \times 3.59 \times \left(\frac{2.44}{D}\right)^{0.2} kWh/t = 718.8 \times \left(\frac{2.44}{D}\right)^{0.2}\text{kW}$$

Bond 밀 파워 식(식 7.13)에 스틸 밀도 ρ_b=7.75t/m^{3}와 대표적인 운전조건, ϕ_c=0.6, J=0.4를 대입하고 L/D=1.2의 조건을 적용하면 다음 식이 성립한다.

$$718.8 \times \left(\frac{2.44}{D}\right)^{0.2} = \frac{\pi}{4}D^{2.33}(1.5D)(0.4)(0.6)(7.75)(1.742)(6.3 - 5.4 \times 0.4)(0.6)$$

위 식으로부터 D를 구하면 3.6m로, 가정했던 3.81m보다 작으므로 정해가 된다.
그러나 위 식은 다양한 조건에서 전력 소비를 측정하여 도출된 경험식으로 일반적인 조건에서 비교적 유사한 값을 제공하나 슬러리 밀도, 매체 크기, 라이너 상태 및 배출구 크기와 같은 효과는 무시되어 있다. 따라서 ±5~10%의 오차가 날 수 있다.

7.2.2.2.6 로드 밀 분쇄 모델

그림 7.50은 로드 밀에서의 분쇄 양상을 도식으로 나타낸 것이다. 밀에 투입된 입자는 큰 입자로 구성되어 있으며 큰 입자들이 선택적으로 분쇄된다. 분쇄된 입자는 배출구 쪽으로 이동하면서 점점 작은 입자들이 선택적으로 분쇄되며 입도분포가 미세해진다. 따라서 로드 밀에서 분쇄는 단계적으로 일어나며 큰 입자들의 선택적 분쇄는 분급에 의해 재분쇄되는 현상으로 묘사할 수 있다.

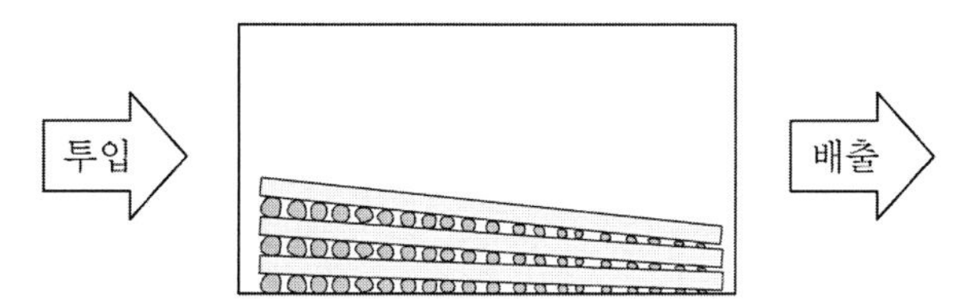

그림 7.50 로드 밀에서의 분쇄현상 모식도

앞의 장에서 논의된 바와 같이 분쇄기 내에서 반복적인 입자파괴와 분급현상을 고려할 경우 행렬모델은 다음과 같이 표현된다.

$$P = X^N G \tag{7.107a}$$

$$X = (I - C)(BS + I - S)[I - C(BS + I - S)]^{-1} G \tag{7.107b}$$

Lynch(1977)는 위 모델을 이용하여 산업용 로드 밀에 대해 적용성을 확인하였다. 분쇄분포 B는 입도에 대해 정규화된 다음과 같은 식을 적용하였다.

$$B\left(\frac{x}{y}\right) = \frac{1 - \exp\left(-\frac{x}{y}\right)}{1 - \exp(-1)} \tag{7.108}$$

분급비는 다음과 같이 제일 큰 입도구간의 입자는 다음 단계로 이동하지 않고 모두 재분쇄되도록 설정하였다.

$$C = \begin{bmatrix} 1 & 0 & 0 & 0 & 0 & 0 \\ 0 & 0.5 & 0 & 0 & 0 & 0 \\ 0 & 0 & 0.25 & 0 & 0 & 0 \\ 0 & 0 & 0 & 0.125 & 0 & 0 \\ 0 & 0 & 0 & 0 & 0.0625 & 0 \\ 0 & 0 & 0 & 0 & 0 & 0.032 \end{bmatrix}$$

선택함수 S는 로드 밀 특성 및 입자물성에 대한 함수이며 분쇄단계 N은 투입량, feed 입도, 밀 회전수 등에 따라 결정된다. 위 모델의 적용결과는 실험결과와 비교적 잘 일치하는 것으로 나타났다. 그러나 이 결과는 실험결과와 잘 일치하도록 모델인자를 조절함으로써 얻어진 것으로 적용성에 한계가 있다.

분쇄속도론을 이용하면 좀 더 정교한 모델 구축이 가능하다. 그러나 로드 밀에서는 두 로드 사이에서 큰 입자들에게 응력이 집중되어 선택적으로 분쇄되는 현상이 있기 때문에 이에 대한 모델 수정이 필요하다. 특히 분쇄가 지속되어 제일 큰 입자들이 분쇄되어 사라지면 두 번째로 큰 입자에게 응력이 집중되어 분쇄율이 증대된다. 더욱 분쇄가 지속되어 두 번째 입자가 사라지면 세 번째로 큰 입자의 분쇄율이 증대되는 현상이 이어진다. 따라서 입자의 분쇄율은 주위 환경에 따라 변한다. 이에 Shoji와 Austin(1974)은 분쇄율을 다음과 같이 수정하여 회분식 로드 밀링에 적용하였다. 이미 언급한 바와 같이 회분식 분쇄 입도-물질 수지식은 다음과 같다.

$$\frac{dw_i(t)}{dt} = -S_i w_i(t) + \sum_{j=1}^{i-1} b_{ij} S_j w_j(t) \tag{7.109}$$

일반적으로 분쇄율, S_i는 시간에 따라 변하지 않는 상수이다. 그러나 로드 밀에서는 주위 환경에 따라 top size에 대한 분쇄율이 변하기 때문에 다음과 같이 변형된 식을 적용하였다.

$$S_i = \begin{cases} S_i, & R(x_i) > 0.15 \\ \kappa S_i, & R(x_i) < 0.15 \end{cases} \tag{7.110}$$

$R(x_i)$는 x_i보다 큰 입자의 비율로, 그 값이 0.15보다 클 때는 분쇄율은 정상값인 S_i이나 0.15보다 작아지면, 즉 그 입도의 입자보다 큰 입자들이 별로 없을 때 그 입자가 최대 크기의 입자가 되며 분쇄율이 κ배 만큼 증가한다. 식 (7.109)는 S_i가 변할 때 분석해가 존재하지 않기 때문에 수치적으로 해를 구하였다(Luckie와 Austin, 1972). 그림 7.51은 18×20mesh 석회석에 대하여 분쇄시간에 따른 입도분포를 위 방식을 적용하여 예측된 결과와 비교한 것이다. κ를 고려하지 않았을 때(Lower S values), 초기 분쇄시간에서는 실험결과와 잘 일치하고 있으나 분쇄시간이 길어질수록 실험결과에 미치지 못하는 입도분포를 나타내고 있다. κ를 모든 입도에 적용할 경우(Higher S values)는 실험결과보다 과한 입도분포를 예측하고 있다. 이에 반해 식 (7.110)을 적용할 경우 실험결과와 잘 일치하는 예측 결과를

나타내고 있다. 따라서 로드 밀에서의 분쇄는 큰 입자에게 선태적 분쇄가 일어나며 분쇄가 진행되면 점점 작은 입자가 새롭게 top size가 되어 선택적으로 분쇄된다는 것을 알 수 있다. 그러나 본 결과는 회분식 분쇄에 관한 것으로 연속공정이나 산업규모 로드 밀 적용에 대해서는 추가적인 연구가 필요하다.

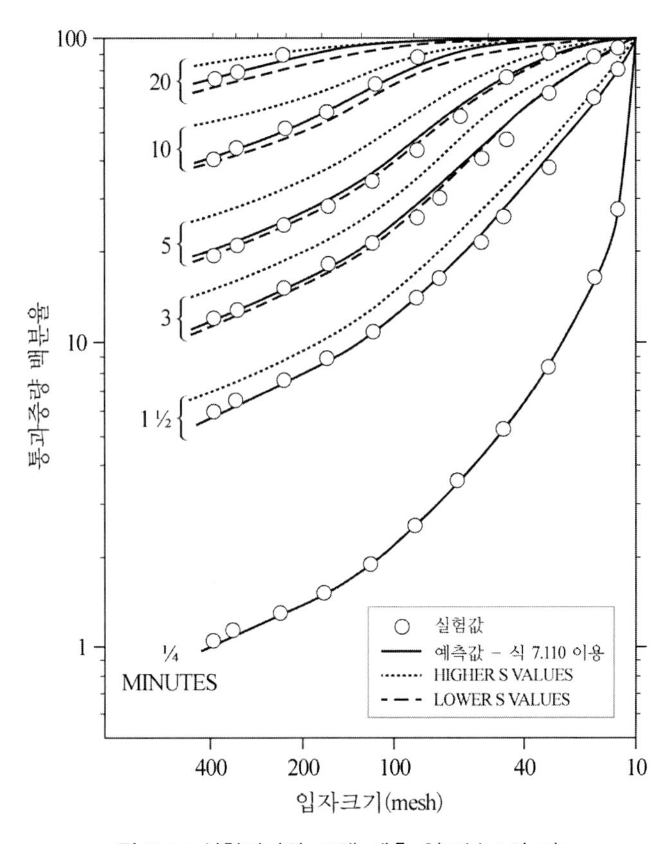

그림 7.51 실험결과와 모델 예측 입도분포의 비교

7.2.3 Autogenous/Semi-Autogenous 밀

Autogenous grinding(AG) 밀은 별도의 분쇄매체를 사용하지 않고 큰 자체 암석을 분쇄매체로 사용하는 tumbling 밀이다. 따라서 밀에 1차 파쇄된 큰 암석들이나 채광된 광석이 직접 투입된다. 볼 밀에서는 대부분의 전력은 밀도가 높은 강철의 볼을 들어올리는 데 사용되나 AG 밀은 밀도가 낮은 암석을 들어올리기 때문에 밀 부피당 소요 전력이 낮다. 따라서 AG 밀의 에너지 밀도는 볼 밀보다 낮으며, 이에 따라 동일한 분쇄산물 생산에 필요한 AG 밀의 크기는 볼 밀보다 크다. 볼을 일부 첨가하면 밀에 투입되는 에너지가 증가하며 밀의

처리량도 증가한다. 이를 semi-autogenous grinding(SAG) 밀이라 하며 밀 부피의 4~15%의 볼이 분쇄매체로 투입된다.

AG/SAG에서의 분쇄는 입자 간 충격과 마찰, 마모 작용에 의해 이루어진다. Toe영역에 있는 입자는 낙하하는 분쇄매체에 의해 강한 충격을 받으나 밀 벽이나 중심부분에 위치한 입자는 주로 마찰과 마모 작용을 받는다. AG/SAG 밀은 다른 tumbling 밀에 비해 자본비 및 운영비가 낮고 물성에 관계없이 다양한 광석을 일괄적으로 처리할 수 있으며, 처리공정이 간단하고, 분쇄매체 비용을 줄일 수 있다는 장점이 있다. 일반적으로 AG/SAG 밀을 활용한 파·분쇄 회로 구성은 1차 파쇄-AG/SAG-소규모 볼 밀로 이루어지며 1, 2차 파쇄-로드 밀-볼 밀로 구성되는 전통적인 파·분쇄 공정보다 효율성이 높은 것으로 알려져 있다. 이에 많은 파·분쇄 공정이 AG/SAG 밀로 구성된 회로로 대체되고 있다.

7.2.3.1 구조

AG/SAG 밀의 분쇄는 높은 높이에서 떨어질 때 발생하는 강한 충격에 의해 일어나기 때문에 일반적으로 AG/SAG 밀은 직경(D)이 길이(L)에 비해 크다. 그러나 직경이 길이에 비해 작은 밀도 존재하며 D/L 비율(종횡비)에 따라 다음과 같이 세 그룹으로 분류된다.

i. 고 종횡비 밀: D/L = 1.5~3.0
ii. 등 종횡비 밀: D/L = 1.0
iii. 저 종횡비 밀: D/L = 0.33~0.66

북유럽과 남아프리카에서는 저 종횡비 밀이 북미와 호주에서는 고 종횡비 밀이 사용되고 있다. 이미 언급한 바와 같이 AG/SAG 밀이 볼 밀과 상응하는 양을 처리하기 위해서는 밀 부피가 커져야 한다. 볼 밀은 크기가 커지면 볼의 무게가 상당하기 때문에 제약이 따르나 AG/SAG는 크기는 밀의 크기가 커져도 무리없이 작동한다. 고 종횡비 SAG 밀의 크기는 최대 직경 12m, 길이 6.1m이며, 저 종회비 SAG 밀의 최대 크기는 직경 8.23m, 길이 12.19m로 많은 양을 처리할 수 있다.

AG/SAG 밀의 형태는 그림 7.52와 같이 밀 투입구와 배출구 쪽이 원뿔 형태를 띠는 것과 판 형태를 띠는 것이 있다. 원뿔 형태의 고 종횡비 밀은 팬케이크 밀이라 불리며 직경과 길이가 거의 같은 판 형태의 밀은 스퀘어 밀이라 불린다.

투입방식은 chute와 spout의 형태가 있으며 고 종횡비 밀은 chute, 저 종횡비 밀은 spout가 일반적으로 사용된다. 밀 출구에는 grate가 설치되어 미세입자와 슬러리만 grate 구멍을 통해 빠져나가도록 한다. Grate 구멍의 형태는 정사각형, 원형, 직선형 등 다양하며 크기도 10mm에서 40mm까지 다양하다. 경우에 따라서는 자갈 크기의 입자를 배출하기 위하여 40mm에서 100mm 정도 되는 매우 큰 구멍을 사용한다. Grate의 구멍의 면적은 밀의 단면적의 2~12% 정도이다.

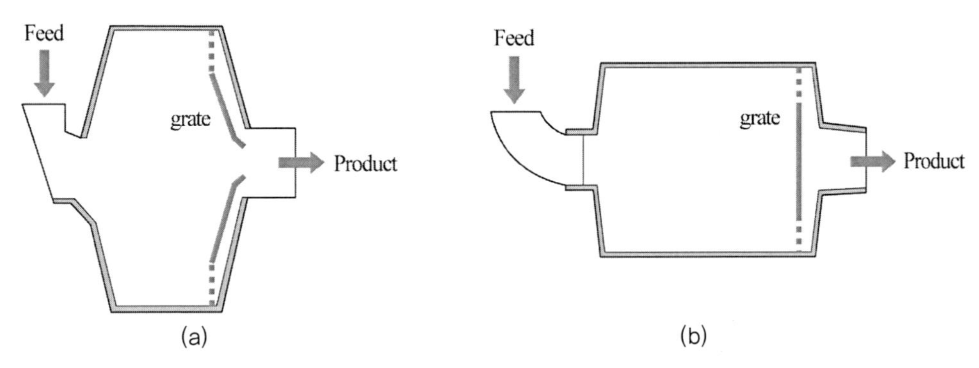

그림 7.52 AG/SAG 밀의 형태

밀 내벽에는 강철이나 고무로 된 lifter bar가 설치된다. Lifter bar는 광석이 미끄러지지 않고 들려 올려지도록 하는 필수적인 기능을 하며 형태, 특히 높이와 면의 각도는 분쇄성능에 큰 영향을 미친다.

7.2.3.2 밀 운전

AG/SAG 밀은 습식과 건식분쇄가 모두 가능하다. 건식분쇄는 주로 석면, 활석, 운모 등의 광석에 적용되고 있으나 점토성 광석은 응집성 때문에 습식분쇄가 적합하다. 최대 200mm 크기인 광석을 투입하며 0.1mm까지 분쇄할 수 있으나 분쇄산물의 입도분포는 광석의 특성과 구조에 따라 다르게 나타난다. AG/SAG 밀의 주요 분쇄메커니즘은 마모와 충격이다. 광물입자가 연약한 맥석 내에 분포할 경우 AG/SAG 밀에서 발생되는 응력은 강렬하지 않기 때문에 광물입자 경계면을 따라 균열이 발생하며 분쇄산물의 입도는 광물입자 크기와 비슷하게 된다. 이러한 현상은 자원처리에 있어 매우 바람직한 현상으로 과분쇄가 최소화된 상태에서 단체분리가 일어난다.

고 종회비 밀의 회전속도는 임계속도의 70~80%이다. 저 종횡비 밀은 볼 장입량이 상당히 높고(35%), 회전속도도 매우 높은(임계속도의 90%) 조건에서 운전된다. 저 종횡비 밀은 1단계 분쇄로 200mm 크기의 광석을 75μm 통과분이 75~80%가 되도록 분쇄한다. 저 종황비 밀의 초기 비용은 고 종횡비 밀보다 낮으나 톤당 전력비는 크다.

AG/SAG 밀은 광석 자체를 분쇄매체로 활용하기 때문에 밀 성능은 광석의 입도와 강도에 따라 크게 변한다. 로드 밀 또는 볼 밀에서는 분쇄매체의 중량이 전체 분쇄기 내부 물질의 80%를 차지하기 때문에 밀의 전력소비와 분쇄성능은 분쇄매체 중량에 의해 결정된다. 그러나 SAG 밀의 분쇄매체는 대부분이 광석 자체이므로, 그 영향은 복잡하게 나타난다. 광석의 입도와 강도가 변하면 광석의 분쇄양상이 달라지며 밀 내부에 존재하는 광석의 양이 변하고 이는 결국 밀의 구동 전력에 영향을 미친다. 따라서 AG/SAG 밀의 소요 동력은 볼 밀과는 달리 수시로 변하며 안정적인 밀의 운전을 위해서는 투입되는 광석의 강도와 입도 변화에 따라 투입량을 잘 조절하여야 한다.

투입 광석의 입도에 따른 분쇄성능은 AG와 SAG 밀 간에 차이가 있다. AG 밀은 큰 광석의 운동 에너지에 의해 작은 광석이 분쇄된다. 따라서 큰 암석의 양이 충분해야만 충돌빈도가 많아져 분쇄가 잘 일어나며 투입되는 광석의 입도가 클 때 좋은 분쇄성능을 발휘한다. 반면, SAG 밀에는 steel 볼이 첨가되어 분쇄의 상당 부분 담당하기 때문에 광석 자체에 의한 분쇄는 상대적으로 작아진다. 따라서 SAG 밀에서 큰 광석은 분쇄매체로서 많은 역할을 못하며 오히려 분쇄되어야 할 대상이 되어 분쇄 부담으로 남을 수 있다. 이러한 부담을 줄이기 위해서는 투입광석의 입도를 AG 밀보다는 낮게 유지해야 한다(Napier-Munn 등, 1996).

이와 같이 광석의 입도와 강도가 AG/SAG 밀의 성능에 지대한 영향을 미치기 때문에 광산에서는 채광방법에서부터, 발파방법, 부분파쇄, 분급 등을 통하여 투입광석의 크기를 제어한다. 이러한 방법을 통해 생산량, 에너지소비량, 분쇄산물의 입도 등이 크게 개선되었다(Scott and Morrell, 1998; Scott et al., 2002).

AG/SAG 밀에서는 볼 밀에서와는 달리 큰 광석이 작은 입자를 부수고 또한 스스로 파괴되기 때문에 실험적 분석은 큰 암석을 수용할 수 있는 pilot 규모의 장치에서만 가능하다(Rowland, 1987; Mular and Agar, 1989; Mosher and Bigg, 2001). 기본적인 분쇄특성은 drop-weight impact, tumbling test(Napier-Munn 등, 1996), MacPherson autogenous 밀 work Index test(MacPherson, 1989; Mosher and Bigg, 2001), MinnovEx SPI(SAG Power Index) test와 같은 시험을 통해 분석된다. 이러한 분쇄특성은 pilot scale에서 얻어진 실험결과에 연계하여 실증규모 장비의 성능을 예측한다.

7.2.3.3 AG/SAG 분쇄회로

AG/SAG 분쇄회로는 다음의 세 가지 형태로 구성된다.

(i) 단 단계 개회로

(ii) 단 단계 폐회로

(iii) 후단에 볼 밀과 연결된 폐회로

단 단계 개회로는 조립의 분쇄산물 생산에 이용되는 회로로 분쇄산물은 배출구에 설치된 체를 이용해 분급하며 큰 입자는 파쇄기로 파쇄한 후 재투입된다(그림 7.53a). AG/SAG 밀의 문제점 중의 하나는 중간크기 입자가(25~50mm) 밀에 축적되는 현상으로 이는 중간크기의 입자는 큰 암석에 의해 잘 분쇄되지 않고 또한 무게가 작아 스스로 파쇄되지 않기 때문이다. 따라서 배출된 중간크기의 입자는 따로 분리하여 파쇄기를 이용해 파쇄한 후 AG/SAG 밀에 재투입된다.

단 단계 폐회로의 경우 체를 이용해 분급된 미세입자를 별도의 싸이클론 등을 이용해 좀 더 미세하고 입도가 제어된 분쇄산물을 얻는다(그림 7.53b). 더 미세한 산물을 얻고자 할 때는 후단에 볼 밀을 연결하여 분쇄한다(그림 7.53c). 일반적으로 강도가 낮은 광석을 분쇄할 때에는 저 종횡비 AG/SAG 밀 형태의 단 단계 회로가 이용되며 강도가 높은 광석 분쇄에는 고 종횡비-볼 밀 2단계 분쇄회로가 이용된다.

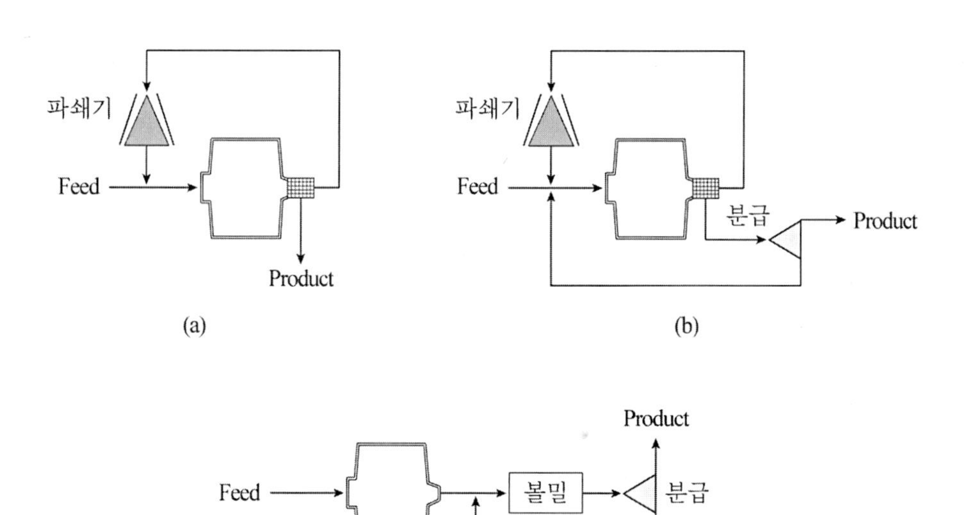

그림 7.53 AG/SAG 분쇄회로

7.2.3.4 밀 파워

밀 파워 모델은 밀 크기와 운전조건에 따라 밀 소비 전력이 어떻게 변화하는지 예측하며 밀 설계 및 분쇄 회로 모델링에 이용된다.

가장 간단한 모델은 Loveday(1978)가 제시한 것으로 다음과 같다.

$$m_p = KLD^{2.5}\rho_c \tag{7.111}$$

L은 밀 길이, D는 밀 직경, K는 밀 장입량과 회전수에 따라 변하는 상수이다. ρ_c는 밀 charge 밀도로, 밀 내에는 암석, 물, 볼이 혼재하므로 다음과 같이 계산된다.

$$\rho_c = \left(\frac{J_B}{J}\rho_B + \frac{J_s}{J}\rho_s\right)\times(1-\varepsilon_B) + \varepsilon_B\rho_{pulp} \tag{7.112}$$

J는 밀 부피 대비 charge가 차지하는 비율, J_B는 밀 부피 대비 볼 층이 차지하는 부피 비율, J_s는 밀 부피 대비 암석층이 차지하는 부피 비율, ε_B는 밀 charge의 공극률, ρ_x는 밀 charge 내 각 성분의 밀도이다.

Austin(1990)은 본드 밀 파워식을 적용하여 다음과 같은 식을 제시하였다.

$$m_p = KD^{2.5}LJ(1-AJ)\phi_c\left(1-\frac{0.1}{2^{9-10\phi_c}}\right)\rho_c\,\mathrm{kw} \tag{7.113}$$

볼 간 공극률을 0.4라고 하면 볼의 무게는 $0.6J_B\rho_B$가 된다. x를 단위 밀 부피당 암석의 부피, w_s를 물과 암석 슬러리의 암석의 무게비율이라고 하면 ρ_c는 다음과 같이 계산된다.

$$\rho_c = \frac{\dfrac{x\rho_s}{w_s} + 0.6J_B\rho_B}{J} \tag{7.114}$$

ρ_s는 암석밀도이다. J는 밀 부피 대비 암석과 볼이 차지하는 층 부피 비율로서 다음과 같이 계산된다.

$$J = (x + 0.6J_B)/(1-\varepsilon_B) \tag{7.115}$$

ϵ_B는 암석과 볼이 차지하는 층 부피의 공극률이다. 따라서, $x = (1-\varepsilon_B)J - 0.6J_B$이다.

위 식을 식 (7.114)에 대입하면

$$J\rho_c = (1-\varepsilon_B)J\frac{\rho_s}{w_s} + 0.6J_B\left(\rho - \frac{\rho_s}{w_s}\right) \tag{7.116}$$

위 식을 식 (7.113)에 대입하면

$$m_p = KD^{2.5}L(1-AJ)\left[(1-\varepsilon_B)J\frac{\rho_s}{w_s} + 0.6J_B\left(\rho_B - \frac{\rho_s}{w_s}\right)\right]\phi_c\left(1 - \frac{0.1}{2^{9-10\phi_c}}\right)\text{kw} \tag{7.117}$$

위 식은 SAG 밀의 형태가 실린더 형을 가정한 것이며 원뿔형일 경우 다음과 같이 보정한다.

$$m_p = KD^{2.5}L(1-AJ)\left[(1-\varepsilon_B)J\frac{\rho_s}{w_s} + 0.6J_B\left(\rho_B - \frac{\rho_s}{w_s}\right)\right]\phi_c\left(1 - \frac{0.1}{2^{9-10\phi_c}}\right)(1+F)\text{kw} \tag{7.118}$$

F는 보정계수로서 원뿔 형태일 경우 밀 부피가 증가하기 때문에 밀 파워가 수% 증가한다.

밀 전력은 베어링 마찰이나, 기어, 전기적 손실 때문에 공회전시에도 소모된다. 이에 Morrell(1996)은 밀 소모전력을 no load 전력과 charge 움직임에 소요된 전력으로 구분하여 다음과 같은 식을 제시하였다.

$$m_p = m_p(\text{no load}) + m_p(\text{charge}) \tag{7.119}$$

$m_p(no\ load)$는 실험적으로 측정된 자료를 바탕으로 다음과 같은 경험식을 제시하였다.

$$m_p(\text{no load}) = 1.68D^{2.05}\left[\phi_c(0.667L_{cone} + L_{cyl}\right]^{0.82} \tag{7.120}$$

L_{cone}은 원뿔 부분의 길이이며 L_{cyl}은 실린더 부분의 길이이다.

$m_p(charge)$는 charge의 반달 형태의 움직임을 바탕으로 다음과 같이 도출되었다.

$$m_p(charge) = KLD^{2.5}\rho_c J\left(\frac{5.97\phi_c - 4.43\phi_c^2 - 0.985 - J}{(5.97\phi_c - 4.43\phi_c^2 - 0.985)^2}\right)\phi_c$$
$$\times\left[1 - (1 - 0.954 + 0.135J)\exp\{-19.42(0.954 - 0.135J - \phi_c)\}\right] \tag{7.121}$$

Doll(2013)은 실측 자료와의 비교를 통해 모델의 정확성을 검증한 결과 Austin 모델과 Morrell 모델이 비교적 잘 일치함을 확인하였다.

7.2.3.5 AG/SAG 밀 분쇄 모델

볼 밀에서의 분쇄작용은 볼에 의한 충격으로 발생되나 AG/SAG 밀에서는 큰 암석이 분쇄 매체로 작용해 작은 입자를 분쇄하며 이 과정에서 큰 암석은 마모되고 chipping에 의한 파괴가 일어난다. 따라서, AG/SAG 밀에서의 입도에 따른 분쇄율은 볼 밀과 다른 양상을 나타내며 Austin 등(1987)은 그림 7.54에서와 같이 입도에 따른 분쇄율을 세 영역으로 구분하여 분쇄현상을 묘사하였다.

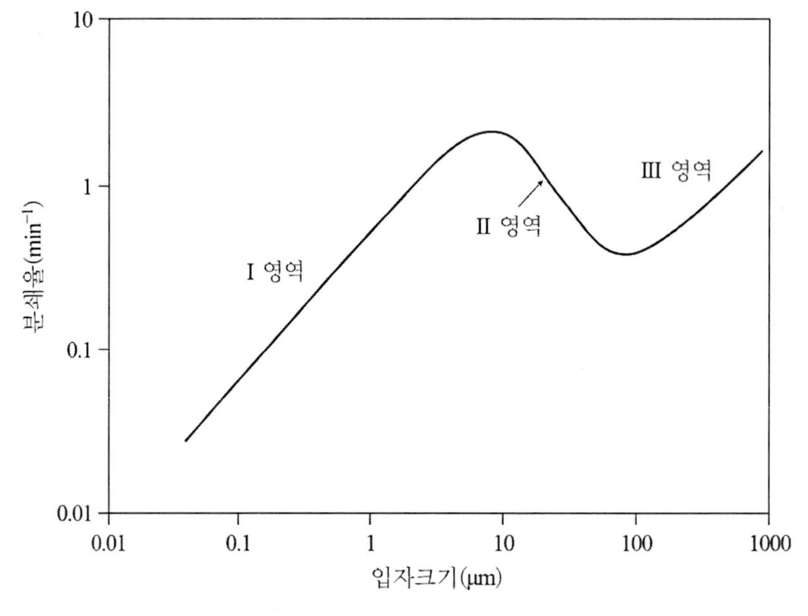

그림 7.54 AG/SAG에서의 입도에 따른 분쇄율의 변화

Ⅰ 영역은 큰 입자에 의해 작은 입자가 분쇄되는 영역으로 볼 밀에서와 같이 정상적인 파괴가 일어나며 1차 분쇄속도론으로 묘사된다. Ⅱ 영역은 입자가 크기가 커져 큰 입자에 의해 분쇄가 제대로 되지 않는 영역으로 분쇄율은 감소한다. 그러나 입자가 더욱 커지면 자체 파괴되는 양상이 나타나며 분쇄율은 다시 증가한다(Ⅲ 영역).

그림 7.55에서 보는 바와 같이 분쇄산물의 입도분포 또한 각 영역에 따라 독특한 양상을 나타낸다. Ⅰ 영역에서의 분쇄분포는 볼 밀에서의 분쇄분포와 같은 형태를 띠나 Ⅱ 영역에서

는 주로 chipping에 의한 파괴가 일어나기 때문에 분쇄산물은 작은 조각과 모입자 크기에 가까운 조각으로 구성되어 이중모드의 분포 형태를 띤다. Ⅲ 영역에서의 자체 파괴는 주로 마모에 의해 발생하기 때문에 분쇄분포는 매우 미세한 입자와 마모에 의해 입도가 약간 감소한 입자로 구성되며 이중분포의 양상이 더욱 뚜렷해진다. 따라서 AG/SAG 밀에서의 분쇄양상을 묘사하기 위해서는 정상적인 파괴양상과 마모 등에 의한 비정상적인 파괴양상을 모두 고려되어야 한다.

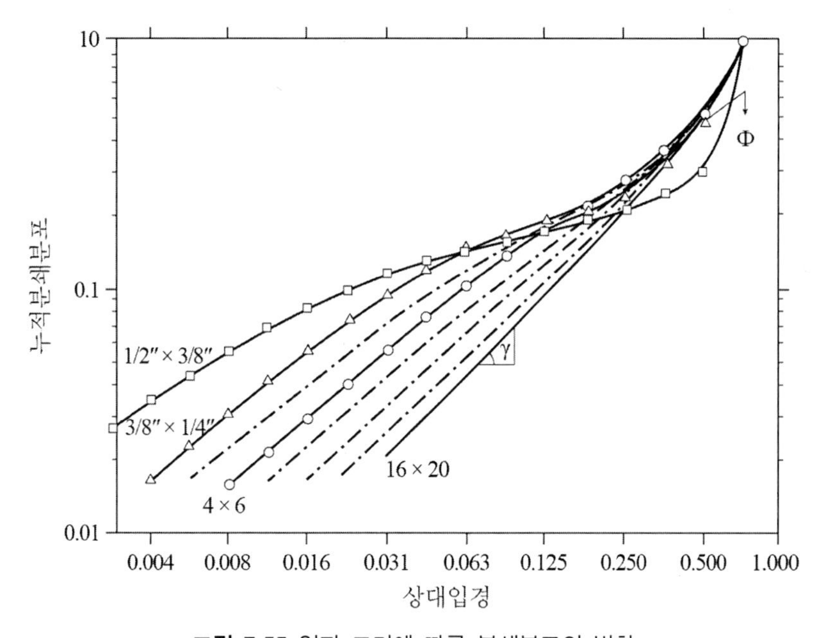

그림 7.55 입자 크기에 따른 분쇄분포의 변화

AG/SAG 모델 중 가장 기본적인 모델은 일반적인 분쇄모델을 적용한 것으로 그림 7.56과 같이 분쇄기는 fully-mixed 반응기로 간주되며 grate에 의한 분급 작용을 감안하여 폐회로로 묘사된다(Lynch, 1977, Austin 등, 1987, Amestica 등, 1996).

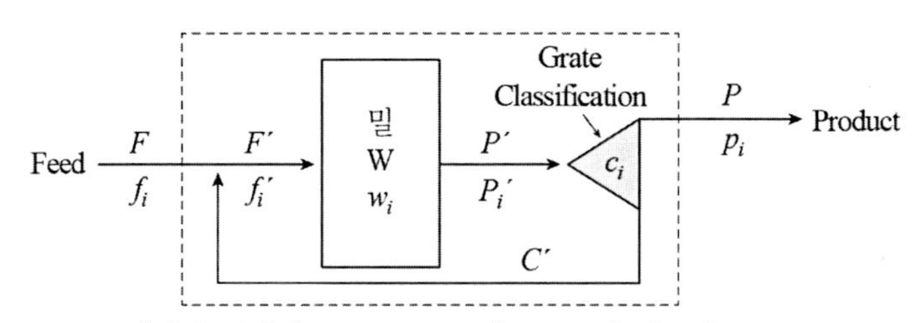

F: feed 시간당 투입량
F': 시간당 밀 투입량
P: 시간당 밀 배출량
P': 시간당 분급 후 배출량
$F = P$, $F' = P'$ at steady state
C': 순환비

f_i: feed의 입도분포
f_i': 밀 feed의 입도분포
p_i': 밀 배출산물의 입도분포
p_i: 분급 후 최종 입도분포
W: 밀 hold-up
w_{1i}: 밀 내 입자 입도분포
c_i: grate 분급비

그림 7.56 AG/SAG 모델 모식도

밀 전, 후에 대한 입도-물질 수지식은 다음과 같이 표현된다.

$$F' p_i' = F' f_i' + \sum_{j=1}^{i-1} b_{i,j} S_j w_j W - S_i w_i W \quad (7.122a)$$

또는

$$p_i' = f_i' + \sum_{j=1}^{i-1} b_{i,j} S_j w_j \tau' - S_i w_i \tau' \quad (7.122b)$$

$\tau' = W/F'$로 평균 체류시간이다.

$F' = (1 + C')F$이므로 밀 feed는 다음의 식을 만족한다.

$$(1 + C')F f_i' = F f_i + F(1 + C') w_i c_i \quad (7.123)$$

따라서

$$1 + C' = \frac{1}{1 - \sum_i w_i c_i} \quad (7.124)$$

이때 완전 혼합 반응기이므로 $w_i = p_i'$이다.

식 (7.123)과 식 (7.124)를 식 (7.122b)에 대입하여 정리하면

$$w_i(1+C')=\frac{f_i+\tau'\sum_{j=1}^{i-1}b_{i,j}S_jw_j(1+C')}{(1-c_i)+\tau'S_i} \tag{7.125}$$

겉보기 평균 체류기간을 $\tau=W/F$이라 하면 $\tau'=\tau/(1+C')$의 관계가 있으므로 위 식은 다음과 같이 표현된다.

$$w_i=\frac{f_i+\tau\sum_{j=1}^{i-1}b_{i,j}S_jw_j}{(1+C')(1-c_i)+\tau S_i} \tag{7.126}$$

분급 전후의 입도-물질 수지식은 다음과 같다.

$$Pp_i=P'p_i'(1-c_i) \tag{7.127}$$

위 식으로부터 최종 분쇄산물의 입도분포는 다음과 같이 계산된다.

$$p_i=\left(\frac{P'}{P}\right)p_i'(1-c_i)=(1+C')p_i'(1-c_i) \tag{7.128}$$

따라서 feed의 입도분포, f_i, 분쇄특성을 나타내는 $b_{i,j}$와 S_j, 분급비 c_i와 τ가 결정되면 분쇄산물의 입도분포를 계산할 수 있다. f_i, $b_{i,j}$와 S_j, c_i를 실험을 통해 추정할 수 있으나 $\tau(=W/F')$, 밀의 hold-up, W을 알아야 하기 때문에 쉽지 않다. 더욱이, W는 일정하지 않고 feed의 양에 따라 증가하기 때문에 상호 관계식이 필요하다. Austin 등(1986, 1987)은 다음과 같은 경험식을 제시하였다.

$$f_s/f_{so}=(F_V/F_{VO})^{N_m} \tag{7.129}$$

f_s는 밀 부피 대비 grate hole보다 작은 입자가 차지하는 부피비율(물 포함)이며, F_V는 feed 부피 투입량, N_m는 경험상수이다. F_{VO}는 기준 feed 투입량이며 그때 밀 내 grate hole보다 작은 입자가 차지하는 부피비율이 f_{so}가 된다. F_{VO}는 밀 크기, 회전속도 및 grate hole 면적의 함수로써 다음과 같은 경험식으로 표현된다.

$$F_{VO}=k_m\phi_cA_gD^{2.5}L \tag{7.130}$$

A_g은 grate 면적 대비 hole의 면적 비율이다.

밀 내 grate hole 크기보다 작은 입자의 무게는 $W\sum_{i_g}^{n} w_k$(i_g=grate hole 크기에 해당하는 입도구간)가 되므로 f_s는 다음과 같이 표현된다.

$$f_s = \left(\frac{W}{\rho_s VC_S}\right)\sum_{i_g}^{n} w_k \quad (7.131)$$

V는 밀 부피, C_S는 슬러리 고체 부피비율, ρ_s는 입자 밀도이다.

식 (7.129)에 식 (7.131)과 $\tau = W/F$을 대입하면 다음 식으로 정리된다.

$$\tau = \frac{W}{F_{VO}}\left(\frac{f_{s0} C_S \rho_s V}{W\sum_{i_g}^{n} w_k}\right)^{1/N_m} \quad (7.132)$$

일정 f_i, S_i, $b_{i,j}$ 및 c_i에 대하여 식 (7.126)과 식 (7.132)를 동시에 만족시키는 τ는 유일하며 search를 통해 구해진다.

그러나 S_i, $b_{i,j}$의 추정은 간단하지 않다. 볼 밀과 달리 SAG 밀에서는 입자의 분쇄가 볼 뿐만 아니라 큰 입자가 분쇄매체로 작용하는 동시에 낙하 충격으로 스스로 파괴된다 (self-breakage). 또한 각 분쇄 작용은 주위 환경에 영향을 받는다. 이미 언급한 바와 같이 tumbling 밀에서의 분쇄율은 분쇄매체의 크기 및 밀도, 입자 충진율 및 분쇄매체 장입률에 의해 영향을 받는다. 그러나 AG/SAG 밀에서 입자는 분쇄 대상인 동시에 분쇄매체이기 때문에 역할의 구분이 쉽지 않다. Self-breakage 또한 분쇄기 내 미분이 축적되면 cushioning 작용으로 인해 감소하기 때문에 일정치 않고 분쇄시간에 따라 변화한다.

분쇄분포 또한 측정하기가 쉽지 않다. 입자의 분쇄는 응력크기에 따라 fracture, chipping 또는 abrasion 등의 다양한 메커니즘으로 이루어지며 각 메커니즘에 따라 생성된 입자조각은 독특한 분포를 나타낸다. 볼 밀에서는 충분한 크기의 볼이 분쇄매체로 사용되기 때문에 분쇄메커니즘의 역할 분담은 크게 고려하지 않았으나 SAG 밀에서는 모든 분쇄메커니즘이 비중 있게 작용하며 그 비중은 입자크기 및 주위 환경에 따라 변한다. 따라서 AG/SAG 밀에서의 분쇄율과 분쇄분포는 볼 밀과 같이 단순히 표현되지 않으며 복잡한 수학적 처리과정이 요구된다.

Austin 등(1987)은 분쇄율을 다음과 같이 볼, 큰 입자 및 self-breakage의 합으로 정의하였다.

$$S_i = S(B)_i + S(P)_i + S(S)_i \tag{7.133}$$

$S(B)_i$는 볼에 의한 분쇄율, $S(P)_i$는 큰 입자에 의한 분쇄율, $S(S)_i$는 self-breakage에 의한 분쇄율이다. 각 분쇄율은 다음과 같이 볼 밀과 같은 형태의 함수로 표현되었다.

$$S(B)_i = A_B\left(\frac{x_i}{x_o}\right)^{\alpha_B}\frac{1}{1+\left(\frac{x_i}{\mu_B}\right)^{\Lambda_B}} \tag{7.134a}$$

$$S(P)_i = A_P\left(\frac{x_i}{x_o}\right)^{\alpha_P}\frac{1}{1+\left(\frac{x_i}{\mu_P}\right)^{\Lambda_P}} \tag{7.134b}$$

$$S(S)_i = A_S\left(\frac{x_i}{x_o}\right)^{\alpha_S} \tag{7.134c}$$

분쇄분포는 그림 7.56에서 보는 바와 같이 분쇄메커니즘에 따라 다양한 분포를 나타낸다. 분쇄메커니즘 영역은 그림 7.55에서의 I, II 및 III 영역으로 구분되며 따라서 분쇄율 영역이 정해지면 그에 해당되는 분쇄분포를 추정할 수 있다. 이러한 모든 모델 인자는 소규모 실험 결과로부터 얻어진다. 그러나 이미 언급한 바와 같이 이러한 모델 인자는 주위 환경에 의해 영향을 받으므로 실 규모 분쇄에 적용을 위해서는 적절한 scale-up 공식이 개발되어야 한다. 그러나 AG/SAG 밀의 특성상 모델 인자의 복잡성으로 인해 독자적인 scale-up 공식의 개발은 어렵기 때문에 볼 밀의 scale-up 공식(식 7.42)을 활용하였다. 그림 7.57은 이러한 결과를 나타낸 것으로 실험 측정 자료와 모델 예측 결과는 어느 정도 일치하고 있다. 그러나 본 결과는 다양한 가정과 경험식을 사용하였기 때문에 실험적 검증을 비롯한 추가적인 연구가 필요하다.

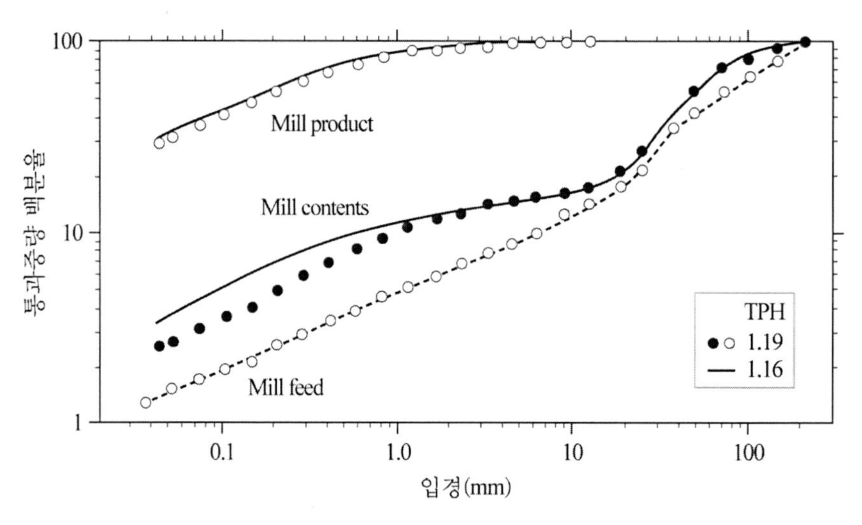

그림 7.57 SAG 밀 실험값과 모델 예측 입도분포의 비교

7.3 수직형 롤러 밀(Vertical roller mill)

수직형 롤러 밀은 산업에서 널리 사용되는 분쇄장치로 특히 미분탄 발전용 석탄 분쇄에 많이 이용된다. 구조는 그림 7.58에서 나타난 바와 같이 회전하는 테이블에 입자가 투입되며 테이블과 같이 회전하는 롤러에 의해 압축되어 분쇄된다. 롤에는 스프링 압력이나 유압으로 하중이 가해진다. 롤러 형태는 원통형, 원뿔형, 볼 등이 있다. Feed는 테이블 중앙부분에 투입되며 원심력에 의해 테이블 가장자리로 이동된다. 그림 7.59는 수직형 롤러 밀의 전체적인 구조를 보여주고 있다. 상부에 분급기가 설치되어 있으며 하부에는 공기가 주입된다. 롤러에 의해 분쇄된 입자는 테이블 가장자리로 배출되며 주입된 공기에 실려 상부에 설치된 분급기에 투입된다. 분급작용에 의해 미립자는 공기에 실려 배출되고 조립자는 테이블로 낙하되어 재분쇄된다. Feed에 수분이 많을 경우 하부에서 주입되는 뜨거운 공기를 주입하여 건조되면서 분쇄된다. 따라서 수직형 롤러 밀은 분쇄, 분급, 이송, 건조의 4가지 기능이 조합된 분쇄기라 할 수 있다.

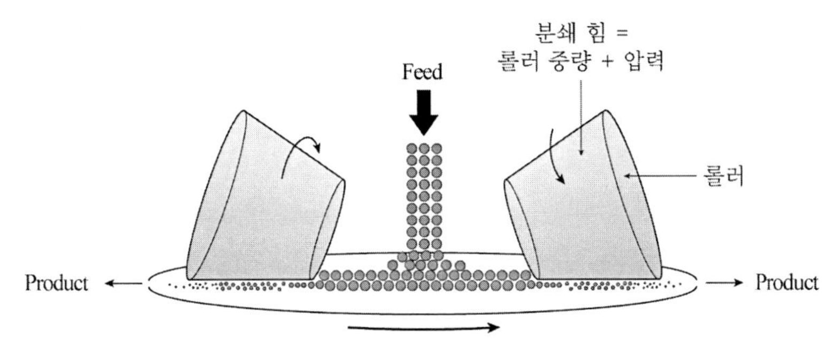

그림 7.58 수직형 롤러 밀의 분쇄작용

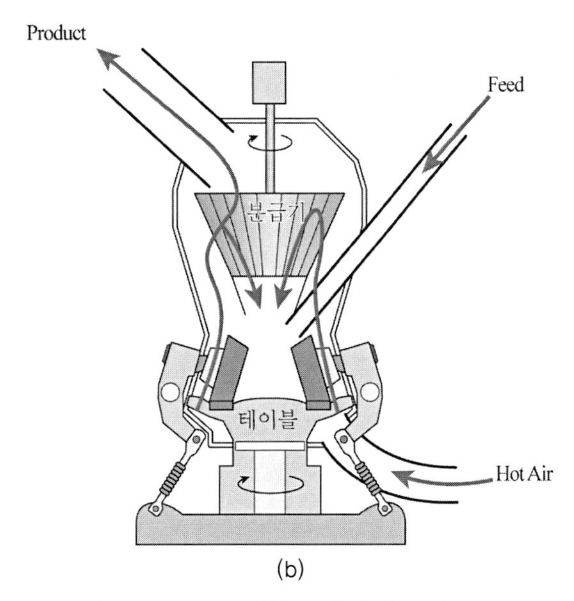

(b)

그림 7.59 수직형 롤러 밀의 모식도

7.3.1 밀 운전

수직형 롤러 밀은 롤러 하중, 테이블 회전속도, 하부 공기주입량, 동적분급기 회전속도의 조절이 가능하며 이들 운전조건은 분쇄성능에 영향을 미친다. 입자의 파괴는 롤러 하중에 의해 발생되는 압력응력과 테이블 회전에 의해 발생되는 전단응력에 의해 이루어진다. 전단응력은 미세입자의 발생률을 증가시키나 롤러의 마모와 에너지 소모 또한 증폭될 수 있다. 지나친 미분 발생은 바람직하지 않기 때문에 이를 최소화하기 위해서는 테이블과 롤러의 접촉점에서 선속도가 일치하도록 해야 한다. 밀 성능 평가에 있어 가장 중요하게 고려해야 할 사항은 생산물의 미세도와 에너지 소모량이다. 그림 7.60은 에너지 투입량에 따른 생산량과 분쇄산물의 입도를 나타낸 것으로 에너지 투입량이 증가할수록 분쇄산물의 입도는 감소하고 생산량도 감소하는 일반적인 경향을 보인다(Altun 등, 2017). 분쇄산물의 입도는 궁극적으로 분급에 의해 결정되나 롤 하중과 공기 주입량에도 영향을 받는다. 그림 7.61은 분급기 휠 회전속도에 따른 분쇄산물의 입도를 나타낸 것으로 휠 회전속도가 증가할수록 최종 생산물의 입도는 더욱 미세해짐을 알 수 있다. 또한 공기 주입량도 영향을 미치며 공기 주입량이 증가할수록(압력이 증가할수록) 더 많은 입자가 회수되어 생산량은 증가한다.

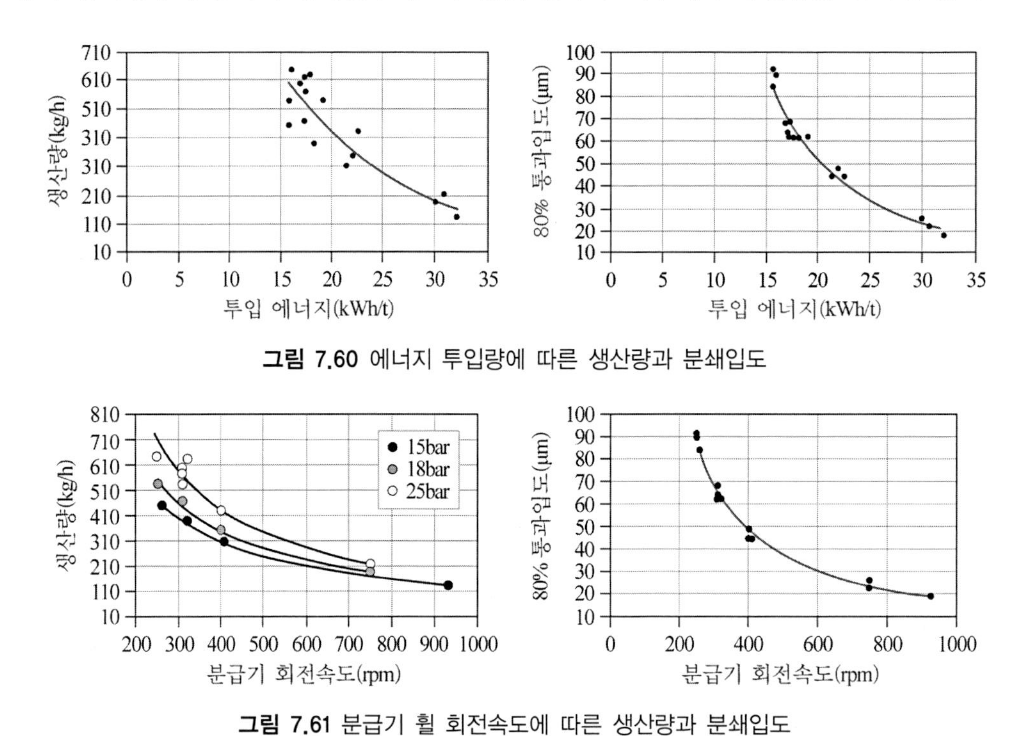

그림 7.60 에너지 투입량에 따른 생산량과 분쇄입도

그림 7.61 분급기 휠 회전속도에 따른 생산량과 분쇄입도

그림 7.62는 테이블 회전속도에 따른 생산량의 변화를 나타낸 것이다. 회전속도가 빨라질수록 더 많은 양이 롤에 이동되므로 생산량은 증가하지만, 분쇄산물의 입도는 62μm 에서 69μm 으로 증가한다. 그림 7.63은 롤러 하중 증가에 따른 생산량의 변화를 나타낸 것이다. 두 샘플 모두 롤러 하중이 66% 증가할 때 생산량은 37% 증가하는 양상을 나타낸다. 롤 하중이 증가하면 분쇄산물의 입도가 미세해지기 때문에 더 많은 양이 분급기를 통해 배출되고 재분쇄되는 양이 줄어든다. 따라서 롤러 하중과 분급기 휠 회전속도는 생산량과 생산물의 입도를 가장 효율적으로 조절할 수 있는 변수이다. 그림 7.64는 롤 하중을 휠 회전속도에 대해 정규화하였을 때 생산량과 선형관계를 보임을 나타내고 있다. 이는 롤러 하중을 높이면 휠 회전속도가 증가하더라도 생산량 감소 없이 더욱 미세한 입자를 생산할 수 있음을 의미한다.

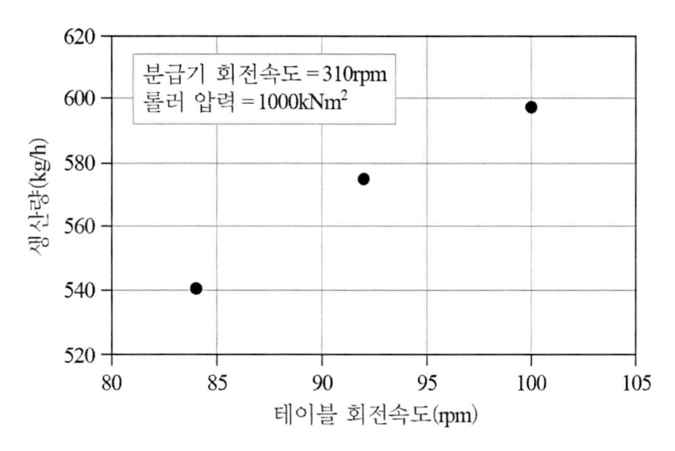

그림 7.62 테이블 회전속도에 따른 생산량의 변화

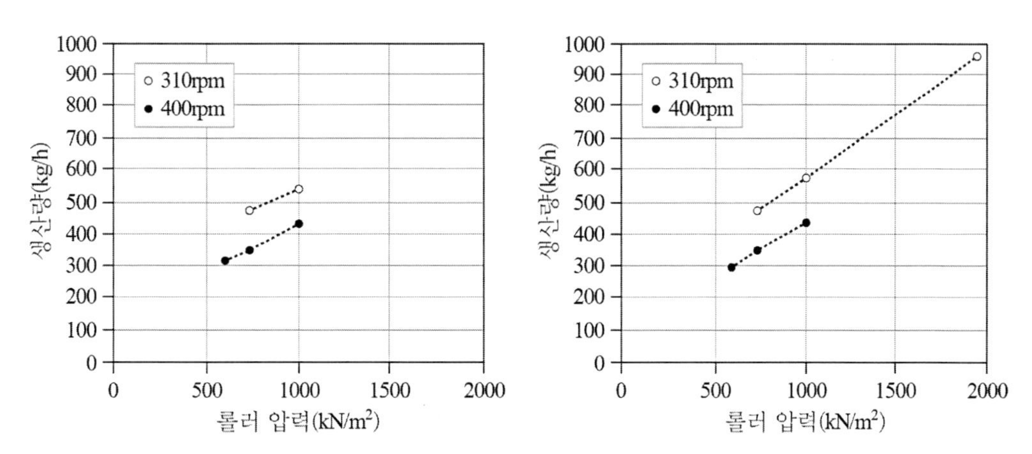

그림 7.63 롤러 하중에 따른 생산량의 변화: (a) 샘플 A, (b) 샘플 B

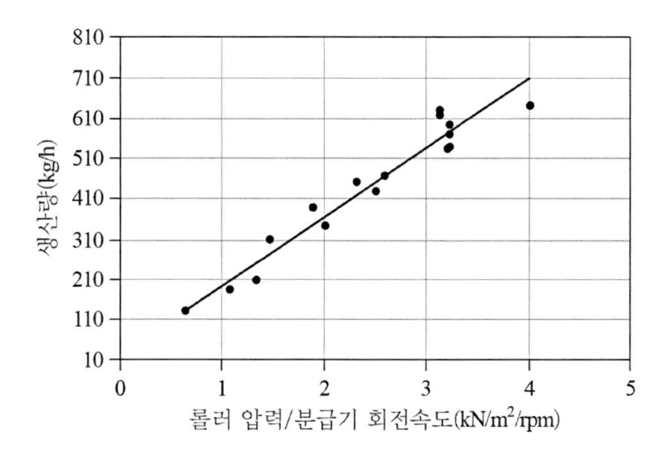

그림 7.64 롤 하중 / 휠 회전속도 비율에 따른 생산량의 변화

7.3.2 수직형 롤러 밀 분쇄 모델

수직형 롤러 밀에 대한 모델 연구는 다른 분쇄장비에 비해 많이 이루어지지 않았다. 그 중 간단한 모델은 행렬모델을 적용한 것이나(Faitlii 등, 2014; Shahgholi 등, 2017) 수직형 롤러 밀의 특성이 충분히 반영되지 않았으며 모델 인자 값도 역계산에 의해 도출되기 때문에 범용적인 모델이라 할 수 없다. 이에 비해 Austin 등(1981, 1982a, b)이 제시한 모델은 수직형 롤러 밀의 특성이 모두 포함된 모델로 규모실험을 통해 스케일 절차까지 확립되었기 때문에 모델의 적용성은 다른 모델보다 매우 높다고 할 수 있다(Sato 등, 1996).

수직형 롤러 밀 테이블에서 배출된 분쇄산물은 하부에서 주입된 공기에 의해 상부 분급기로 이송된다. 이 과정에서 조립의 입자는 중량으로 인해 분급기에 도달하지 못하고 테이블에 다시 떨어진다. 따라서 상부 분급기에 도달하기 전에 내부적으로 분급작용이 일어난다. 이에 Austin 등은 그림 7.65와 같이 내부 분급기와 외부 분급기의 두 개의 분급기로 구성된 모델을 제시하였다.

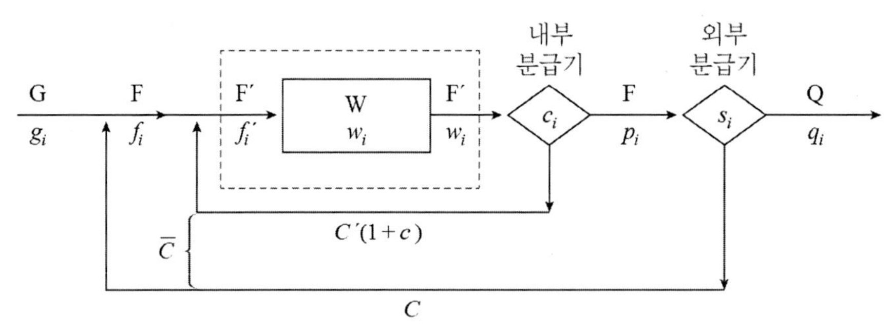

G': feed 투입량　　　　g_i: feed의 입도분포

F: feed 투입량 + 외부분급에 의해 재순환되는 양

c_i: 내부 분급비　　　　F': 밀 테이블에 투입되는 양

s_i: 외부 분급비　　　　C': 내부 분급기 순환비

f_i': 밀 테이블에 투입되는 입자의 입도분포

C: 외부 분급기 순환비　　　　p_i: 외부 분급기에 투입되는 입자의 입도분포

q_i: 최종 생산물의 입도분포

그림 7.65 Austin 수직형 롤러 밀 모델

분쇄부분(점선으로 표시)에 대해 완전 혼합을 가정하면 입도-물질 수지 공식은 다음과 같이 표현된다.

$$w_i F' = f_i' F' + \sum_{j=1}^{i-1} b_{ij} S_j w_j W - S_i w p_i W \tag{7.135}$$

F'는 feed와 내부 분급에 의해 재순환되는 조립자로 구성되므로 다음 식이 성립한다.

$$(1+C')f_i' = f_i + (1+C')c_i w_i \tag{7.136}$$

C'는 내부 분급에 의한 순환비다. 위 식을 식 (7.135)에 대입하여 정리하면 다음과 같이 표현된다.

$$w_i^* = \frac{f_i + \left(\frac{1}{F'}\right)\sum_{j=1}^{i-1} b_{ij} S_j W w_i^*}{1 - c_i + S_i W/F'} \tag{7.137a}$$

$$w_i^* = (1+C')w_i \tag{7.137b}$$

w_i^*는 $i=1$부터 순차적으로 계산되며 $\sum w_i = 1$이므로 $\sum w_i^* = 1 + C'$의 관계가 성립한다. 따라서 w_n^*까지 계산되면 C'의 값이 구해지며 $w_i = w_i^*/(1+C')$의 관계식에 의해 w_i가 계산된다.

내부 분급을 기준한 입도-수지 공식은 다음과 같다.

$$Fp_i = F'(1-c_i)w_i \tag{7.138}$$

$F = F'/(1+C')$이므로 p_i는 다음 식으로 계산된다.

$$p_i = (1+C')(1-c_i)w_i \tag{7.139}$$

외부 분급을 기준한 입도-물질 수지 공식은 다음과 같다.

$$Qq_i = Fp_i(1-s_i) = F'(1-c_i)(1-s_i)w_i \tag{7.140}$$

밀 테이블에 공급되는 입자는 외부에서 투입되는 feed와 내, 외부 분급기에서 분리된 조립자로 구성되어 있으므로 다음의 입도 수지식이 성립한다.

$$\begin{aligned} F'f_i' &= Gg_i + Fp_i s_i + F'w_i c_i \\ &= Gg_i + F'(1-c_i)s_i w_i + F'w_i c_i = Gg_i + F'w_i[(1-c_i)s_i + c_i] \end{aligned} \tag{7.141}$$

식 (7.137)의 $(1-c_i)(1-s_i)$는 내부 분급비와 외부 분급비가 조합된 형태로서 $(1-c_i)(1-s_i) = 1-\bar{s}_i$이라 하면 식 (7.141)은 다음과 같이 표현된다.

$$F'f_i' = Gg_i + F'w_i\bar{s}_i \tag{7.142}$$

C를 외부 분급에 의한 순환비라고 하면 다음의 관계가 성립한다.

$$F'/G = 1 + C + C'(1+C) \tag{7.143}$$

$C + C'(1+C) = \overline{C}$라 하면 식 (7.142)는 다음과 같이 표현된다.

$$(1+\overline{C})f_i' = g_i + (1+\overline{C})w_i\bar{s}_i \tag{7.144}$$

위 식은 식 (7.123)과 같은 형태로서 같은 방법으로 해를 구하면 다음과 같다.

$$\overline{w}_i^* = \frac{f_i + \left(\frac{1}{F'}\right)\sum_{j=1}^{i-1} b_{ij}S_j W\overline{w}_i^*}{1 - \bar{s}_i + S_i W/F'} \tag{7.145a}$$

$$(1+\overline{C}) = \sum_i \overline{w}_i^* \tag{7.145b}$$

$$Q = F'/(1+\overline{C}) \tag{7.145c}$$

$$q_i = (1+\overline{C})(1-\bar{s}_i)w_i \tag{7.145d}$$

따라서 식 (7.145a)에 의해 $\overline{w}_i^*$가 계산되면 최종 생산물의 입도분포 q를 구할 수 있다. $\overline{w}_i^*$의 계산은 분쇄율, S_i, 분쇄분포, b_{ij}와 내, 외부 분급비, c_i, s_i를 필요로 한다.

(1) 분쇄율과 분쇄분포

Austin 모델이 적용된 밀은 롤러의 형태가 볼인 수직형 롤러 밀로서 근본적인 분쇄 메커니즘은 하드그로브 밀과 같다고 할 수 있다. 따라서 시료 물성에 따른 기본적인 분쇄특성은 하드그로브 밀을 이용해 분석되었다. 그림 7.66은 하드그로브 밀에서의 분쇄율과 pilot 규모의 수직형 롤러 밀의 분쇄율을 비교한 것으로 분쇄율은 식 (7.33)의 전형적인 형태로 나타나며 다만 pilot 규모의 분쇄율이 하드그로브 밀에 비해 10배 정도 증가하였음을 알 수 있다. 따라서 분쇄율은 하드그로브밀에서 측정된 분쇄율로부터 규모에 대한 scale-up 인자를 통해 추정된다.

그림 7.67은 하드그로브 밀과 소규모 vertical roller 밀에 대해 측정된 분쇄분포를 비교한

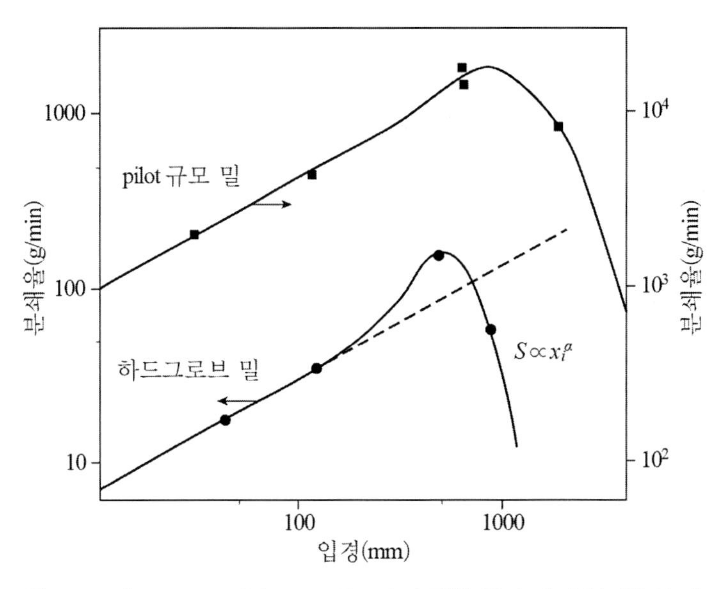

그림 7.66 하드그로브 밀과 pilot 규모의 수직형 롤러 밀의 분쇄율의 비교

것으로 분쇄분포는 장비 크기에 관계없이 일정한 모습을 보이며 입도에 대해 정규화 형태를 보이고 있다. 또한 분쇄분포는 식 (5.20)의 전형적인 함수로 표현될 수 있음을 알 수 있다. 그러나 분쇄율 및 분쇄분포는 시료의 강도에 따라 변한다.

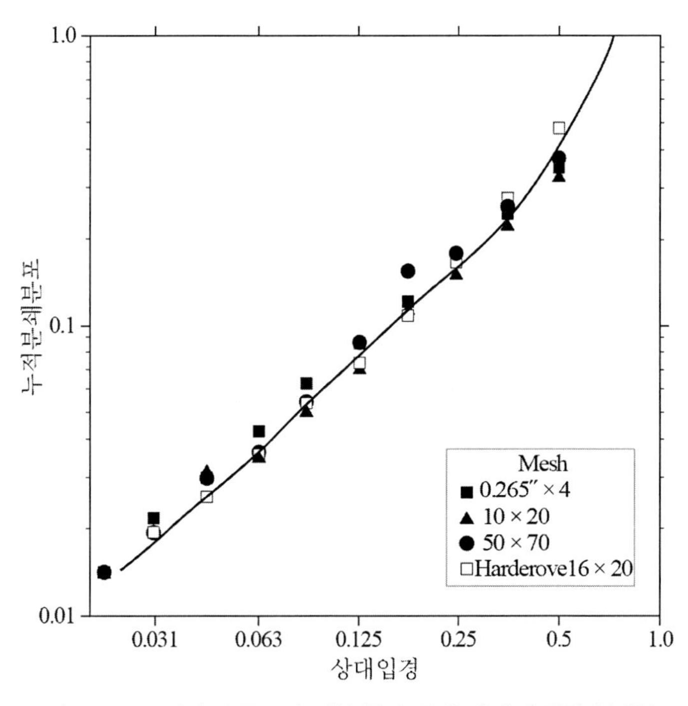

그림 7.67 하드그로브 밀과 소규모 수직형 롤러 밀에 대해 측정된 분쇄분포의 비교

그림 7.68은 석탄 HGI에 따른 분쇄인자를 나타낸 것으로 HGI가 높을수록 분쇄율은 증가하고 α는 감소하며 γ는 감소하고 Φ는 증가함을 알 수 있다. 이러한 추세는 식 (7.146)의 경험식으로 표현된다.

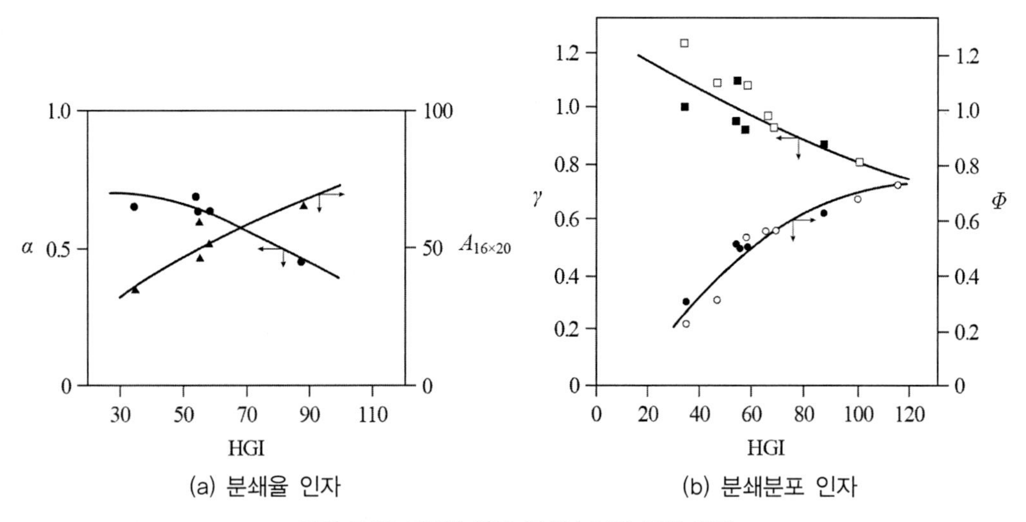

(a) 분쇄율 인자　　(b) 분쇄분포 인자

그림 7.68 HGI에 따른 분쇄속도론 모델 인자

$$A_{16\times20} = 0.054(HGI)^{0.7} \times 1.18^{\alpha} \times 50(1-\varphi) \tag{7.146a}$$

$$\alpha = 0.7\left\{1-\exp\left[\left(\frac{HGI}{90}\right)^{-1.5}\right]\right\} \tag{7.146b}$$

$$\gamma = 1.35 - 0.0056HGI \tag{7.146c}$$

$$\Phi = 0.71\left\{1-\exp\left[\left(\frac{HGI}{42.5}\right)^{-1.8}\right]\right\} \tag{7.146d}$$

(2) 분급성능

그림 7.69는 실험적으로 측정된 내부 분급기의 분급비를 나타낸 것으로 하부 공기 주입량에 따라 약간의 차이를 보이고 있다. Austin 등(1982a)은 회귀분석을 통해 다음과 같은 경험식을 제시하였다.

$$c_i = 1.0 = \exp\left[-\left(\frac{2r-200}{375}\right)^{0.93}\right] \tag{7.147a}$$

$$r = \frac{10000}{[(x_i/20000)^{-0.26} + 1.256\log(V_A/900)]^{4.17}} \tag{7.147b}$$

x_i는 입자 크기, V_A는 공기 주입량(ACFM)이다.

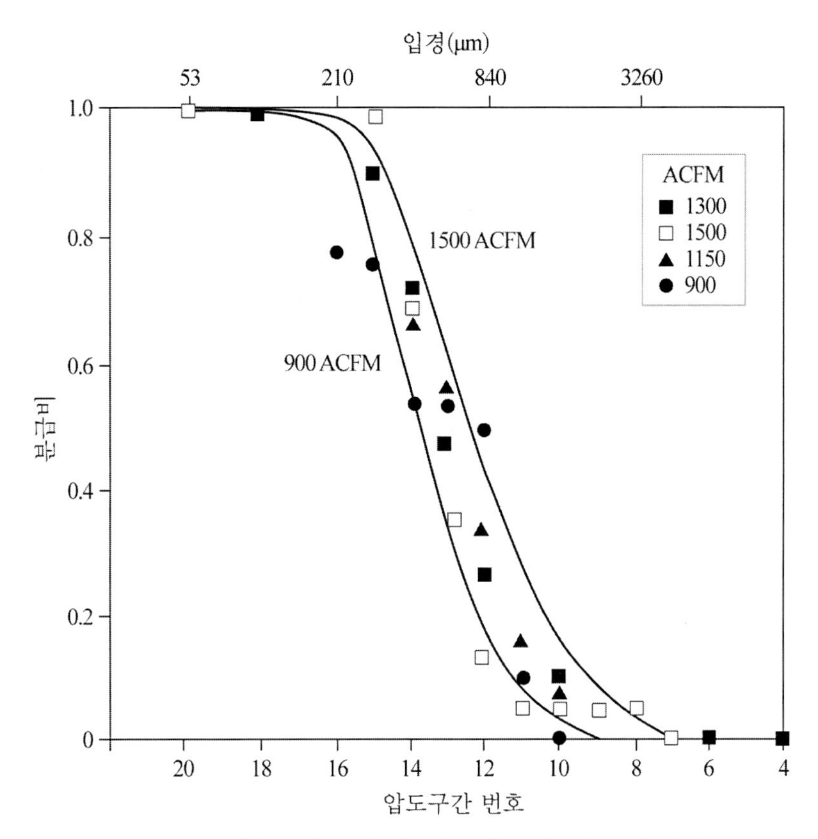

그림 7.69 하부 공기 주입량에 따른 내부 분급기의 분급곡선

외부 분급기에는 정적 형태와 동적 형태가 있다. 정적 형태의 분급기는 주로 vane이 장착된 싸이클론 형태로 분급비는 vane 열림각도와 공기량에 의해 결정된다. 동적 분급기는 내부에 회전 케이지가 장착되어 있으며 회전속도에 의해 분급이 결정된다. 그림 7.70은 실험적으로 측정된 twin-cone 정적 분급기의 분급곡선을 나타낸 것으로 공기량이 증가할수록 원심력이 증가하여 분급입도가 미세해진다. 그러나 동시에 by-pass하는 양이 증가되어 분급효율은 감소한다.

그림 7.71은 분급기 종류, 고체 농도 및 케이지 회전속도에 따른 동적 분급기의 분급곡선을 나타내고 있다(Altun과 Benzer, 2014). 일반적으로 분급입도는 휠 회전속도가 증가할수록 감소하며 공기량이 증가할수록 증가한다. 또한 그림에서 볼 수 있듯이 모든 분급곡선은 by-pass를 나타내고 있으며 그 크기는 공기량과 회전속도뿐만 아니라 고체농도에 의해 복잡하게 나타난다.

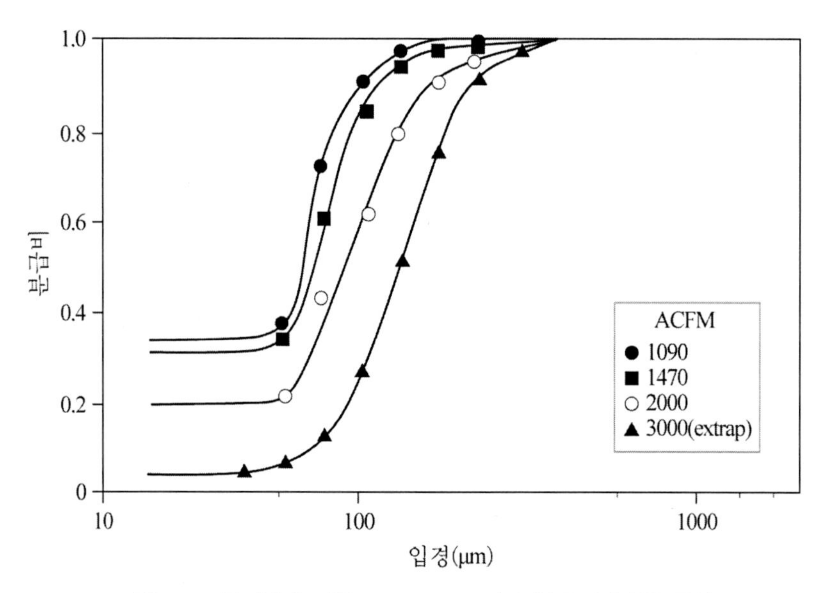

그림 7.70 공기량에 따른 twin-cone 정적 분급기의 분급곡선

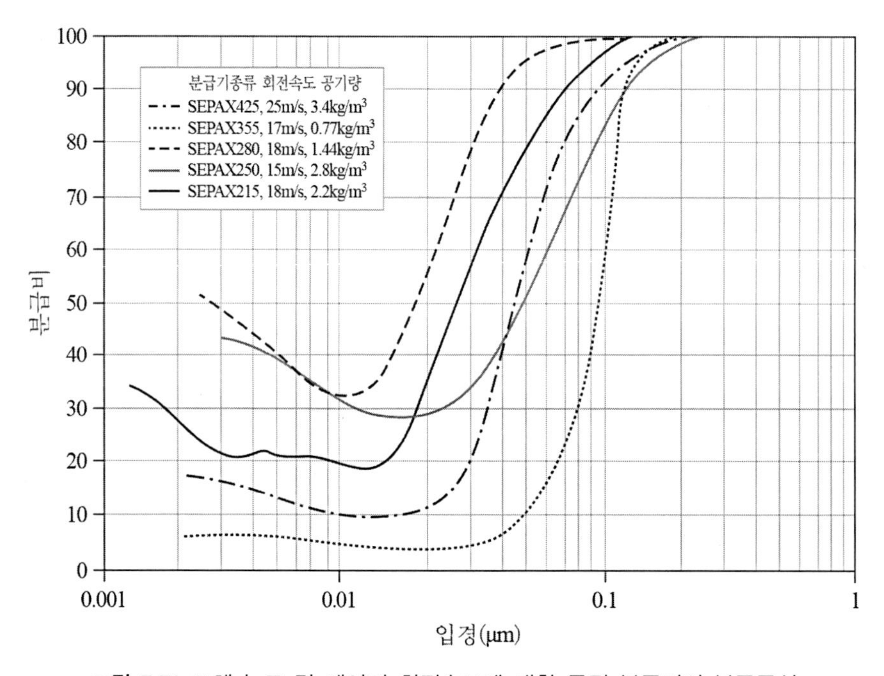

그림 7.71 고체 농도 및 케이지 회전속도에 대한 동적 분급기의 분급곡선

이러한 분급곡선은 다양한 함수 형태를 이용하여 표현되나 Altun과 Benzer는 식 (7.148)을 이용하여 운전조건에 따른 모델인자 변화에 대해 식 (7.149)의 경험식으로 나타냈다.

$$s_i = (1-a)\frac{\left(1+\beta\beta^*\frac{x_i}{d_{50}}\right)(\exp(\alpha)-1)}{\exp\left(\alpha\beta^*\frac{x_i}{d_{50}}\right)+\exp(\alpha)-2} \tag{7.148}$$

a는 by-pass, d_{50}는 분급입도, x_i는 입자크기, α, β, β^*는 모델인자이다.

$$a = 0.10467\times(DL)^{1.4171} \tag{7.149a}$$

$$d_{50} = 0.4049\times\left(\frac{AF}{RS\times F}\right)^{0.7775} \tag{7.149b}$$

$$\alpha = 0.905\times\left(\frac{D}{DL}\right)^{1.2679} \tag{7.149c}$$

$$\beta = 0.4417\times(DL)^{1.4171} - 0.1293 \tag{7.149d}$$

$$\beta^* = 0.4365\times(DL)^{1.4171} + 0.7224 \tag{7.149e}$$

D는 분급기 직경(m), DL은 공기고체농도(kg/m^3), AF는 공기량(m^3/h), RS는 휠 회전속도(m/s), F는 분급기에 투입되는 입자 중 3-36μm 구간의 시간당 투입량(t/h)이다. 그러나 분급곡선은 분급기 형태에 따라 다를 수 있기 때문에 실제 모델 적용 시 실험을 통해 측정되어야 한다.

(3) 시뮬레이션 절차 및 스케일 업

이미 언급한 바와 같이 최종 분쇄산물의 입도분포는 분쇄율 S_i, 분쇄분포 b_{ij}와 내·외부 분급비 c_i, s_i가 정해지면 식 (7.145)에 의해 예측할 수 있다. 이러한 모델 인자는 실험적으로 직접 측정하는 것이 바람직하다. 불가능할 경우 식 (7.146)에 의해 추정할 수 있다. 그러나 식 (7.146)은 하드그로브 장비를 기준한 것이기 때문에 실 규모 장비에 직접 적용할 수 없다. 다행히도 분쇄분포는 분쇄조건에 영향을 받지 않는 것으로 알려져 있기 때문에 분쇄율이 운전조건에 대해 어떻게 변화되는지에 대한 정보만 있으면 분쇄결과를 예측할 수 있다. 볼 밀의 경우 식 (7.42)에서 분쇄율에 대한 스케일 업 공식이 개발되어 있다. 그러나 수직형 롤러 밀의 경우 이러한 스케일 업 공식이 개발되어 있지 않기 때문에 직접적인 방법은 불가능하며 예측 생산량과 실제 생산량을 비교해 스케일 업 식을 적용한다. 그 절차는 다음과 같다.

식 (7.145)에 의하면 분쇄산물의 입도분포는 S_i, b_{ij}, W, c_i, s_i 이외에도 $1/F'$에 영향을 받는다. S_i가 증가할 경우 동일한 입도분포를 생산하기 위한 F'는 같은 비율만큼 증가한다. 따라서 우선 하드그로브 밀에서 측정된 분쇄율을 이용해 시뮬레이션 대상 밀의 분쇄분포와 동일하게 계산되는 F'와 $\overline{C}$를 구한다. 이때 생산량은 식 (7.145c)에 의해 계산되며 이를 Q_{sim}이라 하면 실제 생산량 Q와 비교하여 다음과 같이 스케일 업 계수를 정의한다.

$$k = \frac{Q}{Q_{sim}} \tag{7.150}$$

그림 7.72는 이러한 방법으로 도출된 스케일 업 계수를 도시한 것으로 Q_{sim}이 증가할수록 점차적으로 증가하다가 일정한 값으로 수렴함을 알 수 있다. 밀 파워도 비슷한 경향을 나타내나 증가 양상은 스케일 업 계수와 완전히 일치하지 않기 때문에 밀 파워에 의한 스케일 업은 보정이 필요하다. 따라서 하드그로브 밀에 의해 측정된 일정 분쇄특성(S_i, b_{ij})을 갖는 시료에 대해 대상 시뮬레이션 밀의 조건(c_i, s_i)에서 목적 입도분포의 생산물을 얼마큼 생산할 수 있는지 보정인자를 통해 예측할 수 있다. Sato 등(1996)은 링 형태의 롤러 밀에 대해 위 모델을 적용하여 성공적인 결과를 얻었다.

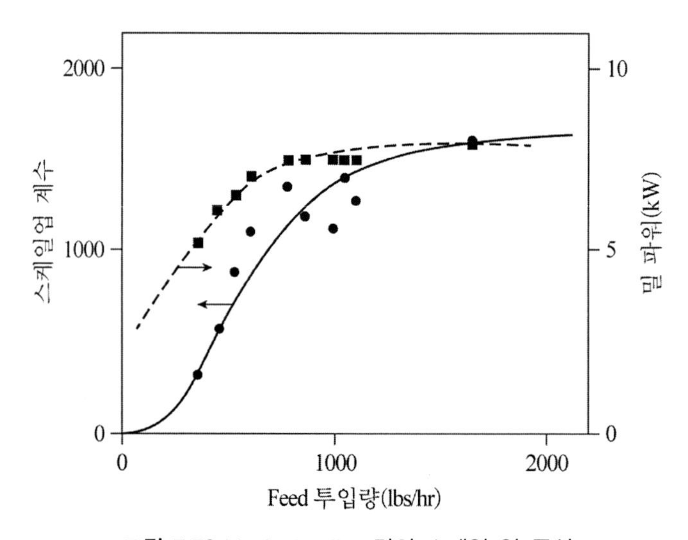

그림 7.72 Vertical roller 밀의 스케일 업 곡선

(4) 혼합분쇄

이미 언급한 바와 같이 수직형 롤러 밀은 미분탄 발전용 석탄 분쇄에 많이 이용되며 석탄의 분쇄도는 발전용량에 크게 영향을 미친다. 우리나라 석탄발전소에 사용되는 석탄은 대부분 수입된 석탄으로 고열량 역청탄을 기준하여 발전설비가 구축되어 있다. 그러나 근래 석탄

수급의 어려움으로 가격이 저렴한 저열량탄을 혼합 사용함으로써 발전원가를 낮추고 석탄 수급의 안정성을 도모하고 있다. 그러나 저열량탄의 성상은 보일러 설계범위를 벗어나기 때문에 연소시험 및 설비개선을 통해 전력 생산의 안정화를 꾀하고 있다. 그러나 간과되고 있는 것이 분쇄기의 성능에 관한 고려이다. 미분탄 연소를 위해서는 75μm 이하의 입도가 필요하다. 석탄의 분쇄도가 낮아지면 75μm 이하의 입자가 충분히 생산되지 않아 전력 생산에 차질이 생긴다. 따라서 혼탄이 분쇄기 성능에 어떠한 영향을 미치는지 충분한 검토가 필요하다.

그림 7.73은 분쇄특성이 상이한 두 석탄이 혼합되었을 때 혼합비에 따른 분쇄율을 도시한 것이다(Cho와 Luckie, 1995a). 두드러진 현상은 상대적으로 약한 석탄의 분쇄율을 증가하고 반대로 강한 석탄의 분쇄율은 감소한다. 그 변화 정도는 혼합비율에 따라 다르게 나타나는데 상대적으로 비율이 작은 석탄이 비율이 감소할수록 더욱 변화한다. 따라서 두 석탄을 분쇄기에 연속적으로 투입하였을 경우 상대적으로 강한 석탄은 분쇄율이 더욱 감쇠되어 분쇄기 내에 적체되는 현상이 발생한다.

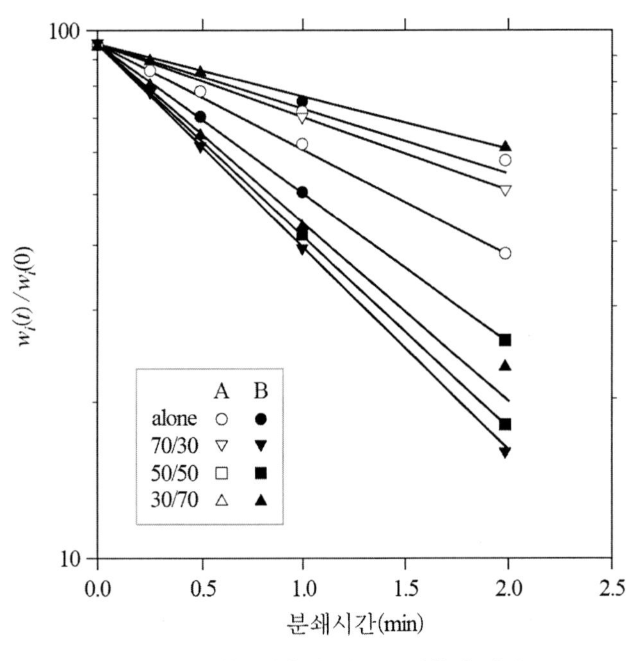

그림 7.73 혼합비율에 따른 분쇄율의 변화

그림 7.74는 이를 나타낸 것으로 두 석탄을 1:1로 혼합하여 분쇄기에 투입할 경우 정상상태에 도달하였을 때 분쇄기내에 존재하는 석탄의 비율은 8:2가 되어 상대적으로 강한 석탄이 주로 존재하게 된다(Cho와 Luckie, 1995b). 따라서 HGI를 단순히 혼합비율로 계산된 평균

HGI를 기준으로 분쇄기 성능을 예측하였을 때 상당한 오차가 발생할 수 있으며 생산량도 크게 못 미칠 수 있다.

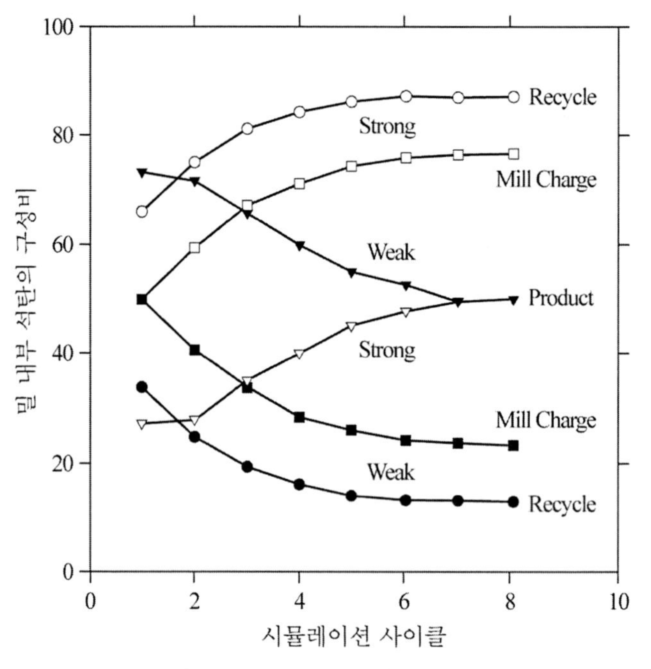

그림 7.74 연속 투입 시 분쇄기 내 석탄의 구성 비율

제7장 참고문헌

Altun, D., Aydogan, N., Benzer, H., Gerold, C. (2017). Operational parameters affecting the vertical roller mill performance. *Minerals Engineering*, 103-104, 67-71.

Altun, O., Benzer, H. (2014). Selection and mathematical modelling of high efficiency air classifiers. *Powder Technology*, 264, 1-8.

Amestica, R., Gonzalez, G. D., Menacho, J., Barria, J. (1996). A mechanistic state equation model for semiautogenous mills. Int. J. Miner. *Process.*, 44-45, 349-360.

Austin, L. G., Klimpel, R. R., Lukie, P. T. (1984). *Processing engineering of size reduction: ball milling*. AIME SME, New York.

Austin, L. G. (1990). A mill power equation for SAG mills. *Mining, Metallurgy & Exploration,* 7, 57-63.

Austin, L. G., Klimpel, R. R. (1985). Ball wear and ball size distributions in tumbling ball mills. *Powder Technology,* 41, 279-286.

Austin, L. G., Barahona, C. A., Menacho, J. M. (1987). Investigations of autogenous and semi-autogenous grinding in tumbling mills, *Powder Technology*, 51, 283-294.

Austin, L. G., Luckie, P. T., Shoji, K. (1982). An analysis of ball-and-race milling, Part II. The Babcock E 1.7 mill. *Powder Technology*, 33, 112-125.

Austin, L. G., Luckie, P. T., Shoji, K. (1982). An analysis of ball-and-race Milling, Part III. Scale-up to industrial mills, *Powder Technology*, 33, 127-134.

Austin, L. G., Menacho, J. M., Pearcy, F. (1987). A general model for semi-autogenous and autogenous milling. *Proc. Twentieth International Symposium on the Application of Computers and Mathematics in the Mineral Industries*. vol. 2: Metallurgy. Johannesburg, SAIMM, 107-126.

Austin, L. G., Barahona, C. A., Weymont, N. P., Suryanarayanan, K. (1986), An improved simulation model for semi-autogenous grinding, *Powder Technology*, 47, 265-283.

Bond, F. C. (1961). Crushing and Grinding Calculations. *Brit. Chem. Eng.,* 6, 378-385.

Bond, F. C. (1958). Grinding ball size selection, *Trans. AIME*, 592-595.

Cho, H., Luckie, P. T. (1995a). Investigation of the breakage properties of components in mixtures ground in a batch ball-and-race Mill. *Energy & Fuels*, 9(1), 53-58.

Cho, H., Luckie, P. T. (1995b), Grinding behavior of coal blends in a standard ball-and-race mill. *Energy & Fuels*, 9(1), 59-66.

Cho, H., Kwon, J., Kim, K., Mun, M. (2013). Optimum choice of the make-up ball sizes for maximum throughput in tumbling ball mills. *Powder Technology,* 246, 625-634.

Doll, A. (2013). A comparison of SAG mill power models. *Procemin*, 15-18 Oct, Santiago, Chile.

Faitli, J., Czel, P. (2014). Matrix model simulation of vrtical roller mill with high-efficiency slat classifier. *Chemical Engineering & Technology*, 37, 779-786.

Hogg, R., Fuerstenau, D. W. (1972). Power relationships for tumbling mills, *Trans, SME-AIME*, 252, 418-423.

Kwon, J., Jeong, J., Cho, H. (2016). Simulation and optimization of a two-stage ball mill grinding circuitof molybdenum ore. *Advanced Powder Technology*, 27(4), 1073-1085.

Lin, I. J., Somasundaran, P. (1972). Alterations in properties of samples during their preparation by grinding. *Powder Technology*, 6(3), 171-179.

Loveday, B. K. (1978). Prediction of autogenous milling from pilot plant tests. *Proc. the 11th Commonwealth Mining and Metallurgical Congress*, Paper 34, Hong Kong.

Lowrison, G. C. (1974). *Crushing and Grinding*. Butterworths, London.

Luckie, P. T., Austin, L. G. (1972). A review introduction to the solution of the grinding equations by digital computation. *Minerals Sci. Eng.*, 4, 24-51.

Lynch, A. L. (1977). *Mineral Crushing and Grinding Circuits*. Elsevier,

MacPherson, A. R. (1989), Autogenous grinding, 1987-update. *CIM Bull.*, 82(921), 75-82.

Mori, Y., Jimbo, G., Yamazaki, M. (1967). Flow characteristics of continuous ball and vibration mills. Proc. *Second European Symposium,* 605-632.

Morrell, S. (1996). Power draw of wet tumbling mills and its relationship to charge dynamics - Part 1: a continuum approach to mathematical modelling of mill power draw. *Trans. Inst Min Metall, Section C*, 105, C43-53.

Morrell, S. (1996). Power draw of wet tumbling mills and its relationship to charge dynamics - Part 2: an empirical approach to modelling of mill power draw. *Trans Inst Min Metall, Section C*, 105, C54-62.

Mosher, J., Bigg, T. (2001). SAG mill test methodology for design and optimisation, *Proc. SAG 2001 Conf.,* Vancouver, Canada, Vol. I , 348-361.

Mular, A. L., Agar, G. E. (1989). *Advances in autogenous and semiautogenous grinding technology*, Dept, of Mining and Mineral Process Engineering, University of British Columbia.

Napier-Munn, T. J., Morrell, S., Morrison, R. D., Kojovic, T. (1996). *Mineral Comminution Circuits: Their Operation and Optimisation*, ISBN 0 646 28861, JKMRC.

Rose, H. E., Sullivan, R. M. E. (1957). *Ball, tube and rod mills*, London, Constable.

Rose, H. E., Sullivan, R. M. E. (1958). *Rod, Ball and Tube Mills*, Chemical Pub. Co., NY .

Rowland, C. A., Kjos, D. M. (1980). Rod and ball mills. in *Mineral Processing Plant Design*, Mular, L. M., Bhappu, R. B. (ed), SME/AIME, New York, , 239-278.

Rowland, C. A. (1987). New developments in the selection of comminution circuits, *Engineering Mining Journal*. Feb., 34.

Sato, K., Meguri, N, Shoji, K., Kanemoto, H., Hasegawa, T., Maruyama, T. (1996). Breakage of coals in ring-roller mills Part I. The breakage properties of various coals and simulation model to predict steady-state mill performance. *Powder Technology*, 86, 275-283.

Scott, A., Morrell, S. (1998). Exploring the relationship between mining and mineral processing performance. *Proc. Mine to Mill Conf.*, AusIMM, Brisbane.

Scott, A., Morrell, S., Clark, D. (2002). Tracking and quantifying value from "mine to mill" improvement. *Proc. Value Tracking Symposium*, AusIMM, Brisbane, Australia, 77-84.

Shahgholi, H., Barani, K., Yaghobi, M. (2017). Application of perfect mixing model for imulation of vertical roller mills. *J. Mining & Environment*, 8(4), 545-553.

Shoji, K., Austin, L. G. (1974). A model for batch rod milling, *Powder Technology*, 10, 29-35.

Suzuki, K., Kuwahara, Y. (1986). Effects of fluids on vibration ball mill grinding. *J. Chem. Eng.* Jpn. 19(3), 191-195.

Tangsathitkulchai, C., Austin, L. G. (1985). The efffect of slurry density on breakage parameters of quartz, coal and Ccopper ore in a laboratory ball mill. *Powder Technology*, 42(3), 287-296.

Von Seebach, H. M. (1969). Effect of vapors of organic liquids in the comminution of cement clinker in tube mills. Research Institute Cement Industry, Dusseldorf, Germany.

제8장

초미분쇄

제8장
초미분쇄

미세 입자상 물질은 페인트, 잉크, 화학, 제약, 전자, 금속, 세라믹, 광물, 농화학, 식품, 생명 공학, 고무, 석탄 및 에너지 분야 등 많은 산업 분야에서 광범위하게 사용되고 있으며 요구되는 입자 크기 또한 더욱 미세해지고 있다. 이의 요인은 다양하나 무엇보다도 입자의 물리 화학적 특성, 표면화학적 물성, 광학적 특성, 반응 속도, 자기 특성, 패킹 특성, 강도 등이 입도의 감소에 따라 개선되기 때문이며, 이에 따라 초미세 입자에 대한 수요도 증가하고 있다.

초미세입자의 제조법으로는 분쇄방식과 침전방식이 있다. 침전반식은 입자의 크기나 순도 면에서 질이 우수한 분말을 생산할 수 있으나 산업적 생산은 침강 탄산칼슘이나 황화칼슘 제조 등에 드물게 이루어지고 있고 대부분의 미세분말 대량 생산은 분쇄공정에 의해 이루어지고 있다. 볼 밀은 효율적인 미분쇄 장비이나 분쇄입도가 작아질수록 효율이 감소하며 초미분쇄 영역에 도달하면 급격히 저하된다. 이는 입도가 작아질수록 파괴강도가 증가하여 강한 충격이 필요하나 볼 밀은 중력장에서 작동하기 때문에 파괴를 유도할 만한 충분한 충격을 발생시키지 못하기 때문이다. 따라서 초미분쇄를 위해서는 고에너지 장치가 요구된다. 그림 8.1은 볼 밀과 대표적인 초미분쇄 장비인 교반 밀의 에너지 효율을 비교한 것으로 분쇄입도가 100μm 보다 작아지면 교반 밀의 에너지 효율이 높아지기 시작하며 그 차이는 분쇄입도가 작아질수록 더욱 커지는 것을 알 수 있다.

초미분쇄 공정의 분류 입도 기준은 명확하지 않으나 10μm 이하의 공정을 초미분쇄, 1μm 이하의 공정은 극초미분쇄 공정으로 분류한다. 일반적으로 초미분쇄에 필요한 에너지는 분쇄비가 10으로 증가할 때마다 6배 증가한다. 따라서 100μm으로 분쇄할 때 소요 에너지가 1이라고 하면 10μm으로 분쇄할 때 6, 1μm으로 분쇄할 때 36에 해당하는 에너지가 소모된다.

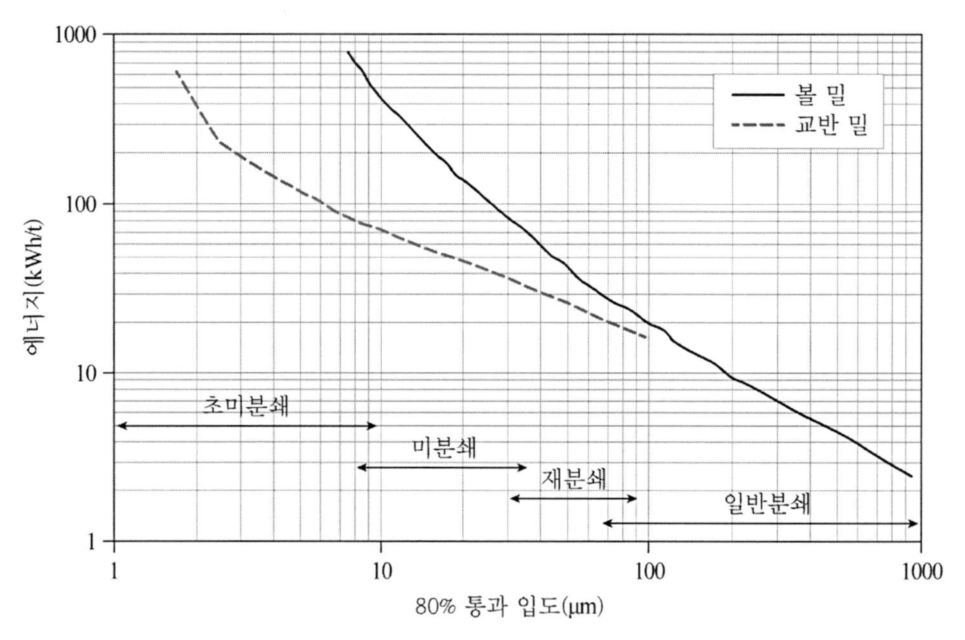

그림 8.1 분쇄입도에 따른 볼 밀과 교반 밀의 에너지 효율 비교

8.1 초미분쇄 원리

(1) 분쇄한계

이미 언급한 바와 같이 입자의 분쇄는 응력에 의하여 발생한다. 분쇄장비에서는 주로 압축 형태의 응력이 가해지며 이 응력은 입자내부에 인장응력을 발생시키고 현지응력이 임계점에 도달하면 취성파괴가 일어난다. 그러나 입자 내부에 미세균열이 존재할 경우 균열 주위에 응력이 집중하게 되며 작은 응력에도 파괴될 수 있다. 균열이 진행되면 축적된 변형 에너지는 새로운 표면을 형성하는 데 일부 소모되며 잉여 에너지는 재분배되어 다른 균열을 유발시키거나 열, 소음, 파괴 조각의 운동에너지 등으로 전환된다. 균열 전파에 소모된 에너지는 균열의 표면적에 비례하고 저장된 변형 에너지는 부피에 비례한다. 따라서, 균열의 단위 표면당 사용 가능한 에너지 양은 입자크기가 줄어들수록 증가하며 이에 따라 입자가 미세해 질수록 균열을 전파시키기 위해서는 더 많은 에너지와 응력이 필요하다. 또한 부피가 작은 입자에 응력이 가해지면 인장응력은 전단응력을 유발시키며 이에 따라 입자가 작아질수록 가해진 응력은 취성파괴 대신 소형변형으로 이어진다. 이는 입자가 작아질수록 파괴강도가 증가되는 요인으로 작용한다.

따라서 입도가 작아질수록 파괴하기가 점점 어려워지며 분쇄한계에 다다를 수 있다. 실제 분쇄실험을 하면 운전조건에 관계없이 분쇄를 지속해도 더 이상 입자의 크기가 줄어들지 않는 분쇄한계가 관찰된다. 그러나 이러한 분쇄한계는 물질의 고유 역학적 특성뿐만 아니라 여러 인자가 복합적으로 작용에 의해 나타난 결과이다. 입자가 작아지면 내부에 기 존재하는 미소 균열의 수뿐만 아니라 균열의 크기도 작아지기 때문에 더 많은 응력이 필요하게 된다. 그러나 분쇄장비가 줄 수 있는 응력크기는 한계가 있기 때문에 파괴를 통해 분쇄한계점에 달하는 입자를 생산하기가 쉽지 않다. 분쇄매체 사이에 여러 입자가 존재할 경우 상대적으로 큰 입자에게 선택적으로 응력이 가해지기 때문에 미세한 입자에게는 제대로 응력이 가해지기 않는다. 또한 입자가 미세해지면 점착성이 증가하여 분쇄매체의 움직임이 둔화되며 이에 따라 입자에 전달하는 에너지가 약화된다. 더불어 표면력이 작용하여 응집과 융합현상이 두드러지며 분쇄가 지속되면 오히려 입도가 다시 증가하는 현상이 발생한다. 따라서 진정한 분쇄한계를 실험적으로 식별하기는 쉽지 않다.

Cho 등(1996)은 2.5μm 크기의 석영 입자를 교반 밀을 이용해 64시간까지 분쇄를 진행하고 분쇄산물의 입도변화를 추적하였다. 입도 측정은 레이저 회절/산란, 원심 침강, 동적 광산란 및 BET 표면적 등을 통해 상호보완적으로 이루어졌으며, 비교분석 결과 분쇄가 지속될수록 입도분포 범위가 좁아지면서 특정 크기에 수렴하는 경향을 확인하였다. 이를 통해 분쇄에 의해 생성되는 최소의 입도는 40nm 정도로 추정되었으며 TEM 분석을 통해 분석한 결과 30 nm이하의 입자는 존재하지 않음을 확인하였다. Knieke 등(2009)은 X-ray 회절분석을 통해 결정크기의 변화를 측정함으로써 분쇄한계를 도출하고자 하였으며 분쇄한계는 물질의 물성에 따라 영향을 받으며 연성을 가진 탄산칼슘의 입자의 분쇄한계는 50nm, 취성이 높은 zirconia입자의 분쇄한계는 5nm임을 제시하였다. 이와 같이 실험적 분쇄한계는 분쇄장비 및 입도측정 기술의 발전으로 더욱 미세해지고 있으며 Meloy(1968)는 5Å까지 분쇄가 가능한 것으로 주창한 바 있다. 이는 분쇄조건의 최적화를 통해 응력 강도를 높이고 분산제 등을 이용하여 분쇄환경을 개선시키면 나노급의 입자의 생산이 가능하다는 것을 시사한다.

(2) 입자의 뭉침과 엉김(응집)

입자는 크기가 작아질수록 질량 대비 표면적이 증가함에 따라 입자의 표면특성이 지배적으로 작용하며 이는 습식분쇄에서 유변학적 특성을 변화시키고 입자의 뭉침과 엉김에 크게 영향을 미친다. 입자의 응집은 입자 간의 작용하는 반데르발스 힘 및 전기적 힘에 의해 지배된다. 반데르발스 힘이 작용하는 입자 간 거리가 10nm 이내일 때 발휘되며 에너지의 크기는 0.04~4kJ/mole 정도이나 입자가 미세해질수록 중요하게 작용한다. 전기적 힘은 입자의 뭉침을 유발하기도 하나 응집력은 견고하지 않다. 또한 수분은 입자의 응집에 중요한 역할을 한다. 입자가 작아지면 입자 간 가교 현상이 심화되어 응집된 입자가 압밀되기 시작된다. 입자의 간격이 원자크기에 이르면 반데르발스 힘이 강력해져 접촉면에서 소형변형이 일어난다. 이 현상은 물질의 성질과 분쇄조건, 응력강도와 시간 등의 분쇄환경에 영향을 받는다. 이러한 입자의 뭉침과 엉김은 에너지 손실로 이어지며 분쇄 효율을 감쇠시킨다.

볼 밀과 같은 충격 분쇄 장비에서는 특히 건식 분쇄에서 응집현상이 잘 일어나는 환경이 조성되며, 미립자가 많아지면 쿠션 현상에 의해 분쇄가 더욱 진전되지 못한다. 따라서 분쇄 효율을 높이기 위해선 밀 내에 생성된 미립자를 신속히 제거하고 분산제 등을 이용하여 응집 현상을 억제하는 등의 조치가 필요하다.

(3) 분쇄조제

계면활성제를 투입하여 분쇄효율을 높이는 방법은 오랫동안 시행되고 있다. 계면활성제의 기능에 대해서는 표면에너지를 감소시켜 분쇄효율이 증가시킨다는 논리와 유변학적 성질 또는 점도의 개선과 입자의 분산 증진에 의한 것으로 설명되고 있다. 3장에서 논의된 바와 같이 균열 길이 인입자의 Griffith 파괴강도는 다음과 같이 표현된다.

$$\sigma_c = \sqrt{\frac{2Y\gamma}{\pi a}} \tag{8.1}$$

따라서 입자의 표면에너지 γ가 감소하면 파괴강도가 낮아진다. 입자의 표면에너지는 계면활성제 등을 흡착시키면 감소된다. 따라서 계면활성제를 사용하면 파괴강도의 감소를 기대할 수 있으며 이는 실험을 통해서 확인된 바 있다(Dunning 등, 1980). 이러한 효과를 실 분쇄환경에서 얻기 위해서는 새롭게 형성된 균열면에 계면활성제가 흡착되어야 한다. 그러나 균열은 음속으로 전파되기 때문에 계면활성제의 균열면으로의 이동이 그만큼의 속도로 이루어지기 어렵다. 따라서 계면활성제 첨가에 따른 분쇄효율 향상은 흡착에 의한 표면에너지 감소에 의한 것이라기보다는 입자의 분산을 증진시켜 유동성을 원활하게 하여 분쇄매체에 의한 응력이 효율적으로 입자에게 가해진다는 설명이 보다 지배적으로 받아들여지고 있다. 즉 입자의 유동성이 낮으면 분쇄매체 사이에 많은 입자들이 존재하게 되어 분쇄효율이 떨어지게 되며 이와 반대로 너무 높으면 분쇄매체 사이에 포획된 입자의 수가 적어져 에너지 효율이 낮아진다. 따라서 분쇄효율을 높이기 위해선 최적의 유동성을 유지해야 한다.

분산조제로 사용되는 계면활성제는 다양하나, 크게 유기성과 무기성으로 분류할 수 있다. 가장 일반적인 유기성 분쇄조제로는 트리에탄올 아민(TEA), 트리이소프로판올 아민(TIPA), n-메틸-디이소프로판올 아민(MDIPA), 글리세린, 폴리카복실레이트 에테르(PCE), 디에틸 글리콜(DEG) 및 프로필렌 글리콜 등이 있다. 표 8.1a에 이러한 분산조제가 적용된 사례를 나열하였다. 이러한 분산조제들은 다양한 작용기를 가지고 있으며 입자 표면에 흡착하여 입자의 응집을 저지한다. 따라서 계면활성제의 효능은 입자의 표면 특성과 밀접한 관계가 있다. 아민계통의 계면활성제는 규회석, 석회석, 저어콘 등에 많이 사용된다. 그러나 어떠한 작용에 의해 기능을 발휘하는지는 확실하지 않다. Jeknavorian 등(1998)에 의하면 극성 작용기(-OH, $-NH_2$)는 입자 파괴표면의 분자와 공유결합 또는 정전기적으로 결합하여 입자의 응집을 감쇠시키는 효능을 발휘한다. Dombrowe 등(1982)은 알코올(비대칭)이 글리콜(대칭)보다 더 나은 분쇄성능을 나타내는 결과를 관찰하고, 이에 근거하여 비대칭 배열을 가진 극성 분자가 대칭 배열을 가진 극성 분자보다 더 효과적임을 주장하였다. 그러나 이 가설은 아민과 알코올의 경우에는 유효하지 않다. 극성 분자가 비극성 분자보다 더 좋은 성능을 발휘한다는 보고도 있다(Fuerstenau, 1995). 또한 분산조제의 효능은 pH에 따라서도 영향을 많이 받는다. El-shall과 Somdsundaran(1984)은 석영입자 분쇄 시 dodecylammonim chloride 효능을 분석한 결과 중성과 알칼리 영역에서는 긍정적인 효능을 보였으나 산성 영역에서는 오히려 분쇄율이 감소되었다. 반대로 $Al(Cl)_3$는 산성조건에서 효능을 발휘하였다. 그러나 pH에 민감한 계면활성제는 산업 적용이 어렵기 때문에 pH에 덜 민감한 비이온성 분쇄조제가 바람직하다. 분산조제의 분자량도 분쇄 효율에 영향을 끼치는데 일반적으로 분자량이 커질수록 효율이 증가하다가 일정 이상 증가하면 감소한다. 석회석은 특히 연성 성질을 가지기 때문에 건식분쇄에서 입자가 쉽게 뭉쳐 분쇄가 진전되지 않는다. 따라서 석회석 분쇄에서는 분산조제의 사용이 필수적이며 Prziwara 등(2018)에 의하면 글리콜-알코올-카복실산 순서로 효율이 우수하다.

무기성 분산조제의 종류 또한 다양하다(표 8.1b). 일반적으로 다원가 무기염이 단원가 무기염보다 우수한 효율을 보인다. 이는 전기적 척력이 다원가일 때 더욱 크기 때문이다. 그러나 같은 분쇄조제라도 입자특성에 따라 다른 효능을 나타낸다. 예를 들면 NaOH는 마그네사이트와 석회석에는 효과를 보이나 돌로마이트에는 효과가 없다(Somasundaran과 Lin, 1972). 또한 입자의 표면은 pH에 따라 다른 극성의 전하를 띠기 때문에 분산조제의 효율도 pH에 영향을 받는다. 또한 입자의 척력은 제타 전위가 클 때 작용하기 때문에 pH가 pzc에서 좌우로 멀어질수록 분쇄 효율이 증대한다. Mallikarjunan 등(1965)에 의하면 pH가 감소할수록 방해석의 분쇄효율은 증가하였고 석영의 분쇄효율은 감소하였다. 이는 방해석의 pzc는 10.5인 반면에 석영의 pzc는 2.0이므로 pH가 감소할수록 제타 전위 크기가 방해석은 증가하고 석영은 감소하기 때문이다.

표 8.1 분쇄조제

(a) 유기성

분쇄조제 종류	건식 또는 습식	분쇄 대상 물질
Methanol		Quartz
Triethanol amine	건식	Quartzite, Limestone, Fly ash
	습식	Cassiterite
Polyacrylamide	습식	Cassiterite
Triisopropanol amine	건식	Fly ash
Oleic acid	습식	Limestone
Steric acid		Limestone
Sodium Oleate		Quartz, Limestone
Polyacrylic aid	습식	Calcite, Limestone, Gypsum
Citric acid	습식	Hematite ore
Sodium sulphonapthenate	습식	Quartzite
Heptanoic acid	건식	Limestone
Amyl acetate		Quartz
Acetone	건식	Cement clinker
Aryl-alkyl sulphonic acid		Graphite

(b) 무기성

분쇄조제 종류	건식 또는 습식	분쇄 대상 물질
Sodium hydroxide	습식	Magnesite, Limestone, Iron ore, Chromite ore
Sodium silicate	습식	Chromite ore
Sodium carbonate		Limestone

분쇄조제 종류	건식 또는 습식	분쇄 대상 물질
Carbon dioxide		Magnesite, Dolomite, Quartzite
Sodium chloride	습식	Quartzite, Chromite ore
Calcium oxide	습식	Magnetite ore, Iron ore
Calcium chloride	습식	Magnetite ore, Chromite ore
Aluminium chloride		Carbon black, Graphite, Talc
	습식	Cassiterite, Chromite ore, Coal
Ferric sulphate	습식	Cassiterite
Copper sulphate		Cassiterite
Ammonium carbonate		Mina, Vermiculite
Sodium polymetaphosphate	건식	Talc
	습식	Lead-zinc ore, Iron ore, Chromite ore

8.2 초미분쇄 장비

초미분쇄 장비의 유형은 크게 분쇄매체를 사용하는 밀과 사용하지 않는 밀로 분류된다. 분쇄매체를 사용하는 밀에는 교반, 진동, 원심 밀 등이 있으며 건식과 습식 분쇄 모두 가능하다. 비분쇄매체 밀에는 Szego 밀, 제트 밀, 임팩트 밀 등이 있으며 주로 건식으로 운용된다. 장비 선택에 대해 적용할 수 있는 엄격한 규칙은 없으나 고려할 사항은 다음과 같다.

i) 시료 및 제품의 입도

ii) 습식 또는 건식: 분쇄산물의 최종 용도 및 분쇄 후 적용할 분급 방식을 고려하여 결정(입자의 높은 표면 반응성이 요구되는 배연탈황 탈황, 세라믹, 플라스틱 등은 건식 분쇄가 우수한 특성을 나타낼 수 있으며 페인트, 코팅 등에 사용되는 재료에는 습식 분쇄가 적합)

iii) 분쇄 후 제품의 순도

iv) 재료 특성(경도, 마모성, 열에 대한 민감성 등)

v) 장비의 특성

8.2.1 분쇄매체 밀

분쇄 매체 장비는 분쇄매체의 강력한 운동에너지를 이용하여 입자의 파괴를 유도하는 장비로서 임펠러를 장착하여 분쇄매체를 교반시키는 교반 밀, 분쇄기 용기를 진동시켜 분쇄매체의 관성력을 이용하는 진동 밀과 분쇄용기를 공전시켜 원심력을 이용하는 유성 밀과 원심밀이 있다. 분쇄매체는 다양한 형태, 재질 및 크기가 이용되며 크기가 작을수록 단위 부피당 개체 수가 많아지기 때문에 입자와의 접촉 빈도가 증가한다. 따라서 초미분쇄장비에서는 되도록 작은 크기의 분쇄매체를 사용하는 것이 효율적이며 다만 너무 작아지면 충격량이 불충분해지기 때문에 효율이 감소할 수 있다. 충격량의 크기는 분쇄매체의 밀도, 교반 속도 및 슬러리 점도에 따라 달라지기 때문에 적절 분쇄매체의 크기는 단정할 수 없으나 보통 입자크기 대비 7:1에서 20:1의 범위를 갖는다.

분쇄매체의 재질 또한 슬러리 점도나 입자의 경도에 따라 다를 수 있으나 진동 밀이나 원심밀에서는 경도가 높은 분쇄매체가 사용된다. 분쇄매체의 형태의 영향에 대하여는 아직 명확하지 않으나 실린더 형태나 불규칙한 형태가 구 형태의 분쇄매체에 비해 좀 더 입도분포가 좁은 분쇄산물이 배출된다는 보고가 있다. 그러나 불규칙한 분쇄매체는 쉽게 마모되는 성질을 나타낸다. 분쇄매체의 재질은 aluminum oxide, silicon carbide, silicon dioxide, zirconium oxide, zirconium silicate, annealed glass, steel shot, chrome steel, polyamide, polyfluoroethylene 등 다양하다. Conley(1972)에 의하면 분쇄매체는 다음의 물성을 가져야 한다.

i. 입자 경도에 비해 모 경도가 최소 3 이상 커야 한다.
ii. 분말 슬러리의 밀도보다 커야 한다.
iii. 화학적으로 불활성이어야 한다.
iv. 잘 깨지지 않아야 하고 표면이 매끄럽고 공극이 없어야 한다.

8.2.1.1 교반 밀

교반 밀은 입자와 분쇄매체를 높은 속도로 교반시켜 분쇄를 유도하는 장비로 다양한 형태의 장비가 제조 판매되고 있다. 이들은 크게 수직형과 수평형으로 분류되나 세부적으로는 분쇄용기의 형태, 교반기의 형태 및 분쇄매체와 입자를 분리하는 방법에 차이가 있다. 일반적으로 원통형태의 분쇄용기가 사용되며 분쇄매체의 양은 용기부피의 80% 이상 차지한다. 교반기 형태는 핀형, 디스크 및 스쿠르 형태가 있으며 높은 속도로 회전하기 때문에 분쇄용기 전반에 걸쳐 분쇄가 이루어지며 이에 따라 단위 부피당 처리량은 볼 밀에 비해 높다. 분쇄에너지는 분쇄매체의 운동에너지에 의해 발생되기 때문에 교반속도가 증가하면 충돌횟수 및 충돌에너지가 증가하며 분쇄속도도 증가한다. 또한 에너지밀도가 높기 때문에 작은 분쇄매체를 사용하여 초미립자를 효과적으로 생산할 수 있다. 보통 습식으로 운영되며 건식에 비하여 입자의 분산과 입자 배출이 용이하다. 분쇄매체 간 마찰로 상당한 열이 발생될 수 있기 때문에 분쇄용기 외벽에 냉각장치를 장착하여 과열을 방지한다. 또한 분쇄 내벽에 마찰에 의한 오염물질이 발생될 수 있기 때문에 특수 고안된 장치나 세라믹 라이너를 사용하여 마찰에 의한 오염을 최소화한다.

8.2.1.1.1 교반 밀 장비

(1) 수직형

수직형의 분쇄용기는 대부분 실린더 형태가 세워져 있는 형태이며 교반기는 밀 상부에 매달려 있다. 산업용 교반 밀의 높이는 작은 것은 5.5m에서 큰 것은 10.5m에 달한다. 교반기의 형태는 스크루(Tower mill, Vertimill), 핀(Stirred Media Detritor Mill; SMD), 또는 디스크(Knelson-Deswik mill)가 대표적이다. 스크루 형태의 교반기의 최초는 타워 밀로 1980년에 일본에서 개발되었다(그림 8.2a). 핀 형태의 교반 밀은 그림 8.2b에서 보는 바와 같이 중앙 샤프트에 핀이 여러 층으로 고착되어 있다. 각 층에는 크기가 다른 핀이 사용되기도 하며 역동적으로 분쇄매체가 교반되도록 아래층과 교차되어 십자 형태의 각을 이룬다. 디스크 형태의 교반 밀은 디스크에 홀이 있으며 샤프트 중심에 동심원적으로 고착되거나 편심적으로 고착되며 원심방향, 접선방향, 수직방향으로 분쇄매체의 움직임을 유도한다(그림 8.2c).

Feed 투입구나 분쇄산물 배출구는 밀 상부 또는 하부에 설치되며 배출구에는 스크린이 장착되어 있어 분쇄매체가 배출되지 않도록 한다. 분쇄매체는 대상 물질의 물성에 따라 다양한 재질의 매체가 사용된다. 일반적으로 1~12mm 크기의 스틸, 세라믹 재질의 분쇄매체가 가장 많이 이용되며 모래나 슬래그 파쇄 입자를 사용하기도 한다. 스틸 재질은 내마모성이 강한 크롬합금 스틸이, 세라믹 재질은 알루미나 또는 지르코니아 재질이 많이 이용된다. Feed 입자의 크기는 300~500μm 정도이며 20μm의 분쇄산물이 산출된다. 고체농도는 30~60wt% 범위이다. 교반은 tip 속도 25m/s의 고속으로 이루어지며 300kW/m^3의 높은 에너지 밀도가 생성된다.

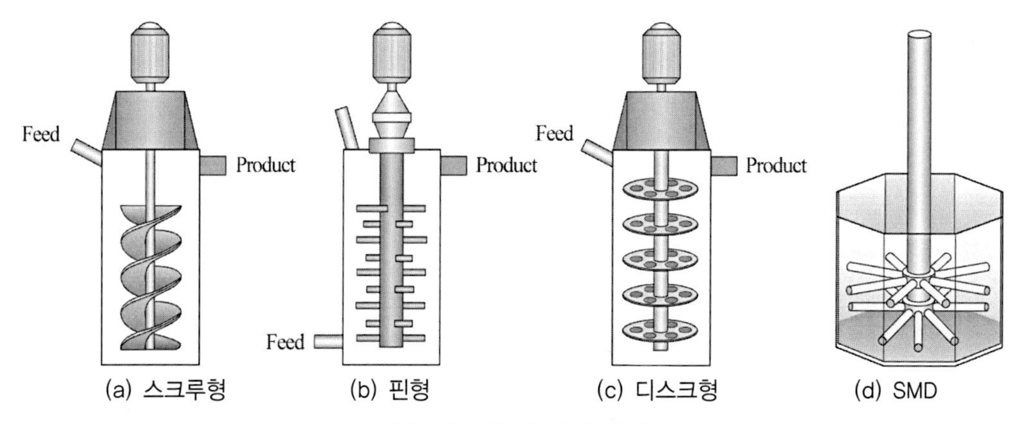

(a) 스크루형 (b) 핀형 (c) 디스크형 (d) SMD

그림 8.2 교반 밀 장비 유형

분쇄는 교반기의 회전에 의해 생성된 전단력과 원심력에 의해 이루어진다. 볼 밀에서는 중력에 의해 분쇄매체가 하강하면서 입자에게 충격이 가해지나 교반 밀에서는 고속의 회전에 의한 전단력이 작용하기 때문에 마모가 주요 분쇄메커니즘으로 작용한다.

교반 밀은 또한 중력 유도 밀과 유동층 밀로 구분된다. Vertimill과 타워 밀은 중력 유도형 밀로서 스크루 형태의 교반기가 저속으로 회전하며 분쇄매체는 밀 중앙부분에서 상승한 후 교반기 바깥쪽으로 하강하며 순환된다. 교반기 바깥쪽에서는 중력에 의해 침강하며 하부에서 교반기 중앙 쪽으로 이동한다. 유동층 밀에서는 핀 형태의 교반기가 고속으로 회전하며 분쇄매체는 밀 전반에 걸쳐 유동화 된다. 따라서 중력 유도형 밀보다 강력한 분쇄가 이루어진다.

타워 밀은 교반기가 스크루 형태이며 스틸볼 또는 자갈이 분쇄매체로 사용된다. 밀 벽은 특수 고안된 장치에 의해 분쇄매체의 일부가 밀 벽에 고착하여 자가 보호막을 형성한다. 또한 경화스틸이나 고무재질의 라이닝을 설치하여 분쇄매체에 의한 밀 벽의 마모를 최소화한다. Feed는 물과 함께 상부에서 투입되며 분쇄매체와 혼합되면서 attrition과 마모에 의해 분쇄된다. 분쇄된 미세 입자는 밀 중앙에서 상향하여 분급기로 투입된다. 조립자는 다시 밀 하부 쪽으로 재투입되고 미세입자는 배출된다. 분쇄산물의 입도범위는 1~100μm이며 처리량은 100t/h 정도이다. 타워 밀은 주로 석회석, 규석, 암염, 석탄, 동정광의 분쇄에 사용된다.

Vertimill은 1990년 중반에 개발된 수직형 교반 밀로, 작동은 타워 밀과 비슷하며 분쇄입도는 운전조건에 따라 74μm에서 2μm까지 가능하다. Vertimill의 회로는 개회로, 폐회로 모두 가능하며 순환 방식으로도 운영된다. 교반이 저속으로 이루어지기 때문에 별도의 냉각

시스템은 사용되지 않는다. 밀 벽에는 자성 라이너가 부착되어 있어 일부 분쇄매체가 고착되어 라이너 기능을 발휘한다. 스쿠르 임펠러는 교체가 가능한 금속재질의 마모 방지막이 코팅되어 있다.

SMD는 분쇄용기의 형태가 팔각기둥 구조이며 나뭇가지 모양의 임펠러가 장착되어 있다(그림 8.2d). 분쇄매체로는 세라믹이나 모래가 사용되며 이 때문에 sand 밀로도 불린다. Feed는 밀 상부에서 투입되고 분쇄산물은 밀 상부 또는 하부에서 배출된다. 배출구에는 분급기능을 하는 스크린이 장착되어 있어서 미세입자는 배출되고 분쇄매체와 조립자는 분쇄기 내부에 잔류된다. SMD는 주로 철광석 미분쇄 또는 초미분쇄장비로 사용된다. 에너지 소비량은 5~100kWh/t이며 최대 출력은 1100kW이다. Feed 입도범위는 30~100μm, 슬러리 농도는 20~60% 범위이며 일반적으로 개회로로 운전된다.

(2) 수평형

IsaMill은 대표적인 수평형 교반 밀로 타공된 디스크가 장착되어 있다(그림 8.3a). 디스크의 팁 속도는 약 21~23m/s로 강력한 분쇄매체의 교반이 이루어진다. 일반적으로 세라믹 비드의 분쇄매체가 사용하나 모래가 사용되기도 한다. Feed는 밀 한쪽 끝 상부에서 투입되며 반대쪽 중앙부에서 배출된다. 배출구 쪽에 마지막 디스크는 케이지 형태로 원심력에 의한 분급 작용을 통해 분쇄매체 유출을 방지한다. 최대 150μm의 크기의 입자를 7μm까지 분쇄한다. 밀은 개회로로도 운영될 수 있으며 밀을 냉각하기 위한 워터 재킷이 장착되어 있다. 처리량은 밀 크기에 따라 10~30t/h에서 125t/h까지 다양하며 대형 밀의 출력은 3000kW 이상이다.

(a) 임펠러

그림 8.3 Isa Mill

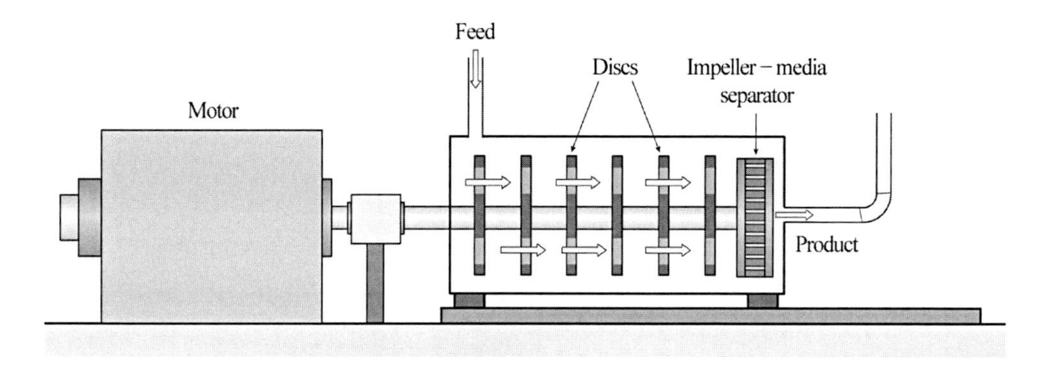

(b) 전체 모식도

그림 8.3 Isa Mill(계속)

전체적인 구조는 그림 8.3b와 같다. Feed는 상부에서 투입되며 디스크 홀과 디스크 끝과 밀 벽 사이의 공간을 통해 이동한다. 각 디스크를 지날 때마다 단계적으로 분쇄가 일어난다. 입자는 디스크 끝 단에서 가장 심한 attrition과 abrasion의 분쇄작용을 받으며 큰 입자는 원심력에 의해 밀 벽으로 이동되는 반면 작은 입자는 밀 중앙부에 위치하여 큰 입자의 선택적인 분쇄가 일어난다. 중앙부에 위치한 작은 입자는 디스크 구멍을 통해 밀 배출구 쪽으로 이동된다. 분쇄매체는 원심력에 위해 디스크 바깥쪽에 위치하며 배출구 쪽에서 분쇄산물과 분리되어 feed 투입구로 보내진다.

8.2.1.1.2 교반 밀 운전변수

Molls and Hornel(1972)에 의하면 교반 밀의 성능에 영향을 줄 수 있는 운전변수는 44개에 이른다. 이 중 성능에 크게 영향을 주는 주요 변수는 분쇄 매체(크기, 밀도, 모양), 교반속도 및 슬러리 특성(공급 크기, 슬러리 밀도 및 경도) 등이다.

(1) 분쇄매체 크기와 밀도

분쇄매체의 크기는 교반 밀 분쇄에 있어 매우 중요한 변수이다. 일반적으로 분쇄매체는 입자를 파괴하는 데 충분한 충격에너지를 가할 수 있어야 하기 때문에 적정 크기는 feed 크기와 분쇄입도에 따라 결정된다. Mankosa 등(1986), Yue와 Klein(2006), Zheng 등(1996)에 의하면 feed 크기가 40μm 미만의 경우 분쇄매체 적정 크기는 feed 크기 대비 20:1 정도이며 166μm의 경우 12:1 정도이다. 따라서 시료 입도가 여러 크기로 혼합되어 있을 경우 다양한 크기를 가지는 분쇄매체를 적절한 비율로 혼합하여 사용하는 것이 효율적이다.

분쇄매체의 밀도가 높을수록 입자에게 강한 충격을 가할 수 있다. 그러나 지나치게 질량이 높아지면 교반이 잘 이루어지지 않기 때문에 분쇄효율이 감소할 수 있다. Gao와 Forssberg(1993a)는 2.5, 3.7, 5.4의 세 가지 비중의 분쇄 매체를 사용하여 백운석의 분쇄효율을 분석한 결과 3.7의 비중의 분쇄매체가 가장 효율적인 것으로 나타났다. 비중이 높은 분쇄매체(5.4)는 교반이 잘 이루어지지 않았고 비중이 낮은 분쇄매체(2.5)는 충격크기가 충분치 못하였다.

(2) 분쇄매체 장입량

분쇄매체의 수가 많아질수록 충격빈도는 높아진다. 그러나 너무 높아지면 분쇄매체 간 마찰이 심해지기 때문에 과도한 마모가 발생된다. 따라서 분쇄매체 장입량은 밀 부피의 90%를 넘지 않아야 한다. 그러나 분쇄매체 장입량이 높아질수록 에너지 소모량도 증가한다. 따라서 에너지 효율은 에너지 투입 대비 분쇄 효율 증진율을 비교해 평가한다. Wang과 Forssberg(1997)에 의하면 분쇄매체 장입률이 50%에서 83%까지 증가하였을 때 에너지 효율은 선형적으로 증가한 후 감소하였다. 이는 최적 분쇄매체 장입률은 85% 정도임을 시사한다.

(3) 교반 속도

교반 속도는 교반 밀에서 가장 중요한 운전변수 중 하나이며(Jankovic, 2001, 2003; Wang 등, 2004) 소요 동력을 결정짓는 주요 인자이다. 일반적으로 교반 속도가 증가하면 분쇄가 빠르게 진행되어 입도가 더욱 미세해진다. 그러나 입도 감소율은 교반 속도에 단순 비례하지 않으며 에너지 효율은 교반 속도가 증가할수록 감소하는 경향을 나타낸다(Mankosa 등, 1989; Zheng 등, 1996; Jankovic, 2003; Gao와 Forssberg, 1993a). 이는 교반 속도가 증가하면 회전 축을 중심으로 vortex가 더욱 크게 생성되며 이는 밀 유효부피가 감소로 이어져(Mankosa 등, 1989; Wang 등, 2004), 더 많은 에너지가 마찰과 열로 손실되기 때문이다(Gao & Forssberg, 1993a). 그러나 교반 속도가 높아지면 입도분포 범위가 좁은 분쇄산물이 생성되는 부수적인 효과가 있을 수 있다(Wang과 Forssberg, 2000).

(4) 슬러리 농도

슬러리 고체 농도가 증가할수록 입자의 양이 많아지기 때문에 시간당 생산량은 증가한다.

그러나 입자당 가해지는 에너지는 상대적으로 감쇠되어 분쇄가 느리게 진행된다. 또한 분쇄산물의 입도분포도 슬러리 농도에 따라 영향을 받으며 고체농도가 낮을 때 좁은 입도분포의 분쇄산물이, 높을 때는 넓은 범위의 입도분포와 좀 더 조립한 분쇄산물이 생성된다(Yue와 Klein; 2004, 2005; Mankosa, 1989). 그러나 고체 농도가 20%~50% 범위에서는 에너지 효율은 크게 변하지 않는다. Zheng 등(1996)은 석회석 분쇄실험을 통해 고체농도가 65wt.% 일 때 에너지 효율이 최대가 됨을 관찰하였다. 고체농도가 지나치게 커지면 슬러리 점도가 높아져 분쇄매체의 움직임이 원활하지 않게 된다. Greewood 등(2002)은 최대 고체농도는 분산제를 사용하지 않을 경우 50wt.%, 분산제를 사용할 경우 80wt.%임을 제시하였다.

(5) 유변학적 특성

교반 밀에서의 입자는 매우 미세하고 고체 농도가 높기 때문에 점도와 항복 응력이 매우 높은 유변학적 특성을 나타낸다. 점도가 높으면 분쇄매체의 움직임이 둔화되기 때문에 분쇄가 잘 되지 않고 때 이른 분쇄한계 현상이 발생한다. Yue(2004)에 의하면 고체 농도가 증가할수록 슬러리의 항복 응력이 증가하고 분쇄율도 감소되었다. 이러한 현상은 입자크기가 10㎛ 이하일 때 더욱 두드러진다. Gao와 Forssberg(1993b)의 보고에 의하면 분쇄가 진전될수록 점도의 변화는 크지 않으나 어느 시간을 기점으로 항복 응력이 증가되면서 교반이 불가능해진다. 분산제를 사용하면 이러한 현상이 개선되면서 더 높은 고체 농도에서의 분쇄가 진행되었다. 그러나 고체 농도가 임계 농도를 넘게 되면 분산제는 더 이상 기능을 발휘하지 못한다.

슬러리의 유변학적 특성은 입자의 크기, 형태, 입도분포, 고체농도 및 입자 간 작용 힘에 영향을 받는다. 분쇄가 진행되면 입자가 점점 미세해지기 때문에 입자의 표면에 작용하는 힘이 더욱 커져 점도와 항복 응력이 증가한다. 단일 크기의 입자로 구성된 슬러리는 다양한 크기의 입자로 구성된 슬러리보다 높은 점도를 나타낸다. 이는 여러 크기의 입자로 구성되어 있을 경우 작은 입자들이 큰 입자 간 공극을 채우기 때문에 보다 많은 입자의 충전이 가능하고 유동성도 증가되기 때문이다. 따라서 고체 농도가 같은 경우 입도분포가 넓은 슬러리가 좁은 입도분포에 비해 점도 및 항복 응력이 낮게 나타난다(Yue와 Klein, 2004; Yang 등 2001).

고체 농도가 높아지면 입자의 수가 많아지기 때문에 입자 간 직접적인 접촉이 심해지며 점도가 증가한다. 특히 입자를 최대로 충전할 수 있는 농도에 접근하게 되면 점도는 급격히 증가한다. 이 임계 농도는 입자의 물성, 입도 및 형상에 따라 다를 수 있다. Gao와 Forrsberg(1993b)는 백운석 분쇄 시 고체 농도가 65wt.%에서 75wt.%로 증가할 때 점도가 급격히 증가됨을 관찰한 반면 Yue와 Klein(2004)의 연구에서는 석영 분쇄 시 고체 농도가 35%에서 45%로 증가할 때 점도가 급격히 증가하였으며 입자가 미세해 질수록 점도 증가율은 더욱 두드러졌다.

입자의 형상 또한 슬러리 점도에 영향을 미친다. 일반적으로 판형이나 침상의 입자 슬러리는 구형 입자 슬러리에 비해 높은 점도와 항복 응력을 나타낸다. Patra 등(2010)에 의하면 구형 입자 분쇄 시 판형 및 침상의 입자를 투입하면 항복 응력이 급격히 증가하였다. 또한 고체 농도 증가에 따른 점도의 증가율도 더욱 심해진다. 이러한 특성의 변화는 교반 밀 분쇄 성능에 매우 중요한 변수로 작용한다. 따라서 분쇄결과 분석에 있어 유변학적 특성을 항상 고려해야 한다.

(6) 운전변수의 상호작용

이와 같이 교반 밀의 분쇄성능은 다양한 운전변수에 영향을 받으나 이러한 변수는 상호 작용하여 복잡하게 나타난다. Matsuo 등(1990) 및 Jankovic(2003)에 의하면 분쇄매체의 크기와 교반 속도는 상호 밀접한 관계가 있으며 고속 회전일 경우 작은 크기의 분쇄매체가 효율적이다. Kwade(1999, 2004)는 생산량을 극대화하기 위해서는 교반 속도는 최대화하고 분쇄매체의 크기는 최소할 것을 제안하였다. 이러한 상호작용은 분쇄 장비에 따라 달라질 수 있기 때문에 다수의 실험을 통해 파악되어야 한다.

(7) Stress Intensity

위에서 언급한 바와 같이 교반 밀에서의 주요 운전 변수는 분쇄매체 크기 및 밀도, 슬러리 농도, 교반기 회전속도 등이다. Kwade 등(1996, 2004)과 Jankovic(2001)은 이들 변수의 영향을 "stress intensity"의 개념을 도입하여 설명하였다. Stress intensity는 분쇄매체가 입자에 가하는 에너지와 압력을 의미하며 그 크기에 따라 분쇄 정도가 결정된다. Jankovic(2001)에 의하면 stress intensity는 원심력과 중력에 의해 발생된다. 원심력은 교반기 주변과 밀 내벽에서 가장 강력하게 작용한다. 교반기 주변에서의 밀 부피당 분쇄매체 에너지와 stress intensity의 관계는 다음 식으로 표현된다.

$$E_{vb} \propto \frac{D_b \times V_m \times (\rho_m - \rho) \times a_c}{V_p} \propto \frac{D_m^3 (\rho_m - \rho) v_t^2}{V_p} = \frac{SI_m}{V_p} \tag{8.1a}$$

$$SI_m = D_m^3 (\rho_m - \rho) v_t^2 \tag{8.1b}$$

SI_m = 분쇄매체 stress intensity

E_{vb} = 밀 부피당 분쇄매체 에너지

ρ_m = 분쇄매체 밀도

ρ = 슬러리 밀도

v_t = 교반기 tip 속도

D_m = 분쇄맥체 직경

D_d = 교반기 직경

V_m = 분쇄매체 부피 장입량

V_p = 입자부피 장입량

a_c = 분쇄매체 원심 가속도

밀 벽면에서의 stress intensity는 다음과 같이 표현된다.

$$\frac{F_c}{A_p} \propto \frac{V_m^3 \times (\rho_m - \rho) \times a_c}{A_p} \propto \frac{D_m^3 \times (\rho_m - \rho) \times v_t^2}{A_p} = \frac{SI_m}{A_p} \tag{8.2}$$

F_c = 원심력

A_p = 입자단면적

중력에 의한 stress intensity는 분쇄매체의 위치에너지와 밀 형태에 영향을 받는다. 그러나 교반속도가 높아지면 중력에 의한 stress intensity는 상대적으로 영향이 줄어든다. 핀 밀에서 중력에 의한 stress intensity는 다음과 같이 표현된다.

$$SI_{gm} = D_m^2 (\rho_m - \rho) \times g \times h \tag{8.3}$$

g = 중력가속도

h = 분쇄매채층의 높이

타워 밀에서의 중력 stress intensity는 다음과 같다.

$$SI_{gm} = KD_m^2 \frac{(D-D_s)(\rho_m - \rho)}{4\mu} \times g \times h \tag{8.4}$$

K = 분쇄매체에 의한 수직압력과 수평압력의 비율

μ = 마찰계수

D = 밀직경

D_s = 교반기 직경

K = 분쇄매체에 의한 수직압력과 수평압력의 비율

Kwade 등(1996)에 의하면 에너지 투입량과 stress intensity는 교반 밀의 분쇄도를 결정짓는 가장 중요한 인자이다. 에너지 투입량이 일정할 때 stress intensity가 너무 높으면 많은 에너지가 열이나 마찰에 의해 낭비되며 너무 낮으면 분쇄가 제대로 이루어지지 않는다. 따라서 분쇄도와 에너지 활용률은 중간영역의 stress intensity에서 최대가 된다(그림 8.4a).

그림 8.4b는 에너지 투입량에 대한 분쇄입도에 대한 곡선을 도시한 것으로 투입 에너지가 증가할수록 분쇄입도는 작아지며 최적 stress intensity 또한 감소한다. 이는 입자 크기가 감소할수록 분쇄매체의 크기와 회전속도를 줄어야 함을 의미한다. 이러한 분석은 교반 밀 운전조건 설계에 유용하게 활용되고 있다.

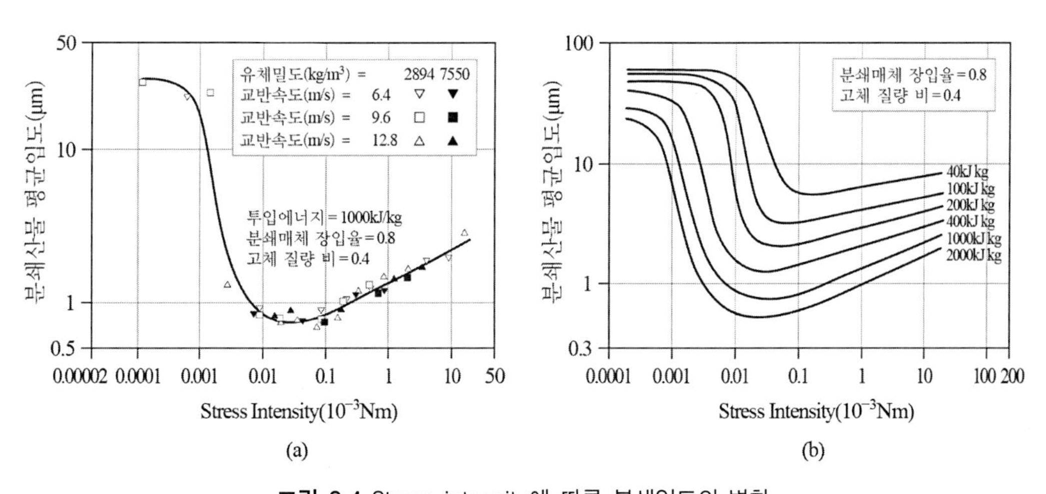

그림 8.4 Stress intensity에 따른 분쇄입도의 변화

8.2.1.1.3 Scale-up

일반적으로 scale-up은 에너지 투입 대비 분쇄입도의 상관관계를 이용해 이루어진다. 그러나 앞서 설명한 바와 같이 에너지 효율은 운전조건에 영향을 받는다. 따라서 상관관계

도출은 산업 교반 밀과 같은 형태의 소규모 밀을 이용해 분쇄매체 크기, 장입량, 교반기 회전속도 등을 포함한 모든 운전조건이 동일한 상태에서 실험을 통해 이루어진다(Gao 등, 1999; Larson 등, 2011). 이러한 경우 에너지-분쇄입도 상관관계는 그림 8.5에서와 같이 밀 크기에 관계없이 일정하게 나타난다(Gao, 2001). Weit 등(1986)의 연구에서도 5.5, 25.8, 220리터 세 크기의 교반 밀을 이용하여 고체 농도 및 feed 유량을 변화시켜 분쇄결과를 비교한 결과 운전조건에 관계없이 에너지 투입량과 분쇄입도는 하나의 관계식으로 나타났다. 그러나 Karbstein 등(1996)의 연구에 의하면 그림 8.6에서 보는 바와 같이 1, 4, 25리터 크기의 밀은 모두 유사한 관계식으로 나타나나 0.25리터의 밀은 큰 크기의 밀보다 에너지 소모량이 두 배 이상 크다. 이는 에너지-분쇄입도 상관관계 도출에 있어 최소 1리터 이상의 밀을 사용하여야 함을 시사한다.

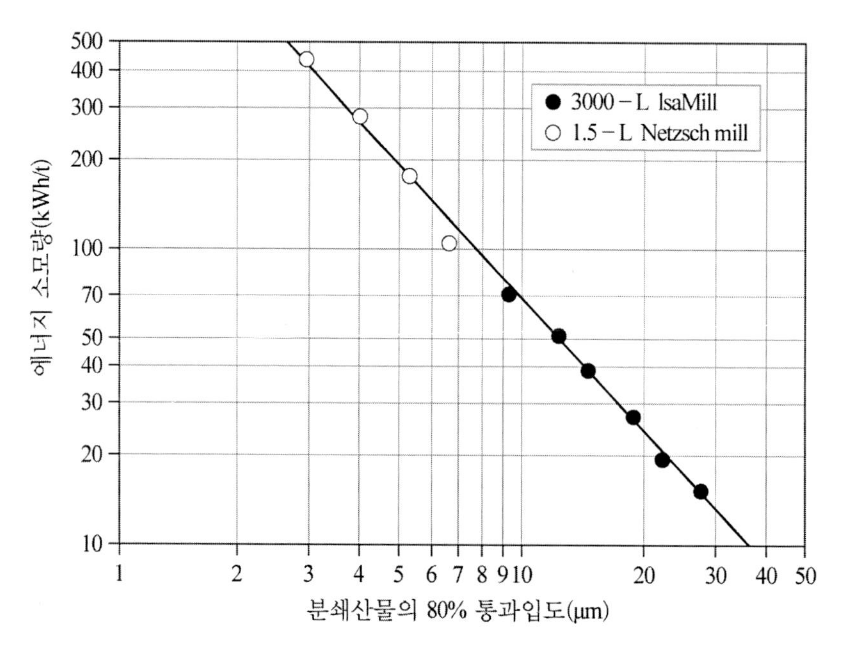

그림 8.5 에너지 투입량-분쇄 입도 상관관계

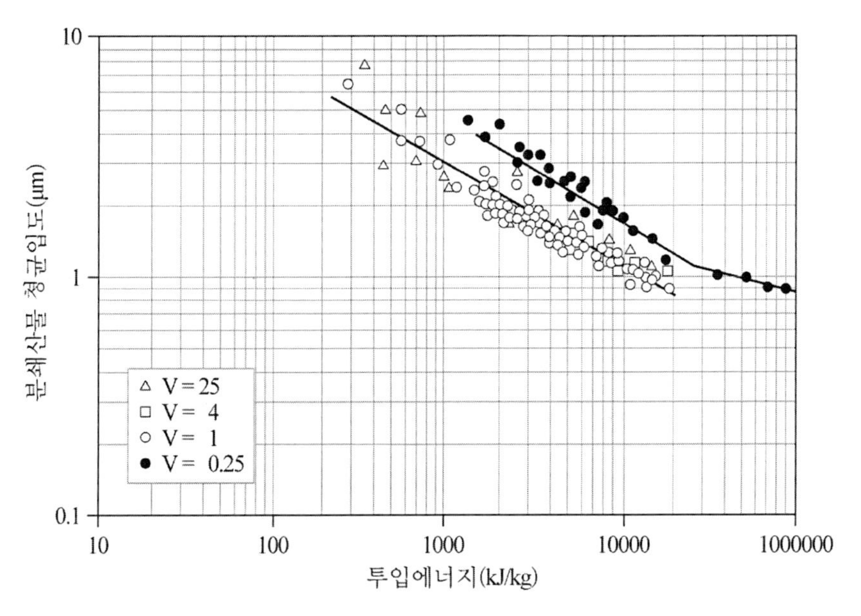

그림 8.6 밀 크기에 따른 에너지 투입량-분쇄입도 상관관계

8.2.1.1.4 밀 파워

교반 밀의 scale-up은 에너지 투입량을 기준하여 이루어지기 때문에 운전조건에 따라 전력 소모량을 예측할 수 있는 밀 파워 식이 요구된다. 이론적으로 뉴턴 유체의 교반 소요 동력은 다음과 같이 표현된다.

$$P = N_p N^3 D^5 \rho \tag{8.5}$$

N_P는 power number, N은 교반 속도, D는 교반기의 직경, ρ는 유체 밀도이다. 그러나 교반 밀에서는 입자와 분쇄매체가 공존하기 때문에 비 뉴턴 유체 거동을 나타내며 유체 밀도를 정의하기가 쉽지 않다. 또한 분쇄매체와 유체의 밀도 차이로 분리가 일어나 균질한 거동을 보이지 않으며, 교반 속도가 높아지면 vortex가 형성되어 분쇄매체 간 마찰이 발생한다. 따라서 교반 밀의 소요 동력을 이론적으로 도출하는 것은 불가능하며 대부분 실험을 통해 얻어진 경험식에 의존한다. 이를 몇 가지를 소개하면 다음과 같다.

(1) Duffy, 1994

$$P_{net} = 0.0743 H\omega \rho_e D_s^{3.06} T_s^{0.572} \tag{8.6}$$

P_{net} = 순소요동력(kW)

H = 밀 높이

ω = 교반속도(rpm)

ρ_e = 분쇄매체 유효밀도(t/m^3)

D_s = 교반기 직경

T_s = 스파이럴 교반기 수

ρ_e는 다음과 같이 계산된다.

$$\rho_e = \rho_b(1-\epsilon) + \epsilon\rho_s \tag{8.7}$$

ρ_b = 분쇄매체밀도(t/m^3)

ρ_s = 슬러리밀도(t/m^3)

ε = 분쇄매체 층의 공극비

(2) Gao 등, 1996

$$P_{ele} = 1.95 \times 10^9 \times N^{1.429} \rho_s^{2.90} \rho_b^{0.18} C_d^{-0.096} \tag{8.8}$$

P_{ele} = 모터 전력(kW)

ρ_b = 분쇄매체밀도(g/cm^3)

ρ_s = 슬러리밀도(wt%)

N = 교반속도(rpm)

C_d = 분산제농도(%)

(3) Jankovic과 Morrell, 1997

$$P_{net} = \frac{2.05\rho_e D_s^{1.96} \theta^{0.65} H^{0.98} d^{0.17}}{1000} \tag{8.9}$$

ρ_e = 분쇄매체 유효밀도(t/m^3)

D_s = 교반기 직경(m)

θ = 교반기 접선속도(m/s)

H = 분쇄매체 층의 높이(m)

d = 분쇄매체 직경(mm)

(4) Nitta 등, 2006

$$P_{ele} = 312H^{0.884}\omega^{1.23}D_s^{2.23}d_{gap} \tag{8.10}$$

H = 분쇄매체 층의 높이(m)

ω = 교반속도(rps)

D_s = 교반기 직경(m)

d_{gap} = 교반기 끝과 분쇄기 벽과의 간격(m)

(5) Radziszewski과 Allen, 2014

$$P_{net} = \mu\omega^2 V_\tau \tag{8.11}$$

V_τ = 전단부피(교반기 끝과 밀 벽 사이의 부피)

μ = 슬러리 점도

$$\mu = k(a\omega^{-b})\left(\frac{D_b}{D_{bref}}\right)^c\left(\frac{\rho_m}{\rho_{mref}}\right)^d\left(\frac{\rho_{sl}}{\rho_{slref}}\right)^e\left(\frac{100-x}{100}\right)^c (\mathrm{Ns/m^2})$$

D_b = 분쇄매체 직경

ρ_m = 분쇄매체 질도

ρ_{sl} = 슬러리 농도

x = 분산제 보정계수

k, a, b, c, d, e, f: 모델 상수, 아래 첨자 ref는 각 변수의 기준 값

위 식들은 특정한 밀을 대상으로 다양한 운전조건에서 실험을 통해 얻어진 식으로 포함된 변수가 식마다 다르고 같은 변수에 대해서도 함수형태가 일정치 않다. 그러나 같은 종류의 교반 밀에 대해서는 운전조건 변화에 따른 전력을 간단히 추정할 수 있는 방법을 제공한다.

8.2.1.1.5 교반 밀 분쇄 모델

교반 밀 성능예측을 의한 모델은 에너지-입도 상관관계를 이용한 경험식과 population balance 방법으로 구분된다. 경험식은 주로 측정 가능한 운전 변수, 에너지 사용량 및 분쇄 산물의 입도를 결합하여 에너지 투입 대비 분쇄입도를 예측한다. 일반적으로 경험식은 특정 밀을 대상으로 도출되기 때문에 일반성이 떨어지며 분쇄산물의 입도분포에 대한 정보를 제공하지 못한다. 그러나 같은 종류의 교반 밀에 대해서는 에너지 투입에 따른 분쇄성능을

간단히 예측할 수 있다. Population balance 방법은 이미 언급한 바와 같이 분쇄율과 분쇄분포의 두 기본인자를 바탕으로 한 것으로 교반 밀 공정의 운전인자의 영향에 대해 좀 더 세밀한 묘사가 가능하다.

(1) 경험적인 접근방법

경험식에 의한 방법은 에너지 투입량과 분쇄산물의 입도와의 상관관계에 기초한 것으로 다음과 같은 관계식으로 표현된다.

$$E = A\left(d_{median,P}^{-\alpha} - d_{median,F}^{-\alpha}\right) \tag{8.12}$$

E는 톤당 투입 에너지, $d_{median,P}$는 분쇄산물의 중간크기, $d_{median,F}$는 feed의 중간크기, A와 α는 상수로 다양한 운전조건(회전속도, 분쇄매체의 크기, 고체 농도 등)에서 실험을 통해 결정된다.

Herbst(1978)는 20번의 실험을 통해 다음과 같은 Power식을 도출하였다.

$$P = 2.55 \times 10^{-5} V^{1.75} N^{1.37} d_b^{0.48} \rho_b^{1.39} \tag{8.13}$$

V는 분쇄용기 부피(gallon), N은 교반속도(rpm), d_b는 분쇄매체의 크기(in), ρ_b는 분쇄매체의 밀도(g/cc)이다. 위 식을 식 (8.12)에 적용하면 에너지 투입량에 따른 분쇄입도를 예측할 수 있으며 scale-up에 사용할 수 있다. 그러나 이미 언급한 바와 같이 에너지 효율은 운전조건에 따라 크게 변화될 수 있기 때문에 상당한 오차가 발생될 수 있다. 또한 위 방법은 분쇄산물의 입도분포에 대한 정보를 제공하지 못한다.

Tuzun(1993)은 다수의 실험을 통해 분쇄산물의 입도분포는 Rosin-Rammler식을 따름을 확인하고 운전조건 및 투입 에너지를 변수로 한 입도분포 예측식을 다음과 같이 제시하였다.

$$P(x) = 1 - \exp\left[-\left(\frac{x}{k_0}\right)^{1.14}\right] \tag{8.14a}$$

$$k_0 = \left(\frac{E}{13302\, V^{0.437} \rho_b^{0.148} d^{0.868}} + \kappa^{-1.25}\right)^{-0.8} \tag{8.14b}$$

$P(x)$ = 분쇄산물 중 x보다 작은 입자의 분율

E = 투입 에너지(kWh/t)

V = 교반기 tip 속도(m/s)

ρ_b = 분쇄매체 밀도(kg/m^3)

d = 분쇄매체 직경(m)

κ_b = feed Rosim-Rammler 입도 지수

위 식은 에너지 투입량과 주 운전변수에 따라 분쇄산물의 입도분포를 간단히 예측할 수 있는 방법을 제공하나 회분식 핀형 교반 밀을 이용하여 개발되었기 때문에 다른 종류의 교반 밀에는 적합하지 않을 수 있다.

Duffy(1994)는 에너지 투입량와 분쇄비를 연관시켜 다음과 같은 간단한 식을 제시하였다.

$$R_c = K_c E^x d^y F_c^z \tag{8.15}$$

R_c = 분쇄비

E = 투입 에너지(kWh/t)

d = 분쇄매체 크기(mm)

F_c = feed 입도(μm)

K_c = 상수

x, y, z = 모델 상수

Mannheim(2011)은 수직 디스크 교반 밀에 대해 에너지 투입량과 분쇄산물의 입도분포 식을 연관시켜 에너지 투입에 따른 분쇄입도 식을 다음과 같이 제시하였다.

$$P(x) = 1 - \exp\left[-\left(\frac{x/x_{50}}{1.479}\right)^{1.038}\right],\ x_{50} = \frac{C}{E^m} \tag{8.16}$$

C와 m은 재료 특성에 관련된 상수로서 측정된 값은 다음과 같다.

재료	C	m
Pumice	15.32	0.198
Andesite	11.07	0.204
Limestone	7.48	0.230

(2) Population Balance Model(PBM)

이미 설명된 바와 같이 PBM에 기초한 분쇄모델은 분쇄율과 분쇄분포에 기초하고 있다. 두 인자는 실험을 통해 구해지며 운전변수에 따라 변화하는 경향을 도출함으로써 예측 모델을 구축한다. Stehr 등(1987)은 석탄시료를 대상으로 동일 에너지를 투입하였을 때의 볼 밀과 교반 밀의 분쇄율과 분쇄분포를 측정하였다. 그림 8.7은 대표적인 결과를 도시한 것으로 교반 밀은 볼 밀에 비해 미세입자의 비율이 높은 분쇄분포를 나타낸다. 분쇄율은 볼 밀과 달리 입도 감소에 따라 소폭으로 감소되는 경향을 보였다. 이는 교반 밀에서의 분쇄가 주로 마모에 의해 발생됨을 나타낸다.

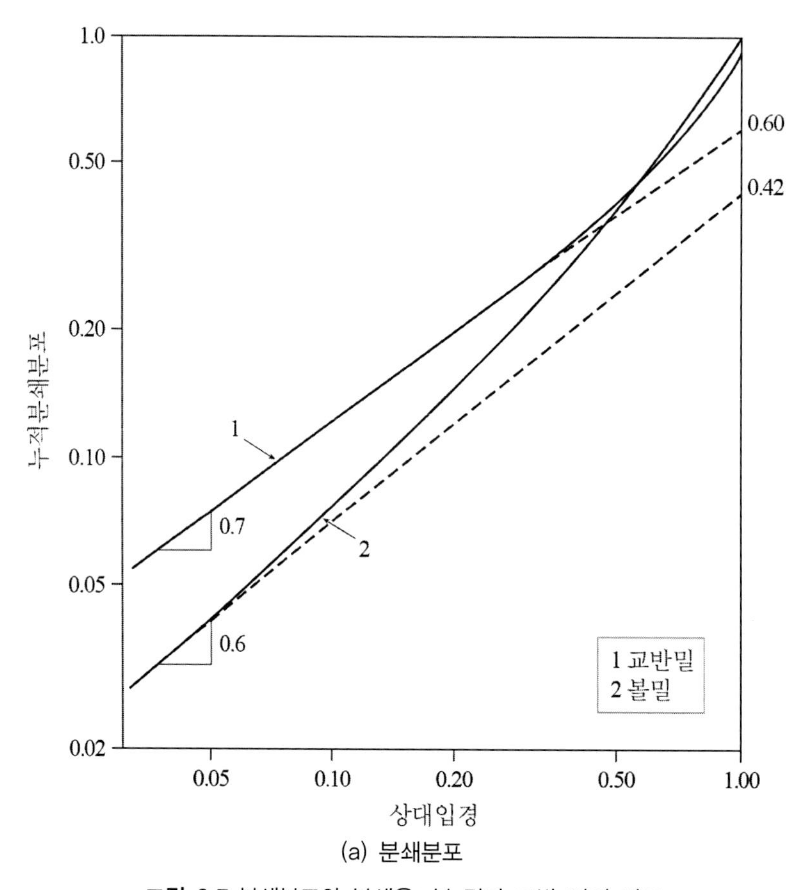

(a) 분쇄분포

그림 8.7 분쇄분포와 분쇄율: 볼 밀과 교반 밀의 비교

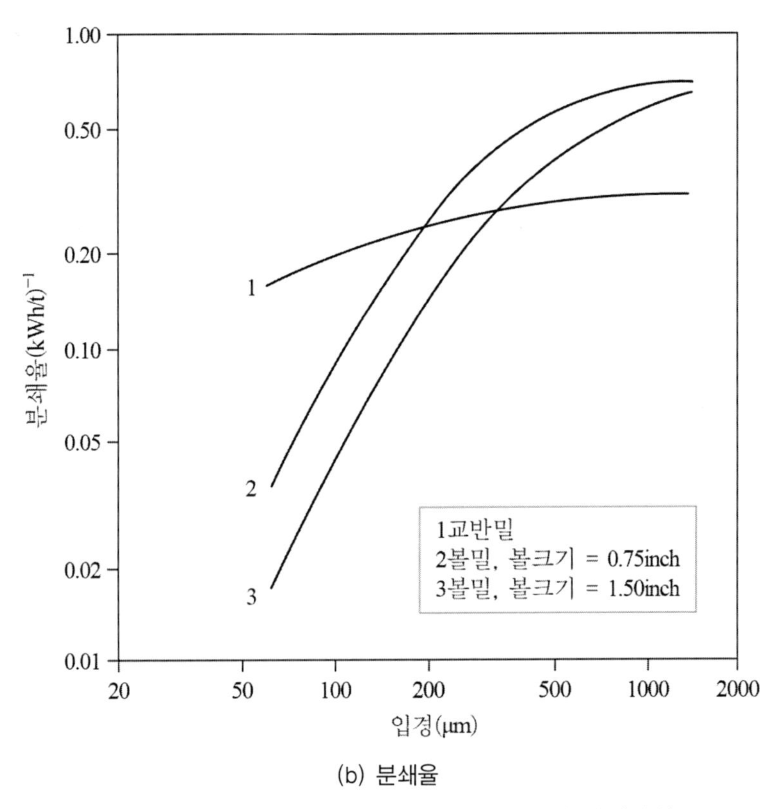

(b) 분쇄율

그림 8.7 분쇄분포와 분쇄율: 볼 밀과 교반 밀의 비교(계속)

Menacho와 Reyes(1989)는 스케일업 인자 도출을 위해 3kW와 15kW 두 크기의 타워 밀에 대해 분쇄율과 분쇄분포를 측정하였으며 그 결과 분쇄분포는 볼 밀에서와 같이 밀 크기나 운전조건에 영향을 받지 않았으며 분쇄율은 에너지 투입에 따라 변하여 다음과 같은 관계식을 도출하였다.

$$S_i^E = \begin{cases} S_{itest}^E \left(\dfrac{P}{P_{test}} \right)^{0.089} & P \le 240\, kW \\ S_{itest}^E \left(\dfrac{240}{P_{test}} \right)^{0.089} & P > 240\, kW \end{cases} \tag{8.17}$$

위 식을 적용하면 3kW를 기준하였을 때 15kW와 240kW에 대한 스케일업 인자는 각각 1.32와 1.72가 된다.

Tuzun(1993)은 단일입도 시료에 대해 다양한 운전조건에서 실험한 결과를 바탕으로, 분쇄율은 볼 밀에서와 같이 지수함수로 표현되며 분쇄율 상수 A는 다음과 같이 운전조건에 대한 함수식으로 표현되었다.

$$S_i = Ax_i^{\alpha}, \quad A = 0.0139\,V^{-0.473}\rho_b^{-0.146}d^{-0.832} \tag{8.18}$$

V = 교반기 tip 속도

ρ_b = 볼 밀도

d = 볼 크기

위 식에 의하면 분쇄율은 회전속도가 증가할 때 감소한다. 이는 타 연구에서 보고된 일반적인 결과에 반하는 것으로 모델 적용성에 한계가 있다.

교반 밀은 교반기의 빠른 회전에 의해 분쇄가 이루어지기 때문에 연속분쇄회로의 경우 완전혼합 분쇄기로 간주할 수 있다. 해당 물질-입도 수식은 5장에서 설명한 바와 같이 다음과 같다.

$$p_i = f_i + \sum_{j=1}^{i-1} b_{ij}S_j p_j \tau - S_i p_i \tau \tag{8.19}$$

Morrell 등(1993)은 위 식을 적용하여 250kW 타워 밀에 대해 모델 예측값과 실제 측정된 값을 비교하였다. 분쇄분포 값은 볼 밀에 의해 측정된 값과 t_{10}방식에 의해 결정된 값을 비교하고 분쇄율은 역계산되었다. 시뮬레이션 결과 볼 밀의 분쇄분포를 적용한 결과가 실측값과 더 일치하였다. 이는 t_{10}방식에서의 입자의 분쇄는 충격에 의해 이루어지나 교반 밀에서의 분쇄는 주로 마모에 의해 이루어져 분쇄메커니즘이 다르기 때문인 것으로 설명되었다.

이미 언급한 바와 같이 교반 밀에서는 attrition이 주요 분쇄메커니즘으로 작용한다. Attrition에 의한 분쇄가 일어날 때 모입자는 모양이 변하지 않으면서 크기가 서서히 작아지며 매우 작은 입자들이 지속적으로 생성된다. 이러한 현상은 fracture에 의한 분쇄거동과 상이하며 기존의 population balance 방법과는 다른 접근이 필요하다. 이에 Hogg(1999)는 기존의 population balance equation에 attrition에 의한 분쇄를 가미한 입도-물질 수지식을 다음과 같이 수립하였다.

$$\frac{\partial q(x)}{\partial t} = -\left[S(x)+R(x)\right]q(x) + \int_x^{\infty}\left[S(x)b(x,y)+R(x)a(x,y)\right]q(y)dy - \frac{1}{3}\frac{\partial}{\partial x}\left[xR(x)q(x)\right] \tag{8.20}$$

$q(x)$는 입도 x의 분율, $S(x)$는 입도 x의 분쇄율, $R(x)$는 입도의 마모율, $b(x,y)$는 y크

기의 입자가 분쇄되었을 때 생성된 입자 중 x크기의 입자의 비율, $a(x,y)$는 y크기의 입자가 마모되었을 때 생성된 입자 중 x크기의 입자의 비율이다.

그림 8.8a는 식 (8.20)을 적용하여 입자의 분쇄 비율 중 attrition이 차지하는 비율(ϕ)이 0에서 80%까지 변할 때 분쇄산물의 입도변화를 나타낸 것이다. Attrition을 고려하지 않을 경우(ϕ=0), 분쇄산물의 입도분포는 볼 밀과 같은 직선 형태를 나타내나 attrition의 비중이 커질수록 작은 입자의 비율이 증가되어 점점 작은 입도 영역의 입도분포 곡선의 기울기가 작아지며 전체적으로 bimodal의 형태를 나타낸다. 그림 8.8b는 20×30mesh의 석영입자를 3mm의 석영입자 자체를 분쇄매체로 활용하여 교반 밀로 분쇄한 결과를 도시한 것이다. 석영입자 자체를 분쇄매체로 사용하였기 때문에 fracture에 의한 분쇄보다는 attrition에 의한 분쇄가 지배적으로 일어나게 되며 분쇄산물의 입도분포 양상은 그림 8.8a와 비슷하게 나타남을 알 수 있다. 이러한 결과는 attrition이 주요 분쇄메커니즘으로 작용하는 분쇄환경에서는 기존의 population balance 적용에 있어 수정이 필요하다는 것을 의미한다.

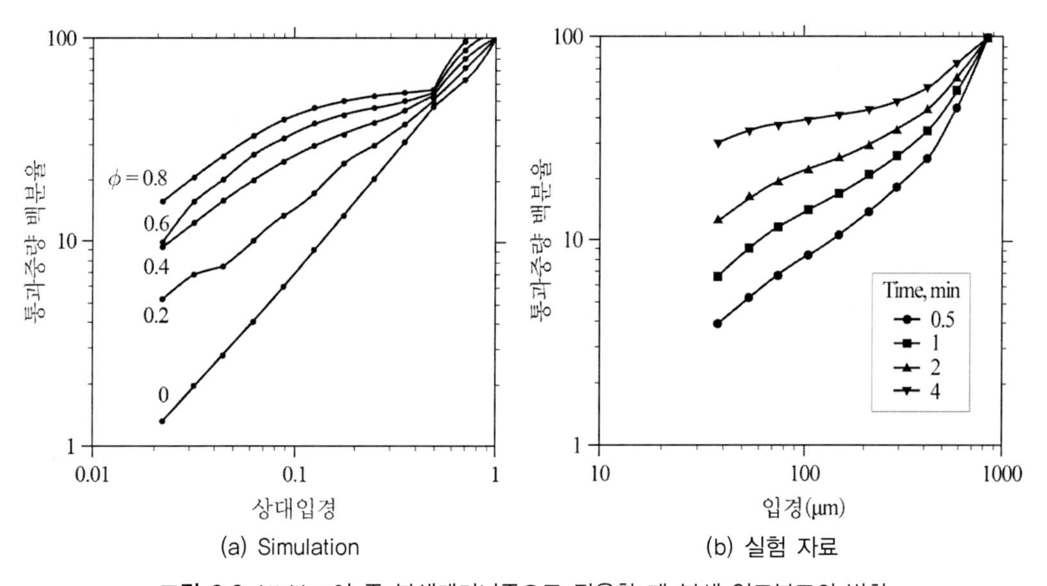

그림 8.8 Attrition이 주 분쇄메커니즘으로 작용할 때 분쇄 입도분포의 변화

그러나 이상의 결과는 대부분 체 입도 영역에서 분석한 것으로 sub-sieve 영역에서도 같은 방법으로 적용되는지는 불분명하다. Population balance 식은 체 단입 입도를 기준한 입도-물질 수지식을 바탕으로 하며 분쇄율과 분쇄분포는 단일 입도구간별로 측정한다. 그러나 sub-sieve 영역에서는 입자를 입도구간으로 분리하는 것이 불가능하기 때문에 분쇄율

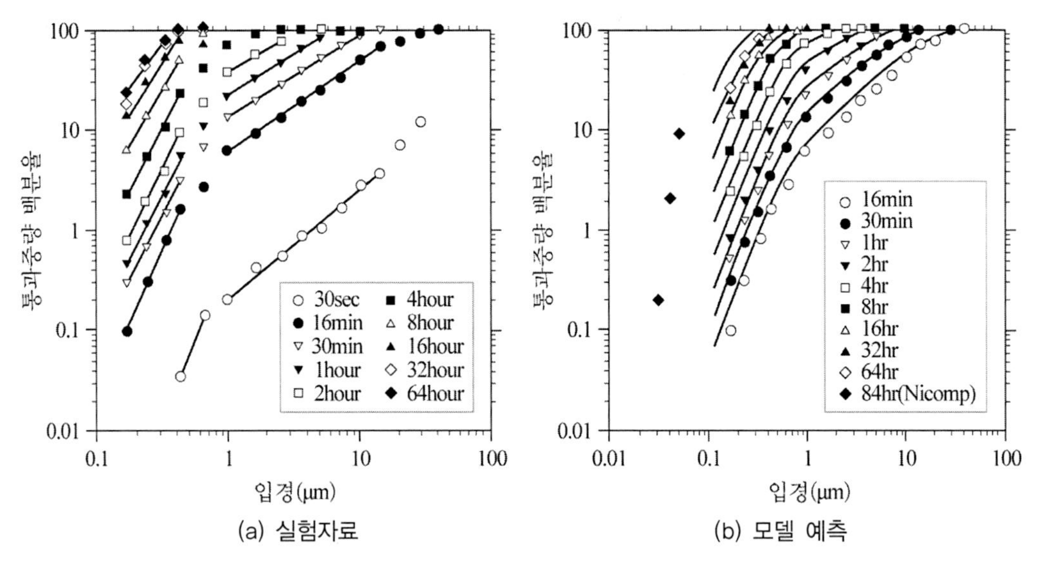

그림 8.9 교반 밀에서의 분쇄시간에 따른 분쇄 입도분포의 변화

과 분쇄분포를 실험적으로 측정할 수 없다. 또한 입도분포는 체 분석이 아닌 sub-sieve 입도 측정방법이 사용되기 때문에 입도에 대한 정의가 일치하지 않는다. 따라서 체 영역에서 입도 구간별로 정의된 분쇄율과 분쇄분포를 sub-sieve 영역에서 확장 사용 가능한지 검증이 필요하다.

그림 8.9a는 교반 밀을 이용하여 270×400mesh의 석영입자를 64시간까지 분쇄했을 때 분쇄산물의 입도분포의 변화를 도시한 것이다(Cho와 Hogg, 1995). 일반적으로 체 영역에서의 볼 밀 분쇄 시 분쇄산물의 입도분포는 같은 형태를 유지하면서 수직 평행 이동하는 경향을 보인다. 그러나 sub-sieve 영역의 분쇄 입도분포는 분쇄가 진행될수록 점점 가파른 형태를 보이고 있다.

이미 언급한 바와 같이 분쇄한계가 존재할 경우 그보다 작은 입자는 분쇄에 의해 생성될 수 없다. 이 경우 분쇄산물의 입도분포에는 하한선이 존재하며 이에 따라 분쇄산물의 누적 입도분포는 분쇄한계 근처 영역에서 가파르게 나타날 수 있다. 분쇄한계에 도달하면 입자는 더 이상 분쇄될 수 없으므로 분쇄율은 0이며 분쇄되어 생성된 입자는 분쇄한계보다 작을 수 없다. 분쇄입도가 분쇄한계에 접근하면 이러한 제약조건의 영향으로 분쇄산물의 입도분포는 기존의 분쇄율과 분쇄분포 함수로는 표현되지 못한다. 이에 Cho와 Hogg(1995)는 다음과 같은 수정식을 제시하였다.

$$S_i = A\left(\frac{x_i}{x_0}\right)\frac{1}{1+\left(\frac{\delta}{x_i}\right)^{\nu}} \tag{8.21}$$

위 식은 식 (7.33)과 같은 형태이나 입도가 분쇄한계에 도달하면 분쇄율은 0으로 접근한다. 분쇄분포 함수는 이중절단 로그 정규분포함수의 형태로 다음과 같이 표현되었다.

$$B(\eta) = \frac{1}{\sqrt{2\pi}}\int_{-\infty}^{t} \exp\left(-\frac{t^2}{2}\right)dt \tag{8.22a}$$

$$\eta = \frac{x-Y}{X-x},\ \sigma = \frac{1}{2}\ln\left(\frac{\eta_{84}}{\eta_{16}}\right),\ z = \frac{\ln\eta - \ln\eta_{50}}{\sigma} \tag{8.22b}$$

x는 입자크기, Y는 입자 최소 크기, X는 입자 최대 크기이다.

그림 8.9b는 수정된 분쇄율과 분쇄분포 함수를 이용하여 예측된 결과와 실험으로 측정된 입도분포를 비교한 것으로 비교적 잘 일치하고 있음을 보여주고 있다. 따라서 sub-sieve 영역에서의 population balance 적용에 대해서는 추가적인 연구가 필요하다.

(3) DEM 기법

교반 밀의 성능은 분쇄기 구조, 임펠러 형태 및 다양한 운전변수에 의해 영향을 받는다. 이러한 요인들은 상호 연관되어 복잡하게 작용하기 때문에 해석하기가 쉽지 않다. 이에 DEM/CFD/SPH 기법을 활용하여 교반 밀의 역학적 특성을 분석하고 구조 특성 및 운전변수의 영향을 해석하려는 노력이 지속되고 있다.

그림 8.10은 스크루 및 핀 임펠러 교반 밀에 대해 DEM 기법을 이용하여 분쇄매체의 거동을 분석한 것이다(Sinnott 등, 2006). 그림 8.10a는 분쇄매체의 횡 방향 속도를 표시한 것으로 스크루 끝 부분에서 가장 높고(흑색으로 표시됨) 밀 내벽에는 가장 낮은 것을 알 수 있다(옅은색으로 표시됨). 따라서 횡 방향으로 분쇄매체의 속도 구배가 발생하며 이에 따라 전단력이 발생한다. 이 전단력은 교반 밀에서 분쇄를 일으키는 주요 메커니즘으로 작용한다. 그림 8.10b는 수직방향의 분쇄매체의 속도를 나타낸 것으로 스크루 회전에 의해 발생된 승강작용으로 밀 중앙부에서는 상승하고(흑색으로 표시) 밀 벽 쪽에서는 하향(옅은색으로 표시)한다. 결과적으로 스크루 임펠러 교반 밀에서 분쇄매체는 수직 방향으로 순환된다는 것을 알 수 있다. DEM 기법의 또 하나의 특징은 입자 접촉에 따른 충돌에너지를 계산할 수 있다는

점이다. 동 연구에서 계산된 결과에 의하면 접선방향의 충돌에너지가 법선 방향의 충돌 에너지보다 3~4배 큰 것으로 나타났으며 이는 교반 밀에서는 attrition이 주요 분쇄메커니즘으로 작용한다는 것을 시사한다.

그림 8.10c는 핀 밀에서의 분쇄매체 거동을 나타낸 것으로 스크루 임펠러와는 다른 양상을 보인다. 분쇄매체의 속도는 스크루 임펠러와 같이 핀 끝 쪽에서 가장 높으나 높이에 따라 일정치 않고 밀 상부보다는 하부로 갈수록 더욱 크다. 이는 스크루 형태에서는 분쇄매체가 밀 내부에서 전체적으로 유동되어 순환하나 핀 형태의 교반 밀에서는 분쇄매체가 중력으로 인해 밀 하부에 적체되며 상하 움직임이 제한적으로 이루어짐을 뜻한다. 따라서 에너지 흡수율은 밀 상부보다 하부 쪽으로 갈수록 증가한다.

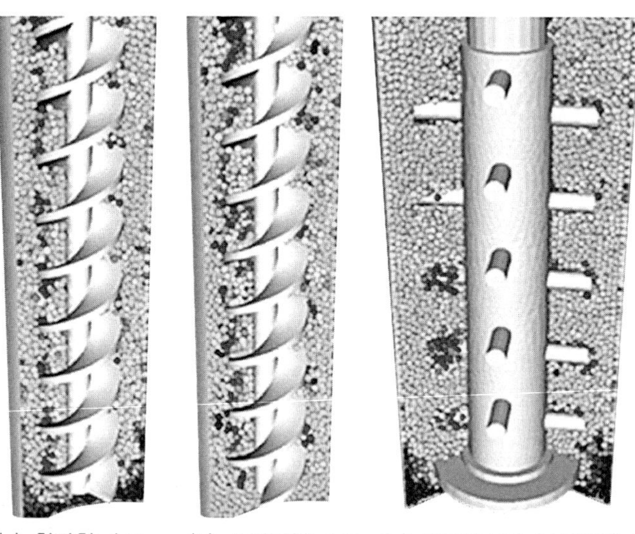

(a) 횡방향 속도 (b) 수직방향 속도 (c) 핀밀에서의 분쇄매체 거동

그림 8.10 DEM 기법을 이용한 교반 밀에서의 분쇄매체 거동 모사

그림 8.11은 볼 밀과 타워 밀에서의 충돌에너지와 충격빈도를 비교한 것이다(Morrsion 등, 2009). 볼 밀은 광범위한 에너지 스펙트럼을 보이며 전단 방향의 에너지와 법선 방향의 에너지는 빈도 및 크기 면에서 큰 차이가 없다. 이에 비해 타워 밀은 좁은 범위의 에너지 스펙트럼을 보이며 특히 볼 밀과 다른 점은 전단방향의 에너지가 법선 방향의 에너지보다 크기와 빈도 면에서 매우 크다. 최대 빈도를 나타내는 에너지의 크기는 볼 밀의 경우 39.4mJ, 타워 밀의 경우는 23.8mJ로 크게 차이는 없으나 볼 밀의 최대 충격에너지는 0.1J인 반면 타워 밀의 충격에너지는 0.01J로 작다. 이는 분쇄기 특성상 볼 밀에서의 분쇄매체 크기를 타워 밀에서의

크기보다 3배 정도 크게 책정하여 모사한 결과이나 볼 밀은 큰 입자 파쇄에 보다 적합한 분쇄기임을 나타낸다.

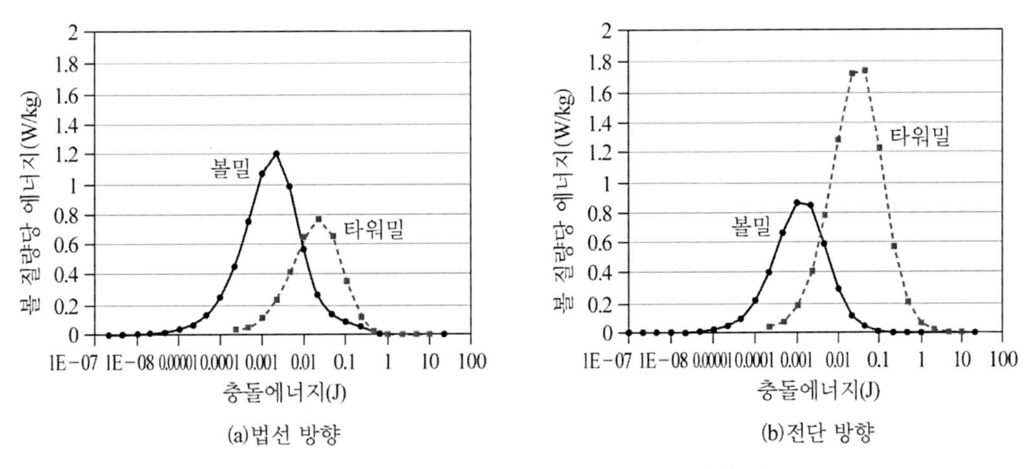

그림 8.11 충돌에너지와 빈도: 볼 밀과 교반 밀의 비교

이와 같이 DEM 기법은 분쇄매체의 거동, 에너지 스펙트럼뿐만 아니라, 소요 동력, 입자의 궤적, 라이너에 가해지는 응력 및 손상 등 분쇄기의 작동에 있어 미시적인 정보를 제공하기 때문에 활용이 증대되고 있으며 최근에는 Smoothed Particle Hydrodynamics(SPH) 기법을 결합하여 습식 환경에서의 분쇄 분석까지 확장되고 있다(Sinnott 등, 2011; Cleary 등, 2020). 연구 결과에 의하면 슬러리 점도가 낮을 때는 분쇄기 하부 쪽으로 갈수록 압력이 증가하였다. 이는 낮은 점도에서는 대부분의 분쇄는 분쇄기 하부에서 일어난다는 것을 나타낸다. 반면에 높은 점도에서는 압력은 분쇄기 전체 길이에 걸쳐 거의 일정하여 분쇄기 전반에 걸쳐 분쇄가 진행된다. 또한 구형과 비구형 분쇄매체의 영향에 대해서도 분석한 결과 비구형 분쇄매체는 순환 장애, 분쇄효율 감소, 에너지 이용률 감소, 임펠러 마모율 증가 등의 문제점을 보였다. 이러한 툴은 아직 초기 단계이나 교반 밀의 운전에 대한 이해를 제고하는 데 유용하게 사용된다.

8.2.1.2 진동 밀

진동 밀은 분쇄매체를 장입한 원통을 빠른 속도로 진동시켜 분쇄를 유도하는 장비로 분쇄매체의 관성력과 원심력을 이용한다. 따라서 중력낙하에 의한 볼 밀에 비해 충격에너지가 낮은 반면 충격빈도가 높다. 또한 볼 밀에서는 분쇄매체의 원활한 낙하운동을 위해 밀 부피의 40~50%가 분쇄매체로 충전되나 진동 밀에서는 그러한 제약이 없기 때문에 80%까지 충전 가능하다. 이는 입자와의 충격빈도를 더욱 증대시키며 중력가속도 수 배 이상의 가속도가 발생되기 때문에 분쇄 속도가 볼 밀에 비해 높다.

진동 밀의 기본 구조는 그림 8.12와 같이 원통형의 분쇄용기가 스프링에 의해 지지되며 편심 모터에 의해 진동된다. 진동횟수는 17~25Hz, 진폭은 수 mm이며 30~60m/s^{2}의 가속도가 발생된다. 분쇄용기의 진동은 분쇄매체에 에너지가 전달되어 관성, 원심력, 하중의 상호작용에 의해 복잡한 궤도로 움직이며 입자에게 충격을 가한다. 분쇄매체는 작은 크기의 구, 실린더, 디스크, 프리즘 등 다양한 형태가 사용된다. 분쇄입도는 미분쇄(50~100μm), 초미분쇄(10~20μm), 극초미분쇄(1 이하 μm)까지 가능하다(Sidor, 2010). 그림 8.13은 같은 크기의 feed(<250μm)를 분쇄하였을 때 볼 밀과 진동 밀의 성능을 비교한 것으로 진동 밀이 볼 밀보다 짧은 시간에 더욱 미세한 분쇄산물을 얻을 수 있음을 보여주고 있다. 그러나 분쇄매체 질량당 에너지는 두 밀이 유사하기 때문에 마이크론 크기의 입자를 생산하기 위해서는 많은 분쇄시간과 높은 에너지의 소모가 요구된다. 또한 진동 밀은 연속식 운전이 쉽지 않다. 이는 분쇄매체의 충전율이 높아지게 되면 입자가 거동할 수 있는 공간이 상대적으로 작아져 물질흐름이 원활하지 않을 수 있기 때문이다.

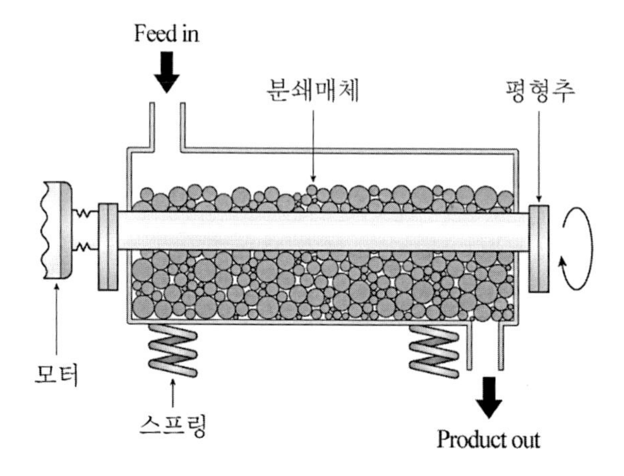

그림 8.12 진동 밀의 구조

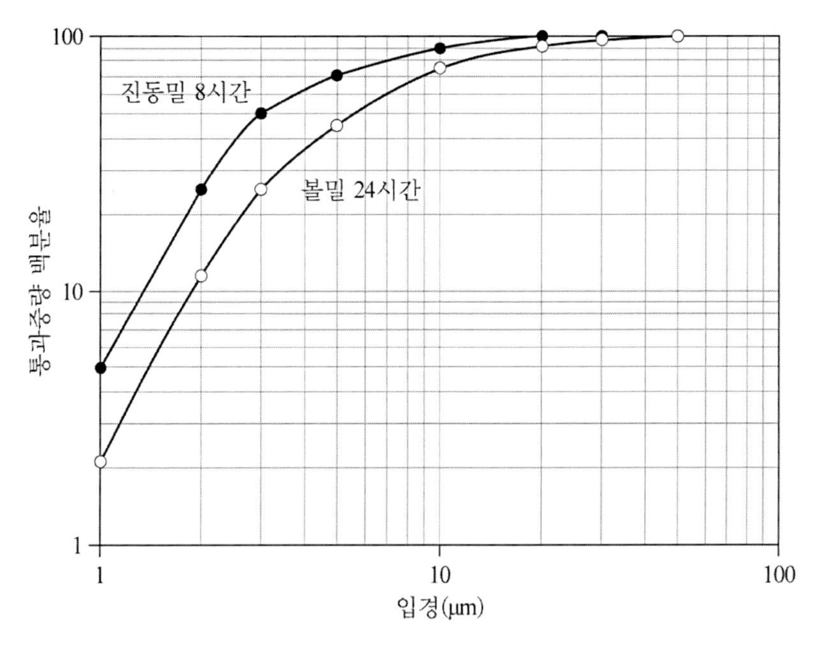

그림 8.13 진동 밀과 볼 밀의 성능 비교

진동 밀의 구성은 그림 8.14와 같이 분쇄용기가 1, 2, 4, 6까지 다양한 구조로 설계되며 상하로 2개로 배치된 진동 밀이 가장 일반적이다. 분쇄용기의 길이는 직경대비 1.5~5 정도이며 수평으로 배치된다. 표 8.2는 단독 분쇄용기와 4 분쇄용기 진동 밀에 대한 특징적인 규격을 나타낸 것이다.

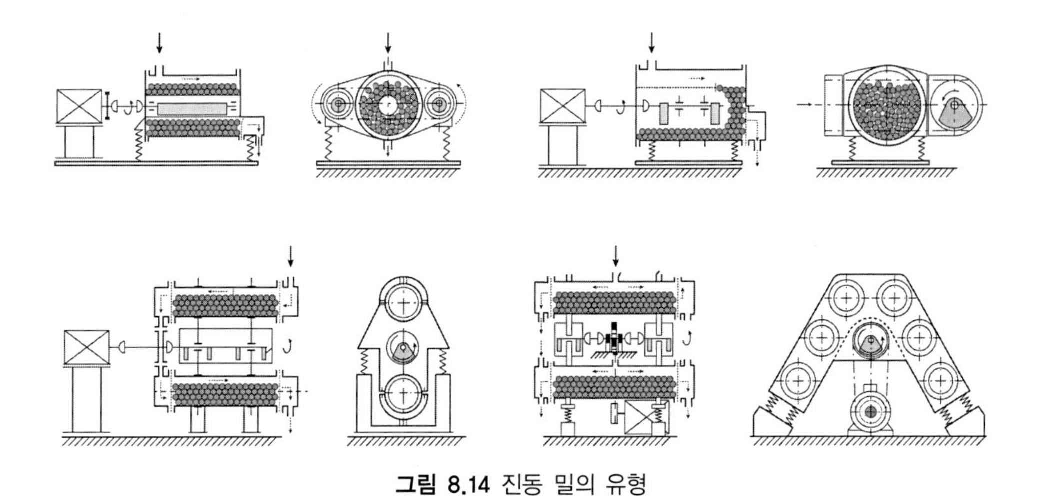

그림 8.14 진동 밀의 유형

표 8.2 진동 밀의 특징적 규격

(a) 단독 용기

처리량	리터	10	50	125	250	500
용기 크기	리터	40	165	470	840	1700
분쇄매체 80%장입량	리터	32	125	350	650	1300
분쇄매체 질량 세라믹 스틸	 kg kg	 61 144	 237 562	 665 1575	 1235 2925	 2470 –
모터 규격 세라믹 스틸	 kW kW	 1.5 2.2	 4.0 5.5	 7.5 15.0	 22 32	 30 –
진동수	rpm	1500	1500	1500	1500	1500
진동폭	mm	2	2	2	2	2

(b) 4 용기

용기 직경	mm	200	350	450
용기 길이	mm	1250	1750	2200
분쇄매체 80% 장입량 세라믹 스틸	 kg kg	 240 550	 850 2000	 1700 4500
모터 규격	kW	7.5	45	75
진동수	rpm	1500	1500	1500

8.2.1.2.1 운전변수

진동 밀의 운전변수에 따른 분쇄성능의 변화에 대한 보고는 많지 않다. 이 중 가장 고전적인 연구에서는(Vedaraman 등, 1971) 시료물성 및 크기, 분쇄매체의 크기 및 밀도, 분쇄매체의 양, 시료의 양 등을 변화시키면서 실험을 통해 생성 분말의 표면적 변화를 측정하여 분쇄효율을 분석하였다. 각 운전변수의 일반적인 경향은 볼 밀에서 나타나는 운전변수의 영향과 유사한 추세를 보이며 요약하면 다음과 같다.

(1) 시료의 양

시료의 양이 증가할수록 분쇄매체당 입자수가 증가하기 때문에 분쇄율은 감소하며 동일 분쇄입도에 소요되는 에너지는 증가한다.

(2) 분쇄매체의 양

분쇄매체의 양이 증가할수록 입자당 분쇄매체 수가 증가하기 때문에 분쇄율은 증가하며 동일 분쇄입도에 소요되는 에너지는 감소한다. 같은 의미로 분쇄매체당 시료의 양이 증가할수록 분쇄율은 감소하고 소요 에너지는 증가한다.

(3) 분쇄매체의 밀도

분쇄밀체의 밀도가 증가하면 충격에너지가 커지기 때문에 분쇄효율이 증가하며 분쇄 소요 에너지가 감소한다.

(4) 분쇄기 총 충진율(분쇄매체+시료 량)

분쇄매체당 시료의 양이 증가하면 분쇄율은 감소하며 소요에너지는 증가한다.

(5) 시료 특성

일반적으로 시료의 경도가 증가할수록 분쇄율은 감소한다. 그러나 소요에너지는 경도보다는 표면에너지와 더 높은 상관성을 나타내며, 표면에너지가 커질수록 증가하였다.

이상의 결과를 종합하여 소요 에너지, 분쇄입도 및 운전변수에 대한 상관식을 다음과 같이 제시하였다.

$$\frac{E}{S} = K\left(\frac{d_f}{d_p}\right)^{x_1}\left(\frac{g}{\omega\alpha}\sqrt{\frac{W_f}{S}}\right)^{x_2}\left(\frac{W_b}{W_f}\right)^{x_3}\left(\frac{\alpha}{d_f}\right)^{x_4}\left(\frac{\rho_f}{\rho_b}\right)^{x_5} \quad (8.23)$$

E = 소요 에너지(kWs/kg)

S = feed 표면 에너지(kg 중/m)

g = 중력 가속도(m/s^2)

ω = 진동수(rps)

α = 진폭(m)

W_f = 시료 양(kg)

W_b = 분쇄매체 양(kg)

d_f = feed 입도(m)

d_p = 분쇄 입도(m)

ρ_f = feed 밀도(g/cm^3)

ρ_b = 분쇄매체 밀도(g/cm^3)

모델 상수 값은 다음과 같다.

표 8.3 식 8.23의 모델 상수 값

	K	x_1	x_2	x_3	x_4	x_5
Soft materials	0.078	0.7	−1.8	−2.3	0.4	−8.0
Hard materials	96.0	0.8	−1.8	−2.3	0.4	−2.0

Yokoyama 등(1996)은 DEM 기법을 이용하여 운전조건(볼 장입량 및 진동수) 변화에 따른 충돌에너지 크기와 충돌 빈도를 도출하고 분쇄실험 결과와 연관시켜 최적의 운전조건을 찾고자 하였다. 그림 8.15a는 볼 장입량과 진동수 변화에 따른 충격크기와 빈도를 도시한 것이다. 볼 장입률(J)이 증가할수록 충돌 빈도(Z_T)는 증가하나 충격크기($\overline{F}$)는 감소한다. 이는 입도가 크거나, 강도가 큰 물질은 큰 충격크기가 필요하므로 볼 장입량은 상대적으로 적어야 되며 반면에 입도가 작거나 강도가 약한 물질은 볼 장입량이 높을 때 분쇄효율이 좋아질 수 있음을 나타낸다. 한편 진동수가 높아지면 충격크기와 충돌 빈도 모두 증가한다. 그러나 소요 동력이 증대되기 때문에 에너지 효율은 감소될 수 있다.

입자의 파괴를 위해선 충격크기가 임계 값 이상이 되어야 한다. 그림 8.15b는 충격크기가 일정 임계값 이상을 갖는 유효 충돌 빈도(Z_{cr})를 나타낸 것이다. 당연히 임계값이 커질수록 유효 충돌 빈도는 감소하는 것을 알 수 있다. 그러나 대부분의 경우 볼 장입량이 90% 정도일 때 최대 유효 충격빈도를 보인다. 그림 8.16은 실험으로 측정된 분쇄율(K_1)과 60 N의 임계값을 기준한 유효 충돌 빈도의 상관관계를 도시한 것으로 분쇄율은 유효 충돌 빈도에 비례하여 증가한다. 이는 진동 밀은 볼 장입률 80~90%의 조건에서 운전하는 것이 최적임을 나타낸다.

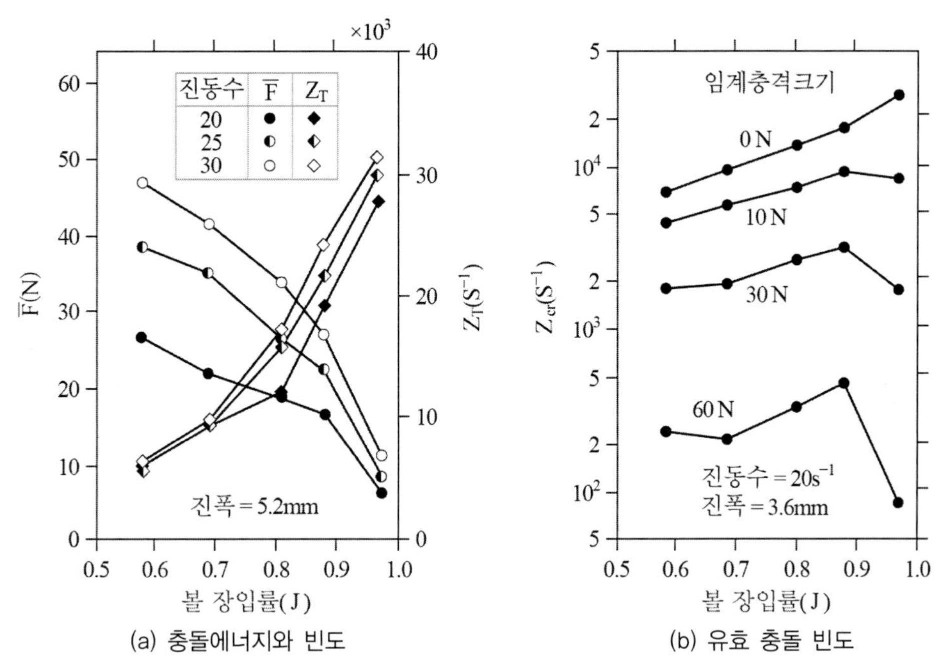

(a) 충돌에너지와 빈도 (b) 유효 충돌 빈도

그림 8.15 볼 장입량에 따른 충돌에너지와 빈도

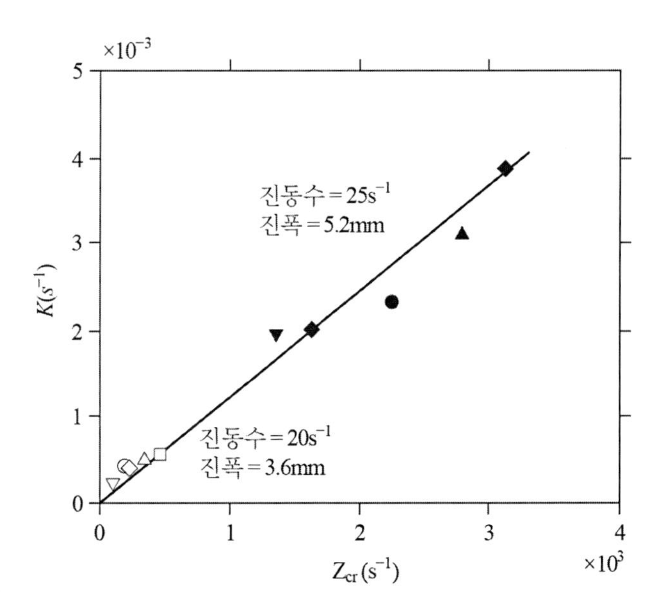

그림 8.16 유효 충돌 빈도와 분쇄율의 상관 관계

8.2.1.2.2 소요 동력과 에너지 효율

진동 밀에 대한 연구는 타 분쇄기에 비해 활발하지 않은 편으로 소요 동력에 대한 이론식이나 경험식은 아직 보고된 바 없다. 그러나 실험을 통해 얻어진 몇 보고에 의하면 진동 밀의 분쇄효율 및 에너지 효율은 교반 밀에 비해 떨어지는 것으로 나타났다. 그림 8.17은 한 예로 규회석의 대해 진동 밀과 교반 밀의 분쇄시간에 따른 평균입도를 도시한 것이다 (Sivamohan과 Vachot; 1990). 교반 밀은 짧은 시간에 평균입도가 급격히 감소하나 진동 밀은 분쇄가 느리게 진행되는 것을 알 수 있다. 또한 고령토를 분쇄할 시 교반 밀의 경우 모든 실험조건에서 목적 입도인 100%<10μm에 도달할 수 있었으나 진동 밀의 경우 18시간 분쇄하여도 목적입도에 도달할 수 없었다. 최근 새로운 형태의 진동 밀이 개발되어(Bogdanov 등, 2019) 10μm 이하의 분쇄도 가능한 것으로 보고되었으나 극초미분쇄 영역의 분쇄는 비효율적일 것으로 예상된다.

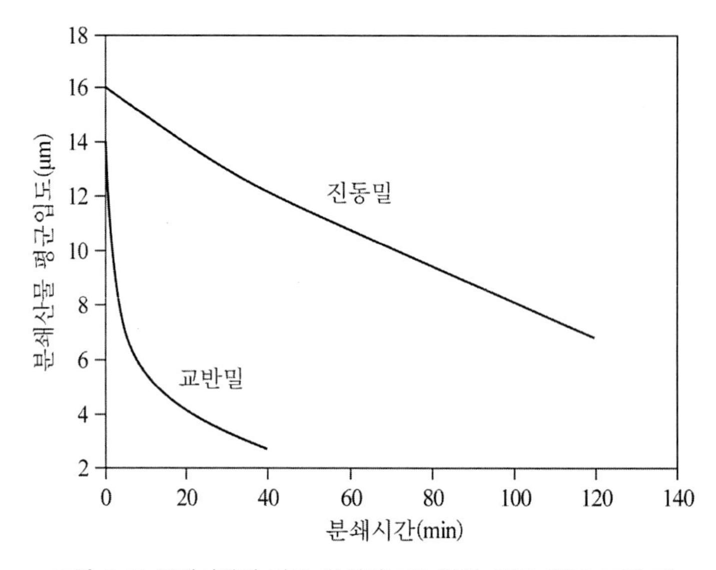

그림 8.17 분쇄시간에 따른 분쇄입도의 변화: 진동 밀과 교반 밀

그림 8.18은 티탄자철석 입자를 실험실 규모 진동 밀을 이용하여 170시간 까지 습식 분쇄하였을 때 평균 입경의 변화를 도시한 것이다(Wen 등, 1988). 극초미분쇄 영역에서는 분쇄율이 점차 감소되는 것이 일반적이나 10분 이후에는 일정한 비율로 입경이 감소하고 있다. 선형적 관계를 보이는 50μm에서 0.01μm 구간에서 회귀식을 구하면 다음과 같았다.

$$x_{50} = 5.8t^{-1.2} \tag{8.24}$$

t는 분쇄시간(hours), x_{50}는 평균 입경(μm)이다. 밀 소요 동력은 0.56kw/kg이었으므로 이를 위 식에 대입하면 에너지 투입대비 분쇄입도의 관계는 다음과 같다.

$$E = \frac{0.13}{x_{50}^{0.83}} \tag{8.25}$$

위 식에 의하면 분쇄입도 1μm에 필요한 소요동력은 130kWh/t, 0.1μm의 분쇄입도는 890kWh/t가 요구된다. 이는 극초미분쇄를 위해서는 많은 에너지가 투입되어야 함을 다시 한번 보여준다.

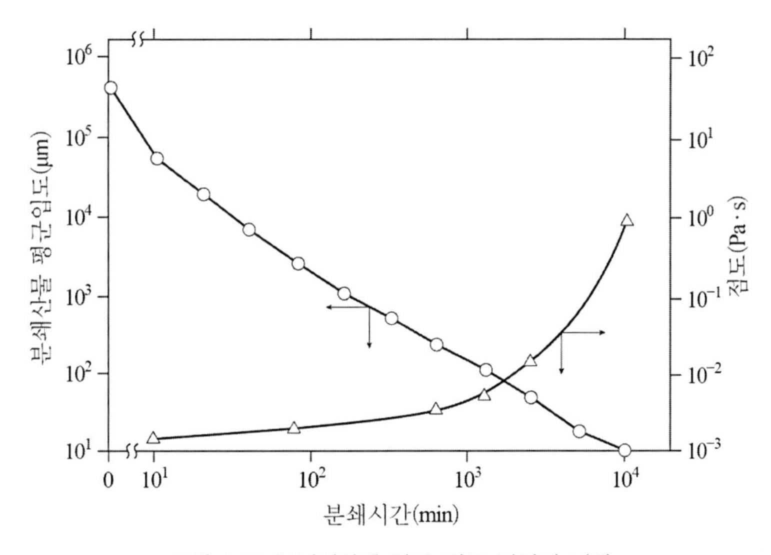

그림 8.18 분쇄시간에 따른 평균 입경의 변화

그림 8.19는 두 가지 종류의 바이오매스(나무껍질, 짚)를 평균입도 20μm으로 분쇄할 때 볼 밀(RBM), 교반 밀(SBM), 진동 밀(VBM)의 에너지 소모량을 비교한 것이다(Rajaonarivony 등, 2021). 우선 볼 밀이 교반 밀이나 진동 밀에 비해 에너지 효율이 가장 낮은 것을 알 수 있다. 이는 볼 밀에서의 분쇄메커니즘은 충격에 의해 발생하기 때문에 취성 물질은 효과적으로 파괴할 수 있으나 바이오매스 같은 연성의 물질은 충격보다는 전단이 요구되기 때문이다. 따라서 강한 전단력을 발휘하는 교반 밀과 진동 밀이 효율적인 장비가 된다. 또한 물질의 질긴 정도에 따라 에너지 소모량은 더욱 크게 차이가 난다. 나무껍질 분쇄에서는 교반 밀과 진동 밀이 비슷한 에너지 효율을 나타내나 짚 분쇄에서는 교반 밀의 에너지 소모량은 진동 밀의 80% 정도이며 볼 밀은 교반 밀에 대비 6.6배의 에너지가 필요하다. 따라서 분쇄장비 선택에 있어 물질의 물성에 적합한 파괴응력을 발휘하는지가 우선적으로 고려되어야 한다.

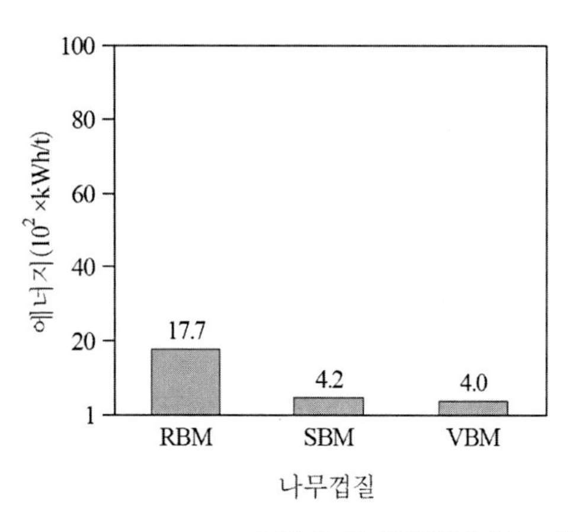

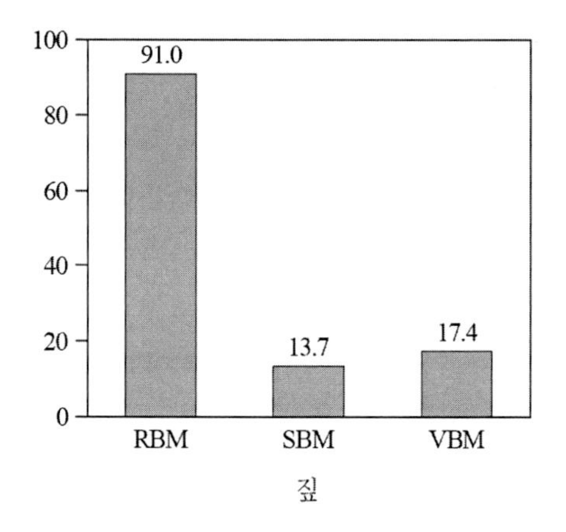

그림 8.19 분쇄입도 20μm에 필요한 에너지 소모량의 비교

8.2.1.3 유성 밀/원심 밀

유성 밀과 원심 밀은 유사한 형태로 그림 8.20과 같이 원통형의 분쇄용기 자체를 원운동(공전)시킴으로써 용기내의 분쇄매체와 입자 간의 충돌 및 마찰을 유도하여 분쇄를 일으키는 분쇄장비이다. 분쇄용기 또한 자전하며 공전과 자전에 의한 두 가지 원심력이 동시에 작용한다. 따라서 분쇄매체는 강력한 원심력과 가속력을 받으며 에너지 투입량이 볼 밀에 비해 수십에서 수백 배에 달해 분쇄가 빠르게 진행된다. 유성 밀과 원심 밀의 특성은 분쇄용기 직경대비 공전반경의 비율(G/D 비율)과 공전속도와 자전속도의 비율 (ω_2/ω_1)로 결정된다. 일반적으로 유성 밀은 G/D가 1보다 크며 원심 밀은 1보다 작다. 분쇄용기의 자전은 공전과 반대반향으로 이루어지며 유성 밀의 경우 ω_2/ω_1가 1보다 크고 원심 밀은 1로 고정되어 있다. 분쇄매체의 거동은 G/D, ω_2/ω_1뿐만 아니라 장입률에 따라 크게 변하며 입자에 작용하는 힘의 형태(전단력, 수직력) 및 크기에도 영향을 받는다. 따라서 유성 밀/원심 밀의 분쇄성능을 높이기 위해선 운전변수와 시료 물성에 대한 이해가 요구된다.

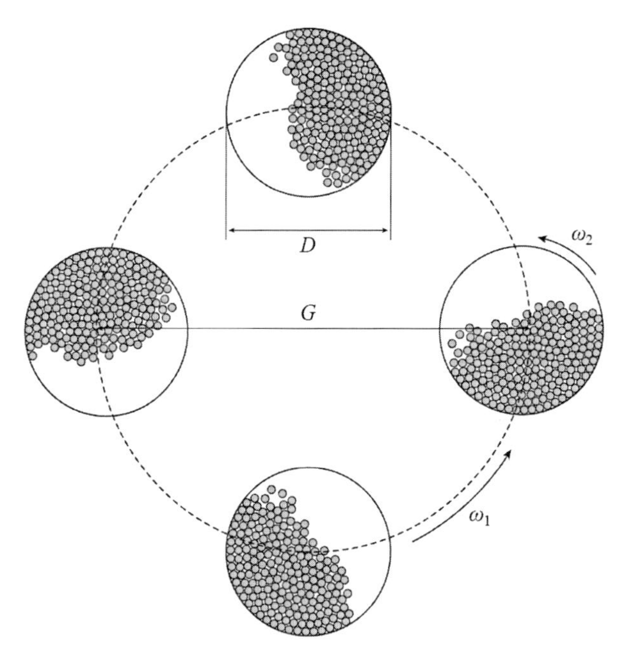

그림 8.20 유성 밀/원심 밀의 용기 공전과 자전

8.2.1.3.1 유성 밀/원심 밀에서의 분쇄매체의 거동

유성 밀/원심 밀에서의 분쇄매체의 거동은 입자와의 충돌 빈도 및 충돌에너지와 연관되며 분쇄율에 영향을 미친다. 따라서 분쇄매체의 거동 분석은 유성 밀/원심 밀의 운전조건 최적화에 있어 중요한 의미를 갖는다. 그러나 유성 밀/원심 밀에서 많은 분쇄매체가 서로 충돌하며 움직이기 때문에 이론적 분석은 간단한 조건에서만 가능하며 총체적인 분석은 DEM이 많이 이용된다.

유성 밀의 분쇄매체의 거동에 대한 기본적인 역학적 분석은 Raasch(1992)에 의해 이루어졌다. 그림 8.21은 유성 밀 공전에 따라 회전하는 좌표계에서 질량 인 물체에 점 P에서 작용하는 힘을 도시한 것이다.

F_{z_1}는 공전에 의한 원심력, F_{z_2}는 자전에 의한 원심력, F_{cor}는 전향력이며, 법선방향과 접선방향의 힘은 다음과 같이 표현된다.

$$F_{z_1} = m\omega^2\left[(R_2 - R_1\cos\alpha)e_R + (R_2\sin\alpha)e_T\right] \tag{8.26a}$$

$$F_{z_2} = mR_2\omega_2^2 e_R \tag{8.26b}$$

$$F_{cor} = 2mR_2\omega_1\omega_2 e_R \tag{8.26c}$$

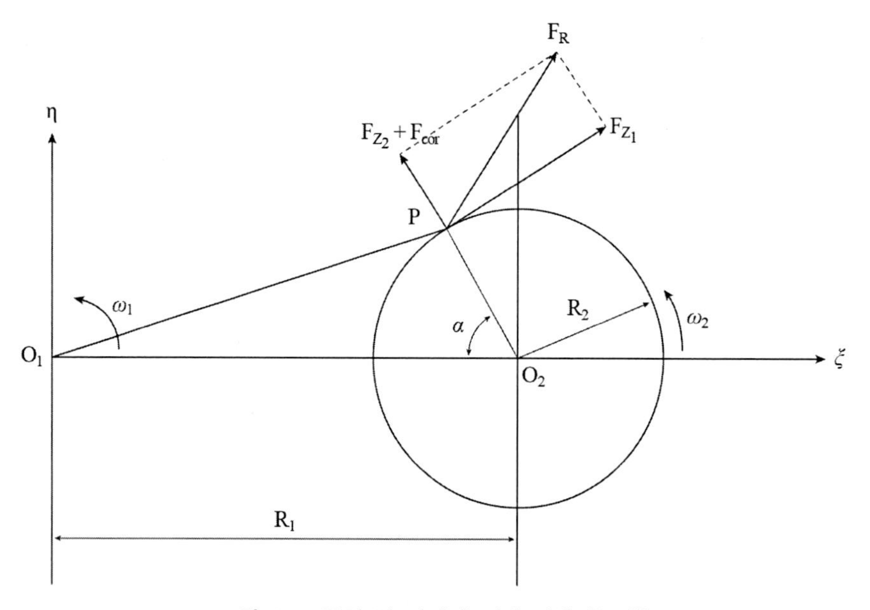

그림 8.21 공전 및 자전에 의해 발생되는 힘

e_R과 e_T는 각각 법선방향과 접선방향의 단위 벡터이다.

물체에 법선 방향으로 작용하는 모든 힘이 0이 될 때 밀 벽에서 떨어져 자유 낙하한다. 이때의 각을 α_0라 하면 다음과 같이 표현된다.

$$mR_2\omega_2^2 e_R + 2mR_2\omega_1\omega_2 e_R + m\omega_1^2(R_2 - R_1\cos\alpha_0)e_R = 0 \quad (8.27a)$$

$$\cos\alpha_0 = \frac{R_2(\omega_1+\omega_2)^2}{R_1\omega_1^2} \quad (8.27b)$$

따라서 α_0는 밀 반경 R_2, 공전반경 R_1, 공전속도 ω_1와 자전속도 ω_2에 따라 변화한다. $\alpha_0 = 0$일 경우 물체는 밀 벽에서 떨어지지 않고 원심운동을 하게 되며 식 (8.27b)에 대입하면 밀 자전 임계속도는 다음과 같이 구해진다.

$$\omega_2 = -\omega_1\left(1 \pm \sqrt{R_1/R_2}\right) \quad (8.28)$$

η, ξ 좌표계에서 자유거동 시점의 위치와 속도는 다음과 같다.

$$\xi = R_1 - Rcos\alpha_0 \quad (8.29a)$$

$$\dot{\xi} = -R_2\omega_2\cos\alpha_0 \quad (8.29b)$$

$$\eta = R_2\sin\alpha_0 \quad (8.29c)$$

$$\dot{\eta} = R_2\omega_2\cos\alpha_0 \quad (8.29d)$$

자유낙하 시점에서의 가속도는 0이므로 위 식에 적용하면 물체의 궤적과 속도는 다음과 같이 구해진다.

$$\xi = R_1\cos\omega_1 t - R_2\cos(\alpha_0 + \omega_1 t) + R_1\omega_1 t\sin\omega_1 t - R_2(\omega_1 + \omega_2)t\sin(\alpha_0 + \omega_1 t) \quad (8.30a)$$

$$\eta = -R_1\sin\omega_1 t + R_2\cos(\alpha_0 + \omega_1 t) + R_1\omega_1 t\cos\omega_1 t - R_2(\omega_1 + \omega_2)t\cos(\alpha_0 + \omega_1 t) \quad (8.30b)$$

$$\dot{\xi} = R_1\omega_1^2\cos\omega_1 t - R_2\omega_2\sin(\alpha_0 + \omega_1 t) - R_2(\omega_1 + \omega_2)\omega_1 t\cos(\alpha_0 + \omega_1 t) \quad (8.30c)$$

$$\dot{\eta} = -R_1\omega_1^2 t sin\omega_1 t - R_2\omega_2\cos(\alpha_0 + \omega_1 t) + R_2(\omega_1 + \omega_2)\omega_1 t\sin(\alpha_0 + \omega_1 t) \quad (8.30d)$$

그림 8.22는 α_0가 54.7°일 때 공전방향과 자전방향이 반대일 경우 물체의 궤적을 도시한 것이다. α_0가 같은 값을 가질 때 R_1/R_2가 증가할수록 ω_2/ω_1의 절대값은 커지는 것을 알 수 있다. 그러나 물체의 궤적은 크게 차이가 없다. 또한 볼 밀과 비교하였을 때 공전의 영향으로 좀 더 볼록한 궤적을 나타낸다.

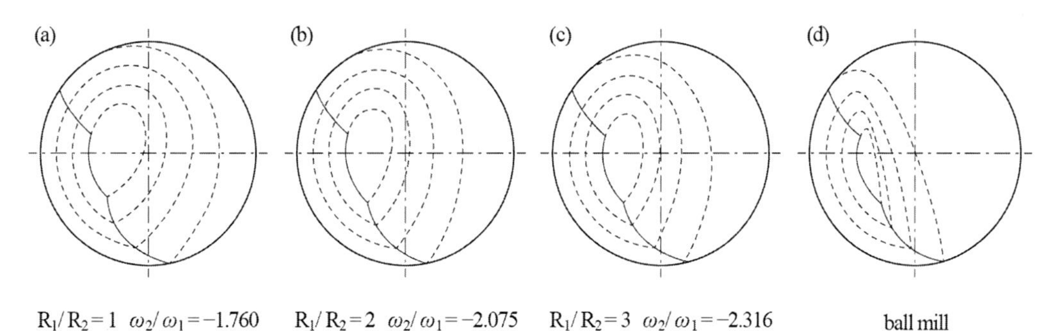

그림 8.22 R_1/R_2 변화에 따른 분쇄매체의 궤적

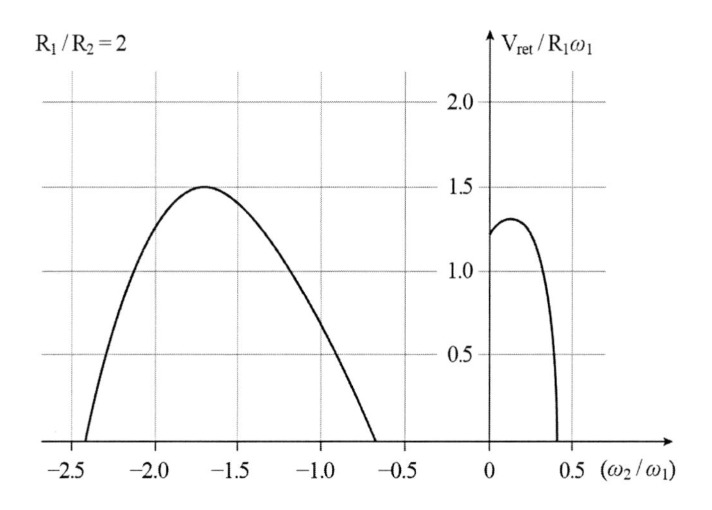

그림 8.23 ω_2/ω_1의 변화에 따른 밀 벽과의 충돌속도

그림 8.23은 $R_1/R_2=2$일 때 ω_2/ω_1의 변화에 따른 밀 벽과의 충돌속도를 나타낸 것이다. 식 (8.26)에 의한 임계속도는 ω_2/ω_1가 -2.4와 0.41로 계산된다. 또한 식 (8.27)에 의한 궤적을 계산하면 $-2/3<\omega_2/\omega_1<0$일 때 밀 밖으로 벗어난다. 따라서 $\omega_2/\omega_1<-2.4$, $-2/3<\omega_2/\omega_1<0$, $\omega_2/\omega_1>0.41$일 때 분쇄매체가 밀 벽에서 떨어지지 않고 원심운동을 한다. 자유낙하할 때 밀 벽과의 충돌속도는 $\omega_2/\omega_1=-1.7$일 때 최대가 되며 자전방향이 공전방향과 같은 경우의 최대 충돌속도보다 크다. 따라서 밀의 자전방향이 공전방향의 반대일 때 보다 더 효율적인 분쇄가 일어난다.

이러한 경향은 DEM을 이용한 분쇄매체의 거동분석에서도 유사하게 나타난다. 그림 8.24는 ω_2/ω_1에 따른 분쇄매체의 거동을 나타낸 것으로 ω_2/ω_1가 증가할수록 분쇄매체는 cascading에서 cataracting 형태로 변하며 궁극적으로 원심 운동하는 것을 알 수 있다(Mio 등, 2004). 분쇄매체가 밀 벽을 따라 원심운동을 하게 되면 볼-입자 간 충돌이 일어나지 않아 분쇄가 진행되지 않는다. 그림 8.25는 DEM으로 계산된 볼-볼, 볼-밀 벽 충돌 에너지를 도시한 것이다. 그림 8.23에서와 같이 충돌에너지는 일정 ω_2/ω_1에서 최대를 나타내며 R_1/R_2가 커질수록 최댓값은 증가하는 것을 알 수 있다. 따라서 최대 충돌에너지를 얻기 위해서는 공전반경이 커질수록 더 빠른 속도로 밀을 자전시켜야 함을 할 수 있다. R_1/R_2=2.1일 때 충돌에너지가 최대가 되는 ω_2/ω_1의 값은 -2.2로서 이론적으로 도출된 -1.7과는 차이가 있다. 이론적 값은 밀 벽에 충돌할 때의 속도를 기준한 것이나 DEM은 볼-볼 충돌에너지가 포함된 것이기 때문에 차이가 날 수 있다. 그러나 Mio 등(2004)의 보고에 의하면 실험으로 측정된 분쇄율과 DEM으로 계산된 충돌에너지는 밀접한 상관성을 나타내었다. 따라서 DEM 결과는 운전조건 최적화에 있어 보다 실질적으로 적용될 수 있다.

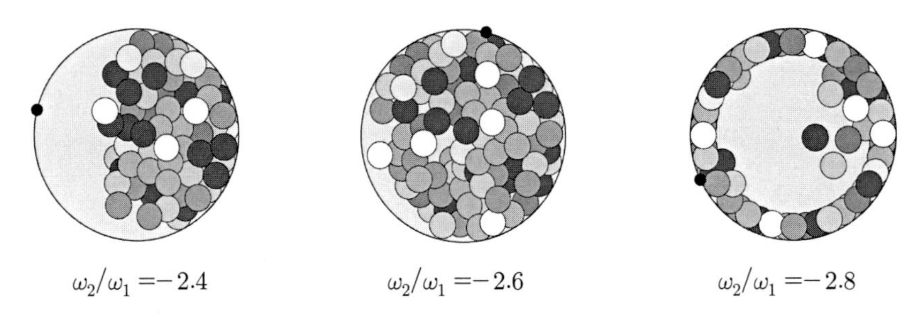

그림 8.24 DEM 기법을 이용한 분쇄매체의 거동

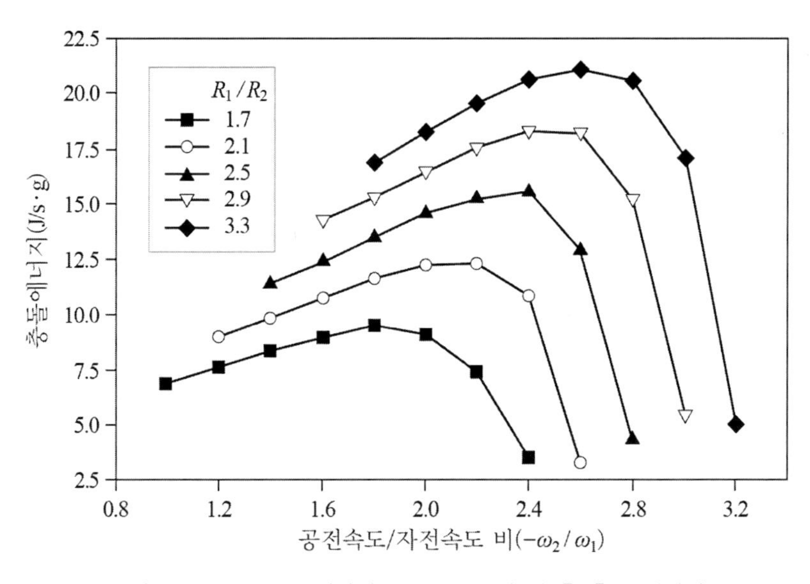

그림 8.25 DEM으로 계산된 볼-볼, 볼-밀 벽 총 충돌 에너지

그림 8.26은 자전이 공전과 같은 방향일 때와 반대 방향일 때 볼-볼 또는 볼-밀 벽과의 모든 충돌 빈도를 나타낸 것으로 반대 방향일 때가 같은 방향일 때보다 2배 정도 높다. 이는 유성 밀의 자전방향이 공전방향의 반대일 때 보다 효율적이란 것을 다시 한번 시사한다.

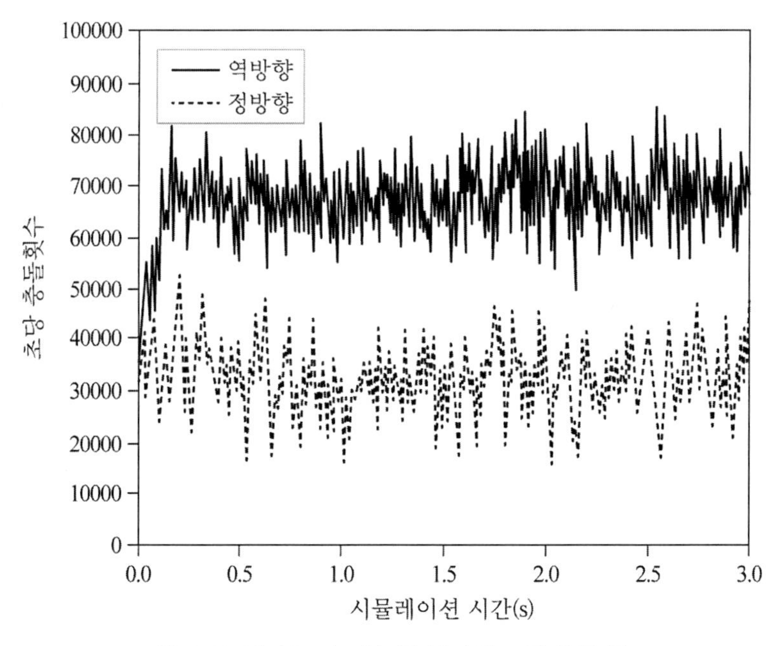

그림 8.26 볼-볼 또는 볼-밀 벽과의 모든 충돌 빈도

8.2.1.3.2 유성 밀

유성 밀은 실린더 형태의 1, 2, 또는 4개의 분쇄용기가 회전판에 수직으로 대칭으로 장착되어 공전 및 자전 운동을 한다(그림 8.27). 공전속도는 수백 rpm에 달하며 보통 공전의 반대방향으로 1~2배의 속도로 자전한다. 높은 회전에 의해 발생하는 기계적 부하 문제로 소규모(최대 1L)의 실험실적 장치로 이용된다. 유성밀은 초미분쇄뿐만 아니라 mechanochemistry (Lin과 Nadiv, 1979; Zhang 등, 1999; Rojac 등, 2006)와 mechanical alloying(Benjamin, 1970; Davis 등, 1988; Suryanarayana, 2001) 분야에도 활용된다.

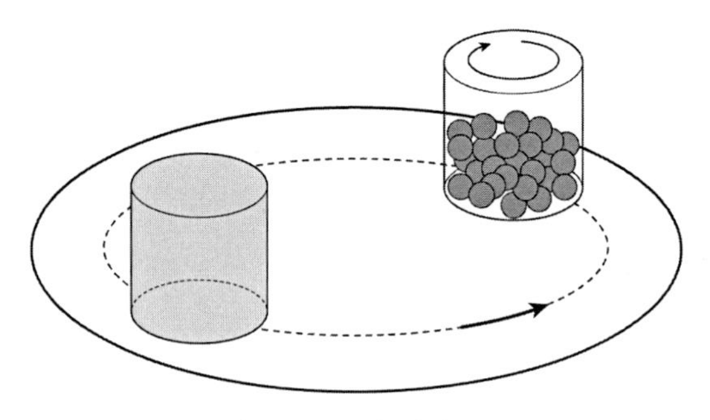

그림 8.27 유성 밀의 구조

(1) 운전변수

유성 밀의 분쇄성능은 분쇄매체의 거동에 영향을 받기 때문에 공전속도, 자전속도 및 방향, 분쇄매체 장착량의 운전변수와 시료 물성 및 장입량 등이 중요 변수로 작용한다. 그러나 아직까지 이러한 변수 영향에 대해 총체적으로 보고된 연구결과는 없으며 부분적인 연구만 이루어졌다.

그림 8.28은 0.52 L의 유성 밀을 이용하여 $R_1/R_2 = 2.4$, $\omega_2/\omega_1 = -1.18$ 조건에서 공전속도 변화에 따른 깁사이트 분쇄실험 결과이다(Mio 등, 2004). 분쇄산물의 평균입도는 공전속도가 증가할수록 빠르게 감소하다가 모든 조건에서 분쇄비(feed 평균입도 대비 분쇄산물의 평균입도 감소 비율)가 1/10이 되는 지점에서 분쇄한계가 나타난다(분쇄산물의 평균입도 5μm). 분쇄시간에 따른 분쇄비의 변화는 다음의 경험식으로 표현되었다.

$$\frac{d_p(t)}{d_f} = \left(1 - \frac{d_l}{d_f}\right)\exp(-Kt) + \frac{d_l}{d_f} \tag{8.31}$$

d_f는 feed 평균입도, d_p는 분쇄산물의 평균입도, d_l는 분쇄한계입도이다. K는 분쇄속도에 해당하는 상수로 DEM에서 계산된 충돌에너지 E와 밀접한 상관관계를 나타내었다. 따라서 유성 밀의 스케일업은 E를 기준할 수 있으며 다음과 같은 관계식을 제시하였다.

$$E \propto D^3 HR \tag{8.32}$$

D는 밀 직경, H는 밀 높이, R은 공전반경이다

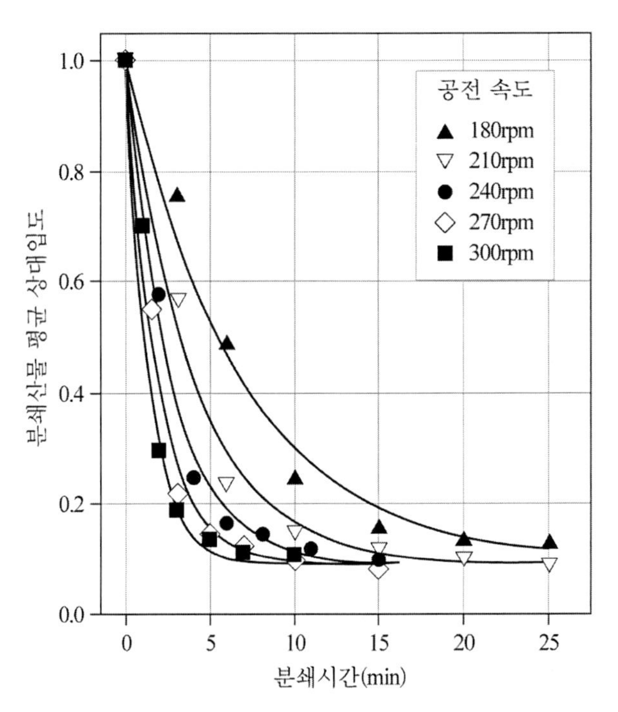

그림 8.28 공전속도에 따른 분쇄비의 변화

(2) 소요 동력

유성 밀의 소요 동력에 대한 이론적 모델은 Burgio 등(1991)에 의해 제시되었다. 본 모델은 분쇄매체의 운동에너지에 기반한 것으로 충돌 전후의 운동에너지 손실은 다음과 같이 표현된다.

$$\triangle E = K_a \frac{1}{2} m_b V_b^2 \tag{8.33}$$

m_b는 분쇄매체의 질량, V_b는 분쇄매체의 상대속도이다. K_a는 운동 에너지 손실 계수로 완전 비탄성 충돌일 경우 1, 완전 탄성 충돌일 경우 0이 된다.

일정 R_1/R_2 및 ω_2/ω_1에 대해 분쇄매체의 속도는 다음과 같이 간단히 표현된다.

$$V_b = K_b\omega_1 R_1 \tag{8.34}$$

충돌 빈도 f는 회전수에 비례하므로 일정 ω_2/ω_1에 대해 다음과 같이 표현된다.

$$f \propto \frac{(\omega_1 - \omega_2)}{2\pi} = \frac{\omega_1(\omega_1 - \omega_2/\omega_1)}{2\pi} = K_f\omega_1 \tag{8.35}$$

분쇄매체 수가 N_b라 하면 총 충돌 빈도 $f_t = N_b K_f \omega_1$이다.

소요 동력은 충돌당 에너지 손실량에 총 충돌 빈도를 곱한 것과 같다. 따라서

$$P = \Delta E f_t \tag{8.36}$$

위 식에 식 (8.33)과 식 (8.35)를 대입하면 소요전력은 다음과 같이 표현된다.

$$P = K m_b \omega_1^2 R_1^2 N_b \tag{8.37}$$

위 식은 실험을 통해 측정된 값과 잘 일치하는 것으로 나타났다(Isonna와 Magini, 1996).

8.2.1.3.3 원심 밀

원심 밀은 1960년대 남아프리카 공화국에서 개발된 분쇄장비로 작동 원리는 유성 밀과 유사하나 그림 8.29에서 보는 바와 같이 분쇄용기가 중력방향에 수직으로 공전한다. 밀은 공전방향과 반대방향으로 1:1 속도로 자전하며 이에 따라 밀의 한 점 P투영 위치는 변하지

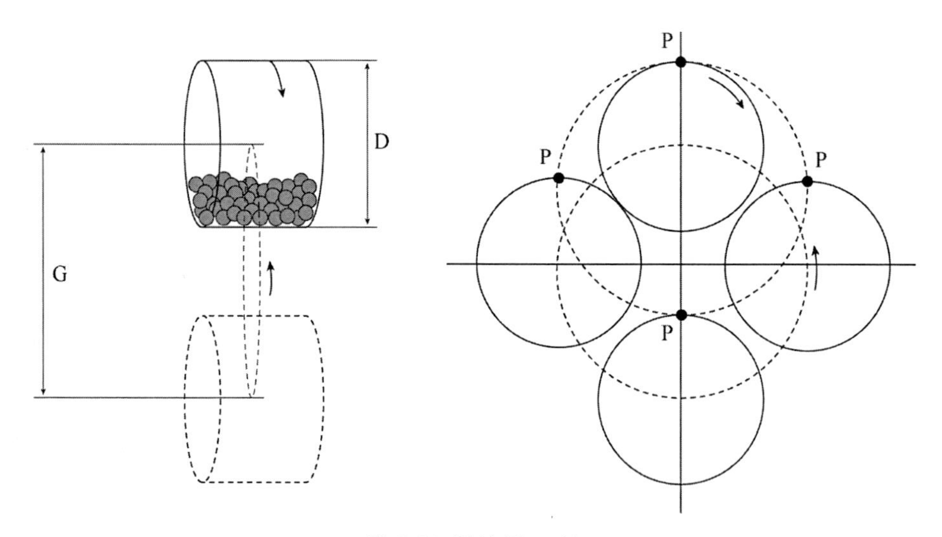

그림 8.29 원심 밀 모식도

않는다. 또한 유성 밀과 달리 G/D가 1보다 작으며 매우 작을 때는(G/D=0.1) 진동 밀의 성격을 띤다.

(1) 분쇄매체 거동

원심 밀에서의 분쇄매체의 거동은 유성 밀과 같이 공전속도, 자전속도 및 방향에 영향을 받는다. 그러나 원심 밀은 $\omega_2/\omega_1 = -1$로 고정되어 있기 때문에 주요 변수는 G/D이나 분쇄매체의 거동은 서로 간섭을 받기 때문에 분쇄매체의 양에 따라 독특한 양상을 나타낸다. 그림 8.30은 G/D=0.4, 분쇄매체 장입률 J=0.75, 0.5, 0.25일 때 분쇄매체의 투영 영상을 나타낸 것이다(Hoyer, 1992). J=0.75또는 0.5일 때 분쇄매체는 덩어리를 이루며 볼 밀에서와 같이 cataracting 또는 cascading 현상을 보이나 0.25로 작아지면 분쇄매체가 밀 벽에 충돌하지 않고 밀 중앙에서 흩어진 상태로 부유하는 모습을 보인다. 이러한 상태가 되면 분쇄매체 간 접촉이 발생되지 않게 되기 때문에 입자의 분쇄도 진전되지 못한다.

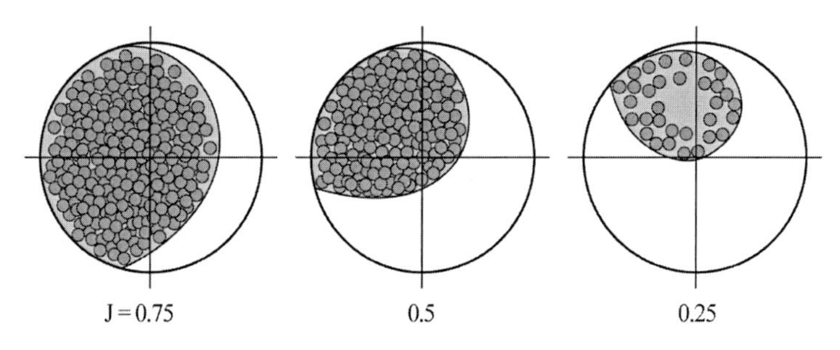

그림 8.30 분쇄매체 장입률에 따른 분쇄매체의 거동 양상

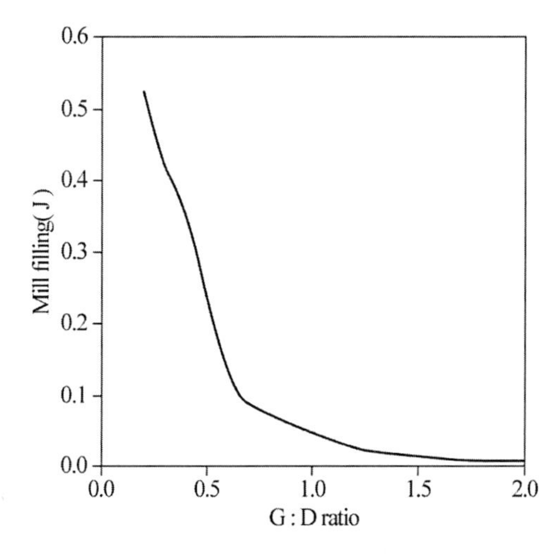

그림 8.31 G/D 비율에 따른 분쇄매체 임계 장입률

그림 8.31은 부유가 시작되는 분쇄매체 임계 장입률을 도시한 것으로 G/D가 감소할수록 임계 분쇄매체 장입률은 증가함을 알 수 있다.

(2) 소요 동력

원심 밀의 소요 동력에 대한 이론적 분석은 Hoyer(1992)에 의해 제시되었다. 그림 8.32에서와 같이 밀이 O을 중심으로 ω의 각속도로 공전할 때 r_1 위치에 작용하는 원심력은 다음과 같다.

$$f = mr_1\omega^2 \tag{8.38}$$

밀 중심에서의 거리를 r_2라 할 때 위 원심력에 의해 발생하는 회전력은 다음과 같다.

$$\tau = f\sin\alpha r_2 \tag{8.39}$$

밀 길이를 L, 분쇄매체 부피밀도를 ρ이라 할 때 폭 dx, 높이 dy, 길이 L인 element에 의해 발생된 회전력은 다음과 같이 표현된다.

$$\tau = \rho L\omega^2 r_1 r_2 \sin\alpha dxdy \tag{8.40}$$

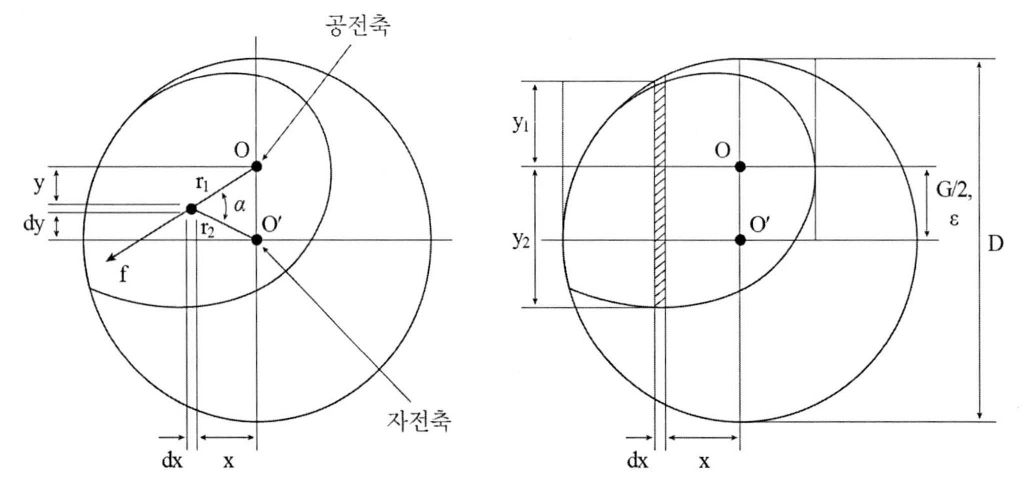

그림 8.32 원심 밀의 공전 모식도

삼각형 면적 공식에 의하면 $x(G/2) = r_1 r_2 \sin\alpha$이므로 식 (8.40)은 다음과 같이 정리된다.

$$\tau = \rho L\omega^2 (G/2) xdxdy \tag{8.41}$$

따라서 총 분쇄매체에 의해 발생된 회전력은 위 식을 적분하면 얻어진다.

$$\tau = \int_{y_2}^{y_1} \int_{x_2}^{x_1} \rho L \omega^2 (G/2) x dx dy \tag{8.42}$$

분쇄매체 집합체의 형태는 그림 8.30과 같이 분쇄매체의 양에 다르다. 따라서 위 적분은 수치적 방법으로 계산 가능하며 τ는 $\rho L \omega^2 G D^3$에 비례한다. 그림 8.33은 G/D 및 분쇄매체 장입률, J에 따른 회전력을 도시한 것으로서 최대 회전력을 나타내는 분쇄매체 장입률은 G/D가 감소할수록 증가하여야 함을 알 수 있다.

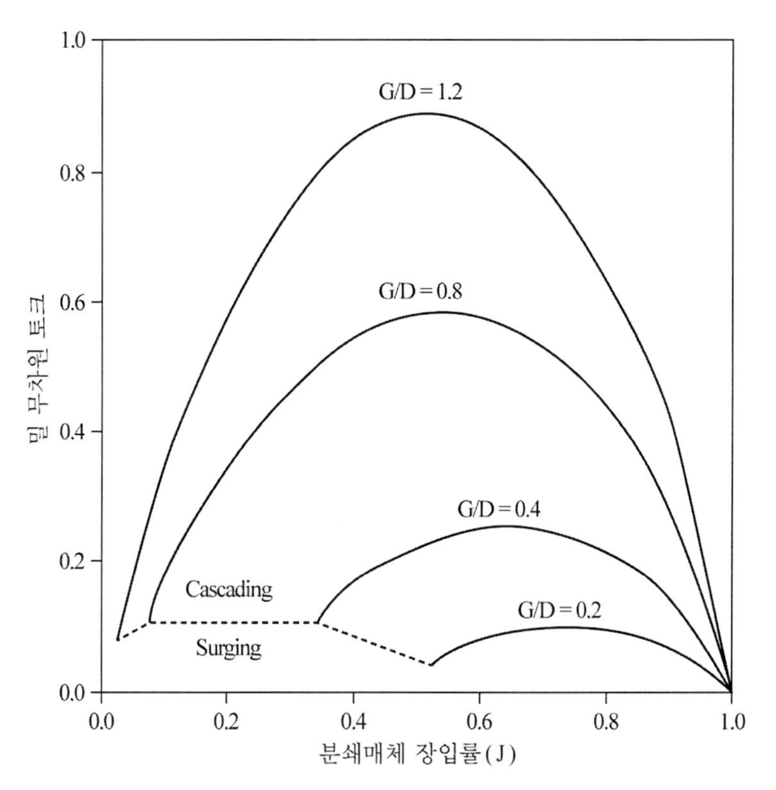

그림 8.33 G/D 비율 및 분쇄매체 장입률에 따른 밀 회전력

밀 파워 P와 ω는 $P = \tau\omega$의 관계가 있으므로 다음과 같이 표현된다.

$$P \propto \rho L \omega^3 D^4 \tag{8.43}$$

위 식은 실험적으로 측정된 값과 비교적 잘 일치하였다(Hoyer, 1992).

(3) 분쇄조건에 따른 분쇄특성

원심 밀의 분쇄특성에 영향을 줄 수 있는 운전조건으로는 회전속도, 분쇄매체의 크기 및 장입률 등을 들 수 있다. 그러나 이러한 운전조건에 대해 실험적으로 조사된 사례는 많지 않다. 이 중 일부를 소개하면 다음과 같다.

Hoyer과 Dawson(1982)은 소규모 실험실적 원심 밀을 이용하여 G/D 비율, 회전속도, 분쇄매체 크기에 대해 분쇄결과를 분석하였다. 그러나 보고된 내용은 G/D=1.2에 대한 결과로 이는 엄격히 구분하면 유성 밀에 해당한다. 그림 8.34는 6.3mm 이하 크기의 석영시료를 대상으로 20mm와 10mm 크기의 강구를 분쇄매체로 사용하였을 때 분쇄시간에 따른 입도분포를 도시한 것이다. 20mm 분쇄매체를 사용한 경우 분쇄가 지속될수록 입도분포가 미세한 쪽으로 수직 평행 이동하는 전형적인 볼 밀의 양상을 나타낸다. 그러나 10mm 분쇄매체의 경우 입도분포는 평행 이동하지 않고 S형태로 나타난다. 이는 분쇄매체의 크기가 충분하지 않아 큰 입자는 파괴 되지 않고 attrition에 의한 분쇄가 이루어지지 않고 있음을 나타낸다. 따라서 원심 밀에서도 볼 밀에서와 같이 분쇄매체의 크기는 feed 크기 대비 충분히 커야 정상적인 분쇄가 이루어질 수 있다.

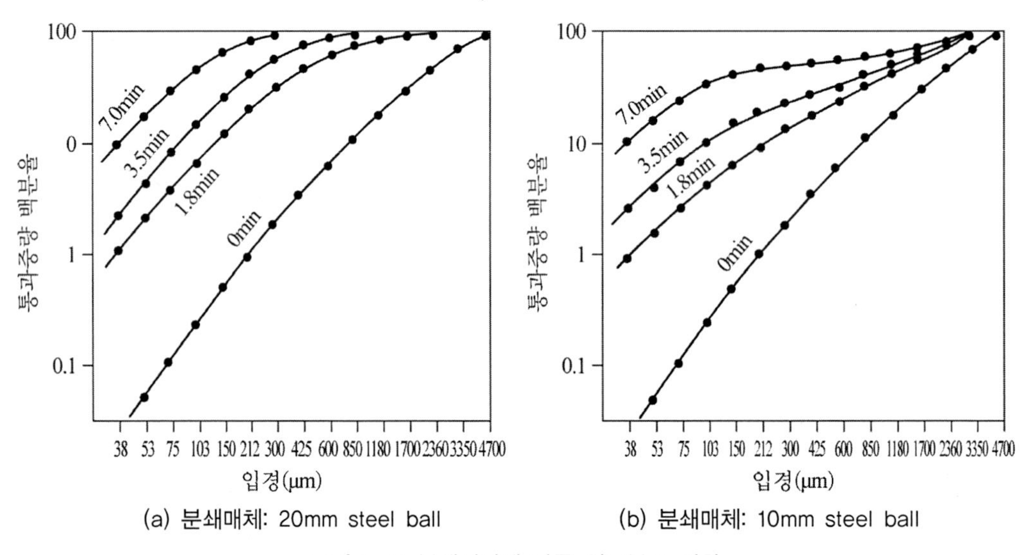

(a) 분쇄매체: 20mm steel ball (b) 분쇄매체: 10mm steel ball

그림 8.34 분쇄시간에 따른 입도분포 변화

그림 8.35a는 분쇄매체 크기에 따른 미세입자(<38μm)의 생산 추이를 도시한 것으로 분쇄매체 크기가 작을수록 더 많은 양의 미세입자가 생성되는 것을 알 수 있다. 이는 같은 양의 분쇄매체를 사용했을 경우 분쇄매체 크기가 작아질수록 분쇄매체의 수가 증가하기 때

문에 더 많은 attrition분쇄가 일어나기 때문이다. 이 경우 분쇄산물의 입도분포는 정상적인 분쇄에서보다 광범위해 진다. 그림 8.35b는 회전속도에 따른 미세입자 생성률을 도시한 것으로 회전속도가 증가할수록 분쇄가 더욱 빠르게 진전되는 것을 알 수 있다. 회귀선으로 나타내었을 때 미세입자 생성율은 $\omega^{2.7}$에 비례하였다. 이 지수 값은 식 (8.43)의 ω^3에 근접한 것으로 밀 파워는 분쇄율과 밀접한 상관관계가 있음을 알 수 있다.

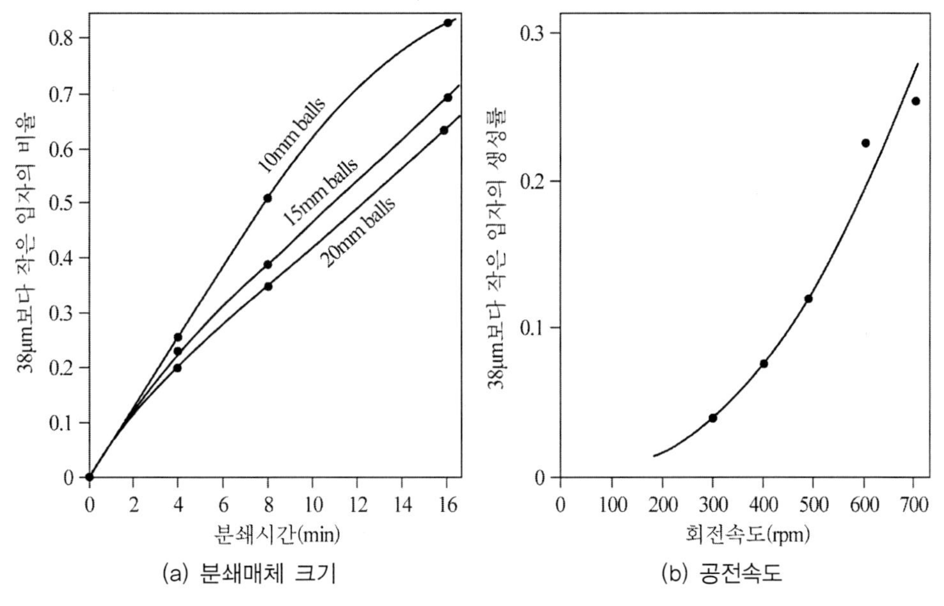

그림 8.35 분쇄매체 크기 및 공전속도에 따른 미분 생성률

Cho(2006)는 초미분쇄 영역에서의 원심 밀의 분쇄성능을 분석하였다. 그림 8.36a는 $-150\mu m$의 석회석 입자를 5mm zirconia 볼 분쇄매체를 이용하여 8시간까지 분쇄했을 때 분쇄산물의 입도분포의 변화를 도시한 것이다. 일반적으로 분쇄산물의 입도분포는 분쇄시간에 따라 평행 이동하는 경향을 보이나(그림 8.34a) 분쇄가 진행될수록 점점 가파른 형태를 보이고 있다. 이는 이미 언급한 바와 같이 분쇄한계가 존재하면 분쇄산물 입도분포는 하한선이 존재하며 이에 따라 분쇄입도가 분쇄한계에 접근할수록 가파르게 나타나기 때문이다.

그림 8.36b는 세 종류 광물에 대한 에너지 투입에 따른 평균입도의 변화를 도시한 것이다. 세 광물 중 활석이 가장 분쇄가 진전되지 않아 $10\mu m$ 이하의 평균입도의 생산이 쉽지 않은 반면 석회석과 일라이트는 $0.1\mu m$의 생산이 가능하다. 또한 가장 에너지 효율적인 G/D 비율도 광물에 따라 다르게 나타난다. 활석은 G/D=0.4일 때 가장 효율적인 반면 일라이트는

G/D에 크게 영향을 받지 않고 석회석은 G/D=1.0일 때 가장 효율이 높다. 이미 언급한 바와 같이 원심 밀에서의 분쇄매체의 거동은 G/D 비율에 따라 다르게 나타난다. 이에 따라 분쇄매체가 입자에 작용하는 힘의 형태(전단력과 수직력) 및 크기도 변화된다. 일반적으로 광물은 고유한 결정구조를 가지고 있으며, 이로 인하여 광물별로 분쇄에 적합한 수직, 전단력의 형태 또한 각각 다르다. 따라서 광물특성에 따라 G/D 비율을 조절하여 수직/전단력의 구조를 변화시키면 에너지 효율을 개선할 수 있다.

일반적으로 유성 밀은 공전반경이 크고 자전하기 때문에 연속식 장치 구현이 쉽지 않다. 이에 반해 원심 밀은 공정반경이 작고 밀의 방향이 변하지 않기 때문에 연속 Feed 투입이 가능한 분쇄장치를 구현할 수 있다(Cho 등, 2011).

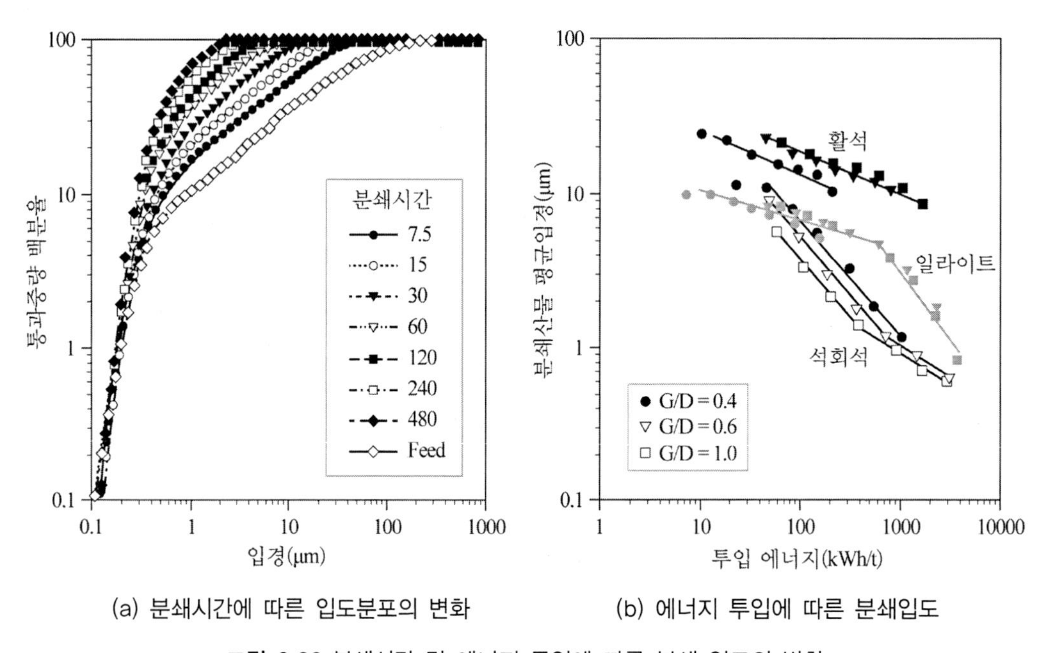

(a) 분쇄시간에 따른 입도분포의 변화 (b) 에너지 투입에 따른 분쇄입도

그림 8.36 분쇄시간 및 에너지 투입에 따른 분쇄 입도의 변화

8.2.2 제트 밀(Jet mill)

제트 밀은 유체 에너지를 이용한 장치로서 고압의 가스로 입자를 발사시켜 고속 충돌에 의한 파괴가 유발된다. 일반적으로 200mesh 이하의 feed를 sub-sieve 크기의 미세입자로 분쇄하는 데 이용된다. 가스 압력은 공기를 사용할 경우 700KPa, 증기를 사용할 경우 2000kPa에 달한다. 700kPa의 압력으로 초당 300ft^{3}의 공기를 주입하였을 때 투입 에너지는 약 1HP hour, 초당 1kg의 증기를 1400kPa의 압력으로 주입하였을 때 투입 에너지는 0.854kWh 정도가 된다. 장비 유형은 그림 8.37에 나타난 바와 같이 표적 발사, 대항 발사, 접선 발사로 구분된다. 표적 발사는 개발 초기 형태로서 압축공기를 이용하여 입자를 표적에 충돌시킨다. 그러나 충돌이 지속됨에 따라 표적이 마모되고 마모물질로 인해 분쇄산물이 오염되는 문제가 발생되어 대항 발사 또는 접선 발사, 유동층 대항 발사 등의 방법으로 개량되었다. 유체로는 주로 압축공기가 사용되지만 제약 분야에서는 비활성 기체인 질소나 아르곤이 종종 이용되며 광물 분야에서는 증기가 이용되기도 한다. 에너지는 기계적이 아닌 유체 운동 에너지 형태로 투입되기 때문에 가동되는 부품이 없어 구조가 간단하며 입자 간 충돌로 파괴가 일어나기 때문에 다른 장비에 비해 분쇄매체나 밀 벽 마모에 의한 오염이 적다.

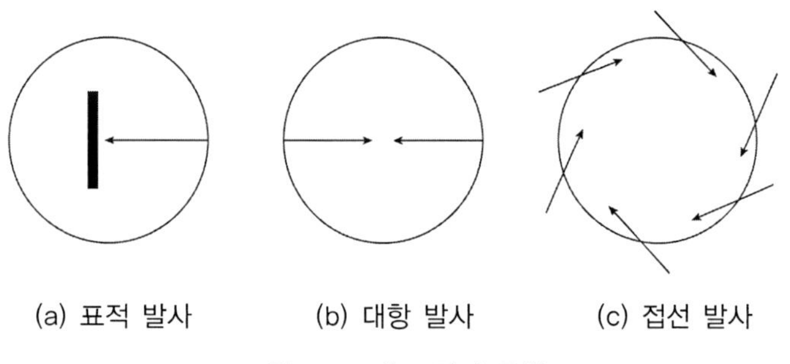

그림 8.37 제트 밀의 유형

발사장치는 converging 노즐과 converging-diverging 노즐의 두 가지 형태가 있다. 그림 8.38에서 보는 바와 같이 converging 노즐은 유로가 점점 좁아지는 노즐로 최대 음속에 가까운 속도로 유체가 사출된다. Converging-diverging 노즐은 유로가 좁아졌다가 다시 넓어지는 노즐로서 초음속의 유속이 가능하다. 또한 고속의 유체를 이용한 분급이 가능하기 때문에 분급기가 내재된 폐회로 형태의 구조를 갖고 있다.

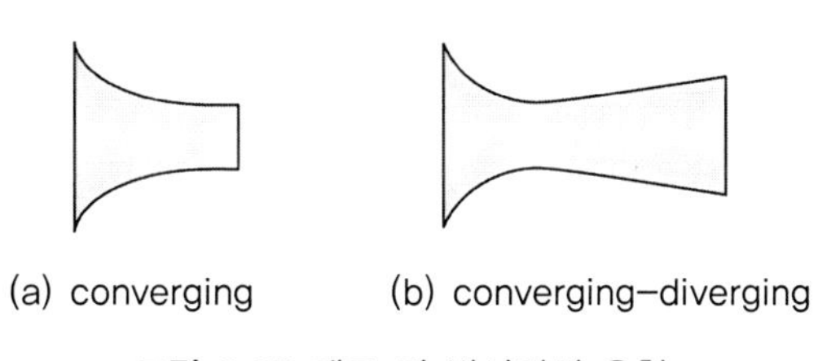

그림 8.38 제트 밀 발사장치 유형

제트 밀은 광석, 금속, 세라믹, 화학품, 제약품, 플라스틱 등, 여러 산업 전반에 걸쳐 널리 사용되고 있다(표 8.4). 또한 미세한 입자를 필요로 하는 연마재 생산을 위해서도 적용되고 있다. 예를 들어 렌즈의 경우 스크래치 제거를 위해 매우 미세한 연마재를 사용한다. 최고

성능의 연마재는 좁은 입도분포의 입자를 필요로 한다. 제트 밀의 분쇄산물은 이러한 특성을 나타내는 것으로 알려져 있다.

표 8.4 제트 밀 적용 분야

분야	제품
농화학	Carbendezim, deltamethrine, fungicide, germicide, sulphur
화학	Adipic acids, barium titanate, calcium chloride, catalyst, chrome oxide
세라믹	Aluminium hydrates, ferrites, glass, silicon carbide, zirconium oxide
금속	Copper, molybdenum disulphide, noble metals
광물	Bauxite, calcite, graphite, gypsum, mica, talc, tantalum ore
분말 야금	Carbides, Nitrides and Oxides of metal powders
페인트	Carbon black, fluorescent pigment, printing ink
제약	Albendazole, antibiotics, aspirin, drug, cosmetics, omeprazole
플라스틱	ABS resins, PVC stabilizers, phenolics, PTFE
기타	Chocolate, food colors, fuller earth, precipitated silica, wolframite ore

8.2.2.1 제트 밀의 유형

(1) 표적 발사형

표적 발사형은 입자가 고속 가스에 의해 표적에 발사된다. 그러나 처리량이 작아 산업에서는 이용되지 않고 실험실적 소규모 장비로 이용된다. 대표적인 장비로 MiconJet(Hosokawa) 계열이 있다.

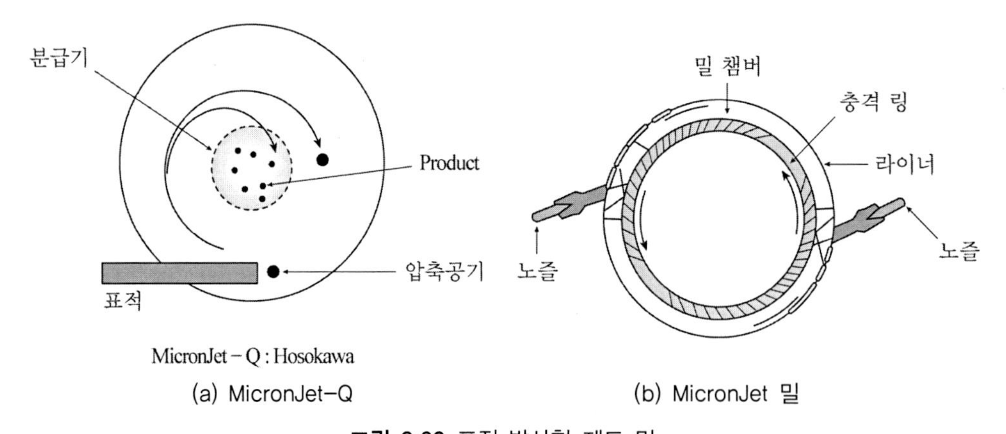

(a) MicronJet–Q (b) MicronJet 밀

그림 8.39 표적 발사형 제트 밀

MicronJet-Q 밀에서는 그림 8.39a와 같이 입자가 고정된 표적에 고속으로 발사되며 분쇄산물은 원심력에 의한 분급작용으로 미립자는 배출되고 조립자는 재순환된다. MicronJet 밀에서(그림 8.39b) 고속으로 가속된 입자는 저속으로 회전하는 링에 충돌하면서 파괴된다. 또한 원심력에 의한 분급작용으로 조립자는 재순환된다.

(2) 대항 발사형

대항 발사형은 입자를 마주 보고 발사하여 입자 간 충돌에 의해 파괴를 유도하는 장비로 달팽이 형태와 유동층 형태가 있다. 달팽이 형태는 그림 8.40a와 같이 입자는 마주 보고 발사되는 주입관에 투입되어 충돌한다. 파괴된 입자는 원판 형태의 분급실에 접선방향으로 주입되며 싸이클론과 같은 작용에 의해 분급된다. 유동층 형은 그림 8.40b와 같이 실린더 형태의 구조로 밀 하단부에 마주 보고 발사되는 고속의 유체에 의해 입자 간 충돌이 일어나 파괴된다. 파괴된 입자는 밀 상부에 설치되어 있는 회전체 분급장치에 의해 목표 입도보다 작은 입자는 배출되고 큰 입자는 재순환된다. 고압가스가 밀 하부에서 주입되기 때문에 밀 전체는 유동층 상태가 유지되며 입자의 순환 흐름이 형성된다. 이 밀은 산업에서 많이 사용되며 직경 10cm에서 2m까지 다양한 크기의 밀이 제조되고 있다. 최대 처리용량은 2t/h 정도이나 재료 물성 및 분쇄입도에 따라 영향을 받는다.

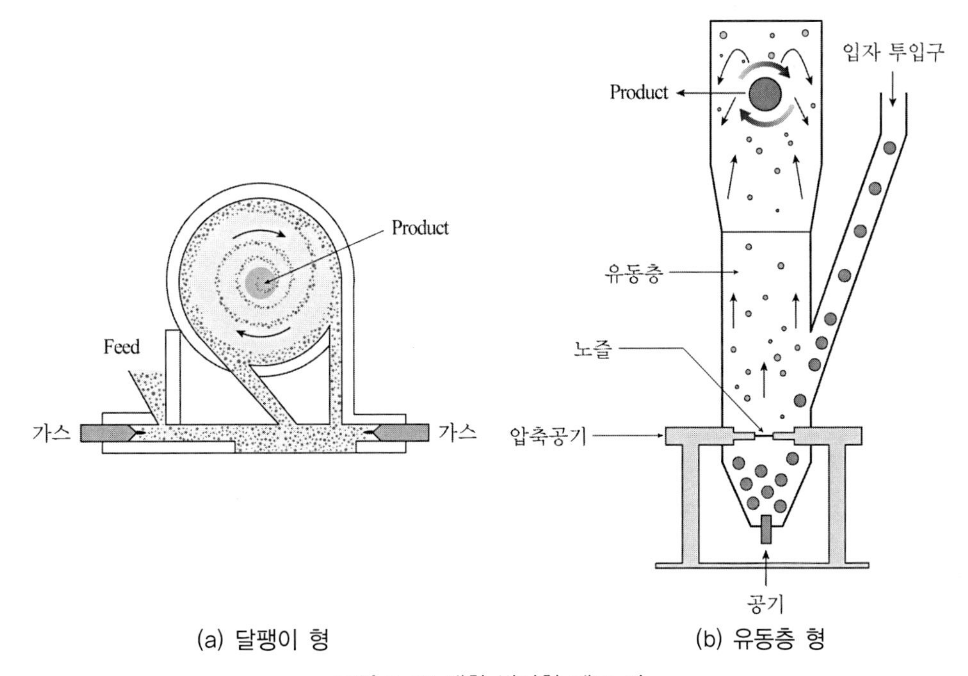

그림 8.40 대항 발사형 제트 밀

표 8.5는 Alpine사에서 제공한 유동층 대항 발사 제트 밀의 분쇄성능이다.

표 8.5 유동층형 제트 밀의 분쇄성능

Process requirement	Material	Product fineness	Specific air consumption	Operating pressure
Extreme purity	Electronics	99%<20μm	2.6	3
		97%<20μm	1.7	4
	Alumina	99.9%<10μm	10.6	6
		99.5%<5μm	34	6
Abrasive powder	Corundum	99.9%<20μm	3	10
	Quartz	All<10μm	21.3	8
	Spinel	95%<75μm	7.3	3
	Silicon carbide	99.9%<10μm	14.2	6
		99%<20μm	7.8	6
Clogging powder	API	99%<50μm	11.6	6
	Pigment	99.99%<63μm	16.4	6
	Herbicide	99.7%<10μm	3	6
Heat sensitive Powder	Toner	99.99%<20μm	10.7	6
	Artificial carbon	99%<125μm	5.6	6
	Polypropylene wax	99.7%<50μm	24.4	10
Selective-separative grinding	Siderite-bauxite	Siderite<1%	1.2	1.4
	Foundry sand(binder-quartz)	Glow loss 0.4%	1	1.2

(3) 접선 발사형

접선 발사형 제트 밀은 1934년 Micronizer사에 의해 개발되었으며 스파이럴 제트 또는 팬케이크 밀이라고 한다. 그림 8.41과 같이 입자는 벤츄리 원리에 의해 원판형 챔버에 주입되며 원 둘레를 따라 접선 방향으로 고속의 가스가 주입된다. 이에 따라 챔버 내에는 소용돌이 흐름이 형성되며 이 흐름을 따라 이동하는 입자들 사이에 충돌이 발생한다. 회전하는 입자는 원심력을 받아 큰 입자는 원 바깥쪽으로 밀려 순환되며, 작은 입자는 중앙부에 위치하게 되어 유체 흐름을 타고 중앙 배출구를 통해 회수된다. 이 밀은 산업의 모든 부문에서 광범위하게 사용되고 있으며 특히 단순함과 청소의 용이성 때문에 제약분야에서 많이 선호되고 있다.

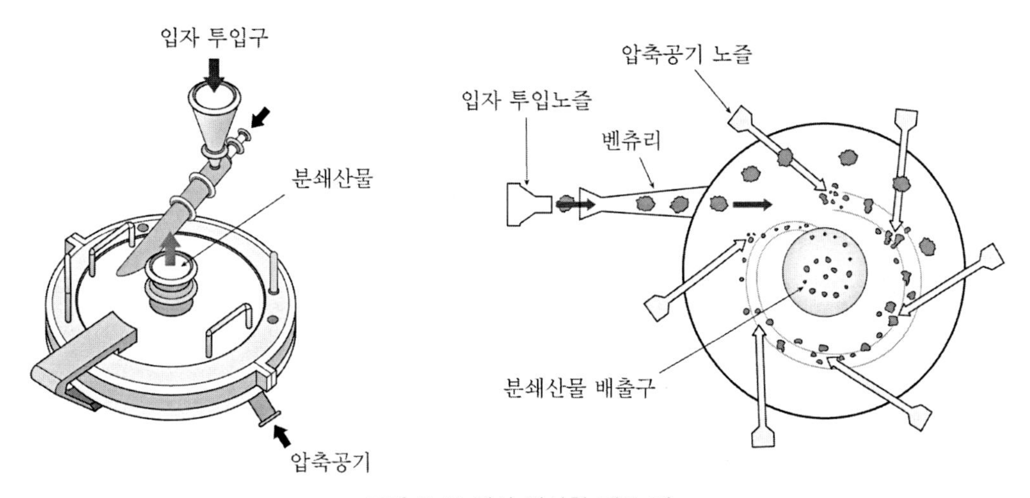

그림 8.41 접선 발사형 제트 밀

(4) 타원형

타원형 밀은 접선 발사 제트 밀과 유사하며 그림 8.42와 같이 도넛 형태의 챔버가 수직으로 세워져 있으며 에어 노즐은 밀 하부에 장착되어 있다. 이 유형의 밀은 1941년 Jet-O-Mizer 사에 의해 처음 소개되었다. 입자는 밀 하부 노즐 위로 투입되며 고속의 유체에 의해 충돌된다. 파괴된 입자는 도넛 형태의 챔버를 따라 순환하며 밀 상부에서 코너를 돌 때 원심력과 관성에 의한 분급이 일어난다. 미세한 입자는 유체의 흐름을 타고 코너 안쪽 배출구를 통해 회수되며 큰 입자는 흐름 방향이 바뀔 때 관성과 원심력에 의해 배출 유체를 따라가지 못하고 재순환된다.

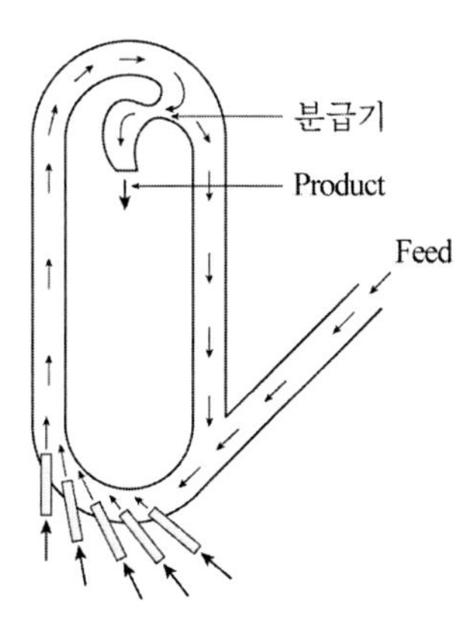

그림 8.42 타원형 제트 밀

8.2.2.2 운전변수

제트 밀의 분쇄성능에 영향을 미치는 운전변수는 밀 크기, 노즐의 수 및 각도 등의 설계변수와 feed 투입량, 유체 종류 및 압력 등이다. 밀의 처리량은 당연히 밀 크기가 커질수록 증가한다. 유량은 면적에 비례하므로 밀 직경의 제곱에 비례하고 feed 공급량은 유량의 1.4±0.1에 비례하여(Ito, 1897) 밀 처리량과 밀 직경은 다음의 관계가 있다(Midoux과 Hosek, 1999).

$$Q_{solid} \propto D^{2.8 \pm 0.2} \tag{8.44}$$

노즐의 수와 각도는 중요한 설계인자 중의 하나이다. 실험결과에 의하면 접선 발사 장치의 경우 유량이 일정하였을 때 노즐 수가 많을수록 최상의 결과를 나타내었다(Skelton, 1980). 이는 노즐 수가 많아질수록 밀 챔버 내에 좀 더 안정적인 회오리 흐름이 형성되기 때문이다. 노즐 각도는 분쇄성능에 영향을 미치며 52~62°가 최적인 것으로 나타났다. Feed 주입 압력은 노즐 압력보다 높아야 역 흐름이 발생되지 않는다. 그러나 너무 높으면 챔버 내부의 회오리 흐름이 불안정해 지기 때문에 0.5bar 정도가 적절하다.

제트 밀의 에너지 투입량은 주입 가스의 운동에너지, E_k에 해당한다. 따라서 운전조건에 따른 분쇄산물의 입도나 비표면적, S_p의 변화 추이는 비에너지 투입량, E_{sp}(고체 투입량당 에너지 투입량)이 지표로 이용된다. 또한 에너지 투입량이 동일할 때 고체 투입량이 감소하면 비에너지 투입량은 증가한다. 이를 정리하면 식 (8.45)와 같이 나타난다.

$$E_k = \frac{1}{2} M_g V^2,\ E_{sp} = \frac{E_k}{Q_{solid}} \propto \frac{P}{Q_{solid}},\ S_p \propto E_{sp}^x \tag{8.45}$$

M_g는 가스 질량, V는 가속 속도, P는 전력, x는 상수이다.

그림 8.43은 접선 발사형 제트 밀에 대해 비에너지 투입량 변화(고체 투입량 감소)에 따른 모래 입자의 분쇄산물 입도분포를 도시한 것이다(Zhao와 Schurr, 2002). 에너지 투입량이 증가할수록 분쇄산물의 입도도 점점 감소한다. 또한 에너지 투입량이 낮을 때는 조립한 입자들이 배출되어 광범위한 입도분포의 분쇄산물이 배출되나 에너지 투입량이 1000kWh/t 이상으로 높아지면 30μm 보다 큰 입자는 분쇄산물에서 나타나지 않고 입도분포가 좁아진다. 이는 에너지 투입량이 낮을 때(고체 투입량이 높을 때)는 분급이 제대로 이루어지지 못한다

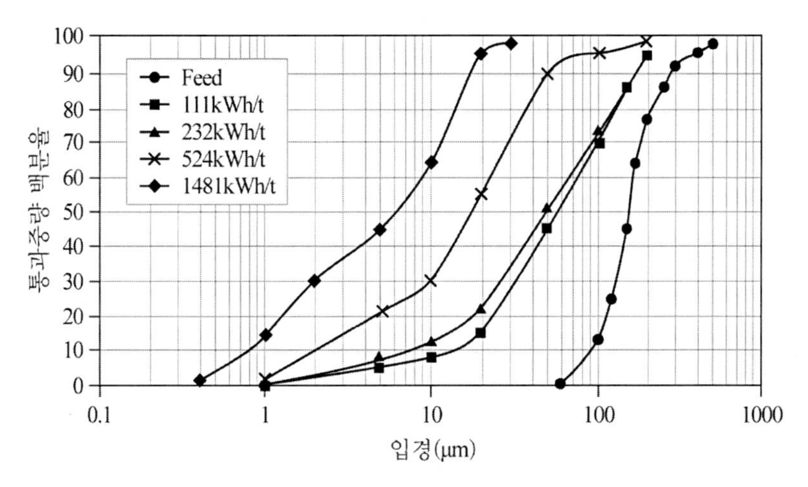

그림 8.43 접선 발사형 제트 밀의 에너지 투입량에 따른 분쇄 입도분포

는 것을 의미한다. 따라서 조립의 입자가 포함되지 않는 미세한 분쇄산물을 얻기 위해서는 가스량 대비 고체 투입량이 너무 높지 않아야 하며 그 임계 gas/solid 비율은 2.0인 것으로 나타났다. 에너지 투입량으로 나타내면 모래의 경우 3600J/kg, 제약 제품의 경우 400~800J/kg이다.

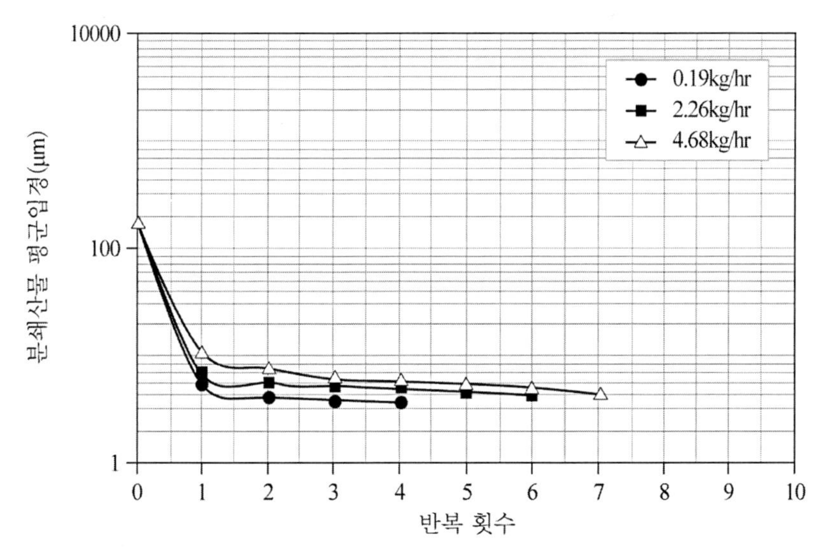

그림 8.44 분쇄산물을 반복적으로 분쇄하였을 때의 분쇄입도의 변화

그림 8.44는 제트 밀의 분쇄산물을 반복적으로 재분쇄한 결과를 도시한 것으로 분쇄를 반복하여도 더 이상 감소되지 않는 분쇄한계 현상을 나타낸다. 이러한 분쇄한계는 고체 투입량이 작아질수록 더 빠르게 나타난다. 그러나 분쇄한계 입도는 고체 투입량에 관계없이 약

4μm으로 동일하였다. 이러한 분쇄한계는 시료 물성에 따라 다르게 나타날 수 있으며 또한 가스 종류에 따라 다를 수 있다.

그림 8.45는 비에너지 투입량에 따른 분쇄입도를 도시한 것으로 분쇄한계에 접근하면 분쇄가 매우 느리게 진전되지 때문에 분쇄입도 대비에너지 투입량이 기하급수적으로 증가한다. 따라서 분쇄한계 영역에서 제트 밀의 에너지 효율은 급격히 저하되며 이 영역에 도달되지 않는 범위에서 운영해야 한다. 그러나 분쇄한계 입도는 가스 종류에 따라 다르게 나타나며 헬륨, 증기, 공기 및 CO_2의 순서로 더 미세한 분쇄 한계에 도달한다. 이는 일반적으로 분자량이 작은 가스일수록 같은 조건에서 노즐에서의 유속이 크기 때문이다. 그러나 5~80μm의 분쇄입도 영역에서 에너지 효율은 크게 차이가 없다. 따라서 가스 종류는 분쇄입도 영역에 따라 보다 편리한 가스를 선택해야 함을 알 수 있다.

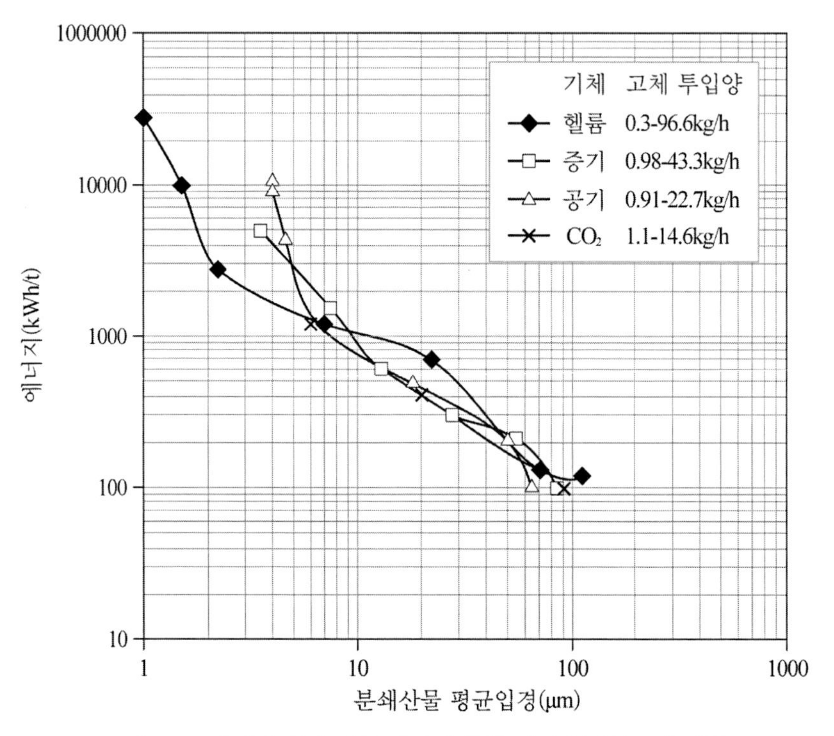

그림 8.45 유체 종류에 따른 에너지 투입 대비 분쇄입도의 변화

그림 8.46은 결정질 유기성 시료에 대해 접선 발사형 제트 밀 분쇄결과를 비에너지 투입량에 따른 분쇄산물의 비표면적 변화 추이를 나타낸 것이다(Midoux 등, 1999). 전체적으로 분쇄산물의 비표면적은 에너지 투입량이 증가할수록 비례적으로 증가한다. 그러나 증가율

은 400kJ/kg을 기점으로 급격히 감소한다. 이는 그림 8.45와 같이 분쇄한계에 가까워지면 에너지 효율이 급격히 저하될 수 있음을 시사한다. 또한 헬륨을 사용했을 때는 질소를 사용했을 때 보다 비표면적이 높다.

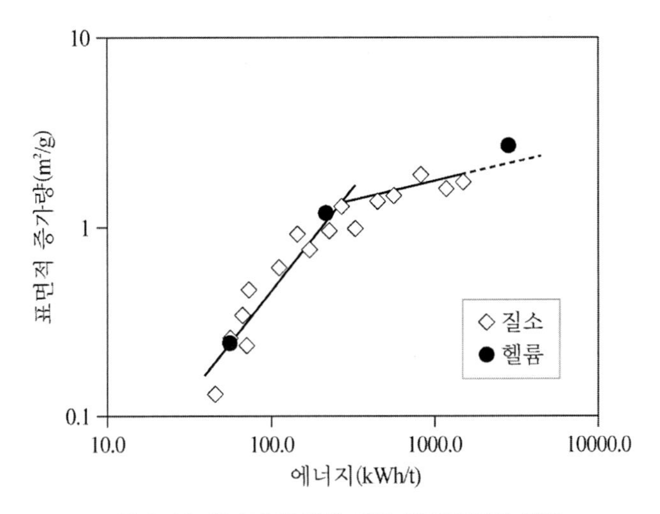

그림 8.46 에너지 투입에 따른 비표면적의 변화

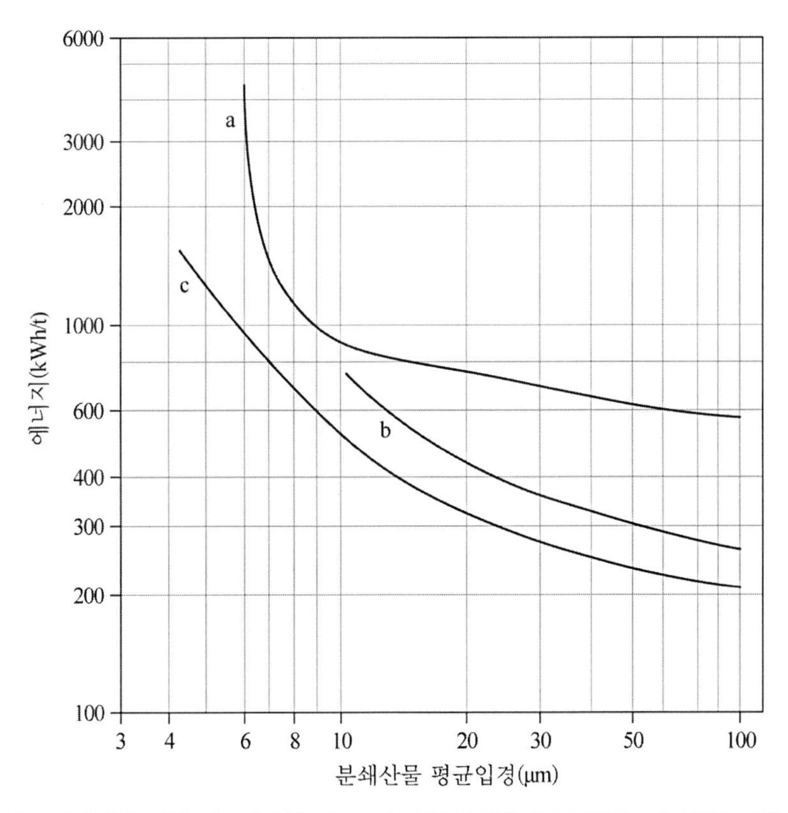

그림 8.47 제트 밀 유형에 따른 에너지 효율 비교: (a) 접선 발사형, (b) 타원형, (c) 유동층 대항 발사형

그림 8.47은 다양한 제트 밀에 대해 에너지 효율을 비교한 것이다(Chamayou와 Dodds, 2007). 모든 제트 밀은 분쇄입도가 미세해질수록 비에너지는 증가하는 경향을 나타내며, 특히 10μm 미만일 때 비에너지가 급격히 증가한다. 세 개의 유형의 제트 밀 중 유동층 대항 발사형이 에너지 소모율이 가장 낮지만, 밀 선택에 있어서 에너지 효율이 유일한 기준은 아니다. 예를 들어 응집성이 강한 물질은 유동층 대항 발사형이나 접선 발사형 제트 밀을 사용할 경우 밀 벽에 유착되어 두꺼운 퇴적층이 형성될 수 있기 때문에 적절하지 않을 수 있다.

이상의 결과는 비에너지 투입량을 기준으로 한 것이나 일부 연구자들은 분쇄결과를 운전 변수의 함수로 제시하였다. Ramanujam과 Venkateswarlu(1970)이 제시한 경험식은 다음과 같다.

$$\frac{S_p}{S_f} = \exp\left[K\left(\frac{d_f}{D_{mill}}\right)^{0.2}\left(\frac{M_g}{Q_{solid}}\right)^{p}(Re_g)^q\right] \qquad (8.46)$$

S_f = feed 비표면적(m^2/g)

S_p = product 비표면적(m^2/g)

d_f = feed 입도(mm)

D_{mill} = 밀 직경(m)

M_g = 가스 유량(kg/h)

Q_{solid} = 고체투입량(kg/h)

Re_g = 가스레이놀즈 수

K, p, q모델 상수로 방해석에 대한 값은 다음과 같다.

	K	p	q
저 에너지 영역	0.039	0.278	0.417
고 에너지 영역	3.46	0.053	0.079

Khan과 Ramanujam(1978)은 추후 연구를 통해 다음과 같은 수정식을 제시하였다.

$$\frac{S_p}{S_f} = K\left(\frac{d_f}{D_{mill}}\right)^{s}\left(\frac{M_g + M_i}{Q_{solid}}\right)^{p}(Re_g)^q \qquad (8.47)$$

M_i = feed와 같이 주입된 가스 유량(kg/h)

그러나 위 경험식은 특정 밀을 대상으로 도출된 것이기 때문에 적용에 있어 주의를 요한다.

유동층 대향 발사형 제트 밀에는 밀 상부에 회전체 분급기가 장착되어 있어 분쇄산물의 입도를 제어할 수 있는 또 하나의 운전변수를 제공한다. 분급작용은 회전에 의해 생성된 원심력과 입자 운동에 대한 공기저항력 사이의 균형에 의해 일어난다. 그림 8.48에서 보는 바와 같이 입자가 회전하는 분급기에 공급되면 작은 입자는 공기 흐름과 함께 분급기를 통과하여 배출되는 반면 큰 입자는 원심력을 받아 분급기를 통과하기 못하고 재순환된다.

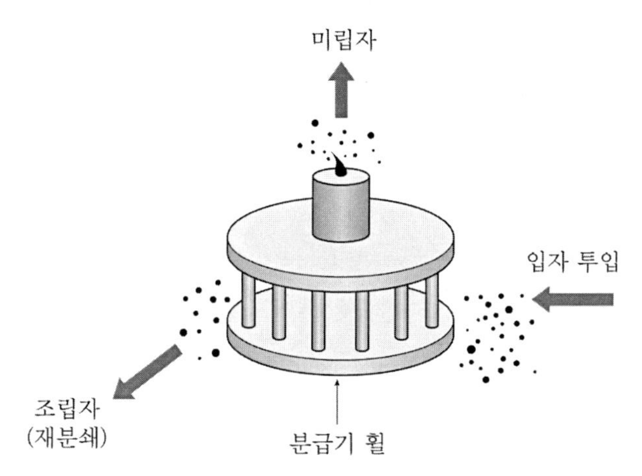

그림 8.48 유동층 대향 발사형 제트 밀 분급기

저항력은 Stokes 법칙을 따른다고 가정하면 원심력과 균형을 이룰 때 다음과 같이 표현된다.

$$\frac{\pi}{6}d^3\rho_s\frac{u^2}{r} = 3\pi\mu v d \tag{8.48}$$

d는 입자크기, ρ_s는 입자밀도, u는 분급기 회전속도, r은 분급기 반경, μ는 가스 점도, v는 입자의 법선 속도이다.

식 (8.48)로부터 d에 대해 정리하면

$$d = \sqrt{\frac{18\mu v r}{\rho_s u^2}} \tag{8.49}$$

d를 분급입도(d_{50})라고 하며 v에 비례하고 u^2에 반비례한다. 따라서 분급기 회전속도를 높이면 더 미세한 산물이 회수되는 반면 입자의 유속 속도를 높이면 조립한 입자가 산출된다. u는 분급기에 주입되는 유속에 비례하기 때문에 feed 주입 압력을 높이면 증가한다.

그림 8.49sms u/v를 변수로 하여 분쇄입도를 나타낸 것이다(Benz 등, 1996). Feed의 주입 압력이 일정할 때 분급기 회전속도를 높이면 분급입도가 감소하는 것을 알 수 있다. 또한 u/v가 일정할 때 feed 주입 압력을 높이면 분급입도가 감소한다. 그러나 분급기 회전 속도가 일정할 때 feed 주입 압력의 영향은 상충 작용으로 인해 복잡하게 나타난다. Feed 주입 압력을 높이면 가스 분사 속도가 증가하기 때문에 입자의 강한 충돌로 이어져 미세한 입자가 생성된다. 반면에 분급기 유속 입자 속도는 증가되어 분급입도는 증가하게 된다. 따라서 제트 밀 운영에 있어 두 가지 인자의 복합적인 작용에 대해 충분한 이해가 있어야 최적의 결과를 얻을 수 있다.

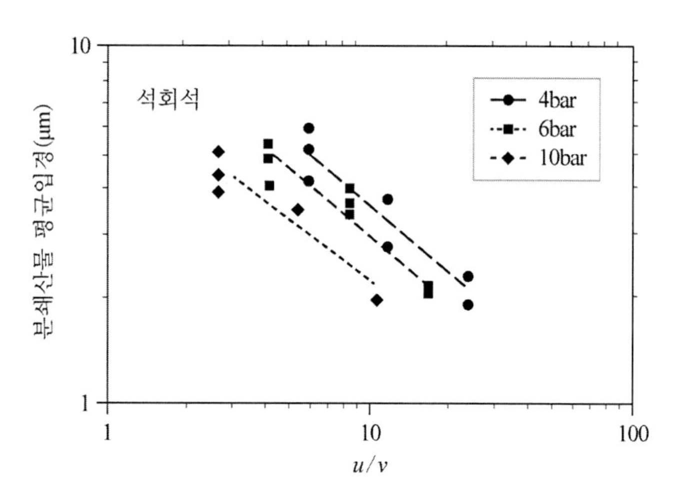

그림 8.49 u/v 및 주입 압력에 따른 분쇄입도의 변화

최종 회수된 분쇄산물의 입도분포 또한 운전조건에 영향을 받는다. 그림 8.50은 u/v 및 feed 주입 압력에 따른 입도분포의 분산도를 도시한 것이다. 입도분포의 분산도는 $g=(d_{90}-d_{10})/d_{50}$의 지수를 사용하였다. 입도분포 범위가 커질수록 $(d_{90}-d_{10})$의 값이 커져 g는 증가한다. u/v가 커질수록 좁은 입도분포를 갖는 산물이 산출되며 u/v가 동일할 때 feed 주입 압력이 커질수록 입도분포가 좁아지는 것을 알 수 있다. 위 결과를 종합하여 Benz 등은 분쇄입도에 대한 경험식을 다음과 같이 제시하였다.

$$d_{50}=(K_1+K_2P)(u/v)^{K_3} \tag{8.50}$$

P는 feed 주입 압력, K_1, K_2, K_3는 상수로 회구분석을 통해 정한다.

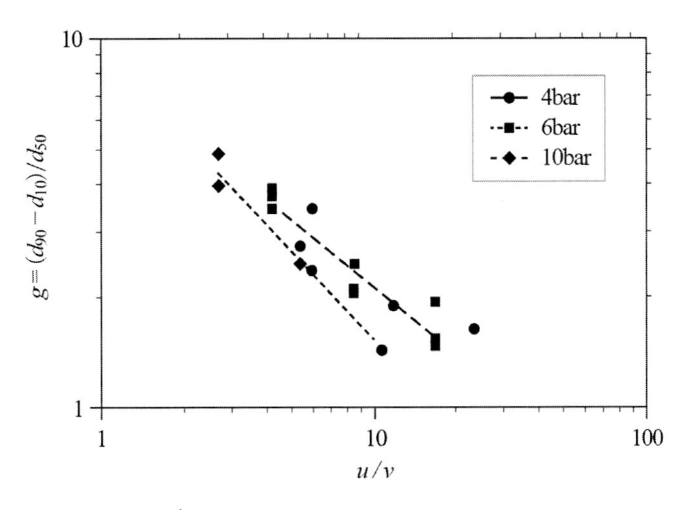

그림 8.50 u/v 및 feed 주입 압력에 따른 입도분포의 분산도

8.2.2.3 제트 밀 분쇄 모델

제트 밀의 분쇄성능에 대한 예측은 위에서 설명된 바와 같이 실험을 통해 운전변수의 영향을 분석하고 경험식을 유도하는 방법이 많이 이용되고 있으나 이러한 경험식은 특정 밀을 대상으로 도출된 것이기 때문에 적용성에 한계가 있다. 따라서 모델링을 통해 보다 다양한 운전조건에 대해 영향을 근본적으로 분석하고 예측하려는 노력이 지속되고 있다. 이 중 PBM은 가장 많이 이용되는 방법으로 다양한 모델이 제시되었다(Gommeren 등, 1996; Nair, 1999; Starkey 등, 2014). PBM은 분쇄율 S와 분쇄분포 B를 기초로 한다. 그러나 이미 전 장에서 설명한 바와 같이 sub-sieve영역에서는 S와 B의 실험적 측정은 불가능하다. 따라서 제시된 모델은 대부분 실험결과를 바탕으로 역계산하여 모델인자 값을 도출하는 방법이 이용되었다. 일반적으로 분쇄결과는 S와 B의 보완적인 특성에 의해 조합에 따라 유사한 결과가 나타난다. 따라서 역계산으로 실험결과와 맞추어진 S와 B는 진정한 값이라고 보장할 수 없다. 최근에는 DEM-CFD(Brosh 등, 2014)를 적용하여 제트 밀의 분쇄성능을 예측하려는 시도가 이루어지고 있으나 이 역시 모델 인자의 복잡성 및 측정의 어려움으로 실제 공정 적용에 한계가 있다. 그러나 이러한 모델은 다양한 운전인자의 영향에 대해 간단히 해석할 수 있는 툴을 제공하기 때문에 제트 밀 공정을 설계하고 최적화하는 데 유용하게 사용될 수 있다. 또한 모델은 분쇄기 특성을 반영하여 수학적으로 모사한 것이기 때문에 제트 밀 유형에 따라 차이가 있다.

(1) 접선 방사형 제트 밀

Gommeren 등(1996)이 제시한 모델은 그림 8.51과 같이 접선 발사형 제트 밀에 대해 세 구역으로 구분하여 모사하였다. 1-구역은 입자 충돌에 의해 분쇄가 일어나는 구역이며 2-구역은 입자가 회오리 흐름에 의해 분급이 일어나는 구역, 3-구역은 외부 분급기를 나타낸 것으로 조립의 입자는 제트 밀로 보내져 재분쇄되고 미세입자는 회수된다. 각 영역 경계에서는 물질교환이 일어난다.

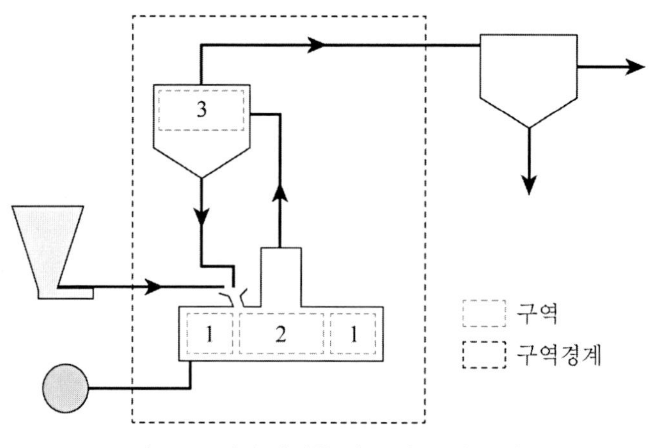

그림 8.51 접선 발사형 제트 밀 모델 모식도

각 구역별로 특정 입도구간 i에 존재하는 질량은 분쇄 및 물질교환에 의해 증감된다. 1-구역에 대해 시간 t와 $t+\triangle t$ 사이의 변화량은 다음과 같이 표현된다.

$$m_{1,i}(t+\triangle t) = m_{1,i}(t) + m_{2,i}(t)\,T_{21,i}\triangle t + \sum_{j=1}^{i} b_{i,j} S_j m_{1,j}(t)\triangle t - m_{1,i}(t)\,T_{12,i}\triangle t - S_i m_{1,i}(t)\triangle t \qquad (8.51)$$

$m_{1,t}(t)$ = 시간 t에 입도 i입자의 질량

$T_{21,i}$ = 영역 2에 존재하는 입도 i입자 중 영역 1로 전달되는 분율

$T_{12,i}$ = 영역 1에 존재하는 입도 i입자 중 영역 2로 전달되는 분율

S_j = 입도 i입자의 분쇄율

$b_{i,j}$ = 입도 j입자의 파괴 조각 중 크기 i입자의 분율

2-구역에는 외부 분급기에 의해 재순환되는 조립자와 새로운 feed가 공급된다. 따라서 입도-물질 수지식은 다음과 같이 표현된다.

$$m_{2,i}(t+\Delta t) = m_{2,i}(t) + m_{1,i}(t)\,T_{12,i}\Delta t - m_{2,i}(t)\left[T_{21,i} + T_{23,i}\right] + \left[m_{f,i}(t) + m_{r,i}(t)\right]\Delta t \tag{8.52}$$

$m_{f,i}(t)$ = 시간 t에 feed에 존재하는 입도 i입자의 질량

$m_{r,i}(t)$ =시간 t에 재순환 되는 입도 i입자의 질량

위 식은 초기 조건을 적용해 수치적으로 계산되며 일정시간이 흐르면 정상상태에 도달한다. 그림 8.52는 이렇게 계산된 결과와 실험결과를 비교한 것으로 두 결과는 비교적 잘 일치한다. 그러나 이 결과는 모델 인자를 임의적으로 조정한 것이기 때문에 실질적으로는 한계가 있다.

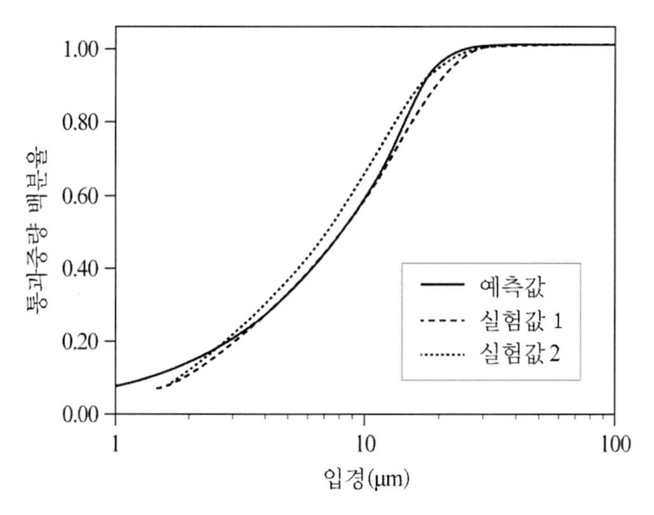

그림 8.52 실험값과 모델 예측 입도분포의 비교

(2) 유동층 대항 발사형 제트 밀

Berthiaux 등(1999)이 제시한 모델은 그림 8.53과 같이 분쇄기에 분급기가 연결된 폐회로 모델로 볼 밀 폐회로 모델과 근본적으로 동일하다. 다만 기본이 되는 회분식 분쇄공식의 해는 Reid해가 아닌 Kapur(1970)의 근사해를 사용하였다.

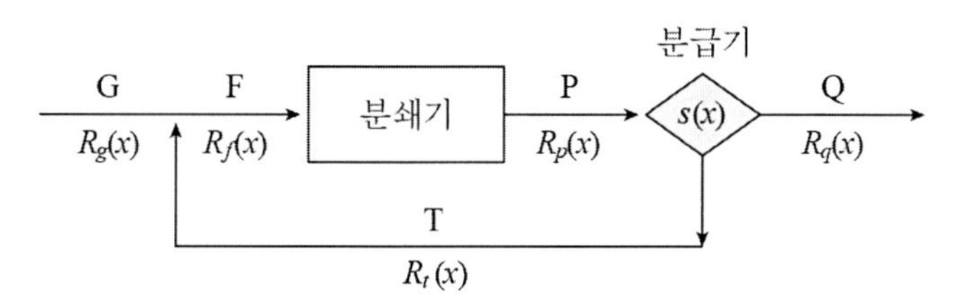

그림 8.53 유동층 대항 발사형 제트 밀 모델 모식도

분쇄시간이 비교적 짧을 때 분쇄산물 중 입도 i보다 큰 입자의 비율 $R_i(t)$는 다음과 같이 표현된다.

$$R_i(t) = R_i(0)\exp(K_j t) \tag{8.53a}$$

$$K_i = -S_i + \sum_{j=1}^{i-1}(S_{j+1}B_{i,j+1} - S_j B_{i,j})\frac{R_j(0)}{R_i(0)} \tag{8.53b}$$

따라서, 특정 입도 i보다 큰 입자의 비율은 분쇄시간에 따라 지수함수적으로 감소하며 그 변화율로부터 K_i를 추정할 수 있다. 또한 분쇄 초기에는 $S_i \cong -K_i$이기 때문에, 분쇄분포는 $B_{i,j} \cong S_{i-1}/S_j$의 관계식에 의해 계산된다. 연속 분쇄공정에 의한 분쇄산물의 입도분포는 RTD 함수, $\phi(t)$에 대해 적분하여 다음과 같이 표현된다.

$$R(x) = \int_0^\infty \phi(t)R(x,t)dt \tag{8.54}$$

$R(x)$는 분쇄산물 중 입도 x보다 큰 입자의 분율이다.

제트 밀은 밀의 강력한 유속에 의해 작동하므로 완전혼합 분쇄기로 간주할 수 있다. 따라서 완전혼합 RTD를 적용시키면 분쇄산물의 입도분포는 다음과 같이 간단히 표현된다.

$$R(x) = \frac{R(x,0)}{1+K_i\tau} \tag{8.55}$$

τ는 평균 체류시간이다.

분급 후 최종 분쇄산물의 입도분포는 볼 밀에서 설명된 바와 같이 분쇄-분급 회로에 대한 입도-물질 수지식에 의해 다음과 같이 계산된다.

$$PR_P(x) = TR_t(x) + QR_P(x) \tag{8.56a}$$

$$FR_f(x) = TR_t(x) + GR_g(x) \tag{8.56b}$$

정상상태에서 $F = P$이므로 위 식은 다음과 같이 전개된다.

$$Q[R_q(x) - R_g(x)] = P[R_p(x) - R_f(x)] \tag{8.57}$$

분급기 성능은 분급비로 표시하면 다음과 같다.

$$s(x) = \frac{TdR_t}{PdR_p} \tag{8.58}$$

분급후 입도-물질 수지식은 다음과 같다.

$$TdR_t = PdR_p s(x) \tag{8.59a}$$

$$QdR_q = PdR_p[1 - s(x)] \tag{8.59b}$$

위 식을 정리하면 다음과 같은 식이 얻어진다.

$$dR_t = \frac{Q}{T}\frac{s(x)}{1-s(x)}dR_q \tag{8.60}$$

위 식을 0부터 x까지 적분하면 다음과 같다.

$$R_t(x) - 1 = \frac{Q}{T}\int_0^x \frac{s(x)}{1-s(x)}dR_q \tag{8.61}$$

위 식을 식 (8.56)에 대입하면

$$FR_f(x) = T + Q\int_0^x \frac{s(x)}{1-s(x)}dR_q + GR_g(x) \tag{8.62}$$

위 식을 식 (8.57)에 대입하여 정리하면 분급과정을 거친 후 배출되는 최종 산물의 입도분포는 다음 식으로 계산된다.

$$R_q(x) = \left[R_g(x) + \frac{K(x)\tau}{1+K(x)\tau}\left(\int_0^x \frac{s(x)}{1-s(x)}dR_p + \frac{T}{P-T}\right)\right]\frac{1}{1+K(x)\tau} \tag{8.63}$$

그러나 위 식은 닫힌 형태가 아니므로 해석해가 존재하지 않으며 수치적인 방법이 필요하다.

본 모델은 실험을 통해 검증되었다. 실험은 소형 유동층 대향 발사형 제트 밀(직경 100 mm)을 이용해 gibbsite를 대상으로 실시되었다. 그림 8.54a는 실험결과를 토대로 추정된 입도별 분쇄율을 도시한 것이다(Berthiaux 등, 1999). 형태는 볼 밀에서 나타나는 전형적인 양상을 보이고 있다. 따라서 볼 밀과 같은 형태의 분쇄율 함수식이 이용되었다.

$$S_i = A\left(\frac{x_i}{x_0}\right)^{\alpha}\frac{1}{1+\left(\frac{x_i}{\mu}\right)^{\Lambda}} \tag{8.64}$$

$(A = 0.41s^{-1}, x_0 = 1000\,\mu m, \alpha = 1.0, \mu = 106.4\,\mu m, \Lambda = 2.86)$

그러나 그림 8.54b에서 보는 바와 같이 분쇄분포 함수는 볼 밀과는 다른 형태를 보이며 특히 입자가 미세해질수록 기울기가 커진다.

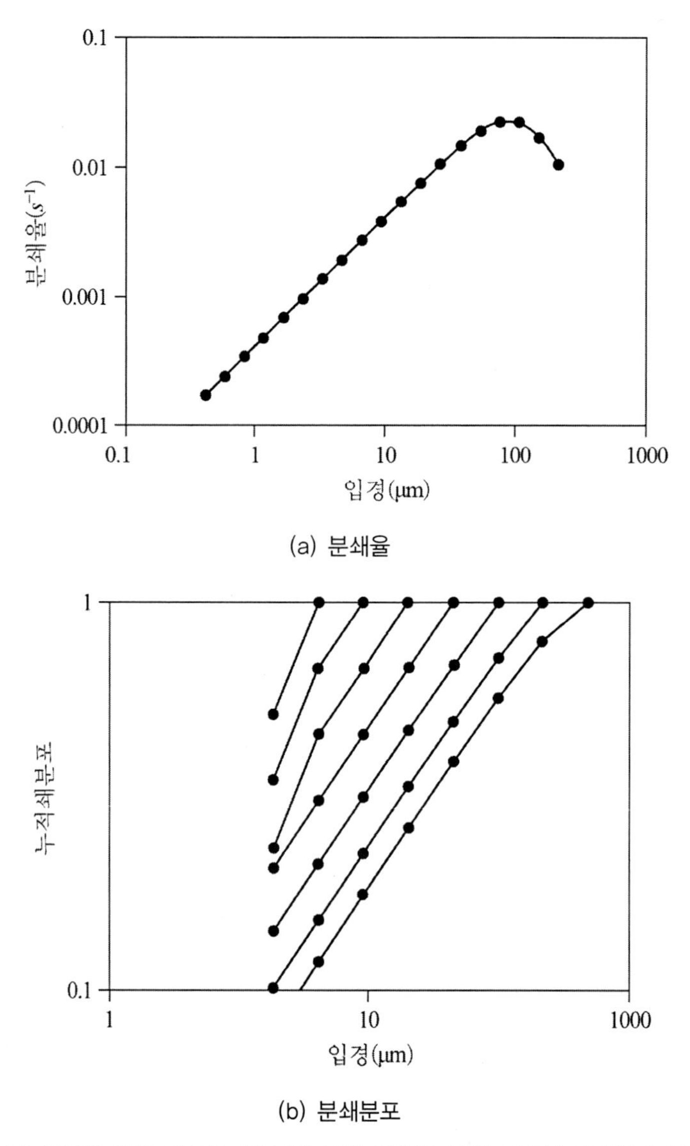

그림 8.54 유동층 대향 발사형 제트 밀 모델 적용을 위해 측정된 분쇄율과 분쇄분포

그림 8.55는 분급비를 도시한 것으로 입자크기가 감소해도 분급비는 0이 되지 않는 by-pass라는 현상을 나타낸다. 이러한 분급곡선은 다음과 같은 log-logistic 함수를 이용하며 표현 가능하다.

$$s_i = a + \frac{1-a}{1+\left(\frac{x_i}{d_{50}}\right)^{-\lambda}} \tag{8.65}$$

$(a = 0.29, d_{50} = 20.5\mu m, \lambda = 3.7)$

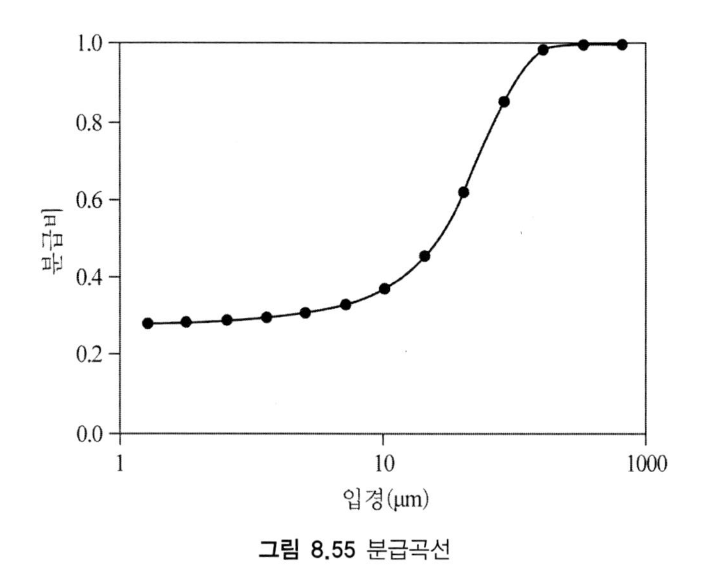

그림 8.55 분급곡선

그림 8.56은 위와 같이 추정된 분쇄율, 분쇄분포 및 분급비를 적용하여 식 (8.63)에 의해 계산된 최종 분쇄산물의 입도분포를 도시한 것이다. 다만 모델 적용 시 평균체류시간 τ는 알 수 없기 때문에 값을 변경하면서 실험결과와 비교하였으며 τ=19.5sec일 때 실험결과에 가장 근접한 결과를 얻었다. 그러나 그림을 자세히 살펴보면 조립 영역에서는 예측결과가 실험결과보다 낮은 반면에 미립 영역에서는 높다. 이러한 차이는 로그-로그 좌표로 도시하면 더욱 두드러진다. 따라서 모델 결과와 실험값은 일치성이 높다고 할 수 없다. 또한 본 모델은 해석해가 존재하지 않아 계산과정이 복잡한 단점이 있다.

본 모델에서 사용된 회로 모델(그림 8.53)은 근본적으로 볼 밀 폐회로 모델과 동일하다. 따라서 볼 밀에서 논의된 폐쇄회로 모델을 적용하면 쉽게 분쇄산물의 입도분포를 계산할 수 있다. 그림 8.57은 그러한 결과를 보여준다. 분쇄율과 분급비는 같은 값을 사용하였으나 분쇄분포는 $B_{i,j} = (x_{i-1}/x_j)^{2.0}$의 형태로 정규화 하였다. $\tau = 40\,\text{sec}$일 때 실험결과와 가장 잘 일치 하였다. 이 τ 값은 Berthiaux 모델에서 추정된 값과 차이가 있으나 모두 역계산된 것이기 때문에 어느 값이 정확한 것인지 알 수 없다. 연속식 분쇄기에서 체류시간은 중요한 인자이나 실 측정이 쉽지 않다. 따라서 체류시간은 역계산하는 것이 일반적이며 생산량 비교

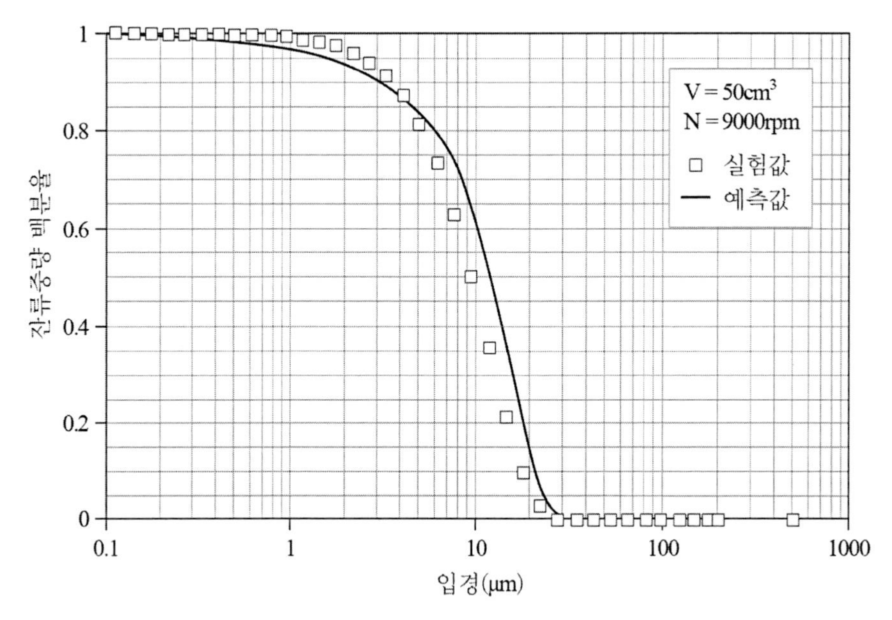

그림 8.56 모델 예측과 실험결과와의 비교

를 통해 보정인자로 취급된다. 보다 중요한 것은 분쇄산물의 입도분포로서 그림 8.57에서 보는 바와 같이 모델 예측값은 모든 입도에 대해 실험결과와 일치하는 것을 알 수 있다. 이는 볼 밀에서 개발된 PRB 모델은 분쇄장비 종류에 관계없이 일반적으로 적용될 수 있음을 시사한다.

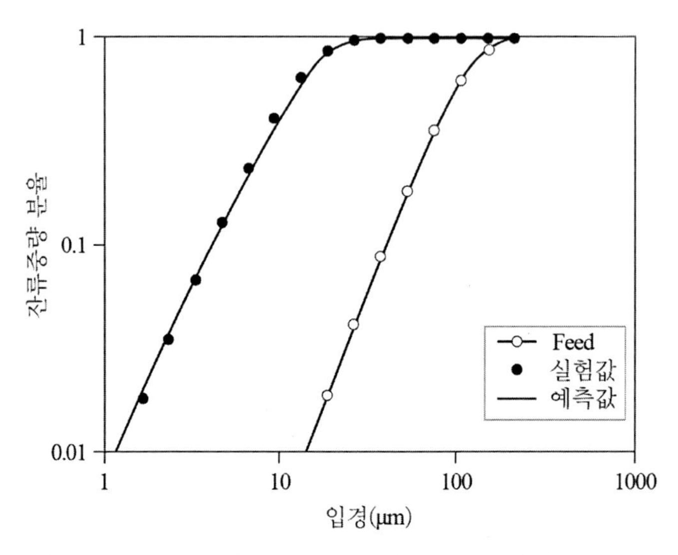

그림 8.57 볼 밀 폐회로 모델 예측값과 제트 밀의 실험값의 비교

제8장 참고문헌

Benjamin, J. S. (1970). Dispersion strengthened superalloys by mechanical alloying. *Metall. Trans.*, 1, 2943-2951.

Benz, M., Herold, H., Ulfik, B. (1996). Performance of a fluidized bed jet mill as a function of operating parameters. *Int. J. Miner. Process.*, 44-45, 507-519.

Berthiaux, H., Dodds, J. (1999). Modelling fine grinding in a fluidized bed opposed jet mill Part I: Batch grinding kinetics, *Powder Technology,* 106, 78-87.

Berthiaux, H., Chiron, C., Dodds, J. (1999). Modelling fine grinding in a fluidized bed opposed jet mill Part II: Continuous grinding, *Powder Technology*, 106, 88-97.

Bogdanov, V. S., Alexandrova, E. B., Bogdanov, D. V., Bogdanovand, N. E., Gavrunov, A. Y. (1999). Optimization of material grinding in vibration mills. *Journal of Physics,* Conference Series 1353, 012059.

Burgio, N., Iasonna, A., Magini, M., Martelli, S. Padella, F. (1991). Mechanical alloying of the Fe-Zr system. Correlation between input energy and end products. *Il Nuovo Cimento D,* 13, 459-476.

Brosh, T., Kalman, H., Levy, A., Peyron, I., Ricard, F. (2014). DEM-CFD simulation of particle comminution in jet-mill. *Powder Technology,* 257, 104-112.

Chamayou, A., Dodds, J. A. (2007). *Air Jet Milling* in Handbook of Powder Technology, Vol. 12, Elsevier Science, 421-435.

Cho, H., Hogg, R. (1995). Breakage parameters for the ultrafine grinding for stirred-media mills, *Proc. XIX International Mineral Processing Congress,* 22-27 Oct, San Francisco, Ca, USA.

Cho, H., Hogg, R., Waters, M. A. (1996). Investigation of the grind limit in stirred-media milling. *Int. J. Miner. Process.*, 44-45, 607-615.

Cho, H., Lee, H., Lee, Y. (2006). Some breakage characteristics of ultra-fine wet grinding with a centrifugal mill. *Int. J. Miner. Process.*, 78, 250-261.

Cho, H., Kim, K. H., Lee, H., Kim, D. J. (2011). Study of residence time distribution and mill hold-up for a continuous centrifugal mill with various G/D ratios in a dry-grinding environment. *Minerals Engineering*, 24(1), 77-81.

Cleary, P. W., Cummins, S. J., Sinnott, M. D., Delaney, G. W., Morrison, R. D. (2020). Advanced comminution modelling: Part 2 - Mills. *Applied Mathematical Modelling*, 88, 307-348.

Conley, R. F. (1972). Effects of crystal structure and grinder energy on fine grinding of pigments. *Journal of Paint Technology*, 44(567), 67-84.

Davis, R. M., McDermott, B., Koch, C. C. (1988). Mechanical alloying of brittle materials. *Metall. Trans.* A, 19, 2867-2874.

Dombrowe, H., Hoffmann, B., Scheibe, W. (1982). Über wirkungsweise und einsatzmöglichkeiten von mahlhilfsmitteln (About the mode of action and possible uses of grinding aids). *Zement-Kalk-Gips*, 11, 571-80.

Duffy, M. S. (1995). Investigation into the performance characteristics of tower mills. MS Thesis, University of Queensland.

Dunning, J. D., Lewis, W. L., Dunn, D. E. (1980). Chemomechanical weakening in the presence of surfactants. *J. Geophysical Research*, 85, 5344-5354.

El-Shall, H., Somasundaran, P. (1984). Physico-chemical aspects of grinding: a review of use of additives. *Powder Technology*, 38, 276-293.

Fuerstenau, D. W. (1995). Grinding aids. *Kona Powder and Particle Journal*, 13, 5-18.

Gao, M. W., Forssberg, E. (1993a). A study on the effect of parameters in stirred ball milling. *Int. J. Min. Process.*, 37, 45-59.

Gao, M. W., Forssberg, E. (1993b). The influence of slurry rheology on ultra-fine grinding in a stirred ball mill. *Proc. 18th International Mineral Processing Congress*, Sydney, 237-244.

Gao, M. W., Forssberg, K. S. E., Weller, K. R. (1996) Power predictions for a pilot scale stirred ball mill. *Int. J. Min. Process.*, 44, 641-652.

Gao, M., Weller, K. R., Allum, P. (1999). Scaling-up horizontal stirred mills from a 4-litre test mill to a 4000-litre "IsaMill". *Proc. Powder Technology Symposium*, Pennsylvania State University, Pennsylvania, USA, September.

Gao, M. W., Young, M. F., Cronin, B., Harbort, G. (2001). Isamill medium compentency and its effect on milling performance. *Minerals & Metallurgical processing*, 18(2), 117-120.

Gommeren, H. J. C., Heitzmann, D. A., Kramer, H. J. M., Heiskanen, K., Scarlett, B. (1996). Dynamic modeling of a closed loop jet mill. *Comminution*, Elsevier, 497-506.

Greenwood, R., Rowson, N., Kingman, S., & Brown, G. (2002). A new method for determining the optimum dispersant concentration in aqueous grinding. Powder Technology, 123(2-3), 199-207.

Herbst, J. A., Sepulveda, J. L. (1978). Fundamentals of fine and ultrafine grinding in a stirred ball mill. *Power and Bulk Solids Conference*, Chicago.

Hogg, R. (1999). Breakage mechanisms and mill performance in ultrafine grinding. *Powder Technology*, 105, 135-140.

Hoyer, D. I. (1992). Power consumption in centrifugal and nutating mills. *Minerals Engineering*, 5(6), 671-684.

Hoyer, D. I., Dawson, M. F. (1982). Some results of laboratory experiments on batch centrifugal ball milling. *J. S. Afr. Inst. Min. Metall.*, May, 125-133.

Iasonna, A., Magini, M. (1996). Power Measurements during mechanical milling. An experimental way to investigate the energy transfer phenomena. *Acta Materialia*, 44(3), 1109-1117.

Ito, H. (1987). Scale-up theory of single track jet mill. *Proc. 2nd Korean Japan Powder Technology Seminar*, Pusan, Korea, August 18-19.

Jankovic, A. (2001). Media stress intensity analysis for vertical stirred mills. *Minerals Engineering*, 14, 1177-1186.

Jankovic, A. (2003). Variables affecting the fine grinding of minerals using stirred mills. *Minerals Engineering*, 16, 337-345.

Jankovic, A., Morrell, S. (1997). Power modelling of stirred mills. *Proc. 2nd UBC-MCGILL Biannual International Symposium on Fundamentals of Mineral Processing and the Environment*, Sudbury, Ontario, Canada.

Jeknavorian, A., Barry, E., Serafi, F. (1998). Determination of grinding aids in Portland cement by pyrolysis gas chromatography-mass spectrometry. *Cement and Concrete Research*, 28, 1335-45.

Kapur, P. C. (1970). Kinetics of batch grinding: Part B. An approximate solution to the grinding equation. *Trans. SME/AIME*, 247, 309-313.

Karbstein, H., Muller, F., Polke, R. (1996). Scale-up for grinding in stirred ball mills. *Aufbereitungs-Technick*, 37(10), 469-479.

Khan, A., Ramanujam, M. (1978). Improved correlations for superfine grinding in a condux air jet mill. *Ind. Chem. Eng.*, 20(4), 49-51.

Knieke, C., Sommer, M., Peukert, W. (2009). Identifying the apparent and true grinding limit.

Powder Technology, 195(1), 25-30.

Kwade, A. (1999). Wet comminution in stirred media mills - research and its practical application. *Powder Technology*, 105(1-3), 14-20.

Kwade, A. (2004). Mill selection and process optimization using a physical grinding model. *Int. J. Min. Process.*, 74, S93-S101.

Kwade, A., Blecher, L., Schwedes, J. (1996). Motion and stress Intensity of grinding beads in a stirred media mill. Part 2: Stress intensity and its effect on comminution. *Powder Technology*, 86(1), 69-76.

Larson, M., Anderson, G., Morisson, R., Young, M. (2011). Regrind mills: Challenges of scale-up. Paper presented at SME Annual Meeting, Feb 27-Mar 2, Denver, CO.

Lin, I. J., Nadiv, S. (1979). Review of the phase transformation and synthesis of inorganic solids obtained by mechanical treatment (mechanochemical reactions). *Materials Science and Engineering*, 39, 193-209.

Mallikarjunan, R., Pai, K., Halasyamani, P. (1965). The effect of some surface active reagents on the comminution of quartz and calcite. Transactions, 79-82.

Mankosa, M. J., Adel, G. T., Yoon, R. H. (1986). Effect of media size in stirred ball mill grinding of coal. *Powder technology*, 49(1), 75-82.

Mankosa, M. J., Adel, G. T., Yoon, R. H. (1989). Effect of operating parameters in stirred ball mill grinding of coal. *Powder technology*, 59(4), 255-260.

Mannheim, V. (2011). Empirical and scale-up modeling in stirred ball mills. *Chemical Engineering Research and Design*, 89, 405-409.

Matsuo, S., Nonaka, M., Inoue, T. (1990). *Proceedings of Second World Congress Particle Technology*, September 19-22, Kyoto, Japan, 599-606.

Meloy, T. P. (1968). Fine grinding - size distribution, particle characterization and mechanical methods. In *Ultrafine-grain Ceramics,* Burke J. J., Reed N. L., and Weiss V., eds. (New York: Syracuse University Press), 17-37.

Menacho, J. M., Reyes, J. M. (1989). Evaluation of the tower mill as regrind machine. *Proc. 21st Canadian Mineral Processors Operators Conference*, Jan 17-19, Ottawa, Ontario. 124-145.

Midoux, N., Hosek, P. (1999). Micronization of pharmaceutical substances in a spiral jet mill.

Powder Technology, 104(2), 113-120.

Mio, H., Kano, J., Saito, F. (2004). Scale-up method of planetary ball mill. *Chem. Eng. Sci.*, 59, 5909-5916.

Mio, H., Kano, J., Saito, F., Kaneko, K. (2004). Optimum revolution and rotational directions and their speeds in planetary ball milling. *Int. J. Miner. Process.*, 74, S85-S92.

Molls, H. H., Hornel, R. (1972). DECHEMA - Monography 69 TI 2. 631-661.

Morrell, S., Sterns, U., Weller, K. (1993). The application of population balance models to very fine grinding in tower mills. *Proc. XVIII International Mineral Processing Congress*, 61-66.

Morrison, R., Cleary, P., Sinnott, M. (2009). Using DEM to compare the energy efficiency of pilot scale ball and tower mills. *Minerals Engineering*, 22(7-8), 665-672.

Nair, P. R. (1999). Breakage parameters and the operating variables of a circular fluid energy mill: Part I. Breakage distribution parameter. *Powder Technology*, 106, 45-53.

Nitta, S., Fuyurama, T., Bissombolo, A., Mori, S. (2006). Estimation of the motor power of the tower mill through dimensional analysis. *Proc. XXIII International Mineral Processing Congress,* 158-161.

Patra, P., Nagaraj, D. R., Somasundaran, P. (2010). Impact of pulp rheology on selective recovery of value minerals from ores. *Proc. XI International Seminar on Mineral Proceeding Technology*, 1223-1231.

Prziwara, P., Breitung-Faes, S., Kwade, A. (2018). Impact of grinding aids on dry grinding performance, bulk properties and surface energy. *Advanced Powder Technology*, 29, 416-425.

Radziszewski, R., Allen, J. (2014). Towards a better understanding of stirred milling technologies - Estimating power consumption and energy use. Presented at the 46th Annual Canadian Mineral Processors Operation Conference, Ottawa, Ontario, Jan. 21-23.

Rajaonarivony, K. R., Mayer-Laigle, C., Priou, B., Rouau, X. (2021). Comparative comminution efficiencies of rotary, stirred and vibrating ball-mills for the production of ultrafine biomass powders. *Energy*, 227, 120508.

Ramanujam, M., Venkateswarlu, D. (1970). Studies in fluid energy grinding. *Powder Technology*, 3, 92-101.

Raasch, J. (1992). Trajectories and impact velocities of grinding bodies in planetary ball mills.

Chem. Eng. Technol., 15, 245-253.

Rojac, T., Kosec, M., Mali, B., Holc, J. (2006). The application of a milling map in the mechanochemical synthesis of ceramic oxides. *Journal of the European Ceramic Society*, 26(16), 3711-3716.

Sidor, J. (201). A mechanical layered model of a vibratory mill, *Mechanics and Control*, 29(3), 138-148.

Sinnott, M. D., Cleary, P. W., Morrison, R. (2011). Slurry flow in a tower mill, Mine*rals Engineering*, 24(2), 152-159.

Sinnott, M D., Cleary, P. W., Morrison, R. (2006). Analysis of stirred mill performance using DEM simulation: Part 1 - media motion, energy consumption and collisional environment. *Minerals Engineering*, 19, 1537-1550.

Sivamohan R. Vachot, P. (1990). A comparative study of stirred and vibratory mills for the fine grinding of muscovite, wollastonite and kaolinite. *Powder Technology*, 61, 119-129.

Skelton, R., Khayyat, A. N., Temple, R. G. (1980). Fluid energy milling. An investigation of micronizer performance. *Fine Particles Processing*, 1, 113-125.

Somasundaran, P., Lin, I. J. (1972). Effect of the nature of environment on comminution processes. *Ind. Eng. Chem. Process. Des. Dev.*, 11, 321-31.

Starkey, D., Taylor, C., Morgan, N., Winston, K., Svoronos, S., Mecholsky, J., Powers, K., Iacocca, R. (2014). Modeling of continuous self-classifying spiral jet mills: Part 1- Model structure and validation using mill experiments. *AIChE Journal*, 60, 4086-4095.

Stehr, N., Mehta, R. K., Herbst, A. (1987). Comparison of energy requirements for conventional and stirred ball milling of coal-water slurries. *Coal Preparation*, 4, 209-226.

Suryanarayana, C. (2001). Mechanical alloying and milling. *Progress in Materials Science*, 46, 1-184.

Tuzun, M. A. (1993). A Study of comminution in a vertical stirred ball mill, Ph. D. Thesis, University of Natal.

Vedaraman, R., Ragavendra, N. M., Venkateswarlu, D. (1970/71). Studies in vibration milling. *Powder Technology*, 4, 313-321.

Wang, Y., Forssberg, E. (1997). Ultra-fine grinding and classification of minerals. *Comminution Practices*, SME, Littleton, CO, 203-214.

Wang, Y., Forssberg, E. (2000). Technical note: Product size distribution in stirred media mills. *Minerals Engineering*, 13(4), 459-465.

Wang, Y., Forssberg, E., Sachweh, J. (2004). Dry fine comminution in a stirred media mill - MaxxMill, *Int. J. Min. Process.*, 74, S65-S74.

Weit, H., Schwedes, J., Stehr, N. (1986). World congress Particle Technology, Part 11, Niirnberg, 709-724.

Wen, S. B., Chen, C. K., Liu, H. S. (1988). Size reduction of magnetite sand to nanometre powder in a laboratory vibration mill. *Powder Technology*, 55, 11-17.

Yang, H. G., Li, C. Z., Gu, H. C., Fang, T. N. (2001). Rheological behavior of titanium dioxide suspensions. *Journal of colloid and interface science,* 236(1), 96-103.

Yokoyama, T., Tamura, K., Usui, H., Jimbo, G. (1996). Simulation of ball behavior in a vibration mill in relation with its grinding rate: effects of fractional ball filling and liquid viscosity. *Int. J. Miner. Process.*, 44-45, 413-424.

Yue, J., Klein, B. (2004). Influence of rheology on the performance of horizontal stirred mills. *Minerals Engineering*, 17, 1169-1177.

Yue, J., Klein, B. (2005). Particle breakage kinetics in horizontal stirred mills. *Minerals Engineering*, 18, 325-331.

Yue, J., Klein, B. (2006). The effects of bead size on ultrafine grinding in a stirred bead mill. *Advances in Comminution*, SME, Littleton, CO, 87-98.

Zhang, Q., Saito, F., Shimme, K., Masuda, S. (1999). Dechlorination of PVC by a mechanochemical treatment under atmospheric condition. *J. Soc. Powder Technol.*, Jpn., 36, 468-473.

Zhao, Q., Schurr, G. (2002). Effect of motive gases on fine grinding in a fluid energy mill. *Powder Technology*, 122, 129-135.

Zheng, J., Harris, C. C., Somasundaran, P. (1996). A study on grinding and energy input in stirred media mills. *Powder Technology*, 86(2), 171-178.

제9장

분 급

제9장 분급

파·분쇄 공정에서는 여러 크기의 입자가 생성되기 때문에 크기에 따라 분립(sizing)을 할 필요가 있다. 분립은 사분(screening)과 분급(classification) 공정으로 나뉜다. 사분은 체(sieve)를 이용하여 입자를 크기에 따라 분류하는 작업으로 입자의 무게나 비중에 관계없는 분립법이다. 반면 분급은 공기나 물 등의 유체 중에서 입자 거동 차이를 이용한 분립법이다. 공정 편의성 측면에서는 사분이 분급보다 편리하나 입도가 미세해질 경우 체에 의한 분급 효율이 떨어진다. 따라서 사분은 1.0mm 이상의 입자를 분리할 때 사용되며 그 이하의 입자는 분급으로 처리한다.

9.1 사분기

다양한 유형의 사분기가 사용되며 다음의 특징에 따라 구분된다.

i) 표면형태와 체 눈 모양
ii) 체의 형태
iii) 체의 진동 형태

9.1.1 체 표면과 눈의 형태

(1) 대형 입자 분립 - 그리즐리

그리즐리는 그림 9.1과 같이 레일, 막대 또는 봉을 나란히 배열한 형태로 배열 간격보다 작은 입자는 사이로 빠져나가 분립된다. 배열 간격은 분립 입도에 따라 5~200mm 정도이며 사각형 형태의 경우 입자가 끼이지 않도록 상부가 하부보다 작은 웨지 형태로 제조된다. 보통 30~40°의 경사각을 갖도록 설치되며 입자가 체 표면에 부착되는 성질이 크면 45°의 경사로 설치된다.

그리즐리는 보통 채광된 원석을 파쇄기로 보내기 전에 이미 충분히 작은 입자를 걸러내기 위해 사용된다. Feed 공급은 운반트럭에서 직접 투하되는 경우가 많기 때문에 체 매체는 충분한 강도를 가져야 한다. 또한 체 부하를 줄이기 위해 2층으로 설치되기도 하며 이 경우 큰 입자, 중간 입자, 작은 입자의 세 부류로 분립된다.

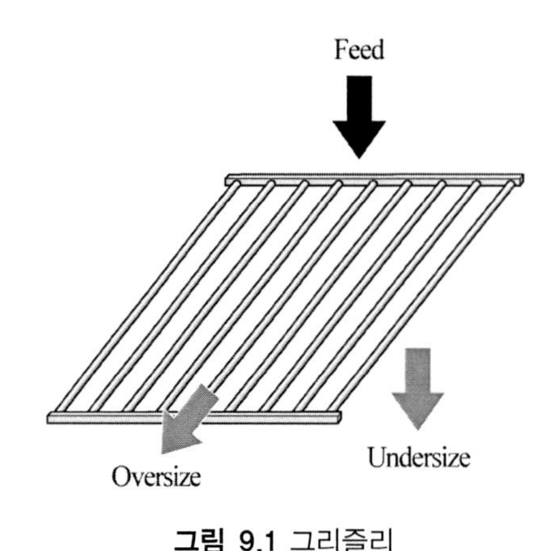

그림 9.1 그리즐리

(2) 중간 입자 체

중간 입자 체는 100mm에서 2mm까지 분립하는 체로 타공판 형태와 와이어를 엮은 형태의 두 가지가 있다.

① 타공판

타공판 체는 철이나 경화플라스틱 판에 원형, 정사각형 또는 직사각형 모양의 구멍이 타공되어 있는 형태이다. 원형 구멍의 배치는 그림 9.2와 같이 정사각 또는 정삼각 꼭짓점에 배열되며 사각형 구멍의 배치는 나란히 또는 엇갈려 배열된다. 또한 다양한 형태의 구멍이 혼재되어 있는 경우도 있다. 일반적으로 직사각형 구멍은 원형이나 정사각형 구멍에 비해 분립 정확도는 낮으나 처리량은 높다. 또한 원형으로 타공된 체일 경우 정삼각형으로 배열된 경우가 직사각형에 비해 타공 면적이 크기 때문에 처리량이 높다.

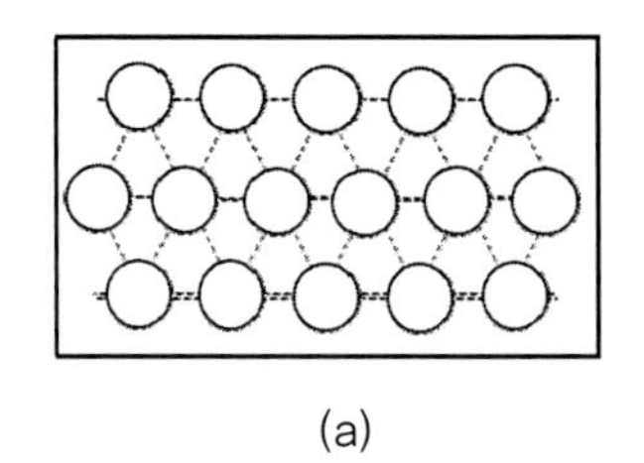

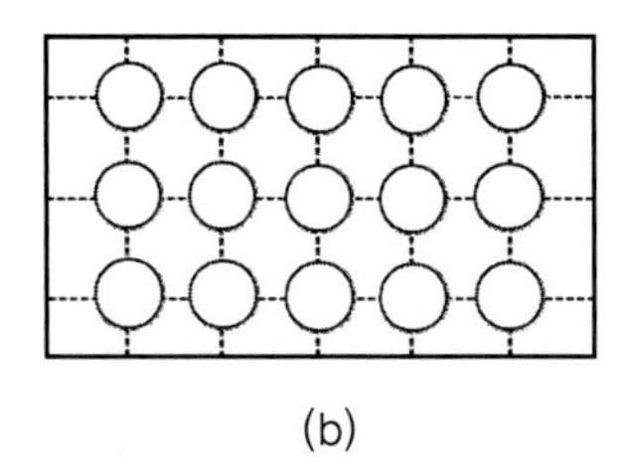

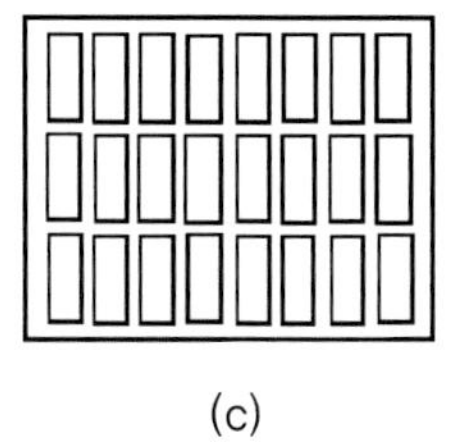

(a) (b) (c)

그림 9.2 타공판 체 구멍의 배치

② 와이어 체

와이어 체는 그림 9.3a와 같이 와이어를 엮은 형태이다. 와이어 재료로는 탄소강, 스테인레스, 청동, 황동, 니켈-크롬 합금, 알루미늄 합금의 금속 종류와 폴리우레탄 등의 플라스틱 등이 이용된다. 체 눈의 형태는 정사각형이 일반적이나 직사각 형태도 있다.

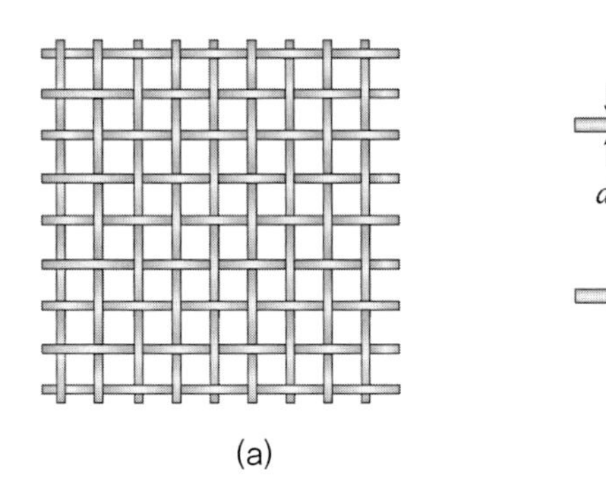

(a) (b)

그림 9.3 와이어 체

체 면적당 타공 면적의 비율은 체의 효율을 결정짓는 중요한 인자 중의 하나이다. 그림 9.3b에서와 같이 와이어 씨실과 날실의 직경을 d_1, d_2 체 눈의 길이와 폭을 L_1, L_2 라고 할 때 전체 면적당 타공 면적의 비율, A는 다음과 같다.

$$A = \frac{L_1 \ L_2}{(L_1 + \ d_1)(L_2 + d_2)} \tag{9.1}$$

체가 θ의 경사각으로 설치되면 유효면적은 투영면적 $(Area \cdot \cos\theta)$이 된다.

Mesh, M은 1인치당 타공 개수를 말하며 $d_1 = d_1 = d$, $L_1 = L_2 = L$인 경우 $M = (L+d)^{-1}$ 이다. 따라서 체 눈의 크기는 다음과 같이 계산된다.

$$L = \sqrt{\frac{25.4^2 A}{M^2}} \quad mm \tag{9.2}$$

입도 분리를 위한 체 눈의 크기는 체 눈의 모양, 체의 재질, 체의 경사, 체의 진동수 및 진폭 등에 따라 복잡하게 영향을 받으나 그림 9.4에서 보는 바와 같이 목적 분립입도보다 1.1~1.3배 정도 커야 한다.

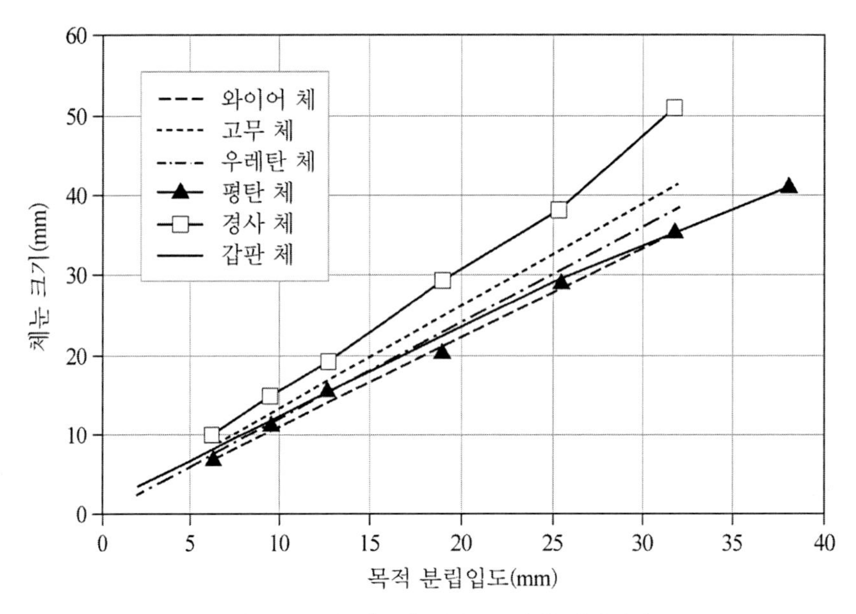

그림 9.4 분립 입도와 체 눈 크기의 상관관계

9.1.2 체 형태

산업용 사분기는 크게 체 면이 움직이지 않는 고정 체(stationary screen)와 체 면이 움직이는 가동 체(moving screen)로 구분된다. 또한 표면형태 및 진동형태에 따라 i) 평면 고정형, ii) 곡면 고정형, iii) 평면 진동형, iv) 굴곡면 진동형, v) 원통 회전형으로 세분된다.

(1) 평면 고정형

평면 고정형은 체가 수평 또는 경사지게 설치된다. 경사각이 높으면 체 면을 따라 입자가 수월하게 이동하게 되어 처리량은 증가하나 분급 효율은 감소한다. 또한 경사가 높아질수록 체 눈의 유효크기가 감하되므로 분급 입도 크기에 비해 체 눈의 크기는 더욱 커져야 한다.

체 눈에 접한 입자는 크기에 따라 통과되거나 잔류한다. 그러나 체 눈보다 작은 입자라도 와이어에 걸치거나 입자의 방향에 따라 통과되지 않을 수 있다. 그러나 접할 기회가 반복되면 결국 통과한다. 궁극적으로 입자의 통과확률은 입자의 크기와 형상에 영향을 받는다. 그림 9.5에서 보는 바와 같이 괴상구조를 한 입자는 체 눈보다 클 경우 통과하지 못하며 작은 입자는 통과한다. 납작한 입자는 통과하지 못하나 길쭉한 입자는 수직으로 체에 접하면 통과한다. 입자의 크기가 체 눈 크기와 비슷할 경우 입사각에 따라 통과될 수도 있고 통과되지 않을 수 있다. 일반적으로 체 눈 크기의 0.75~1.5배 크기의 입자는 정확한 분급이 일어나지 않는다.

체 면에 공급이 과하여 입자층이 두꺼워지면 상부에 위치한 입자는 체 면과 접촉할 기회가 없어 그대로 배출될 가능성이 높다. 이런 경우 체 면의 진동을 통해 상부층의 입자가 체 면에 접촉할 수 있도록 하면 분급효율이 높아진다. 또한 체의 길이를 증가시키면 입자가 체 면에 접촉할 기회가 늘어나 분급효율이 높아진다. 따라서 입자의 체류시간과 체 면에서의 거동은 체의 설계와 운영에 있어 중요한 고려인자이다.

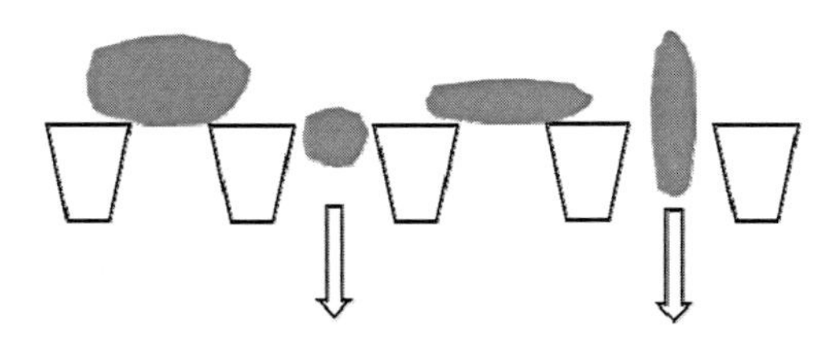

그림 9.5 입자 형상에 따른 체 눈 통과 양상

(2) 곡면 고정형

대표적인 곡면 고정형 체는 시브벤드(sieve bend)로서 그림 9.6a에서 보는 바와 같이 곡면에 와이어가 일정 간격으로 가로질러 배열된 구조를 가지고 있다. 입자는 물과 함께 상부에서 공급되며 곡면을 타고 흘러내리면서 미세입자는 와이어 사이로 통과하여 분리된다(그림 9.6b). 와이어는 상부 면 2mm, 하부 면이 1mm인 웨지 형태이며 0.35~3.5mm의 간격을 두고 배치된다. 곡면의 곡률 직경은 길이에 따라 900~2000mm 범위를 갖는다. 산업용 시브벤드의 크기는 길이 750~2500mm, 폭 50~2400mm 범위이다.

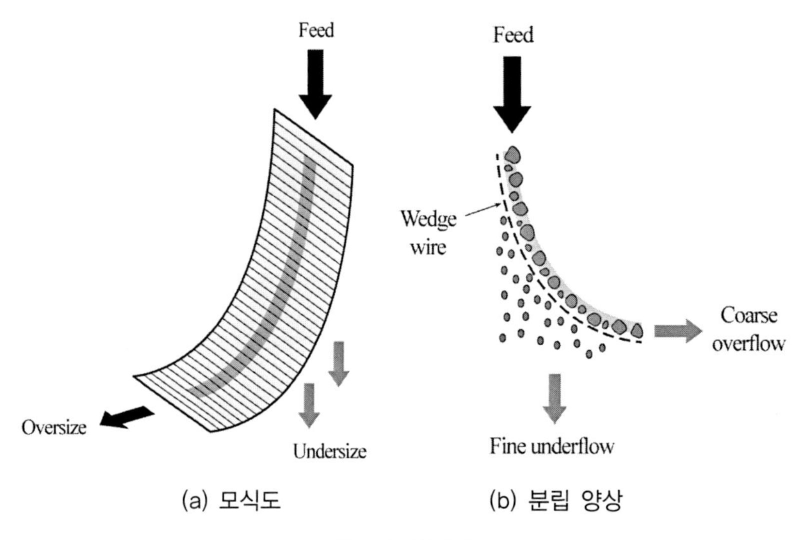

(a) 모식도 (b) 분립 양상

그림 9.6 시브벤드

물과 함께 투입된 입자는 중력, 원심력, 표면장력 세 가지의 힘을 받는다. 이러한 힘의 균형은 체 면에서의 유체 흐름속도에 영향을 받기 때문에 와이어 간격이 좁을 때(50~150μm)는 유체 흐름속도가 높아야 하며(12~18m/s), 넓을 때(300~3000μm)는 3m/s까지 낮게 운전된다.

시브벤드의 분급 입도는 와이어 간격의 95%~50% 정도이며 적용 범위는 최대 feed 크기 12mm, 분급입도 200~3000μm, 고체 최대 농도 50%, 유체속도 180m/min, 와이어 간격 0.35~3.5mm이다(Frontein, 1965).

(3) 가동 체

가동 체에는 원통형과 판형이 있다. 트롬멜은 대표적인 원통 체로서 한쪽에서 투입된 입자는 회전되면서 입도가 작은 물질은 체를 통과하고 통과하지 못한 큰 물질은 원통 끝 쪽으로 배출된다(그림 9.7a). 판형체는 철사를 엮은 망 체 또는 타공된 평판 체가 있으며 체 면을 좌우로 흔드는 shaking screen(그림 9.7b)과 위, 아래로 운동하는 진동시키는 vibrating screen(그림 9.7c)이 있다.

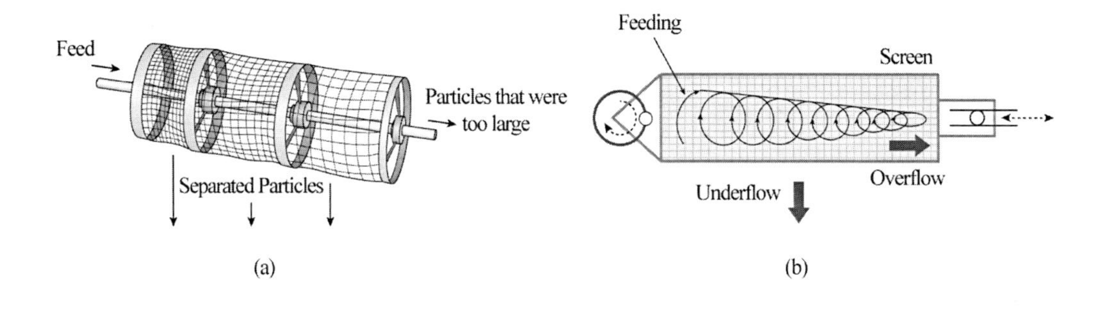

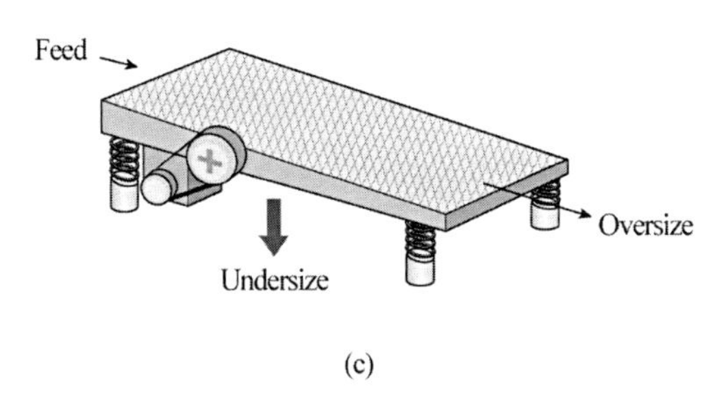

그림 9.7 가동 체: (a) 트롬멜, (b) shaking screen, (c) vibrating screen

9.1.3 평면 가동 체의 기본개념

(1) 통과 확률

크기가 d_P인 입자가 체 눈과 접하였을 때 그림 9.8에서 보는 바와 같이 입자의 중심이 점선으로 표시된 사각형 내부에 위치하였을 때 통과한다. 따라서 통과확률은 다음과 같이 표현된다.

$$p = \left(\frac{L - d_p}{L + d}\right)^2 \tag{9.3}$$

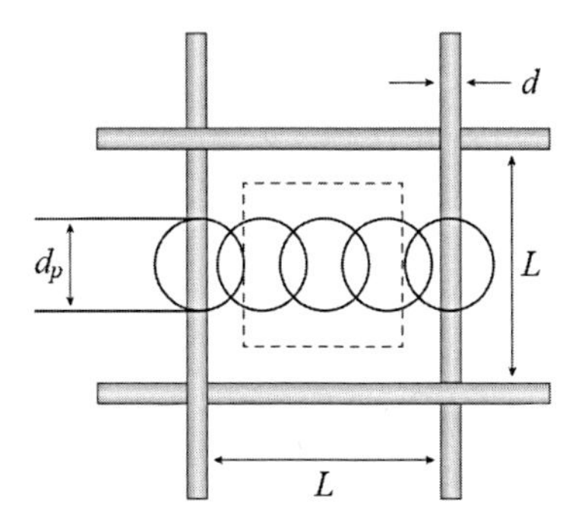

그림 9.8 입자 위치에 따른 체 눈의 통과 여부

N번 접하였을 때 통과되지 않고 잔류되는 비율은 다음과 같다.

$$\frac{M_N}{M_o} = (1-p)^N \tag{9.4}$$

M_o: 체 눈 크기보다 입자의 총량

M_N: 번접한 후 잔류하는 양

위 식에 식 (9.3)을 대입하면

$$\frac{M_N}{M_o} = \left[1 - \left(\frac{L-d_p}{L+d}\right)^2\right]^N \tag{9.5}$$

그러나 실제 체 공정에서의 입자 통과 확률은 여러 요인에 의해 영향을 받는다. 일반적으로 체에서는 입자가 두꺼운 층을 이루어 거동하기 때문에 상부층에 존재하는 입자는 하부에 위치하는 입자보다 체 면과 접촉할 기회가 적으며 체 하부로 진행되면 입자층의 두께도 변화된다. 따라서 입자의 통과확률은 간단한 수치로 계산되지 않는다.

(2) 분급 효율

체에서 이상적인 분급이 일어나면 입자 중에 체 눈의 크기보다 작은 입자는 모두 통과되어 회수된다. 그러나 실제 분급 시 이러한 이상적인 분급이 일어나지 않으며 회수되지 않고 잔류하는 작은 입자가 항상 존재한다. 특히 체 눈 크기와 비슷한 크기의 입자는 형상과 방향에 따라 통과될 수도 아닐 수도 있기 때문에 불확정적이며 운전조건에 따라 영향을 받는다. 따라서 분급이 제대로 이루어졌는지는 실험적 결과로부터 측정한다.

그림 9.9에서와 같이 체에 투입된 양이 Q_f, Feed 중 특정입도보다 작은 입자의 비율이 m_f, oversize로 회수된 양이 Q_o, oversize 중 특정 입도보다 작은 입자의 비율이 m_o, undersize로 회수된 양이 Q_u, undersize 중 특정입도보다 작은 입자의 비율이 m_u라 할 때,

Undersize를 기준한 분급효율은 다음과 같이 정의된다.

$$s_u = \frac{Q_u m_u}{Q_f m_f} \tag{9.6}$$

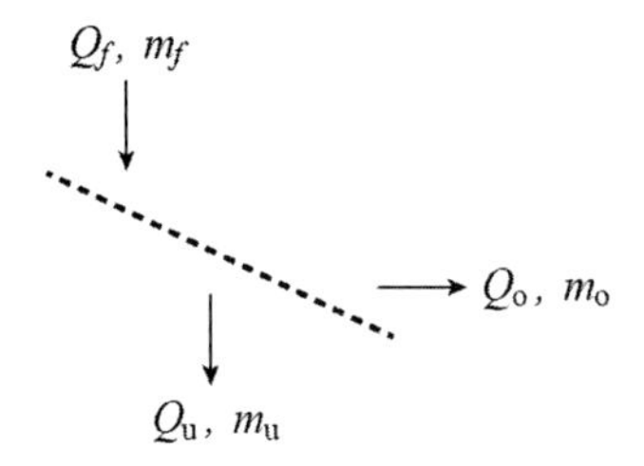

그림 9.9 체 분급 모식도

Oversize를 기준한 분급효율은 다음과 같이 정의된다.

$$s_o = \frac{Q_o(1-m_o)}{Q_f(1-m_f)} \tag{9.7}$$

또한 물질 수지식은 다음과 같이 표현된다.

$$Q_f = Q_o + Q_u \tag{9.8a}$$

$$Q_f m_f = Q_o m_o + Q_u m_u \tag{9.8b}$$

위 식으로부터 다음과 같은 식이 도출된다.

$$\frac{Q_u}{Q_f} = \frac{m_o - m_f}{m_o - m_u} \tag{9.9a}$$

$$\frac{Q_o}{Q_f} = \frac{m_f - m_u}{m_o - m_u} \tag{9.9b}$$

따라서 분급효율은 입도분포만의 함수로 표현된다.
같은 개념으로 입도별 분급효율은 다음과 같이 정의된다.

$$s_{u,i} = \frac{Q_u m_{u,i}}{Q_f m_{f,i}} \tag{9.10}$$

$m_{f,i}$: Feed 중 입도구간 i 입자의 비율
$m_{u,i}$: Underflow 중 입도구간 i 입자의 비율

위 식에 식 (9.9b)를 대입하면

$$s_{u,i} = \frac{(m_o - m_f)}{(m_o - m_u)} \frac{m_{u,i}}{m_{f,i}} \tag{9.11}$$

이를 분급비(partition coefficient)라고 하며 입도별로 도시한 것을 분급곡선(partition curve) 또는 트럼프 곡선(Tromp curve)이라 한다. 그림 9.10에서와 보는 바와 같이 이상적인 분급인 경우 분급 입도보다 큰 입자는 모두 조립분으로 회수되고 그 이하의 입자는 모두 미립분으로 회수되어 분급입도 이하에서는 0이고 그 이상에서는 1인 계단 형태를 나타낸다. 그러나 실제에서는 분급이 완벽하게 이루어지지 않아 S 형태의 곡선을 나타낸다. 분급효율을 나타내는 지수로 Sharpness Index($S.I.$)가 사용되며 다음과 같이 정의된다.

$$S.I. = \frac{d_{25}}{d_{75}} \tag{9.12}$$

d_{25}, d_{75}는 각각 분급비가 0.25와 0.75인 입자의 크기이다. 이상적 분급인 경우 $d_{25}=d_{75}$이므로 $S.I. = 1.0$이며 분급효율이 나빠질수록 $S.I.$값은 1보다 작아진다.

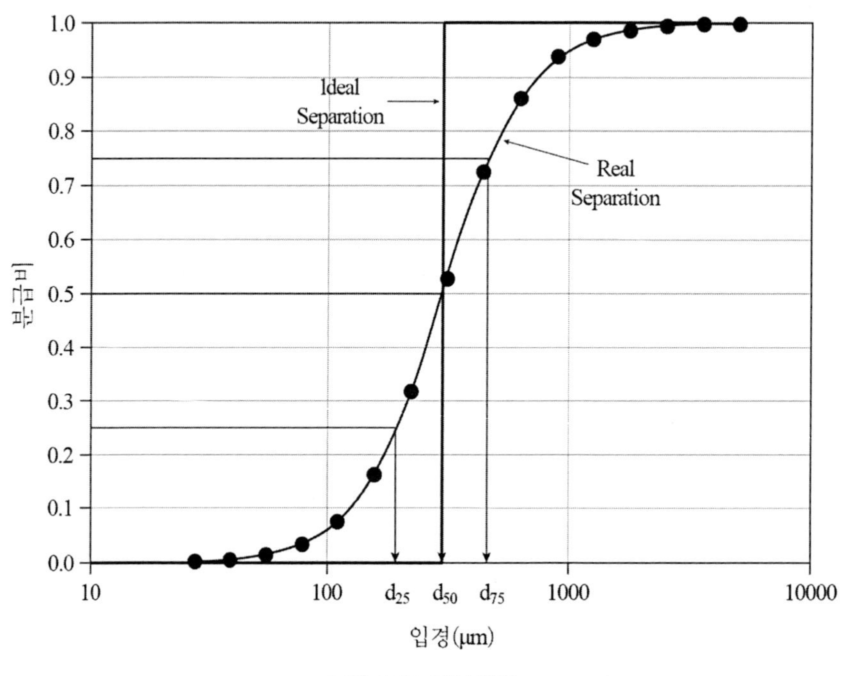

그림 9.10 분급곡선

9.1.4 평면 가동 체의 입자층의 두께

입자층의 두께는 체의 분급효율을 결정짓는 중요한 인자이다. 입자층은 진동을 받으면 유동화 현상이 일어나 큰 입자는 상부로 작은 입자는 하부로 이동한다. 하부로 이동된 작은 입자는 상부층의 큰 입자로 인해 움직임에 제한을 받아 체 면에 접할 기회가 늘어난다. 그러나 층화가 형성되기 위해서는 시간이 필요하며 입자층이 너무 두꺼우면 충분한 층화 현상이 일어나지 않는다. 입자층의 두께는 체 하부로 진행될수록 입자층은 얇아진다. 따라서 입자의 공급량이 작으면 충분한 입자층이 형성되지 않아 입자는 제약을 받지 않고 자유롭게 움직이기 때문에 오히려 분급효율은 감소한다. 따라서 어느 정도 두께의 입자층은 분급효율을 증대시키는 데 도움이 되며 체 상부보다는 하부에서의 입자층의 두께가 중요하다. Matthews(1985)에 의하면 체 배출구 쪽에서의 입자층의 두께는 길이 1.8m의 체인 경우 평균입도의 1.5~2.0배, 7.2m 길이의 체인 경우 2.5~3.0배가 적절하다.

입자층의 두께는 체의 크기와 입자 공급량에 따라 결정되며 다음의 관계식으로 표현된다(Osborne, 1977).

$$D = \frac{50Q_o}{3Wv\rho_s} \tag{9.13}$$

D: 입자층의 두께, mm

Q_o: feed 공급량, t/h

v: 체 면에서의 입자의 이동속도, m/min

W: 체 폭

ρ_s: 입자의 부피밀도, t/m^3

또한 feed가 투입되는 체 입구 쪽의 입자층의 두께에 대해 다음과 같이 제시되었다(Kelly, 1989).

i) 부피밀도가 1.6t/m^{3}인 경우 입자층 두께는 체 눈의 크기보다 4배가 넘어서는 안 된다.
ii) 부피밀도가 0.8t/m^{3}인 경우 입자층 두께는 체 눈의 크기보다 2.5~4배가 넘어서는 안 된다.

체 면의 경사도는 입자층의 두께에 영향을 미치기 때문에 중요한 운전인자 중에 하나로서 일반적인 운전조건을 다음과 같다.

i) 체 폭이 0.6~2.5m일 때 경사도는 16°를 넘지 않아야 한다.
ii) 20°를 넘으면 분급효율이 급격히 감소한다.
iii) 체 길이가 길어지면 경사도를 약간 높일 수 있다(4.8m→2° 증가, 6m→4° 증가)

9.1.5 평면 가동 체의 처리량

평면 가동 체의 처리량은 통과량 또는 잔류량을 기준으로 설정되며 체 특성(체 면적, 체 눈 크기, 경사도, 진동방법) 및 입자의 물성(크기 및 형상, 수분함량, 투입량, 건식 또는 습식) 등에 영향을 받는다. Taggart(1953)는 분급이 가장 어려운 입도(임계입도: critical size)의 양을 기준으로 다음과 같은 기본 처리량 식을 제안하였다.

$$F_B = \frac{73.14 L_A \rho_s}{C} \tag{9.14}$$

F_B: 체 폭당 기본처리량, t/h/m

L_A: 체 눈 크기, mm

ρ_S: 부피밀도, t/m^3

C: 체 눈 크기의 0.75~1.5배 사이에 존재하는 입자의 비율

실제 총 처리량은 $F = F_B R$이며 R은 보정계수로서 체 효율 및 진동강도 등 여러 요인에 의해 영향을 받는다. 따라서 실험을 통해 결정되며 그림 9.11은 분급효율 인자(efficiency factor)를 변수로 나타낸 것이다. Efficiency factor는 다음과 같이 계산된다.

$$\text{Efficiency Factor} = \frac{\text{mass of undersize in the oversize}}{\text{mass of critical size}} \tag{9.15}$$

예를 들어, 체 눈 크기보다 작은 입자의 비율이 68%, 임계입도 비율이 25%인 feed가 사분된 후 oversize로 회수된 산물 중에 체 눈 크기보다 작은 입자의 비율이 10%였을 때 efficiency factor는 다음과 같이 계산된다.

$$\text{Efficiency Fator} = \frac{Q_o(0.1)}{Q_f(0.25)}$$

식 (9.9b)에 의하면

$$\frac{Q_o}{Q_f} = \frac{m_f - m_u}{m_o - m_u}$$

사분(screening)의 경우 underflow에는 체 눈의 크기보다 큰 입자는 거의 없다($m_u = 1$).

따라서,

$$\text{Efficiency Factor} = \frac{(1-0.68)(0.1)}{(1-0.9)(0.25)} = 0.14$$

그림 9.11에서 나타난 바와 같이 1.8m 체에 대한 R 값은 약 2.0이며 2.4m 체에 대한 값은 약 2.3이 된다. 시간당 Q 톤을 처리할 때 필요한 체의 폭은 다음과 같이 계산된다.

$$W = \frac{\text{총처리량}}{\text{체 길이당 실투입량}} = \frac{Q}{F} \tag{9.16}$$

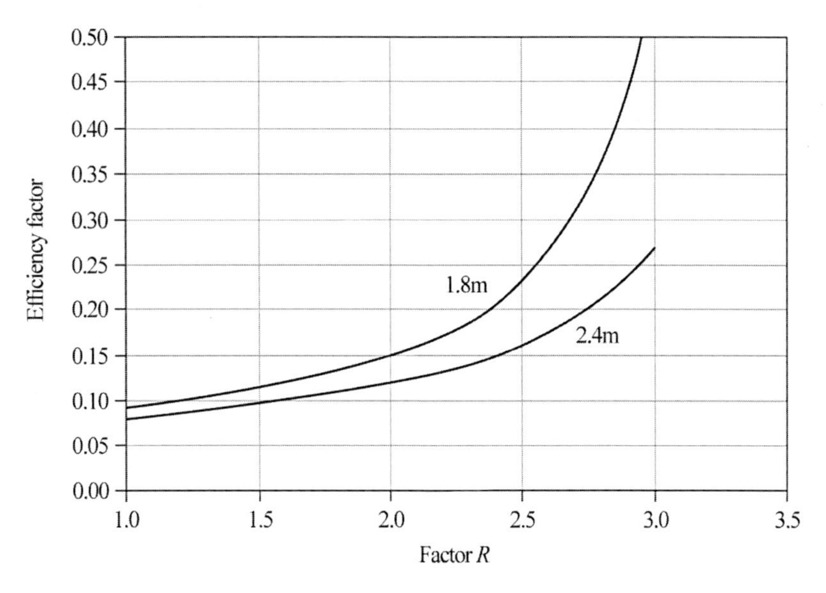

그림 9.11 체의 분급효율 보정인자

그림 9.12는 문헌에 보고된 기본 처리량을 도시한 것이다. 일반적으로 기본 처리량은 체 눈의 크기에 비례하여 증가하는 것을 알 수 있다. 그러나 본 그래프는 일반적인 금속광물 입자에 대해 표준조건을 기준으로 한 것으로, 실제 처리량과 체 눈의 관계는 입자 특성과 체 특성 및 운전조건에 따라 달라질 수 있다. 따라서 일반적으로 일정량 처리에 필요한 체의 크기는 다음과 같은 관계식으로 나타낸다.

$$Q = AF_BC_R \tag{9.17}$$

A: 체 면적(길이×폭)

F_B: 체 면적당 기본 처리량(그림 9.12)

C_R: 보정인자

C_R은 표준조건에 벗어날 때 적용되는 보정인자로 입자의 밀도, 체 눈 총면적, feed 중 체 눈 크기보다 입자의 비율, 미세도, 체 효율, 경사도, 체 눈의 형태, 입자의 형상, 습식사분, 입자의 수분함량 등이 포함된다(자세한 사항은 Gupta와 Yan, 2016 참조).

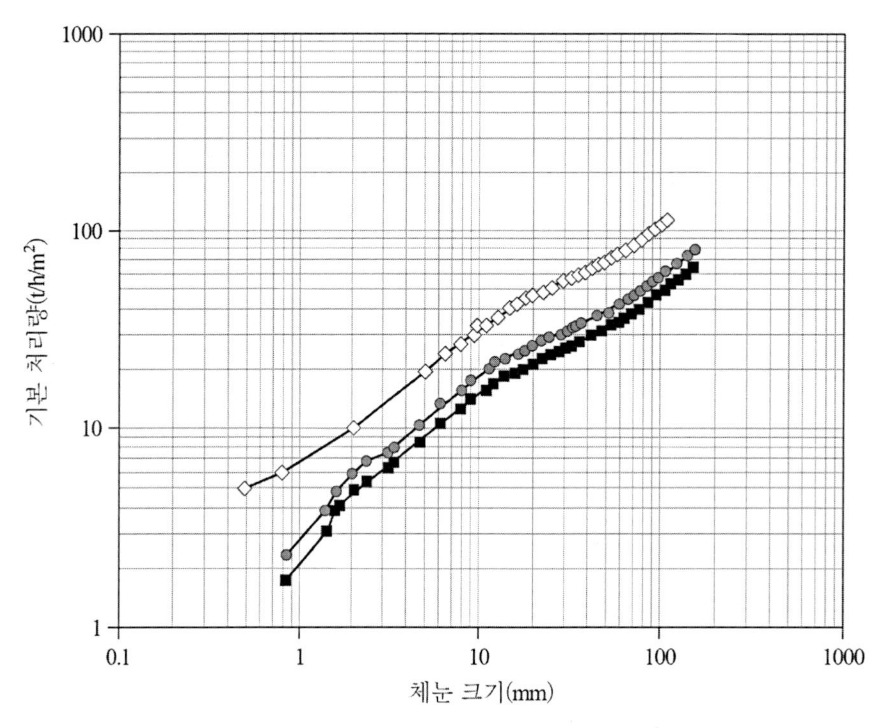

그림 9.12 체 눈 크기에 따른 처리량의 변화

9.2 분급(Classification)

분급은 유체에 분산되어 있는 입자를 침강 속도의 차이에 의해 분리하는 기법이다. 따라서 침강속도는 분급에서 가장 근본적인 요소이다. 그러나 침강속도는 입자의 크기뿐만 아니라 비중, 형상 등의 입자 물성과 유체 특성에 영향을 받기 때문에 분급은 순수하게 입도만으로 이루어지지 않는다. 또한 침강속도는 입자의 농도에도 영향을 받는데 입자의 농도가 희박하여 서로 간섭을 받지 않고 침강하는 경우를 자유침강(free settling), 많은 입자들이 밀집하여 서로 방해를 받으며 침강하는 경우를 간섭침강(hindered settling)이라고 한다.

9.2.1 침강속도

(1) 자유침강

고체 입자가 자유낙하할 때 진공에서는 입자의 크기와 비중에 관계없이 침강속도가 같다. 그러나 유체에서 움직일 경우 저항을 받아 속도의 차이가 발생한다. 유체에 의한 저항력은 크게 마찰저항과 압력저항으로 나뉜다. 마찰저항은 유체의 고체 면을 흐를 때 표면마찰에 의한 저항을 의미하며 표면의 접선 방향으로 작용한다. 압력저항은 유체 속에 놓인 물체 표면의 압력차에 기인한 것으로 표면에 수직 방향으로 작용한다. 따라서 같은 물체라도 흐름 내에 위치한 방향에 따라 저항의 크기도 변화한다. 그림 9.13에서 보는 바와 같이 흐름방향에 수평으로 위치하면 마찰저항은 크고 압력저항은 0에 가까운 반면 수직으로 위치하면 마찰저항은 0에 가깝고 압력저항은 최대로 작용한다. 또한 그림 9.13a의 경우 유체는 표면을 따라 흐르나 그림 9.13b의 경우 유체의 흐름이 물체 표면에서 이탈한다. 유선이 물체로부터 분리되면 와류 또는 역류가 발생하며 압력저항이 증가한다. 따라서 마찰저항과 압력 저항은 입자의 형상에 크게 영향을 받는다.

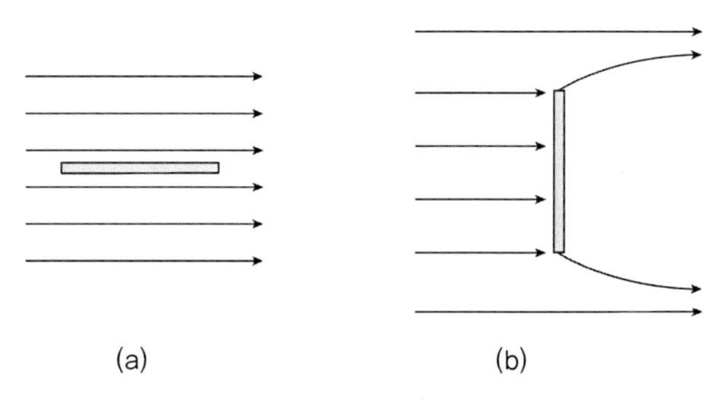

그림 9.13 물체와 유체의 흐름 방향에 따른 저항력의 변화

그림 9.14는 구 주위에서의 유체의 흐름을 나타낸 것이다. 그림 9.14a의 경우 유선의 혼합이 발생하지 않고 유체는 각 층을 따라 매끄럽게 흐르는 반면 그림 9.14b의 경우 유체흐름이 분리되어 후면에 다양한 크기의 불안정한 와류가 형성된다. 전자를 층류, 후자를 난류라고 한다. 실제의 유동은 층류와 난류가 혼합되어 나타나며 레이놀즈 수(Reynolds Number: R_e)에 의해 특성화된다. 레이놀즈 수는 무차원 양이며 다음과 같이 정의된다.

$$R_e = \frac{\rho_f v d}{\mu} \tag{9.18}$$

ρ_f는 유체의 밀도, v는 입자의 이동속도, d는 입자의 직경, μ는 유체의 점도이다. 층류는 점성력이 지배적인 유동으로 레이놀즈 수가 낮고(0.2~2.0), 난류는 관성력이 지배적인 유동으로 레이놀즈 수가 높다(>2000). R_e는 입자크기에 비례하며 입자의 침강속도 v도 크기가 커질수록 증가하기 때문에 동일한 유체에서는 작은 입자는 층류 유동, 큰 입자는 난류 유동을 나타낸다.

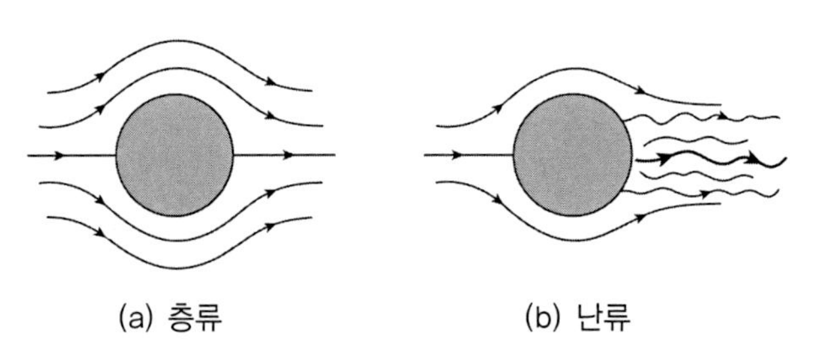

그림 9.14 구 주위에서의 유체의 흐름

입자가 유체 중에 운동할 때 받는 항력은 표면에 작용하는 마찰저항과 압력저항의 합력으로 계산된다. 그러나 항력은 입자의 형상, 크기 및 유체속도에 따라 복잡하게 나타나기 때문에 이상적인 경우를 제외하고는 계산되지 않으며, 다음과 같이 경험식을 사용하여 표현한다.

$$F_D = C_D\left(\frac{1}{2}\rho_f v^2\right)A \tag{9.19}$$

C_D는 저항계수라고 하며, ρ_f는 유체의 밀도, v는 입자의 이동속도, A는 입자의 투영단면적이다.

마찰저항과 압력저항은 레이놀즈 수에 따라 영향력이 변하고 물체의 형상에도 크게 영향을 받는다. 그림 9.15는 구, 원기둥, 디스크와 같은 기본적인 형상에 대해 레이놀즈 수에 따른 C_D의 값을 도시한 것이다. 레이놀즈 수가 낮은(<1) 층류영역에서는 직선형태를 나타내고 난류영역($Re > 2000$)에서는 일정한 값을 나타낸다. 중간영역($1 < Re < 2000$)은 곡선의 형태를 나타낸다.

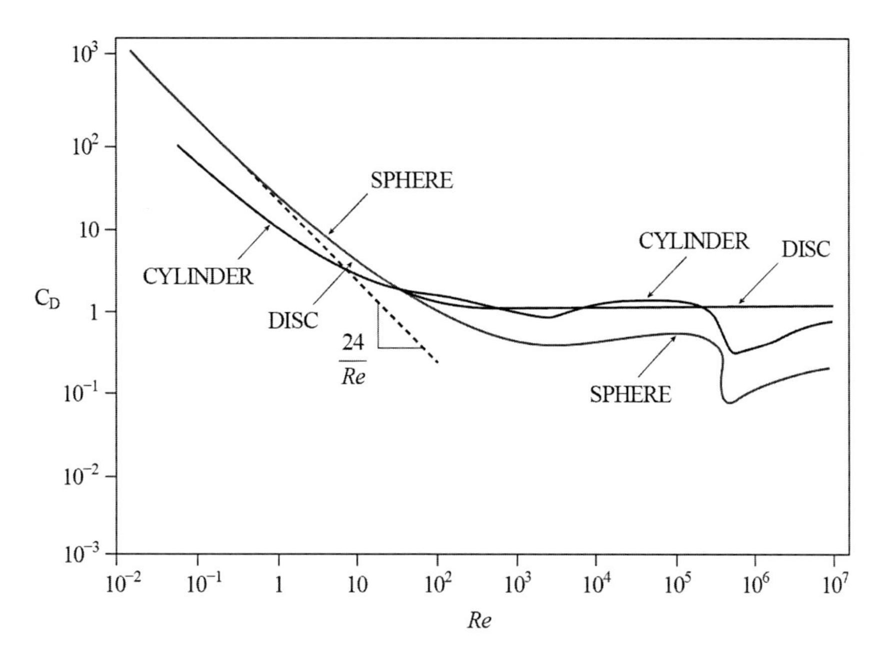

그림 9.15 레이놀즈 수 및 입자형태에 따른 저항계수

구의 경우 층류영역에서는 $C_D = \dfrac{24}{Re}$의 관계식을 따른다. 이를 식 (9.19)에 대입하면

$$F_D = \frac{24\mu}{\rho_f v d}\left(\frac{1}{2}\rho_f v^2\right)\frac{\pi d^2}{4} = 3\pi\mu v d \tag{9.20}$$

위 식은 Stokes가 이론적으로 유도한 식과 같은 형태로 Strokes drag라 한다.

입자의 이론적 침강속도는 입자에게 작용하는 힘의 균형식으로 구할 수 있다. 입자가 침강할 때 중력, 부력, 항력이 작용하며 Newton의 제2 법칙에 의해 다음과 같은 관계가 성립한다.

$$m\frac{dv}{dt} = mg - m'g - F_D \tag{9.21}$$

m은 입자의 질량, m'는 입자가 차지한 부피만큼의 유체의 질량이며, v는 침강속도, g는 중력가속도이다. 힘의 균형을 이루면 입자는 일정속도(종속도)로 침강하며 dv/dt의 값은 0이 되므로 위 식은 다음과 같이 표현된다.

$$F_D = mg - m'g \tag{9.22}$$

구형 입자의 경우 $m = \frac{1}{6}\pi d^3 \rho_s$, $m' = \frac{1}{6}\pi d^3 \rho_f$이므로 종속도는 다음과 같이 표현된다.

$$v = \sqrt{\frac{4gd(\rho_s - \rho_f)}{3C_D \rho_f}} \tag{9.23}$$

ρ_s는 입자의 밀도, ρ_s는 유체의 밀도이다. 난류 영역에서 $C_D \approx 0.44$이므로 종속도는

$$v = \sqrt{\frac{3gd(\rho_S - \rho_f)}{\rho_f}} \tag{9.24}$$

이를 Newton 종속도라 한다. 층류 영역에서는 식 (9.20)을 식 (9.21)에 대입하면 종속도는

$$v = \frac{gd^2(\rho_S - \rho_f)}{18\mu} \tag{9.25}$$

이를 Stokes 침강속도라 한다.

상기의 식을 살펴보면 Stokes 종속도는 $d^2(\rho_S - \rho_f)$, Newton 종속도는 $\sqrt{d(\rho_S - \rho_f)}$ 에 비례함을 알 수 있다. 따라서 종속도에 대한 입자 크기의 영향은 Stokes 영역에서 더욱 크게 나타난다. 그러나 실제 습식분급이 많이 이루어지는 영역은 상기 두 식에 의한 항력이 적용되는 중간영역에 해당되는 영역이다. 이때의 항력에 대해서는 다양한 식이 존재하나 다음 식이 많이 이용된다.

$$C_D = \frac{24}{Re}\left(1 + 0.14Re^{0.7}\right) \tag{9.26}$$

위 식을 식 (9.23)에 대입하면 종속도를 구할 수 있다. 그러나 Re의 값은 종속도가 요구되므로 임의의 Re값을 설정한 후 종속도를 1차 계산하며 계산된 종속도가 초기에 설정된 Re값과 일치하는지 검증하고 일치하지 않을 경우 같은 과정을 반복하는 방법으로 종속도를 계산한다.

(2) 간섭침강

입자의 수가 많아지면 인접한 입자의 간섭을 받아 침강속도가 느려진다. 이는 같이 침강하

는 입자의 영향으로 상승류가 발생하기 때문이며 입자의 수가 증가할수록 침강속도는 감소한다. 또한 입자의 농도가 커지면 유체는 물보다 높은 중액의 성질을 나타낸다. 따라서, 종속도는 유체의 비중을 현탁액의 비중으로 대치한 다음의 식으로 표현된다.

$$v = \sqrt{\frac{4gd(\rho_S - \rho_\rho)}{3C_D\rho_f}} \tag{9.27}$$

위 식을 살펴보면 광액의 비중(ρ_p)이 유체의 비중(ρ_f)보다 크기 때문에 $(\rho_S - \rho_p)$의 값이 작아져 종속도가 감소됨을 알 수 있다. 특히 입자의 비중이 작을수록 $(\rho_S - \rho_p)$의 값이 더욱 작아지기 때문에 종속도가 더 많이 감소한다. C_D 또한 펄프의 점성 증가로 인해 자유침강에서보다 증가한다. 따라서 침강속도 차이에 의해 입자를 크기별로 분급하고자 할 때는 간섭침강의 영향이 적도록 입자의 농도를 낮추는 것이 효율적이다.

9.2.2 침강에 의한 분급 기본 개념

침강에 의한 분급기의 기본적 구조는 그림 9.16a에서와 같이 입자를 탱크에 투입하여 입자를 침강시킨다. 큰 입자들은 빠른 속도로 침강하여 탱크 하부에서 회수되고 미처 침강하지 못한 작은 입자들은 overflow로 회수된다. 하부에서 elutriation 유체를 투입하는 경우 침강속도가 상승류의 속도보다 작은 미세입자는 overflow로 회수된다.

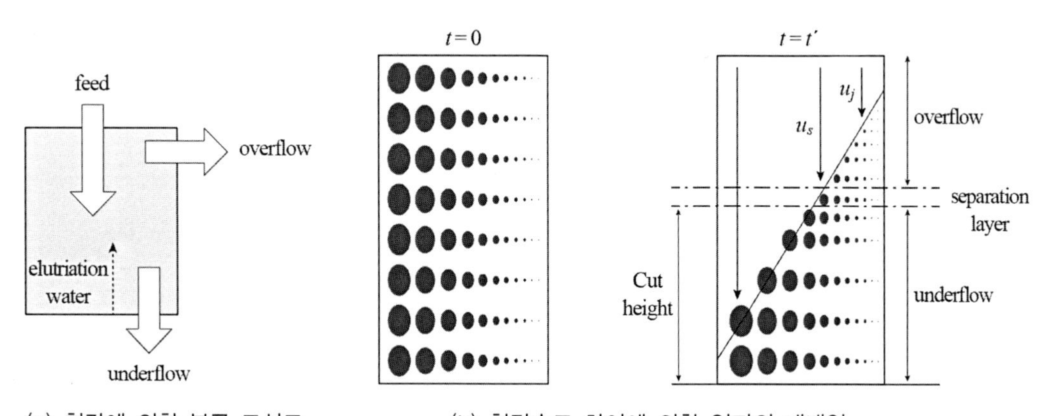

(a) 침강에 의한 분급 모식도 (b) 침강속도 차이에 의한 입자의 재배열

그림 9.16 침강에 의한 분급 기본 개념

그림 9.16b에서와 같이 탱크 내에 크기가 다른 입자가 균일하게 존재할 때 입자는 각각 다른 속도로 침강한다. 일정시간이 지나면 깊이에 따라 다른 크기의 입자가 분포하며 하부에는 큰 입자가 농축되고 상부에는 미세입자가 잔류하게 된다. 분리시간 t' 이후 cut height 하부에 존재하는 입자를 underflow, 상부에 존재하는 입자들 overflow라 하면 크기가 j인 입자 중 overflow로 회수된 비율을 다음과 같이 계산된다.

Feed와 함께 주입되는 유체의 양을 Q_f라 하면 크기가 j인 입자가 차지하는 부피는 다음과 같다.

$$\frac{Q_f C_{jf}}{a_f} \tag{9.28}$$

C_{jf}: feed(유체+입자) 중 크기가 인 입자의 부피 비율

a_f: feed 중 유체의 비율

t'시간 이후 overflow에는 침강속도가 u_s보다 큰 입자는 존재하지 않으며 그보다 작은 j입자는 overflow에 일부 잔존한다. 그림 9,16에서 separation layer에서 중 크기가 j인 입자의 부피 분율을 C_j, 탱크의 단면적을 A라 할 때 overflow로 회수된 j 입자의 총 부피는 $C_j(u_s - u_j)A$가 된다. 따라서 overflow로 회수된 분급비는 다음과 같다.

$$s_j = \frac{C_j(u_s - u_j)A}{Q_f C_{jf}/a_f} \tag{9.29}$$

Separation layer의 유체비율을 a라 할 때 overflow의 유체 양은 $Q_o = u_s a A$이다. 이를 식 (9.28)에 대입하면

$$s_j = \left(\frac{Q_o}{Q_f}\right)\left(\frac{C_j/a}{C_{jf}/a_f}\right)\left(\frac{u_s - u_j}{u_s}\right) = \left(\frac{Q_o}{Q_f}\right)K(1 - F_j) \tag{9.30a}$$

$$K = \frac{C_j/a}{C_{jf}/a_f} \tag{9.30b}$$

$$F_j = \frac{u_j}{u_s} \tag{9.30c}$$

Elutriation 유체를 주입하지 않을 경우 $(Q_o/Q_f) < 1, K > 1, (1 - F_j) > 1$이다. 따라서 overflow로 100% 회수되는 입자 크기는 존재하지 않는다. elutriation water를 주입할 경우 (Q_o/Q_f)가 1보다 클 수 있다. 이 경우 F_j의 값에 따라서 100% overflow로 회수되는 입자가

있을 수 있다. 그러나 계단형태의 이상적 분급이 일어나지 않는다.

9.2.3 습식 분급기

습식 분급기는 중력에 의한 침강분급기와 원심력을 이용하는 분급기로 나뉜다. 중력 침강 분급기는 탱크에 입자를 투입하고 침강시켜 분급하는 장치로, 침전된 입자는 기계적으로 긁어내어 회수한다. elutriation water가 이용되는 분급기는 hydraulic 분급기라고 한다. 원심력을 이용한 대표적인 분급장치로 싸이클론이 있다.

9.2.3.1 중력침강 분급기

(1) Spiral 분급기

Spiral 분급기의 구조는 그림 9.17a에서 보는 바와 같이 한쪽이 경사진 탱크로 구성되며 경사진 면에 spiral이 장착되어 있어 침전된 입자는 회전하는 spiral에 의해 경사면을 따라 상부로 배출된다. 경사면 각도는 14~18°이며 배출 높이는 탱크 수면에 비해 높아야 하다. 탱크 폭의 크기는 0.5~7m, spiral 직경은 최대 2.4m까지 제조된다. spiral의 회전속도는 크기가 클수록 낮으며 300mm 직경의 spiral은 20rpm, 2.0m의 spiral은 2~5rpm으로 회전

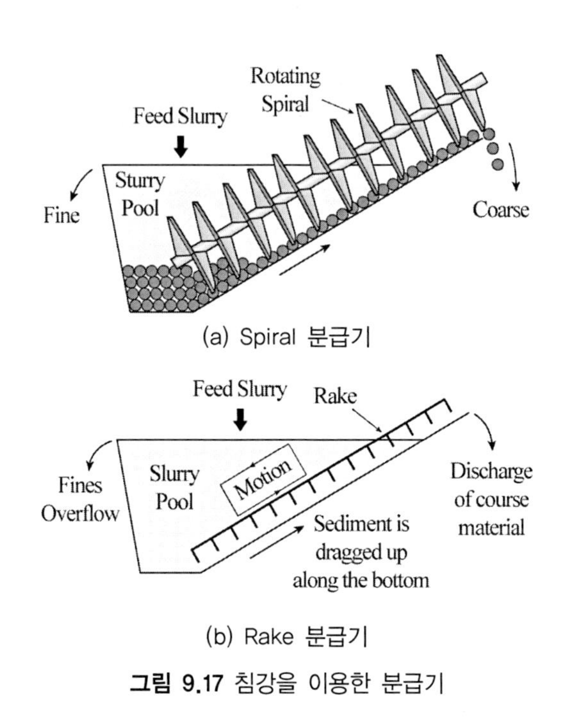

(a) Spiral 분급기

(b) Rake 분급기

그림 9.17 침강을 이용한 분급기

한다. 대형 spiral 분급기의 처리량은 200t/h, 소형은 1.5t/h 정도이다.

Feed 입도는 150μm 정도이며 overflow 입도는 배출구 둑의 높이에 따라 조절된다. 또한 feed 투입량에 따라 영향을 받는데 투입량이 많으면 입자의 탱크 내 체류시간이 짧아져 분급 입도가 높아진다. 미세한 입자를 분급할 경우 충분한 체류시간이 주어지도록 투입량을 낮게 조절해야 한다.

(2) Rake 분급기

Rake 분급기는 spiral 분급기와 같은 형태이나 그림 9.17b에서와 같이 rake를 이용해 침강된 입자를 긁어낸다. Rake는 갈퀴가 나란히 장착된 형태로서 전진 후 올라갔다 후퇴 후 내려져 다시 전진하는 운동을 반복함으로써 침전된 입자를 경사면을 따라 상부로 이동시킨다. 탱크 폭은 1.2m~4.8m, 경사면의 각도는 9.4~11.7°, rake 분당 왕복 수는 5~30, feed 고체농도는 최대 65wt.%, overflow 고체농도는 1~35wt.%, underflow 고체농도는 75~83wt.% 범위이다.

고체농도는 중요한 변수이다. 물을 많이 첨가하여 고체농도를 낮추면 자유 침강하는 입자가 많아지며 침강속도가 빨라지기 때문에 분급입도가 작아진다. 따라서 그림 9.18에서 보는 바와 같이 overflow 고체 농도가 낮아지면 분급입도도 점점 작아진다. 그러나 특정 지점 이하로 낮아지면 오히려 분급입도가 커지게 된다. 이는 overflow로 배출되는 물의 양이 많아짐에 따라 배출 유속이 커져 더 큰 입자가 배출되기 때문이다. 이러한 고체농도를 임계농도라고 하며 보통 10% 부근이다. 따라서 일반적인 조업은 임계농도 이상에서 이루어진다.

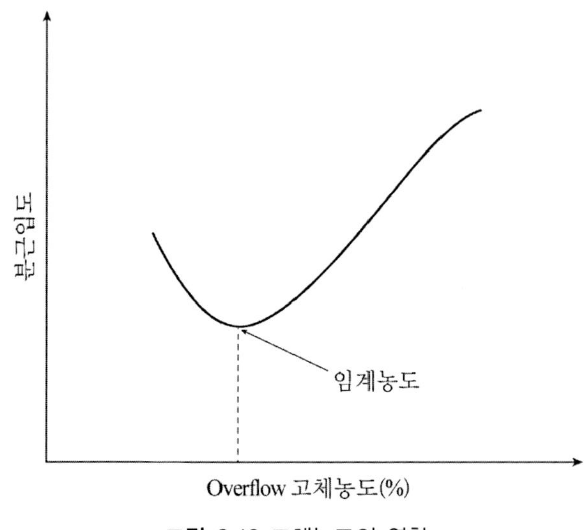

그림 9.18 고체농도의 영향

(3) 분급효율

Spiral 분급기나 rake 분급기의 분급비는 식 (9.30)에 의해 예측할 수 있다. 그러나 실제 적용에서는 overflow의 고체농도를 미리 알 수 없기 때문에 K가 생략된 식이 이용된다.

$$s_j = \left(\frac{Q_o}{Q_f}\right)(1 - F_j) \tag{9.31}$$

F_j는 크기가 j인 입자의 침강속도를 분급입도의 침강속도 대비 비율로 나타낸 것으로 settling factor라고 한다. 임의 입자 크기, d에 대한 settling factor는 분급입도를 d_s를 기준으로 (d/d_s) 정규화하여 나타낼 수 있다. 그림 9.19는 실험적으로 얻어진 F를 도시한 것이다(Fitch와 Roberts, 1985). Stokes 식(식 9.25)에 의하면 침강속도는 d^2에 비례한다. 따라서 로그-로그 좌표로 도시하였을 때 기울기는 2.0이 된다. 74μm의 경우 기울기는 2.03으로 거의 일치하고 있다. 그러나 입도가 커질수록 기울기는 작아져 589μm의 경우 1.55이다. 이는 입자크기가 커질 경우 Stokes 영역에서 벗어나기 때문이다.

$Q_o = Q_f - Q_u$이므로 식 (9.31)은 다음과 같이 표현된다.

$$s_j = \left(\frac{Q_f - Q_u}{Q_f}\right)(1 - F_j) \tag{9.32}$$

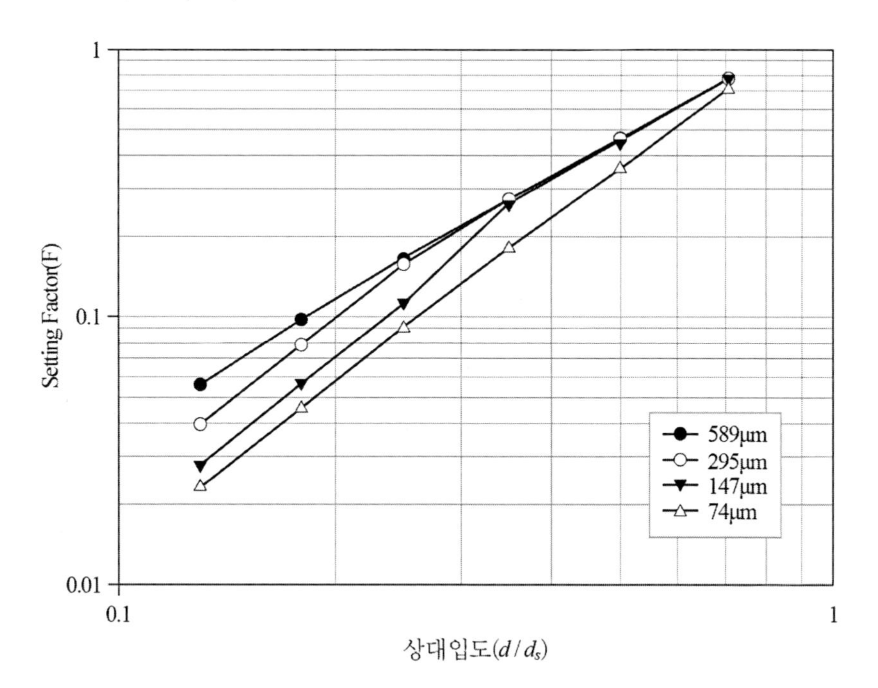

그림 9.19 Settling factor

또한 분급비는 다음과 같이 정의된다.

$$s_j = \left(\frac{S_{f,j} - S_{u,j}}{S_{f,j}} \right) \tag{9.33}$$

$S_{f,j}$: feed에 존재하는 크기 j 입자의 양

$S_{u,j}$: underflow로 회수된 크기 j 입자의 양

위 식을 식 (9.32)에 대입하면 다음 관계가 성립한다.

$$S_{u,j} = F_j S_{f,j} + \frac{Q_u}{Q_f}(S_{f,j} - F_j S_{f,j}) \tag{9.34}$$

위 식으로부터 입도별로 underflow로 회수된 양과 입도분포를 계산할 수 있다. $S_{f,j}$ 및 Q_f는 feed 특성으로부터 주어지며, F_j는 그림 9.19로부터 추정할 수 있다. 반면 Q_u는 물질 수지식에 의해 다음과 같이 계산된다.

Feed 고체농도(질량기준 %)를 P_f라 하면 고체 100g당 (물부피/고체부피)는 다음과 같다.

$$a_f = \frac{(100 - P_f)/\rho_l}{P_f/\rho_s} \tag{9.35}$$

ρ_s는 입자 밀도(g/cm^3), ρ_l는 물 밀도(1g/cm^3)이다.

Feed에 투입된 물은 거의 모두 overflow로 회수된다고 가정하면 overflow의 (물 부피/고체 부피)는 다음과 같다.

$$a_o = a_f \frac{100}{S_o} \tag{9.36}$$

S_o는 overflow로 회수된 입자의 총 양이다.

Underflow로 회수된 입자 층에는 입자를 긁어 올릴 때 슬러리가 동반된다. Fitch와 Roberts(1985)에 의하면 동반된 슬러리의 양은 입자층 공극의 51% 정도이며 성분은 overflow와 같다. 동반된 양을 Q_a라 하면

$$Q_a = \frac{0.51}{0.49}\frac{S_u}{\rho_s} = 1.04\frac{(S_f - S_o)}{\rho_s} = 1.04\frac{(100 - S_o)}{\rho_s} \tag{9.37}$$

S_f는 feed의 고체 투입 총량(100g), S_u는 underflow로 회수된 고체의 총량이다. 동반된 슬러리의 (물 부피/고체 부피)는 overflow와 같다. 따라서

$$\frac{Q_u}{Q_a} = \frac{a_o}{1+a_o} \tag{9.38a}$$

$$Q_u = Q_a = 1.04\frac{a_o}{1+a_o}\frac{(100-S_o)}{\rho_s} \tag{9.38b}$$

또한 feed 100g당 물의 양은 다음과 같다.

$$Q_f = \frac{100(100-P_f)}{P_f} \tag{9.39}$$

따라서,

$$\frac{Q_u}{Q_f} = \frac{1.04}{\rho_s}\left(\frac{P_f}{100-P_f}\right)\left(\frac{(100-S_o)}{100}\right)\left(\frac{a_o}{1+a_o}\right) \tag{9.40}$$

예제 **Rake 분급기를 이용해 분급입도 347μm으로 분급하고자 한다. 입자의 밀도는 2.65g/cm^3, feed의 고체농도는 52%일 때 underflow와 overflow의 양과, 입도분포를 구하라. Feed의 누적 통과 입도분포는 다음과 같다.**

Feed 입도분포

size, μm	589	417	295	208	147	104	74
wt. %	86.3	76.0	57.7	43.5	32.8	26.7	22.1

풀이 풀이과정은 표 9.1과 같이 열별로 순차적으로 진행된다.

표 9.1 풀이과정 표

(1)	d/d_s	1	0.707	0.5	0.35	0.25	0.18	0.13	0	
(2)	d	347	245	174	121	87	62	45		
(3)	Feed 누적 입도분포	66.2	49.9	37.6	29.6	24.3	20.8	18.1		
(4)	입도구간별 질량, $S_{f,j}$	33.8	16.3	12.3	8.0	5.3	3.5	2.7	18.1	
(5)	F_j	0.98	0.78	0.47	0.28	0.17	0.09	0.05	0	
(6)	(4)×(5) $S_{f,j}F_j$	33.2	12.7	5.7	2.2	0.9	0.3	0.1	0.0	
(7)	$\frac{Q_u}{Q_f}$ × (11)	0.1	0.7	1.3	1.2	0.9	0.6	0.5	3.6	

(8)	(6)+(7) $S_{u,j}$	33.3	13.4	7.0	3.4	1.8	1.0	0.6	3.6	64.2
(9)	U' flow 입도구간별 wt.%	52.0	20.9	11.0	5.2	2.7	1.5	1.0	5.6	
(10)	U' flow 누적 입도분포	100.0	48.0	27.1	16.1	10.9	8.1	6.7	5.6	
(11)	O' flow 입도구간별 질량, (4)~(6)	0.6	3.6	6.6	5.8	4.4	3.2	2.6	18.1	44.8
(12)	O' flow 입도구간별 wt.%	1.3	8.0	14.7	12.9	9.9	7.1	5.7	40.4	
(13)	O' flow 누적 입도분포	100.0	98.7	90.7	76.0	63.1	53.2	46.1	40.4	

열 (1): 그림 9.19에서 보는 바와 같이 F_j는 d/d_s를 기준으로 제시되었기 때문에 상대입도를 $1/\sqrt{2}$ 비율로 임의적으로 설정한다.

열 (2): $d_s = 347\mu\text{m}$이므로 $d = 347 \times column$ (1)이 된다.

열 (3): 주어진 feed 입도분포로부터 열 (2)의 입도에 해당하는 누적 통과 %를 추정하여 삽입한다.

열 (4): 열 (3)으로부터 feed 100g 중 입도구간별 질량을 계산한다.

열 (5): 그림 9.19로부터 $d_s = 347\mu\text{m}$에 해당하는 F_j의 값을 추정하여 삽입한다.

열 (6): $S_{f,j}F_j$의 값으로서 열 (4) × 열 (5)의 값이다.

열 (11): 입도구간별 overflow로 회수된 양을 뜻하며 $(S_{f,j} - F_j S_{f,j})$와 같다. 따라서 열 (4)~열 (6)이 되며 모두 더하면 44.8g이 된다. 즉, feed 고체 100g 중 44.8g이 overflow로 분리되었음을 뜻하며 $S_o = 44.8$이 된다.

열 (7): 식 (9.33)의 오른 쪽 두 번째 항을 계산한 것으로서 $(Q_u/Q_f) \times (S_{f,j} - F_j S_{f,j})$이다.

식 (9.34)에 의거

$$a_f = \frac{(100 - P_f)/\rho_l}{P_f/\rho_s} = \frac{(100-52)/1}{52/2.65} = 2.45$$

식 (9.35)에 의거

$$a_o = a_f \frac{100}{S_o} = 2.45 \frac{100}{44.8} = 5.47$$

Q_u/Q_f는 식 (9.39)에 의거

$$\frac{Q_u}{Q_f} = \frac{1.04}{2.65}\left(\frac{52}{100-52}\right)\left(\frac{(100-44.8)}{100}\right)\left(\frac{5.47}{1+5.47}\right) = 0.2$$

따라서 열 (7)=0.2 × 열 (11)이다

열 (8): feed 고체 100g 중 입도구간별로 underflow로 회수된 양을 뜻하며 식 (9.33)에 해당된다. 모두 합하면 underflow로 회수된 총량은 64.2g이다.

열 (9): 열(8)에 의거 계산된 underflow의 구간별 입도분포이다.
열 (10): 열(9)에 의거 underflow의 누적 통과 입도분포를 계산한 것이다.
열 (12): 열(11)에 의거 계산된 underflow의 구간별 입도분포이다.
열 (13): 열(12)에 의거 underflow의 누적 통과 입도분포를 계산한 것이다.

그림 9.20은 위에서 계산된 각 stream별 입도분포를 도시한 것으로 투입된 입자는 조립분과 미립분으로 분리되었으나 완벽한 분급이 일어나지 않아 underflow에는 미세한 입자가 상당량 포함되어 있음을 알 수 있다. Overflow로 분리된 양 중 일부는 rake에 의해 underflow로 유실되어 실제 회수율은 100-64.2=35.8%이다.

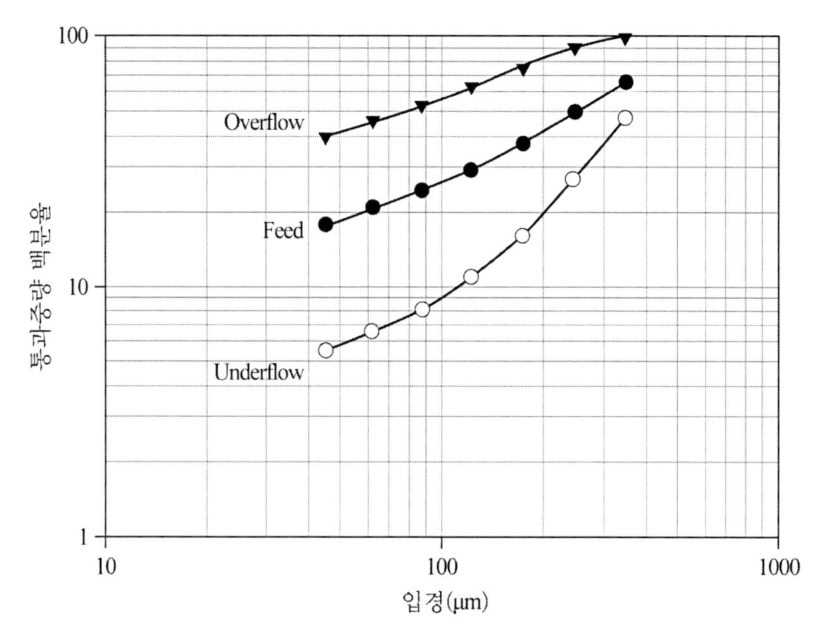

그림 9.20 Feed와 분급 후 조립분과 미립분의 입도분포

9.2.3.2 원심분급기(Centrifugal classifiers)

원심분급기는 회전하는 유체(swirling or vortex flow)의 원심력을 이용하는 장비로 싸이클론, Dyna Whirlpool, basket centrifuge 등이 있다. 싸이클론(cyclone)은 가장 대표적인 장비로 공기를 사용하는 air cyclone과 물을 사용하는 hydrocyclone이 있다.

원심분급기는 중력보다 매우 큰 원심력을 입자에 전달할 수 있기 때문에 침강형 분급기로 분급하기 어려운 미립자를 빠른 시간에 분급할 수 있다. 또한 공간을 많이 차지하지 않기 때문에 기존의 기계적 분급기들이 원심분급기로 상당 부분 대체되고 있는 추세이다. 하이드로싸이클론의 경우는 주로 5~150μm 크기의 입자를 주로 분급하며 이보다 큰 입자들도 가능하다.

전형적인 싸이클론의 형태는 그림 9.21에서 보는 바와 같이 원통형 상부와 원뿔형 하부로 구성되어 있다. 입자는 유체와 함께 원의 접선방향으로 공급된다. 접선방향으로 투입된 유체는 원추형의 벽면을 따라 회전하며 하강하고 중앙 영역에서 다시 상승하는 두 개의 나선형 흐름(spiral within a spiral)을 형성한다. 내부 나선형 흐름은 상부에 설치된 vortex finder를 통해 배출되며 외부 나선형 흐름은 하부 apex를 통해 배출된다. 이러한 흐름 속에서 큰 입자는 원심력을 받아 벽면을 타고 내려와 하부로 빠져나가고 원심력을 충분히 받지 못한 작은 입자는 중앙부 회전 상승류에 의해 vortex finder를 통해 배출된다.

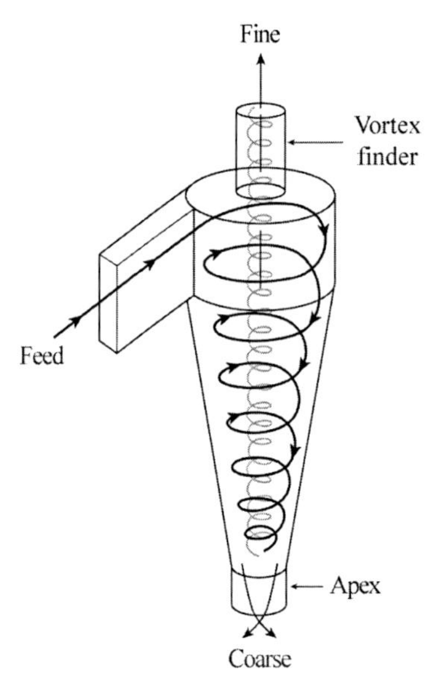

그림 9.21 싸이클론

시료를 투입하는 방법으로는 입구에 연결한 펌프로 유체를 가압하거나 상부의 vortex finder 쪽으로부터 감압하여 시료를 입구로 빨아들이는 두 가지 방법이 사용된다. 건식의 경우는 주로 후자가, 습식의 경우는 두 가지 모두 사용된다.

싸이클론 내부로 유체와 함께 투입된 입자는 유체 흐름에 의해 힘을 받아 가속되는데 이때 속도 성분은 세 방향으로 나누어 볼 수 있다. 원운동의 접선 방향의 성분(θ)과 방사상의 외부를 향하는 성분(r), 그리고 수직 축에 대한 성분(z)이다. 그림 9.22a에서와 같이 평면적인 원운동에서 입자가 받는 힘은 원심력(centrifugal force)과 유체 압력이다. 이 두 힘이 균형을 이루면 일정한 반경의 궤도로 원운동을 하나 한쪽이 커지면 그에 따라 입자가 좌우로 이동한다. 원심력은 유체의 속도가 빠를수록 커진다. 따라서 유체의 속도를 빠르게 하면 원심력이 커지기 때문에 미립자도 싸이클론의 외벽 쪽으로 이동할 수 있다.

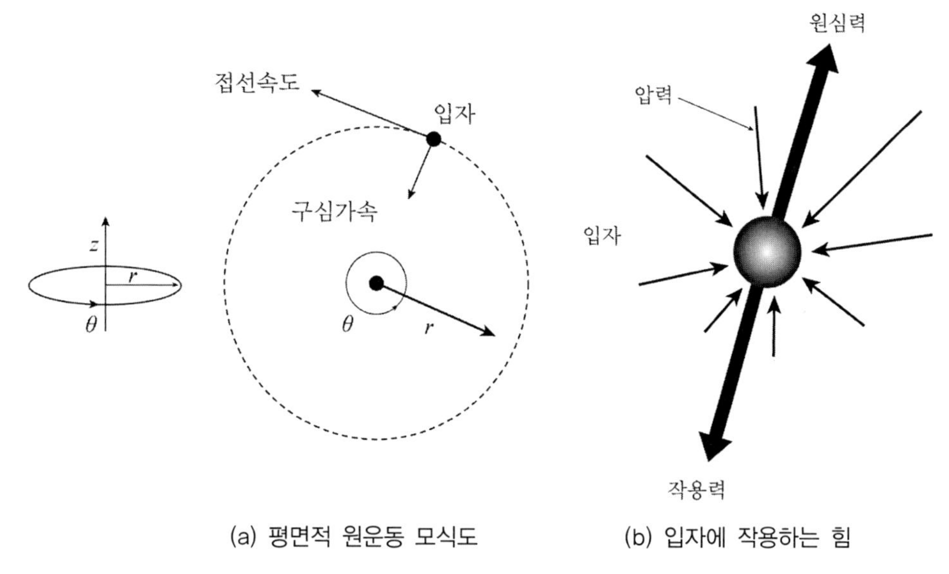

(a) 평면적 원운동 모식도 (b) 입자에 작용하는 힘

그림 9.22 싸이클론 내부에서 입자에 작용하는 힘

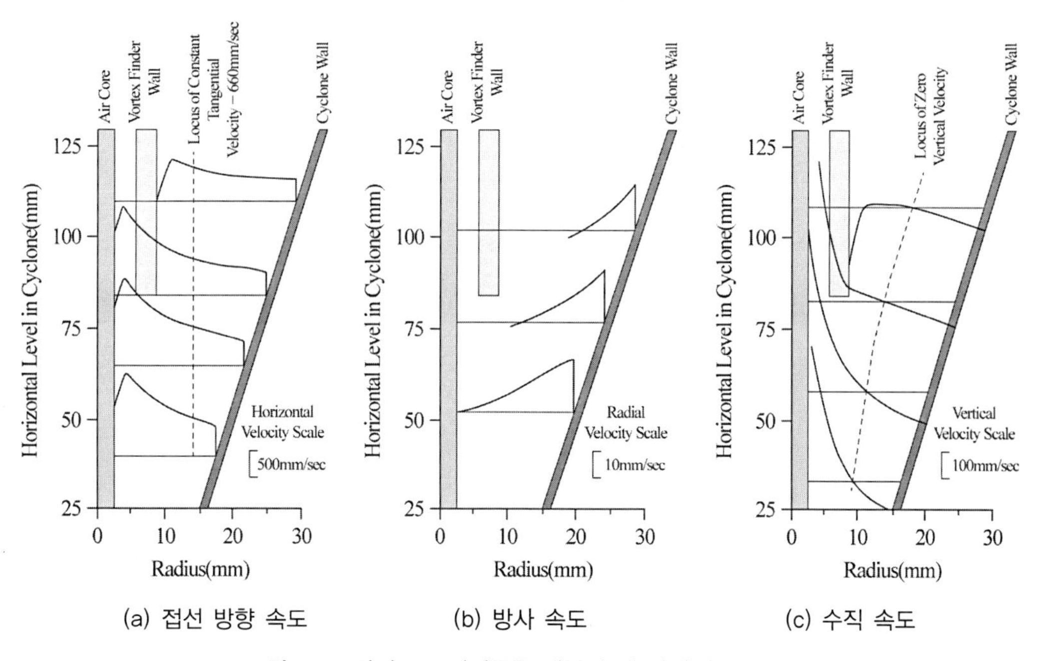

(a) 접선 방향 속도 (b) 방사 속도 (c) 수직 속도

그림 9.23 하이드로 싸이클론 내부의 세 가지 속도 분포

입자가 받는 유체 압력은 싸이클론의 중심과 바깥쪽의 압력차에 의한다. 베르누이의 정리에 의하면 유체 속도가 빠를수록 압력은 작아지고 느릴수록 압력은 커진다. 그림 9.23은

싸이클론 내부에서의 방향에 따른 유체의 흐름속도를 나타낸 것이다(Concha, 2007). 그림 9.23a를 보면 두 나선형 흐름 중에 중심 쪽의 흐름이 더 빠르다는 것을 알 수 있다. 따라서 압력은 중심으로부터 멀어질수록 점점 커진다. 따라서 내부로 향하는 힘이 입자에 작용한다.

입자의 분급은 외부와 내부로 향하는 두 힘이 작용하는 정도 차이에 의해 이루어진다. Air cyclone에서는 압력차이가 크게 발생되지 않아 원심력이 상대적으로 크게 작용하며 입자는 더 빨리 중심에서 바깥쪽으로 이동한다. 따라서 air cyclone은 분급보다는 집진과 같은 고체의 회수에 더 많이 사용된다.

싸이클론 투입구는 분급에 기본이 되는 원심력을 생성하기 위해 접선 방향으로 설치된다. 초기 형태는 원형이었으나 이후 직사각형 형태로 개조되었으며 이는 투입된 유체가 내부벽을 따라 더욱 균일하게 확산되기 때문이다. 또한 투입 방식도 나선형의 투입방식도 개발되었는데 이는 기존의 접선방식보다 유체의 교란이 적고 싸이클론의 내부 손상면에서도 유리한 것으로 알려졌다(그림 9.24).

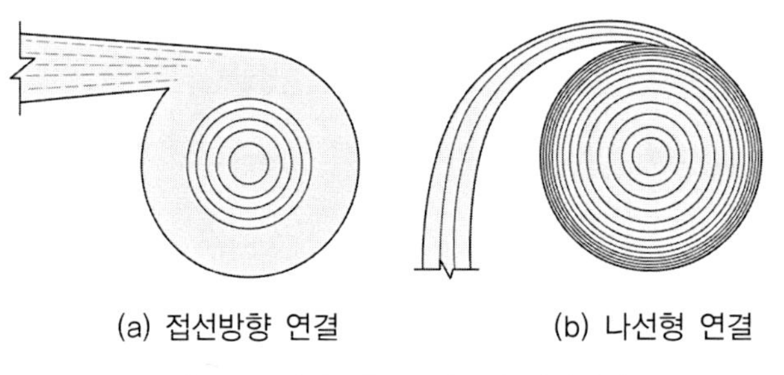

그림 9.24 싸이클론 투입구의 연결방식

Apex 크기는 vortex finder의 크기보다 작기 때문에 더 많은 유체가 vortex finder를 통해 배출되며 싸일클론 상단까지 이어지는 중앙부 상향 소용돌이(vortex)가 형성된다. vortex 주위에서 유체와 함께 회전하는 미세한 입자는 유체와 함께 vortex finder를 배출되기 때문에 vortex finder의 크기에 따라 유체 분리 지점이 결정되며 이는 곧 분급입도에 영향을 미친다.

싸이클론으로 공급되는 슬러리의 양은 apex와 vortex finder의 두 배출구의 용량을 초과해서는 안 된다. 따라서 apex 및 vortex finder의 크기는 싸이클론의 분급 성능을 결정 짓는 매우 중요한 요소이다. 싸이클론 내부 압력은 apex 크기가 작아질수록 또는 슬러리 투입량이 커질수록 증가하며 내부 압력이 커지면 더 많은 양이 vortex finder로 배출되기 때문에 분급입도가 증가한다.

따라서 싸이클론의 분급성능을 결정짓는 주 운전변수는 apex 크기, vortex finder 크기 및 투입량이다. 이 세 변수의 조합이 불균형해지면 싸이클론이 과부하되어 압력이 지나치게 높아져 분급에 필요한 vortex가 형성되지 않는다. 반대로 투입량이 너무 낮거나 apex 크기가 너무 커지면 충분한 압력이 발생되지 않아 모든 feed가 apex를 통해 배출된다.

(1) 싸이클론 규격

싸이클론의 규격은 그림 9.25에서와 같이 싸이클론 직경 및 길이, 투입구, vortex finder 크기 및 깊이, apex 크기로 결정되며 일반 규격은 표 9.2와 같다.

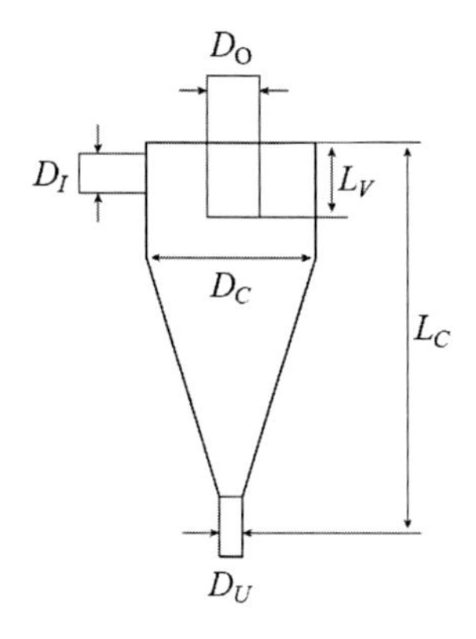

그림 9.25 싸이클론 규격

표 9.2 싸이클론 일반 규격

투입구 직경	$D_I = D_C/7$
Vortex finder 직경	$D_O = D_C/5$
Vortex finder 길이	$L_V = 0.4D_C$
Apex 직경	$D_U = D_C/15$
싸이클론 총 길이	$L_C = 3D_C$

Vortex finder의 일차적 목적은 투입된 유체가 바로 상부로 빠져나가지 않도록 하는 데 있다. 분급입도는 vortex finder의 직경에 비례하여 커질수록 증가한다. 그림 9.23에서 보는 바와 같이 싸이클론 내부의 수직속도 방향은 바깥쪽에는 하향, 안쪽에서는 상향이 되어

속도가 0이 되는 지점이 존재한다. 따라서 vortex finder의 직경이 이 지점보다 커지면 외부 나선흐름에 있던 조립자가 상향류인 내부 나선흐름으로 빨려 들어갈 확률이 커진다. 따라서 vortex finder의 직경은 이 지점보다 크면 안 된다.

Apex의 크기 또한 분급입도에 영향을 미친다. Apex 크기가 작아지면 underflow로 빠져나가는 양이 줄어들며 분급되지 않은 미립자가 빠져나갈 확률도 감소한다. 그러나 지나치게 농도를 높게 하면 하부에 생성되는 슬러리의 점도가 높아져 배출이 원활하지 않을 수도 있다.

그림 9.26은 apex를 통해 underflow가 배출되는 모습이다. (a)는 깔때기 형태로 방사되고 있으며 (b)는 막대모양으로 배출되는 형태로 roping이라고 한다. 정상적인 배출 형태는 (a) 형태로 방사각이 20~30°일 때 최적의 분급이 일어난다. 따라서 운전변수 조작을 통해 roping 현상이 발생되지 않도록 해야 한다. Roping 현상은 underflow의 고체농도가 높을 때 또는 apex 크기가 vortex finder 크기에 비해 지나치게 작을 때 발생한다.

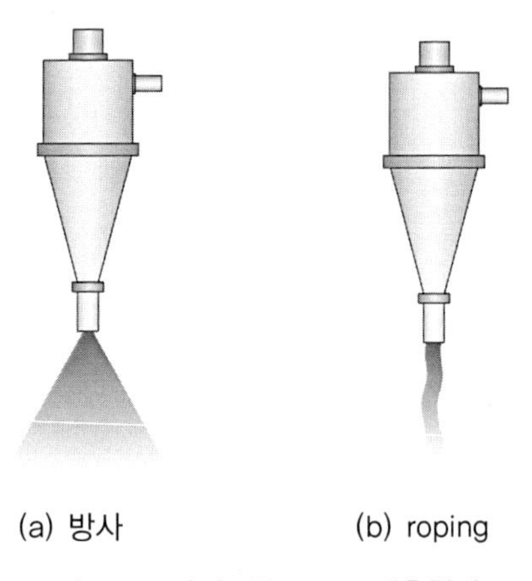

(a) 방사　　　　(b) roping

그림 9.26 싸이클론 apex 배출형태

Languitton(1985)와 Mular와 Jull(1980)은 roping이 시작되는 underflow의 임계농도를 다음과 같이 제시하였다.

$$V_u > 0.56 + 0.20(V_f - 0.20): \text{ Languitton} \tag{9.41a}$$

$$V_u > 0.5385\,V_o + 0.4911: \text{ Mular와 Jull} \tag{9.41b}$$

V_f: feed 고체 부피 농도

V_o: overflow 고체 부피 농도

또한 apex 크기에 따른 underflow 배출 형태에 대해서는 표 9.3과 같이 제시되었다.

표 9.3 apex 크기에 따른 underflow 배출 형태

	D_U/D_o	배출 형태
Bustamante(1991)	<0.34	roping
	0.34~0.5	roping or spray
	>0.5	spray
Concha 등(1996)	<0.45	roping
	0.45~0.56	roping or spray
	>0.56	spray

(2) 분급성능

분급성능은 싸이클론 규격(투입구 형태 및 면적, 싸이클론 총 길이, 상부 원통 길이, 하부 원뿔 각도, vortex finder 및 apex 직경), feed 특성(입도분포 및 형상, 고체농도)과 운전조건(주입 압력) 등에 영향을 받는다. 싸이클론에 투입되는 고체농도는 30~60%, 주입 압력은 345~700kPa 정도이며 싸이클론 규격 및 feed 특성에 따른 분급입도의 일반적인 경향은 다음과 같다.

i) Vortex finder의 직경이 커질수록 분급입도는 감소한다.
ii) Apex 직경이 작아질수록 분급입도는 증가한다.
iii) 투입구 직경이 커질수록 분급입도는 증가한다.
iv) 싸이클론 길이가 커질수록 분급입도는 감소한다.
v) 투입량이 커질수록 분급입도는 감소한다.
vi) Feed 입자의 밀도가 커질수록 분급입도는 감소한다.

(3) 분급효율

분급효율의 분석은 전 장에서 논의된 분급곡선을 통해 이루어지며 투입량, underflow, overflow 회수량 및 입도분포로부터 계산된다. 예제를 통해 계산과정을 설명하면 다음과 같다.

예제 **Feed 고체 투입량: 206.5t/h(고체농도: 55.0%),**
Overflow 고체 배출량: 29.4t/h(고체농도: 19.6%)
Underflow 고체 배출량: 177.1t/h(고체농도: 78.2%)

풀이 위 자료를 바탕으로 각 stream별 물 양 및 회수율을 계산하면 다음과 같다.

표 9.4 각 stream별 물 양 및 회수율

	Feed	Overflow	Underflow
물	206.5×(45/55) = 169.0	29.4×(80.4/19.6)=120.6t/h	177.1×(21.8/78.2)=49.4t/h
회수율		(29.4/206.5)100%=14.24%	(177.1/206.5)100%=85.76%

입도별 분급비는 측정된 stream별 입도분포와 회수율로부터 계산되며 회수된 양을 기준으로 하는 방법(식 9.10)과 입도분포 만을 이용한 방법(식 9.11)이 있다.

i) 회수된 양을 기준으로 하는 방법: 계산과정은 표 9.5와 같다.

표 9.5 입도별 분급비 계산 과정

(1)	(2)	입도구간별 wt. %				(7)	(8)
입도, μm	기하평균 입도, μm	(3) Feed f_i,	(4) O'flow o_i	(5) U'flow u_i,	(6) Reconstituted feed, f_i'	분급비 $\frac{0.8576\times(5)}{(3)}$ x 100%	수정 분급비 $\frac{(3)-a}{100-a}\times 100\%$
−600+425	505	58.11	0.00	68.32	58.60	100.00	100.00
−425+300	357.1	12.59	2.04	13.55	11.91	97.56	96.52
−300+250	273.9	6.30	6.80	6.21	6.30	84.62	78.02
−250+150	193.6	5.81	15.99	4.63	6.25	63.57	47.95
−150+106	126.1	4.36	15.65	2.37	4.26	47.73	25.32
−106+75	89.2	2.42	10.88	1.24	2.62	40.74	15.34
−75	37	10.41	48.64	3.67	10.07	31.25	1.79

열 (1): 구간 입도
열 (2): 입도구간별 기하 평균 입도
열 (3), (4), (5): 입도구간별 분포
열 (6): 각 입도별로 투입된 양은 (overflow로 회수된 양 + underflow로 회수된 양)과 같아야 한다. 즉,

$$S_{f,i} = S_{o,i} + S_{u,i}$$

$S_{f,i}$: feed에 존재하는 크기 i 입자의 양

$S_{o,i}$: underflow로 회수된 크기 i 입자의 양
$S_{u,i}$: underflow로 회수된 크기 i 입자의 양

따라서 본 예제의 경우 위 식은 다음과 같이 표현된다.

$$(206.5)f_i = (29.4)o_i + (177.1)\ u_i$$

그러나 입도분포 측정 시 샘플링 및 측정 오차가 있어 위 식을 정확히 만족하지 못한다. 따라서, feed 입도분포를 overflow와 underflow 입도분포를 바탕으로 다음과 같이 재구성한다.

$$f_i' = \frac{29,4}{206.5}o_i + \frac{177.1}{206.5}\ u_i$$

열 (7): underflow를 기준한 분급비는 다음과 같이 계산된다.

$$s_i = \frac{S_{u,i}}{S_{f,i}} = \frac{177.1u_i}{206.5f_i'} \times 100\%$$

그림 9.27은 계산된 입도구간별 분급비를 기하평균 입도에 대해 도시한 것이다 (curve 1). 이상적인 분급이 일어나지 않아 S 형태의 곡선을 나타내고 있다. 또한 입도가 미세해지더라도 0으로 수렴하지 않는 것을 알 수 있다. 이를 by-pass라고 하며 feed 중의 일부는 분급과정을 우회하여 직접 underflow로 배출된 것으로 해석한다. 본 예제에서의 by-pass 값은 약 30%이다. 따라서 실질적인 분급은 투입된 feed 중 70%에 대해서만 일어났다고 할 수 있다.

열 (8): 수정 분급비는 by-pass를 제외한 정규화한 값이며 다음과 같이 계산된다.

$$c_i = \frac{s_i - 30}{100 - 30} \times 100\%$$

Kelsall(1964)에 의하면 by-pass의 크기는 feed와 같이 투입된 물 중 underflow로 배출된 양과 같다. 이를 water split ratio라고 하며 본 예제의 경우 $\left(\frac{49.4}{169.0} \times 100\%\right) = 29.2\%$로 그림 9.27에서 추정된 값과 일치한다. 그러나 꼭 일치하는 것은 아니다.

그림 9.27에서 점선(curve 2)으로 표시된 것이 수정 분급 곡선이다. 분급비가 50%인 분급입도, d_{50}는 수정 분급비를 적용하면 증가한다. 수정 분급곡선의 Sharpness Index의 값은

$$S.I. = \frac{d_{50}}{d_{75}} = \frac{125}{265} = 0.47$$

일반적으로 hydrocyclone의 $S.I.$의 값은 0.4~0.7 범위로 본 예제의 분급효율은 좋지 않은 편에 속한다.

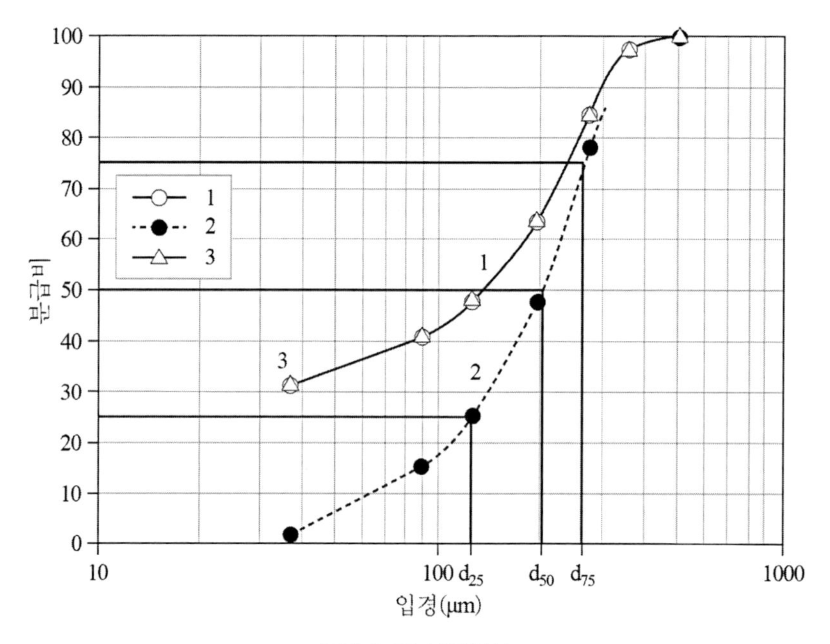

그림 9.27 분급곡선

ii) 입도분포만을 이용한 방법:

식 (9.9)에서와 같이 $Q_u/Q_f = (f_i - o_i)/(u_i - o_i)$의 관계가 있으므로 Q_u/Q_f는 feed, overflow 및 underflow의 입도분포를 이용하여 계산할 수 있다. 표 9.6은 입도별로 계산된 Q_u/Q_f 의 값이다.

표 9.6 입도별로 계산된 Q_u/Q_f의 값

입도, μm	기하평균 입도, μm	입도구간별 wt. %			$f_i - o_i$	$u_i - o_i$	$\frac{(f_i - o_i)}{(u_i - o_i)}$
		Feed f,	O'flow o_i	U'flow u_i,			
−600+425	505	58.11	0.00	68.32	58.11	68.32	0.8506
−425+300	357.1	12.59	2.04	13.55	10.55	11.51	0.9166
−300+250	273.9	6.30	6.80	6.21	−0.5	−0.59	0.8475
−250+150	193.6	5.81	15.99	4.63	−10.18	−11.36	0.8961
−150+106	126.1	4.36	15.65	2.37	−11.29	−13.28	0.8502
−106+75	89.2	2.42	10.88	1.24	−8.46	−9.64	0.8776
−75	37	10.41	48.64	3.67	−38.23	−44.97	0.8501

그러나 위 표에서 나타난 바와 계산된 $(f_i - o_i)/(u_i - o_i)$의 값은 일정치 않고 입도별로 차이가 있다. 이는 샘플링 또는 입도 측정 오차에 기인된 것으로 통계적인 처리가 필요하다.
식 (9.9)로부터 다음의 관계식이 유도된다.

$$\frac{Q_u}{Q_o} = \frac{(f_i - o_i)}{(u_i - f_i)} \rightarrow (f_i - o_i) = \frac{Q_u}{Q_o} \times (u_i - f_i)$$

위 식에 대해 선형 회귀법을 적용시키면 Q_u/Q_f는 최소 제곱법 또는 최소 절대 편차법에 의해 다음과 같이 계산된다.

최소 제곱법: $\frac{Q_u}{Q_o} = \frac{\sum(u_i - f_i)(f_i - o_i)}{\sum(u_i - f_i)^2}$

최소 절대 편차: $\frac{Q_u}{Q_o} = \frac{\sum|f_i - o_i|}{\sum|u_i - f_i|}$

계산과정은 표 9.7과 같다.

표 9.7 최소 제곱법과 최소 절대 편차법에 의한 Q_u/Q_f의 계산 절차

기하평균 입도, μm	$u_i - f_i$,	$f_i - o_i$	$(u_i - f_i) \times (f_i - o_i)$	$(u_i - f_i)^2$	$\|f_i - o_i\|$	$\|u_i - f_i\|$
505	10.21	58.11	593.30	104.24	58.11	10.21
357.1	0.96	10.55	10.13	0.92	10.55	0.96
273.9	−0.09	−0.50	0.04	0.01	0.50	0.09
193.6	−1.18	−10.18	12.01	1.39	10.18	1.18
126.1	−1.99	−11.29	22.47	3.96	11.29	1.99
89.2	−1.18	−8.46	9.98	1.39	8.46	1.18
37	−6.74	−38.23	257.67	45.43	38.23	6.74
Σ	0	0	905.61	157.35	137.32	22.35

따라서 Q_u/Q_f의 값은 각 각 다음과 같이 구해진다.

최소 제곱법: $\frac{Q_u}{Q_o} = \frac{905.61}{157.35} = 5.76$

최소 절대 편차법: $\frac{Q_u}{Q_o} = \frac{137.32}{22.35} = 6.14$

Klimpel(1980)에 의하면 최소 절대 편차법이 hydrocyclone에 더 적합하며 본 자료의 경우도 회수된 양을 기준하였을 때의 Q_u/Q_f의 값(85.76/14.24=6.02)에 더 가깝다. 따라서 최소 절대

편차법에 의해 추정된 $Q_u/Q_f = 6.14$를 적용해 분급비를 계산하면 표 9.8과 같다. 다만 재구성 입도분포는 $Q_u/Q_f = 6.14$를 기준하여 다음과 같이 계산된다.

$$f_i' = \frac{1}{(1+6.14)} o_i + \frac{6.14}{(1+6.14)} u_i$$

표 9.8 입도분포를 이용한 분급비 계산 절차

(1)	(2)	입도구간별 wt. %				(7)
		(3)	(4)	(5)	(6)	분급비
입도, μm	기하평균 입도, μm	Feed f_i,	O' flow o_i	U' flow u_i,	Reconstituted feed, f_i'	$\frac{6.14\times(5)}{(1+6.14)\times(3)}$ × 100%
−600+425	505	58.11	0.00	68.32	58.76	100.00
−425+300	357.1	12.59	2.04	13.55	11.94	97.61
−300+250	273.9	6.30	6.80	6.21	6.29	84.87
−250+150	193.6	5.81	15.99	4.63	6.22	64.02
−150+106	126.1	4.36	15.65	2.37	4.23	48.20
−106+75	89.2	2.42	10.88	1.24	2.59	41.18
−75	37	10.41	48.64	3.67	9.96	31.67

위와 같이 계산된 분급비(열 7)를 그림 9.27에 도시하였다(curve 3). 본 자료의 경우 회수율을 기준한 분급비(curve 2)와 거의 차이가 없으나 자료에 따라 큰 차이가 발생될 수 있다. 그러나 투입량과 overflow 및 underflow로 회수된 양을 직접 측정하기가 쉽지 않은 반면 각 stream에서 샘플을 채취하여 입도분석은 쉽게 측정할 수 있기 때문에 입도분포를 기준한 분급비 계산이 좀더 편리한 측면이 있다.

(4) 수정 분급곡선 함수

수정 분급곡선은 다양한 함수 형태로 표현되고 있다. 이 중 몇 가지를 소개하면 다음과 같다.

Ⅰ. Rosin-Rammer(Plitt, 1971; Reid, 1971)

$$c(d_i) = 1 - \exp\left[-\left(\frac{d_i}{d_o}\right)^{\lambda}\right] \tag{9.42a}$$

$$d_{50} = d_o(0.693)^{1/\lambda} \tag{9.42b}$$

$$S.I. = \exp\left(-\frac{1.5723}{\lambda}\right) \tag{9.42c}$$

Ⅱ. Exponential Sum(Lynch 등, 1977)

$$c(d_i) = \frac{\exp\left(\lambda\frac{d_i}{d_{50}}\right) - 1}{\exp\left(\lambda\frac{d_i}{d_{50}}\right) + \exp(\lambda) - 2} \tag{9.43}$$

Ⅲ. Log-logistic(Molerus, 1967; Finney, 1964)

$$c(d_i) = \frac{1}{1 + \left(\frac{d_i}{d_{50}}\right)^{-\lambda}} \tag{9.44a}$$

$$S.I. = \exp\left(-\frac{2.1972}{\lambda}\right) \tag{9.44b}$$

(5) 분급 모델

싸이클론의 분급효율은 운전조건과 규격에 따라 복잡하게 변하기 때문에 이론적으로 설명되지 못한다. 따라서 많은 연구자들은 다양한 조건에서 실험을 통해 분급효율을 분석함으로써 운전변수에 대한 영향을 파악하고자 하였으며 그 결과를 종합하여 분급입도에 대한 경험식을 제시하였다. 이를 소개하면 다음과 같다.

i) Lynch와 Rao(1975)

$$\log(d_{50}) = 4.18D_O - 5.43D_U + 3.43D_I + 0.0319C_{m,f} - 3.6Q_f - 0.0042C_{(\% > 420)} + 0.0004C_{(\% < 53)} \tag{9.45}$$

d_{50}: 분급입도, μm

$C_{m,f}$: feed 고체 wt. %

Q_f: feed 유량(m^3/s)

$C_{(\% > 420)}$: feed 중 420μm보다 큰 입자의 %

$0.0004C_{(\% < 53)}$: feed 중 53μm보다 작은 입자의 %

위 식은 석회석 입자를 기준한 것으로 밀도가 다른 입자에 대해서는 다음과 같이 보정된다.

$$d_{50}{}' = d_{50}\sqrt{\frac{\rho_s - \rho_l}{\rho_s{}' - \rho_l}} \tag{9.46}$$

ρ: 석회석 밀도

$\rho_s{}'$: 타 입자의 밀도

ρ_l: 유체의 밀도

ii) Napier-Munn 등(1996)

$$\frac{d_{50}}{D_C} = K\left(\frac{D_O}{D_C}\right)^{0.52}\left(\frac{D_U}{D_C}\right)^{-0.47}\left(\frac{P}{\rho_s g D_C}\right)^{-0.22}\left(\frac{D_I}{D_C}\right)^{-0.5}\left(\frac{L_C}{D_C}\right)^{0.15}\theta^{0.15}D_C^{-0.65}H_S^{0.93} \tag{9.47}$$

$$H_s = \frac{10^{1.87V_f}}{8.05(1-V_f)^2} \qquad V_f: feed\ 고체\ 부피\ 비율 \tag{9.48}$$

K: feed 특성(입도 및 밀도) 상수

P: feed 주입 압력, kPa

g: 중력가속도, m/s^2

ρ_s: 고체밀도, t/m^3

θ: 싸이클론 하부 원뿔 내각, degrees

H_s: 간섭침강 조건에서의 입자 침강속도를 반영한 것으로 다음과 같이 계산된다.

iii) Plitt(1976)

$$d_{50} = \frac{k(2689.2)D_C^{0.66}D_O^{1.21}\mu^{0.5}\exp(0.063C_{v,f})}{D_U^{0.71}L_V^{0.38}Q_f^{0.45}(\rho_s-\rho_l)^{0.5}} \tag{9.49}$$

k: 보정계수(자료가 없을 경우 1.0)

μ: 유체점도(mPa·s)

$C_{v,f}$: feed 고체 부피 %

iv) Arterburn(1982)

$$d_{50} = \frac{8253.5 D_C^{0.67}}{P^{0.28}(\rho_s - \rho_l)^{0.5}(1 - 1.9 V_f)^{1.43}} \tag{9.50}$$

d_{50}: 분급입도, μm

P: feed 주입 압력, kPa

ρ_s, ρ_l: 고체 및 유체 밀도, kg/m^3

v) Han과 Chen(1993)

$$\frac{d_{50}}{D_c} \times 10^4 = 9.03 \left(\frac{10 D_U}{D_O} \right)^{-1.26} C_{m,f}^{0.54} \tag{9.51}$$

이와 같이 제시된 경험식은 매우 복잡한 형태로부터 간단한 형태까지 다양하게 존재한다. 또한 제시된 식은 대부분 특정 싸이클론을 대상으로 도출되었기 때문에 적용에 있어 검증을 요한다.

(6) 싸이클론 용량

일반적으로 파이프에서의 유량은 압력손실의 0.5승에 비례한다. 실험적으로 측정된 싸이클론의 용량 또한 이와 비슷하게 나타난다. 즉,

$$Q_f = k \Delta P^{0.44 - 0.56} \tag{9.52}$$

k는 비례상수로 싸이클론 규격 및 feed 특성에 따라 변한다. 많은 연구자에 의해 제시된 경험식은 위 식을 기본으로 하며 k의 표현 방법에 차이가 있다.

i) Tarr(1972)

$$Q_f = k \times 10^{-3} \Delta P^{0.5} D_C^{0.5} \tag{9.53}$$

Q_f: 싸이클론 용량, m^3/h

ΔP: feed 주입 압력, kPa

D_C: 싸이클론 직경, m

ii) Fitch와 Roberts(1985)

$$Q_f = 10.55 D_O^{0.73} D_I^{0.86} \triangle P^{0.42} \tag{9.54}$$

Q_f: 싸이클론 용량, m^3/min

$\triangle P$: feed 주입 압력, kPa

D_I, D_o : 싸이클론 투입구 및 vortex finder 직경, m

iii) Nageswararao(1995)

$$Q_f = k\left(\frac{D_C}{\theta}\right)^{0.52}\left(\frac{\triangle P}{\rho_s}\right)^{0.50}\left(\frac{D_O}{D_C}\right)^{0.67}\left(\frac{D_I}{D_C}\right)^{0.45}\left(\frac{L_C}{D_C}\right)^{0.20} \tag{9.55}$$

Q_f: 싸이클론 용량, m^3/h

$\triangle P$: feed 주입 압력, kPa

D_C, D_O, D_I, L_C: 싸이클론 규격, m

iv) Plitt(1976)

$$\triangle P = \frac{k(0.0651) Q_f^{1.8} \exp(0.055 C_{v,f})}{D_C^{0.37} D_I^{0.94} L_V^{0.28} \left(D_U^2 + D_O^2\right)^{0.87}} \tag{9.56}$$

Q_f: 싸이클론 용량, m^3/h

$\triangle P$: feed 주입 압력, Pa

9.2.4 공기분급

공기 분급은 기류 속에서 입자의 거동 차이를 이용하여 분급하는 장치로 중력장 또는 원심력 장에서 작동한다. 중력 장치는 일반적으로 수 mm에서 20μm까지의 조립 입자 분급에 사용되며 원심 장치는 100μm에서 1μm까지 분급한다. 공기 분급기는 일반적으로 분쇄기와 연결되어 폐쇄 분쇄회로 형태로 최종 산물의 최대 입도를 제어하거나 초미세 입자를 제거하는 목적으로 이용된다.

기류의 형태는 다양하나 elutriation, free vortex, forced vortex등으로 나눌 수 있다. Elutriation은 중력 장치에서 주로 사용되는 방식으로 투입된 입자 중 작은 입자는 기류를 따라 상승하고 큰 입자는 기류에 대항하여 하강한다. 분급입도는 상승 기류의 속도에 의해 결정된다. 일반적으로 elutriation은 단독으로 사용되지 않으며 후단의 원심 장치의 효율을 증진시키기 위한 큰 입자의 사전 제거를 목적으로 사용된다.

원심 장치는 free vortex 형과 forced vortex 형으로 나뉜다. 대표적인 free vortex 장치는 싸이클론 형태로 공기는 접선 방향으로 투입되어 회오리 흐름이 형성된다. 습식 싸이클론과는 달리 분급기 내부에 vane이 설치되어 있으며 미세 입자는 vane 안쪽으로 통과되며 큰 입자는 원심력에 의해 vane 바깥쪽으로 순환하며 배출된다. 따라서 분급입도는 유체 속도, vane 각도에 의해 조절된다. forced vortex 형은 분급기 내에 회전 wheel이 장착되어 있는 장치로서 보다 정확한 분급이 일어난다. 분급기에 투입된 공기는 wheel 회전에 의해 회오리 흐름을 형성하며 입자는 공기와 함께 wheel 주변에서 원운동한다. 큰 입자는 원심력에 의해 주변부로 순환되며 미세 입자는 wheel vane을 통과하여 공기와 함께 배출된다. 따라서 분급입도는 공기량과 wheel회전속도에 의해 결정되며 각각 독립적으로 조절이 가능하기 때문에 보다 신축적인 운용이 가능하다.

Elutriation과 forced vortex가 결합된 분급장치도 있다. Feed는 하부에서 공기와 함께 투입되며 상부에 회전 wheel이 장착되어 있다. 하부에서 투입된 입자는 상승 기류에 의해 미립자만 회전 wheel에 의해 분급된다. Wheel vane을 통과하지 못한 큰 입자는 다시 하강하며 중간에 접선 방향으로 투입된 공기에 의해 2차 분급된다.

9.2.4.1 Feed 특성이 분급효율에 미치는 영향

기류 속에서의 입자의 거동은 형상에 크게 영향을 받기 때문에 크기에 의한 분급이 제대로 이루어지지 않을 수 있다. 특히 종횡비가 큰 입자는 공기 저항을 많이 받기 때문에 overflow에 혼입될 수 있다. 또 한 가지 형태의 입자들은 서로 엉기는 가능성이 많으며 공극성이 큰 입자들은 미세 입자가 공극에 포획될 수 있기 때문에 미세 입자의 유실로 이어진다.

특히 입자의 분산성은 분급효율에 결정적인 영향을 미친다. 입자가 수분이 많거나 오일 성분으로 오염되거나 흡습성이 있을 때는 응집이 쉽게 일어나 분급이 제대로 이루어지지 않는다. 또한 feed 입도분포와 투입량에 영향을 받는다. 이론적으로 동일 조건에서 분급입도는 feed 입도분포에 영향을 받지 않으나 실제에서는 feed 입도분포가 미세해질수록 분급입도는 감소한다. Feed 투입량의 영향은 분급기 형태에 따라 다르게 나타난다. Forced vortex 분급기는 투입량이 증가하여도 분급입도는 크게 변하지 않는다. 그러나 지나치게 많아지면 과부하 상태가 되어 분급 기능이 유실된다. 반면에 free vortex 분급기는 투입량이 많아지면 분급입도가 증가한다. 분급의 정확성(Sharpness Index)은 어느 지점까지는 투입량이 증가하여도 크게 변하지 않으나 그 이상 증가하면 계속 감소한다. 처리량은 공기 투입량과 분급입도에 따라 변하며 분급기의 크기가 커질수록 더 많은 공기를 투입할 수 있기 때문에 처리량은 증가한다.

9.2.4.2 분급기 종류

분급입도에 따라 다양한 분급기가 존재하며 이 들은 크게 중력 분급기, 나선형 분급기, 중력-vortex 혼합 분급기, 싸이클론, 터빈 분급기, 고에너지 분산 분급기로 분류된다.

(1) 중력 분급기

그림 9.28에서 보는 바와 같이 중력 분급기에서의 분급은 상승 기류에 의해 전적으로 이루어진다. 분급 효율을 높이기 위해 zig-zag 형태를 취하고 있다. Feed는 중간에서 투입되며 상승기류에 의해 작은 입자는 상부로 배출되고 큰 입자는 하부로 배출된다. Feed 입자 크기는 보통 체 영역의 입도이다. 입자에게 작용하는 중력은 밀도에도 영향을 받기 때문에 스크랩에서 금속 성분을 회수하는 목적으로도 사용되며 플라스틱 알갱이, 코크스, 초크, 비료, 보크사이트 등의 분체에서 먼지성 입자를 제거하는 목적으로도 사용된다.

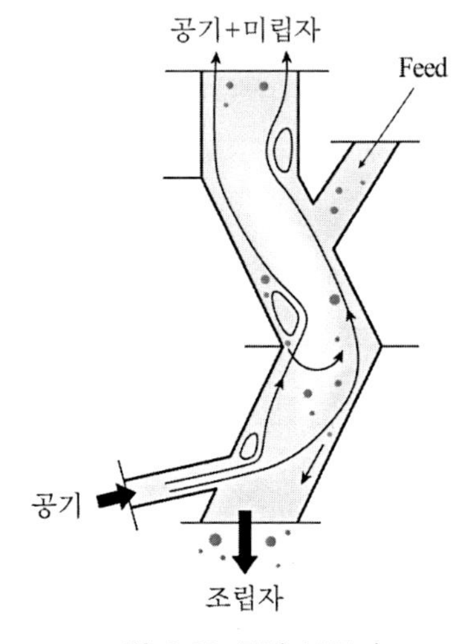

그림 9.28 중력 분급기

(2) 나선형 분급기

나선형 분급기는 그림 9.29와 같이 납작한 실린더 형태의 구조로 내부에 vane이 설치되어 있다. Feed는 접선 방향으로 투입되며 vane을 통과하면서 vortex가 형성된다. 입자는 원심력 차이에 의해 미세 입자는 중앙부 쪽으로 배출되며 큰 입자는 분급기 벽 쪽으로 유도되어 배출된다. 분급입도는 공기 투입량과 vane 각도에 의해 조절되며 3~80μm 범위이다.

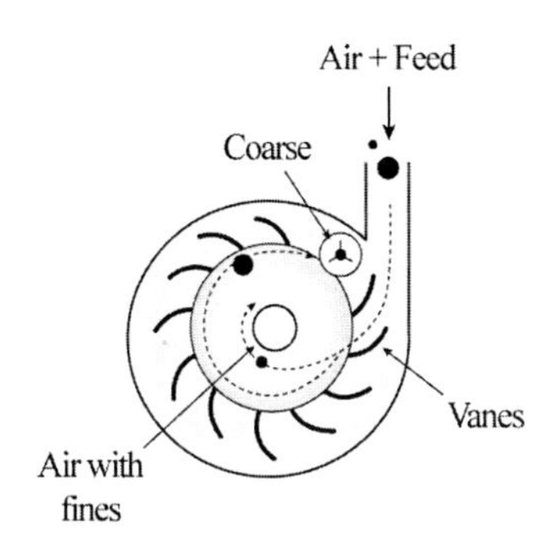

그림 9.29 나선형 분급기

(3) 중력-vortex 혼합 분급기

중력-vortex 혼합 분급기는 그림 9.30에서와 같이 feed는 하부에서 투입되며 회전 wheel에 흡입된다. Wheel 회전에 의해 형성된 vortex에 의해 원심력을 받아 큰 입자는 벽 쪽으로 이동되

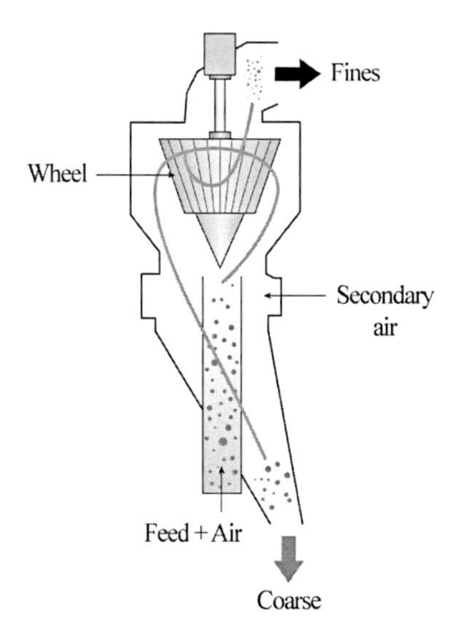

그림 9.30 중력-vortex 혼합 분급기

며 작은 입자는 wheel을 통과하여 상부로 배출된다. 벽 쪽에 위치한 큰 입자는 하강하며 중간에 투입되는 2차 공기에 의해 중력 분급에 의해 재분급되며 하부로 배출된다. 중력-vortex 혼합 분급기는 주로 분쇄기에 연결되어 폐회로를 구성한다. 분급입도는 10~150μm 범위이며 처리량이 크고 분급효율이 높다.

(4) 싸이클론

공기 싸이클론은 앞의 장에서 논의된 습식 싸이클론과 같은 형태이며 분급원리 또한 습식 싸이클론과 같다. 분급입도 범위는 8~300μm이다.

(5) 터빈 분급기

터빈 분급기는 그림 9.31과 같이 싸이클론 기능과 wheel 분급기능이 결합된 형태이다. Feed는 상부에서 투입되며 하부에서 접선 방향으로 투입된 vortex에 의해 1차 분급작용을 받아 큰 입자는 하부로 배출된다. 미립자들은 상향 vortex에 실려 상부에 설치된 회전 wheel에 의해 재분급되며 wheel를 통과한 미립자는 회수되고 통과하지 못한 입자는 feed와 함께 다시 하부 vortex 분급작용을 받는다. 분급입도 범위는 5~150μm이다.

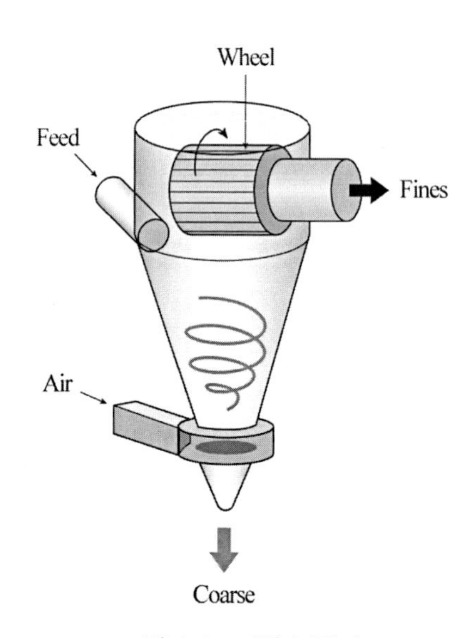

그림 9.31 터빈 분급기

(6) 고 에너지 분산 분급기

고 에너지 분산 분급기는 그림 9.32와 같이 고속으로 회전하는 wheel에 의해 분급이 이루어진다. Feed는 수평 방향으로 투입되며 공기는 하부에서 투입된다. Wheel의 고속 회전에 의해 강력한 vortex가 형성되기 때문에 미세한 분급이 이루어진다(1~50μm). 수 μm 이하의 분석용 시료를 제조하거나 초미립자를 제거해 4~5μm 또는 5~10μm 등의 균일한 입도의 입자를 생산하는 데 사용된다. 또한 종횡비가 큰 입자를 분리하는 데도 효율적으로 이용된다.

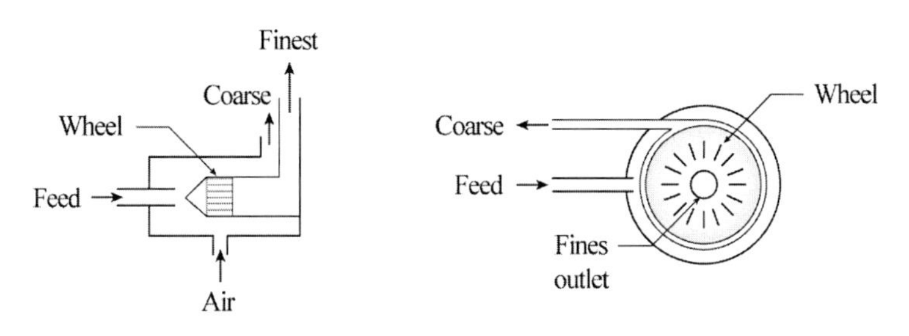

그림 9.32 고 에너지 분산 분급기

(7) 공기 분급기의 선택

공기 분급기의 선택은 시료의 특성 및 입도, 처리량, 분급 입도, 분급효율 등을 고려해 원하는 규격의 입자를 생산할 수 있는가에 달렸다. 일반적으로 분급기 제조사에서 기초적인 자료를 제공하나 테스트를 통한 검증 과정이 필요하다. 대부분의 분급기 제조사는 다양한 모델을 테스트할 수 있는 시스템을 갖추고 때문에 어느 장비가 적절한지 또는 스케일업에 관련된 자료를 확보할 수 있다. 또한 시료 특성에 따라 나타날 수 있는 운전상의 문제점, 부품 마모 문제, 폭발 위험성 등의 안전에 관한 실 조업 자료를 구축할 수 있다.

제9장 참고문헌

Arterburn, R. A. (1982). *Design and Installation of Communication Circuits*. A.L. Mular and G.V. Jorgensen (eds), AIME, 592-607.

Bustamante, M. O. (1991). Effect of the hydrocyclone geometry on normal operation conditions, MSc. Thesis, University of Conception.

Concha, F. (2007). Flow pattern in hydrocyclones, *Kona*, 97-129.

Concha, F., Barrientos, A., Montero, J., Sampaio, R. (1996). Air core and roping in hydrocyclones. *Int. J. Min. Process.*, 44-45 743-749.

Finney, D. (1964). *Probit Analysis* (2nd ed.). Cambridge University Press, New York.

Fitch, B., Roberts, E. J. (1985). Classification theory. In SME Mineral Processing Handbook. SME/AIME, New York.

Han, Y., Chen, B. (1993). *Proc. XVIII International Mineral Processing Congress*, Sydney, 263-265.

Kelly, E. G. (1989). *Introduction to mineral processing*, Mineral Engineering Services, Kalgoorlie.

Kelsall, D. J. (1964). Hydrocyclones, U.S. Patetent No., 3,130,157.

Klimpel, R. R. (1980). Estimation of weight ratios given component make-up analyses of streams. *Trans. SME-AIME*, 266, 1882-1886.

Languittion, D. (1964). In SPOC manual - unit models and fortran simulators of ore and coal process equipment: classification and coal processing. Ottawa: CANMET.

Lynch, A. J. (1977). *Mineral crushing and grinding circuits*. Elsevier, New York, 87-126.

Lynch, A. J., Rao, T. C. (1975). Proc. Eleventh International Mineral Processing Congress, Cagliari, Italy, 245-269.

Matthews. C. W. (1985), SME Mineral Processing Handbook. SME/AIME.

Molerus, O. (1967). Stochasticshes Model der Gleichgewichssicktung, *Chemie-Ingenieur-Technik*, 39, 792-796.

Mular, A. L., Jull, N. A. (1980). Mineral Processing Plant Design, SME/AIME, New York.

Nageswararao, K. (1995). A generalised model for hydrocyclone classifiers. *AusIMM Proceedings*, 300, 21.

Napier-Munn, T.J., Morrell, S., Morrison, R., Kojovic, T. (1996). Mineral Comminution Circuits Their Operation and Optimisation, *JKMRC Monograph,* vol. 2, The University of Queensland, Brisbane, Australia.

Osborne, D. G. (1977). *Solid-liquid separation*, Butterworths, London, Boston.

Plitt, L. R. (1971). The analysis of solid-solid separation in classifiers, *CIM Bulletin*, 64, 42-47.

Plitt, L. R., (1976). A mathematical model of the hydrocyclone classifier. *CIM Bulletin*, 69, 114-123.

Reid, K. J. (1971). Derivation of an equation for classifier-reduced performance curves. *Canadian Metallurgical Quaterly*, 10, 253-254.

Taggart, A. F. (1953). *Handbook of mineral dressing*, New York, John Wiley & Sons.

Tart, D. T. (1972). The influence of variables on the separation of solid particles in hydrocyclones. Proc. *45 th Annual Meeting*. Minnesota Section. AIME, 64-77.

『파 · 분쇄공학』
색 인

(ㅇ)

(ㅈ)

저자 소개

조희찬

서울대학교 자원공학과 학사

미 펜실베이니아 주립대학 자원처리공학 석사, 박사

한국자원공학회 회장 역임

International Comminution Research Association 아시아지역 회장 역임

現 서울대학교 에너지자원공학과 명예교수

現 한국공학한림원 원로회원

파·분쇄공학

초판인쇄 2022년 6월 21일
초판발행 2022년 6월 27일

저　　자 조희찬
펴 낸 이 김성배
펴 낸 곳 ㈜에이퍼브프레스

책임편집 이민주
디 자 인 백정수, 박진아
제작책임 김문갑

등록번호 제25100-2021-000115호
등 록 일 2021년 9월 3일
주　　소 (04626) 서울특별시 중구 필동로 8길 43(예장동 1-151)
전화번호 02-2274-3666(출판부 내선번호 7005)
팩스번호 02-2274-4666
홈페이지 www.apub.kr

I S B N 979-11-9786-322-6 (93570)
정　　가 34,000원

ⓒ 이 책의 내용을 저작권자의 허가 없이 무단 전재하거나 복제할 경우 저작권법에 의해 처벌받을 수 있습니다.